# > Future Energy Grid

Migrationspfade ins Internet der Energie

Hans-Jürgen Appelrath, Henning Kagermann und Christoph Mayer (Hrsg.)

## acatech STUDIE
Februar 2012

**Herausgeber:**
Prof. Dr. Dr. h.c. Hans-Jürgen Appelrath
Universität Oldenburg
Escherweg 2
26121 Oldenburg
E-Mail: appelrath@offis.de

Prof. Dr. Dr. E. h. Henning Kagermann
acatech – Deutsche Akademie der Technikwissenschaften
Hauptstadtbüro
Unter den Linden 14
10117 Berlin
E-Mail: kagermann@acatech.de

Dr. Christoph Mayer
OFFIS e. V.
Escherweg 2
26121 Oldenburg
E-Mail: mayer@offis.de

**Reihenherausgeber:**
acatech – Deutsche Akademie der Technikwissenschaften, 2012

Geschäftsstelle
Residenz München
Hofgartenstraße 2
80539 München

Hauptstadtbüro
Unter den Linden 14
10117 Berlin

T +49(0)89/5203090
F +49(0)89/5203099

T +49(0)30/206309610
F +49(0)30/206309611

E-Mail: info@acatech.de
Internet: www.acatech.de

**Empfohlene Zitierweise:**
Appelrath, Hans-Jürgen/Kagermann, Henning/Mayer, Christoph (Hrsg.): *Future Energy Grid. Migrationspfade ins Internet der Energie* (acatech STUDIE), Heidelberg u.a.: Springer Verlag 2012.

ISSN 2192-6174/ISBN 978-3-642-27863-1/e-ISBN 978-3-642-27864-8

DOI 10.1007/978-3-642-27864-8

Bibliografische Information der Deutschen Nationalbibliothek
Die Deutsche Nationalbibliothek verzeichnet diese Publikation in der Deutschen Nationalbibliografie; detaillierte bibliografische Daten sind im Internet über http://dnb.d-nb.de abrufbar.

© Springer-Verlag Berlin Heidelberg 2012

Dieses Werk ist urheberrechtlich geschützt. Die dadurch begründeten Rechte, insbesondere die der Übersetzung, des Nachdrucks, des Vortrags, der Entnahme von Abbildungen und Tabellen, der Funksendung, der Mikroverfilmung oder der Vervielfältigung auf anderen Wegen und der Speicherung in Datenverarbeitungsanlagen, bleiben, auch bei nur auszugsweiser Verwertung, vorbehalten. Eine Vervielfältigung dieses Werkes oder von Teilen dieses Werkes ist auch im Einzelfall nur in den Grenzen der gesetzlichen Bestimmungen des Urheberrechtsgesetzes der Bundesrepublik Deutschland vom 9. September 1965 in der jeweils geltenden Fassung zulässig. Sie ist grundsätzlich vergütungspflichtig. Zuwiderhandlungen unterliegen den Strafbestimmungen des Urheberrechtsgesetzes. Die Wiedergabe von Gebrauchsnamen, Handelsnamen, Warenbezeichnungen usw. in diesem Werk berechtigt auch ohne besondere Kennzeichnung nicht zu der Annahme, dass solche Namen im Sinne der Warenzeichen- und Markenschutz-Gesetzgebung als frei zu betrachten waren und daher von jedermann benutzt werden dürften.

Koordination: Dr. Andreas König
Redaktion: Renate Danelius, Dr. Andreas König, Linda Tönskötter
Layout-Konzeption: acatech
Konvertierung und Satz: Fraunhofer-Institut für Intelligente Analyse- und Informationssysteme IAIS, Sankt Augustin

Gedruckt auf säurefreiem Papier

springer.com

# > INHALT

| | |
|---|---:|
| VORWORT VON DR. PHILIPP RÖSLER, BUNDESMINISTER FÜR WIRTSCHAFT UND TECHNOLOGIE | 8 |
| VORWORT VON GÜNTHER OETTINGER, EU-KOMMISSAR FÜR ENERGIE | 9 |
| VORWORT VON PROF. DR. HENNING KAGERMANN, PRÄSIDENT acatech | 10 |
| KURZFASSUNG | 12 |
| PROJEKT | 16 |
| 1 EINLEITUNG UND GEGENSTAND DER STUDIE | 18 |
| 2 SZENARIEN FÜR DAS FUTURE ENERGY GRID | 34 |
|    2.1 Methodisches Vorgehen | 34 |
|       2.1.1 Szenario-Vorbereitung | 35 |
|       2.1.2 Szenariofeld-Analyse | 36 |
|       2.1.3 Szenario-Prognostik | 37 |
|       2.1.4 Szenario-Bildung | 38 |
|       2.1.5 Szenario-Transfer | 40 |
|       2.1.6 Anwendung | 41 |
|    2.2 Schlüsselfaktoren | 43 |
|       2.2.1 Schlüsselfaktor 1 – Ausbau der elektrischen Infrastruktur | 43 |
|       2.2.2 Schlüsselfaktor 2 – Verfügbarkeit einer systemweiten IKT-Infrastruktur | 47 |
|       2.2.3 Schlüsselfaktor 3 – Flexibilisierung des Verbrauchs | 49 |
|       2.2.4 Schlüsselfaktor 4 – Energiemix | 53 |
|       2.2.5 Schlüsselfaktor 5 – Neue Services und Produkte | 56 |
|       2.2.6 Schlüsselfaktor 6 – Endverbraucherkosten | 59 |
|       2.2.7 Schlüsselfaktor 7 – Standardisierung | 61 |
|       2.2.8 Schlüsselfaktor 8 – Politische Rahmenbedingungen | 65 |
|    2.3 Ableitung der Szenarien | 70 |
|    2.4 Szenario „20. Jahrhundert" | 75 |
|       2.4.1 Überblick | 75 |
|       2.4.2 Wesentliche Entwicklungen | 75 |
|    2.5 Szenario „Komplexitätsfalle" | 78 |
|       2.5.1 Überblick | 78 |
|       2.5.2 Wesentliche Entwicklungen | 78 |
|       2.5.3 Erläuterungen und Annahmen | 83 |

| | | |
|---|---|---|
| | 2.6 Szenario „Nachhaltig Wirtschaftlich" | 83 |
| | 2.6.1 Überblick | 83 |
| | 2.6.2 Wesentliche Entwicklungen | 84 |
| | 2.6.3 Erläuterungen und Annahmen | 87 |
| | 2.7 Zusammenfassung | 88 |
| **3** | **ROLLE DER IKT IM FUTURE ENERGY GRID** | **90** |
| | 3.1 Methodisches Vorgehen | 90 |
| | 3.2 Stand der IKT im Energieversorgungssystem 2012 | 93 |
| | 3.2.1 IKT-Struktur in der Höchst- und Hochspannungsebene (380 kV; 220 kV) | 93 |
| | 3.2.2 IKT-Struktur in der Hochspannung (110 kV) | 97 |
| | 3.2.3 IKT-Struktur in der Mittelspannung (20 kV) | 97 |
| | 3.2.4 IKT-Struktur in der Niederspannung (0,4 kV) | 98 |
| | 3.3 Modell der Systemebenen | 98 |
| | 3.4 Technologiefelder | 101 |
| | 3.4.1 Technologiefeld 1 – Asset Management für Netzkomponenten | 103 |
| | 3.4.2 Technologiefeld 2 – Netzleitsysteme | 104 |
| | 3.4.3 Technologiefeld 3 – Wide Area Measurement-Systeme | 107 |
| | 3.4.4 Technologiefeld 4 – Netzautomatisierung | 108 |
| | 3.4.5 Technologiefeld 5 – FACTS | 110 |
| | 3.4.6 Technologiefeld 6 – IKT-Konnektivität | 112 |
| | 3.4.7 Technologiefeld 7 – Asset Management für dezentrale Erzeugungsanlagen | 115 |
| | 3.4.8 Technologiefeld 8 – Regionale Energiemarktplätze | 117 |
| | 3.4.9 Technologiefeld 9 – Handelsleitsysteme | 119 |
| | 3.4.10 Technologiefeld 10 – Prognosesysteme | 120 |
| | 3.4.11 Technologiefeld 11 – Business Services | 122 |
| | 3.4.12 Technologiefeld 12 – Virtuelle Kraftwerkssysteme | 123 |
| | 3.4.13 Technologiefeld 13 – Anlagenkommunikations- und Steuerungsmodule | 125 |
| | 3.4.14 Technologiefeld 14 – Advanced Metering Infrastructure | 126 |
| | 3.4.15 Technologiefeld 15 – Smart Appliances | 128 |
| | 3.4.16 Technologiefeld 16 – Industrielles Demand Side Management/Demand Response | 130 |
| | 3.4.17 Technologiefeld 17 – Integrationstechniken | 132 |
| | 3.4.18 Technologiefeld 18 – Datenmanagement | 135 |
| | 3.4.19 Technologiefeld 19 – Sicherheit | 137 |
| | 3.5 Technologische Sicht der Future Energy Grid-Szenarien | 139 |
| | 3.5.1 Szenario „Nachhaltig Wirtschaftlich" | 139 |
| | 3.5.2 Szenario „Komplexitätsfalle" | 146 |
| | 3.5.3 Szenario „20. Jahrhundert" | 151 |
| | 3.6 Zusammenfassung | 155 |

# Inhalt

| | | |
|---|---|---|
| **4** | **MIGRATIONSPFADE IN DAS FUTURE ENERGY GRID** | **158** |
| | 4.1 Methodisches Vorgehen | 158 |
| | 4.2 Beziehung zwischen den Technologiefeldern | 158 |
| |     4.2.1 Geschlossene Systemebene | 159 |
| |     4.2.2 IKT-Infrastrukturebene | 167 |
| |     4.2.3 Vernetzte Systemebene | 168 |
| |     4.2.4 Querschnittstechnologiefelder | 186 |
| |     4.2.5 Zusammenfassende Analyse der Querschnittstechnologien | 193 |
| | 4.3 Analyse der Migrationspfade | 194 |
| |     4.3.1 Kritische Technologiefelder und Entwicklungsschritte im Szenario „20. Jahrhundert" | 195 |
| |     4.3.2 Kritische Technologiefelder und Entwicklungsschritte im Szenario „Komplexitätsfalle" | 197 |
| |     4.3.3 Kritische Technologiefelder und Entwicklungsschritte im Szenario „Nachhaltig Wirtschaftlich" | 199 |
| |     4.3.4 Szenarioübergreifende Analyse | 201 |
| |     4.3.5 Migrationsphasen für das Szenario „Nachhaltig Wirtschaftlich" | 201 |
| |     4.3.6 Kernaussagen | 205 |
| | 4.4 Zusammenfassung | 206 |
| **5** | **INTERNATIONALER VERGLEICH** | **207** |
| | 5.1 Methodisches Vorgehen | 207 |
| | 5.2 Kriterien | 208 |
| |     5.2.1 Archetyp | 209 |
| |     5.2.2 Entwicklungsansatz | 211 |
| | 5.3 Auswahl der Länder | 212 |
| | 5.4 Ländersteckbriefe | 213 |
| |     5.4.1 Deutschland | 213 |
| |     5.4.2 USA | 215 |
| |     5.4.3 China | 217 |
| |     5.4.4 Europa | 218 |
| |     5.4.5 Dänemark | 220 |
| |     5.4.6 Frankreich | 222 |
| |     5.4.7 Brasilien | 224 |
| |     5.4.8 Indien | 225 |
| |     5.4.9 Italien | 227 |
| |     5.4.10 Russland | 228 |
| | 5.5 Modellprojekte | 230 |
| |     5.5.1 Amsterdam Smart City | 230 |
| |     5.5.2 Masdar City | 231 |
| |     5.5.3 Singapur | 231 |
| |     5.5.4 Stockholm | 232 |

| | | |
|---|---|---|
| | 5.6 Ländervergleich | 232 |
| | 5.6.1 Rahmenbedingungen | 233 |
| | 5.6.2 Energiemix | 234 |
| | 5.6.3 Technologieführerschaft | 235 |
| | 5.6.4 Grundlegende Gestaltungsfaktoren und Positionierung der Länder | 237 |
| | 5.7 Zusammenfassung | 239 |
| 6 | RAHMENBEDINGUNGEN FÜR EIN FUTURE ENERGY GRID | 240 |
| | 6.1 Transformation der Energiesysteme zwischen Markt und staatlicher Lenkung | 240 |
| | 6.2 Herausforderung Integration fluktuierender, erneuerbarer Energien | 242 |
| | 6.2.1 Zubau zur Kompensation der Angebots-Inelastizität | 242 |
| | 6.2.2 Reduzierung der Inelastizität | 243 |
| | 6.2.3 Flexibilisierung der Nachfrage | 245 |
| | 6.2.4. Verstärkte europäische Marktintegration | 245 |
| | 6.3 Intelligentes Verteilnetz ist Voraussetzung für sinnvolles Smart Metering | 246 |
| | 6.4 Künftiges Marktdesign | 248 |
| | 6.4.1 Erneuerbare Energien im Markt | 249 |
| | 6.4.2. Regulierungsparadigma und FEG | 250 |
| | 6.4.3 Belohnung von Flexibilität | 252 |
| | 6.5 Intelligente Verteilnetze in einem zentralisierten europäischen Übertragungsnetz | 253 |
| | 6.6 Transformation von Übertragungs- und Verteilnetz zu einem FEG | 253 |
| | 6.7 Wechselwirkungen eines FEG mit Erzeugung | 254 |
| | 6.8 Zusammenfassung | 255 |
| 7 | SMART GRID UNTER DEM GESICHTSPUNKT DER VERBRAUCHERAKZEPTANZ | 257 |
| | 7.1 Ist-Stand der Forschung | 257 |
| | 7.1.1 Einführung | 257 |
| | 7.1.2 Status Quo | 257 |
| | 7.1.3 Kosten-Nutzen-Relation | 258 |
| | 7.1.4 Stromanbieter/Datenschutz | 259 |
| | 7.1.5 Persönliche Autonomie | 259 |
| | 7.1.6 Ökologische Aspekte | 260 |
| | 7.1.7 Aktuelle Wohnsituation | 260 |
| | 7.1.8 Akzeptanz intelligenter Haushaltsgeräte | 260 |
| | 7.1.9 Informationsverhalten/Kaufverhalten der Endverbraucher | 261 |
| | 7.1.10 Exkurs: Verbrauchergruppierungen | 262 |
| | 7.1.11 Generelle Anforderungen beim Kauf von EMS | 262 |

| | |
|---|---|
| 7.2 Methodisches Vorgehen: Akzeptanz aus der Perspektive der Sinus-Milieus | 263 |
|     7.2.1 Der Forschungshintergrund | 263 |
|     7.2.2 Das Positionierungsmodell | 263 |
|     7.2.3 Kurzcharakteristik der Sinus-Millieus | 264 |
| 7.3 Identifikation von Zielgruppen-Potenzialen in den Sinus-Milieus | 266 |
|     7.3.1 Wohnsituation und Haushaltsstruktur | 267 |
|     7.3.2 Energie und Umwelt | 269 |
|     7.3.3 Umweltbewusstsein in den Sinus-Milieus | 269 |
|     7.3.4 Einstellung gegenüber und Anforderungen an moderne Technik | 271 |
|     7.3.5 (Mobiles) Internet und Web 2.0 | 274 |
|     7.3.6 Datenschutz | 277 |
|     7.3.7 Diffusionsmodell für Produktinnovationen | 278 |
|     7.3.8 Entwicklung der Sinus-Milieus bis 2030 | 280 |
|     7.3.9 Ergebnisse der EnCT-Marktstudie | 280 |
|     7.3.10 Fokussierung auf die Zielgruppe | 284 |
| 7.4 Zusammenfassung | 286 |
| **8 ZUSAMMENFASSUNG UND AUSBLICK** | **290** |
| **LITERATUR** | **294** |
| **ANHANG I: ABKÜRZUNGSVERZEICHNIS** | **311** |
| **ANHANG II: GLOSSAR** | **316** |

# VORWORT

**VON DR. PHILIPP RÖSLER, BUNDESMINISTER FÜR WIRTSCHAFT UND TECHNOLOGIE**

Der Weg in das neue Energiezeitalter ist eine der großen Herausforderungen des 21. Jahrhunderts. In Deutschland haben wir mit dem Energiepaket 2011 den Kurs festgelegt. Eine zentrale Herausforderung besteht darin, die schwankende Einspeisung von Wind- und Sonnenenergie in stabile und bezahlbare Energiedienstleistungen zu integrieren.

Wind- und Sonnenkraft sind nicht immer und überall verfügbar. Der Strom aus erneuerbaren Energien muss von Nord nach Süd transportiert werden – dafür brauchen wir neue Netze. Und der Strom muss dann zur Verfügung stehen, wenn Unternehmen und Bürger ihn brauchen. Dazu müssen wir die Stromspeicher ausbauen. Zudem sind steuerbare Verbrauchseinheiten notwendig, damit sich auch die Energielast an die Fluktuationen der erneuerbaren Energien anpassen kann. Intelligente Systeme sorgen für eine hohe Wirtschaftlichkeit und Versorgungssicherheit, indem sie die Energieversorgung kontrollieren, steuern und regeln. Die Basis hierfür liefern die modernen Informations- und Kommunikationstechnologien (IKT).

Den Startschuss zum intelligenten Stromversorgungssystem der Zukunft – dem Smart Grid – haben wir mit dem Leuchtturmprojekt „E-Energy" im Jahr 2007 gegeben: In sechs Modellregionen werden in fachübergreifenden Forschungsprojekten neue IKT-basierte Verfahren, Anwendungen, Infrastrukturen und Rahmenbedingungen für das Smart Grid entwickelt und erprobt. Mit konkreten Praxisbeispielen wird gezeigt, welchen großen Beitrag die IKT schon heute für die Modernisierung der Energiewirtschaft leisten kann.

Jetzt geht der Blick noch weiter in die Zukunft. Komplementär zu den Aktivitäten in den E-Energy-Modellregionen haben wir auch das Projekt „Future Energy Grid" der acatech in die E-Energy-Förderung einbezogen. Es analysiert die technologischen, wirtschaftlichen, politischen und gesellschaftlichen Erfolgsfaktoren für den Aufbau intelligenter Netze bis zum Jahr 2030. Dabei wird auch die internationale Entwicklung berücksichtigt. Die Ergebnisse zeigen, was bei der Entwicklung von innovativen IKT-Konzepten und Softwaresystemen für den erfolgreichen Umbau der Energieversorgung wichtig ist. Das hilft auch bei der Lösung aktueller Fragen und bei der Entwicklung eines wachstumsfördernden Regulierungsrahmens.

Nun kommt es darauf an, dass dieses neue Wissen schnell und in großer Breite in den weiteren Fortschritt einfließen kann. Dazu trägt der vorliegende Sammelband bei. Ich danke den Herausgebern für ihre Initiative – und wünsche allen Leserinnen und Lesern viel Erfolg bei der Arbeit an innovativen Energiesystemen.

Ihr

Philipp Rösler
*Bundesminister für Wirtschaft und Technologie*

# VORWORT

### VON GÜNTHER OETTINGER, EU-KOMMISSAR FÜR ENERGIE

Die 2020-Agenda der EU enthält eine klare Botschaft. Wirtschaftswachstum und Beschäftigung in Europa werden zunehmend von Innovationen bei Produkten und Dienstleistungen abhängen. Zu diesen Innovationen zählen auch die intelligenten Netze, die der effizienten und nachhaltigen Nutzung natürlicher Ressourcen dienen. Im April 2011 hat die Europäische Kommission eine Mitteilung mit dem Titel „Intelligente Stromnetze: von der Innovation zur Realisierung" vorgelegt. Wenn die bestehenden Netze nicht grundlegend modernisiert und ausgebaut werden, stagniert die regenerative Energieerzeugung. Ferner bleiben Chancen für Energieeinsparungen und Energieeffizienz ungenutzt.

Intelligente Netze sind das Rückgrat des emissionsfreien Stromsystems der Zukunft. Darüber hinaus bietet ihre Entwicklung die Chance, die Wettbewerbsfähigkeit und die weltweite Technologieführerschaft europäischer Anbieter zu fördern. Wir befinden uns in der Frühphase der konkreten Realisierung. In den letzten zehn Jahren wurden in der EU mehr als 5,5 Milliarden Euro in ca. 300 Projekte für intelligente Netze investiert. Derzeit sind in ca. 10 Prozent der Haushalte in Europa intelligente Zähler installiert, und dank dieser Zähler konnten die Verbraucher ihren Energieverbrauch um ganze 10 Prozent senken.

Die EU kann auf die Realisierung von intelligenten Stromnetzen hinwirken, indem sie einen einschlägigen Rechtsrahmen entwickelt, Investitionen anschiebt und Normungsaufträge erteilt. Die Entwicklung gemeinsamer technischer Normen für ein europaweites „Smart Grid" stellt eine Herausforderung dar, ist aber unverzichtbar, wenn wir den Binnenmarkt für Energie bis 2014 vollenden und die letzten „Energieinseln" in der EU bis 2015 in das Verbundnetz einbinden wollen. Die Europäische Kommission hat die europäischen Normungsorganisationen damit beauftragt, europäische Normen für intelligente Zähler, Elektrofahrzeug-Ladegeräte und intelligente Netze zu erarbeiten. Damit die Normen fristgerecht bis 2012 verabschiedet werden, wird die Kommission die Umsetzung der Normungsaufträge überwachen und gegebenenfalls für die Ausarbeitung von Netzkodizes sorgen.

Aber wir müssen auch die Chancen nutzen, die sich außerhalb der EU-Grenzen bieten. So unterstützt die Kommission unter anderem die Entwicklung erneuerbarer Energien in den südlichen Mittelmeerländern. Ein Beispiel ist die Industrieinitiative DESERTEC, die durch die nachhaltige und klimafreundliche Erzeugung von Strom in den Wüsten Nordafrikas nicht nur die Versorgung vor Ort sicherstellen, sondern bis 2050 auch 15 Prozent des Strombedarfs in der EU decken will. Um dies zu ermöglichen, haben Vertreter von DESERTEC und MEDGRID am 24.11.2011 eine Kooperationsvereinbarung unterzeichnet. Da diese beiden Initiativen zusammen einen sehr beeindruckenden Cluster von Unternehmen und Know-how rund um das Mittelmeer bilden, habe ich mit Freude zur Kenntnis genommen, dass sie ihre Kräfte nun zum Wohle aller Beteiligten vereinen wollen.

Ich bin davon überzeugt, dass die Deutsche Akademie der Technikwissenschaften unter ihrem Leitbild des nachhaltigen Wachstums durch Innovation auch zur Verwirklichung der energiepolitischen Ziele der EU beitragen wird. Gestützt auf ihr Netz herausragender Wissenschaftler aus verschiedensten Disziplinen berät sie Wirtschaft, Politik und Öffentlichkeit und wirkt so auf die Lösung globaler Herausforderungen hin, zu denen nicht zuletzt auch die Wettbewerbsfähigkeit, die Versorgungssicherheit und die Nachhaltigkeit in Europa zählen.

Günther H. Oettinger
*EU-Kommissar für Energie*

# VORWORT

**VORWORT VON PROF. DR. HENNING KAGERMANN, acatech PRÄSIDENT**

Im Gegensatz zu anderen klassischen Akademien arbeiten bei acatech – Deutschlands Nationaler Akademie der Technikwissenschaften - Experten aus Wissenschaft, Wirtschaft und anderen gesellschaftlichen Gruppen zusammen. In dieser besonderen Zusammensetzung orientieren aber auch wir uns wie die meisten Akademien weltweit an den globalen Herausforderungen. Denn Energie- und Ressourceneffizienz aber auch der demografische Wandel werden zu neuen entscheidenden Randbedingungen für Innovationserfolg, und Innovation nicht Invention steht im Zentrum unserer Arbeit.

Insofern war es auch nicht überraschend, dass bei einer im Herbst 2011 durchgeführten Befragung von über 60 Experten kein Zukunftsthema auftauchte, das sich nicht in eines der fünf Handlungsfelder der Forschungsunion einordnen ließ: Klima/Energie, Gesundheit/Ernährung, Mobilität, Sicherheit und Kommunikation. Auffällig war jedoch die enorme Bedeutung, die den Informations- und Kommunikationstechnologien (IKT) als Schlüsseltechnologien und Enabler zugeschrieben wurde.

Haupttreiber zukunftsweisender Entwicklungen sind das Internet, eingebettete, softwareintensive Systeme sowie die technische und wirtschaftliche Verschmelzung der physikalischen Welt mit dem Cyber-Space zu Cyber-Physical Systems (CPS). CPS erfassen über Sensoren Daten aus der physikalischen Welt, verarbeiten sie und machen sie als netzbasierte Dienste für die unterschiedlichsten Anwendungen nutzbar. Über Aktoren, die elektronische Signale in mechanische Vorgänge umwandeln, wirken sie direkt auf die physikalische Welt ein. Physikalische Prozesse werden auf bislang einzigartige Art und Weise koordiniert und optimiert, neue Nutzungspotenziale werden erschlossen. CPS begegnen uns überall, als Smart Cars, Smart Factories oder Smart Grids. Sie sind ein entscheidender Schritt zu einem global vernetzten Internet der Dinge, Daten und Dienste. acatech hat erst kürzlich mit „Cyber-Physical Systems. Innovationsmotor für Mobilität, Gesundheit, Energie und Produktion" und „Internet der Dienste" zwei aktuelle Publikationen zu diesem Thema herausgegeben.

Der Trend zu netzbasierten Diensten war schon vor Jahren absehbar. Als wir auf dem ersten IT-Gipfel 2006 nach einem übergreifenden Motto suchten, einigten wir uns auf „Plattformen für vernetzte Systeme". Als Leuchtturmprojekte wurden das Internet der Dinge definiert, das Internet der Dienste sowie als wichtigste Anwendung dieser Konzepte: das Internet der Energie, das später im Rahmen des Förderprogramms E-Energy in verschiedenen Modellregionen erprobt wurde. E-Energy als Weg ins Internet der Energie hat sich noch aus zwei anderen Gründen als sehr erfolgreich herausgestellt: Erkenntnisse aus dem Programm können auch auf andere leitungsgebundene Infrastrukturen wie für Gas und Wasser übertragen werden. Gleichzeitig war das Programm Wegbereiter für andere Innovationen, beispielsweise die Elektromobilität.

Unsere Akademie hat bereits 2009 zusammen mit den anderen Akademien, nämlich der Leopoldina und der Berlin-Brandenburgischen Akademie der Wissenschaften, ein integriertes Energieforschungsprogramm vorgelegt, in dem besonderer Wert auf die sogenannten „No-Regret-Maßnahmen" gelegt wurde: Energieeffizienz, Speicher und intelligente Netze.

Der hier vorliegende Abschlussbericht des acatech Projektes „Future Energy Grid" benennt erstmals die notwendigen

Technologien und Funktionalitäten für Migrationspfade in das Internet der Energie. Er zeigt auf, dass der Verschmelzungsprozess von Energietechnologie und IK-Technologie funktionieren kann.

Damit entstand eine breite neue Fakten- und Datengrundlage mit Nachschlagewerk-Charakter. Erste Zwischenergebnisse und Empfehlungen aus diesem Projekt haben bereits im Juni 2011 Eingang in den Endbericht der Ethikkommission „Sichere Energieversorgung" gefunden und stießen auf breite Resonanz.

Die Analysen bestätigen: IK-Technologien sind ein maßgeblicher Enabler der Energiewende. Die zunehmenden Anforderungen bei der Messung und Regelung von Stromerzeugung, -transport, -speicherung und -verbrauch können nur durch die intelligente Verschmelzung von IK-Technologien und Energietechnik erfüllt werden. Die aus den Ergebnissen abgeleiteten Empfehlungen erscheinen parallel in der Reihe acatech POSITION unter dem Titel „Future Energy Grid. Informations- und Kommunikationstechnologien für den Weg in ein nachhaltiges und wirtschaftliches Energiesystem". Die Kernaussage lautet: Es gibt keine prinzipiellen Hürden, die den Einsatz und den Ausbau von Smart Grids unmöglich machen. Gelingt es jedoch nicht, eine integrierte Gesamtstrategie zu implementieren, welche die wichtigsten Handlungsfelder aufeinander abstimmt, kann sich die Energiewende um viele Jahre verzögern oder schlimmstenfalls ganz scheitern. Smart Grids sind keine wünschenswerte Perspektive, sondern eine Notwendigkeit. Denn die derzeitige Elektrizitätsinfrastruktur ist auf die zukünftig verstärkt zu integrierenden Strommengen aus fluktuierenden erneuerbaren Energiequellen wie Wind und Sonne nicht ausgelegt.

Mit dem Umbau der Elektrizitätsinfrastruktur kommen gewaltige Herausforderungen auf Wirtschaft, Wissenschaft, Politik und Gesellschaft zu. Der jüngst erschienene Bürgerreport des vom Bundesministerium für Bildung und Forschung durchgeführten Bürgerdialogs „Energietechnologien für die Zukunft" gibt für notwendige Maßnahmen deutliche Hinweise. Darüber hinaus bestätigt dieser Dialog, dass die Bürger die Reise in die Energieversorgung der Zukunft nicht nur als Trittbrettfahrer begleiten dürfen, sondern bereits frühzeitig aktiv in die Prozesse mit eingebunden werden müssen.

Danken möchte ich dem Bundesministerium für Wirtschaft und Technologie für die Förderung des Projekts im Rahmen des E-Energy-Programms. Mit der vorliegenden Analyse wird einmal mehr deutlich: Die erfolgreiche Umsetzung der Energiewende wird von der richtigen Kombination von technologischen Innovationen mit sozialen und Geschäftsmodellinnovationen abhängen. Die Komplexität der Systeme nimmt zu, auch bei der Energieversorgung. Nur durch koordinierte Zusammenarbeit aller Akteure und ein straffes Monitoring wird es uns gelingen, das in dieser Studie beschriebene Szenario „Komplexitätsfalle" zu vermeiden und ein Smart Grid im Einklang mit den energiepolitischen Zielen der Energiewende in vollem Umfang zu etablieren.

Ihr

Henning Kagermann
*acatech Präsident*

# KURZFASSUNG

Ziel und Tempo der Energiewende sind gesetzt. Bis 2022 will Deutschland aus der Stromproduktion in Kernkraftwerken aussteigen. Schon seit Längerem ist geplant, dass die Energieerzeugung aus fossiler Primärenergie wie Gas und Kohle bis 2050 stufenweise weitgehend durch erneuerbare Energieträger abgelöst wird. Immense Herausforderungen kommen mit der Aufgabe „Energiewende" auf Politik, Wirtschaft, Wissenschaft und Bevölkerung zu. Für die erfolgreiche Integration von Wind- und Sonnenenergie in das Energiesystem und die dadurch bedingten neue Prozesse, Marktrollen und Technologien ist die Informations- und Kommunikationstechnologie (IKT) ein wichtiger Enabler. Das deutsche Elektrizitätssystem ist bereits im Umbruch. Schon seit einigen Jahren passt es sich an deutlich geänderte energie- und umweltpolitische Rahmenbedingungen an. Seit dem Jahr 2000 fördert und garantiert das Erneuerbare-Energien-Gesetz (EEG) die vorrangige Nutzung regenerativ erzeugten Stroms. Die verpflichtende Teilnahme der Industrie am Handel mit Emissionszertifikaten sowie das Ziel der Bundesregierung Treibhausgasemissionen zu mindern, tragen zudem zur erhöhten Energieeffizienz bei. Gleichzeitig wird neben diesen staatlichen Eingriffen in den Markt versucht, den Wettbewerb auf dem Energiemarkt zu verstärken. Die Weichen für den Weg von einer zentralen zu einer dezentralen und von einer konventionellen zu einer regenerativen Erzeugungsstruktur sind gestellt.

### Regenerativ, dezentral und fluktuierend – Herausforderungen der Energiewende

Der Wechsel zu erneuerbaren Energien bedeutet meist eine fluktuierende Stromerzeugung. Das Stromangebot, das aufgrund des zunehmenden Anteils von Windparks und Photovoltaik (PV)-Anlagen stärker fluktuiert, muss mit der ebenfalls schwankenden Nachfrage deckungsgleich zusammengeführt werden. Zusätzlich stellt sich das Problem, dass ein großer Teil dieses Angebots auf dezentraler Einspeisung beruht, also von Anlagen, die in das Verteilnetz einspeisen. Während der Stromfluss früher Top-Down, also von hoher zu niedriger Spannung verlief, kommt es nun vermehrt zu Rückflüssen aus den unteren Spannungsebenen. An diesen bidirektionalen Stromverkehr muss die Netzinfrastruktur angepasst werden. So sollen beispielsweise vermehrt intelligente Ortsnetzstationen erbaut und damit das Verteilnetz für die Koordination bidirektionaler Lastflüsse ausgerüstet werden. Im gesamten Verteilnetz erhöht sich der Bedarf für die zeitlich hoch aufgelöste Messung, Regelung und Automatisierung des Stromflusses. Zusätzlich zu den aktuellen Entwicklungen auf der Erzeugerseite wird sich zukünftig die Verbrauchscharakteristik verändern: Elektromobilität, Wärmepumpen und weitere Verbraucher werden eine neue Dynamik in das Verteilnetz bringen und in das Smart Grid eingebunden sein. Variable Tarife können ebenfalls zu einer erhöhten Netzbelastung führen. Bei weiterer Umstellung auf erneuerbare Energieträger ist damit zu rechnen, dass zunehmend Strom auch zur Bereitstellung von Wärme und Mobilitätsenergie dient.

Um erneuerbare Energien einzubinden, muss die Netzinfrastruktur auf allen Ebenen ausgebaut werden. Das Stromsystem der Zukunft wird neben dem Zubau großer Trassen für die Langstreckenübertragung vor allem im Bereich des Verteilnetzes eine deutliche Veränderung erfahren. Zum Ausgleich von Angebot und Nachfrage werden Speicher eine zunehmend wichtige Rolle spielen. Je nach betrachteter Zeitskala (vom Subsekundenbereich bis zum saisonalen Ausgleich) werden verschiedene Technologien zum Einsatz kommen. Parallel zu den technischen Veränderungen kommt es auf dem Energiemarkt zu neuen Entwicklungen. Auf der einen Seite wird der Wettbewerb deutlich zunehmen, auf der anderen Seite wird zunehmend direkt in den Markt eingegriffen werden müssen, um Klimaschutzziele zu erreichen und den Verbraucher zu schützen.

Einhergehend mit den technischen Veränderungen werden sich also auch die Marktstrukturen deutlich wandeln, Endverbraucher und Kleinsterzeuger werden vermehrt direkt am Marktgeschehen teilhaben. Neue Vertriebs- und Geschäftsmodelle, die durch den vermehrten Einsatz von

IKT umsetzbar werden, schaffen Anreize für Verbraucher, ihr Energieverhalten zu ändern. Durch die große installierte Leistung erneuerbarer Erzeugungsanlagen wird es regelmäßig zu Situationen kommen, in denen im Gesamtsystem mehr Strom produziert als aktuell nachgefragt wird. Für diese Situation müssen neue Märkte oder Marktregeln geschaffen werden, die das energiewirtschaftliche Zieldreieck realisieren.

Sicherheit und Wirtschaftlichkeit der Energieversorgung sind für eine hoch technisierte Industrienation bei dem Weg in eine nachhaltige Energieversorgung ein Muss. IKT und entsprechende Kommunikationsstandards können zur Bewältigung dieser Herausforderungen beitragen. Durch die Nutzung von IKT sollen eine verbesserte Integration der dezentralen Erzeuger und die Abstimmung von Erzeugung und Verbrauch sowie ein größerer Kundennutzen erreicht werden. Die grundsätzlichen Herausforderungen sind sowohl in der Energiewirtschaft als auch in der Politik gleichermaßen bekannt. An vielen Stellen wird bereits an einer Lösung gearbeitet. Das zeigt das Beispiel der sechs Modellregionen im Rahmen der E-Energy-Initiative des Bundesministeriums für Wirtschaft und Technologie (BMWi).

### Vorgehen und Aufbau der Studie

Die vorliegende Studie beschreibt, welcher Migrationspfad in das „Future Energy Grid" (FEG) bis zum Jahr 2030 zu beschreiten ist.

Dazu wurde ermittelt, auf welche möglichen Zukunftsszenarien sich dieser Migrationspfad beziehen muss. Um die Szenarien zu erstellen, wurden die maßgeblichen Schlüsselfaktoren ermittelt, nämlich Ausbau der elektrischen Infrastruktur, Verfügbarkeit einer systemweiten IKT-Infrastruktur, Flexibilisierung des Verbrauchs, Energiemix, neue Services und Produkte, Endverbraucherkosten, Standardisierung und die politischen Rahmenbedingungen.

Diese acht Schlüsselfaktoren werden in unterschiedlichen Ausprägungen miteinander kombiniert und zu drei konsistenten Szenarien für das Jahr 2030 verbunden:

1. „20. Jahrhundert": Das Energieversorgungssystem basiert auf zentraler nicht fluktuierender Erzeugung, welche den Lastfolgebetrieb wie im 20. Jahrhundert erlaubt. Es gibt nur sehr wenige neue IKT-basierte Dienstleistungen am Markt. Es wird in der Regel nicht auf variable Tarife gesetzt. Die Gesetzgebung hat diesen Weg konsequent umgesetzt und den Wettbewerb gestärkt.

2. „Komplexitätsfalle": Obwohl ein starker gesellschaftlicher und politischer Wille zur Energiewende besteht, konnte dieser nicht operativ in ein einheitliches Gesetzeswerk umgesetzt werden. Die maßgeblichen Akteure konnten sich nicht auf ein einheitliches Vorgehen und einheitliche Standards einigen. Dies führt auch zu Problemen beim Ausbau der elektrischen Infrastruktur. Das Angebot neuer Energiedienstleistungen ist auf wenige grundlegende Funktionen beschränkt. Die Uneinheitlichkeit der Entwicklungen schlägt sich in hohen Kosten für das Energieversorgungssystem nieder.

3. „Nachhaltig Wirtschaftlich": Der Umbau des Energiesystems ist bis 2030 erfolgreich verlaufen. Smart Grids haben dazu einen wichtigen Beitrag geleistet. Durch eine Abstimmung zwischen Energiepolitik, Gesellschaft, Energieversorgern und Technologieanbietern konnte der Umbau nach einem langfristigen Plan gelingen. Die Versorgung mit elektrischer Energie basiert überwiegend auf regenerativen Energiequellen. Die systemweite IKT-Infrastruktur bildet gemeinsam mit den bedarfsgerecht ausgebauten Übertragungs- und Verteilnetzen das Rückgrat für den effizienten Betrieb der Energieversorgung sowie die Plattform für eine Vielzahl neuer Services, die als Treiber für neuartige Geschäftsmodelle dienen. Der Wettbewerb auf dem Energiemarkt hat zugenommen.

Im nächsten Schritt ist die Frage zu beantworten, welcher Technologiefortschritt für das jeweilige Szenario notwendig ist. Grundsätzlich lassen sich alle relevanten IKT-nahen Technologiefelder drei (IKT-) Systemebenen zuordnen: der geschlossenen Systemebene, die im Wesentlichen in der Hand der Netzverantwortlichen liegt, der vernetzten Systemebene mit einer Vielzahl von Akteuren und der IKT-Infrastrukturebene, die den Informationsaustausch sicherstellt.

Die mögliche Entwicklung jedes Technologiefelds lässt sich auf bis zu fünf Entwicklungsschritte bis zum Jahr 2030 unterteilen. Für jedes der Szenarien wird dargestellt, bis zu welchem Grad sich ein Technologiefeld entwickeln muss, damit das in dem jeweiligen Szenario beschriebene Gesamtsystem realisiert werden kann. Eine große Herausforderung ist die wechselseitige logische Abhängigkeit der Technologien in ihrer Entwicklung. Um den Migrationspfad zu ermitteln, wurden daher alle Abhängigkeiten zwischen den Entwicklungsschritten ermittelt. So entsteht pro Szenario eine Gesamtübersicht, die aufgrund der ermittelten Abhängigkeiten eine zeitliche Abfolge der notwendigen Entwicklungen erlaubt.

**Der Weg zum Future Energy Grid**
Das Szenario „Nachhaltig Wirtschaftlich" entspricht am ehesten den Zielen der Energiewende und wurde daher besonders analysiert. Es stellt sich heraus, dass die Entwicklung bis 2030 in drei Phasen erfolgt:

1. In der Konzeptionsphase (2012-2015) insbesondere in der geschlossenen Systemebene werden die Weichen für die weitere Entwicklung gestellt.

2. Die Integrationsphase (2016-2020) ist dadurch gekennzeichnet, dass die Systeme der geschlossenen Systemebene zunehmend Zugriffsmöglichkeiten auf die Komponenten der vernetzten Systemebene erlangen. Die zügige Entwicklung der IKT-Infrastrukturebene ist dazu ein wichtiger „Trigger".

3. In der Fusionsphase (2021-2030) verschmelzen sowohl die geschlossene Systemebene mit der vernetzten Systemebene als auch das elektrotechnische System mit dem IKT-System. Die nun hohe gegenseitige Abhängigkeit zwischen geschlossener und vernetzter Systemwelt verlangt insbesondere nach einem hohen Entwicklungsstand bei den Querschnittstechnologien und der IKT-Konnektivität. Der Sicherheit kommt eine große Bedeutung zu.

In jeder Phase gibt es kritische Abhängigkeiten bei der Technologieentwicklung. Auf diese kritischen Punkte muss besonderes Augenmerk gelegt werden.

Neben den notwendigen technologischen Entwicklungsschritten bedarf der erfolgreiche Umbau des Energienetzes auch politisch, ökonomisch, gesellschaftlich und international förderlicher Rahmenbedingungen. Ein Future Energy Grid bietet nicht nur eine Lösung für die Energiewende. Es ist auch mit wirtschaftlichen Perspektiven für Deutschland verbunden. Um Deutschlands Chancen als Vorreiter und Exporteur von Smart-Grid-Technologien einzuschätzen, ist die Entwicklung des Energiesystems hierzulande im Vergleich mit ausgewählten Ländern international einzuordnen. Deutschland hat die Chance zur Technologieführerschaft im Bereich Smart Grids. Laufende Demonstrationsprojekte für Smart-Grid-Technologien, beispielsweise die Modellregionen der E-Energy-Initiative des BMWi, helfen Deutschland dabei, ausländische Märkte zu erschließen. Ein sich abzeichnender Fachkräftemangel kann hier jedoch hinderlich wirken. Zum Teil investieren andere Länder erheblich mehr in Smart Grids und haben in einigen Bereichen einen Technologievorsprung.

Die Gesetzgebung muss angesichts der einschneidenden Veränderungen deutlich angepasst werden, um sowohl den Wettbewerb als auch die erneuerbare Einspeisung so zu fördern, dass eine große Wertschöpfung durch den Einsatz intelligenter Technologien möglich wird. Maßnahmen für die Integration erneuerbarer Energien in ein Marktdesign, das auch die Belange des Verteilnetzes berücksichtigt, werden hier beschrieben. Ein breiter Rollout von elektronischen Zählern wird sowohl aus technischer als auch Marktsicht kritisch gesehen.

Die Umgestaltung des Energiesystems muss den Verbraucher mitnehmen. Auch wenn diese Studie im Kern die technologischen Migrationspfade behandelt, werden Akzeptanzfragen intensiv betrachtet. Verbraucher sind in die Entwicklung des Smart Grids eingebunden und stehen bei vielen Entwicklungen sogar im Zentrum. „Die Verbraucher" sind keine homogene Masse, sondern unterscheiden sich deutlich nach Wertvorstellungen, Einkommen, Präferenzen usw. Daher wurde anhand von „Milieus" untersucht, wie eine sinnvolle Einbindung aussieht oder auch welche Milieus eine Vorreiterrolle einnehmen können. Dies sind für die hier betrachteten Themen die sogenannten „Liberal-intellektuellen" und „Performer", also Milieus mit hohem Einkommen und die gegenüber Neuerungen aufgeschlossen sind. Eine offene Kommunikation über Kosten, Nutzen, Risiken und Gestaltungsmöglichkeiten ist für die anderen Verbrauchergruppen von großer Bedeutung. Ein Mitwirken an den Entwicklungen ist dabei ein wichtiger Faktor, um Akzeptanz zu erreichen. Setzen sich attraktive Produkte im Umfeld des Future Energy Grids am Markt durch, stellt sich die Frage nach der Akzeptanz bereits nicht mehr.

Die vorliegende Studie möchte einen Beitrag leisten, die oft unübersichtliche Themenvielfalt in einen strukturierten Zusammenhang zu stellen und so zur Diskussion um den besten Weg in das zukünftige IKT-gestützte Energieversorgungssystem maßgeblich beitragen.

Aufgrund der notwendigen Verschmelzung von IKT und Energietechnik im Future Energy Grid und der vielen Themen wurde die Studie in einem interdisziplinären Projekt erarbeitet, an dem Technikexperten aus verschiedenen Disziplinen und Branchen als auch Experten für Ökonomie und Sozialwissenschaften beteiligt waren.

# PROJEKT

Auf Grundlage dieser Studie entstand in dem Projekt auch die acatech POSITION *Future Energy Grid – Informations- und Kommunikationstechnologien für den Weg in ein nachhaltiges und wirtschaftliches Energiesystem*.

> **AUTOREN**

- Christian Dänekas, OFFIS
- Dr.-Ing. Andreas König, acatech Geschäftsstelle
- Dr. Christoph Mayer, OFFIS
- Sebastian Rohjans, OFFIS
- Stefan Bischoff, IWI-HSG Universität St. Gallen
- Dr. Andreas Breuer, RWE Deutschland AG
- Torsten Drzisga, Nokia Siemens Networks Deutschland GmbH & Co. KG
- Jan Hecht, SINUS Markt- und Sozialforschung GmbH
- Michael Holtermann, European School of Management and Technology ESMT
- Dr. Till Luhmann, BTC AG
- Mathias Maerten, Siemens AG
- Dr. Michael Stadler, BTC AG
- Prof. Dr. Orestis Terzidis, SAP AG
- Wolfgang Plöger, SINUS Markt- und Sozialforschung GmbH
- Thomas Theisen, RWE Deutschland AG
- Prof. Dr. Felix Wortmann, IWI-HSG Universität St. Gallen
- Prof. Dr. Anke Weidlich, SAP AG
- Dr. Jens Weinmann, European School of Management and Technology ESMT
- Prof. Dr. Robert Winter, IWI-HSG Universität St. Gallen
- Carsten Wissing, OFFIS

> **PROJEKTLEITUNG**

- Prof. Dr. Dr. h.c. Hans-Jürgen Appelrath, Universität Oldenburg/OFFIS/acatech
- Prof. Dr. rer. nat. Dr.-Ing. E. h. Henning Kagermann, acatech Präsident

> **PROJEKTGRUPPE**

- Prof. Dr. rer. nat. habil. Frank Behrendt, TU Berlin/acatech
- Dr. Andreas Breuer, RWE Deutschland AG
- Prof. Dr. Dr. h.c. Manfred Broy, TU München/acatech
- Christoph Burger, European School of Management and Technology ESMT
- Christian Dänekas, OFFIS
- Torsten Drzisga, Nokia Siemens Networks Deutschland GmbH & Co. KG
- Dr. Jörg Hermsmeier, EWE AG
- Prof. Dr.-Ing. Bernd Hillemeier, TU Berlin/acatech
- Ludwig Karg, B.A.U.M. Consult
- Prof. Dr. Jochen Kreusel, Verband der Elektrotechnik Elektronik Informationstechnik e.V.
- Dr. Till Luhmann, BTC AG
- Mathias Maerten, Siemens AG
- Prof. Dr. Friedemann Mattern, ETH Zürich/acatech
- Dr. Christoph Mayer, OFFIS
- Sebastian Rohjans, OFFIS
- Dr. Michael Stadler, BTC AG
- Prof. Dr. Orestis Terzidis, SAP AG
- Thomas Theisen, RWE Deutschland AG
- Prof. Dr. Klaus Vieweg, Friedrich-Alexander-Universität Erlangen-Nürnberg/acatech
- Prof. Dr. Anke Weidlich, SAP AG
- Dr. Michael Weinhold, Siemens AG
- Carsten Wissing, OFFIS

## > AUFTRÄGE/MITARBEITER

**European School of Management and Technology, ESMT**
- Michael Holtermann
- Dr. Jens Weinmann

**IWI-HSG Universität St. Gallen**
- Prof. Dr. Felix Wortmann
- Prof. Dr. Robert Winter
- Stefan Bischoff

**SINUS Markt- und Sozialforschung GmbH**
- Wolfgang Plöger
- Jan Hecht

## > KONSORTIALPARTNER

OFFIS, Institut für Informatik, Universität Oldenburg

## > PROJEKTKOORDINATION

- Christian Dänekas, OFFIS
- Dr. Ulrich Glotzbach, acatech Geschäftsstelle
- Dr.-Ing. Andreas König, acatech Geschäftsstelle
- Dr. Christoph Mayer, OFFIS

## > PROJEKTLAUFZEIT

01.09.2010 bis 29.02.2012

## > FINANZIERUNG

Das Projekt wurde im Rahmen der E-Energy-Initiative vom Bundesministerium für Wirtschaft und Technologie (BMWi) gefördert (Förderkennzeichen 01ME10013 und 01ME10012A).

Gefördert durch:

aufgrund eines Beschlusses
des Deutschen Bundestages

Projektträger: Projektträger im Deutschen Zentrum für Luft- und Raumfahrt (DLR)

acatech dankt außerdem den folgenden Unternehmen für ihre Unterstützung: EWE AG/BTC AG, Nokia Siemens Networks GmbH & Co. KG, RWE Deutschland AG, SAP AG, Siemens AG

acatech bedankt sich bei allen Experten, die an der Befragung teilgenommen haben; zudem bei den Personen und Institutionen, die der Projektgruppe beratend zur Seite gestanden haben.

- Dr. Petra Beenken, OFFIS
- Dr. Heiko Englert, Siemens AG
- Prof. Dr.-Ing. Manfred Fischedick, Wuppertal Institut für Klima, Umwelt, Energie GmbH
- Dr. Oliver Franz, RWE Deutschland AG
- Ingo Gast, Siemens AG
- Roland Grupe, OFFIS
- Claus Kern, Siemens AG
- Dr. Louis R. Jahn, Electrical Edison Institute (EEI), Washington D.C.
- Torsten Knop, RWE Deutschland AG
- Wolfgang Krauss, SAP AG
- Jun.-Prof. Dr. Sebastian Lehnhoff, OFFIS
- Dr. Andreas Litzinger, Siemens AG
- Dr.-Ing. Mathias Uslar, OFFIS
- Dr. Thomas Werner, Siemens AG

# 1 EINLEITUNG UND GEGENSTAND DER STUDIE

Ziel und Tempo der Energiewende sind gesetzt. Der Ausstieg aus der Stromproduktion in Kernkraftwerken soll bis 2022 geschafft sein. Eine Elektrizitätserzeugung, die auf erneuerbaren Energien beruht, soll die bisherige Erzeugung auf der Grundlage von Kohle, Kernbrennstoffen und Erdgas bis 2050 stufenweise weitgehend ablösen und damit maßgeblich zu den Klimaschutzzielen der Bundesregierung beitragen. Der Weg zu diesen Zielen ist für die Beteiligten hingegen noch nicht deutlich einsehbar. Viele offene Fragestellungen technischer, ökonomischer, legislativer und gesellschaftlicher Natur verstellen den Blick auf eine klare Strategie zur Erreichung der energiepolitischen Ziele. Vielschichtige Aufgaben und immense Herausforderungen kommen mit der Mammutaufgabe „Energiewende" auf Politik, Wirtschaft, Wissenschaft und Bevölkerung zu. Ein wichtiger Enabler für die erfolgreiche Integration von Wind- und Sonnenenergie sowie für neue Prozesse, Marktrollen und Technologien ist die Informations- und Kommunikationstechnologie (IKT). An diesem Punkt setzt die hier vorliegende Studie an.

— Wie kann die IKT zum Gelingen der Energiewende beitragen?[1]
— Wie können technologische Migrationspfade in das zukünftige Energiesystem aussehen?
— Was kann und muss parallel zur Technologieentwicklung getan werden, damit die Energiewende im Hochindustrieland Deutschland erfolgreich und beispielhaft für andere Staaten umgesetzt werden kann?

Die hier vorliegenden Analysen, Konzepte und Visionen zur Beantwortung dieser Fragen konzentrieren sich dabei auf den Beitrag aus der IKT sowie auf die notwendigen und möglichen Entwicklungen in diesem Bereich. Dabei kommt der Verschmelzung von IKT und Energietechnik (elektrische Netzinfrastruktur, Speicher, Stromerzeugungs- sowie -nutzungstechnologie) eine besondere Rolle zu.

Auf der Grundlage des aktuellen Stands der Forschung und Entwicklung erfasst die Studie die derzeitigen Veränderungen des Elektrizitätssystems und wirft mithilfe von Annahmen für die zukünftige Technologie-, Markt- und Politikentwicklung einen konstruktiven Blick aus der Vogelperspektive auf den Weg in das „Internet der Energie" (IdE) bis zum Jahr 2030. Für insgesamt drei Szenarien, die den Zukunftsraum umreißen, werden 19 systembestimmende Technologiefelder (Kapitel 3) identifiziert und darauf aufbauend detaillierte technologische Migrationspfade (Kapitel 4) in das Elektrizitätssystem der Zukunft abgeleitet. Über einen internationalen Vergleich mit den Entwicklungen im europäischen und außereuropäischen Ausland wird darüber hinaus der Benchmark für die aktuellen Entwicklungen in Deutschland beschrieben und das Optimierungs- sowie Lernpotenzial benannt (Kapitel 5). Begleitend zu den technologischen Fragestellungen werden auch ausgewählte Aspekte zu Optionen und Restriktionen bei der Rahmengesetzgebung und Regulierung (Kapitel 6) sowie zur Technikakzeptanz in der Bevölkerung (Kapitel 7) adressiert.

Die vorliegende Studie möchte einen Beitrag leisten, die oft unübersichtliche Themenvielfalt in einen strukturierten Zusammenhang zu stellen und so an der Diskussion um den besten Weg in das zukünftige IKT-gestützte Energieversorgungssystem maßgeblich teilhaben.

**Das historisch gewachsene Elektrizitätssystem in Deutschland bis zum Beginn des 21. Jahrhunderts**
Den Ausgangspunkt für die Energiewende stellt ein über Jahrzehnte gewachsenes zuverlässiges und bewährtes Elektrizitätssystem dar. Infrastruktur und Dynamik des deutschen Stromsystems lassen sich folgendermaßen skizzieren:

Die Erzeugungsstruktur für Strom in Deutschland ist systembedingt durch den gerichteten Lastfluss (Erzeugung – Transport – Verteilung – Nutzung) von zentralen Großer-

---

[1] Einen Überblick über die Forschungsfragen gibt Appelrath et al. 2011.

zeugern, wie zum Beispiel Kernkraft- und Kohlekraftwerke, geprägt. Die zentralen Großkraftwerke speisen den Strom auf der Höchstspannungsebene (220 bis 380 kV) ein. Die Hochspannungsnetze (110 kV) dienen zwar als Einspeisenetz für kleinere Kraftwerke und stehen heutzutage vor allem für größere Windparks zur Verfügung, galten aber in der ursprünglichen Planung als Weiterverteilungssystem, um den Strom über Mittelspannungsnetze (10 bis 40 kV) bereitzustellen. In Verbrauchernähe (zum Beispiel am Ortsrand) wird der Strom in Umspannwerken zunächst auf die Mittel- und schließlich in Ortsnetzstationen auf die Niederspannungsebene (230 bis 400 V) transformiert und dem Endverbraucher zur Verfügung gestellt.

Alternativ zu der Unterteilung in diese vier Spannungsebenen kann das Netz entsprechend der jeweiligen Funktion in das Übertragungs- und das Verteilnetz untergliedert werden. Für den Langstreckentransport, beispielsweise zwischen Nord- und Süddeutschland, wird das Übertragungsnetz genutzt, welches durch die Gesamtheit der Netzteile auf der Höchstspannungsebene gebildet wird. Das Übertragungsnetz ist durch die meist überirdisch verlaufenden Freileitungen mit den sichtbaren Strommasten charakterisiert. Es gibt derzeit vier Übertragungsnetzbetreiber (ÜNB) in Deutschland. Für den Transport in Verbrauchernähe oder den Kurzstreckentransport wird das Verteilnetz genutzt, in dem die Hoch-, Mittel- und Niederspannungsnetze zusammengefasst werden. Hier wird der Strom zumeist über Erdkabel übertragen. Im Vergleich zu der Zahl der ÜNB ist die Zahl der Verteilnetzbetreiber (VNB) in Deutschland mit etwa 866 deutlich höher. Von den insgesamt 1,73 Millionen km Netzlänge im Jahr 2009 in Deutschland waren 35 000 km (ca. 2 Prozent) dem Höchstspannungsnetz und damit dem Übertragungsnetz zuzuordnen. Mit 76 800 km (ca. 4 Prozent) in der Hochspannungsebene, 497 000 km (ca. 29 Prozent) in der Mittelspannungsebene und 1,12 Millionen km (65 Prozent) in der Niederspannungsebene liegt der Anteil für das Verteilnetz demnach bei rund 98 Prozent des gesamten deutschen Netzes.[2] Die Verbindung der verschiedenen Netzabschnitte und Spannungsebenen wird durch Kuppelstellen, Schaltanlagen und rund 550 000[3] Transformatoren geregelt.

Der Stromfluss im Netz war in der Vergangenheit stets von den großen Erzeugern hin zu den Verbrauchern gerichtet. Bidirektionale Flüsse waren in der ursprünglichen Versorgungsaufgabe nicht abgebildet und traten in der Vergangenheit lediglich im Übertragungsnetz, also bei der Langstreckenübertragung auf. Im Verteilnetz verlief der Stromfluss stets in eine Richtung. Die Stromerzeugung folgte der Last, das heißt dem Stromverbrauch. Dies ist in weiten Teilen auch heute noch der Fall: Steigt der Stromverbrauch, wird die Leistung einzelner Kraftwerke erhöht oder es werden zusätzliche Kraftwerke hinzugeschaltet. Umgekehrt verhält es sich, wenn die Last abnimmt. In Deutschland – wie auch in allen anderen Ländern – besteht also ein lastgeführtes Elektrizitätssystem. Die Verbraucher dürfen dem Netz zu jeder Zeit so viel Strom entnehmen, wie sie möchten bzw. wie es die physikalischen Gegebenheiten der Netzinfrastruktur zulassen. Die vom Gesetzgeber auferlegte Pflicht zur Bereitstellung einer an diese Bedingungen angepassten Netzinfrastruktur, das heißt die Errichtung und Aufrechterhaltung der Netzinfrastruktur sowie die Gewährleistung der Netzverfügbarkeit, obliegt für das Verteilnetz den VNB und für das Übertragungsnetz den ÜNB.

Die Versorgung der Verbraucher (private Haushalte und Gewerbekunden < 100 000 kWh/a) mit Strom aus dem Netz richtet sich nach den Standardlastprofilen, welche auf Erfahrungswerten zum Stromverbrauch in der Vergangenheit beruhen und regelmäßig aktualisiert werden. Nach diesen Profilen speisen die Erzeuger im 15-Minuten-Takt bestimmte Strommengen in das Netz ein, ohne dabei genau zu wissen, wie der exakte Verbrauch bei den Endkunden sich zu

---

[2] BNetzA 2010a, S. 84-85.
[3] BDEW 2011a.

Abbildung 1: Aufbau, Bestandteile und Aufgaben der Elektrizitätsinfrastruktur (verändert nach RWE)

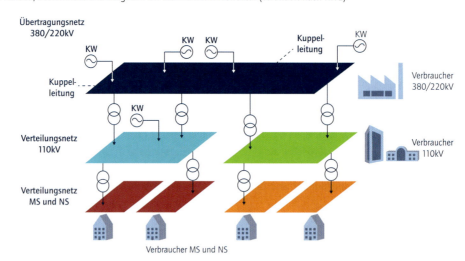

diesem Zeitpunkt wirklich gestaltet. Unstimmigkeiten zwischen geschätztem Lastprofil und tatsächlichem Verbrauch werden kurzfristig ausgeregelt. Für diese konventionelle Erzeugungs- und Versorgungscharakteristik ist die bestehende Netzinfrastruktur konzipiert und ausgelegt (siehe Abbildung 1).

Neben dem Technik-Know-how ist zum Verständnis des Elektrizitätssystems in Deutschland auch die Kenntnis des Marktes vonnöten. Rund 83 Prozent des Stroms in Deutschland wurden im Jahr 2009 von vier großen Energieversorgungsunternehmen (EVU) erzeugt.[4] Neben diesen Erzeugungsunternehmen gibt es rund 300[5] Stadtwerke bzw. regionale Erzeuger und Versorger mit Erzeugungseinheiten von mehr als 1 MW elektrische Leistung. Diese tragen zusammen mit einer stark schwankenden Anzahl weiterer Klein- und Kleinsterzeuger zum Rest der innerdeutschen Stromerzeugung bei. Bis etwa Mitte der 1990er Jahre wurden die Netze zum Großteil von den EVUs betrieben und waren in deren Besitz. Somit lag die gesamte Wertschöpfungskette, von der Erzeugung und dem Vertrieb bis hin zur Bereitstellung, zumeist in einer Hand. Seit 1998 ist im Energiewirtschaftsgesetz (EnWG) die eigentumsrechtliche Entflechtung der Stromproduktion und -verteilung (Unbundling) geregelt, die seitdem zu einer substanziellen Veränderung der Wettbewerbssituation geführt hat. Das Unbundling wurde energiepolitisch von der Bundesregierung über das EnWG bzw. von der EU über die Binnenmarktrichtlinie Elektrizität eingeführt, um Monopolstellungen zu vermeiden und mehr Wettbewerb unter den Stromanbietern zu gewährleisten. Dieser Prozess dauert bis heute an und die dadurch entstandenen Markt- und Anbieterstrukturen prägen das aktuelle Bild der Energiewirtschaft.

Die Nutzung der IKT innerhalb dieser Netzinfrastruktur hat in den letzten Jahrzehnten parallel zu der Weiterentwicklung der technischen Möglichkeiten kontinuierlich zugenommen. Der Einsatz der IKT im Elektrizitätssystem

---

[4] BNetzA 2010a, S. 19.
[5] BDEW 2011b.

beschränkt sich jedoch auf innerbetriebliche und wenig kommunikative Insellösungen im Bereich der Messung und Regelung, wie dies bei EVUs und Netzbetreibern der Fall ist. Im Hinblick auf die Netzinfrastruktur konzentriert sich der Einsatz der IKT auf den Anteil des Übertragungsnetzes (2 Prozent des Gesamtnetzes), da es hier regelmäßig zu bidirektionalen Stromflüssen kommt, die einer Regelung und Überwachung bedürfen. Das Verteilnetz ist im Hinblick auf den Einsatz der IKT bis heute weitestgehend als ein blinder Fleck zu bewerten.

## Aktuelle Veränderungen im deutschen Elektrizitätssystem und ihre Auswirkungen

Angestoßen durch sich verändernde energie- und umweltpolitische Rahmenbedingungen ist die kontinuierliche Anpassung des deutschen Elektrizitätssystems an neue technische Gegebenheiten und Anforderungen bereits seit einigen Jahren in vollem Gange. Seit dem Jahr 2000 fördert und garantiert das Gesetz für den Vorrang erneuerbarer Energien (Erneuerbare-Energien-Gesetz, EEG) als Nachfolger des Stromeinspeisegesetzes die vorrangige Nutzung regenerativ erzeugten Stroms und führt damit bis heute zu einem stetigen und substanziellen Umbau des Systems. Die verpflichtende Teilnahme der Energieindustrie am Handel mit Emissionszertifikaten sowie das Ziel der Bundesregierung zur Minderung von Treibhausgasemissionen, tragen zudem zur Erhöhung des Anteils erneuerbarer Energien im Energiesystem bei. Mit dem im Sommer 2011 beschlossenen beschleunigten Ausstieg aus der Kernenergienutzung in Deutschland bis zum Jahr 2022 wurde ein weiterer Treiber für eine fundamentale Veränderung des Energiesystems verankert, welcher dem Erreichen der energiepolitischen Vorgaben im Energieprogramm der Bundesregierung[6] weiteren Vortrieb leisten wird. Die Weichen für einen vermehrten Ausbau dezentraler Erzeugung auf der Basis erneuerbarer Energien sind damit gestellt.

Die energiepolitischen Ziele im Energiekonzept der Bundesregierung und der derzeit geltende Maßnahmenkatalog weisen den Weg von einer zentral dominierten zu einer dezentral dominierten und von einer konventionellen zu einer regenerativen Erzeugungsstruktur. Damit wird der Wechsel von einer kontinuierlichen hin zu einer fluktuierenden Erzeugungscharakteristik und von einem last- zu einem erzeugungsgeführten System bewirkt. Dies hat zur Folge, dass sich bekannte und sich stets wiederholende Erzeugungs- und Nutzungscharakteristika zugunsten sehr dynamischer und flexibler Muster mit zunehmendem Abstimmungsbedarf verändern. Das schwankende Stromangebot aus dezentraler Erzeugung, zum Beispiel aus Windparks und Photovoltaik (PV)-Anlagen, muss mit der ebenfalls schwankenden Nachfrage deckungsgleich zusammengeführt werden, um die Netzstabilität und die sehr hohe Versorgungssicherheit in Deutschland nicht zu gefährden. Die zunehmende Stromerzeugung im Verteilnetz führt dazu, dass lokal mehr Strom erzeugt als verbraucht wird, sich also der Lastfluss umgekehrt. Dies führt zu einer erhöhten Belastung der Netzinfrastruktur. Dadurch erhöht sich der Bedarf für die Messung, Regelung und Automatisierung des Stromflusses sowie für eine regional hochauflösende Überwachung und Steuerung im gesamten Netz.

Für die Gewährleistung der Versorgungssicherheit stellen die skizzierten Entwicklungen sowohl eine große technische als auch eine enorme ökonomische Herausforderung dar. Die dafür notwendige, kontinuierliche technische Anpassung besteht derzeit aus dem Ausbau und der Ertüchtigung der Netzinfrastruktur, dem Zubau von Speicherkapazität und der Einführung eines IKT-basierten Einspeisemanagements.

Die derzeit in der Netzstudie II der Deutschen Energie-Agentur (dena) vorgestellten Netzausbaumaßnahmen verdeutlichen die Notwendigkeit, die große geografische Entfernung zwischen Erzeugungsschwerpunkten für Windenergie

---

[6] BUND 2011.

im Norden Deutschlands und den großen Verbrauchszentren im Süden zu überbrücken. Der Bedarf an Übertragungsleitungen wird bis 2015 auf rund 850 Kilometer und bis 2020 etwa 3 600 Kilometer geschätzt. Dabei konzentriert man sich vor allem auf die Höchstspannungsebene, also auf die 2 Prozent der Netzinfrastruktur, die für den Langstreckentransport zuständig sind.[7] Eine optimale Nutzung und Einbindung erneuerbarer Energien bedingt jedoch auch einen erhöhten Handlungsbedarf in nachgelagerten Netzebenen. Die Verschmelzung von IKT und Energietechnik kann dazu beitragen, dass der Ausbaubedarf verringert werden kann, indem die vorhandene Netzinfrastruktur intelligenter genutzt wird.

Zum Ausgleich von Angebot und Nachfrage spielen Speichertechnologien eine wichtige Rolle. Hier eröffnet sich eine Vielzahl technischer Möglichkeiten, wie Batterien, Druckluftspeicher, Pumpspeicherkraftwerke und die Umwandlung von Strom in Wasserstoff und gegebenenfalls durch weitere Synthese zu Methan (Power to Gas). Derzeit sind diese Optionen jedoch entweder technisch noch nicht ausgereift (zum Beispiel adiabatische Druckluftspeicher), nicht oder nur wenig wirtschaftlich oder die Standortpotenziale (zum Beispiel Seen für Pumpspeicherkraftwerke) sind stark begrenzt. Eine Weiterentwicklung im Bereich der Speichertechnologien ist daher notwendig. Dabei muss berücksichtigt werden, dass die oben genannten potenziellen Speicherlösungen zum einen auf verschiedenen Netzebenen einspeisen und zum anderen unterschiedlichen Systemdienstleistungen bzw. Versorgungsaufgaben dienen. Allesamt benötigen eine aufeinander abgestimmte Informationstechnik (IT)-Architektur und Kommunikationsprotokolle.

Der Bedarf für mehr IKT im Netz steigt mit dem wachsenden Mess- und Regelungsbedarf deutlich. Durch die Nutzung der IKT soll eine optimale Integration der dezentralen Erzeuger und die Abstimmung von Erzeugung und Verbrauch erreicht werden. Mit einem IKT-basierten Einspeisemanagement beginnen die VNB damit, auf die sich

verändernde Erzeugungsstruktur und -charakteristik und dementsprechend auch auf die technischen Anforderungen an die Netzinfrastruktur zu reagieren.

Parallel zu den technischen Veränderungen kommt es auch auf dem Energiemarkt zu neuen Entwicklungen. Durch die Vorrangstellung des Stroms aus erneuerbaren Energien kommt es vereinzelt zu Situationen, in denen im Gesamtsystem mehr Strom produziert als aktuell nachgefragt wird. In diesen Fällen müssen Speicherkapazitäten aufgefüllt oder Anlagen heruntergefahren bzw. ausgeschaltet werden, sofern dies für Anlagen zur Nutzung erneuerbarer Energien gesetzlich erlaubt ist. An der Leipziger Strombörse kam es in jüngster Vergangenheit aufgrund von Überproduktion zeitweise sogar zu negativen Strompreisen: Der Erwerb von Strom ging mit einem Erlös einher. Auch wenn die Gründe für diese Extremereignisse sicherlich vielschichtig sind, so sind sie auch auf die aktuelle und sehr dynamische Veränderung des Energiesystems zurückzuführen, auf die sich der Markt noch nicht vollständig eingestellt hat. Einhergehend mit den technischen Veränderungen werden sich also auch die Marktstrukturen deutlich wandeln, Endverbraucher und Kleinsterzeuger werden vermehrt direkt am Marktgeschehen teilhaben.

Ergänzend zu den technischen Anpassungen werden auch die Prognoseinstrumente für fluktuierende Energiequellen verbessert, um die Planbarkeit ihres Einsatzes zu erhöhen. Die Genauigkeit der Vorhersagen für Dauer und Intensität von Wind und Sonnenschein trägt damit maßgeblich zu einer möglichst reibungslosen Integration der erneuerbaren Energien in das Energiesystem bei.

All die hier skizzierten technischen und nicht-technischen Lösungen tragen bereits heute zum besseren Verstehen des Gesamtsystems und der inhärenten Zusammenhänge im komplexen Energiesystem bei. Für die erfolgreiche Energiewende und die Implementierung nachhaltiger Lösungen ist dieses Verständnis jedoch noch deutlich weiterzuentwickeln.

---

[7] dena 2010a.

## Nutzung von IKT im Energiesystem – das „Internet der Energie"

Die energietechnische Anpassung an die skizzierten Veränderungen und Herausforderungen betrifft sowohl die Konzeption und die Auslegung der Netzinfrastruktur als auch die Überwachung und Steuerung der Netze bzw. des Stromflusses. Der steigende Bedarf im Bereich der Messung, Regelung und Kommunikation zwischen den Systemkomponenten (Energieerzeugungs-, -verteilungs- und -nutzungstechnologien, Speicher, Markt- und Handelsplätze) kann durch deren Verschmelzung zu funktionellen und kommunikativen Einheiten erfolgreich gedeckt werden. Die IKT übernimmt damit eine wichtige Enabler-Funktion für die technische Umstrukturierung des deutschen Energiesystems. Die konvergente Entwicklung der IKT und Energietechnologie kann damit entscheidend zum Gelingen der Energiewende beitragen. Der Begriff „Internet der Energie" beschreibt die neue Qualität der Anpassung und die Verbindung der beiden Technologiekomplexe sehr treffend.

Wie die Beispiele der zumeist innerbetrieblich genutzten und abgeschlossenen IKT-Konzepte zur Messung und Regelung von Erzeugungsanlagen oder einzelnen Netzbestandteilen zeigen, nimmt die Integration von IKT in das Verteilnetz und die Kommunikation zwischen den Systemkomponenten bereits heute schrittweise zu. PV- und Windanlagen (> 100 kW) müssen im Notfall schon heute kurzfristig abgeschaltet werden können. Das bedeutet, sie müssen mit dem zuständigen VNB kommunizieren und von diesem fernzusteuern sein. Informationen aus intelligenten Stromzählern fließen bereits zum jetzigen Zeitpunkt von den Verbrauchern zu den jeweiligen Stromanbietern. Auch die Ortsnetzstationen werden zunehmend mit kommunikativen Funktionen ausgestattet. Immer mehr kommunikative Systemkomponenten werden in die Infrastruktur integriert. Erzeugern, Netzbetreibern, Stromanbietern und Verbrauchern muss eine größere Möglichkeit zur Kommunikation in Realzeit eröffnet werden.

In der Studie wird eine Systematik des Future Energy Grids (FEG) mit dem Fokus auf den verschiedenen Ebenen der IKT-Nutzungsoptionen verwendet (siehe Abbildung 2). Dabei wird die derzeit vorhandene IKT-Infrastruktur, wie sie bei EVUs oder Netzbetreibern als Insellösung – zumeist

Abbildung 2: Aufbau und Bestandteile des abstrakten und vereinfachten Systemmodells mit ausgewählten, grundlegenden Technologien, Funktionalitäten und Anwendungsbereichen.

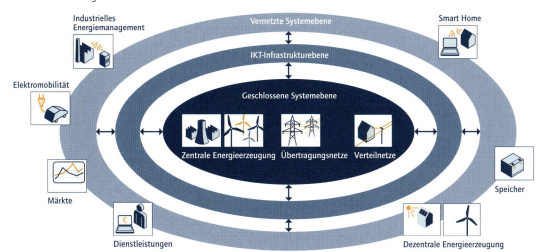

innerbetrieblich oder unternehmensintern – im Einsatz ist (hier „geschlossene Systemebene" genannt), um einen „Ring" weiterer IKT, wie die intelligenten Haushaltsgeräte, Elektromobile oder die dezentralen Erzeugungseinheiten, erweitert und ergänzt (hier „vernetzte Systemebene" genannt). Damit einhergehend wird die bidirektionale Kommunikation zwischen den verschiedenen Inseln und dem neuen IKT-Ring, der „IKT-Infrastrukturebene", notwendig. Dem öffentlichen Kommunikationsnetz kommt dabei eine besondere Bedeutung zu. Wichtig wird zudem sein, welche Verbindungen zwischen den Komponenten dem freien und welche dem regulierten Markt unterworfen sein werden. Daneben spielen Fragen zur Informationssicherheit und Datenschutz eine große Rolle.

**Prozessbeteiligte und Protagonisten auf dem Weg in das „Internet der Energie"**

Die Energiewende und der Aufbau einer intelligenten Elektrizitätsinfrastruktur bedürfen des Zusammenspiels vieler Parteien. Erzeuger, Netzbetreiber, Verbraucher, Marktbeteiligte, Forschung und Entwicklung, Ausbildungsstätten für den handwerklichen und akademischen Nachwuchs und nicht zuletzt der Gesetzgeber müssen für nachhaltige Lösungen der energiepolitischen Frage- und Problemstellungen eng zusammenarbeiten.

Die Erzeugungsseite mit den großen EVUs, den Stadtwerken, den kommunalen Versorgern - aber auch mit vielen kleinen und privaten Erzeugern - muss die geforderten Anteile regenerativen Stroms bereitstellen. Das Erreichen dieser Ziele ist mit immensen Investitionen verbunden. Nicht zuletzt, da zum Ausgleich der fluktuierenden Erzeugung aus Wind und PV zusätzlich zu Speicherkapazitäten auch alternative Erzeugungskapazitäten, sogenannte Schattenkraftwerke, vorgehalten und betrieben werden müssen. Für den Netzausbau sowie für den Anschluss der Offshore-Windparks gibt die dena einen Investitionskostenbedarf von rund 1,0 bis 1,6 Milliarden Euro jährlich bis zum Jahr 2020 an.[8] Der Erneuerungsbedarf für das Verteilnetz in Europa ist mit Investitionen in Höhe von rund 400 Milliarden Euro in den Jahren 2010 bis 2014 verbunden. Betrachtet man die Investitionen in das Übertragungs- und Supranetz mit, dann erhöht sich das Investitionsvolumen bis ca. 2020 nach Schätzung der EU-Kommission auf 600 Milliarden Euro.[9]

Die Netzbetreiber müssen einerseits ihrer Verpflichtung zur Aufrechterhaltung der Netzstabilität und Versorgungssicherheit nachkommen sowie andererseits die zunehmende vorrangige Einspeisung von Strom aus erneuerbaren Energien realisieren und beherrschen. Zwei Verpflichtungen, deren Einhaltung derzeit nur mit einer weiteren Regelung, nämlich der Ausnahmeregelung für die Erlaubnis zur Abschaltung der fluktuierenden Erzeuger bei Gefährdung der Netzstabilität, gewährleistet werden kann. Wie bei den Erzeugern sind auch bei den Netzbetreibern sehr hohe Investitionen in die Bereiche Infrastruktur und Leittechnik nötig, die mit einer erheblichen ökonomischen Herausforderung einhergehen.

Den Erzeugern am Beginn der Wertschöpfungskette stehen die Verbraucher am Ende der Kette gegenüber. Im Gegensatz zum Bereich der Erzeugung und der Verteilung sind verbraucherseitig bisher nur geringe Veränderungen zu verzeichnen. Die Verbrauchscharakteristik ist im Vergleich zu den vergangenen Jahrzehnten beinahe unverändert. Der zeitliche Verlauf und die Höhe des Verbrauchs bzw. der Stromnachfrage in Haushalten und in der Industrie haben sich bisher nicht nennenswert verändert. Der tageszeitliche Verlauf des Stromverbrauchs in den Haushalten ist auch heute noch durch die drei Verbrauchsspitzen am Morgen, am Mittag und besonders am Abend charakterisiert. Die zu erwartenden Veränderungen werden die Verbraucher zukünftig öfter direkt betreffen, sei es über den weiteren Anstieg der Strompreise, die bei den genannten Investitionen in die Systeminfrastruktur unvermeidbar sind, sei es über das Angebot und die Nutzung neuer Services. Darüber

---

[8] dena 2010a, S. 13.
[9] Oettinger 2011; EKO 2010a.

hinaus sind die Verbraucher bzw. die Bevölkerung auch mit den Veränderungen durch Maßnahmen wie den vermehrten Leitungszubau oder durch den Wandel der Funktionalitäten von Technologien im Haushaltsbereich konfrontiert. Idealerweise sollte die Bevölkerung vorher informiert und – wenn möglich – an den Entscheidungs- und Planungsprozessen beteiligt werden. Das Bundesministerium für Bildung und Forschung (BMBF) geht hier seit Mitte des Jahres 2011 mit der Initiative „Bürgerdialog" einen ersten Schritt in diese Richtung.[10] Letztendlich müssen die Verbraucher den Technologiewandel mittragen, damit dieser erfolgreich stattfinden kann.

Die derzeitige rahmengesetzgeberische Situation für den Markt und für die Erzeugung bzw. Verteilung von Strom ist in Deutschland vor dem Hintergrund der aktuellen Veränderungen ebenfalls anpassungsbedürftig. Der Gesetzgeber muss angesichts der jüngsten Entwicklung Verantwortlichkeiten und Pflichten überdenken oder neu definieren. Gesetzliche Vorgaben sind auch für den Datenschutz zu erarbeiten, der im Hinblick auf die zu erwartende zunehmende Datenübertragung immer dringlicher wird. Unstimmigkeiten zwischen den einzelnen Maßnahmen und Vorgaben müssen mit dem Ziel eines funktionierenden Marktes beseitigt werden.

Forschung und Entwicklung (FuE) können maßgebliche Impulse für die Weiterentwicklung der Technologien aber auch des Systemverständnisses geben und sind somit ein unverzichtbarer Bestandteil des Umbauprozesses.

Die Bildungspolitik und die Ausbildungsstätten sind verantwortlich dafür, dass der Arbeitsmarkt mit qualifiziertem handwerklichem, technischem und akademischem Nachwuchs versorgt wird. Konventionelle Ausbildungslinien müssen erweitert und neue Linien gegebenenfalls geschaffen werden.

**Das Future Energy Grid – ein perspektivischer Ausblick auf die Herausforderungen der Zukunft**

Die ersten Schritte hin zu einem intelligenten Energiesystem werden bereits heute gegangen. Weiterführende notwendige Schritte sind abzusehen. Um auf die Veränderungen vorbereitet zu sein, ist ein perspektivischer und gleichzeitig konzeptioneller Blick in die Zukunft der Stromversorgung und damit auf das FEG unverzichtbar. Herausforderungen, vor denen die Politik, die Wirtschaft und die Wissenschaft bei der Entwicklung eines Smart Grids stehen, sind zum Beispiel:

— Entwicklung und Anpassung neuer Technologien
— Schaffung und Etablierung von IKT-Standards (zum Beispiel einheitliche Protokolle)
— Etablierung eines praktikablen Regulierungsrahmens zur Gewährleistung eines funktionierenden/funktionsfähigen Marktes
— Beibehaltung der sehr hohen Versorgungssicherheit
— Datenmanagement, Informationssicherheit
— Datenschutz
— Investitionen in Infrastruktur, Erzeugungs- und Speicheranlagen
— Kosten-Nutzen Analysen für bestimmte Technologien (zum Beispiel Smart Meter) im Vorfeld
— Beteiligung der Bevölkerung und Erhöhung der Akzeptanz für System- und Technologieveränderung
— Weiterentwicklung und Integration von Speichertechnologien
— Integration der Elektromobilität
— Erhöhung des Systemverständnisses (Zusammenwirken von Technologien und Akteuren)
— Bezahlbarkeit des Stroms
— Abstimmung der nationalen Entwicklungen mit dem europäischen Ausland

---

[10] BMBF 2011a.

Die aktuellen Veränderungen im Bereich der Stromerzeugung müssen bei allen Zukunftsbetrachtungen berücksichtigt werden. Die Nutzung der Windenergie wird weiter ausgebaut, wobei sich der Zubau mittelfristig auf Offshore-Anlagen konzentrieren soll. Auch die PV-Nutzung soll einen nennenswerten Ausbau erfahren. Die Bioenergiepotenziale sind dagegen eher moderat, wobei hier aufgrund der gegebenen Grundlastfähigkeit keine große Anpassung der Netzinfrastruktur notwendig wäre. Der regenerative Anteil am Bruttostromverbrauch soll nach den Zielen der aktuellen Bundesregierung von derzeit rund 17 Prozent[11] (Jahr 2010) auf 35 Prozent bis 2020, auf 50 Prozent bis 2030, auf 65 Prozent bis 2040 und schließlich auf 80 Prozent bis 2050 gesteigert werden.[12] Mittelfristig kommen regenerative Stromimporte aus Nordafrika[13] ins Blickfeld, die zur Erfüllung der Zielvorgaben beitragen. Das Bundesministerium für Umwelt, Naturschutz und Reaktorsicherheit (BMU) geht beim langfristigen nachhaltigen Nutzungspotenzial erneuerbarer Energien für die Stromerzeugung in Deutschland von rund 780 TWh/a aus[14], wobei hier 280 TWh/a auf Offshore-Windenergie, 175 TWh/a auf Onshore-Windenergie, 150 TWh/a auf PV, 90 TWh/a auf Geothermie, 60 TWh/a auf Biomasse und 25 TWh/a auf Wasserkraft entfallen. Im Jahr 2010 lag der Bruttostromverbrauch in Deutschland bei rund 608 TWh,[15] das heißt bei gleichbleibendem Bruttostromverbrauch könnten erneuerbare Energien den gesamten Bedarf langfristig decken und Deutschland sich zu einem Nettoexporteur für regenerativen Strom entwickeln.

Der IKT-Einsatz in der geschlossenen Systemebene ist auf den oberen Spannungsebenen bereits auf einem hohen Stand. Dieser wird weiterhin auf diesem hohen Niveau weiterentwickelt. Die Kommunikation findet hauptsächlich zwischen den Übertragungsnetzbetreibern statt. Im Vergleich dazu kann angenommen werden, dass die Kommunikation im Verteilnetz mit den dezentralen Erzeugungseinheiten über IKT-Schnittstellen deutlich breiter ausgerichtet sein wird.

Im Gegensatz zu den aktuellen Entwicklungen, die sich auf die Erzeugerseite konzentrieren, ist für die Zukunft zudem von einer deutlichen Veränderung des Konsumbereichs auszugehen. Verbraucherseitig werden vermehrt Elektromobile, Stromzähler und dezentrale Verbrauchsanlagen wie Wärmepumpen mit einer kommunikativen IKT-Schnittstelle in Betrieb gehen. Das Netz der Zukunft muss als Vermittler zwischen Verbraucher- und Erzeugerseite den neuen Rahmenbedingungen entsprechen. Auch für den zukünftigen Netzbetrieb ist von einem zunehmenden IKT-Einsatz auszugehen. So sollen beispielsweise vermehrt intelligente Ortsnetzstationen erbaut und für die Koordination bidirektionaler Lastflüsse ausgerüstet werden.

Das Stromsystem der Zukunft wird neben dem Zubau großer Trassen für die Langstreckenübertragung vor allem im Bereich des Verteilnetzes eine deutliche Veränderung erfahren. Für das FEG müssen „Verkehrsregeln" für den bidirektionalen Stromverkehr im Nieder- und Mittelspannungsbereich aufgestellt werden. Diese Verkehrsregeln sind sowohl technisch als auch legislativ bzw. regulatorisch zu definieren.

Das Netz der Zukunft wird darüber hinaus durch eine Zunahme von Speicherkapazitäten gekennzeichnet sein. Gasnetze können als Speicher für Methan und zu Teilen auch für Wasserstoff dienen, die über die entsprechenden Technologien aus regenerativem Strom gewonnen und bei Bedarf wieder verstromt werden. Pumpspeicherkraftwerke in Deutschland, aber auch im europäischen Ausland (zum Beispiel in Österreich oder Norwegen), werden als Speicher genutzt. Langfristig können auch die Batterien der Elektrofahrzeuge als mobile Speicher Anwendung finden.

---

[11] BMU 2011a, S. 16.
[12] BMWi 2010a, S. 5.
[13] Vgl. DESERTEC 2011a und 2011b.
[14] BMU 2011a, S. 53.
[15] Abgeleitet aus BMU 2011a, S. 16.

Neben den technischen Lösungen werden im Netz der Zukunft durch neue Vertriebs- und Geschäftsmodelle, die nur durch den vermehrten Einsatz der IKT überhaupt umsetzbar sind, zusätzlich Anreize zur Anpassung von Erzeugung und Verbrauch geschaffen. Demand Side Management (DSM), also das Management der Last und Anreizdesigns für Lastverschiebung, besonders bei industriellen Verbrauchern, wird einen wichtigen Beitrag leisten.

Diese Herausforderungen sind sowohl in der Energiewirtschaft als auch in der Politik gleichermaßen erkannt, Lösungsansätze und Konzepte werden von beiden Seiten mit Hochdruck erarbeitet und bereits testweise in Piloten erprobt. Ein Beispiel sind die sechs Modellregionen im Rahmen der E-Energy-Initiative des Bundesministeriums für Wirtschaft und Technologie.

Zum Teil besteht eine Alternative zwischen dem Einsatz der IKT, also der Investition in „Intelligenz", und dem Ausbau der Primärtechnik inklusive der Kuppelstellen, Schaltanlagen, Transformatoren, etc. Grundsätzlich ist also der Ausbau der IKT-Infrastruktur dem Ausbau der elektrischen Versorgungsinfrastruktur durch „Kupfer und Eisen" gegenüberzustellen. Es ist zu erwarten, dass für das Energiesystem der Zukunft in jedem Einzelfall sowohl das technische als auch das ökonomische Optimum in einem noch zu bestimmenden Mischungsverhältnis der beiden technischen Alternativen zu suchen ist. Denn: Bei all den Veränderungen und Anpassungsmaßnahmen muss der Strom bezahlbar bleiben, um für das Industrie- und Wirtschaftsland Deutschland keine Standortnachteile erwachsen zu lassen und den hohen Lebensstandard zu bewahren.

Vor dem Hintergrund dieser sehr facettenreichen Perspektive muss darauf hingewiesen werden, dass ungeachtet der sehr dynamischen Entwicklung der regenerativen Stromerzeugung aller Voraussicht nach mindestens in den nächsten zwei Jahrzehnten in Deutschland auch weiterhin die Stromerzeugung aus Braun- und Steinkohle und Erdgas sowie aus Atomkraft (bis 2022) das Rückgrat des Stromsystems bilden wird. Im Gegensatz zu den fluktuierend einspeisenden Erzeugern, wie PV-Anlagen und Windenergieanlagen, sind die kontinuierlich einspeisenden Stromerzeuger aus erneuerbaren Quellen und Energieträgern, zum Beispiel Biogasanlagen und Anlagen zur Nutzung fester Biomasse, mit deutlich geringeren technischen Herausforderungen verbunden. Die Wasserkraft leistet seit Jahrzehnten einen kontinuierlichen Beitrag zur Stromerzeugung. Die heute noch „exotischeren" Arten der Stromerzeugung, zum Beispiel auf der Basis tiefer Geothermie, nehmen in Deutschland langsam zu, bewegen sich jedoch noch auf einem sehr geringen Niveau und werden erst seit wenigen Jahren statistisch erfasst.

**Fragestellungen und Ziele der Studie**
Vor dem Hintergrund dieser zu erwartenden Entwicklungen ergeben sich für die Studie die folgenden IKT-bezogenen Fragestellungen im Hinblick auf eine sichere und zuverlässige sowie wirtschaftliche und nachhaltige Energieversorgung in Deutschland:

— Was sind die wesentlichen technologischen Schritte in das Future Energy Grid?
— Wie muss die Energiegesetzgebung gestaltet werden, um diesen Technologien möglichst marktbasiert eine Durchdringung zu ermöglichen?
— Wie hängen Akzeptanzfragen mit diesen Entwicklungen zusammen?
— Wo ist eine Orientierung an internationalen Entwicklungen sinnvoll?

Ziel der vorliegenden Studie ist die Beantwortung der oben genannten Fragen sowie die Schaffung eines analytisch fundierten Diskussionsbeitrages zu diesen und angrenzenden Thematiken. Es soll untersucht und aufgezeigt werden, wie der Umbau des Energiesystems durch die Entwicklung und den zielgerichteten Einsatz der IKT unterstützt werden kann und welche Voraussetzungen (energietechnisch, rahmenpolitisch, verbraucherseitig) geschaffen werden müssen, damit die IKT ihr großes Potenzial zur Realisierung des IdE ausschöpfen kann.

Insbesondere für die erste Frage ergibt sich eine Reihe von Schwierigkeiten:

i. Ein Smart Grid hat keine fassbare Gestalt und ist kein Ziel in sich, sondern verbessert die technische und wirtschaftliche Effizienz in einem definierten Zielszenario.
ii. Es gibt bisher kein allgemeines Verständnis, welche IKT-nahen Technologiefelder zu einem Smart Grid gehören und wie diese zu gliedern sind.
iii. Ein Migrationspfad setzt sich aus vielen Einzelpfaden für die Technologiefelder zusammen. Die Technologiefelder sind auf vielfältige Weise voneinander abhängig.
iv. Was lässt sich aus den komplexen Zusammenhängen schließen?

Für das Erreichen der Ziele wird eine mehrstufige methodische Vorgehensweise verfolgt, die im Folgenden kurz erläutert ist.

### zu i. Ambivalenzen der Smart-Grid-Technologien

Um diese Herausforderung zu lösen, muss also der Raum der zukünftigen relevanten Möglichkeiten möglichst vollständig erfasst werden und zu jeder dieser Möglichkeiten der Migrationspfad erarbeitet werden. Dazu bedient man sich der Szenariotechnik. Dazu werden in einem ersten Schritt die maßgeblichen Schlüsselfaktoren erarbeitet, die für die Ausgestaltung des zukünftigen Smart Grids in Deutschland relevant sind. Für jeden dieser Schlüsselfaktoren werden die Ausprägungen definiert und beschrieben. Aus den widerspruchsfreien Kombinationen dieser Ausprägungen lassen sich dann Szenarien ermitteln, welche die mögliche Zukunft umreißen. Methodik, Vorgehen und Ergebnisse werden in Kapitel 2 beschrieben.

### zu ii. Strukturierung, Auswahl, Beschreibung und Entwicklungsschritte der Technologiefelder

Als Grundlage der Strukturierung und Auswahl wurden zwei sich ergänzende Modelle gewählt und angepasst: das Systemebenenmodell, das von der EEGI[16] und vielen anderen Gruppen verwendet wird, und das Architekturmodell der IEC[17]. Alle IKT-nahen Technologien wurden dann in Technologiefelder einsortiert und beschrieben. Zwischen dem heutigen Stand und dem Entwicklungsstand, wie er in Visionspapieren beschrieben wird, wurden dann Entwicklungsschritte ermittelt (Kapitel 3).

### zu iii. Abhängigkeiten der Entwicklung.

Im Prinzip sind mehrere Tausend Abhängigkeiten zwischen den einzelnen Entwicklungsschritten der Technologiefelder analysierbar. Um diese Aufgabe auf das Notwendige zu beschränken, nämlich nur die Abhängigkeiten zu untersuchen, welche für eines der Szenarien relevant sind, wurde daher für jedes der drei Szenarien untersucht, welcher Entwicklungsschritt für das jeweilige Technologiefeld diesem Szenario zuzuordnen ist. Man erhält so eine „technologische Sicht" der Szenarien (Abschnitt 3.5)

Für diese Sicht wurden dann die Abhängigkeiten ermittelt. (Abschnitt 4.2). An dieser Stelle hat man also bereits für jedes der Szenarien einen komplexen Migrationspfad. Was lässt nun sich daraus schließen? Dazu müssen die Beziehungsgeflechte analysiert werden.

### zu iv. Analyse der komplexen Beziehungen

Um das komplexe Geflecht zu entwirren, sind zwei Fragestellungen hilfreich:

---

[16] EEGI 2010.
[17] IEC 2009.

- Benötigt ein Entwicklungsschritt eines Technologiefeldes besonders viele Voraussetzungen im gegebenen Szenario?
- Ist ein Entwicklungsschritt eines Technologiefeldes Voraussetzung für besonders viele weitere Entwicklungen im gegebenen Szenario?

Im ersten Fall ist zu untersuchen, ob diese eine zentrale Rolle für ein Szenario spielen. In diesem Fall ist auf ein Risikomanagement zu achten, da dieses Technologiefeld sehr anfällig für Störungen ist und dadurch die Entwicklung des Szenarios verzögern könnte. Ist umgekehrt ein Entwicklungsschritt eines Technologiefeldes Voraussetzung für besonders viele weitere Entwicklungen, ist dieses ein „Enabler". Die Entwicklung dieses Technologiefeldes sollte also unbedingt mit großer Kraft vorangetrieben werden (siehe Abschnitt 4.3). Weiterhin ist zu analysieren, ob sich weitere Auffälligkeiten finden lassen, die eine Aussage zum Migrationspfad erlauben.

Da ein Szenario, nämlich das Szenario „Nachhaltig Wirtschaftlich", besonders nah an den derzeitigen politischen Zielsetzungen liegt, wird dieses noch genauer untersucht.

Zusammengefasst:

Vorgehen:

i. Aufbau von Szenarien unter Nutzung von Schlüsselfaktoren, um die theoretischen Möglichkeiten der Zukunft umfassend abzubilden
ii. Ermittlung von Technologiefeldern des Smart Grids und Einordnung in die Systemebenen des Smart Grids
Ermitteln der Entwicklungsschritte der Technologiefelder
iii. Ermitteln der jeweiligen Entwicklungsschritte, die für jedes der drei Szenarien erforderlich sind
Ermitteln der Abhängigkeiten zwischen den Entwicklungsschritten
iv. Analyse des Beziehungsgeflechts pro Szenario

Zum besseren Überblick der Ablauf in einer Abbildung:

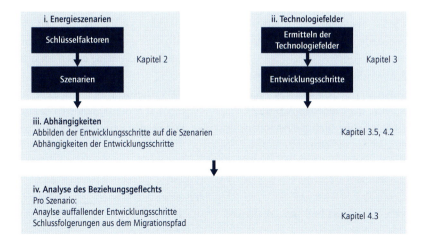

Abbildung 3: Aufbau und exemplarische Bestandteile des abstrakten und vereinfachten Systemmodells.

Aufbauend auf den Analysen der Studie werden Empfehlungen für die Umsetzung eines optimalen IKT-Migrationspfades in das IdE abgeleitet, die parallel in der Publikationsreihe acatech POSITION unter dem Titel *Future Energy Grid – Informations- und Kommunikationstechnologien für den Weg in ein nachhaltiges und wirtschaftliches Energiesystem*[18] erscheinen.

### Untersuchungsrahmen

Der geografische Untersuchungsrahmen der Studie ist auf Deutschland konzentriert. Der Betrachtungszeitraum dieser Studie reicht vom Basisjahr 2012 bis in das Jahr 2030. Inhaltlich stehen die möglichen und notwendigen Veränderungen in der IKT-Infrastruktur sowie in der Infrastruktur des Stromnetzes (Übertragungs- sowie Verteilnetz mit Fokus auf Verteilnetz) im Zentrum der Betrachtungen, wobei der Schwerpunkt deutlich auf die Entwicklungen im Bereich der IKT gelegt wird. Maßgabe ist es, einen möglichst umfassenden und ganzheitlichen Blick auf den möglichen Verlauf und den Prozess der Migration in das IdE zu werfen und die Ergebnisse auf die dazu notwendigen Entwicklungen im Sektor IKT zu spiegeln. Unter diese Maßgabe fällt auch, dass die betrachteten Technologien und Funktionalitäten möglichst detailliert beschrieben und kategorisiert werden. Insgesamt wurden 19 Technologiefelder identifiziert und für jedes dieser Felder verschiedene zukünftige Entwicklungsstufen definiert. Für jeden Migrationspfad wurden deren Abhängigkeiten untereinander erarbeitet und beschrieben.

Die inhaltliche und methodische Hauptargumentationslinie der Studie ergänzen drei weitere wichtige Analysen. Die erste Analyse vergleicht die deutschen Aktivitäten mit denen ausgewählter europäischer und außereuropäischer Länder, identifiziert mögliche Lerneffekte und erarbeitet ein internationales Benchmark. Fragen, die hierbei im Vordergrund stehen, sind zum Beispiel:

– Welche technischen, politischen und legislativen Voraussetzungen haben andere Länder?
– Welche Technologien werden in anderen Ländern eingesetzt und gefördert?
– Was kann Deutschland von anderen Ländern lernen?

Für die Beantwortung dieser Fragen steht nicht der Blick in die Zukunft, sondern der aktuelle Stand der Entwicklungen im Vordergrund.

In einem weiteren Vertiefungsbereich werden der aktuelle Regulierungsrahmen und die derzeit offenen Fragestellungen im Bereich Rahmengesetzgebung analysiert. Außerdem wird der zukünftige Regulierungsbedarf für den erfolgreichen Weg in das IdE umschrieben. Eine konkrete Fragestellung hierbei lautet beispielsweise:

– Wie sehen die neuen Märkte, die dazu passenden Marktregulierungsmaßnahmen und die Voraussetzungen für neue Services und Geschäftsmodelle aus?

Anhand des Szenarios „Nachhaltig Wirtschaftlich", dass die derzeitige energiepolitische Zielsetzung abbildet, werden notwendige Rahmen gebende Maßnahmen bis 2030 beschrieben. Der Fokus liegt hierbei auf Deutschland.

Danach wird der aktuelle Stand der Technikakzeptanz in den privaten Haushalten adressiert und insbesondere der Frage nachgegangen, mit welchen Methoden und Verfahren sich diese gegebenenfalls erhöhen lässt. Fragen, die in diesem Zusammenhang entstehen sind unter anderem:

– Wo sind gegenwärtig Barrieren?
– Wo sind zukünftig Barrieren zu erwarten?
– Wie können Barrieren abgebaut werden?
– Wie sehen Erfolg versprechende Kommunikationskonzepte aus?

Mit einer detaillierten Sicht auf die Verbraucher und deren Unterteilung in verschiedene Milieus, die nach den beiden Faktoren soziale Lage (beispielsweise Einkommen

---

[18] acatech 2012.

# Einleitung

und Bildungsniveau) und Grundorientierung (beispielsweise traditionell, modern, pragmatisch) differenziert und kategorisiert werden, werden quantitative Aussagen zur jeweiligen Technologieakzeptanz und zu spezifischen Kommunikationsmöglichkeiten gegenüber einzelnen Milieus abgeleitet.

Der Blick wird hierbei nicht so weit die Zukunft gerichtet, sondern die Aussagen beruhen auf dem aktuellen Stand der Verbraucherhaltung mit einem Ausblick auf die Entwicklung der nächsten Jahre, da im Gegensatz zu den Smart-Grid-Technologien die Frage der Akzeptanz keine lange Roadmap verfolgen soll, sondern sich jeweils nur im „Hier und Jetzt" im Dialog adressieren lässt.

Es findet ein Abgleich mit den Arbeiten der E-Energy-Modellregionen statt, in denen vereinzelt Erhebungen unter den Verbrauchern zu ihrer Einstellung gegenüber einzelnen Technologien durchgeführt wurden.

Die aktuelle Diskussion um den Aufbau des Elektrizitätssystems der Zukunft wird von zwei weiteren Themenkomplexen, nämlich den Speichertechnologien und der Elektromobilität, bestimmt. Diesen wird auch vonseiten der Autoren eine wichtige zukünftige Rolle beigemessen. Beide Themen haben trotz ihrer großen Bedeutung nur mittelbar größeren Einfluss auf die IKT-Ausgestaltung des Smart Grids und finden sich daher unter den IKT-relevanten Aspekten an mehreren Stellen wieder (zum Beispiel in verschiedenen Schlüsselfaktoren, diversen Technologiefeldern und ausführlich im Kapitel 6). In der Reihe der 19 Technologiefelder sind die Speichertechnologien bzw. deren Funktion im Feld „Anlagenkommunikation und Steuerungsmodule" (Technologiefeld 13) subsumiert, in welchem auch Verbraucher und Erzeuger als zu steuernde „Funktionen" betrachtet werden. Die Elektromobilität wird hier als eine von mehreren konkreten Anwendungsoptionen betrachtet. Die beiden Technologieformen werden also an den Stellen thematisiert und entsprechend hervorgehoben, an denen sie bzw. ihre Funktionalitäten konkrete Anforderungen an andere Systemkomponenten stellen.

### Abgrenzung zu verwandten Fragestellungen

Zur Abgrenzung des Untersuchungsumfangs und der Methodik werden im Folgenden verwandte Themenbereiche genannt, auf deren Untersuchung im Rahmen dieser Studie verzichtet wurde.

### Prognosen

Die vorliegende Studie möchte Migrationspfade unabhängig von einer konkreten Entwicklung erarbeiten. Absicht der Studie ist es also nicht, eine Prognose der Ausgestaltung der IKT in einem zukünftigen Energiesystem zu erstellen. Die Szenariobetrachtung dient nicht dazu, die wahrscheinlichste Entwicklung bzw. den wahrscheinlichsten Migrationspfad zum IdE zu bestimmen. Vielmehr muss der Entwicklungskorridor aufgespannt werden, in dem die zu erwartende reale Entwicklung mit hoher Wahrscheinlichkeit zu verorten sein wird, um eine robuste Migrationsstrategie entwickeln zu können.

### Ausbau Netze, Erzeugung und weitere Technologien

Zum Ausbaubedarf der Verteilnetze ist derzeit eine Studie der dena in Arbeit. Weiterhin hat der Bundesverband der Energie- und Wasserwirtschaft (BDEW)[19] eine Studie zum notwendigen Ausbau bis zum Jahre 2020 durchführen lassen. Auch der Ausbau der Übertragungsnetze auf nationaler oder europäischer Ebene ist an anderer Stelle untersucht worden.[20] Weiterhin gibt es diverse Untersuchungen zum Zusammenhang der erneuerbaren Einspeisung und dem dazu notwendigen Kraftwerkspark.[21] Ebenso außerhalb des Betrachtungsrahmens der Studie steht die Betrachtung von Technologien, die keinen IKT-Bezug haben wie zum Beispiel Speichertechnologien, Energiesystemtechnik usw. Elektromobilität ist an

---

[19] E-Bridge 2011.
[20] dena 2010b.
[21] Zum Beispiel Matthes/Harthan/Loreck 2011.

anderer Stelle bereits sorgfältig untersucht.[22] Das Thema Speicherung wird in vielen Studien beschrieben.[23]

**Geschäftsmodelle**

Auch wenn neue technische und marktspezifische Funktionalitäten und deren Zusammenspiel betrachtet werden, macht eine Vermutung, welche neuen IKT-basierten Geschäftsmodelle sich für einen so weit in der Zukunft liegenden Zeitpunkt etablieren werden, keinen Sinn. Was für die Entwicklung zukünftiger Geschäftsmodelle aber wichtig ist, nämlich die richtige Gestaltung der technologischen Grundlagen, findet sich in den Kapiteln 4 und 6.

**Kosten und Nutzen von Smart Grids**

Eine seriöse Abschätzung der Kosten und Nutzen von Smart Grids im Jahr 2030 erscheint aufgrund der großen Unsicherheit der Daten und möglichen Realisierungen wenig sinnvoll. Um belastbare Aussagen zu diesen Themenkomplexen ableiten zu können, wäre der Einsatz von komplexen Modellen und die Identifizierung einer belastbaren Datenbasis und auch mehr Wissen über den Smart Grid-Einsatz notwendig. Jedoch wäre eine vorläufige Rechnung, wie sie zum Beispiel in der Analyse des Electric Power Research Institute (EPRI)[24] durchgeführt wurde – basierend auf den Parametern dieser Studie – nun auch für Deutschland sehr sinnvoll. Der volkswirtschaftliche Nutzen in den nächsten Jahren bis ca. 2020 ist dringend zu bewerten (siehe Kapitel 6).

**Leitfaden für die Leser**

Je nach Interessenschwerpunkt empfiehlt es sich, sich auf bestimmte Kapitel zu konzentrieren. Die folgende Tabelle liefert dazu einen Anhaltspunkt. Die jeweils zu Beginn der Kapitel stehenden einleitenden Teile zum methodischen Vorgehen können, ohne das inhaltliche Verständnis zu beeinträchtigen, übergangen werden.

---

[22] acatech 2010; Hüttel/Pischetsrieder/Spath 2010; Mayer et al. 2010.
[23] VDE 2009; Rastler 2010.
[24] EPRI 2011a analysiert jedoch, welche Nutzeneffekte den Kosten für eine gewisse Realisierung gegenüber stehen und hat dazu eine Methode entwickelt, die sich auch auf Deutschland übertragen ließe.

# Einleitung

| KAPITEL / INTERESSEN | 2 | 3 | 4 | 5 | 6 | 7 | 8 |
|---|---|---|---|---|---|---|---|
| Schlüsselfaktoren für die Entwicklung eines künftigen IKT-basierten Stromversorgungssystems | X | | | | | | |
| Möglichkeitsraum der Entwicklung der elektrischen Energieversorgung in Deutschland bis zum Jahr 2030 | X | (X) | | | | | |
| Überblick über die FEG-Technologiefelder mit IKT-Relevanz | | X | (X) | | | | |
| Entwicklungspfade der Technologiefelder mit IKT-Relevanz | | (X) | X | | | | |
| Technologische Zusammenhänge und Rahmenbedingungen für die Realisierung eines IKT-basierten Energieversorgungssystems | (X) | X | X | | | | |
| Internationaler Vergleich repräsentativer Länder zu Smart-Grid-Entwicklungen | | | | X | | | |
| Migrationspfade in das Smart Grid | X | X | X | | | | |
| Positionierung Deutschlands in Bezug auf das elektrische Energieversorgungssystem im internationalen Vergleich | | | | X | | | |
| Einflussfaktoren für die Verbreitung und Akzeptanz von Energiemanagementsystemen in Privathaushalten | | | | | | X | |
| Regulatorische Rahmenbedingungen (Status quo und Entwicklungsmöglichkeiten) mit Fokus auf Marktdesign und Verteilnetzwandel | | | | | X | | |
| Übersicht zum Einsatz von IKT in der elektrischen Energieversorgung in 2012 | | X | | | | | |
| Methodik zur Szenarienentwicklung | X | | | | | | |
| Systemebenen im Stromversorgungssystem | | | X | | | | |
| Ausblick für den Einsatz von IKT im künftigen Stromversorgungssystem | | | | | | | X |

# 2 SZENARIEN FÜR DAS FUTURE ENERGY GRID

Um mit der Unsicherheit zukünftiger Entwicklungen umzugehen, wird in diesem Kapitel der Raum der zukünftigen relevanten Möglichkeiten für das Future Energy Grid möglichst vollständig erfasst und in drei deutlich unterscheidbaren Szenarien abgebildet.

Zunächst wird das methodische Vorgehen beschrieben. Danach werden die Schlüsselfaktoren und deren zukünftige Ausprägungen, die „Projektionen" abgeleitet. Aus diesen Projektionen werden dann konsistente Szenarien gebildet. Es zeigt sich, dass drei Szenarien zur Beschreibung des Zukunftsraumes ausreichen. Diese drei Szenarien werden in den folgenden Kapiteln genutzt werden, um dorthin die darauf abgestimmten technologischen Migrationspfade, welche das Kernergebnis der Studie darstellen und in Kapitel 4 ausführlich beschrieben werden, abzuleiten.

## 2.1 METHODISCHES VORGEHEN

Hauptziel des Projektes ist es, Migrationspfade für Informations- und Kommunikationstechnologien (IKT) zu beschreiben. Dazu sind zuvor Szenarien zu entwickeln. Diese setzen sich wiederum aus verschiedenen Schlüsselfaktoren zusammen. Im Forschungsbereich der Szenarientechniken existieren verschiedene Vorgehensweisen zur Erstellung von Szenarien. Für dieses Projekt wurde ein Vorgehen adaptiert, das von Gausemeier[25] ausführlich erläutert wird. In diesem Kapitel wird nun das methodische Vorgehen, welches sich in fünf Phasen gliedert (siehe Abbildung 4), erläutert.

Abbildung 4: Die fünf Phasen der Szenarioentwicklung nach Gausemeier et al. 2009.

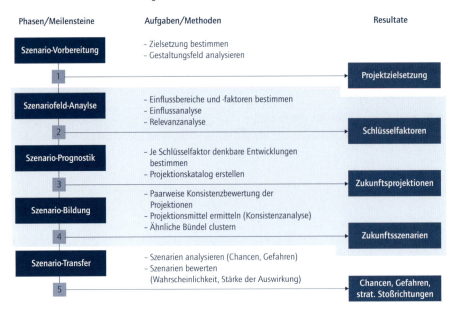

[25] Gausemeier et al. 1996 und 2009.

## 2.1.1 SZENARIO-VORBEREITUNG

Die erste Phase unterteilt sich in die Schritte Projektbeschreibung und Gestaltungsfeldanalyse.

Gausemeier definiert die im weiteren Verlauf wichtigen Begriffe Szenariofeld und Gestaltungsfeld wie folgt[26]:

„Die primäre Aufgabe eines Szenario-Projektes ist die Unterstützung unternehmerischer Entscheidungen. Die zu unterstützenden Entscheidungen beziehen sich immer auf einen bestimmten Gegenstand – beispielsweise ein Unternehmen [...], ein Produkt [...] oder eine Technologie [...]. Diesen Gegenstand eines Szenario-Projektes bezeichnen wir als Gestaltungsfeld. Das Gestaltungsfeld beschreibt ‚das, was durch das Szenario-Projekt gestaltet werden soll'."

„[...] Die Szenarien beschreiben in der Regel nicht die möglichen Zukünfte des Gestaltungsfeldes, sondern die Entwicklungsmöglichkeiten eines speziellen Betrachtungsbereiches, den wir als Szenariofeld bezeichnen. Das Szenariofeld beschreibt ‚das, was durch die erstellten Szenarien erklärt werden soll'."

**Projektbeschreibung**
Zu Beginn des Prozesses muss die Aufgabe des Szenarioprojektes festgelegt werden. Dabei wird in der Praxis zwischen vier typischen Gestaltungsfeldern unterschieden: Unternehmens-, Produkt-, Technologie- und Globalszenarien. Jede dieser vier Grundformen kann entweder zur Zielplanung oder zur Mittelplanung eingesetzt werden.

– Bei der Zielplanung werden die zukünftigen Ziele des Gestaltungsfeldes bestimmt. Ergebnisse können zukunftsrobuste Leitbilder (langfristige Entwicklung des Gestaltungsfeldes unter Berücksichtigung mehrerer Entwicklungsmöglichkeiten) und zukunftsrobuste Ziele (im Zeitrahmen realisierbare Ziele, die möglichst widerstandsfähig gegenüber Einflüssen sind) sein.
– Bei der Mittelplanung liegen die Ziele des Gestaltungsfeldes bereits vor und durch die Szenarien werden Mittel gesucht, die Ziele zu erreichen. Mögliche Ergebnisse sind zukunftsrobuste Strategien[27] und zukunftsrobuste Entscheidungen[28].

Im nächsten Schritt wird das Szenariofeld definiert. Typische Grundformen sind Umfeld-, Gestaltungsfeld- und Systemszenarien. Der Unterschied der drei Grundformen liegt zum größten Teil in ihrer Lenkbarkeit. So enthalten Umfeldszenarien ausschließlich Umfeldgrößen und sind nicht lenkbar, Gestaltungsfeldszenarien enthalten hingegen ausschließlich Lenkungsgrößen und sind somit voll lenkbar. Systemszenarien enthalten schließlich sowohl Lenkungs- als auch Umfeldgrößen und sind daher partiell lenkbar.

Es ergeben sich daher zwölf mögliche Formen für Szenarien, die jeweils für die Mittel- oder Zielplanung eingesetzt werden können.

Organisatorisch wird zwischen vier typischen Formen unterschieden: Wissenschaftlicher-, Berater-, Workshop- und interner Ansatz. Jede der vier Vorgehensweisen bietet unterschiedliche Vor- und Nachteile für die jeweiligen Szenarioformen, sodass für jedes Projekt eine individuelle Entscheidung getroffen werden muss.

**Gestaltungsfeldanalyse**
Die Gestaltungsfeldanalyse ist der zweite Teil der Phase Szenariovorbereitung. In zwei Schritten wird das Gestaltungsfeld in seiner aktuellen Form analysiert. Zuerst werden Gestaltungsfeldkomponenten (GFK) identifiziert, aus denen sich das Gestaltungsfeld zusammensetzt. Danach werden die Stärken und Schwächen der Komponenten untersucht.

---

[26] Gausemeier et al. 1996, S. 99-100.
[27] Gut koordinierte Maßnahmen und Programme, im Hinblick auf ein zielgerichtetes Handeln unter Berücksichtigung möglicher Zukunftsentwicklungen.
[28] Entscheidungen zwischen möglichen Aktionen, mit dem Ziel, die erfolgreichste Aktion für die Zukunft zu wählen.

- Die GFK werden individuell für jedes Projekt gewählt und unterscheiden sich je nach Szenarioform. Sie dienen zum einen dazu, das Gestaltungsfeld in seinem gegenwärtigen Zustand zu beschreiben, und zum anderen dazu, die Entwicklung des Gestaltungsfeldes in der Zukunft darzustellen.
- Es folgt eine Stärken- und Schwächen-Analyse für die GFK, deren Ergebnis Stärken-Schwächen-Profile oder Portfolios sein können. Da dieser Teil der Methodik einen starken Bezug zu Szenarien aus der Unternehmensentwicklung hat, wird er für dieses Projekt nicht weiter berücksichtigt, da er nicht adaptierbar ist.

## 2.1.2 SZENARIOFELD-ANALYSE

### Bildung von Einflussbereichen

Die Phase Szenariofeld-Analyse beginnt mit der Bildung von Einflussbereichen. Zunächst wird das Szenariofeld als Gesamtsystem gesehen und Subsysteme gebildet, sodass eine Systemhierarchie entsteht, welche mehrere Ebenen beinhaltet. Nun werden diese Systemebenen anhand geeigneter Aspekte durch Teilsysteme genauer beschrieben. Teilsysteme, die für das Szenariofeld von hoher Bedeutung sind, werden als Einflussbereiche identifiziert und lassen sich in Lenkungsbereiche (für System- und Gestaltungsfeldszenarien) und Umfeldbereiche (für System- und Umfeldszenarien) unterteilen. Weiterhin ist es möglich, Teilsysteme, welche auf unterschiedlichen Systemebenen liegen, als Querschnittsbereiche zusammenzufassen.

### Bildung von Einflussfaktoren

Der nächste Schritt befasst sich mit der Bildung von Einflussfaktoren. Für jeden Einflussbereich werden Einflussfaktoren identifiziert, die dessen momentanen Zustand, zukünftige Entwicklung und Wechselwirkungen zu anderen Einflussbereichen beschreiben. Dieser Prozess kann durch diskursive Verfahren, wie eine systemische Ermittlung, intuitive Verfahren, wie Brainstorming oder Expertenbefragungen, oder die Nutzung weiterer Quellen, wie Checklisten, unterstützt werden. Abschließend werden die Einflussfaktoren aufbereitet, indem sie möglichst wertneutral beschrieben und zur Prüfung der Schwerpunkte auf die Einflussbereiche verteilt werden.

### Erarbeitung von Schlüsselfaktoren

Um die große Menge an Einflussfaktoren zu verringern und somit handhabbarer zu machen, werden Schlüsselfaktoren aus ihnen abgeleitet. Dieser Prozess beginnt mit einer Einflussanalyse, die die Beziehungen der Einflussfaktoren untereinander bewertet. Unterschieden wird dabei zwischen Interdependenzanalysen (Wahl von Schlüsselfaktoren, die das gesamte Szenariofeld am besten charakterisieren) und Wirkungsanalysen (Wahl von Schlüsselfaktoren, die die größte Wirkung auf das Gestaltungsfeld ausüben).

- Grundlage beider Analysen sind Einflussmatrizen für direkte und indirekte Wirkungen, die die Einflussfaktoren zueinander in Beziehung setzen.
- Ergänzend zur Einflussanalyse kann eine Ähnlichkeitsanalyse durchgeführt werden, mit dem Ziel, inhaltlich ähnliche Einflussfaktoren zu identifizieren und zusammenzufassen. Sie basiert auf der Einflussmatrix und berechnet für alle Einflussfaktor-Paare einen Differenzwert.

Auf der Basis der Einfluss- und Ähnlichkeitsanalysen wird schließlich eine Menge an Schlüsselfaktoren ausgewählt. Dies geschieht anhand festgelegter Auswahlkriterien, die aus der Einflussanalyse ableitbar sind, zum Beispiel Impuls-Index, Aktivität, Dynamik-Index oder Passivität. Bei der Wahl des Kriteriums wird die zugrunde liegende Szenarienform berücksichtigt. Abschließend wird die gewünschte Anzahl an Schlüsselfaktoren festgelegt und anhand des Kriteriums – unter Umständen mit manueller Korrektur – zu einem Schlüsselfaktor-Katalog zusammengefasst.

## 2.1.3 SZENARIO-PROGNOSTIK

Für drei Dimensionen müssen zu Beginn der Szenario-Prognostik grundlegende Entscheidungen getroffen werden. Es muss über

- die inhaltliche Ausrichtung (Extrem- oder Trendprojektionen),
- die Plausibilität (Verwendung von Eintrittswahrscheinlichkeiten oder nicht) und
- den Zeithorizont (kurz-, mittel- oder langfristig) entschieden werden.

Weiterhin wird empfohlen, die folgenden Gütekriterien bei der Erstellung von Zukunftsprojektionen zu beachten:

- Glaubwürdigkeit
- Unterschiedlichkeit
- Vollständigkeit
- Relevanz
- Informationsgehalt

### Aufbereitung der Schlüsselfaktoren

Im nächsten Schritt werden die identifizierten Schlüsselfaktoren aufbereitet. Dazu werden für jeden Schlüsselfaktor Merkmale benannt, die sowohl den gegenwärtigen Zustand als auch die künftige Entwicklung beschreiben. Beschränkt man sich dabei auf zwei Dimensionen, wird die Visualisierung durch Quadranten erheblich erleichtert. Zudem ist es nach Gausemeier[29] nur in wenigen Fällen sinnvoll, mehr als zwei Merkmale pro Schlüsselfaktor zu wählen. Daraufhin folgt eine Beschreibung des Ist-Zustandes – eine auf Konsens beruhende Beschreibung der gegenwärtigen Situation – der einzelnen Schlüsselfaktoren.

### Bildung der Zukunftsprojektionen

Nach der Aufbereitung folgt die Bildung von Zukunftsprojektionen der Schlüsselfaktoren. Zunächst werden mögliche Zukunftsprojektionen ermittelt. Dafür sind sowohl analytische als auch kreative Fähigkeiten gefordert. Dabei können

- Entwicklungen fortgeschrieben werden (Exploration),
- Entwicklungen und ihre Merkmale überzeichnet werden,
- Entwicklungen bewusst beschleunigt werden,
- Umweltentwicklungen bewusst einbezogen werden oder
- Zukunftsentwicklungen aus Prozessen entwickelt werden.

Im Folgenden wird zwischen kritischen (mehr als eine Zukunftsprojektion) und unkritischen (genau eine Zukunftsprojektion) Schlüsselfaktoren unterschieden. Bei kritischen Schlüsselfaktoren müssen nun wenige Zukunftsprojektionen aus einer möglicherweise sehr großen Menge gewählt werden. Es ist darauf zu achten, dass dabei alle Zukunftsprojektionen eigene Entwicklungsmöglichkeiten besitzen und somit nicht eine Abschwächung oder Verstärkung anderer Zukunftsprojektionen darstellen. Bei Extremszenarien sollten die Zukunftsprojektionen so gewählt werden, dass sie das Spektrum aller Entwicklungsmöglichkeiten möglichst breit abdecken. Im Falle von Trendszenarien sind die Zukunftsprojektionen mit der höchsten Plausibilität zu wählen.

Optional folgt eine Bestimmung von Eintrittswahrscheinlichkeiten. Dieser Schritt ist bei Extremszenarien zu vernachlässigen, da es meist kaum möglich ist, Eintrittswahrscheinlichkeiten festzulegen. Bei Trendszenarien ist die Anwendung eher möglich, aber durchaus nicht erforderlich. Eintrittswahrscheinlichkeiten und daraus ableitbare Kennzahlen, wie Wahrscheinlichkeiten und Plausibilität von Szenarien, sollten nach Gausemeier[30] eher als grobe Orientierungshilfen genutzt werden.

Die Szenario-Prognostik schließt mit der Formulierung und Begründung der Zukunftsprojektionen. Für jede Zukunftsprojektion sollten eine prägnante Kurzbeschreibung und eine ausführliche Beschreibung erstellt werden. Es ist dabei zu beachten, dass die Beschreibungen so formuliert

---

[29] Gausemeier et al. 1996.
[30] Gausemeier et al. 1996.

werden, dass auch Unbeteiligte sie verstehen können. Dabei helfen zum Beispiel bildhafte Formulierungen, grafische Hilfsmittel, Quellenverweise und Zitate.

### 2.1.4 SZENARIO-BILDUNG

Die Phase der Szenarien-Bildung unterteilt sich in die Projektionsbündelung, die Rohszenarien-Bildung, das Zukunftsraum-Mapping und die Rohszenarien-Interpretation.

**Projektionsbündelung**
Ein Projektionsbündel beschreibt eine Kombination von Zukunftsprojektionen, die pro Schlüsselfaktor genau eine Projektion enthält. Diese werden nun identifiziert und bewertet, wobei zwei Wege zur Auswahl stehen.

— Zum einen besteht die Möglichkeit der deduktiven Projektionsbündelung, bei der bestimmte Kombinationen bevorzugt und somit intuitiv als geeignet bewertet werden. Sie werden nicht weiter geprüft.
— Zum anderen kann induktiv vorgegangen werden. Dabei werden alle möglichen Kombinationen betrachtet und mithilfe von Konsistenzanalysen, Plausibilitätsanalysen und Projektionsbündel-Reduktionen ein Projektionsbündel-Katalog abgeleitet.

Die Konsistenz (Widerspruchsfreiheit) von Szenarien ist sehr wichtig für ihre Glaubwürdigkeit. Daher nimmt die Konsistenzanalyse einen bedeutenden Platz ein. Im ersten Schritt werden alle Zukunftsprojektionen paarweise miteinander verglichen und hinsichtlich ihrer Beziehung bewertet. Dabei kann die Beziehung im Bereich zwischen totaler Inkonsistenz und sehr starker gegenseitiger Unterstützung liegen. Die resultierende Matrix bildet die Grundlage für den weiteren Verlauf der Szenario-Bildung. Die Matrix liefert dabei für jedes Projektionsbündel den Konsistenzwert, den durchschnittlichen Konsistenzwert, Informationen über die Existenz totaler Inkonsistenzen und die Existenz partieller Inkonsistenzen. Unkritische Schlüsselfaktoren werden speziell betrachtet, da sie nur eine Zukunftsprojektion besitzen. Das Ergebnis ist ein vorläufiger Projektionsbündel-Katalog, der alle Projektionsbündel und deren Kennzahlen enthält, die keine totalen Inkonsistenzen aufweisen.

Wurden im Rahmen der Szenario-Prognostik Eintrittswahrscheinlichkeiten für die Zukunftsprojektionen ermittelt, so folgt eine Plausibilitätsanalyse des vorläufigen Projektionsbündel-Kataloges. Hierbei kann entweder

— eine einfache Plausibilitätsbetrachtung (Annahme: Konsistenz und Eintrittswahrscheinlichkeit eines Projektionsbündels sind voneinander unabhängig) oder
— eine Cross-Impact-Analyse (Kreuzeinflüsse, das heißt Beziehungen der Eintrittswahrscheinlichkeiten untereinander, werden berücksichtigt) erfolgen. Es wird zwischen drei Arten der Cross-Impact-Analyse unterschieden: korreliert[31], statisch-kausal[32] und dynamisch-kausal[33].

Da der vorläufige Projektionsbündel-Katalog zu diesem Zeitpunkt noch viele Projektionsbündel enthält, werden vier Verfahren zur Reduktion beschrieben:

— Bei der Reduktion über den Konsistenzwert wird eine gespreizte Konsistenzskala verwendet, um partielle Inkonsistenzen besser zu berücksichtigen. Zunächst wird dabei festgelegt, wie viele Projektionsbündel das Ergebnis enthalten soll. Anschließend werden diese anhand ihres Konsistenzwertes ausgewählt.
— Weiterhin kann eine Reduktion über partielle Inkonsistenzen erfolgen. Dabei werden Projektionsbündel aussortiert, die viele partielle Inkonsistenzen aufweisen. Dies kann durch das Festlegen absoluter oder prozentualer Maximalwerte geschehen.

---

[31] Kreuzeinflüsse werden als bedingte oder gemeinsame Wahrscheinlichkeiten dargestellt.
[32] Kreuzeinflüsse werden als kausale Beziehungen für einen Zeithorizont dargestellt.
[33] Kreuzeinflüsse werden als kausale Beziehungen für mehrere Zeithorizonte dargestellt.

- Ein weiteres Verfahren befasst sich mit der Reduktion über Repräsentanten. Neben der Konsistenz wird bei diesem Verfahren auch die Unterschiedlichkeit der Projektionsbündel mit einbezogen. Die Projektionsbündel werden dazu linear oder progressiv in Segmente aufgeteilt (die Anzahl der Segmente entspricht dabei der Hälfte der gewünschten Projektionsbündel), für welche wiederum Repräsentanten bestimmt werden. Als Repräsentanten können entweder die beiden unterschiedlichsten Bündel eines Segments gewählt werden oder die Bündel eines Segments werden auf der Basis ihrer Ähnlichkeit in zwei Cluster gruppiert, aus denen jeweils das Bündel mit dem höchsten Konsistenzwert als Repräsentant gewählt wird.
- Das letzte Verfahren verfolgt eine Reduktion über ein vollständiges, manuelles Scanning. Es bietet den Vorteil, dass alle theoretisch möglichen Kombinationen berücksichtigt werden. Entweder führt man dazu ein einfaches Projektions-Scanning[34] oder ein komplexes Kombinations-Scanning[35] durch.

Das Ergebnis aller Reduktionsverfahren ist ein Projektionsbündel-Katalog, der als Grundlage für die Rohszenarienbildung dient. Aus ihm lassen sich zudem Werte bezüglich der Verteilung und Häufigkeit von Projektionen ablesen.

### Rohszenario-Bildung

Der folgende Schritt kann recht einfach gehalten werden, indem aus dem Projektionsbündel-Katalog aufgrund geeigneter Kriterien wenige Bündel ausgewählt werden und direkt als Szenarien interpretiert werden. Alternativ können Rohszenarien auf der Basis von Ähnlichkeitswerten abgeleitet werden. Die Rohszenario-Bildung geschieht dabei in zwei Phasen:

- Erst werden im Rahmen einer Clusteranalyse Projektionsbündel schrittweise zu Partitionen zusammengefasst,
- dann wird eine Partition gewählt, deren Projektionsbündel in einem Rohszenarien-Katalog zusammengefasst werden.

Die Cluster sollen in sich möglichst homogen und untereinander möglichst heterogen sein, dazu wird ein agglomeratives, hierarchisches Clusterverfahren angewendet. Im Rahmen des Verfahrens wird zu Beginn jedes Bündel als ein Cluster angesehen, dann werden jeweils zwei Cluster aufgrund ihres Distanzmaßes, welches sich aus dem Ähnlichkeitswert und dem Unähnlichkeitswert berechnet, zusammengelegt. Dieser Vorgang wird so oft wiederholt, bis nur noch ein Cluster vorhanden ist. Zwischen den Schritten müssen die Distanzwerte neu berechnet werden. Durch die Anwendung verschiedener Verfahren (Complete-, Single- oder Average-Linkage-Verfahren) lässt sich dabei der Aufbau der Cluster steuern. Für jeden Schritt des Clusteringprozesses werden folgende Kennzahlen in einem Agglomerationsprotokoll festgehalten:

- Welche Cluster zusammengefasst wurden,
- in welchem früheren Schritt diese beiden Cluster entstanden sind,
- in welchem späteren Schritt der neue Cluster weiterverarbeitet wurde,
- die Anzahl der Projektionsbündel,
- eine eindeutige Bezeichnung für den Cluster und
- die Plausibilität.

Nun wird genau eine Partition gewählt, deren Rohszenarien dann in einem Rohszenarienkatalog zusammengefasst werden. Geeignet ist eine Partition genau dann, wenn ihre Rohszenarien in sich möglichst homogen und untereinander möglichst heterogen sind. Zur Bestimmung einer passenden Partition kann entweder ein einfaches Gütemaß (Verwendung des Partitionsniveaus, welches sich nur auf die innere Homogenität bezieht) oder ein erweitertes Güte-

---

[34] Es werden jeweils für die Projektionen des ersten Schlüsselfaktors die jeweils ~drei höchstkonsistentesten Bündel übernommen.
[35] Es werden jeweils die ~drei höchstkonsistentesten Bündel übernommen, die jeweils eine Projektion des ersten Schlüsselfaktors in Kombination mit einer Projektion eines weiteren Schlüsselfaktors enthält, wobei alle Schlüsselfaktoren und deren Kombinationen betrachtet werden.

maß (es werden sowohl innere Homogenität als auch äußere Heterogenität betrachtet) herangezogen werden.

**Zukunftsraum-Mapping**

Anschließend folgt der Schritt des Zukunftsraum-Mapping. Dieses verfolgt das Ziel, einen schnellen Einblick in den Zukunftsraum zu verschaffen. Der Zukunftsraum beinhaltet dabei die Zukunftsprojektionen der Schlüsselfaktoren, die Projektionsbündel und die ermittelten Rohszenarien. Diese Elemente und ihre Beziehungen werden durch das Mapping grafisch dargestellt. Die grafische Darstellung kann in Form von Projektions-Mappings, Projektionsbündel-Mappings oder kombinierten Mappings geschehen:

— Projektions-Mappings dienen zur Darstellung der Beziehungen zwischen Zukunftsprojektionen und Rohszenarien. Zum einen können dabei durch grafische Rohszenarien-Bildung alle Zukunftsprojektionen in einer Ebene angeordnet werden, wobei ähnliche beieinander liegen und unähnliche weit voneinander entfernt. Zudem wird eine Unterteilung in neutrale Zonen, sichere Zonen und Zwischenzonen vorgenommen. Zum anderen kann in Projektions-Biplots[36] die Verteilung der Zukunftsprojektionen auf die Rohszenarien in Form von Ringen dargestellt werden. Es wird zwischen szenariospezifischen Projektions-Biplots und zukunftsraumorientierten Projektions-Biplots unterschieden.
— Das Projektionsbündel-Mapping stellt die wichtigste Form der Mappings dar, da sie die Möglichkeit bietet, die Rohszenarien zu visualisieren und zu prüfen. Als Instrument wird eine multidimensionale Skalierung verwendet, die sowohl Konsistenzen als auch Plausibilitäten berücksichtigt.
— Beim kombinierten Mapping werden die Beziehungen zwischen allen Objekten des Zukunftsraumes dargestellt. Dazu wird entweder ein kombinierter Biplot oder ein kombiniertes Zukunftsraum-Mapping verwendet. Ein kombinierter Biplot erweitert den Projektions-Biplot um die Möglichkeit, Projektionsbündel und Rohszenarien im Innenraum darzustellen und ermöglicht so eine Verbindung von Projektionen und Bündeln. Ein kombiniertes Zukunftsraum-Mapping stellt hingegen durch eine Korrespondenzanalyse alle Objekte in einer Ebene dar.

**Szenario-Beschreibung**

Abgeschlossen wird die Phase Szenario-Bildung durch die Beschreibung der Szenarien. Dazu werden zunächst Ausprägungslisten entwickelt, welche Ausprägungen eines Szenarios enthalten, wobei diese dabei eindeutig (genau eine Projektion pro Schlüsselfaktor) oder alternativ (mehrere Projektionen eines Schlüsselfaktors) sein können. Die Ausprägungslisten werden in drei aufeinander folgenden Schritten entwickelt:

— Identifikation von eindeutigen und unscharfen Projektionen,
— Identifikation mehrdeutiger Projektionen und
— Gliederung mehrdeutiger Projektionen.

Sind die Ausprägungslisten erstellt, dienen sie als Gerüst zur Formulierung der Szenarien. Ein wichtiger Aspekt bei der Formulierung ist die Überschrift, da sie zum weiteren Lesen anregt. Insgesamt wird eine kreative und visionäre Ausarbeitung, die den Leser in die zukünftige Welt versetzt, angestrebt. Dabei sollen Szenarien auch ohne Kenntnis der Zukunftsprojektionen der einzelnen Schlüsselfaktoren verständlich sein. Jedoch sind Verweise auf Zukunftsprojektionen durchaus möglich und in manchen Fällen hilfreich.

## 2.1.5 SZENARIO-TRANSFER

In der letzten Phase, dem Szenario-Transfer, werden die Szenarien auf die Entscheidungsprozesse der strategischen Unternehmensführung übertragen. Diese Phase findet im Kontext dieses Projektes keine Anwendung, da die Szena-

---

[36] „Durch einen Projektions-Biplot lässt sich ein Überblick darüber gewinnen, wie stark bestimmte Zukunftsprojektionen in einzelnen Rohszenarien vertreten sind." (Gausemeier et al. 1996.).

rien bereits das Endresultat darstellen. Sie dienen als Basis für die Migrationspfade der Informations- und Kommunikationstechnologien. Trotzdem wird im Folgenden der Ablauf des Szenario-Transfers kurz erläutert.

Zu Beginn wird eine Auswirkungsanalyse durchgeführt. Sie verfolgt das Ziel, die Folgen der Szenarien auf das Gestaltungsfeld zu ermitteln. Dabei werden im Rahmen einer Matrix die Entwicklungen der einzelnen GFK betrachtet, sodass sich deren Chancen und Risiken ableiten lassen. Anschließend folgen eine Eventualplanung sowie eine Robustplanung. Im Prozess der Eventualplanung werden aus den identifizierten Chancen und Risiken konkrete Maßnahmen abgeleitet. Die sich daraus ergebenden Eventualpläne werden in der Robustplanung zu Robustplänen verbunden. Diese stellen eine Maßnahmenkombination, die mehreren Szenarien gerecht wird, für eine GFK dar. Abschließend werden die Robustpläne der GFK, beispielsweise zu einer zukunftsrobusten Strategie, verbunden.

## 2.1.6 ANWENDUNG

Die Anwendung der Szenariotechnik wurde von der Szenario-Software der UNITY AG[37] unterstützt. Für das Szenario-Projekt wurde die Stromversorgung im Jahre 2030 als globales Gestaltungsfeld gewählt, sodass *Globalszenarien* entstehen. Weiterhin befasst sich das Projekt mit einer *Mittelplanung bzw. zukunftsrobusten Strategien*, um geeignete Maßnahmen zu identifizieren. Da in dem Projekt sowohl Umfeld- als auch Lenkungsgrößen enthalten sind, handelt es sich um ein System-Szenario und das Szenariofeld umfasst das Gestaltungsfeld zusammen mit dem Umfeld als Gesamtsystem. Für die Organisation wurde ein wissenschaftlicher Ansatz gewählt, sodass die Szenarien aus Studien von Experten und wissenschaftlichen Institutionen hergeleitet werden.

Da das Projekt einen starken IKT-Fokus besitzt, wurden als *Gestaltungsfeldkomponenten* die drei in Abschnitt 3.3 beschriebenen Ebenen (vernetzte Systemebene, geschlossene Systemebene und IKT-Infrastrukturebene) gewählt, weil sie das Gestaltungsfeld und dessen Entwicklung angemessen beschreiben. *Die Stärken- und Schwächen-Analyse* ist in diesem Projekt nicht zielführend und wird somit nicht durchgeführt. Das Szenariofeld ist in zwei *Systemebenen* unterteilt: Energieversorgung und Versorgungsumfeld. Die Subebene der Energieversorgung unterteilt sich in die *Einflussbereiche*: Infrastruktur, Verbrauch und Erzeugung. Einflussbereiche auf der Subebene Versorgungsumfeld sind: Markt/Wirtschaft, Gesellschaft, Technologie und Politik. Für die sieben Einflussbereiche wurden in einem moderierten Workshop *Einflussfaktoren* identifiziert. Dabei wurden *intuitive Verfahren* (Brainstorming und Expertenbefragungen in Teams) angewandt. Das Ergebnis ist eine Liste von 32 Einflussfaktoren, die sich gleichmäßig auf die sieben Einflussbereiche verteilen.

Im nächsten Schritt wurden aus der Menge der Einflussfaktoren die *Schlüsselfaktoren* gebildet. Diese werden inklusive ihrer Zukunftsprojektionen in Abschnitt 2.2 genau beschrieben. Die übrigen Einflussfaktoren, wie die Entwicklung der Elektromobilität, die Versorgungssicherheit und -qualität, sind weiterhin als außerordentlich wichtig zu betrachten, jedoch nicht als desruptiv, wenn das Ziel verfolgt wird, die Entwicklung der Stromversorgung auf extreme Art und Weise zu überzeichnen. Die acht Schlüsselfaktoren wurden auf der Basis von Expertenmeinungen in einem Workshop erarbeitet. Anschließend wurde eine *Einflussanalyse* durchgeführt, um die getroffene Wahl zu prüfen. Dabei wurde eine *Interdependenzanalyse* angewandt, da alle Einflussfaktoren gleichwertig zu bewerten sind. Die Auswertung der Einflussmatrix bestätigte die getroffene Wahl, zudem wird aus jedem der sieben Einflussbereiche mindestens ein Einflussfaktor als Schlüsselfaktor im weiteren Verlauf der Szenarien-Bildung berücksichtigt.

---

[37] UNITY 2011.

Bevor nun die Schlüsselfaktoren aufbereitet wurden, mussten verschiedene Dimensionen für die geplanten Szenarien bestimmt werden. Für die inhaltliche Ausrichtung wurde entschieden, *Extremszenarien* zu betrachten, da es ein Ziel des Projektes ist, die möglichen – und somit nicht nur die hochwahrscheinlichen – Entwicklungen der IKT im Energiebereich zu betrachten. *Eintrittswahrscheinlichkeiten* werden also nicht betrachtet, da sie im Falle von Extremszenarien laut Literatur[38] kaum zu bestimmen sind. Infolgedessen ist es später nicht möglich *Plausibilitätsanalysen* durchzuführen. Der *Zukunftshorizont* wird langfristig gewählt, da die Zielszenarien auf das Jahr 2030 gerichtet sind und somit mehr als fünf Jahre in der Zukunft liegen.

Nachdem der Rahmen für die Zielszenarien abgesteckt ist, werden Ist-Zustand und Zukunftsprojektionen der Schlüsselfaktoren beschrieben. Dabei werden vor allem folgende fünf Gütekriterien beachtet: Glaubwürdigkeit, Unterschiedlichkeit, Vollständigkeit, Relevanz und Informationsgehalt. Für jeden Schlüsselfaktor wurden – sofern möglich – zwei Merkmale identifiziert, die deren Entwicklung beschreiben. Im Folgenden wurden initial für jeden Schlüsselfaktor der Ist-Zustand und zwei bis vier Zukunftsprojektionen verfasst. Diese wurden in weiteren Expertenworkshops diskutiert, sodass alle resultierenden Beschreibungen auf Konsens beruhen. Bei der Entwicklung der Zukunftsprojektionen wurde sowohl analytisch als auch kreativ vorgegangen und wie in der Literatur[39] für Extremprojektionen empfohlen, wurden die Entwicklung der Merkmale überzeichnet. Bei allen acht Schlüsselfaktoren handelt es sich um kritische Schlüsselfaktoren, da jeder mehr als eine Zukunftsprojektion besitzt. Bei der Wahl der Zukunftsprojektionen wurde explizit darauf geachtet, dass sie zum einen das Spektrum der Entwicklungsmöglichkeiten weitestgehend abdecken, und zum anderen darauf, dass keine der Zukunftsprojektionen eine stärkere oder schwächere Variante einer anderen Zukunftsprojektion ist. Zudem wurden sie so formuliert, dass auch Unbeteiligte sie verstehen können.

Für den nächsten Schritt wurde wiederum ein Workshop veranstaltet, in dem eine *Konsistenzmatrix* entwickelt wurde, um die späteren Szenarien *deduktiv* ableiten zu können. Dabei wurden alle Projektionen paarweise miteinander verglichen und Konsistenzwerte zwischen eins und fünf vergeben. Es wurden somit 317 Projektionspaare bewertet. Daraus ergeben sich 13 824 mögliche *Projektionsbündel* (eine Projektion je Schlüsselfaktor). Da alle Projektionsbündel gestrichen werden, die ein inkonsistentes Projektionspaar enthalten – also einen Wert von eins in der Konsistenzmatrix -, bleiben 397 Projektionsbündel, aus denen die *Rohszenarien* gebildet werden. Aufgrund der nicht zu großen Anzahl zu betrachtender Projektionsbündel wurde auf die Anwendung eines Verfahrens zur *Projektionsbündel-Reduktion* verzichtet. Um die Rohszenarien zu bilden, wurde eine Clusterung vorgenommen, bei der das *Single-Linkage-Verfahren* (am besten geeignet, um extreme Rohszenarien zu erhalten[40]) angewendet wurde. Weiterhin wurde die *quadratische euklidische Distanz* als Maß für die Messung der Bündeldistanzen herangezogen. Anhand eines *Scree-Diagramms* wurde die Anzahl der Szenarien bestimmt. Dieses gibt dabei an, wie sich die Güte (innere Homogenität und äußere Heterogenität) der Cluster mit ihrer Anzahl verändert. Da es das Ziel ist, möglichst trennscharfe Szenarien zu erhalten, wurden für das Projekt drei Rohszenarien gewählt. Ein mögliches viertes Szenario würde sich nur marginal von jeweils einem der anderen drei unterscheiden. Durch ein *Projektionsbündel-Mapping* in Form einer multidimensionalen Skalierung wurden die Rohszenarien abschließend im Zukunftsraum visualisiert.

Im finalen Schritt der Szenarienerstellung sind alle drei Szenarien ausführlich beschrieben worden (siehe Abschnitt 2.4 bis 2.6). Vorher wurde für jedes Szenario eine Ausprägungsliste der Schlüsselfaktoren erstellt. Dabei konnten in den meisten Fällen für die Schlüsselfaktoren eindeutige Projektionen iden-

---

[38] Gausemeier et al. 1996.
[39] Ebenda.
[40] Gausemeier et al. 1996.

tifiziert werden. Jedoch traten auch unscharfe Projektionen auf, die zum Teil als mehrdeutige Projektionen behandelt wurden (beispielsweise beim Schlüsselfaktor „Interoperabilität"). Die in den Szenarien verwendeten Projektionen der Schlüsselfaktoren sind in den Beschreibungen verlinkt, sodass nachzuvollziehen ist, wie sich die Szenarien zusammensetzen. Bei den Beschreibungen der Projektionen und Szenarien wurde Wert darauf gelegt, dem Leser eine anschauliche Vorstellung der gedachten Zukunft zu ermöglichen.

An den verschiedenen Workshops nahmen neben den Mitgliedern der Projektgruppe viele eingeladene Experten teil, um gezielt weitere Blickwinkel berücksichtigen zu können. Darüber hinaus wurden die Ergebnisse sowohl national als auch international auf einschlägigen Fachkonferenzen und -messen, bei unterschiedlichen Verbänden und Ministerien sowie wissenschaftlichen Instituten vorgestellt und diskutiert. Der Einfachheit halber wird im gesamten Text nur von „Szenarien" anstatt „Extremszenarien" gesprochen.

## 2.2 SCHLÜSSELFAKTOREN

### 2.2.1 SCHLÜSSELFAKTOR 1 – AUSBAU DER ELEKTRISCHEN INFRASTRUKTUR

**Definition**
Aufgabe des Netzes ist der Transport und die Verteilung elektrischer Energie zwischen Erzeugern, Verbrauchern und Speichern. Die elektrische Infrastruktur besteht im Wesentlichen aus Primärtechnik, wie Transformatoren, Schaltanlagen, Freileitungen und Kabeln, sowie der Sekundärtechnik bestehend aus aktiven Elementen der Schutz- und Leittechnik sowie betrieblich benötigten Funktionalitäten.

**Erläuterungen**
Der Netzinfrastruktur ist von entscheidender Bedeutung für die Gewährleistung der Versorgungssicherheit. Bis vor wenigen Jahren konnte der Stromtransport in einer Top-Down-Hierarchie beschrieben werden. Durch den Wandel der Produktions- und Verbrauchsstrukturen verändern sich die Aufgaben hin zu einer bi- bzw. multidirektionalen Verbindung von Produzenten, Verbrauchern und Speichern. Der Ausbau der elektrischen Infrastruktur bestimmt, welche physikalischen Fähigkeiten das Netz zukünftig besitzt und welche „smarten" Funktionalitäten es abbilden kann.

Insbesondere das veränderte Last- und Einspeiseverhalten im Mittel- und Niederspannungsbereich, die Umkehrung des Leistungsflusses und der großräumige Ausgleich fluktuierender Erzeugung stellen neue Anforderungen an die Leistungsfähigkeit der Netze.

**Ist-Zustand**
— Charakteristiken für die elektrische Infrastruktur im Übertragungsnetz

Das Übertragungsnetz umfasst die Höchstspannungsnetze mit 220 kV bzw. 380 kV Netzspannung. Energieanlagen mit einer Leistung von über 400 MW speisen dabei direkt in das Höchstspannungsnetz mit 380 kV und Energieanlagen mit einer Leistung von ca. 150 MW bis 400 MW speisen in das 220 kV-Netz ein.

Dabei wurde die Höchstspannungsebene als reines Transportnetz konstruiert. Diese Netzebene sorgt für den Transport der elektrischen Energie über große Entfernungen. Es bietet durch den europäischen Verbund (ENTSO-E) zudem eine erhöhte Ausfallsicherheit, da durch den Verbundbetrieb über die Ländergrenzen hinweg Ausgleichsmechanismen in Kraft treten können, um einzelne Kraftwerksausfälle zu kompensieren. Zudem gelten für das Übertragungsnetz erhöhte Anforderungen an die Betriebssicherheit der Komponenten. Das Übertragungsnetz ist schon heute hoch automatisiert, und es existieren spezifische Regeln für die Verkehrsführung mit dem Ziel, auf neue Situationen schnell reagieren zu können. Zukünftig gilt es, Transportwege der großen erneuerbaren Erzeuger (Offshore-Windparks, Solarkraftwerke, wie DESERTEC) in den Verbund einzufügen. Hierzu sind zum Teil auch Hochspannungs-Gleichstrom-Übertragungs (HGÜ)-Netze mit bis zu ca. 800 kV geplant.

— Charakteristiken für die elektrische Infrastruktur im Verteilnetz

Das Verteilnetz umfasst alle Spannungsebenen bis einschließlich 110 kV und teilt sich in das Hochspannungsnetz (110 kV), das Mittelspannungsnetz (>0,4 kV bis 60 kV) sowie das Niederspannungsnetz mit 0,23 kV und 0,42 kV auf.

Das Mittelspannungsnetz wird aus dem Hochspannungsnetz, das Hochspannungsnetz aus dem Übertragungsnetz mit elektrischer Energie versorgt. Die Mittelspannungsebene ist als Ring- oder Maschennetz mit offenen Trennstellen konzipiert. Je Ringleitung werden üblicherweise fünf bis zehn Ortsnetzstationen versorgt. Wird in ländlichen Gegenden häufig eine Spannung von 20 kV gewählt, so wird in Städten aufgrund der kurzen Entfernungen häufig 10 kV als Spannung eingesetzt. Lastseitig sind hier die Stationen für die Niederspannungsebene sowie für industrielle Großverbraucher angeschlossen. In das Mittelspannungsnetz speisen auch größere Blockheizkraftwerk-Anlagen (BHKW-Anlagen) oder auch Windanlagen ein.

Die Niederspannungsnetze sind über sogenannte Ortsnetz-Transformatoren an das Mittelspannungsnetz angeschlossen. Das Niederspannungsnetz besteht in Deutschland in der Regel aus Strahlen- bzw. Maschennetzen. Letztere sind so ausgelegt, dass in einem Fehlerfall die Fehlerstelle isoliert werden kann und so die elektrische Energieversorgung nur in einem geringen Bereich bis zur Fehlerbeseitigung unterbrochen werden muss. Auf der Niederspannungsebene werden alle Haushaltskunden angeschlossen. Neben dem Bezug von elektrischer Leistung kommt es in dieser Spannungsebene mit dem Ausbau der dezentralen Energieanlagen immer stärker auch zu Einspeisungen. Der Ausbau von Photovoltaik-Anlagen (PV-Anlagen) und BHKW-Anlagen nimmt stetig zu und führt vereinzelt schon heute zu großen Problemen in der Betriebsführung der Netze, insbesondere bei der Spannungshaltung.

Im Gegensatz zum Übertragungsnetz existieren für das Verteilnetz heute noch keine Verkehrsführungsregeln. Die Mittel- und Niederspannungsebene werden heute betrieben, ohne dass dem Netzbetreiber der Netzzustand bekannt ist. Bisher musste der exakte Zustand der Mittel- und Niederspannungsebene nicht gemessen werden, da durch den gerichteten Lastfluss in der Top-Down-Topologie der Netzzustand des Mittel- und Niederspannungsnetzes gut abgeschätzt werden konnte. Heute bereitet die Unkenntnis über den Netzzustand jedoch vermehrt Probleme in der Netzführung. Insbesondere durch die Einspeisung von dezentralen Erzeugungsanlagen in den Mittel- und Niederspannungsnetzen kann es zu Verletzungen des Spannungsbandes kommen.

**Ausprägungen für die Projektionen der elektrischen Infrastruktur**
Das elektrische Versorgungsnetz ist in Übertragungsnetz und Verteilnetz unterteilt. Beide Netzformen unterscheiden sich maßgeblich im Hinblick auf die in sie gesetzten Anforderungen bezüglich Ausfallsicherheit, Reaktionszeiten und den Wartungsintervallen.

**Beschreibung der Ausprägungen auf Übertragungsnetz-ebene**
— bei Stillstand oder nur verhaltenem Ausbau:
  Der Ausbau der Übertragungsnetze bleibt im Grunde auf dem Niveau von 2012 und wird nur sehr langsam betrieben. Die Verhandlungen für ein europäisches

Overlay-Netz sind gescheitert und nur wenige HGÜ-Verbindungen wurden realisiert. Es ist daher zeitweise nicht möglich, die Leistung aus erneuerbaren Quellen in die Verbrauchszentren oder gar länderübergreifend zu transferieren. In der Folge müssen Windkraftanlagen regelmäßig abgeregelt werden, was zu hohen volkswirtschaftlichen Kosten führt, da einerseits die Anlagenbetreiber nach dem EEG für das Abregeln „bezahlt" werden müssen und andererseits eine erhöhte Regelleistungskapazität vorgehalten sowie auch Regelenergie in Anspruch genommen werden muss.

— bei starkem Ausbau des Übertragungsnetzes:
Das Übertragungsnetz wurde innerhalb Deutschlands dem Bedarf entsprechend ausgebaut. Die innerdeutschen Übertragungsnetze (wie HGÜ-Verbindungen, neue Drehstromübertragungsnetze mit Spannungen von 750 kV und höheren Transportkapazitäten oder niederfrequente Drehstromnetze mit verringerten Verlusten) konnten in ein europäisches Overlay-Netz integriert werden, welches es erlaubt, flexibel auf die fluktuierende Bereitstellung der erneuerbaren Energien innerhalb Deutschlands und auch europaweit zu reagieren. Dadurch ist es möglich, langfristige, saisonale Fluktuationen der erneuerbaren Energien (wie der Windenergie) europaweit oder sogar über Europa hinaus auszugleichen.

### Beschreibung der Auswirkungen auf Verteilnetzebene

— bei einem nicht erfolgreichen Umbau zu Smart Grids:
Die „Spielregeln" im Verteilnetz werden nicht geändert. In der Folge ist der Netzbetreiber gezwungen, das Netz massiv auszubauen, da die durch DSM bedingte hohe Gleichzeitigkeit und die massierte dezentrale Einspeisung die vorhandenen Betriebsmittel ansonsten überlasten würde. Durch diesen Netzausbau wird die Volkswirtschaft mit hohen Kosten belastet. Teilweise führt dies zu einer Reduzierung der Versorgungssicherheit (außer für ausgewählte Kunden im Rahmen eines speziellen Tarifes), mit dem Ziel, Netzausbauten zu verzögern oder zu vermeiden.

— bei einem erfolgreichen Umbau zu Smart Grids: (gut ausgebautes und mit IKT versehenes Verteilnetz):
Das hochvermaschte deutsche Verteilnetz ist in der Lage, dezentrale Energieanlagen intelligent in die Netzstruktur zu integrieren. Verkehrsregeln auf Verteilnetzebene sorgen für eine geringe Gleichzeitigkeit des Leistungsbezuges von DSM-Anlagen und für eine erfolgreiche Umsetzung von Supply-Demand-Matching-Konzepten in den einzelnen Netzzweigen. Auf der Basis dieser Verkehrsregeln können die Verteilnetze höher ausgelastet und weiterhin effizient betrieben werden. Netzausbau kann so optimiert werden. Durch die Steuerung der Lasten können kurzfristige Fluktuationen der erneuerbaren Energien im Verteilnetz kompensiert werden.
Variable Netzentgelte für Einspeiser und Sondervertragskunden (Verbrauch >100 000 kWh/a) werden stärker in der Standortplanung berücksichtigt. Kostenoptimierte Lösungen (IKT, Netzausbau, DSM) gewährleisten niedrige Netzentgelte. Die Netzentgelte finden – neben weiteren Größen, wie der Verkehrsanbindung – Eingang in die Standortplanung von Einspeisern und Verbrauchern (Industrie, Gewerbe), sodass diese in zueinander passender Weise in die bestehende elektrische Infrastruktur integriert werden können.

### Projektion A: Stillhalten

Ein europäisches Overlay-Netz ist nicht zustande gekommen. Dadurch ist ein europaweiter Handel mit Energie erschwert und Fluktuationen können nicht über große Regionen – durch in einigen Ländern vorhandene Wasserkraftwerke und -speicher – ausgeregelt werden. Ein massiver Einsatz von „Schattenkraftwerken" für die neuen Erzeuger ist die Folge. Auf Verteilnetzebene ist die Integrationsfähigkeit von dezentralen Energieanlagen schnell an eine volkswirtschaftlich sinnvolle und technisch machbare Grenze gestoßen. Häufiges Abschalten von dezentralen Energieanlagen sowie daraus resultierende hohe Netzentgelte (bedingt durch hohe Ausfall-Kompensationszahlungen bei Abschaltungen) verzögern den Umstieg auf das regenerative Zeitalter nachhaltig.

**Projektion B: Lokal optimal – überregional Stillstand**
Die Verteilnetze in Deutschland sind in der Lage, eine große Anzahl an dezentralen Energieanlagen in die bestehenden Netze zu integrieren. Jedoch konnten die Netzausbauten des Übertragungsnetzes nicht vorrangig durchgeführt werden, sodass die errichteten Offshore-Windparks im Norden Deutschlands die bereitgestellte Energie nicht in Regionen mit hoher Last (beispielsweise im Süden Deutschlands) übertragen können. Das Potenzial von zentralen Erzeugungsanlagen aus erneuerbarer Energie (wie Offshore Wind) kann somit nicht ausgeschöpft werden. Die Kuppelstellen zu den Nachbarländern sind dauerhaft ausgelastet und erlauben keine zusätzlichen Handelsaktivitäten. Langfristige Fluktuationen der erneuerbaren Energien – wie saisonale Sommer/Winter-Unterschiede – können nicht durch lokale Komponenten kompensiert werden. Das führt im Winter zu erhöhter Windenergieeinspeisung, wodurch kleine, dezentrale Energiespeicher zu einem hohen Grad gefüllt sind. In der Folge werden die Energieanlagen abgeregelt, da die zu dem Zeitpunkt lokal nicht benötigte Leistung nicht in andere Verbrauchszentren transportiert werden kann. In den Sommermonaten mit deutlich weniger Windeinspeisung hingegen müssen „Schattenkraftwerke" in ausreichender Kapazität bereitstehen, um die geforderte Leistung zu erbringen. Dieser Umstand wirkt sich nachhaltig negativ auf den Endverbraucherpreis aus, da viele Kraftwerke im Stand-by-Betrieb gehalten werden müssen, um im Bedarfsfall die erneuerbaren Energien zu einem Großteil zu ersetzen.

**Projektion C: Überregionaler Ausbau, lokal nach heutigem Regelwerk**
Der Netzausbau wird auf der Übertragungsnetzebene vorangetrieben. Ein europäisches HGÜ-Overlay-Netz ermöglicht es, die regionalen Unterschiede der Windenergie europaweit zu kompensieren. Auf der Verteilnetzebene ist es nicht gelungen, die Verkehrsführungsregeln sowie die dafür notwendige IKT-Infrastruktur zu errichten. Durch moderne DSM-Maßnahmen, wie Elektrofahrzeuge, virtuelle Kraftwerke (VK), kommt es zu einer erhöhten Gleichzeitigkeit von Lasten in den Verteilnetzen, die hierfür nicht ausgelegt sind. Um Überlastungen in den Verteilnetzen zu verhindern, sind die Verteilnetzbetreiber gezwungen, massiv in den Ausbau zu investieren und größere DSM-fähige Anlagen (wie Ladestationen) in den Verteilnetzen erst zuzulassen, nachdem das Verteilnetz sowie die übergeordneten Netzebenen an den neuen Bedarf angepasst wurden. Die Vereinbarkeit eines lokalen Verteilnetzes mit überregionalen Handelsaktivitäten an deutschen und europäischen Energiemärkten ist nicht gelungen. Elektrofahrzeuge und weitere neue Lasten werden in ihren Expansionsbestrebungen durch den mangelnden Netzausbau sowie ein fehlendes Smart Grid auf Verteilnetzebene behindert.

**Projektion D: Freier Fluß**
Im Einklang mit den Plänen zum Ausbau dezentraler und fluktuierender Einspeisung wird der Netzausbau zügig vorangetrieben. Auf europäischer Basis wird das bestehende Wechselstrom (AC)-Höchstspannungsnetz ausgebaut, und es entsteht ein paralleles Gleichstrom (DC)-Übertragungsnetz (HGÜ-Overlay-Netz), welches unter anderem für Deutschland Energiespeicher (zum Beispiel in Norwegen) nutzbar macht. Die Lastzentren im Süden Deutschlands sind an dieses neue HGÜ-Verbundnetz angeschlossen und können unter anderem den Offshore-Windstrom nutzen. Zusätzlich sind die Verteilnetze durch Smart-Grid-Konzepte, neue Ausbauregeln und Steuermöglichkeiten in der Lage einen hohen Anteil an erneuerbaren Energien aufzunehmen.

## 2.2.2 SCHLÜSSELFAKTOR 2 – VERFÜGBARKEIT EINER SYSTEMWEITEN IKT-INFRASTRUKTUR

### Definition

„IT-Infrastruktur bezeichnet alle materiellen und immateriellen Güter, die den Betrieb von (Anwendungs-)Software ermöglichen."[41]

Dieser allgemeinen Definition folgend ergänzt die Informationstechnologie (IT)-Infrastruktur die Infrastruktur der „klassischen" Energienetze, indem neben dem Transport elektrischer Energie die Realisierung von neuen bzw. die Erweiterung bestehender Anwendungen ermöglicht wird. Im Kontext dieses Dokuments realisiert die IT-Infrastruktur den Austausch von Information zwischen allen Akteuren des Smart Grid sowie deren Zugriff auf die im Energienetz vorhandenen Daten, Dienste oder Geräte. Der Zugang muss dabei diskriminierungsfrei und durch Sicherheit, Zuverlässigkeit sowie Berücksichtigung des Datenschutzes gekennzeichnet sein.

### Erläuterungen

Eine im gesamten Energiesystem verfügbare IT-Infrastruktur bildet die Grundlage für Anwendungen, welche über die derzeit realisierte Versorgung mit elektrischer Energie hinausgehen. Sie erfüllt keinen Selbstzweck, sondern ist vielmehr als Querschnittsfunktion zu betrachten. Die Ausprägung der IT-Infrastruktur hat daher Einfluss auf die Charakteristik der Energienetze. Die IKT-Infrastruktur geht dabei weit über die reine Kommunikationsanbindung hinaus. Es werden zusätzlich Möglichkeiten geschaffen, energiespezifische Anfragen zu beantworten, Anlagenverzeichnisdienste werden eingerichtet, Rollenkonzepte ausgearbeitet, Dienstgüteservices bzw. Quality of Service (QoS) und vieles mehr realisiert.

Von der Bereitstellung einer systemweiten IT-Infrastruktur sind beispielsweise die Möglichkeiten zur

- Integration erneuerbarer Energiewandlung,[42]
- Anpassung des Lastprofils („Peak-Shaving") von DSM-fähigen Anlagen,
- Wandlung hin zu einer multidirektionalen Versorgungsstruktur[43],
- dynamischen Preisgestaltung im Energiemarkt (für alle Teilnehmer),
- Verwirklichung neuer Services und Produkte (wie Elektromobilität)

abhängig.

Die IT-Infrastruktur integriert die Teilnehmer am Energiemarkt und führt damit zu einer stärkeren Interaktion. Die enthaltenen Daten können dabei in technisch oder kommerziell relevante Daten kategorisiert werden und erfahren eine entsprechend differenzierte Behandlung. Technisch relevant sind in diesem Kontext Daten, welche zur Regelung des Energienetz-Betriebes und damit für die Herstellung der Versorgungssicherheit erforderlich sind. Kommerziell relevante Daten bedienen hingegen die Marktmechanismen der Energienetze, also beispielsweise die genannten Punkte dynamische Tarifierung oder neue Services und Produkte. Ob die Energiedaten zentral gespeichert werden oder nicht, ist für diesen Schlüsselfaktor ohne Belang.

### Ist-Zustand

Wie im Rahmen des Schlüsselfaktors „Ausbau der elektrischen Infrastruktur" dargestellt wird, erfolgt die Versorgung mit elektrischer Energie derzeit nach dem Top-Down-Prinzip. In diesem Kontext werden die IKT vornehmlich auf der Seite der Netzbetreiber eingesetzt. Im Rahmen der Stationsauto-

---

[41] Kurbel et al. 2009.
[42] Für 2020 ist von der Bundesregierung eine Erhöhung des Anteils der erneuerbaren Energiewandlung an der Bruttostromerzeugung auf 30 Prozent geplant (2009 betrug der Anteil laut BDEW 16 Prozent)
[43] Historisch erfolgt die Versorgung mit elektrischer Energie nach dem Top-Down-Ansatz von der Höchstspannungsebene (Übertragungsnetzebene) zur Hoch-, Mittel- und Niederspannungsebene (Verteilnetzebene). Durch die zu erwartende Zunahme der Dezentralisierung ist ein Paradigmenwechsel zu einer Bottom-up-Versorgung abzusehen, in der elektrische Energie von dezentralen Kleinerzeugern in das Verteilnetz eingespeist wird.

matisierung werden die Funktionen Steuerung, Messung und Schutz insbesondere im Übertragungsnetz durch den Einsatz von IT[44] realisiert.

Auf der Seite der Stromabnehmer wird zwischen größeren Industriekunden[45] und Haushaltskunden unterschieden. Der Energiebedarf von Haushaltskunden wird bislang durch Standardlastprofile[46] genügend gut prognostiziert. Die tatsächliche Ermittlung des Energiebedarfs wird im Rahmen einer jährlichen Verbrauchsablesung der Stromzähler[47] ermittelt. Bei größeren Verbrauchern werden digitale Messvorrichtungen eingesetzt, welche die Möglichkeit zur lastgangsbasierten Fernauslesung bieten. Die erfassten Daten bieten gemeinsam mit einer entsprechenden Tarifstruktur[48] schon heute einen Anreiz für das sogenannte Peak-Shaving im industriellen Bereich.

Die in den letzten Jahren zunehmende Menge dezentral eingespeister Energie zum Beispiel durch Windkraft- oder PV-Anlagen macht zusätzliche Informationen über den Netzzustand auch im Verteilnetz erforderlich. Das Verteilnetz erfährt eine Wandlung vom unidirektionalen Versorgungsnetz zu einer multidirektionalen Struktur, welche sowohl die Abnahme als auch die Einspeisung elektrischer Energie ermöglicht. Um die Stabilität des Netzes ohne Abriegelung der fluktuierenden Kraftwerksanlagen zu gewährleisten, wird eine - möglichst automatisierte - Anpassung des Verbrauchs an die fluktuierende Erzeugung notwendig. Zur Erhebung und Nutzung der benötigten Informationen wird daher auch hier eine entsprechende IKT-Infrastruktur benötigt.

Ein möglicher Ansatz für IT-gestützte Lösungen zur genaueren Messung des Energienetz-Zustands ist der punktuelle Einsatz von hochauflösenden Smart Metern. Weitere Nutzenpotenziale von elek-tronischen Zählern könnten beim richtigen Einsatz sein:

— Aufbereitung der Verbrauchsdaten für den Kunden zur Analyse des eigenen Verbrauchsverhaltens (und Analyse von Einsparmöglichkeiten),
— Fernablesung des Zählerstandes mit hoher zeitlicher Auflösung (gegebenenfalls Echtzeit), An- und Abschalten von Kunden aus der Ferne (Einsparungen im Personalbereich),
— Verbesserung der Verbrauchsprofile und daraus abgeleiteter Prognosen,
— Nutzung von dynamischen Tarifen, um das Kundenverbrauchsverhalten an die aktuelle Erzeugungssituation anzupassen,
— Unterstützung des DSM.

Gemäß § 21 EnWG (Neuregelung vom 26.07.2011) sind entsprechende Messeinrichtungen, die „[...] den tatsächlichen Energieverbrauch und die tatsächliche Nutzungszeit widerspiegel[n]" (§ 21d) unter anderem bei Neubauten und grundsanierten Gebäuden, „[...] Letztverbrauchern mit einem Jahresverbrauch größer 6 000 Kilowattstunden" und „[...] Anlagenbetreibern nach dem Erneuerbare-Energien-Gesetz oder dem Kraft-Wärme-Koppelungsgesetz bei Neuanlagen mit einer installierten Leistung von mehr als 7 Kilowatt" (§21 c) vorgeschrieben.

Langfristig ist auch die Elektromobilität in Deutschland ein Treiber für die Bereitstellung einer IKT-Infrastruktur. Angestrebt wird die Nutzung von Elektrofahrzeugen als Energiespeicher.[49] Zur Steuerung von Energiespeicherung und deren Rückgabe in das Netz sind detaillierte Informationen zum Netzzustand erforderlich, welche bis zum Fahr-

---

44 Beispielsweise Supervisory Control and Data Acquisition (SCADA)-Stationen, Remote Terminal Units (RTU) und Intelligent Electronic Devices (IED), welche über Kommunikationssysteme miteinander verbunden werden.
45 Sogenannte Sondervertragskunden mit einem Energiebedarf >100 000 kWh/a.
46 Standardlastprofile sind Erfahrungswerte für durchschnittliche Haushaltskunden. Sie erreichen im Mittel eine hohe stochastische Genauigkeit.
47 In der Regel ein analoger Ferraris-Zähler.
48 So orientiert sich der Preis für die Netzentgelte bei diesen Kunden auch an der jährlichen Leistungsspitze.
49 Auch als V2G (Vehicle to Grid) bezeichnet.

zeug bzw. der Ladestation kommuniziert werden müssen. Zudem sind Marktaspekte, wie die Abrechnung von elektrischer Energie an den Ladesäulen oder die Vergütung der Rückspeisung, abzubilden. Neben der Bereitstellung einer elektrischen Infrastruktur für die Energieversorgung der Fahrzeuge ist daher primär die IKT-Infrastruktur zur Realisierung des Datenmanagements für die Realisierung der Elektromobilität erforderlich.

Der Aufbau einer IKT-Infrastruktur mit Komponenten/Motivatoren, wie Smart Metering, Elektromobilität und erneuerbaren Energieanlagen, wird derzeit in Pilotprojekten in Deutschland wie auch international erprobt. Eine systemweite Bereitstellung steht jedoch noch aus.

### Ausprägungen für die Projektionen der Verfügbarkeit einer systemweiten IKT-Infrastruktur

Irgendeine Form der IKT-Infrastruktur wird sich aufgrund der Notwendigkeit der Sensorik und Aktorik im Verteilnetz ergeben. Je nachdem, ob diese Entwicklung einer langfristigen Planung und der entsprechenden Unterstützung durch die Politik erfolgt oder ob die Entwicklung ereignisgetrieben erfolgt, sind die beiden Extreme auf der einen Seite eine Fülle von Insellösungen, auf der anderen Seite eine übergreifende den Erfordernissen angepasste Plug & Play-Infrastruktur.

### Projektion A: Insellösungen

Es liegt keine Führung der Entwicklungen durch Staat und Gesetzgebung vor. Auch aufseiten der Anbieter von Kommunikationslösungen für das Energienetz finden keine Absprachen bezüglich gemeinsamer Standards statt. Diese versuchen stattdessen eigene, proprietäre Marktstandards zu setzen. Dadurch entwickeln sich parallel Systeme, die nicht in allen Ausprägungen interoperabel sind. Dies verlangsamt den Prozess der systemweiten Verbreitung entsprechender Lösungen, da eine Unsicherheit bezüglich der sich durchsetzenden Technologien besteht. Aus diesem Grund adaptieren sowohl Verbraucher als auch Hersteller technischer Geräte die Entwicklungen nur zögerlich.

### Projektion B: Plug & Play

Es wird eine systemweite IKT-Infrastruktur etabliert, die eine Plug & Play-Funktionalität und alle notwendigen QoS ermöglicht. Verbraucher und Hersteller technischer Geräte erhalten eine hohe Planungssicherheit für ihre Investitionen. Dies fördert den Ausbau der Infrastruktur und das Angebot darauf aufbauender Dienste und Geräte. Dies bedingt eine hohe Verbreitung, welche das Potenzial des Smart Grids und damit dessen Nutzen für Anbieter und Kunden erhöht. Ein solches System entsteht entweder durch die Entwicklung marktkonformer Standards unter entsprechender politischer Führung oder durch die Marktmacht eines einzelnen Marktteilnehmers, welcher auf diese Weise seine Lösung als De-facto-Standard etabliert.

## 2.2.3 SCHLÜSSELFAKTOR 3 – FLEXIBILISIERUNG DES VERBRAUCHS

### Definition

Der Faktor „Flexibilisierung des Verbrauchs" beschreibt die Möglichkeiten, die Nutzung elektrischer Energie, also die Last im Stromnetz, an die Rahmenbedingungen der Erzeugung anzupassen. Dies steht im Kontrast zum derzeit praktizierten Lastfolgebetrieb, in dem die Bereitstellung der Energie dem Verbrauch folgt. Treiber für eine Flexibilisierung des Verbrauchs sind in Deutschland die zunehmende Integration dezentraler und fluktuierender Energieanlagen, wie Windkraft- und PV-Anlagen, unter Erhalt der Versorgungssicherheit und Steigerung der Energieeffizienz.

### Erläuterungen

Die Stabilität des Stromnetzes hängt unter anderem zeitkritisch von der Übereinstimmung der bereitgestellten

Energiemenge und des tatsächlichen Verbrauchs ab. Um diese Größen aufeinander abzustimmen, gibt es zwei Paradigmen:

1. Lastfolgebetrieb - die Stromerzeugung folgt dem Bedarf.
2. Erzeugungsfolgebetrieb - der Strombedarf folgt der Erzeugung.

Beim Lastfolgebetrieb wird elektrische Energie abhängig von den Verbrauchswerten bereitgestellt, das heißt, die Stromerzeugung muss auf der Grundlage des Strombedarfs geplant werden. Neben Messergebnissen werden Prognosen verwendet, um den Energiebedarf bzw. die Last im Stromnetz anzusetzen. Schwankungen im Verbrauch werden durch die Leistungsregelung der stromerzeugenden Kraftwerke ausgeglichen, in Einzelfällen auch durch Lastabwurf. Die Möglichkeiten zur Regelung der Kraftwerksleistung sind von dem jeweils betrachteten Kraftwerkstyp abhängig. Es wird dabei zwischen Grund-, Mittel-, und Spitzenlast unterschieden. Während die absehbare Grundversorgung durch den Betrieb von Grund- und Mittellastkraftwerken (wie Kernenergie oder Kohle) nach entsprechenden Fahrplänen erfolgt,[50] werden kurzfristige Schwankungen durch Spitzenlastkraftwerke (wie Pumpspeicher und Gaskraftwerke) ausgeglichen. Durch die geringe Auslastung ist der Betrieb dieser Kraftwerkstypen jedoch kostenintensiver als bei Grund- oder Mittellastkraftwerken.

Der zweite Ansatz, um Erzeugung und Verbrauch aufeinander abzustimmen, wird als DSM oder auch Laststeuerung bezeichnet. Dieses Prinzip zielt darauf ab, den Energieverbrauch an das weniger planbare, fluktuierende Angebot anzupassen. Steht wenig Leistung zur Verfügung, können zum Beispiel einige Verbraucher für einen begrenzten Zeitraum von der Stromversorgung getrennt oder in Ihrem Leistungsbezug reduziert werden. In Phasen mit hohem Energieangebot können im Gegenzug zusätzliche Verbraucher – im Rahmen eines Frontloading – frühzeitig mit Energie versorgt werden.

Der Ansatz der Laststeuerung ist ganz besonders zum Ausgleich der fluktuierenden Einspeisung erneuerbarer Energie relevant. Um eine möglichst effiziente Versorgung sicherzustellen, bietet sich daher die Verschiebung der Last in Zeiten mit einem ausreichenden Energieangebot an. Für eine aktive Laststeuerung in Bezug auf kurzfristige Änderungen im Energieverbrauch sind neuartige Reglungsautomatismen erforderlich.

**Ist-Zustand**

Die derzeitige Energieversorgung erfolgt im Wesentlichen nach dem Lastfolgeprinzip. Das Kraftwerksmanagement in Deutschland gestattet in Verbindung mit den Versorgungsnetzen eine weitestgehend unterbrechungsfreie Versorgung mit elektrischer Energie[51]. Das Prinzip fußt auf der Verfügbarkeit von regelbaren Kraftwerksanlagen, welche in der Lage sind, Leistung entsprechend des vorliegenden Bedarfs zu erbringen.

Im Hinblick auf die Reduzierung von $CO_2$-Emissionen und der zunehmenden Knappheit von fossilen Energieträgern wird innerhalb der EU ein zunehmender Einsatz regenerativer Energieanlagen vorgesehen. Der zunehmende Ausbau der regenerativen Energieanlagen erfordert zusätzliche Maßnahmen, um die Netzstabilität und die gewünschte Energieeffizienz zu gewährleisten.

Das DSM bzw. die Laststeuerung bietet Ansätze, um die Netzstabilität zu unterstützen und die Energieeffizienz der Übertragungs- und Verteilnetze zu erhöhen. Durch eine bessere Netzauslastung können potenziell Netzausbaumaßnahmen und stark steigende Netzentgelte verhindert

---

[50] Eine Regelbarkeit dieser Kraftwerkstypen ist jedoch nicht prinzipiell ausgeschlossen. So können Kernkraftwerke Fluktuationen prinzipiell kompensieren. Sie können einen Regelbeitrag von 10 GW erbringen. Dabei werden Leistungsgradienten von 2 Prozent pro Minute je Kraftwerk erreicht (ATW 2010).

[51] In 2009 konnte mit 14,63 Minuten durchschnittlicher Unterbrechung je Letztverbraucher ein neuer Höchststand bei der Versorgungssicherheit erreicht werden (BNetzA 2010a, S. 273).

werden. Der Anteil der elektrischen Lasten, der sich zu einer Lastverschiebung eignet, wird dabei als Lastverschiebepotenzial bezeichnet.[52] Ein früher Ansatz auf Haushaltskundenebene, die Last im Stromnetz zeitlich zu verschieben, ist die sogenannte Nachtspeicherheizung. Durch eine nächtliche Aufladung wird dabei zuzeiten niedrigen Energiebedarfs zusätzlicher Bedarf generiert, um die Unterschiede zwischen der zu Tag- und Nachtzeiten vorliegenden Nachfrage auszugleichen. Auf diese Weise wird eine Erhöhung der Grundlast erreicht.[53] Zur Realisierung der Lastverschiebung und der Abbildung von Hoch- und Niedertarifen wird auf die Rundsteuertechnik zurückgegriffen. Dabei handelt es sich um eine Form der Tonfrequenz-Rundsteuertechnik. In neueren Systemen wird die sogenannte Power Line Communication (PLC) eingesetzt. Diese Technologie eignet sich allgemein zur Fernsteuerung mit entsprechenden Empfängern ausgerüsteter Anschlüsse, sodass auch weitere Verbraucher, wie etwa Warmwasserspeicher, gesteuert werden können. Auch die Umschaltung zwischen verschiedenen Tarifen wird durch Steuerung der Zählvorrichtungen realisiert.

Das aktuelle Verständnis von DSM auf Haushaltskundenebene beschreibt einen weiter reichenden Ansatz. Dieser sieht vor, Haushaltsgeräte, welche ein vorübergehendes Abschalten zulassen, abhängig von der Lastsituation im Energienetz zu steuern. Für einen allgemeinen Ansatz innerhalb eines Smart Homes sind entsprechende Steuerungsmöglichkeiten notwendig, welche innerhalb von Modellprojekten erprobt werden. Die Messung steuerungsrelevanter Werte und die Steuerung selbst erfolgt dabei unter Einsatz der IKT. Als Beispiele können an dieser Stelle elektronische Mess- und Steuergeräte (Smart Meter), entsprechend steuerbare Verbraucher (Smart Appliances) sowie die Realisierung des Datenaustauschs über breitbandfähige Kommunikationsstrukturen, wie Digital Subscriber Line (DSL), Breitbandkabel, drahtlose lokale Netzwerke (Wireless Local Area Network – WLAN) oder auch Bluetooth/Zigbee genannt werden.

Auf der Industriekundenebene liegt ebenfalls großes Lastverschiebungspotenzial vor. Dort existieren bereits heute vielfältige Möglichkeiten und Angebote, Lasten in Zeiten niedrigeren Strombedarfs zu verschieben. Den Anreiz hierfür bilden variable Tarife für Sondervertragskunden mit einem Jahresenergiebedarf >100 000 kWh. Außerdem können Großverbraucher durch Verbrauchsanpassung ihre Netzgebühren über den Leistungspreis deutlich senken, da der Netzpreis auf die Jahresspitzenlast bezogen ist. Die Grundlage für diese von Privatkunden abweichenden Tarifstrukturen wird unter anderem durch die höhere Verbreitung elektronischer Zählvorrichtungen geschaffen. Großverbrauchern wird zudem die Möglichkeit gegeben, Energiemengen an der Börse zu handeln. So können zum Beispiel kurzfristige Überschüsse am sogenannten Spot-Markt veräußert werden. Als Beispiele für Bereiche, welche für die Lastverschiebung infrage kommen, werden in der E-Energy-Studie[54] die Chemie-, Papier und Metallindustrie genannt. Bei größeren Lastverschiebungspotenzialen nimmt die Entwicklung der IKT eine weniger bestimmende Rolle als bei kleineren Verbrauchern ein, da die zur Verfügung stehende Infrastruktur bereits einen großen Teil der erforderlichen Informationen für die Steuerung der Regelleistung (teil-)automatisiert bereitstellt.

Fördernd für eine Flexibilisierung des Verbrauchs sind also verschiedene Faktoren. Zum einen werden Daten innerhalb des Stromnetzes benötigt, die allen an der Verbrauchsflexibilisierung beteiligten Parteien die notwendigen Informationen zur Verfügung stellen. Zum anderen werden neue Verbraucher benötigt, die in der Lage sind, als Werkzeug für die Verschiebung von Lasten zu dienen. Hierzu zählen auf Haushaltkunden-Ebene zum Beispiel Elektroheizungen als Ersatz für Öl- und Gasheizungen in gut isolierten Gebäuden, „intelligente" Haushaltsgeräte in Kombination mit Smart Metering oder auch die Elektromobilität, in der Fahrzeuge potenziell als Speicher dienen können. Industrielle

---

[52] Die dena-Netzstudie II (dena 2010b) hat das DSM-Lastverschiebepotenzial in Deutschland für 2020 mit 6 GW quantifiziert.
[53] Wird unter anderem häufig in Frankreich angewandt.
[54] BMWi 2011d.

Verbraucher bieten mit Kühlhallen, Schwimmbädern oder energieintensiven Großgebäuden Anhaltspunkte für virtuelle Speicher zur Lastverschiebung. Die Ansätze für beide Verbraucherebenen werden innerhalb der E-Energy-Modellregionen derzeit getestet.

### Ausprägungen für die Projektionen der Flexibilisierung des Verbrauchs

Die Ausprägungen für die Flexibilisierung des Verbrauchs beziehen sich auf die Ebenen, auf denen die Lastverschiebung vorgenommen werden kann. Hierbei sind nicht nur Haushalts- und Industriekunden[55] zu unterscheiden, sondern auch Leistung und Energie. Die Beteiligung der Kunden übt nachhaltigen Einfluss auf die Charakteristik des Energienetzes aus. Eine schlechte Integration der Verbraucher in das Smart Grid hat zur Folge, dass enorme Anstrengungen in Alternativen (Netzausbau oder andere) getätigt werden müssen, um die weitere Integration von fluktuierend einspeisenden erneuerbaren Energien in das elektrische Versorgungsnetz sicherzustellen.

### Auswirkungen der Beteiligung von Industriekunden

— Effekte einer hohen Beteiligung:
Jegliche industriellen Produktionsprozesse finden Eingang in die Energieplanung der Unternehmen. Große Gebäude, Kühlhäuser und andere Großverbraucher, bei denen ein Potenzial zur Lastverschiebung identifiziert wurde, stellen ihre Kapazitäten zur Lastverschiebung ebenfalls zur Verfügung.[56] Die verfügbare Regelungskapazität ist hoch. Die hohe Beteiligung der Industriekunden führt zudem zu einer dynamischeren Entwicklung der Produkte und des Services, insbesondere für Industriekunden, was eine weitergehende Beteiligung zusätzlich verstärkt.

— Effekte einer niedrigen Beteiligung:
Die Industriekunden stellen nur geringe Lastverschiebungskapazitäten bereit. Damit wird ein großer Teil der potenziellen Regelungsmöglichkeiten im Smart Grid nicht ausgeschöpft.

### Auswirkungen der Beteiligung von Haushaltskunden

— Effekte einer hohen Beteiligung:
Unter Nutzung von Smart Metering und regelbaren Verbrauchern ist eine Lastverschiebung auch im Haushaltskundenbereich möglich. Variable Tarife stellen eine erste Möglichkeit zur anreizbasierten Umsetzung dar. Diese bringt jedoch ohne Automatisierung Komforteinbußen für den Haushaltskunden mit sich. Weiterhin wird in die Autonomie eingegriffen. In Ausführungen wird daher eine hohe Automatisierung der Verbrauchsgeräte angestrebt, die weitgehend auf Einschränkung des Komforts verzichtet. Neue elektrische Verbraucher – wie die Elektrofahrzeuge, Wärmepumpen und möglicherweise zukünftige Nachtspeicherheizungen auf elektrischer Basis – bieten weitere Ansätze zur Lastverschiebung und zu darauf aufbauenden Produkten und Services. Weiterhin können die dezentralen Energieanlagen durch Haushaltskunden effizienter in das Gesamtnetz eingebunden werden.

— Effekte einer niedrigen Beteiligung:
Privathaushalte nehmen nicht an der Lastverschiebung teil. Dies führt zu einem Wegfall der Regelkapazität im Haushaltsbereich und schränkt die Erschließung neuer Märkte für Produkte und Dienstleistungen in diesem Bereich ein.[57] Durch die verminderten Möglichkeiten des Smart Grid auf Verteilnetzebene in Wohngebieten Einfluss auf die Spannungsqualität zu nehmen stößt die Integrationsfähigkeit für dezentrale Energieanlagen einzelner Netze schnell an Ihre Grenzen. Durch Haushaltskunden erzeugter Strom kann nur eingeschränkt in das Smart Grid integriert werden.

---

[55] Hier im Sinne von Groß- bzw. Sondervertragskunden. Diese zeichnen sich durch eine potenziell hohe Regelungskapazität aus.
[56] Die Charakteristik der Regelungskapazität (Kapazitätshöhe, zeitliche Bereitstellung) hängt dabei von den Prozessen der betrachteten Kunden ab. Beispiele hierzu werden unter anderem in der E-Energy-Studie genannt, vgl. BMWi 2011d.
[57] Dies ermöglicht jedoch durchaus die Nutzung von Energiedienstleistungen, die nicht auf DSM basieren.

### Projektion A: geringe Beteiligung (geringe Beteiligung bei Industrie- und Haushaltskunden)

Industrie und Haushaltskunden nehmen nur in sehr geringem Maße an der Flexibilisierung des Verbrauchs teil. Damit gehen sowohl die hohen Speicherkapazitäten (der Großteil bei den Industriekunden) als auch ein Teil der Potenziale für neue Services und Produkte (hauptsächlich Haushalte) verloren. Der Ausbau der dezentralen Energieanlagen und der fluktuierenden Einspeisung kann nur eingeschränkt bzw. unter hohen Kosten für den Netzausbau stattfinden.

### Projektion B: nur Industrie (geringe Beteiligung der Haushaltskunden, hohe Beteiligung der Industriekunden)

Die Industriekunden nehmen in hohem Maße an der Lastverschiebung teil. Große Gebäude, Kühlhäuser, Schwimmbäder oder auch Fertigungsprozesse können in die Lastverschiebung einbezogen werden. Damit werden große Speichermöglichkeiten im Hinblick auf den Energieinhalt realisiert. Auf der Ebene der Haushaltskunden ist hingegen keine weitreichende Realisierung erfolgt, sodass deren Regelkapazität entfällt und die Einführung neuer Services und Produkte in diesem Bereich erschwert wird.

### Projektion C: nur Haushaltskunden (hohe Beteiligung bei Haushaltskunden, geringe Beteiligung der Industriekunden)

Haushaltskunden nehmen in hohem Maße an der Verbrauchsflexibilisierung teil. Smart Appliances ermöglichen die (Teil-)Automatisierung der Verbrauchssteuerung. Die Kunden haben die Möglichkeit, variable Tarife zu nutzen. Neue Märkte entstehen im Bereich von Produkten (wie Smart Meter, Smart Appliances, Elektrofahrzeuge) und Dienstleistungen (wie dezentrale Marktplätze für elektrische Energie).

### Projektion D: Smart Grid (hohe Beteiligung bei Industrie- und Haushaltskunden)

Sowohl Industrie- als auch Haushaltskunden nehmen an der Verbrauchsflexibilisierung teil. Während die Industriekunden große Lasten zur Verschiebung anbieten, kann die Steuerung des Netzes im Bereich der kleineren Erzeuger und Verbraucher auf der Ebene der Haushaltskunden realisiert werden. Diese bieten zudem Potenzial für neue Produkte und Services (Energiemarktplätze, Elektromobilität etc.). Das Energienetz erreicht damit eine hohe Flexibilität zur Einbindung neuer Verbraucher und Erzeuger. Die Gesamteffizienz des Netzes steigt in hohem Maße.

## 2.2.4 SCHLÜSSELFAKTOR 4 – ENERGIEMIX

### Definition

Mit „Energiemix" (hier: nur auf den Energieträger Strom bezogen) wird die anteilige Verwendung von unterschiedlichen Primärenergien zur Stromerzeugung bezeichnet. Man unterscheidet zwischen Primärenergie aus fossilen Primärenergieträgern (Öl, Kohle, Erdgas), Primärenergie aus Uran und Primärenergie aus erneuerbaren Energiequellen (Wind, Sonne, Biomasse, Wasserkraft). Je nach Primärenergieform kommen bei der Stromerzeugung verschiedene Kraftwerkstypen zum Einsatz: Kohle-, Öl- und Gaskraftwerke zur Verarbeitung fossiler Energieträger, Atomkraftwerke, Onshore- und Offshore-Windparks und -kraftwerke, Wasserkraftwerke, PV-Anlagen, Concentrating-Solar-Power (CSP)-Kraftwerke und Biomassekraftwerke. Biomasse und fossile Energieträger können zur Stromerzeugung außer in konventionellen Kraftwerken auch in und Kraft-Wärme-Kopplungs(KWK)-Anlagen genutzt werden. Von zentraler Stromerzeugung wird gesprochen, wenn Großkraftwerke mit hoher Erzeugungsleistung (in der Regel einige 100 MW bis einige GW) Strom zentral in das Höchst- oder Hochspannungsnetz einspeisen. Unter dezentraler Stromerzeugung wird hingegen die Bereitstellung geringer Leistungen (etwa ab 1 kW bis einige 100 kW) zur Einspeisung im Verteilnetz oder für den Eigenverbrauch durch in der Fläche verteilte, kleine Erzeugungseinheiten verstanden.

### Erläuterungen

Die Verwendung der unterschiedlichen Primärenergieformen zur Stromerzeugung bringt eine unterschiedliche Einspeisecharakteristik der Kraftwerke mit sich. Bei Kraftwerken, die mit fossilen Energieträgern, Biomasse oder Uran betrieben werden, ist die Stromerzeugung abhängig von einer funktionierenden Zulieferkette mit Rohstoffen, aber weitestgehend unabhängig von Fluktuationen beim Wetter. Lange im Voraus geplante und vereinbarte Fahrpläne bezüglich der zu erzeugenden Strommenge pro Zeit können in der Regel zuverlässig eingehalten werden. Dies unterstützt einen Lastfolgebetrieb der Stromnetze, bei dem die Gesamterzeugung dem zeitlich variablen Verbrauch (der Last) stetig nachgeführt wird. Bei Kraftwerken, die mit Windenergie oder Solarenergie arbeiten, ist die erzeugte Strommenge hingegen vom aktuellen Wetter (Wind, Sonne, Bewölkung) abhängig und zudem starken klimatischen und jahreszeitlichen Schwankungen unterworfen. Dies führt zu einer fluktuierenden Einspeisung mit teilweise stochastischen Merkmalen, die zwar in gewissen Grenzen prognostizierbar und auch durch Abregelung steuerbar, aber nicht fahrplanfähig ist. Solche Kraftwerke sind zunächst nur für einen Erzeugungsfolgebetrieb geeignet, bei dem der Verbrauch sich nach der erzeugten Strommenge richtet (dargebotsabhängiger Verbrauch). Im Verbund mit Speichern, steuerbaren Verbrauchern und Erzeugern als VK ist jedoch auch hier ein Lastfolgebetrieb möglich.

Die verschiedenen Formen der Stromgewinnung unterscheiden sich zudem in ihrer Umweltverträglichkeit. Bereits der Abbau (Berg- und Tagebau) und die Förderung (Ölplattformen) sowie der Transport (Öltanker) von Energieträgern bringt eine Umweltbelastung bzw. -gefährdung mit sich. Die Stromerzeugung unter Nutzung fossiler Energieträger führt, je nach Kraftwerkstyp, zu unterschiedlich hohen $CO_2$-Emissionen. Auch die Förderung von Uranerz und der Anreicherungsprozess sowie die Lagerung von radioaktiven Abfällen aus Kernkraftwerken sind umweltbelastend. Die Verwendung regenerativer Energiequellen für die Stromerzeugung ist im Hinblick auf die $CO_2$-Emissionen weitgehend neutral und trägt somit bis auf die $CO_2$-Emissionen bei der Herstellung und dem Abriss von Anlagen nicht zur globalen Erwärmung bei.

### Ist-Zustand

Der Energiemix in Deutschland hat sich in den letzten 20 Jahren gewandelt. Dieser Wandel ist zum einen auf die natürliche Ressourcenknappheit der fossilen Energieträger zurückzuführen. Zum anderen liegt dieser Wandel in einer zunehmenden Nutzung der erneuerbaren Energien begründet. Der Anteil der Primärenergieträger an der Stromerzeugung in Deutschland im Jahr 2010 ist in Abbildung 5 dargestellt. Einen großen Anteil bei den erneuerbaren Energien nehmen dabei Windkraft, Biomasse und Wasserkraft ein[58] und bei der Photovoltaik sind hohe Zuwachsraten zu verzeichnen.

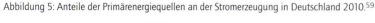

Abbildung 5: Anteile der Primärenergiequellen an der Stromerzeugung in Deutschland 2010.[59]

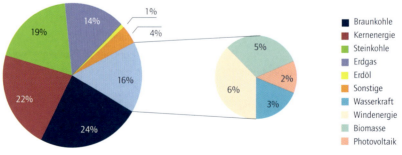

[58] BMWi 2011g.
[59] Eigene Darstellung nach AGEB 2011.

# Szenarien

Die Bundesregierung hat in ihrem 2010 erschienen Energiekonzept betont, dass „beim Energiemix der Zukunft" die „erneuerbaren Energien den Hauptanteil übernehmen" sollen.[60] Eines der wesentlichen Ziele ist die Verminderung der Treibhausgase und damit in der Energieversorgung die Reduktion der $CO_2$-Emissionen in die Atmosphäre. Dazu soll beispielsweise die Stromerzeugung aus erneuerbaren Energien bis 2020 auf mindestens 35 Prozent[61] und bis 2050 auf mindestens 80 Prozent ansteigen.

Beim aktuellen Energiemix ist Deutschland wie auch die EU als Ganzes Nettoprimärenergie-Importeur, das heißt, für den aktuellen Kraftwerkspark steht weniger wirtschaftlich nutzbare Primärenergie zur Verfügung als für die Stromerzeugung benötigt wird. Deutschland und die EU sind somit aktuell auf Importe von Primärenergieträgern aus anderen Regionen der Welt angewiesen.

### Ausprägungen für die Projektionen des Energiemix

In den Projektionen des Schlüsselfaktors Energiemix werden zwei Dimensionen betrachtet: Umweltfreundlichkeit und Planbarkeit.

### Projektion A: Klassisch

Zur Stromerzeugung werden fossile Energieträger, eventuell auch Kernenergie[62] und Wasserkraft verwendet. Dabei kommen Pumpspeicherkraftwerke sowie Kohle- und Kernkraftwerke auf dem jeweils aktuellen Stand der Technik zum Einsatz. Bei Spitzen- und Mittellastzeiten erfolgt eine Ergänzung durch Gaskraftwerke. Die dezentrale Einspeisung, auch von Strom aus regenerativen Quellen, wird begrenzt. Dieses Vorgehen hat zur Folge, dass für den Netzausbau nur minimale Investitionen getätigt werden müssen, da die Lastflüsse im Netz im Wesentlichen unverändert bleiben. Zusätzlich resultieren durch Vermeidung vergleichbar investitionsintensiver dezentraler Kraftwerke zusätzliche ökonomische Vorteile. Hieraus resultiert wiederum ein vergleichsweise geringer Strompreis für Industrie und Verbraucher. Der $CO_2$-Ausstoß bleibt weitgehend konstant, da der steigende Strombedarf den Effizienzgewinn in der Kraftwerkstechnik wieder ausgleicht.

### Projektion B: $CO_2$-arm und planbar

Ein Energiemix primär aus $CO_2$-armer Kohle, Solarenergie (CSP), Wasserkraft, grundlastfähige Windkraftwerke sowie Biomasse und Geothermie kommt zum Einsatz. Zur Stromerzeugung werden ausschließlich planbare Kraftwerke verwendet, was eine rein lastabhängige Steuerung der Stromproduktion ermöglicht. Technologie- und effizienzbedingt kommen in erster Linie große, zentrale Kraftwerke zum Einsatz. Die „grundlastfähigen" Windkraftwerke erzeugen einerseits Strom, andererseits in Schwachlastphasen Gas (wie Wasserstoff) zur Speicherung der überschüssigen Energie.

Das erzeugte Gas wird im Fall von Engpässen zum Beispiel in Gaskraftwerken wieder verstromt. Bei Kohlekraftwerken wird die Carbon-Capture-and-Storage (CCS)-Technologie angewendet und zur Verwertung der Solarenergie kommen solarthermische Kraftwerke mit Speichern (zum Beispiel thermisch) zur Anwendung, die in Ländern im Sonnengürtel der Erde aufgebaut werden. Auch Wasserkraft aus Norwegen kommt zur Anwendung. Die Kraftwerke mit standortunabhängigen, leicht transportablen Primärenergiequellen bedienen sich der vorhandenen Struktur und Technik der Übertragungs- und Verteilnetze. Für die Versorgung mit Strom aus solarthermischen Kraftwerken und großen Wasserkraftwerken ist der Ausbau transnationaler Höchstspannungs-Übertragungsnetze notwendig. Biomassekraftwerke und kleine Wasserkraftwerke speisen zusätzlich dezentral ein.

---

[60] BUND 2011.
[61] Der nationale Aktionsplan für erneuerbare Energie vom August 2010 spricht von 38,6 Prozent als Erwartung der Erzeugung aus erneuerbaren Energien in 2020 (siehe BMU 2011b).
[62] Eine weitere Verwendung der Kernenergie im Jahr 2030 in Deutschland gilt im Jahr 2012 als ausgeschlossen. Jedoch sind Entwicklungen denkbar, die diese Projektion rechtfertigen. Für das Thema Smart Grid spielt der Primärenergieträger ohnehin keine direkte Rolle, sondern nur die Beeinflussbarkeit, die Fluktuationen und die Einspeiseebene.

### Projektion C: Regenerativ, aber fluktuierend

Der Anteil fossiler Energieträger und von Kernenergie an der Stromerzeugung wird kontinuierlich reduziert. Im gleichen Maße steigt der Anteil von regenerativen Energien an der Stromerzeugung. Große, technologiebedingt zentrale Kraftwerke werden durch mittlere und kleine, dezentrale Kraftwerke und Offshore-Windenergieanlagen ersetzt. Nach und nach werden alle Standorte für Offshore-Windparks genutzt, die aufgrund ihrer Leistung als große, zentrale Anlagen betrachtet werden können, und der Bau von PV-Anlagen wird vorangetrieben. Die verbrauchsorientierte Stromerzeugung kann allein durch Stromerzeuger wegen des hohen Anteils fluktuierender Einspeisung nicht immer und überall garantiert werden. Um dies zu kompensieren, ist die Einführung von Smart Grids und des Lastmanagements, der Ausbau der Netze sowie die Integration von Speichern auf allen Netzebenen notwendig. Wo diese kompensierenden Maßnahmen nicht ausreichen, muss Strom über Speicher oder Importe bereitgestellt werden. In der Summe wird das Potenzial für Nettoexporte steigen. Der $CO_2$-Ausstoß und die Umweltbelastung sind gering. Es resultiert jedoch ein hoher Investitionsbedarf für Stromerzeugung, Stromverteilung und Energiespeicherung.[63]

### 2.2.5 SCHLÜSSELFAKTOR 5 – NEUE SERVICES UND PRODUKTE

#### Definition

Unter „neuen Services und Produkten" werden hier Dienstleistungen und Produkte verstanden, die von den neuen Möglichkeiten des Smart Grids Gebrauch machen, indem Informationen und Möglichkeiten der erweiterten Sensorik oder Aktorik, eventuell mit weiteren Diensten, zu einem Produkt kombiniert werden.

#### Erläuterungen

Neue Services und Produkte[64] bieten Marktmöglichkeiten und Chancen für die „klassischen" Energieversorger, aber auch für neue Akteure am Markt. Die angebotenen neuen Leistungen zeichnen sich durch Innovationen aus, welche marktbezogene, prozessbezogene oder produktbezogene Innovationen auf der Basis von Energieinformationen sein können.

Die neuen Produkte und Dienstleistungen werden nicht nur energiebezogen sein, sondern können ebenso Bündelprodukte mit anderen Dienstleistungsbereichen umfassen. Während sich ein Anbieter beim reinen Energievertrieb nur über den Preis differenzieren kann, bieten neue Services in Verknüpfung mit Energie durch den erhöhten Kundennutzen Alleinstellungsmerkmale.

Im Bereich „neue Services und Produkte" lassen sich zwei Betrachtungsebenen unterscheiden. Zum einen können sich neue Produkte sowohl bei industriellen als auch bei anderen gewerblichen/kommerziellen Verbrauchern bis hin zu privaten Haushaltskunden etablieren. Auf der anderen Seite werden sich neue Dienstleistungen entwickeln, die sich primär an Energieversorger oder Netzbetreiber wenden. Durch zunehmende Kommunikationsmöglichkeiten zwischen Energieversorgern und Netzbetreibern bis zu den Endkunden können auch neue Dienste realisiert werden, an deren Wertschöpfung beide Seiten, also der Energieversorger bzw. Netzbetreiber und der Endkunde sowie häufig auch weitere Akteure, beteiligt sind. Entsprechende Geschäftsmodelle sind in anderen Branchen bereits üblicher und werden unter der Bezeichnung Co-Creation of Value[65] diskutiert. Die Rolle des Kunden wandelt sich hierbei zunehmend vom passiven Empfänger und Verbraucher hin zum aktiven „Prosumer"[66], der teilweise eigene Erzeugungsanlagen betreibt und an der Aufrechterhaltung der Stabilität der Elektrizitätsversorgung (indirekt) mit beteiligt ist.

---

[63] Siehe auch Kapitel 6 zur Erörterung der Möglichkeiten, fluktuierende Einspeisung auszugleichen.
[64] Der weltweite Markt für Smart Appliances im Haushalt wird im Jahre 2019 bereits auf 26 Milliarden US-Dollar geschätzt, vgl. Pike 2011.
[65] Prahalad/Ramaswamy 2000.
[66] McLuhan/Nevitt 1972.

### Endkundenbezogene Services und Produkte

Die Stromversorgung auf der Basis zeitvariabler Tarife oder dynamischer, von der zur Verfügung stehenden Energie oder der Netzauslastung abhängiger Tarife ist ein einfaches Beispiel für neue Produkte. Neben der Stromversorgung können auch Produkte im Bereich des Messstellenbetriebes und der Messdienstleistung angeboten werden. Services stellen weitere Dienstleistungen und Applikationen dar, die Stromkunden in Anspruch nehmen können und die nicht ausschließlich von Energieversorgungsunternehmen angeboten werden müssen.

Die Übergänge zwischen Produkten und Services sind fließend. Im Folgenden werden sie daher nicht unterschieden. Die Informationen und Steuermöglichkeiten, die in einem zukünftigen Smart Grid vorhanden sind und die Basis für neue endkundenbezogene Produkte Services bilden, sind vielfältig, zum Beispiel:

— Mit der in der Zukunft zu erwartenden verstärkten Einführung elektronischer Strom- und Gaszähler können sich Smart-Metering-Dienste etablieren, die zum Beispiel Energieverbrauchsanalysen und -vergleiche erstellen, den Verbrauch visualisieren oder eine automatische Energieberatung anbieten.
— Sowohl Haushaltskunden als auch industrielle Stromkunden können, falls sie eine eigene Erzeugungsanlage, wie ein (Mini-)BHKW oder ein Notstromaggregat betreiben, diese als Teil eines VK zur Verfügung stellen. Ein Aggregator kann diese steuerbare dezentrale Erzeugung gewinnmaximierend steuern und damit Regelenergie zur Verfügung stellen.
— Wärme-Contracting-Angebote für BHKW-Anlagen verkaufen dem Kunden das Produkt Wärme, während ein Aggregator die Stromerzeugung vermarktet und dabei die Zeitpunkte, zu denen das BHKW läuft, anhand von Strompreisen und unter Berücksichtigung der Kundenrestriktionen steuert.

### Energieversorger- und netzbetreiberbezogene Services und Produkte

Die zunehmende Verfügbarkeit von Informationen und die Steuermöglichkeiten in einem Smart Grid ermöglichen es, Energieversorgern Dienste anzubieten, zum Beispiel:

— Die Aggregation von Lastprofilen für bestimmte Verbrauchergruppen oder bestimmte Regionen können Energieverbraucher bei der Optimierung ihres Einkaufs unterstützen.
— Anhand der höher aufgelösten Verbrauchsdaten, die mit weiteren Informationen über die Kunden verknüpft werden können, können Varianten des Revenue Managements[67] auch im Stromvertrieb angeboten werden.
— Neuartige Einkaufsoptionen neben der Vollbelieferung sind möglich, zum Beispiel Genossenschaftsmodelle, strukturierter Einkauf, Einkauf in Tranchen oder Vollbeschaffung mit Deckung durch einen Hauptversorger.
— Netzersatzanlagen können ihr Potenzial am Markt anbieten. Netzersatzanlagen bestehen unter anderem in der Landwirtschaft, in Rechenzentren oder in Krankenhäusern. Es entwickeln sich bereits Anbieter im Markt, welche die Leistungen vieler solcher Anlagen mittels Kommunikationstechnologien aggregieren und auf dem Reservemarkt anbieten.
— Die Direktvermarktung von Anlagenleistung (gesamt/anteilig), die mit dem § 17 EEG ermöglicht wurde, kann für Betreiber dezentraler erneuerbarer Erzeugungsanlagen unterstützt werden.

### Ist-Zustand

Für private Endkunden haben sich Produkte, die über die Energiebelieferung hinausgehen, bisher nicht am Markt durchgesetzt. Experimente wie Googles PowerMeter wurden wieder aufgegeben. Es gibt für Industriekunden hingegen umfangreiche Angebote zum Contracting, zur Teilnahme am Regelenergiemarkt und weitere Angebote. VK werden vereinzelt betrieben.

---

[67] Cross 1997.

**Ausprägungen für die Projektionen der Entwicklung neuer Services**

Die Etablierung neuer Produkte und Dienstleistungen kann verschiedene Ausprägungen annehmen und ist zum einen von den technischen Möglichkeiten abhängig, mehr allerdings noch von den Paradigmen, die in der Energiewirtschaft vorherrschen und die maßgeblich durch Gesetzgebung und Regulierung beeinflusst werden.

**Projektion A: Klassische Services**

In dieser Projektion wird die heutige Denkwelt eins zu eins auf das Smart Grid übertragen. Neue Dienste beschränken sich vor allem auf die notwendige Automatisierung im Verteilnetz. Wo es wirtschaftlich sinnvoll oder zur Aufrechterhaltung der Aufgaben der Verteilnetze notwendig ist, werden Überwachungs- und Steuerungsfunktionen installiert, ähnlich wie es im Übertragungsnetz heute Stand der Technik ist. Hierdurch sollen Überlastungssituationen, wie sie zum Beispiel bei verstärkter Verbreitung neuer elektrischer Verbraucher, wie Elektrofahrzeuge oder Wärmepumpen, auftreten können, frühzeitig erkannt und verhindert werden. Dabei können bereits heute für Nachtspeicherheizungen im Einsatz befindliche Konzepte, wie Rundsteuersignale, verwendet werden. Ähnlich wie heute in einigen Regionen Hoch- und Niedrigtarife (HT/NT) angeboten werden, könnte dieses Konzept auch in Zukunft dazu beitragen, Lasten neuer Verbraucher in die Nachtstunden zu verlagern. Dynamische Tarife gekoppelt mit einem automatisierten Energiemanagement werden jedoch nicht weiter forciert.

**Projektion B: Basic Services**

In dieser Projektion werden die Möglichkeiten eines Smart Grid im Wesentlichen dazu genutzt, um bestehende Prozesse der Unternehmen in der Energiewirtschaft effizienter zu gestalten. Insbesondere das Outage Management und das Asset Management haben mehr Informationen in kürzeren Zeitintervallen zur Verfügung und können durch zunehmende Fernsteuermöglichkeiten schneller auf Probleme reagieren und Störungen beseitigen. Fernauslesbare elektronische Zähler werden vor allem dann eingebaut, wenn die Einsparung aufseiten der Zählerauslesung und der nachträglichen Bearbeitung und Korrektur durch Mitarbeiter die Kosten für die Einführung der Zähler übersteigt. Dort, wo detaillierte Verbrauchszeitreihen von Kunden vorhanden sind, werden Methoden des Revenue Managements eingesetzt, um Umsatzerlöse zu steigern. Wenn eine entsprechende Zahlungsbereitschaft des Kunden besteht, werden Smart-Metering-Dienste angeboten und dem Verbraucher eine monatliche Rechnung auf der Basis des gemessenen Verbrauchs zugestellt. Wie in anderen Branchen auch werden die Möglichkeiten des Internets verstärkt genutzt, damit Kunden ihre Stammdaten (wie Bankinformationen, gegebenenfalls Änderung der Verbrauchsprognose durch veränderte Personenzahl im Haushalt) pflegen, standardisierte Prozesse, wie Umzug oder Reklamationen, anstoßen oder ihre Rechnung online einsehen können. So kann der Energieversorger Kosten im Customer-Care-Bereich einsparen.

**Projektion C: „Killerapps"**

Wenn von vielen Kunden bestimmte Produkte verstärkt nachgefragt werden, entstehen ein sich selbst verstärkendes System und neue Märkte, die dem Smart Grid einen großen Boom bescheren. Das Interesse für den eigenen Stromverbrauch steigt und Kunden nutzen Angebote zur Analyse ihres Verbrauchs ausgiebig. Anbieter von „Weißer Ware" bieten automatisierte Energieberatung an, um die Vorteile ihrer Energiespargeräte anzupreisen und für den Kunden im Nachhinein nachvollziehbar zu machen. Angebote, wie „Licht-Contracting" oder Ähnliches, für kommerzielle Verbraucher werden möglich, weil der Energieverbrauch einzelner Funktionen als Anteil vom Gesamtverbrauch sichtbar wird und das Energiebewusstsein der Firmen steigt. Auch Hausenergie-Management-Systeme verbreiten sich zunehmend, da viele Anbieter von Haushaltsgeräten eine Kompatibilität mit entsprechenden

Gateways sicherstellen und sich somit Kühlschrank oder Waschmaschinen mit dem Label „Smart Grid ready" sehr gut verkaufen lassen. Externe netzbezogene Tarifierungen mit Bonussystemen für Kunden machen den Einsatz dieser Geräte für den Kunden finanziell attraktiv. Durch eine ambitionierte Standardisierung und durch Economies of Scale und Scope sind viele Smart-Grid-Anwendungen wirtschaftlich betreibbar oder ermöglichen den Kunden Zusatznutzen, für die sie bereit sind, die entsprechenden Mehraufwände zu bezahlen. Das bestehende wirtschaftlich nutzbare Potenzial des DSM[68] wird somit vollständig ausgeschöpft und trägt wesentlich zu einer Stabilisierung des Stromnetzes bei gleichzeitig steigendem Anteil fluktuierender Erzeugung bei.

### 2.2.6 SCHLÜSSELFAKTOR 6 – ENDVERBRAUCHERKOSTEN

#### Definition
Mit Endverbraucherkosten werden hier die Kosten eines privaten Endverbrauchers für seine Strommenge im Vergleich zum Haushaltseinkommen bezeichnet.

#### Erläuterung
Die Endverbraucherkosten differenzieren sich nach Abgabemenge, Region, Flexibilität des Abnehmers sowie maximalem Leistungsbezug. Einflussgrößen auf der Angebotsseite sind insbesondere der Einkaufspreis bzw. der Erzeugungspreis, die Netzgebühren und staatliche Abgaben in Form der EEG-Abgabe und der Kraft-Wärme-Kopplungsgesetz (KWK-G)-Abgabe, die Steuern sowie die Konzessionsabgabe. Die abgenommene Menge kann sich in Zukunft deutlich ändern, wenn zum Beispiel Elektroautos verstärkt im Einsatz sind oder auch Wärmepumpen die Gasheizung ersetzen.

#### Ist-Zustand
Erste Ergebnisse aus den Smart-Meter-Pilotprojekten in Deutschland belegen, dass beim privaten Haushaltskunden heute nur ein sehr eingeschränktes Interesse besteht, sich näher mit dem Strompreis und möglichen Einsparungen zu befassen,[69] obwohl die Kosten für die elektrische Energie in Deutschland europaweit die zweithöchsten sind.[70] Dies spiegelt sich auch in dem bisherigen Wechselverhalten der Privatkunden in Deutschland wider, welche zu 90 Prozent nach wie vor Ihren Energiebedarf bei dem jeweils regionalen Energieversorger decken.[71] Die steigenden Energiekosten[72] sowie die immer weiter voranschreitende Liberalisierung haben in den letzten Jahren dazu geführt, dass die Churn-Rate[73] im Bereich der Privatkunden stetig gestiegen ist. Betrug diese im Jahr 2006 noch 1,7 Prozent, stieg sie über 3,4 Prozent in 2007 und auf 5,25 Prozent in 2008.[74]

Für Großverbraucher gibt es bereits heute ausgefeilte Stromprodukte und die Möglichkeit, den benötigen Strom bedarfsgerecht aus verschiedenen Produktkomponenten einzukaufen. Der Großkundenendpreis liegt um ca. 50 Prozent unter dem Privatkundenendpreis[75] und unterliegt im Gegensatz zu diesem zeitlichen und lastabhängigen Schwankungen. Die Preise enthalten eine sogenannte Leistungskomponente[76], die die Netzgebühren deutlich dominiert.

---

[68] Für Deutschland zum Beispiel, dena 2010b.
[69] VZBV 2010, S. 39 ff.
[70] EKO 2010b, S. 584.
[71] BNetzA 2009, S. 156.
[72] Von April 2008 bis April 2009 sind die Stromkosten für Haushaltskunden mit Grundversorgungsvertrag um 7,3 Prozent gestiegen, BNetzA 2009, S. 161.
[73] Die jährliche Churn-Rate definiert prozentual die Anzahl der Kunden, welche den Anbieter wechseln, geteilt durch die Anzahl der Gesamtkunden.
[74] Berechnet aus der Anzahl der Haushalte (40,2 Millionen) und der Anzahl der Kunden, die einen Anbieterwechsel im Strombereich durchgeführt haben, Destatis 2010; BNetzA 2009, S. 157.
[75] In 2009: Haushaltskundenpreis: 21,08 Ct/kWh, Industriekunden: 11,89 Ct/kWh, BNetzA 2009, S. 160.
[76] Leistungspreis: Dieser ermittelt sich aus dem Jahreshöchstleistungsbezug eines Großkunden und bildet die Grundlage für die Leistungskomponente der Energiekosten.

Seit Ende 2010 müssen auch für Haushaltskunden variable Tarife angeboten werden.[77]

**Ausprägungen für die Projektionen der Endverbraucherkosten**

Der Schlüsselfaktor Endverbraucherkosten wird in zwei Dimensionen betrachtet. Zum einen werden die Auswirkungen von unterschiedlichen Höhen der Endverbraucherkosten beschrieben. Die andere Dimension ist die Preisvolatilität. Die Höhe der Kosten hat dabei einen größeren Einfluss auf die Entscheidungen der Endverbraucher als die Volatilität.

**Auswirkungen der Höhe der Endverbraucherkosten gemessen an dem Haushaltseinkommen**
— Bei hohen Endverbraucherkosten:
 Die Ausgaben für Strom steigen auf ein Maß des Haushaltseinkommens an, welches die Kunden hoch motiviert, Anstrengungen zur verbesserten Energieeffizienz und Energiesuffizienz vorzunehmen. Die Bereitschaft, zeitlich flexible Tarife zu nutzen und dafür auch eingeschränkte Komforteinbußen hinzunehmen, ist hoch. Die Churn-Rate der Haushaltskunden ist stark gestiegen, sodass es zu einem enormen Wettbewerb unter den Energielieferanten kommt.
— Bei niedrigen Endverbraucherkosten:
 Die Endverbraucherkosten für Haushaltskunden bleiben langfristig auf dem Niveau von 2012 stehen. Die Kunden haben sowohl an zeitlich variablen Tarifen als auch an einem Smart Meter oder einem Smart Grid wenig Interesse.

**Auswirkungen zeitlicher Volatilität von Endverbraucherpreisen**
— Bei hoher Volatilität der Preise:
 Die zeitlichen Preisschwankungen der europäischen Energiemärkte oder andere volatile Preise werden nahezu in Echtzeit an die Haushaltskunden über Smart Meter weitergegeben. Die entstehenden Preisschwankungen sind jedoch so volatil, dass eine manuelle Anpassung des Verbrauchsverhaltens zu hohen Komforteinbußen führen würde und Aktivitäten nur noch schwer planbar sind. Jedoch bieten die Preisschwankungen wirtschaftliche Einsparpotenziale durch die Nutzung von Smart Grid-Applikationen (wie in Elektroautos, Kühltruhen, Umwälzpumpen etc.), die das Ziel haben, die Einsatzplanung der jeweiligen Geräte – möglichst ohne Komforteinbußen – zu automatisieren.[78] Die wirtschaftlichen Einsparpotenziale werden dadurch zu einem maßgeblichen Treiber auf Haushaltskundenebene für Smart Grids.
— Bei niedriger Volatilität der Preise:
 Überwiegend werden von den Energieversorgern einfache Tarife (neben den festen kWh-Preisen nur HT-/NT-Tarife) angeboten. Flexible Tarife werden kaum angeboten und nur von wenigen Kunden genutzt. Die Haushaltskunden können ihre Energiekosten durch Änderungen in ihrem Verbrauchsverhalten kaum beeinflussen und müssen gegebenenfalls Komforteinbußen in Kauf nehmen. Werden die Komforteinbußen zu groß, haben die Haushaltskunden die Möglichkeit, einen anderen Tarif bei einem Energieversorger zu wählen, der besser zu Ihrem Verbrauchsverhalten passt. Diese Option schränkt die Möglichkeiten eines Energieversorgers – zum DSM bei Haushaltskunden – stark ein.

**Projektion A: Hohe Kosten, geringe Volatilität**
Die Haushaltskunden haben durch die preislichen Anreizinstrumente der einfachen Tarife kaum Möglichkeiten, ihr Verbrauchsverhalten aktiv an die Tarifstruktur anzupassen. Einzige Option ist ein Anbieterwechsel hin zu einem Energieversorger, dessen Tarifpolitik besser mit ihrem gewohnten Verbrauchsverhalten zusammenpasst. Die Tarifwahl der

---

[77] Genauer: Tarife, die zur Energieeinsparung oder Energiesteuerung anregen. Allerdings gibt es noch keine Klarheit, wie § 40 Abs. 3 EnWG auszulegen ist.
[78] Vgl. zum Beispiel neue Miele Produktlinie. Ob solche Tarife und die damit verbundenen Eingriffe in die Gerätesteuerung akzeptiert werden, wird in Kapitel 7 betrachtet.

Haushaltskunden wirkt sich jedoch negativ auf die erhoffte Wirkung der Tarifpolitik einzelner Energieversorger aus, die eine Lastverschiebung auf Haushaltskundenebene zum Ziel hatte. Die Kunden sind unzufrieden, weil sie auch durch die intensive Auseinandersetzung mit verschiedenen Stromprodukten und das Anpassen ihres Energiebezuges nicht in der Lage sind, ihre hohen Energiekosten nachhaltig zu senken.

### Projektion B: Niedrige Kosten, hohe Volatilität
Kunden reagieren nur vereinzelt auf das Angebot an variablen Tarifen. Vielmehr bereiten den Kunden die ständigen Preisschwankungen und die immer neuen Informationen aus diesen Systemen Verdruss. Der Aufwand an Zeit für die Auseinandersetzung mit den Tarifen steht für den Kunden in keinem Verhältnis zu den vergleichsweise geringen möglichen Einsparungen. Für eine Auseinandersetzung mit dem Thema DSM und Smart-Grid-Applikationen bietet das Preisniveau nicht die erhofften Einspareffekte.

### Projektion C: Niedrige Kosten, geringe Volatilität
Die Stromkosten bleiben vergleichsweise niedrig und auch variable Tarife setzen sich nur sehr begrenzt durch. Dadurch bestehen für die Haushaltskunden kaum Anreize, das Verbrauchsverhalten an die variablen Tarife anzupassen. Daher setzen sich keine zusätzlichen Mehrwertdienste durch, die auf Strom(preis)informationen beruhen. Im Wesentlichen findet sich die Situation des Jahres 2012 wieder.

### Projektion D: Hohe Kosten, hohe Volatilität
Deutlich erhöhte Stromkosten erhöhen auf der einen Seite die Attraktivität für den Kunden, wenn möglich eigene dezentrale Stromerzeugung einzusetzen. Auf der anderen Seite steigt die Bereitschaft, variable Tarife zu nutzen. Gleichzeitig führen diese intelligenten Anreizsysteme zur Akzeptanz des DSM und Smart Grid-Applikationen beim Haushaltskunden. Durch den hohen Automatisierungsgrad der Smart Grid-Applikationen sind Komforteinbußen kaum bemerkbar. Dezentrale Speicher (zum Beispiel Elektroautos) werden genutzt, um den Energieeinkauf von dem Bedarf – in den möglichen Grenzen der Speicherkapazität – zu entkoppeln.

## 2.2.7 SCHLÜSSELFAKTOR 7 – STANDARDISIERUNG

### Definition
Die Standardisierung stellt die Kommunikation im Smart Grid syntaktisch und semantisch auf eine einheitliche Basis, um die IKT für die oberhalb der Netze liegende Infrastruktur Plug & Play-fähig (im Sinne von interoperabel) zu machen. Neben der Standardisierung der Kommunikationstechnologien kann unter dem allgemeinen Begriff Standardisierung auch eine einheitliche Palette von IKT-Komponenten, Semantiken für Energiedaten oder auch einheitliche Prozesse für ein Smart Grid verstanden werden. Standardisierung ist ein Querschnittsthema für die verschiedenen Ebenen der IKT-Architektur im Smart Grid. Im weiteren Sinne werden hier auch sogenannte „Industriestandards" als Standards bezeichnet.

### Erläuterungen
Die Schnittstellen der interagierenden IKT-Komponenten und deren Zusammenspiel müssen standardisiert in der IKT abgebildet werden können. Sicherheitsstandards für Smart Grid-Daten als auch Systeme (Datenschutz von persönlichen Daten/hohe Verschlüsselung) müssen ebenso Eingang in die Standardisierung finden.

Standardisierung ist von der sogenannten Eigenschaft der Interoperabilität (das heißt der Fähigkeit zweier Systeme, sich sinnvoll korrekt syntaktisch als auch semantisch auszutauschen) zu differenzieren. Ziel der Standardisierung im Kontext des Smart Grids ist das Zusammenbringen der IKT und Energie zu einem Internet der Energie (IdE). Ziele sind hierbei unter anderem: Interoperabilität aller IKT-Systeme der Marktteilnehmer; Vereinheitlichung eines auf dem Internet basierenden Protokolls (Internetprotokoll – IP); Plug-&-Play-Fähigkeit von neuen Komponenten für das Gesamtsystem; einheitliche Architekturen und QoS-Anforderungen. Der Aspekt der Standardisierung muss neben der Sicht der Interoperabilität auch die Sicht auf Datensicherheit bzw. Systemsicherheit berücksichtigen.

### Ist-Zustand

Im Bereich der Standardisierung muss man sowohl die internationalen als auch die nationalen Initiativen unterscheiden. Zusätzlich existieren die sogenannten De-facto-Standards oder auch Industriestandards, die durch Marktmacht etabliert werden. Dabei setzt sich auf Basis der tatsächlichen Verbreitung der technischen Lösungen einer Firma oder eines Konsortiums eine Lösung de facto durch, ohne dass diese jemals (mit allen dazugehörigen Konsequenzen) in die Normung gegeben wurde. Ein Beispiel hierfür sind im Energiebereich Umsetzungen im Heimautomatisierungsbereich wie etwa KNX[79] oder Zigbee[80]. Neben der Dimension der technischen Standards, welche im Folgenden näher beleuchtet wird, existieren durch den Regulator vorgegeben und oftmals als Standards bezeichnete technische und gesetzliche Vorgaben für den Datenaustausch am Energiemarkt. Diese sind meist national geprägt und können auf etablierten internationalen Lösungen basieren, müssen dies jedoch nicht. In Deutschland ist im Bereich Marktkommunikation eine Lösung auf Basis der Electronic Data Interchange For Administration, Commerce and Transport (EDIFACT)-Standard mit angepasster Semantik und Austauschprozessen in Benutzung (Geschäftsprozesse zur Kundenbelieferung mit Elektrizität (GPKE), mit Marktregeln für die Durchführung der Bilanzkreisabrechnung Strom (MaBiS), und die Geschäftsprozesse Lieferantenwechsel Gas (GeLi Gas) usw.).

Standards in der Energiewirtschaft werden auf verschiedenen Ebenen und in unterschiedlichen Gremien und Organisationen erarbeitet. Die International Electrotechnical Commission (IEC) ist ein internationales Normierungsgremium im Bereich der Elektrotechnik. Neben der International Organisation for Standardisation (ISO) und der International Telecommunication Union (ITU) ist es das wichtigste Gremium für Standardisierung im Umfeld der elektrischen und elektronischen Anlagen und Geräte. Das Betätigungsfeld der IEC umfasst die gesamte Elektrotechnik einschließlich Erzeugung und Verteilung von Energie, Elektronik, Magnetismus und Elektromagnetismus, Elektroakustik, Multimedia und Telekommunikation sowie allgemeine Disziplinen, wie Fachwortschatz und Symbole, elektromagnetische Verträglichkeit, Messtechnik und Betriebsverhalten, Zuverlässigkeit, Design und Entwicklung, Sicherheit und Umwelt. Die IEC ist als Non-Governmental Organization (NGO) strikt hierarchisch aufgebaut. An oberster Stelle stehen die Mitgliedsländer als nationale Komitees (engl. National Committee, NC) Jedes NC repräsentiert die nationalen elektrotechnischen Interessen des jeweiligen Landes innerhalb der IEC. In den meisten Ländern erfolgt die Interessenbildung durch Wirtschaft, Politik, Verbände und nationale Normstellen.

Auf internationaler Ebene existieren zahlreiche Roadmaps und Initiativen, die sich mit der Standardisierung im Bereich Smart Grid auseinandersetzen[81,82]. Zu nennen sind hierbei etwa die IEC SMB SG 3 Roadmap[83], die NIST Interoperability Roadmap[84], aber auch die Deutsche Normungsroadmap Smart Grid/E-Energy[85] und die Strong and Smart Grid China

---

[79] KNX steht für ausgereifte und weltweit durchgesetzte intelligente Vernetzung moderner Haus- und Gebäudesystemtechnik gemäß EN 50090 und ISO/IEC 14543.
[80] Funknetz-Standard.
[81] Rohjans et al. 2010.
[82] Uslar et al. 2010.
[83] SMBSG3 2010.
[84] NIST 2010.
[85] DKE 2010.

Roadmap[86]. Die verschiedenen Roadmaps enthalten Aussagen zu bestimmten Standards von verschiedenen Organisationen, allen gemeinsam ist jedoch die Nennung der IEC Technical Committee (TC) 57 Standards.

Bei der IEC TC 57 handelt es sich um ein Systemkomitee, zu dessen Aufgabenbereich neben den einzelnen Komponenten, wie Schaltern und Schutzfunktionen, auch die übergeordneten Ebenen der Systemvernetzung, wie Überwachung, Steuerung, interner Informationsaustausch und externe Schnittstellen, gehören. Innerhalb dieses Bereiches wurden bisher 63 Normen veröffentlicht. Derzeit befinden sich über 20 Projekte in 11 Arbeitsgruppen in Bearbeitung.

Auf europäischer Ebene existieren vor allem das European Telecommunications Standards Institute (ETSI), das Comité Européen de Normalisation (CEN) sowie das Comité Européen de Normalisation Electrotechnique (CENELEC) als anerkannte Standardisierungsorganisationen. Die CENELEC spiegelt dabei die Arbeit der IEC auf europäischer Ebene. Sie ist zuständig für die europäische Normung im Bereich Elektrotechnik. Zusammen mit dem ETSI (Normung im Bereich Telekommunikation) und des CEN (Comité Europeén de Normalisation; Normung in allen anderen technischen Bereichen) bildet das CENELEC das europäische System für technische Normen. Das CENELEC ist eine gemeinnützige Organisation unter belgischem Recht mit Sitz in Brüssel. Mitglieder sind die nationalen elektrotechnischen Normungsgremien der meisten europäischen Staaten.

Auf nationaler Ebene werden in Deutschland die im Rahmen der Arbeit zu betrachtenden Standards im Verband der Elektrotechnik Elektronik Informationstechnik (VDE) genormt bzw. die Arbeiten der IEC gespiegelt. Die Deutsche Kommission Elektrotechnik Elektronik Informationstechnik im DIN und VDE (DKE) ist die zuständige Organisation in Deutschland für die Erarbeitung von Standards, Normen und Sicherheitsbestimmungen im Themenfeld Elektrotechnik, Elektronik und Informationstechnik. Sie ist ein Organ des Deutschen Instituts für Normung (DIN) und des VDE und wird von Letzterem getragen.

Die DKE ist das deutsche Mitglied europäischer (ETSI, CENELEC) und internationaler Standardisierungsorganisationen (IEC).

Die DKE 952, Gruppe Netzleittechnik ist das deutsche Spiegelgremium zur IEC TC 57 und bildet deren Arbeit in der nationalen Normung ab.

Der Technical Report (TR) 62357: Power System Control and Associated Communications - Reference Architecture for Object Models[87], Services and Protocols wurde 2003 veröffentlicht und dient der IEC TC 57 dazu, ihre verschiedenen Normungsvorhaben und Standardfamilien miteinander in Kontext zu setzen. Zum einen, um eine angestrebte sogenannte Seamless Integration Architecture (SIA, seamless, engl. für nahtlos, übergangsfrei) für den Bereich der elektrischen Energieversorgung zu realisieren, zum anderen, um gewisse Inkonsistenzen bei der Nutzung der verschiedenen Standards im Gesamtkontext zu dokumentieren und später zu beheben. Der TR beschreibt daher alle existierenden Objektmodelle, Dienste und Protokolle des TC 57 und dokumentiert ihre Abhängigkeiten. Diese Standards und die Architektur stellt den State of the art im Bereich der Standardisierung für Smart Grids dar. Auf europäischer Ebene existieren derzeit drei Mandate, die einen direkten Bezug zu Smart Grids haben: Das Smart Meter Mandat M/441[88], das derzeit weit hinter dem Zeitplan liegt, da die Vorstellungen zum nötigen Funktionsumfang weit auseinandergehen, das Elektromobilitätsmandat M/468[89] und für das Thema Smart Grid am wichtigsten das Smart Grid Mandat M/490[90], das

---

[86] SGCC 2010.
[87] IEC 2009.
[88] EC 2009.
[89] EC 2010a.
[90] EC 2011.

mit hohem Tempo die für die zügige Einführung notwendige Menge an konsistenten Standards entwickeln wird.

### Ausprägungen für die Projektionen des Schlüsselfaktors
Die Projektion der Standardisierung lässt sich in den beiden Dimensionen Grad der Interoperabilität sowie Art der Standardisierung, nämlich markt- oder politikgetrieben, verorten.

Dementsprechend ergeben sich vier Projektionen.

### Projektion A: Politik verzögert Standardisierung
In dieser Projektion hat der Regulator Einfluss auf die Standards genommen, sie haben sich nicht in Expertentreffen oder direkt am Markt durchgesetzt. Durch die Regulierung und ihre Prozesse werden zwar Standards eingebracht, diese werden aufgrund von Übergangsregelungen und Bestandswahrung jedoch mehr oder minder schlecht am Markt umgesetzt. Einige Hersteller und Versorger setzen eigene proprietäre Lösungen ein und engagieren sich nicht mehr in Standardisierungsgremien, da ihnen die Entwicklung zu langsam verläuft. Innovative Entwicklungen werden nicht mehr in die Normung eingebracht, die Normen bleiben im technischen Stillstand hängen.

Marktakteure verhalten sich mit der Implementierung und Entwicklung der IKT sehr zurückhaltend. Dies kann passieren, wenn sich kein Standard durchsetzt und der Markt abwartend reagiert, um sich nicht zu verspekulieren. Dadurch zeichnet sich die Projektion als innovationsfeindlich und sehr langsam aus.

### Projektion B: Kein Zusammenarbeiten der Marktakteure
In dieser Projektion werden, da kein Konsens zwischen den Herstellern erreicht werden konnte, proprietäre, monolithische Lösungen einzelner Fullservice-Provider dominieren. Dadurch wird eine hohe Interoperabilität, allerdings bei geringem Wettbewerb erreicht, da die Markteintrittsbarrieren ohne Standards höher liegen werden. Möchten oder müssen Versorger Fullservice-Provider für größere Funktionalitäten im Smart Grid zusammenbringen, sind wiederum erhöhte Integrationskosten zu erwarten. Die Marktakteure setzen sich nicht zusammen, um einen einheitlichen Standard zu entwickeln, sondern jeder entwickelt eigene Lösungen mit dem Ziel, eine schnelle marktbeherrschende Stellung einzunehmen und so andere nicht kompatible Produkte und Konkurrenten aus dem Markt zu verdrängen. Durch die jeweiligen Entwicklungen werden viele Arbeiten doppelt ausgeführt, was zu hohen Kosten bei den Marktakteuren führt. Im Ergebnis sind jedoch parallel proprietäre IKT Systeme zu erwarten.

### Projektion C: Politik erzwingt Standards
Der Regulator hat schnell und zielgerichtet Einfluss auf die Standardisierung genommen. Um zügig voranzuschreiten, hat man sich auf einfachere und weniger innovative Lösungen geeinigt, welche jedoch teilweise speziellen deutschen Verhältnissen angepasst sind und daher nicht international umsetzbar. Durch die erzwungene Umsetzung für den deutschen Markt gehen den Herstellern sowohl Entwicklungskapazitäten, Integratorenkapazitäten verloren, aber auch Investitionsmittel verloren. Durch eine größtenteils ohne technische Experten durchgeführte Standardisierung auf dem Wege der Regulierung wurden nicht ausgereifte Minimallösungen festgeschrieben. Diese sind oft zu starr, um Innovationen zu erlauben. Insgesamt besteht in diesem Szenario eine hohe Interoperabilität, jedoch ist die Standardisierung nicht marktkonform, sodass der Nutzen für Dienstleistungen oder eine Internationalisierung der Arbeiten und Produkte eingeschränkt würde.

### Projektion D: Konsens der Industrie treibt Standardisierung
Diese Projektion zeichnet ein Idealbild: Innerhalb der Normung haben sich die wichtigen am Markt beteiligten

Parteien organisiert und im Konsens tragfähige, innovationsfreundliche Lösungen festgeschrieben, die im internationalen Vergleich harmonisiert sind. Die Unternehmen haben dadurch Planungssicherheit und investieren in ihre standardkonformen Lösungen als auch in das Expertenwissen ihrer Mitarbeiter. Dies führt zu einer schnellen Durchdringung am Markt und dadurch zu der erwarteten erhöhten Interoperabilität der technischen IKT-Systeme und Prozesse. Es existiert eine hohe – vom Markt forcierte – Interoperabilität. Die Technologie wird schnell von den Marktakteuren in Produkte umgesetzt. Für die Interoperabilität vereinbaren die Marktakteure einen einheitlichen Standard, der geballt forciert und in den Markt gebracht wird. Im Vergleich zur Projektion B kann hier unterstellt werden, dass die frühzeitige Zusammenarbeit der Marktakteure hohe Adaptionskosten durch fehlende Interoperabilität vermeiden kann.

### 2.2.8 SCHLÜSSELFAKTOR 8 – POLITISCHE RAHMENBEDINGUNGEN

#### Definition

Die politischen Rahmenbedingungen umfassen Gesetze[91,92,93], Verordnungen und Fördermaßnahmen oder auch das Handeln der Ministerien, Ämter etc., die aktuell den Bereich der Stromversorgung direkt oder indirekt betreffen. Dies sind in erster Linie Maßnahmen der EU[94], des Bundes, danach aber auch der Länder und der Kommunen usw.

#### Erläuterungen

Allgemein reagieren rahmenpolitische Maßnahmen auf aktuelle Entwicklungen oder greifen diesen vor, fördern bestimmte zukünftige (gewünschte) Entwicklungen oder suchen unerwünschte Entwicklungen zu verhindern. Erfolg versprechende Maßnahmen sind dabei in Umfang und Wirkungstiefe der Zielstellung adäquat gewählt und sind gleichzeitig durch eine ausreichende Abstimmung und Verzahnung mit anderen Maßnahmen charakterisiert. Als Beispiel für die Wirkung von politischer Führung im Umfeld der Energieeffizienz ist der Energieverbrauch von Elektromotoren, der weltweit etwa 45 Prozent des Stromverbrauchs ausmacht. Laut einem bei der International Energy Agency (IEA) veröffentlichten „Working Paper" könnten hier große Effizienzsteigerungen erreicht werden, die sich ökonomisch lohnen. Ein Fortschritt wurde in der Regel aber nur erreicht, wenn sich die Politik engagierte.[95]

Die Politik kann dabei auf ein breites Instrumentarium zurückgreifen wie das Fördern oder Einschränken des Wettbewerbs, die direkte oder indirekte finanzielle Förderung bzw. Behinderung von Investitionen, die Förderung von FuE usw. Neben dem Energierecht, also den gesamten Rechtsnormen, die das marktliche und regulatorische Umfeld der Energiewirtschaft regeln, sind im Umfeld des Smart Grids auch weitere Gesetze von Bedeutung, so zum Beispiel auf dem Gebiet des Datenschutzes das Bundesdatenschutzgesetz, das Gesetz über das Mess- und Eichwesen, die Vorschriften des Bundesamts für Sicherheit und Informationstechnik und mittelfristig eventuell auch das Telekommunikationsgesetz (TKG).

Die wesentlichen derzeitigen Gesetze und Verordnungen, die einen Bezug zum Smart Grid haben, sind die EU-Richtlinie 2009/72/EC, das EnWG, das EEG, das KWKG, die Anreizregulierungsverordnung (ARegV), die Stromnetzzugangsverordnung (StromNZV), die Stromnetzentgeltverordnung (StromNEV), die Konzessionsabgabenverordnung (KAV) und das Bundesdatenschutzgesetz. Hinzu kommen die Leitfäden und Festlegungen der Bundesnetzagentur

---

[91] BMWi 2010b.
[92] BMWi 2006a.
[93] BMWi 2010c.
[94] Dies zeigt sich beispielsweise am sogenannten 3. Binnenmarktpaket (Elektrizitätsrichtlinie 2009/72/EG vom 13.07.2009), welches die Regulierung der Übertragungsnetze auf eine neue Grundlage stellt und dessen Umsetzung in deutsches Recht noch aussteht.
[95] SGN 2011.

(BNetzA) und der Landesregulierungsbehörden, (zum Beispiel zu Datenformaten, Fristen etc.), die auf diesen Gesetzen und Verordnungen beruhen. Politische Maßnahmen können Investitionen geeignet sozialisieren, wenn diese gesellschaftlich gewollt sind (zum Beispiel durch Ansatz in den Netzentgelten oder eine EEG-artige Umlage), oder auch direkt fördern, zum Beispiel durch Investitionen in eine Infrastruktur, die Innovationen fördert bzw. durch Zuschüsse zu ansonsten privaten Projekten aus allgemeinen Steuermitteln. Dazu kommen Maßnahmen zur Förderung von Forschung und Entwicklung wie das E-Energy-Programm der Bundesregierung. Auch vor der gesetzlichen Regelung bzw. der Verabschiedung von Verordnungen entscheidet der Staat bereits durch die Gestaltung von Initiativen und Konsultationen oder auch durch eine strategische Positionierung, wie sich die Rahmenbedingungen entwickeln.

Der politische Wille bildet wesentlich auch Fragen der Akzeptanz der Bürger und Bürgerinnen ab. In Einzelfällen weichen politische Maßnahmen vom Mehrheitswillen ab. Auf eine genauere Erörterung wird an dieser Stelle verzichtet und auf das Kapitel 7 verwiesen.

**Ist-Zustand**
Aufgrund der Vielfalt der Themen kann hier nur grob und beispielhaft der Ist-Zustand wiedergegeben werden. Eine umfangreichere Würdigung des Themas findet sich im Kapitel 6.

Unabhängig von der Haltung zur Kernenergie und zur Kohle formulieren derzeit in Deutschland alle Parteien in ihren Programmen, dass langfristig eine $CO_2$-arme Energieversorgung ohne Kernkraft zu erreichen ist. Ein Energiekonzept wurde von der Bundesregierung am 28.09.2010 formuliert.[96] Ohne auf die Details einzugehen, lassen sich heute einige „Grundwidersprüche" beim Umbau der Stromversorgung ausmachen, die einen Bezug zu dem Ausbau eines Smart Grids haben. Erwähnt werden sollen hier im Bereich der deutschen Gesetzgebung die Regelungen insbesondere zur Einspeisung durch KWK und EEG-Anlagen, das Unbundling und die Regeln zum Thema Metering, durch deren Zusammenwirken heute kein optimales Ergebnis aus einer Gesamtsystemsicht erreicht wird. Dazu kommen Probleme beim Ausbau von Leitungstrassen im Übertragungsnetzbereich und beim Ausbau der Verteilnetze.[97] Auch wenn es keine letzte Einigkeit gibt, wie stark und auf welche Art die Übertragungsnetze insbesondere zum Transport der Offshore-Windenergie auszubauen sind, es ist unumstritten, dass der Ausbau der Netze dem geplanten Ausbau erneuerbarer Energien dramatisch hinterherhinkt.[98] Hier sind bereits in naher Zukunft Störungen zu erwarten, da „[...] bei weiterem Ausbau der erneuerbaren Energien die Gefahr [besteht], dass das Sicherheitsniveau im Hinblick auf die Systemstabilität abgesenkt wird. In der Folge werden Eingriffe der Netzbetreiber gemäß § 13 EnWG verstärkt erforderlich werden, um kritische Situationen im Systembetrieb zu vermeiden." [99]

Es ist ein Zustand anzustreben, in dem es einen wirksamen Mechanismus gibt, der die Marktakteure motiviert, sich deutlich mehr als heute in ihrem Handeln aufeinander abzustimmen. Dies wird heute in bestimmten Teilbereichen und im Hinblick auf bestimmte Teilziele der Energiepolitik (größtenteils durchaus bewusst) noch verletzt. Dies gilt zum Beispiel für:

**Stromerzeugung nach EEG und KWK-G**
Derzeit wird die Einspeisung aus allen EEG-Anlagen zu Sätzen unabhängig von der Netzbelastung oder den Marktpreisschwankungen vergütet. Ab 100 kW Leistung ist nach § 6 EEG immerhin vorgeschrieben, dass die Anlage durch Information und Regelungsmöglichkeit ein Eingreifen durch den Netzbetreiber bei Störungen zulässt. Zudem regeln die §§ 9 bis 11 EEG die Verpflichtung der Verteilnetzbetreiber

---

[96] BMWi 2010a.
[97] Dies gilt insbesondere im Hinblick auf Onshore-Windenergie, deren Abtransport häufig große Kapazitäten im Bereich der 110 kV-Netze beansprucht.
[98] BMWi 2011a.
[99] BMWi 2011e, S. 8.

zum Ausbau ihrer Netzkapazitäten (ihrer Netzleistungsfähigkeit im Sinne des § 19 Abs. 3 S. 2 ARegV) sowie die Bedingungen, unter denen der Verteilnetzbetreiber ausnahmsweise berechtigt ist, Anlagen > 100 kW Erzeugungsleistung zu regeln (Einspeisemanagement). Weiterhin enthält § 64 Abs. 1 EEG eine Verordnungsermächtigung, die der Gesetz- und Verordnungsgeber im Rahmen der Verordnung zu Systemdienstleistungen durch Windenergieanlagen (SDLWindV)[100] bereits umgesetzt hat und die zum Ziel hat, die Integration von Windanlagen in die Verteilnetze im Sinne einer Bereitstellung von Netzdienstleistungen zu verbessern. Eine weitere Möglichkeit der Beeinflussung kleiner Anlagen durch den Netzbetreiber ist im EEG derzeit nicht vorgesehen.

Eine Direktvermarktung ist nach § 17 EEG zugelassen, jedoch in der Regel lohnt sich heute eine Vermarktung für PV-Energie und Offshore-Windenergie nicht, für Onshore-Windenergie nur zu einem geringen Teil. Stromspeicherung wird derzeit nur insofern geregelt, dass eine Zwischenspeicherung zulässig ist (§ 16 Abs. 3 EEG); vergleichbare Regelungen finden sich im KWKG. Zudem hat der Gesetzgeber versucht, die Attraktivität von Speicherinvestitionen zu verbessern, indem er „nach dem 31. Dezember 2008 neu errichtete Pumpspeicherkraftwerke und andere Anlagen zur Speicherung elektrischer Energie, die bis zum 31. Dezember 2019 in Betrieb gehen, [...] für einen Zeitraum von zehn Jahren ab Inbetriebnahme hinsichtlich des Bezugs der zu speichernden elektrischen Energie von den Entgelten für den Netzzugang freigestellt"[101] hat.

### Stromerzeugung aus Großkraftwerken
Da dieses Thema erst mittel- oder langfristig für das Smart Grid eine Rolle spielt, das heißt, die Mechanismen für Großkraftwerke ändern sich erst später, bleibt es hier unberücksichtigt.

### Stromlieferung durch den Lieferanten
Der Wettbewerb auf dem Strommarkt sollte durch mehrere Initiativen weiter intensiviert werden. Maßnahmen dazu waren das Unbundling (§ 6ff. EnWG), die Gesetze und Verordnungen zum Messwesen (unter anderem § 21b EnWG, Messzugangsverordnung – MessZV), aber auch die Vorgaben der Bundesnetzagentur (insbesondere GPKE). Vor diesem Hintergrund kommt es zu deutlich mehr Lieferantenwechseln auch und gerade bei kleinen und kleinsten Endkunden. Der Lieferant hat keine Veranlassung, sich um die Belange des Netzes zu kümmern. Erst für Kunden mit großen Abnahmemengen kann die Reduzierung der jährlichen Lastspitzen von Vorteil sein.

### Stromverbrauch
Um den Verbrauch beim Endkunden zu flexibilisieren, wurde im § 40 EnWG versucht, eine Regelung zu schaffen, die Energieversorgungsunternehmen, die Endkunden beliefern, das heißt die Lieferanten, verpflichtet, ab dem 30.12.2010 last- oder zeitabhängige Tarife anzubieten. Weiterhin wurde in einem ersten Umsetzungsschritt der Energiedienstleistungsrichtlinie in deutsches Recht § 21b EnWG so gestaltet, das zumindest in Neubauten und bei großen Renovierungen Zähler einzubauen sind, die den Endkunden mit mehr Informationen über seinen (aktuellen) Verbrauch konfrontieren und so gegebenenfalls die Energieeffizienz fördern und/oder Lastverschiebungen anreizen. Aufgrund fehlender weiterer Bestimmungen, Standards, Normen und weiterer Marktanreize ist zu bezweifeln,[102] dass das DSM als typischer Smart Grid-Prozess auf dieser Basis angewendet werden kann. Weitere Inkonsistenzen zu einem Smart Grid ergeben sich noch im Umfeld des Eichrechts, der Netzentgeltverordnung durch die Standardlastprofile und auch durch ungeklärte Fragen des Datenschutzes[103]. Die EU-Richtlinie 2009/72/EC fordert allerdings Smart Meter (wenn dies wirtschaftlich sinnvoll ist).

---

[100] Verordnung zu Systemdienstleistungen durch Windenergieanlagen (Systemdienstleistungsverordnung - SDLWindV) vom 3.7.2009 (BGBl. I S. 1734); zuletzt geändert durch Artikel 1 der Verordnung vom 25.6.2010 (BGBl. I S. 832).
[101] Vgl. § 117 Abs. 3 EnWG.
[102] BMWi 2011b.
[103] Man beachte die zum Zeitpunkt des Verfassens laufende Diskussion zum Entwurf des „Schutzprofils" des Bundesamtes für Sicherheit in der Informationstechnik (BSI).

### Stromtransport

Aufgrund des bereits erwähnten Unbundlings, der Stromnetzentgeltverordnung und des EEG gibt es keine Incentivierung mit Blick auf (erneuerbare Energien) Erzeuger und/oder Verbraucher, einen Beitrag zur Netzstabilität zu leisten. Zwar sind Netzentgelte bereits heute weitgehend leistungsorientiert (siehe § 17 StromNEV), jedoch sind diese „nichtdynamisch", das heißt, sie berücksichtigen nicht die jeweilige Netzsituation. Jedoch wird über die sogenannte „g-Funktion" eine Orientierung an der zeitgleichen und insofern kapazitätstreibenden Höchstlast gewährleistet.[104] Erst wenn es Störungen oder massive Gefährdungen gibt, darf der Netzbetreiber (§§ 13, 14 EnWG) so in das Netzgeschehen eingreifen, dass Erzeuger bzw. Verbraucher betroffen sind. Ein Smart Grid, das eine Integration großer Mengen an Strom aus erneuerbaren Energien erlaubt, benötigt aber eine proaktive Teilnahme möglichst aller Akteure. Zum Thema Netzausbau siehe Schlüsselfaktor 1.

### Staatliche Initiativen

Einige der dargestellten Inhomogenitäten sind inzwischen zumindest erkannt. So gibt es die E-Energy-Initiative zur Förderung von FuE im Umfeld der IKT und Smart Grids. In Fachgruppen, in denen Experten aus allen Modellregionen mitarbeiten, werden auch Empfehlungen für den Rechtsrahmen erarbeitet werden. Für weitere staatliche Initiativen mit Bedeutung für den politischen Rahmen seien noch erwähnt: die Anfang 2011 vom Bundesministerium für Wirtschaft und Technologie (BMWi) gegründete Plattform „Zukunftsfähige Netze", bei der auch „Fragen der Systemsicherheit sowie der Themenkreis Smart Grids/Smart Meter im Fokus" stehen[105] und auf europäischer Ebene die von der Europäischen Kommission und dem Direktorat für Energie ins Leben gerufene Expertengruppe „Task Force Smart Grids"[106], die erarbeiten soll, welche Schritte seitens der Politik und der Gesetzgebung zur Implementierung eines Smart Grids zu gehen sind.

### Ausprägungen für die Projektionen des Schlüsselfaktors

Aus Sicht der FEG-Szenarien sind zwei Dimensionen des Schlüsselfaktors 8 mit entsprechenden extremen Ausprägungen zu betrachten. Die erste Dimension definiert die Zielsetzung der Politik. Auch wenn es gegenwärtig deutlich in die „ökologische Richtung"[107,108] geht, sind auch Entwicklungen denkbar, die langfristig zu einer Umorientierung in der Zielsetzung führen könnten und wirtschaftliche Aspekte stärker berücksichtigen würden. Offensichtlich würde jede der beiden möglichen Ausrichtungen nur unter den Mitgliedstaaten der Europäischen Gemeinschaften harmonisiert sinnvoll erfolgen können. In beiden Ausrichtungen wird also davon ausgegangen, dass die Liberalisierung weiter vorangetrieben wird und weitgehend auch eine marktbasierte „Selbststeuerung" des Stromsystems weiterhin angestrebt wird.

Die zweite Dimension definiert die Kohärenz des politischen Rahmenwerks. Aufgrund der Komplexität des Gesamtsystems, der zum Teil widerstreitenden Interessen der Akteursgruppen, der vielen betroffenen Gesetzeswerke und nicht zuletzt aufgrund des unvollständigen Wissens um die beste Lösung sowie aufgrund der Abhängigkeit von vielen physikalischen Randbedingungen ist es eine Herkulesaufgabe, den richtigen oder zumindest einen guten Rahmen „aus einem Guss" zu finden. Das eine Extrem hieße, dass das relevante Gesetzeswerk und die politischen Aktionen lückenhaft und inkohärent sind, im anderen Fall, dass alle Maßnahmen logisch und zeitlich optimal aufeinander abgestimmt sind.

### Projektion A: „Klassische Politik"

Die Politik hat ab einem bestimmten „karthasischen"[109] Moment gezielt auf ein Energiesystem hingearbeitet, das

---

[104] Was natürlich für die heutige Stromversorgung ohne einen durch DSM beeinflussten Gleichzeitigkeitsfaktor völlig ausreichend ist.
[105] BMWi 2011b.
[106] ECE 2011a.
[107] BMWi 2010a.
[108] EKO 2010 c.
[109] In den Szenarien wird dargestellt, wie es dazu kommen könnte.

im Wesentlichen auf zentraler fossiler Erzeugung basiert. Durch CCS und Kernenergie könnte dieses auch weitgehend $CO_2$-frei geschehen. Die geltende Gesetzgebung ist modernisiert worden, damit im Energiemarkt stärker wettbewerbliche Elemente Einzug halten. Der Ausbau der dezentralen und fluktuierenden Anteile wird weder über Abgaben subventioniert noch sonst intensiv gefördert. Eine Wettbewerbspolitik erleichtert den Kundenwechsel. Erzeugungsmonopole wurden abgebaut.

### Projektion B: Komplexitätsfalle

Zwar wurden (und werden) ehrgeizige Ziele auf europäischer Ebene[110] angestrebt, durch widerstreitende Interessen der Nationen als auch nationaler Akteure reichte das Gesetzeswerk aber nicht aus, um den Umbau des Energiesystems konsequent voranzutreiben. Die einzelnen Regelungen im Energierecht passen nicht ausreichend zusammen, um die geplante Energiezukunft zu begünstigen. Obwohl ein großer politischer Wille besteht, schafft die Gesetzgebung Hürden oder beseitigt bestehende Hürden nicht.[111] Auch der bereits (siehe oben) im Jahr 2010 geplante Einstieg in den „Erzeugungsfolgebetrieb" konnte nur mühsam vorangetrieben werden, da die für den funktionierenden Energiemarkt mit flexiblen Lasten notwendigen Regularien fehlen. Dies liegt auch daran, dass viele Änderungen, wie eine Flexibilisierung/Modernisierung der Standardlastprofile, zu spät angegangen wurden. Da die Förderung von FuE für die vielen betroffenen Disziplinen (Ingenieurs- und Naturwissenschaften, aber auch Rechts- und Sozialwissenschaften) nicht gut aufeinander abgestimmt waren, lassen sich die Erkenntnisse schwer zusammenführen und an einigen neuralgischen Punkten kamen die Ergebnisse schlicht zu spät für eine Umsetzung in Produkte oder auch in das politische Rahmenwerk.

### Projektion C: Politische Führung

Eine Energievision ist formuliert und wird intensiv diskutiert und vermittelt. Die Politik (Regierung/Ministerien) übernimmt die Führerschaft bei der Gestaltung der Umsetzung, ohne in Dirigismus zu verfallen. Vielmehr wird auf die Kreativität des Marktes gebaut. Die Gesetze und Verordnungen passen zusammen und führen zur marktwirtschaftlich basierten Umsetzung. Die im Jahr 2010 erkannten „Grundwidersprüche" wurden gelöst. Die Marktrollen haben sich derart herausgebildet, dass das Stromversorgungssystem einschließlich der Netzbelange wieder im Gesamten betrieben wird, wie es vor dem Unbundling der Fall war.[112] Das Energierecht ermöglicht eine freie Tarifgestaltung sowohl bei den Netzentgelten und der Stromlieferung. Um Gebietsmonopole oder auch die zu enge Bindung an einen Stromdienstleister zu verhindern, sind durch die Bundesnetzagentur und den europäischen Regulator Regeln aufgestellt, die dem Endkunden einen einfachen Wechsel sogar innerhalb des europäischen Wirtschaftsraums ermöglichen. Monopolartige Strukturen wurden streng reguliert oder aufgelöst. Die Förderung der erneuerbaren Einspeisung erfolgt nicht pauschal nach der abgegebenen Energiemenge wie im Jahr 2010. Vielmehr lassen sich Anlagen in der Regel nur dann profitabel betreiben, wenn dem für den Netzbetrieb verantwortlichen Akteur(en) ein gewisses Maß an Steuerungsrechten eingeräumt wird und weiterhin durch eine Kombination mit anderen Einspeisern, oder Speichern oder variablen Verbrauchern eine „Energieveredelung" betrieben wird, da nur dann die Förderung der erneuerbaren Energien in Kraft tritt.

Der Informationsaustausch von Realzeitdaten und vielen weiteren Planungs- und Betriebsinformationen zwischen den Netzbetreibern ist durch das Energierecht geregelt. Dabei wurden die genauen Regeln weithin von den Akteuren selbst definiert. Nur an wenigen wichtigen Stellen hat der Staat exakte Vorgaben gemacht. Da die Strominfrastruktur

---

[110] EC 2010 b.
[111] Ein Weg zu dieser unerwarteten Entwicklung wird in den Szenarien beschrieben.
[112] Welche Möglichkeiten es dazu gibt, wird im Kapitel 6 erläutert. Dies könnten zum Beispiel auch widerstrebende politische Partikularinteressen bei der Umsetzung sein, die die Entwicklung lähmen.

im Jahr 2030 auch wesentlich auf IKT basiert, sind die Ansätze aus dem Jahr 2010 konsequent weitergeführt und erweitert worden, sodass nun umfangreiche Vorgaben dazu im Energierecht verankert sind[113].

## 2.3 ABLEITUNG DER SZENARIEN

Im Abschnitt 2.1.6 wurde bereits beschrieben, wie die adaptierte Szenariotechnik im Rahmen des Projektes angewendet wurde. Da die Szenarien für das weitere Vorgehen den zentralen Ausgangspunkt bilden und somit von besonders großer Bedeutung sind, wird im Folgenden genauer darauf eingegangen, wie sie aus den Schlüsselfaktoren abgeleitet wurden.

Der erste Schritt bestand dabei in der Entwicklung einer Konsistenzmatrix. Dazu wurden alle Ausprägungen der acht Schlüsselfaktoren paarweise miteinander verglichen, um die Beziehungen zwischen ihnen darzustellen. Für jedes Paar wurde ein Konsistenzwert vergeben, der auf einer Skala zwischen 1 und 5 liegt und dabei folgende Bedeutung hat:

— 1 = totale Inkonsistenz
— 2 = partielle Inkonsistenz
— 3 = neutral oder voneinander unabhängig
— 4 = gegenseitiges Begünstigen
— 5 = starke gegenseitige Unterstützung

In der Summe sind damit 317 Bewertungen vorgenommen worden. Abbildung 6 zeigt einen Ausschnitt für die ersten vier Schlüsselfaktoren aus der erstellten Konsistenzmatrix. Es ist daraus zu entnehmen, dass zum Beispiel alle Ausprägungen der Schlüsselfaktoren „Ausbau elektrischer Netzinfrastruktur" und „systemweite IKT-Infrastruktur" sich jeweils gegenseitig neutral gegenüberstehen und dass sich ein regenerativ, fluktuierender Energiemix (Schlüsselfaktor 4, Projektion C) und eine hohe Gesamtbeteiligung an der Flexibilisierung des Energieverbrauchs (3D) stark unterstützen.

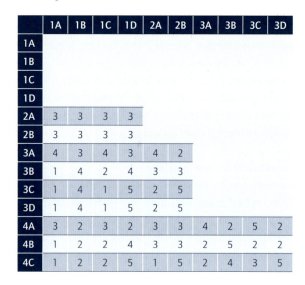

Abbildung 6: Ausschnitt aus der Konsistenzmatrix.

|    | 1A | 1B | 1C | 1D | 2A | 2B | 3A | 3B | 3C | 3D |
|----|----|----|----|----|----|----|----|----|----|----|
| 1A |    |    |    |    |    |    |    |    |    |    |
| 1B |    |    |    |    |    |    |    |    |    |    |
| 1C |    |    |    |    |    |    |    |    |    |    |
| 1D |    |    |    |    |    |    |    |    |    |    |
| 2A | 3  | 3  | 3  | 3  |    |    |    |    |    |    |
| 2B | 3  | 3  | 3  | 3  |    |    |    |    |    |    |
| 3A | 4  | 3  | 4  | 3  | 4  | 2  |    |    |    |    |
| 3B | 1  | 4  | 2  | 4  | 3  | 3  |    |    |    |    |
| 3C | 1  | 4  | 1  | 5  | 2  | 5  |    |    |    |    |
| 3D | 1  | 4  | 1  | 5  | 2  | 5  |    |    |    |    |
| 4A | 3  | 2  | 3  | 2  | 3  | 3  | 4  | 2  | 5  | 2  |
| 4B | 1  | 2  | 2  | 4  | 3  | 3  | 2  | 5  | 2  | 2  |
| 4C | 1  | 2  | 2  | 5  | 1  | 5  | 2  | 4  | 3  | 5  |

Im darauf folgenden Schritt wurden alle möglichen Projektionsbündel betrachtet. Ein Projektionsbündel ist eine Menge an Ausprägungen, die pro Schlüsselfaktor genau eine Ausprägung enthält. Es ergeben sich somit 13 824 verschiedene Projektionsbündel mit jeweils acht Ausprägungen. Auf Basis der Konsistenzmatrix kann diese Menge jedoch eingeschränkt werden, indem all diejenigen Projektionsbündel nicht länger betrachtet werden, die mindestens eine totale Inkonsistenz aufweisen. Das bedeutet, dass eine Beziehung zwischen zwei Ausprägungen in der Matrix mit einer 1 bewertet wurde. Demnach blieben für den weiteren Prozess 397 Projektionsbündel, aus denen die Szenarien gebildet wurden. Aufgrund dieser relativ kleinen Anzahl an Projektionsbündeln wurde auf die Anwendung von Reduktionsverfahren verzichtet und direkt mit der Clusterung zur Bildung von Rohszenarien fortgefahren.

Ziel der Clusteranalyse ist es, die Projektionsbündel so zusammenzufassen, dass die entstehenden Gruppen in sich möglichst ähnlich (innere Homogenität) und untereinander

---

[113] Siehe zum Beispiel auch Schlüsselfaktor 2.

möglichst unterschiedlich (äußere Heterogenität) sind. Während der Clusteranalyse werden iterativ Cluster auf Basis von Distanzwerten gebildet. Im ersten Schritt bildet in dem agglomerativen, hierarchischen Clusterverfahren jedes der Projektionsbündel einen eigenen Cluster. Durch die Berechnung von Distanzwerten zwischen den Projektionsbündeln wird eine Distanzmatrix erstellt. Pro Clusterschritt werden nun zwei Cluster zu einem neuen Cluster zusammengefasst und die Distanzmatrix dadurch reduziert. Bei der Reduktion der Distanzmatrix wurde das Single-Linkage-Verfahren angewendet, welches nach Gausemeier[114] am besten geeignet ist, um extreme Rohszenarien zu identifizieren und darzustellen. Dies bedeutet, dass vor jedem Clusterdurchgang die Distanzwerte des neuen Clusters so gewählt werden, dass jeweils der niedrigere Wert der in ihm zusammengefassten Cluster übernommen wird. Dieser Schritt wird so lange wiederholt, bis nur noch ein großer Cluster verblieben ist. Als Resultat ist damit eine Liste von Partitionen erstellt worden, die eine unterschiedliche Anzahl von Clustern enthalten. In diesem Projekt enthält die feinste Partition 397 Cluster (397-Cluster-Partition) und die gröbste Partition einen Cluster (1-Cluster-Partition).

Nun muss entschieden werden, wie viele Szenarien man letztendlich erhalten möchte. Dementsprechend muss die passende Partition gewählt werden. Beispielsweise ist die 3-Cluster-Partition für drei Szenarien zu wählen und die 4-Cluster-Partition für vier Szenarien. Es wird dazu ein Gütemaß herangezogen, um die Eignung der Partitionen zu bewerten. Wie bereits erwähnt, werden dabei die innere Homogenität und die äußere Heterogenität der Cluster einer Partition berücksichtigt. Für das FEG wurde die quadratische euklidische Distanz als Proximitätsmaß für die Berechnung gewählt. Die Entscheidung über die geeignete Anzahl an Szenarien kann nun durch ein Scree-Diagramm unterstützt werden. In diesem wird zum einen die Anzahl der Rohszenarien abgebildet und zum anderen der Informationsverlust, der durch die Zusammenlegung der Projektionsbündel entsteht. Diesem Diagramm ist in der Regel ein charakteristischer Knick zu entnehmen, der als „Ellenbogen-Punkt" bezeichnet wird[115] und die am besten geeignete Wahl der Szenarienanzahl angibt. Auf der Basis dieses Diagramms wurden für dieses Projekt drei Szenarien gewählt.

Abbildung 7 visualisiert das Ergebnis der Clusterung als Projektionsbündel-Mapping in Form einer Multidimensionalen Skalierung (MDS). Der Durchmesser der Kreise – jeder Kreis repräsentiert ein Projektionsbündel – zeigt die Konsistenz des dargestellten Projektionsbündels. Die Achsen der MDS-Darstellung haben keine inhaltliche Bedeutung und werden daher auch nicht weiter berücksichtigt. Sie dienen dazu, durch den Abstand der Kreise die Ähnlichkeit der Projektionsbündel auszudrücken. Alle Kreise mit derselben Farbe bzw. Nummer gehören zu einem Rohszenario. Aus ihnen wurden die endgültigen drei Szenarien abgeleitet, indem für jedes Szenario auf Basis der Häufigkeit des Auftretens von Ausprägungen der acht Schlüsselfaktoren je eine Ausprägungsliste gewählt wurde. Abbildung 8 zeigt, welche Ausprägungen für die drei Szenarien konkret identifiziert worden sind.

---

[114] Gausemeier et al. 1996.
[115] Gausemeier et al. 2009.

Abbildung 7: Clusterung der Projektionsbündel.[116]

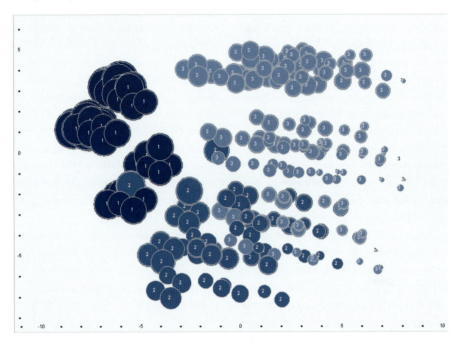

Wie Abbildung 8 zu entnehmen ist, enthalten die Szenarien sowohl eindeutige Projektionen wie auch unscharfe Projektionen. Eine eindeutige Projektion bedeutet dabei, dass genau eine Ausprägung eines Schlüsselfaktors verwendet wird, beispielsweise gilt dies für den Schlüsselfaktor „Energiemix". Unscharfe Projektionen sind solche, die nicht eindeutig sind, das heißt, es kann entweder eine der möglichen Ausprägungen gewählt werden oder sie werden als mehrdeutige Projektionen behandelt, und es werden damit mehr als eine Ausprägung für einen Schlüsselfaktor in einem Szenario zugelassen. Bei dem Schlüsselfaktor „Standardisierung" ist zum Beispiel für alle drei Szenarien eine mehrdeutige Interpretation angewendet worden.

Abschließend wurden die Szenarien kreativ und visionär beschrieben (siehe Abschnitt 2.4 bis 2.6). In Kurzform lassen sich die resultierenden Szenarien wie folgt beschreiben:

— **Szenario „Nachhaltig Wirtschaftlich"**:
Das Szenario „Nachhaltig Wirtschaftlich" versetzt den Leser in die Zukunft eines nachhaltig wirtschaftlichen Energieversorgungssystems, wie es in Teilen im Energiekonzept der Bundesregierung[117] oder auch der Technologieroadmap des European Strategic Energy Technology (SET)-Plans[118] vorgestellt wird. Der Anteil der Stromerzeugung aus Windkraft als auch der Photovoltaik hat deutlich zugenommen (4C). Die dezentrale Einspeisung aus regenerativen Energiequellen unterliegt Schwankungen. Um diesen Strom zu akzeptablen wirtschaftlichen

---

[116] UNITY 2011.
[117] BUND 2011.
[118] CEC 2009.

Abbildung 8: Wahl der Ausprägungen der Schlüsselfaktoren zur Bildung der Szenarien.

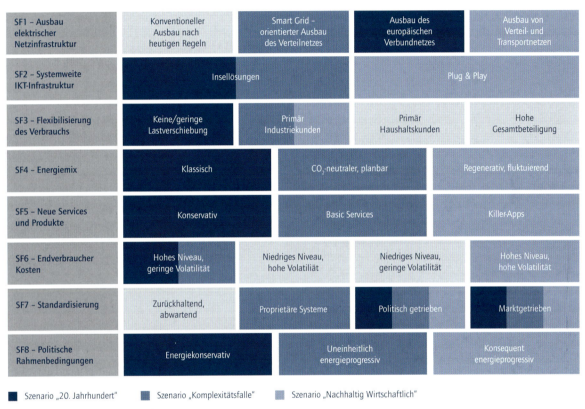

Bedingungen sowohl in Zeiten geringer Einspeisung als auch der Überproduktion verarbeiten zu können, wurden vielfache technologische Maßnahmen als auch marktbasierte Regelungen getroffen (8C). In der Folge wurden sowohl Verteil- als auch Transportnetze angepasst an dieses neue Energiesystem ausgebaut (1D). Vor allem die Industrie nutzt intensiv alle Möglichkeiten der Lastverschiebung (3B), was durch eine systemweit einheitliche IKT-Infrastruktur ermöglicht wird (2B). Alle Bereiche des Smart Grids zeichnen sich durch ein hohes Maß an Interoperabilität aus (7C/D), zum Teil durch „Industriestandards", zum Teil durch international vereinbarte Normen, in einigen Fällen aber auch durch Vorgaben der Politik. Dies führt zwar zu einem relativ hohen Anteil der Energiekosten gemessen am Haushaltseinkommen und zu einer hohen Volatilität der Preise (6D). Gleichzeitig ermöglicht die Interoperabilität jedoch auch ein breites Spektrum an neuen und innovativen Diensten im Smart

Grid (5C). Deshalb erfährt das Energiesystem breite Unterstützung in der Bevölkerung.

— **Szenario „Komplexitätsfalle":**
Dieses Szenario beschreibt eine „Komplexitätsfalle", die unter anderem durch einen inkonsistenten politischen Rahmen hervorgerufen wurde (8B). Konkurrierende nationale und europäische Einzelinteressen und andere Hindernisse verhinderten ein Rahmenwerk „aus einem Guss". Der notwendige Umbau der Übertragungsnetze oder gar eines paneuropäischen Overlay-Netzes ist nur unvollkommen geglückt (1B), auch wenn immerhin der Ausbau der Verteilnetze nun auf die Situation des neuen Energiesystems abgestimmt ist. Der Ausbau der Windenergie und der Photovoltaik verläuft schleppend. Allerdings ist Deutschland in die Versorgung durch „zentrale" erneuerbare Energiequellen zumindest teilweise eingestiegen, wie insbesondere die Solarthermie in Südeuropa oder auch Nordafrika. Weitere $CO_2$-arme zentrale nicht-fluktuierende Erzeugung ergänzt die Stromversorgung (4B). Der daraus resultierenden, im Vergleich zu heute nicht erhöhten Volatilität der Energiepreise steht ein relativ hohes Kostenniveau gegenüber (6A). Die Lastverschiebung spielt im Haushaltsbereich bis auf Ausnahmen, zum Beispiel durch einen breiteren Einsatz der Elektromobilität, keine Rolle. Die Industrie hingegen hat umfangreiche Maßnahmen getroffen, um von Lastverschiebungen profitieren zu können. Netzentgelte wurden verringert oder Energiekosten über variable Tarifwerke eingespart (3B). Je nach regionaler Ausprägung steht dazu entweder eine proprietäre IKT-Infrastruktur zur Verfügung oder nur eine rudimentäre Unterstützung von Energieservices („Flickenteppich" – 2A). Im Gesamtsystem herrscht ein gewisser Grad an Interoperabilität, der neben partieller Berücksichtigung von Marktstandards auch viele proprietäre Lösungen enthält (7B/C/D). Neben den bereits erwähnten Lastverschiebungsdiensten für größere Verbraucher werden daher nur wenige weitere Services angeboten (5B/C). Jedoch gelingt es einigen Dienstleistern, attraktive Angebote zu platzieren und dadurch zu Quasi-Monopolisten zu werden.

— **Szenario „20. Jahrhundert":**
Im dritten Szenario befindet sich das Energiesystem in einem in vieler Hinsicht ähnlichen Zustand wie heute. Das Übertragungsnetz wurde verstärkt ausgebaut (1C), um den Handel auf europäischer Ebene zu fördern. Bei der Strategie zum Energiemix gab es ein Umdenken, das von der Politik konsequent unterstützt wurde, indem der Ausbau erneuerbarer Energien verlangsamt und in Teilen sogar gestoppt wurde (8C). Dies führte zu einem Energiemix, dessen Schwerpunkt die fossilen Brennstoffe und die Kernenergie sind (4A). Im gesamten System wird keine Lastverschiebung betrieben (3A) und auch neue Services und Produkte haben sich nicht durchgesetzt. Lediglich wenige Basisdienste werden angeboten (5A/B). Trotz des Fehlens einer einheitlichen IKT-Infrastruktur (2A) wurde die Interoperabilität sowohl durch den Markt als auch die Politik gefördert (7C/D). Die Stromkosten der Haushalte sind auf einem relativ hohen Niveau bei geringer Volatilität (6A). Dieses Szenario hat zum Beispiel starke Ähnlichkeit mit der Zukunftsvision Japans im „New Policies Scenario" der IEA[119] oder dem Szenario „Scénario énergétique de référence DGEMP-OE" der französischen Direction Générale de l'Énergie.[120]

---

[119] IEA 2010a.
[120] DGEMPOE 2008.
[121] Hier sei noch einmal darauf hingewiesen, dass die Szenarien nicht unbedingt die wahrscheinlichsten oder gar wünschenswertesten, zukünftigen, für das Smart Grid relevanten Entwicklungen darstellen, sondern als in sich konsistente Szenarien den Raum der zukünftigen Möglichkeiten abdecken.

## 2.4 SZENARIO „20. JAHRHUNDERT"

### 2.4.1 ÜBERBLICK

Dieses Szenario[121] beschreibt eine Situation, in der wesentliche Ansätze des Smart Grids und der Integration regenerativer, dezentraler Erzeugung in die Stromversorgung nicht umgesetzt wurden. Um einen signifikanten Beitrag der elektrischen Energieversorgung zu den Klimaschutzzielen zu erreichen und dabei die Versorgungssicherheit nicht zu gefährden, müssen in diesem Szenario erhebliche Abstriche bei der Wirtschaftlichkeit als dritter Dimension des energiepolitischen Zieldreiecks in Kauf genommen werden.

Die Stromversorgung erfolgt zentral mit einem erheblichen Anteil von Importen $CO_2$-armen Stroms. Es dominiert jedoch die zentrale fossile Erzeugung, die zunehmend $CO_2$-reduziert wurde (zum Beispiel Braunkohlekraftwerke mit CCS-Technologie).[122] Die Übertragungsnetze wurden zu diesem Zweck gut ausgebaut, nationale und transnationale Overlay-Netze stehen in ausreichendem Maße zur Verfügung. Das Verteilnetz ist auf einen zum Endverbraucher hin gerichteten Lastfluss ausgebaut und geplant. Die bestehende Infrastruktur ermöglicht weder die Integration nennenswerter Stromerzeugung aus fluktuierenden und dezentralen Kraftwerken (onshore Wind und PV) noch die Nutzung verschiebbarer Lasten und anderweitige Steuerung der elektrischen Verbraucher. Die bis 2014 installierten Offshore-Windparks sowie die ohne EEG-Vergütung und mit den Einschränkungen des Verteilnetzes rentabel zu betreibenden dezentralen Kraftwerke werden weiter genutzt. Etwaige Engpässe werden vermieden, indem Kapazitäten durch zusätzlich verlegte primärtechnische Anlagen (Kabel, Trafos) erweitert und die Kosten mittels einer EEG-Förderung auf alle Stromkunden abgewälzt wurden. Die Stromkosten sind auf einem hohen Niveau stabil und es wurde eine sehr hohe Energieeffizienz bei der Erzeugung, Übertragung und Nutzung elektrischen Stroms erreicht.

### 2.4.2 WESENTLICHE ENTWICKLUNGEN

Das Energiekonzept der Bundesregierung wurde weitestgehend verfolgt. An einem bestimmten Punkt hat sich jedoch herausgestellt, dass es zu kostenintensiv oder technisch zu aufwendig ist, den Ausbau und die weitere Integration erneuerbarer Energien in die Stromversorgung mit den bestehenden Anreizmodellen fortzuführen. Alternative Investitionsanreize mit dem Ziel einer höheren Integrationsrate erneuerbarer Energien auf den verschiedenen Netzebenen fehlen. Als solche kämen infrage:

— Möglichkeiten, nicht betriebsmittelspezifischen Kosten des Smart Grids, die einen optimierten Umbau der Verteilnetze möglich machen würden, auf die Netzentgelte umzulegen. Hierdurch könnte ein gegebenes Netz höher ausgelastet und ein kapazitätsbegründeter Ausbau optimiert werden.
— pragmatische und schnellere Genehmigung neuer notwendiger Energietrassen auf der mittleren und höheren Spannungsebene, um die Einbindung weiterer dezentraler Anlagen und das Potenzial des Onshore-Repowerings auszunutzen
— investitionsfreundliche Vergütung des Einsatzes und Nutzung von Energiespeichern

Hieraus resultiert eine massive Verschiebung von Investitionen zugunsten $CO_2$-armer Produktionstechnologien auf der Basis fossiler Brennstoffe.

Die Integration erneuerbarer Energien findet aus Gründen der Wirtschaftlichkeit nicht statt. Der $CO_2$-Ausstoß wird durch Stromimport und den Einsatz moderner Großkraftwerke etwa mit CCS-Technologie gesenkt.

Um den durch Verwendung von strombedingten $CO_2$-Ausstoß zu senken, wird $CO_2$-arm produzierter Strom aus Ländern mit einem hohen Anteil konstanter regenerativer

---

[122] Nach dem Reaktorunfall im Atomkraftwerk Fukushima Daiichi wird überall zumindest über eine intensive Überprüfung der Kernkraftwerke nachgedacht. Zum Stand der internationalen Diskussion siehe ISTT 2011.

Stromerzeugung aus Wasser oder Sonne importiert. Zudem kommen $CO_2$-arme Verfahren bei der Stromerzeugung aus fossilen Energieträgern zum Einsatz. Der Anstieg der Stromnutzung wird durch Effizienzmaßnahmen begrenzt. Aus Frankreich kann beispielsweise Atomstrom, aus Dänemark Strom aus Windenergie, aus Skandinavien Strom aus Wasserkraftwerken und nuklearer Erzeugung und aus der Schweiz Strom aus Wasserenergie importiert werden.

Durch die Effizienzmaßnahmen, die aufgrund des hohen Kostendrucks ergriffen wurden, ist der Stromverbrauch im Jahr 2030 um 20 Prozent gegenüber dem Stand von 2008 reduziert.[123] Die national verfügbaren und nur dezentral für die Stromerzeugung wirtschaftlichen Energiequellen wurden wenig genutzt. Die Abhängigkeit von Importen im Bereich der elektrischen Energie war groß. Zusammen hatte dies eine hohe Effizienzsteigerung bei der Nutzung von Strom zur Folge. Die Maßnahmen, die hierzu geführt haben, reichten auf Verbraucherseite von der Vermeidung von Stand-by-Verlusten bei Elektrogeräten über moderne Heizungspumpen bis hin zum Einsatz hocheffizienter Elektromotoren in der Industrie.

Aus Gründen der Kosteneffizienz wird ein erheblicher Anteil des Stroms importiert. Der verbleibende Anteil wird – abhängig vom Lastband – durch zentrale Braunkohlekraftwerke unter Einsatz der CCS-Technologie sowie durch Offshore-Windparks mit Speichern und gegebenenfalls durch Gaskraftwerke, die teilweise auch mit Biogas betrieben werden, durch den bestehenden Kernkraftwerkspark kleinere Wasserkraftwerke sowie bestehende, unter den Bedingungen eines fehlenden intelligenten Verteilungsnetzes noch rentabel zu betreibende BHKWs und Windkraftanlagen gedeckt. Die Fortschritte bei der Verbesserung des Wirkungsgrads der Braunkohlekraftwerke, welche Ende des 20. Jahrhunderts bei 43 Prozent lag, gehen größtenteils durch den Einsatz der CCS-Technologie wieder verloren.

Der Transport der Stromimporte aus dem Sonnengürtel der Erde[124] und aus den wasserkraftreichen Ländern Nordeuropas sowie der Transport des Stroms aus den Offshore-Windparks wird durch ein ausgebautes Übertragungsnetz im europäischen Verbund und eines HGÜ-Overlay-Netzes sichergestellt. Im Unterschied zum Jahr 2010, in dem die Höchstlast des ENTSO-E-Netzes bei 530 GW lag, ist dieses nun für deutlich höhere Höchstlast ausgebaut; die Engpässe an den für die deutsche Stromversorgung relevanten Kuppelstellen sind beseitigt. Auf nationaler Ebene wurde das Übertragungsnetz durch ein vermaschtes 750 kV-HGÜ-Netz erweitert, das die redundante Übertragung hoher Leistungen ermöglicht. Auch standortabhängige Großspeicher auf der Basis von Gas, das durch Methanisierung[125] erzeugt wird, sind in dieses Netz eingebunden, um Schwankungen bei der Einspeisung von Windstrom aus offshore Windparks ausgleichen zu können. Um die Stabilität des Verteilnetzes zu garantieren, wird die Einbindung weiterer PV-Anlagen, zusätzlicher BHKW und Windenergieanlagen generell erschwert, etwa dadurch, dass es einen Deckel für die Summe der EEG-Vergütungen in Deutschland gibt, welche ohnehin auslaufen. Neue Anlagen können nur als Ersatz für bestehende Anlagen oder bei Nachweis der Unbedenklichkeit im spezifischen Verteilnetz angeschlossen werden. Im Einzelfall, wenn der Ausbau des Verteilnetzes und der übergeordneten Netzebenen aufgrund hinzukommender Lasten ohnehin vorangetrieben werden muss, können auch neue, dezentrale Einspeiser berücksichtigt werden und in der Folge eine Genehmigung zur Einspeisung erhalten. Die Einspeisung des in den vorhandenen Anlagen dezentral und regenerativ erzeugten Stroms in das Netz wird durch die Lastsituation im Verteilnetz zeitweise beschränkt, was einen Handel dieses Stroms an überregionalen oder europaweiten Energiemärkten zeitweise verhindert. Eine Rentabilität des Betriebs solcher Anlagen wird somit im Allgemeinen weder durch die auslaufende EEG-Vergütung noch durch die Teilnahme an überregionalen Märkten erreicht. Nur in

---

[123] BUND 2011.
[124] DESERTEC 2011b.
[125] Nitsch et al. 2010.

Ausnahmesituationen, wenn das Verteilnetz entsprechende Reservekapazitäten aufweist oder die einzelne Anlage durch die Deckung des Eigenbedarfs des Betreibers ausgelastet ist, kann diese rentabel betrieben werden.

Da bei der Anreizregulierung nur energietechnische Betriebsmittel berücksichtigt werden, nicht jedoch IKT-Komponenten, die für eine effizientere Nutzung des Verteilnetzes sorgen könnten, wird die Ausstattung der Verteilnetze mit intelligenter Sensorik und Aktorik sowie mit automatisierten Funktionen auf ein Mindestmaß beschränkt. Nur dort, wo es wirtschaftlich vertretbar bzw. betrieblich notwendig ist, werden Überwachungs- und Steuerungsfunktionen installiert, ähnlich wie es im Übertragungsnetz des 20. Jahrhunderts Stand der Technik war. Hierdurch sollen Überlastungssituationen, wie sie zum Beispiel bei verstärkter Verbreitung neuer elektrischer Verbraucher (Elektrofahrzeuge, Wärmepumpen etc.) auftreten können, frühzeitig erkannt und verhindert werden.

Durch erfolgreiche Standardisierung und Normierung seitens der Industrie und des Staates ist eine IP-basierte Kommunikation der Automatisierungslogik mit den Sensoren und Aktoren im Feld durchgehend möglich. Dadurch fallen die Kosten der Automatisierung geringer aus, als es noch im 20. Jahrhundert der Fall war. Dies erhöht die Möglichkeiten zur kostengünstigen Überwachung und Steuerung, gerade auch im Bereich des Netzschutzes an kritischen Punkten des Verteilnetzes, was die Versorgungssicherheit – trotz steigender Anforderungen an die Flexibilität, wie beispielsweise die dynamischen Anforderungen aus dem Bereich der Elektromobilität – stabil hält. Aufgrund der fehlenden Intelligenz zur Steuerung der elektrischen Verbraucher auf der Verteilnetzebene wird die Elektromobilität in diesem Szenario allerdings nicht als Mittel zur Integration von Speicherkapazitäten in das Netz verstanden, sondern dient allein der Reduktion des verkehrsbedingten $CO_2$-Ausstoßes. Die Bereitstellung der zusätzlichen – für die Elektromobilität notwendigen – Verteilnetzkapazität erfolgt in erster Linie durch einen kostenintensiven Netzausbau, der zu höheren Netzkosten für Industrie-, Gewerbe- und Haushaltsverbraucher führt.

Mit dem Ziel der Einsparung von Energiekosten können End- und Industriekunden auf technische Feedbacksysteme zugreifen, mit deren Hilfe sie den Stromverbrauch gegebenenfalls an zeitvariable Tarife anpassen können. Diese spiegeln die Stromgestehungskosten auf dem Großhandelsmarkt wider; nicht aber die Belange des Netzes. Die Verbrauchsanpassung erfolgt teilweise automatisch, mithilfe von DSM-Systemen.

Der Anschluss von Feedbacksystemen und DSM-Systemen erfolgt über das Internet, wobei unterschiedliche Protokolle und technische Verfahren zur Anwendung kommen – eine standardisierte, systemweite Lösung existiert nicht. Kunden eines Energieversorgers müssen jeweils auf dessen spezifische bzw. auf die von ihm unterstützte Lösung zurückgreifen. Die Marktdurchdringung der verfügbaren Lösungen ist somit eingeschränkt und die Lösungen sind technisch unterschiedlich weit entwickelt, weil eine hohe Innovationsrate für die Industrie aufgrund von geringen Stückzahlen nicht interessant ist. Der eingeschränkte Einsatz des DSM in Haushalten und Industrieanlagen stellt jedoch kein Problem dar, da ein Lastfolgebetrieb aufrechterhalten werden kann, denn:

— Der Anteil fluktuierender Einspeisung bleibt als Konsequenz der bevorzugten Nutzung zentraler, fahrplanfähiger Kraftwerke auf dem zum Zeitpunkt der Studie aktuellen Stand.
— Die Einspeisung durch Haushalte stagniert.
— Steigenden Kapazitätsanforderungen wird durch Netzausbau Rechnung getragen.

Regelkapazitäten im Sinne des Smart Grids sind somit insgesamt nicht erforderlich. Für Haushaltskunden fallen durch die hohe Importabhängigkeit, die teure, zentrale, $CO_2$-arme Stromerzeugung und durch die hohen Aufwände für den Netzausbau hohe Stromkosten an. Viele Kunden versuchen, dieses hohe Niveau durch häufige Anbieterwechsel zu kompensieren. Hierbei wird tendenziell denjenigen Energieversorgern der Vorzug gegeben, deren Tarifpolitik besser mit dem gewohnten, individuellen Verbrauchsverhalten zusammenpasst. Hierbei ist der Kunde auf Wunsch in der Lage, durch die Auslesung seines im Haus/in der Wohnung installierten Smart Meter sein Verbrauchsverhalten aktuell abzurufen und seine Bezugsentscheidung via Internet per Mausklick zu treffen. Eine Lastverschiebung auf Haushaltskundenebene findet kaum statt, da die Effekte zu gering sind und sich einfachere Alternativen anbieten, die Stromkosten zu senken. Dieses Verhalten ändert jedoch nichts daran, dass die Kosten sich auf einem hohen Niveau einpendeln.

Unter Wegfall dieser zentralen, verbindenden Komponente sowie dezentraler Einspeisung und formbarem Verbrauch müssen alle verbleibenden Möglichkeiten zur Erreichung der Faktoren Umweltverträglichkeit – wie CCS-Einsatz – und Versorgungssicherheit im energiepolitischen Zieldreieck maximal ausgeschöpft werden.

## 2.5 SZENARIO „KOMPLEXITÄTSFALLE"

### 2.5.1 ÜBERBLICK

Im Szenario „Komplexitätsfalle" ist der Umbau des Energiesystems, die „Energiewende", trotz des politischen Willens weit hinter den für das Jahr 2030 gesetzten Zielen zurückgeblieben. Hauptursache waren die unterschiedlichen Interessen der Akteure, die nicht in einem einheitlichen politischen Rahmen zusammengeführt werden konnten, technische Hürden, aber auch Unkenntnis eines möglichen Weges. Der Einspeisung von Wind- und Solarenergie wurde so eine Grenze gesetzt: „Smarte" Steuerung der Einspeisung wird durch die geltenden Gesetze nicht erlaubt oder ist betriebswirtschaftlich nicht sinnvoll. Daher herrscht weiterhin eine zentralisierte steuerbare Energieversorgung. Verschiedene Maßnahmen haben dazu geführt, diese $CO_2$-arm zu gestalten. Genutzte Möglichkeiten sind CCS-Technologien, der verstärkte Ersatz von Kohle- durch Gaskraftwerke, die Nutzung von Biomasse und insbesondere die Nutzung von CSP als Importstrom. Demand Response (DR) für kleine Verbraucher bzw. Haushaltskunden spielt eine untergeordnete Rolle. Die IKT-Infrastruktur ist lückenhaft und sehr heterogen entwickelt. Die rahmenpolitischen Voraussetzungen für einen reibungslosen Eintritt in das IdE wurden nicht oder nur teilweise geschaffen. Die klimapolitischen Zielvorgaben der Bundesregierung, wie sie im Energiekonzept aus dem Jahr 2011 [126] formuliert sind, wurden daher nicht erreicht.

Die Liberalisierung des Strommarktes ist vorangeschritten. Viele Anbieter bieten interessante Produkte und Dienstleistungen an. Es gibt einen intensiven Wettbewerb um Kunden und Marktanteile und im Vergleich zu 2010 (5 bis 6 Prozent) eine leicht erhöhte Wechselrate.

### 2.5.2 WESENTLICHE ENTWICKLUNGEN

Die Entwicklungen in diesem Szenario sind vor allem auf den Umfang der rahmenpolitischen und regulatorischen Begleitmaßnahmen sowie die Schwierigkeiten bei der Abstimmung der Maßnahmen untereinander zurückzuführen. Die Aktivitäten und Entwicklungen werden zwischen den einzelnen Stakeholdern, nämlich den Energieversorgungsunternehmen, den Netzbetreibern, den industriellen und privaten Endverbrauchern, den Anbietern neuer Services, der Rahmengesetzgebung sowie den unterschiedlichen Standardisierungsinitiativen, nicht abgestimmt.

Eine unabgestimmte Rahmengesetzgebung führt zu Behinderungen bei der Ausbildung neuer Märkte und Dienstleistungen.

---

[126] BUND 2011, S. 2.

In diesem Szenario wird unter den Beteiligten (Erzeugern, Energielieferanten, Netzbetreibern, Politik, Endverbrauchern) kein Konsens über einen einheitlichen und gemeinsamen Weg in das Smart Grid gefunden und damit fehlen auch die Voraussetzungen zum Umbau des Energiesystems. Die einzelnen Aktivitäten zum Umbau des Netzes, zur Anbindung fluktuierender Erzeuger und zur Integration neuer Verbrauchsmuster folgen dabei keiner abgestimmten und einheitlichen Vorgehensweise, sondern sind einzelfallgetrieben und zeichnen kurz- bis mittelfristige Marktentwicklungen nach.

Dies ist auch bei der schwierigen Abstimmung von Maßnahmen auf die EU-Richtlinien der Fall. Die europäische Rahmengesetzgebung reagiert nicht in ausreichendem Maße und nicht in einem angemessenen Zeitrahmen auf die neuen Anforderungen und Entwicklungen. Die Schwierigkeiten bei der Abstimmung der europäischen und deutschen Gesetzgebung verunsichern auch die Verbraucher. Fortschritte wurden beim Energiehandel erzielt. Die Handelsaktivitäten haben sich über die innereuropäischen Grenzen stetig intensiviert.

Die Verbraucher nehmen aufgrund der geringen Volatilität der Strompreise nur in geringem Ausmaß an DR-Maßnahmen teil und nehmen das Angebot an Services nur vereinzelt wahr. Es gibt nur wenige Anbieter von Zusatzservices, der Hauptteil der Dienste kommt von Tochterunternehmen der großen Energieversorgungsunternehmen (EVU). Die Lieferantenwechselquote privater Haushalte ebenso wie gewerblicher und industrieller Verbraucher im Jahr 2030 hat sich gegenüber 2010 mit etwa 5 bis 6 Prozent (Haushaltskunden Strom) bzw. ca. 15 Prozent[127] (Industrie- und Gewerbekunden) leicht erhöht. Es wurden keine weiteren politischen oder regulatorischen Maßnahmen unternommen, um die Wechseldynamik im Markt weiter zu stimulieren.

> Neue auf IKT basierende Geschäftsmodelle führen zu Quasi-Monopolen, die im zweiten Schritt zu neuen Wertschöpfungsnetzwerken führen.

Die fortschreitende Liberalisierung wussten ein oder mehrere neue Anbieter geschickt zu nutzen: Durch innovative auf IKT-Einsatz basierende Geschäftsideen konnte ein hoher Kundennutzen geschaffen werden. Dies führte zu Quasi-Monopolen, wie sie sich häufig in der Informationstechnologie finden. Bei diesen neuen Energiediensten stehen nicht unbedingt Kosteneinsparungen für den Kunden im Vordergrund, sondern andere Nutzenversprechen. Gleichzeitig schieben sich diese Anbieter zwischen Endkunde und Energielieferant und nehmen diesem so einen großen Teil der Wertschöpfung ab. Die Quasi-Monopolisten erlauben durch die Etablierung von Industriestandards und Plattformen neue Wertschöpfungsnetzwerke.

Die durchschnittlichen Verbraucherkosten sind gestiegen. Gründe sind die Abregelung von Windkraftanlagen und die dadurch notwendige Reservekapazität, der Ersatz des Kraftwerksmixes 2012 durch Gaskraftwerke oder auch der Einsatz von CCS und dem damit verbundenen verringerten Wirkungsgrad. Zum hohen Strompreisniveau tragen außerdem „verschenkte" Effizienzpotenziale durch fehlende einheitliche IKT-Standards ebenso bei wie die hohen Primärenergiepreise (Kohle, Erdgas, Erdöl). Der verringerte $CO_2$-Ausstoß der Gaskraftwerke und der CCS-Anlagen wirkt sich aufgrund der geringeren Menge von Emissionszertifikaten dämpfend auf den Strompreis aus. Jedoch werden diese Erlöse durch den höheren spezifischen Rohstoffeinsatz und die steigenden Preise für Primärenergieträger weit überdeckt. Die fehlende Umgestaltung des Marktes bedingt eine wenig oder gar nicht erhöhte Volatilität.

> Trotz eines mäßigen Ausbaus der europäischen Netzinfrastruktur haben sich die intra-europäischen Handelsaktivitäten intensiviert und die Zuverlässigkeit der deutschen Stromversorgung ist anhaltend auf einem hohen Stand, jedoch bei einem höheren preislichen Niveau im Vergleich zu 2010.

Die Stromerzeugung basiert weitgehend auf zentraler fossiler Erzeugung. Um den $CO_2$-Ausstoß zu senken, werden die

---

[127] Anzahlbezogene Wechselquote, BNetzA 2010a.

teureren, aber auch flexibleren Gaskraftwerke und auch die CCS-Technologie bei der Verstromung von Kohle eingesetzt. Dezentrale KWK-Anlagen werden gesteuert eingesetzt, die Windkraft ist im Vergleich zu 2012 ausgebaut worden, jedoch deutlich langsamer als im Energiekonzept geplant.[128] PV spielt nur eine untergeordnete Rolle im Energiemix, verursacht jedoch regelmäßig Netzengpässe. Der verlangsamte Ausbau der erneuerbaren Energien-Anlagen begründet sich durch die fehlenden betriebswirtschaftlichen Anreize. Nach Auslaufen der EEG-Förderung ist die Windkraft zwar in Bezug auf die Gestehungskosten prinzipiell konkurrenzfähig[129], jedoch verhindern der nun zu teure Netzausbau und die dadurch gebremste Wirtschaftlichkeit die Ausweitung. PV ist für den kommerziellen Betrieb nur in wenigen Lagen in Deutschland wirtschaftlich vorteilhaft und verzeichnet nach dem Auslaufen der Förderung nur noch marginale Zuwachsraten privater Dachanlagen. Insgesamt tragen im Jahr 2030 die erneuerbaren Energien kaum mehr als die bereits für 2020 angepeilten 35 Prozent zum Bruttostromverbrauch bei. Die Ziele des Energiekonzeptes der Bundesregierung (50 Prozent) werden damit trotz einer stetigen Zunahme der erneuerbaren Energien nicht erreicht.

Großskalige Anlagen zur Nutzung erneuerbarer Energien und große Stromspeicher (hauptsächlich Pumpspeicherkraftwerke) wurden und werden jeweils dort errichtet, wo die geologischen oder meteorologischen Bedingungen am günstigsten sind, beispielsweise große Solarkraftwerke in Südspanien und Nordafrika, Pumpspeicherkraftwerke in Norwegen und Österreich und große Windparks in Dänemark, Großbritannien und Norddeutschland. Das europäische Verbundnetz wurde zur Realisierung dieser Großprojekte jeweils gezielt ausgebaut.

Gemäß der weiter vorangetriebenen Marktintegration der erneuerbaren Energien werden im Jahr 2030 die Anschlusskosten für neue Anlagen einschließlich der durch den Betrieb dieser Anlage gegebenenfalls notwendigen Netzverstärkung dem Anlagenbetreiber in Rechnung gestellt („Deep Cost Approach" oder hybride Vorgehensweisen[130]). Der Ausbau der erneuerbaren Energien berücksichtigt somit verstärkt standortspezifische wirtschaftliche Gesichtspunkte. Da jedoch diese Regelung die Flexibilitäten im Betrieb dezentraler Anlagen nicht ausreichend berücksichtigt, werden auch Anlagen nicht mehr aufgestellt, die bei gesteuertem Betrieb volkswirtschaftlich Sinn machen würden. Die Direktvermarktung des Stroms aus erneuerbaren Energien ist nun Standard. Durch die niedrigen Grenzkosten wird Strom aus Windkraft, Sonnenenergie und Wasserkraft faktisch weiterhin vorrangig genutzt, jedoch müssen die Anlagenbetreiber nun dafür sorgen, dass im Voraus gehandelte Mengen auch tatsächlich geliefert werden. Dies wird durch verbesserte Prognosen, kurzfristigere Intra-Day-Märkte und Vorhalten flexibler Erzeuger oder Verbraucher umgesetzt, meist durch die Nutzung von VK. Lediglich neue Technologien, die weit entfernt von einem wirtschaftlichen Betrieb sind (zum Beispiel im Bereich Geothermie, Gezeiten- und Wellenenergie), werden durch vorrangige Netzeinspeisung mit fester Vergütung gefördert.

Das nationale Übertragungsnetz wurde aufgrund von Bürgerprotesten und des langwierigen Genehmigungsverfahrens nicht ausreichend schnell ausgebaut. Besonders die innerdeutschen Nord-Süd-Verbindungen wurden nicht in dem für die geplante Offshore-Nutzung nötigen Ausmaß realisiert. Die Automatisierung der Übertragungsnetze wurde stetig fortgesetzt. Das ENTSO-E-Netz wird besser im europäischen Verbund betrieben. Allerdings wurde es nicht so ausgebaut, wie dies für die Umsetzung des

---

[128] In Bezug auf die Bedeutung der Kernenergie wird ein zügiges Auslaufen der Kraftwerkskapazitäten wie im aktuellen parteiübergreifenden Beschluss angenommen. Da anhand der aktuellen Diskussion nicht davon auszugehen ist, dass dieser Trend auch auf die benachbarten Länder ausstrahlt, kann es zu bestimmten Tageszeiten auch zu einem verstärkten Import von (unter anderem Atom-)Strom aus den Nachbarländern kommen.
[129] Kost/Schlegl 2010.
[130] Hiroux 2005.

Energieprogramms der Bundesregierung notwendig gewesen wäre. Der Handel von Übertragungskapazitäten auf den Engpassstrecken ist vollständig automatisiert und europaweit integriert. Der Ausbau der Übertragungsnetze und transnationalen Kuppelstellen hinkt jedoch dem Aus- und Umbau der Erzeugungskapazitäten hinterher, sodass weiterhin Engpässe auf bestimmten Übertragungsstrecken bestehen. Allerdings konnten Teilstrecken des europäischen „Super Grids" ausgebaut werden. Es kommt zwar regelmäßig zu Übertragungsengpässen und damit zu erhöhten Stromkosten aufgrund der notwendigen Ausgleichsmaßnahmen. Die Versorgungssicherheit wird dadurch aber nicht gefährdet, da ausreichend Kraftwerke zur Verfügung stehen. Soweit möglich tragen CSP-Kraftwerke in Südeuropa dazu bei, auch einen Teil des deutschen Bedarfs zu decken und weitere $CO_2$-arme Kraftwerke helfen zusammen mit dem nationalen Kraftwerkspark, Fluktuationen der erneuerbaren Einspeiser auszugleichen.

Fehlende Kapazitäten im Übertragungsnetz erschweren den weiträumigen Ausgleich von Erzeugungskapazitäten. Das gut ausgebaute Verteilnetz sorgt für Versorgungssicherheit, lässt aber wirtschaftliche Potenziale, die durch den Einsatz innovativer Technologien realisierbar wären, ungenutzt.

Das Verteilnetz wird regional zum Teil deutlich und bedarfsgerecht ausgebaut, um zusätzliche Verbraucher, wie Wärmepumpen oder Elektrofahrzeuge, und dezentrale Erzeuger bedienen zu können. Jedoch können die Verteilnetzbetreiber aufgrund der fehlenden Anreizregulierung und der durch die Regulierung eingeschränkten Handlungsmöglichkeiten nur ungenügend innovative Technologien nutzen.

Aufgrund der weiterhin stark zentralen und nur teilweise fluktuierenden Erzeugungscharakteristik im Energiesystem in Verbindung mit einer Regulierung, die wenig Marktfreiheit auf der Erzeugerseite zulässt, ist der Einsatz von Mess- und Regelungstechnik und an IKT nicht wesentlich höher als im Jahr 2012. Da der meiste Strom auf der Hoch- und Höchstspannungsebene eingespeist wird, wird nur in wenigen Regionen, zum Beispiel durch Konzentration von PV-Einspeisung, in geringem Maße zusätzliches Monitoring oder Automation auf der Ebene des Verteilnetzes notwendig.

Haushalte mit PV-Anlagen nutzen diese vorrangig zur Substitution des Strombezuges und betreiben teilweise ein lokales Energiemanagement, um die Eigennutzung zu optimieren. Dies führt zu zusätzlichen Unsicherheiten bei der Betriebsführung des Verteilnetzes. Die Eigennutzung ist jedoch gemessen an dem gesamten Versorgungsanteil zu vernachlässigen und hat sich gegenüber 2015 kaum verändert. Ein Datenaustausch mit dem Verteilnetz bzw. die aktive Einbeziehung von Verbrauchern oder lokalen Erzeugern wurde nicht etabliert, da sowohl Geschäftsmodelle als auch Forderungen der Regulierung fehlen.

Konservativer Netzausbau mit graduellem Ausbau der IKT-Infrastruktur ermöglicht nur in zum Teil lukrativen Nischen Chancen für neue Dienste und Geschäftsmodelle.

Die verschiedenen Akteure auf dem Markt für Endverbrauchergeräte einigen sich nicht auf einheitliche Standards. Auch die Rahmengesetzgebung sorgt nicht mit abgestimmten Vorgaben für Klarheit im Markt. Dieser Umstand sorgt zudem dafür, dass die Verbraucher durch die steigende Anzahl auf dem Markt befindlicher technischer Lösungen von Investitionen in Haushaltsgeräte mit Energiemanagementfunktionalitäten, die das Smart Grid berücksichtigen, abgehalten werden. Auch in der Industrie wird mit mittel- bis langfristigen Investitionen aufgrund der unsicheren Marktentwicklung gezögert. Zudem trägt die schnelle technische Entwicklung neuer Geräte dazu bei, dass die Bemühungen zur Standardisierung von den Neuentwicklungen überholt werden. Durch die stockende und schrittweise Entwicklung von Akzeptanz und Anwendung bei den Endverbrauchern entwickeln sich neue Geschäftsmodelle nur schleppend. Eine Ausnahme bilden die oben genannten Quasi-Monopolisten, die jedoch nur einen kleinen Teil der möglichen Wertschöpfung abdecken und insbesondere durch hemmende Regulierung nicht ausreichend zur Energiewende beitragen können. Dies führt dazu, dass sich die Integration von IKT in das Energiesystem auf wenige Anwendungen beschränkt und sich auf Insellösungen konzentriert.

> Da die Versorgungssicherheit wesentlich auf der steuerbaren und oder zentralen Einspeisung beruht, verringert sich die Notwendigkeit für den IKT-Einsatz. Umgekehrt erlauben fehlende IKT-Systeme und -Infrastrukturen keine Flexibilität bei der dezentralen fluktuierenden Erzeugung. Dies führt zu einem steigenden Strompreisniveau und dazu, dass die $CO_2$-Minderung nur zu hohen Kosten erreicht wird.

Im Jahr 2030 ist die Mehrheit der Haushalte mit einem elektronischen Zähler ausgestattet. Jedoch sind nur wenige dieser Zähler „intelligent" oder mit anderen Anwendungen des Haushaltes bzw. des Verteilnetzes verknüpft. Die Zähler können Zählerstände in mehreren Tarifstufen aufsummieren und werden einmal monatlich durch den Messstellenbetreiber fernausgelesen. Die überwiegende Mehrheit der Stromzähler hat wie im Jahr 2012 die Hauptaufgabe, Zählerstände zu Abrechnungszwecken anzuzeigen. Die EVUs nutzen die Daten, um Prozesse zu optimieren und aufgrund des neu gewonnenen Wissens über den Kundenverbrauch je nach Marktrolle den Energieeinkauf bzw. die Netzbetriebsführung zu optimieren. Eine marktrollenübergreifende Optimierung des volkswirtschaftlichen Nutzens findet nicht statt.

Im Privatkundenbereich beschränkt sich daher DR auf wenige ausgewählte Kundengruppen mit hohem Verbrauch und hoher Lastflexibilität; dies sind beispielsweise Kunden mit Elektrofahrzeugen oder elektrischen Heiz- und Kühlsystemen, wie Wärmepumpen oder Klimaanlagen. Für den Anschluss von Elektroautos ist ebenso wie heute bereits für Nachtspeicherheizungen ein gesonderter Anschluss erforderlich, der in ein Engpassmanagement des Verteilnetzes eingegliedert ist, sodass Fahrzeuge teilweise in lokalen Spitzenlastsituationen nicht geladen werden. Angereizt durch niedrigere Tarife werden die flexiblen Verbrauchsvorgänge vorwiegend in Niedrigpreis-Zeiten (nachts oder bei hohem Wind- oder Solarenergieaufkommen) verlagert.

Ein aktives Lastmanagement und die Nutzung von Lastverschiebungspotenzialen werden nur im großen Maßstab betrieben. Größere industrielle Verbraucher mit zeitlich verschiebbaren Prozessen, wie Kühlung und energieintensive Prozessschritte, werden durch stärkere finanzielle Anreize animiert, die Planung ihrer Energieverbräuche über die Zeit so zu optimieren, dass sie von günstigen Strompreisen profitieren können und Lastspitzen durch Vermeidung von Gleichzeitigkeit minimieren. Es werden also Win-Win-Situationen zwischen Energielieferanten und gewerblichen Verbrauchern geschaffen und durch automatisiertes Energiemanagement unterstützt. Diese Entwicklung wird dadurch bestärkt, dass Energielieferanten Kunden stärker in ihre Energielogistik einbinden. Sie erreichen dies durch Produkte, welche teilweise oder vollständig Energie auf dem Energiemarkt beschaffen (zum Beispiel die Beschaffung indiziert oder in Tranchen).

> Lastverschiebung wird vorrangig im großen Maßstab zur Unterstützung der Marktintegration großer Windparks betrieben.

VK kommen teilweise zum Einsatz und beschränken sich auf wenige Anwendungsfelder. Durch die geforderte Marktintegration der erneuerbaren Energien waren Betreiber intermitierender Erzeugungsanlagen wie Windparks gezwungen, sich flexible Ausgleichserzeuger oder -lasten zu beschaffen. Es entstanden Kooperationen zwischen Betreibern von

Anlagen zur Nutzung erneuerbarer Energien und Betreibern flexibler Gas-, Biomasse- oder Kohlekraftwerke. Vereinzelt werden auch die Flexibilität steuerbarer Lasten, wie Elektrofahrzeugflotten oder zum Beispiel Kühlhäuser im Verbund mit fluktuierenden Erzeugungsparks, genutzt. Ausgehend von proprietären Schnittstellen zur Koordination der Erzeugung und des Verbrauchs haben sich bis zum Jahr 2030 ausreichende Standards in diesem Bereich etabliert, die auch europaweit kompatibel sind.

### 2.5.3 ERLÄUTERUNGEN UND ANNAHMEN

— Zur Kostenentwicklung, Förderung und Akzeptanz der PV: Ohne weitere Förderung wird die PV beim Einsatz in Deutschland auch im Jahr 2020, vermutlich sogar im Jahr 2030 gegenüber großen Kraftwerken nicht konkurrenzfähig sein. Das BMU nimmt eine Kostenentwicklung für PV an,[131] nach der die Gestehungskosten im Jahr 2020 bei 13,7 und im Jahr 2030 bei 10,6 Euro pro MWh liegen. Gemäß Kost und Schlegl[132] liegen die prognostizierten durchschnittlichen Gestehungskosten fossiler Kraftwerke im Jahr 2030 bei um die 10 Euro pro MWh. Jedoch lohnt sich die PV ab dem Zeitpunkt, zu dem sie „Netzparität" erreicht hat, für Verbraucher, die dadurch ihre Stromkosten senken können, wenn der Eigenverbrauch hinreichend hoch ist. Gemäß BMU könnte dies etwa ab dem Jahr 2015 der Fall sein.
— Zur Kostenentwicklung von Windkraft: Bei der Kostenentwicklung von Windstrom wird angenommen, dass Windparks bis zum Jahr 2030 ohne Förderung wirtschaftlich betrieben werden können. Dies wird von Kost und Schlegl bestätigt. Gemäß BMU liegen die Stromgestehungskosten im Jahr 2020 bei 7,1 und im Jahr 2030 bei 6,1 Euro pro MWh.

### 2.6 SZENARIO „NACHHALTIG WIRTSCHAFTLICH"

### 2.6.1 ÜBERBLICK

Im Szenario „Nachhaltig Wirtschaftlich" ist der Umbau des Energiesystems bis zum Jahr 2030 geglückt. Die Ziele des Energiekonzepts[133] der Bundesregierung aus dem Jahr 2011 wurden sogar übertroffen. Der $CO_2$-Ausstoß wurde um 65 Prozent gegenüber dem Referenzjahr 1990 gesenkt.

— Der Anteil der erneuerbaren Energien am nationalen Bruttostromverbrauch beträgt 60 Prozent. Angelehnt an eine Studie des Umweltbundesamtes (UBA) tragen große Offshore-Windparks in Nord- und Ostsee und Onshore-Wind, letzterer in der Regel nach Repowering (132 TWh), ein weiterer Ausbau von PV (13 TWh), Biomasse (46 TWh), aber auch der Import von Strom aus erneuerbaren Energien (25 TWh) dazu bei[134]. Die dezentrale Einspeisung trägt mit einem Anteil von 25 Prozent zu einer Stromversorgung nah am Verbraucher bei.
— Der Energiemarkt ist liberalisiert. Nach dem Auslaufen der EEG-Förderung ist Strom aus Wind (offshore sowie onshore) und Biomasse auch aufgrund der gestiegenen Preise für fossile Energieträger wirtschaftlich und konkurrenzfähig. Die solare Stromerzeugung überschreitet gerade die Wirtschaftlichkeitsschwelle und wird weiter gefördert. Es herrscht ein intensiver Wettbewerb zwischen den verschiedenen Stromproduzenten und Anbietern. Die Kunden nehmen aktiv am Markt teil. Die Wechselquote von über 20 Prozent belegt dies (2009: 4 Prozent, 1,7 Millionen).[135] Haushaltskunden achten sowohl aus ökologischen als auch finanziellen Motiven viel genauer als im Jahr 2012 auf ihren Stromverbrauch.
— Insbesondere der massive Einsatz von IKT auf allen Ebenen des Stromversorgungssystems sorgt dafür, dass

---

[131] BMU 2009.
[132] Kost/Schlegl 2010.
[133] BUND 2011.
[134] UBA 2008.
[135] BNetzA 2010b.

dieses System nicht nur reibungslos funktioniert, sondern auch durch die vorbildhafte Referenzinstallation im deutschen Markt, die den deutschen Herstellern Wettbewerbsvorteile im globalen Markt für Smart Grids verschafft. Der Export sichert vorhandene und schafft neue Arbeitsplätze.

### 2.6.2 WESENTLICHE ENTWICKLUNGEN

Um dieses Szenario zu erreichen, mussten viele Voraussetzungen geschaffen werden. Wesentlicher Erfolgsfaktor war die konsistente und koordinierende Energiepolitik in enger Abstimmung, offener und öffentlicher Diskussion mit den Energieunternehmen, den Herstellern, den Bürgern und Bürgerinnen und den Industrieunternehmen als größten Verbrauchern. Der Staat wirkt dabei durch die Regulierung bzw. Deregulierung insbesondere auf Märkte, den Ausbau der Netze, die Planung des Ausbaus erneuerbarer Energien und die neue IKT-Infrastruktur.

Die neue Regelung der Einspeisungsvergütung durch erneuerbare Energien und der Einsatz innovativer IKT ermöglichen einen effizienteren Weg zur $CO_2$-Vermeidung.

Die Förderung erneuerbarer Energien wurde neu geregelt. Die zeitunabhängigen Einspeisetarife wurden abgeschafft. Stattdessen orientiert sich die Vergütung der Stromeinspeisung für alle Stromerzeuger an den Marktpreisen für Strom und Regelleistung – also auch die Förderung der erneuerbaren Einspeisung. Dies wird durch günstigere Anlagen, eine wesentlich bessere Prognose, die Anbindung an eine IKT-Infrastruktur und die Einbindung in VK ermöglicht. Virtuelle Kraftwerke sind dabei längst mehr als eine IKT-technische Bündelung vieler Kleinerzeuger. Ein VK integriert Erzeuger und Verbraucher, unterstützt die Netzbetreiber bei Systemdienstleistungen wie der Spannungshaltung und erbringt autark und automatisiert Funktionen, zum Beispiel den Handel an regionalen Marktplätzen.

Bei dem Bau zentraler erneuerbarer Energien-„Kraftwerke" (offshore und erste Schritte zum Import aus thermischen Solarkraftwerken – CSP) wurde im Rahmen einer europäischen Strategie berücksichtigt, an welchen Orten Europas der Einsatz wirtschaftlich am ergiebigsten ist. Ebenso wurden im Energierecht bei der Förderung und Gesetzgebung zu der dezentralen Einspeisung lokale Gegebenheiten (zum Beispiel Kosten für den notwendigen Netzausbau) berücksichtigt.

Der Druck aus negativen Börsenpreisen durch den Vorrang erneuerbarer Energien führt dazu, dass der fossile Kraftwerkspark umgebaut wurde und nun die volatile dezentrale Einspeisung und die aus erneuerbaren Energien stützt.

Der Um- und Abbau des fossilen Kraftwerksparks ist weit vorangeschritten. Waren im Jahr 2012 noch zentrale Großkraftwerke der einzige wesentliche Träger der Stromversorgung, ist nun der Ausgleich der fluktuierenden Einspeisung in den Vordergrund gerückt. Die fossilen Kraftwerke der neuen Generation sind flexibel und können sehr schnell ihre Leistung verändern. Die Kraftwerke wurden so entwickelt, dass der Stand-by-Betrieb möglichst geringe Kosten und geringen $CO_2$-Ausstoß verursacht. Obwohl diese Kraftwerke deutlich weniger Volllaststunden pro Jahr aufweisen als die Kraftwerke von 2012, sind sie unter anderem durch die von der intermittierenden Einspeisung verursachten Peak-Preise wirtschaftlich.[136]

Die europäische Energiepolitik verabschiedet neue Richtlinien, die national interpretiert und umgesetzt werden. Ein europaweit abgestimmter und zügig auf nationaler und europäischer Ebene vorgenommener Netzausbau beseitigt Ineffizienzen. Die Regulierung erlaubt den Netzbetreibern, verursachergerechte Netzentgelte zu berechnen und verpflichtet den Netzbetreiber im Gegenzug zur Aussendung von Preissignalen.

Innerhalb des ENTSO-E-Verbundes wurden zusätzlich zu den bereits 2012 geplanten verbesserten Kuppelstellen neue

---

[136] Amelin/Soder 2010.

Transmissions-Leitungen (häufig bereits als HGÜ) gebaut, die nun zu einem europäischen Overlay-Netzwerk verbunden sind. Dieses Netzwerk ermöglicht einen europaweiten Handel, der zur Angleichung der Preise an den Strombörsen führt. Betrachtet man ein großes Gebiet, sind die Fluktuationen aus der Einspeisung durch erneuerbare Energien kaum korreliert. In Kombination mit dem genannten Netzausbau führt das zu einer zuverlässigeren Einspeisung aus erneuerbaren Energien. Die Investitionen in die Netze wurden mit europäischen Fördermitteln unterstützt.

Die Automatisierung der Übertragungsnetze ist noch weiter fortgeschritten als im Jahre 2012. Das europäische Verbundnetz wird als Gesamtnetz geführt und durch Wide Area Measurement Systeme (WAMS) und echtzeitfähige Berechnungen und Simulationen des Gesamtsystemzustands unterstützt. Die Ausbauplanung der Transmissionsnetze basiert auf dem europäischen Bedarf und der langfristigen Ausbauplanung der Erzeugung. Der Ausbau der Übertragungsnetze erfolgt ohne Verzögerungen. Dank einer verbesserten Gesetzgebung und größerer Akzeptanz in der Bevölkerung. Die Verteilnetzführung nutzt zur Sicherung der Stromqualität auch ganz wesentlich die dezentralen und fluktuierenden Erzeuger. Negative Preise sind selten, da sich über die große geografische Ausdehnung Fluktuationen besser ausgleichen und es weniger Grundlastkraftwerke gibt, bei denen das Herunterfahren sehr hohe Kosten verursacht bzw. verursachen würde. Zusätzlich helfen Speicher und das DSM, ein hohes Stromangebot aufzunehmen.

Galt für die Verteilnetze 2012 noch der Grundsatz, dass jede Erzeuger- und Verbraucheranlage anzuschließen ist, berücksichtigt im Jahr 2030 der Ausbau der dezentralen Einspeisung auch die entstehenden Netzkosten. Der Ausbau der erneuerbaren Energien im Verteilnetz erfolgt verstärkt auch unter wirtschaftlichen Gesichtspunkten. Ausbaupläne sowohl für das Verteilnetz als auch für die Einspeisung durch erneuerbare Energien sind regional aufeinander abgestimmt. Um zu vermeiden, dass durch das DSM oder 6 Millionen Elektrofahrzeuge der Gleichzeitigkeitsfaktor zu stark erhöht wird und damit hohe Kosten durch den notwendigen Netzausbau verursachen würde, nutzt der Netzbetreiber das DR-Management, um Verbraucher und dezentrale Erzeuger zu beeinflussen. Die Betriebsführung im Verteilnetz ist realzeitbasiert und beruht auf der Kenntnis des Netzzustandes. Das Verteilnetz kontrolliert oder regelt aktiv Leistungsflüsse, Phasenwinkel und Spannungshaltung. Das Netz nutzt als aktive Komponenten Erzeuger, Verbraucher und auch innovative leistungselektronische Elemente, um zur Versorgungssicherheit beizutragen. Zwar gibt es für kleinere Erzeuger keinen Zwang, eine Regelung durch den Netzbetreiber zuzulassen, jedoch haben fast alle neu installierten Anlagen diese Möglichkeit, da die Unterstützung der Netzbetriebsführung oder die Teilnahme an VK deutliche Kostenvorteile für den Anlagenbetreiber erbringen: Das VK erhöht zum Beispiel die Zuverlässigkeit der Prognosen zur tatsächlichen Einspeisekurve einer Anzahl fluktuierender Erzeuger. Das Verteilnetz und das Übertragungsnetz stimmen sich eng und in Echtzeit in der jeweiligen Betriebsführung ab.

Gleichzeitig werden neue Konzepte der Stromversorgung in Forschungs- und Pilotprojekten getestet. Dies könnten zum Beispiel Gleichstrom im Haus oder andere Toleranzen bei der Netzfrequenz sein. Vielfach wird bereits die mehrfach angesprochene Verknüpfung des Stromsystems mit anderen Energieinfrastrukturen verwendet.

> Die Verfügbarkeit einer vom Regulator geforderten systemweiten IKT-Infrastruktur verbunden mit Standardisierung und höheren Strompreisen haben ein Angebot an DSM-Produkten entstehen lassen, die den Umbau zum Erzeugungsfolgebetrieb leiten.

Ein wichtiger Faktor zur Etablierung des Smart Grids ist die Verfügbarkeit von Standards, die von der Industrie mit Unterstützung der Forschung entwickelt wurden. Die bereits frühzeitig maßgeblichen Standards IEC 61970/61968

Common Information Model (CIM) und IEC 61850 sind weiterentwickelt worden, neue Standards, wie insbesondere für elektronische Zähler und DR, sind entstanden und werden permanent angepasst. Die einheitliche Verwendung der Standards ist gesichert. Da die Standardisierung auch massiv von staatlicher Seite unterstützt wurde, konnte Deutschland zum Vorbild in Europa werden, das andere Staaten mitzog. Die in Europa entwickelten und in vielen großen Referenzimplementierungen eingesetzten Standards fanden Eingang in die Produkte der nationalen Hersteller. So konnte nicht nur auf dem europäischen, sondern auch auf dem Weltmarkt ein großer und weiterhin wachsender Marktanteil erreicht werden.

Die Regulierung unterstützt und fördert diese Entwicklung. Sie schreibt dazu an entscheidenden Stellen den Einsatz der Standards vor, um die Offenheit des Systems zu sichern, achtet aber darauf, Innovationen nicht zu behindern.

Die zweite Entwicklung ist die Verfügbarkeit einer systemweiten IKT-Infrastruktur im Verteilnetz. Diese Infrastruktur dient zur bidirektionalen Kommunikation für alle Anlagen, also Erzeugeranlagen inkl. elektronischen Zählern, Verbrauchern und Netzeinrichtungen. Die Infrastruktur steht allen Akteuren offen. Dafür sorgen eine standardbasierte Interoperabilität (wo notwendig Interchangeability) und ein durch den Regulator geregelter diskriminierungsfreier Zugang. Nutzer der Infrastruktur sind der Netzbetreiber und alle Akteure, die am Energiemarkt teilnehmen wollen. Die Infrastruktur wird so (weiter-)entwickelt, dass sie aufwärts- und abwärtskompatibel und innovationsfreundlich ist sowie Investitionssicherheit schafft.

Die Basiskosten dieser Infrastruktur werden im regulierten Bereich der Netzbetriebsführung sozialisiert, während die marktwirtschaftlichen Bereiche, wie neue Services, vom Produktumsatz der Unternehmen getragen werden müssen.

Der Regulator sorgt für einen Anreiz, in die notwendigen Weiterentwicklungen zu investieren. Da viele kundenbezogene Daten über diese Infrastruktur bewegt werden, wird ein großer Wert auf Informationssicherheit gelegt.

Diese Infrastruktur – ein Cyber-Physical System (CPS) – ist eine nicht trennbare Einheit aus IKT und elektrischer Infrastruktur. Dieses CPS unterliegt ebenso wie die Stromversorgung des 20. Jahrhunderts dem energiewirtschaftlichen Zieldreieck aus Versorgungssicherheit, Wirtschaftlichkeit und Umweltverträglichkeit. Höchstes Ziel ist die Versorgungssicherheit, die in der Konsequenz zu einem hochzuverlässigen IKT-Gesamtsystem führt. Das CPS wird dadurch kostengünstig gestaltet, dass die Kosten der IKT-Einbindung von Elementen des Systems je nach ihrer Einzelbedeutung für die Versorgungssicherheit gestaltet werden. In diesem Sinne erweitert die IKT-Anbindung das bisherige N-1-Prinzip hin zu einem N-k-Prinzip: Selbst wenn einige der Erzeuger ausfallen oder nicht mehr angesteuert werden können, muss das Gesamtsystem zuverlässig sein. Das System verhält sich stabil gegenüber Cyberattacken. Dazu sind die notwendigen technischen und organisatorischen Maßnahmen getroffen.

Eine weitere Liberalisierung und die Verfügbarkeit dieser IKT-Infrastruktur verbunden mit real höheren Strompreisen haben einen Markt mit Dienstleistungen rund um das Smart Grid entstehen lassen.

Auf diesen wichtigen Entwicklungen im IKT-Umfeld beruhen der offene Markt mit IKT-gestützten Energiedienstleistungen und die dem neuen Energiemix angepasste Netzbetriebsführung. Es sind viele neue Smart Grid-Applikationen entstanden. Einige davon bieten dem Kunden einen so großen Mehrwert, dass aufgrund der großen Nachfrage von „Killer-Applikationen" – also von Anwendungen, die einen wesentlichen neuen Markt erschließen – die Rede sein kann. Der hohe Gewinn der Unternehmen führt durch Re-Investitionen in das Smart Grid zu einem sich selbst verstärkenden Kreislauf.

In großem Umfang werden DSM-Angebote, die sowohl das intermittierende Stromangebot als auch die Netzauslastung berücksichtigen, in der Wirtschaft und zum Teil auch von Haushaltskunden genutzt. Bei den Haushaltskunden tragen insbesondere thermische Geräte (Elektroheizung, Wärmepumpe, Kühltruhe, Klimatisierung) und Elektrofahrzeuge durch automatische Ansteuerung zum DSM bei, jedoch bleibt der Beitrag zum Gesamtpotenzial (noch) gering. Das gesamte Marktgeschehen beruht auf neuen Regeln, die der neuen Erzeugerstruktur und den Möglichkeiten des automatisierten flexiblen DSM Rechnung tragen. Dies bedingt auch, dass die Regeln für Energie- und Regelleistungsmärkte jeweils – wo sinnvoll – europaweit harmonisiert werden.

Die Endverbraucherkosten haben sich relativ zum Haushaltseinkommen merklich nach oben entwickelt. Zwar haben enorme Effizienzsteigerungen bei der Stromerzeugung durch erneuerbare Energien dazu geführt, dass die Erzeugungspreise unter Berücksichtigung des $CO_2$-Emissionspreises weitgehend wettbewerbsfähig sind. Jedoch erhöhen insbesondere der erfolgte Netzausbau und Reservekraftwerke mit wenigen Volllaststunden den Preis. Da die Bevölkerung den Ausbau der erneuerbaren Energien gewünscht hat und um die Konsequenz weiß, hat sie den Umbau der Stromversorgung nicht nur akzeptiert, sondern intensiv gefordert. Es sind Regelungen zur Berücksichtigung der energieintensiven Industrien getroffen worden. Der Kunde ist energiebewusst und nur dann seinem Lieferanten treu, wenn die Energielieferung in attraktive Angebote eingebettet ist. Die Häufigkeit von Lieferantenwechsel ist deutlich höher. Dies wird durch eine Regulierung unterstützt, die den Wechsel des Anbieters erleichtert.

### 2.6.3 ERLÄUTERUNGEN UND ANNAHMEN

„Der Export sichert vorhandene und schafft neue Arbeitsplätze". Bisher existieren dazu keine Deutschland betreffenden Untersuchungen. Eine detaillierte Analyse des Electric Power Research Institute (EPRI)[137] konnte dies für die USA zeigen. Aufgrund der guten Ausgangssituation deutscher Hersteller ist anzunehmen, dass dies auch für Deutschland gilt.

„Neue Regelung der Vergütung der Einspeisung durch erneuerbare Energien und der Einsatz von innovativer IKT ermöglichen einen effizienteren Weg zur $CO_2$-Vermeidung." Schätzungen dazu gibt es von der IEA.[138] Eine genauere Analyse für Deutschland wird es nach Auswertung der Ergebnisse der E-Energy-Modellregionen geben.

„Die europäische Energiepolitik verabschiedet neue Richtlinien, die national interpretiert und umgesetzt werden. Ein europaweit abgestimmter und zügig auf nationaler und europäischer Ebene vorgenommener Netzausbau beseitigt Ineffizienzen." Siehe dazu die Erläuterungen und Quellen zum Schlüsselfaktor 8.

„Die Regulierung erlaubt den Netzbetreibern, verursachergerechte Netzentgelte zu berechnen und verpflichtet den Netzbetreiber im Gegenzug zur Aussendung von Preissignalen."[139]

„Es gibt tragfähige Geschäftsmodelle für DSM." Bisher scheint zweifelhaft, ob DSM für alle Kunden einen Vorteil bietet. Jedoch ist es wahrscheinlich, dass zumindest ein gewisser Prozentsatz von DSM profitieren kann.[140]

„Die Basiskosten dieser Infrastruktur werden im regulierten Bereich der Netzbetriebsführung sozialisiert, während die

---

[137] EPRI 2011a.
[138] IEA 2011c.
[139] Überlegungen dazu finden sich zum Beispiel in Angenendt/Boesche/Franz 2011.
[140] Bothe et al. 2011.

marktwirtschaftlichen Bereiche – zum Beispiel neue Services – vom Produktumsatz der Unternehmen getragen werden müssen." Siehe dazu Kapitel 6.

In diesem Szenario wird keine Annahme darüber getroffen, wie viele Haushaltskunden über Einrichtungen verfügen, die den bidirektionalen elektronischen Zähler in ein Hausenergiemanagement mit umfangreichen Funktionalitäten einbinden. Die Durchdringung hängt in diesem Szenario ausschließlich davon ab, inwieweit sich dadurch ein volkswirtschaftlicher Gesamtnutzen einstellt. Es wird in diesem Szenario angenommen, dass die Rahmengesetze dann dafür sorgen, dass sich dieser Nutzen in individuellem Nutzen manifestieren kann.

„Die Bevölkerung akzeptiert und versteht die Entwicklung (zum Beispiel erhöhte Preise)." Siehe Kapitel 7.

## 2.7 ZUSAMMENFASSUNG

Innerhalb dieses Kapitels wurde eine strukturierte Sicht auf die Situation der Energieversorgung im Jahre 2030 dargestellt. Dem methodischen Ansatz der Szenariotechnik folgend wurden zunächst acht Schlüsselfaktoren identifiziert, welche nach Ansicht der Autoren besonders ausschlaggebend für die langfristige Entwicklung des deutschen Energieversorgungssystems sind:

1. Ausbau der elektrischen Infrastruktur
2. Verfügbarkeit einer systemweiten IKT-Infrastruktur
3. Flexibilisierung des Verbrauchs
4. Energiemix
5. Neue Services und Produkte
6. Endverbraucherkosten
7. Interoperabilität
8. Politische Rahmenbedingungen

Diese Schlüsselfaktoren beziehen die Dimensionen (sowohl elektrische als auch informationstechnische) technologische Infrastruktur, Nachhaltigkeit, Märkte und Produkte, Verbraucher sowie die Energiepolitik ein. Im Rahmen der Szenariobildung stehen die genannten Schlüsselfaktoren als Repräsentanten für dessen grundsätzliche Ausrichtung. Die Elektromobilität oder Speichertechnologien wurden im Kontext der Methode daher als wichtige Anwendungen innerhalb des Energiesystems der Zukunft betrachtet, sie stellen selbst jedoch keine Schlüsselfaktoren dar.

Die gewählten Schlüsselfaktoren wurden anschließend jeweils so in die Zukunft projiziert, dass die betrachteten Entwicklungen möglichst große Differenzen aufzeigen. Auf diese Weise konnte für jeden Schlüsselfaktor ein Raum aufgespannt werden, der die langfristigen Entwicklungen in diesem Bereich möglichst umfassend abdeckt.

Die entwickelten Projektionen wurden für die Szenariobildung einem Bündelungsprozess unterworfen. Die Projektionen zweier Schlüsselfaktoren wurden dabei jeweils paarweise betrachtet und hinsichtlich ihrer Konvergenz bewertet. Die sich ergebenden Bündel wurden anschließend geclustert, sodass die Cluster in sich besonders konsistent und dabei gegenüber den anderen Clustern besonders divergent waren. Hieraus ergaben sich drei Szenarien für das Jahr 2030:

1. „20. Jahrhundert": Das Energieversorgungssystem basiert konsequent auf fossiler wie regenerativer Erzeugung, welche den Lastfolgebetrieb innerhalb der Netzinfrastruktur des 20. Jahrhunderts erlauben. Fossile Erzeugungsanlagen werden durch Technologien wie CCS erweitert. Bei der Stromerzeugung aus fluktuierenden Quellen, wie etwa der Windkraft, ist ein Rückgang zu verzeichnen. Es liegen neben der Versorgung mit elektrischer Energie nur sehr wenige neue Dienstleistungen vor.

Die Endverbraucherkosten sind stark gestiegen und es wird in der Regel nicht auf variable Tarife gesetzt. Zudem sind die über das Jahr 2030 hinausgehenden Optimierungsmöglichkeiten aufgrund der geringen Flexibilität der Strukturen eingeschränkt.

2. „Komplexitätsfalle": Die Entwicklung hin zu Smart Grids ist aufgrund konkurrierender Interessen und uneinheitlicher Rahmenbedingungen nicht zufriedenstellend gelungen. Die Infrastrukturen, besonders im IKT-Umfeld, sind sehr heterogen weiterentwickelt worden. Die konsequente Nutzung fluktuierender erneuerbarer Energien und der Lastverschiebung wird durch die fehlenden Koordinationsmöglichkeiten eingeschränkt. Zumeist werden steuerbare Erzeugungsanlagen bevorzugt. Das Angebot neuer Dienste ist ebenfalls begrenzt, sodass meist nur einzelne Marktanbieter Services bereitstellen und diese sich oftmals auf grundlegende Funktionen beschränken. Die Uneinheitlichkeit der Entwicklungen schlägt sich in hohen Kosten für das Energieversorgungssystem nieder, welche letztendlich durch den Endverbraucher zu tragen sind.

3. „Nachhaltig Wirtschaftlich": Die Entwicklung von Smart Grids ist geglückt. Durch eine andauernde, enge Abstimmung zwischen Energiepolitik, Gesellschaft, Energieversorgern und Technologieanbietern konnte ein nachhaltiges sowie kosteneffizientes Energieversorgungssystem geschaffen werden. Die Versorgung mit elektrischer Energie basiert hauptsächlich auf regenerativen Energiequellen mit dem Gros der Erzeugung durch die Windkraft. Die systemweite IKT-Infrastruktur bildet gemeinsam mit den bedarfsgerecht ausgebauten Übertragungs- und Verteilnetzen das Rückgrat für den effizienten Betrieb der Energieversorgung sowie die Plattform für eine Vielzahl neuer Dienste, die zunehmend als Treiber für neuartige Geschäftsmodelle agieren. Die gestiegenen Endverbraucherkosten werden von der Gesellschaft akzeptiert, da sie als unumgänglich für die Energiewende gesehen werden. Zudem herrscht ein gestiegener Wettbewerb aufgrund der besseren Möglichkeiten zum Lieferantenwechsel und der flexiblen Tarifstrukturen.

Im folgenden Kapitel wird die Entwicklung des Energieversorgungssystems aus technologischer Sicht betrachtet. In diesem Zusammenhang werden die entwickelten Energieszenarien erneut aufgegriffen und im Hinblick auf die erwarteten technologischen Entwicklungen beschrieben.

# 3 ROLLE DER IKT IM FUTURE ENERGY GRID

Nachdem drei Szenarien definiert wurden, die den Rahmen für die Migrationspfade stecken, werden nun die Technologiefelder und ihre Entwicklung betrachtet. Dabei wird in diesem Kapitel zunächst nur der Ausgangspunkt, also der Ist - Zustand des IKT-Einsatzes in der Stromversorgung, dargestellt, und (am Ende des Kapitels) beschrieben, welche Technologien in welcher Ausprägung für die Realisierung der drei Szenarien jeweils notwendig sind. Die Technologiefelder werden dazu beschrieben und die weitere Entwicklung jedes Technologiefeldes in mehreren Schritten skizziert. Die Abhängigkeiten der Schritte untereinander bleiben in diesem Kapitel unbetrachtet und wird im nächsten Kapitel genau analysiert.

## 3.1 METHODISCHES VORGEHEN

Innerhalb dieses Kapitels wird ergänzend zu der szenariobasierten Betrachtung eine technologische Sicht auf die Entwicklung des zukünftigen Energieversorgungssystems eingenommen. Der Fokus liegt dabei auf Informations- und Kommunikationstechnologien (IKT), welche für das Management elektrischer Einspeisung, Last und Verteilung, der Optimierung betriebswirtschaftlicher Prozesse und der Erweiterbarkeit des Energieversorgungssystems in Bezug auf neue Geschäftsmodelle und Dienste von entscheidender Bedeutung sind.

Den Ausgangspunkt der Betrachtungen bildet eine Darstellung des derzeitigen Einsatzes der IKT im Energieversorgungssystem. Hier wird das Verständnis geschaffen, wie die Versorgung mit elektrischer Energie derzeit über die verschiedenen Netzebenen erfolgt und welchen Stellenwert IKT und dazugehörige Kommunikationsstandards in diesem Kontext haben. Aus dieser Darstellung wird auch ersichtlich, welchen Herausforderungen im Bereich der Übertragung und Verteilung elektrischer Energie zu begegnen ist.

Um eine Struktur für die Einordnung der Anwendungsfelder der IKT zu schaffen, wird zunächst ein Systemmodell definiert. Dieses unterscheidet als erste Dimension Systemebenen des Energieversorgungssystems, welche sich in Bezug auf die Zugänglichkeit und die Rolle von Kommunikationsstrukturen unterscheiden. Die zweite Dimension wird von Domänen der Energiewirtschaft gebildet, welche technologische sowie regulatorische Rollen unterscheiden. Die gewählten Systemebenen und Domänen berücksichtigen unter anderem Erkenntnisse des National Institute of Standards and Technology (NIST)[141], der Electric Power Research Institute (EPRI) Intelligrid Architecture[142] und der European Technology Platfom (ETP) for Smart Grids[143].

Innerhalb dieses Systemmodells werden im Anschluss sogenannte Technologiefelder definiert. Diese beschreiben jeweils eine technologische Funktion bzw. Komponente mit Bezug zu IKT. Für jedes Technologiefeld wird eine Zuordnung zu einer Systemebene und relevanten Domäne des zuvor angesprochenen Modells vorgenommen. Zur Ermittlung der Technologiefelder wurde neben den Domänen und Systemebenen vor allem auf die IEC Seamless Integration Architecture (SIA) zurückgegriffen, welche unter anderem in der Untersuchung des Normungsumfeldes zum BMWi-Förderschwerpunkt E-Energy[144] und später in der deutschen Normungsroadmap E-Energy/Smart Grid[145] betrachtet wurde. Wie in Abbildung 9 dargestellt, fasst die Architektur die etablierten Standards von International Electrotechnical Commission Technical Committee (IEC/TC) 57 sowie IEC/TC 13 zusammen und setzt diese zueinander in Relation. Der Aspekt der Integration von Technologien und Akteuren durch IKT und entsprechende Kommunikationsstandards wird im Rahmen der in dieser Studie vorgenommenen

---

[141] NIST 2010.
[142] EPRI 2011 b.
[143] Østergaard 2006.
[144] OFFIS/SCC Consulting/MPC management coaching 2009.
[145] DKE 2010.

Abbildung 9: IEC 62357 ed.1.0 Seamless Integration Architecture (Darstellung angelehnt an IEC 2009, S. 41).

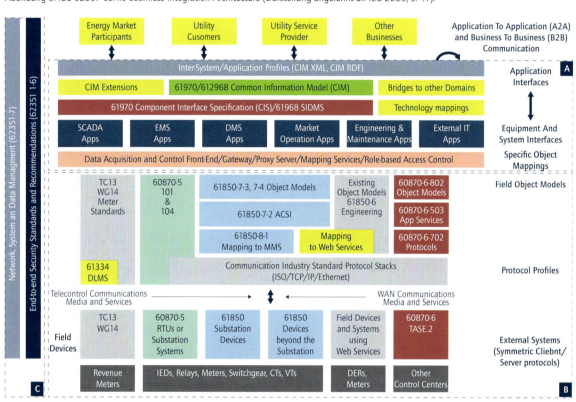

Betrachtungen als eine wesentliche Eigenschaft eines zukünftigen Energieversorgungssystems gesehen, sodass sich die Architektur als Rahmen für die technologische Betrachtung eines solchen Systems anbietet. Für die Ermittlung der Technologiefelder im Rahmen von Expertenworkshops war vor allem die in der Architektur vorgenommene Unterscheidung von Anwendungen und Geschäftspartnern (Bereich A, beispielsweise Energie-Management-Systeme – EMS), Energieanlagen und Feldgeräten (Bereich B, zum Beispiel Intelligent Electronic Device – IED) und den Querschnittstechnologien (Bereich C, Sicherheit und Datenmanagement) ausschlaggebend. Als Qualitätskontrolle wurden Beiträge aus wesentlichen Smart-Grid-Konferenzen, Webseiten und Zeitschriften auf mögliche Technologiefelder durchgesehen und in die Bereiche und Systemebenen eingeordnet.

Die einzelnen Technologiefelder werden jeweils bezüglich ihrer Funktionalität und Ihrer Rolle innerhalb des Gesamtsystems beschrieben. Um die Entwicklung der Technologiefelder innerhalb des Zeitraums 2012 bis 2030 strukturiert darzustellen, werden nach Möglichkeit, ausgehend vom heutigen Stand der Technik, jeweils fünf Entwicklungsschritte unterschieden und beschrieben. Die Entwicklungsschritte sind dabei nicht als eine Vorhersage exakter Funktionalitäten zu einem bestimmten Zeitpunkt zu verstehen, sondern repräsentieren jeweils einen bestimmten Reifegrad des betrachteten Technologiefeldes. Die methodische Basis für dieses Vorgehen entstammt dem sogenannten Smart Grid Maturity Model (SGMM)[146]. Dieses unterscheidet, wie in Tabelle 1 dargestellt, ausgehend von einem Ausgangslevel 0, fünf unterschiedliche Reifegrade für eine Organisation im Hinblick auf ihren Fortschritt ihrer Geschäftsstrategie im Smart Grid-Umfeld. Das Modell besitzt damit zwar einen starken Fokus auf Unternehmensstrategien, jedoch sind bereits Ansätze vorhanden, das Modell für eine Erweiterung der Einsatzmöglichkeiten adaptierbar zu machen.[147]

Unter Verwendung dieses Reifegrad-Gedankens wurden entsprechende Entwicklungsschritte für jedes der Technologiefelder innerhalb von Expertenworkshops definiert. Die Entwicklungsschritte beschreiben in den ersten Stufen dabei zumeist technologische Entwicklungen, welche bereits prototypisch vorhanden sind oder innerhalb der Forschung- und Entwicklung (FuE) bereits näher betrachtet wurden. Die höheren Entwicklungsschritte werden gemäß eines Zeithorizonts bis 2030 zumeist abstrakter und repräsentieren Visionen für die möglichen Entwicklungen innerhalb des jeweils betrachteten Feldes. Bei Erreichen eines Entwicklungsschrittes soll die jeweils beschriebene Funktionalität in einer Form vorliegen, welche den tatsächlichen Einsatz innerhalb des Energieversorgungssystems erlaubt. Der Aspekt des praktischen Einsatzes der technologischen Entwicklungsschritte ist besonders für die in Kapitel 4 entwickelten und beschriebenen Migrationspfaden von entscheidender Bedeutung.

Nach der Definition der Entwicklungsschritte erfolgt innerhalb des letzten Abschnitts dieses Kapitels die Zuordnung zwischen den Technologiefeldern und den Future Energy Grid-Szenarien. Hierzu wird jedem Szenario ein Entwicklungsschritt je Technologiefeld zugeordnet und auf diese Weise dessen technologische Ausprägung (mit dem Fokus IKT) beschrieben. Im Kontext des SGMM kann diese Zuordnung zwischen technologischen Entwicklungsschritten und Szenarien als Definition von Systemausprägungen mit unterschiedlichem Gesamtreifegrad betrachtet werden. Die Ermittlung des technologischen Reifegrades für die Szenarien bildet die Grundlage für die Erarbeitung der Migrationspfade innerhalb von Kapitel 4.

Tabelle 1: Reifegrade des Smart Grid Maturity Model (angelehnt an SGMM 2010, S. 7).

|  |  |
|---|---|
| 5 – PIONEERING | Organization is breaking new ground and advancing the state of the practice within a domain. |
| 4 – OPTIMIZING | Organization's smart grid implementation within a given domain is being tunded an used to further increase organizational performance. |
| 3 – INTEGRATING | Organization's smart grid deployment within a given domain is being integrated across the organization. |
| 2 – ENABLING | Organization is implementing features within a domain that will enable it to achieve and sustain grid modernization. |
| 1 – INITIATING | Organization is taking the first implementation steps within a domain. |
| 0 – DEFAULT | Default level for the model |

---

[146] SGMM 2010.
[147] Rohjans et al. 2011.

## 3.2 STAND DER IKT IM ENERGIEVERSORGUNGS-SYSTEM 2012

Tabelle 2 fasst den Durchdringungsgrad der IKT in den deutschen Stromnetzen stark komprimiert zusammen. Aufgrund des historisch bedingten Prinzips des gerichteten Lastflusses (Erzeugung in Großkraftwerken, Transport durch Übertragungsnetze, Verteilung durch Mittelspannungsnetze bis hin zur Niederspannungssteckdose beim Kunden) wird strikt zwischen den Spannungsebenen unterschieden.

### 3.2.1 IKT-STRUKTUR IN DER HÖCHST- UND HOCHSPANNUNGSEBENE (380 KV; 220 KV)

Der Höchst- und Hochspannungsebene (380 kV und 220 kV[148]) kommen zwei wesentlichen Aufgaben zu. Sie dient dazu,

1. große Erzeugung aus Kraftwerken (> 100 MW) in ihr Netz aufzunehmen und
2. die von den Kraftwerken aufgenommene Energie national über ein entsprechend ausgebautes Netz zu den Verbrauchszentren zu transportieren und im Störungsfall unterbrechungsfrei national und international (zum Beispiel von Portugal bis Dänemark) Reserven zur Verfügung zu stellen. In jüngster Zeit kommen verstärkt handelsbedingte Energietransporte dazu.

In diesem „Autobahn"-Netz der Stromversorgung müssen wesentliche Randbedingungen (Wirkleistung, Blindleistung, Scheinleistung, Spannungsband, Auslastung der Netzelemente, wie Leitungen und Transformatoren) eingehalten werden. Eine weitere wichtige Führungsgröße ist dabei die Frequenz des Netzes von 50 Hz. Diese 50 Hz-Richtgröße wird in einem sehr schmalen Band (± 0,2 Hz) gehalten, um eine hohe Qualität und Stabilität des Gesamtsystems zu gewährleisten. Da elektrische Energie über Elektronen in einem elektrischen Feld, das sich mit Lichtgeschwindigkeit ausbreitet, transportiert wird, müssen Erzeugung, Speicherung und Verbrauch innerhalb dieser physikalischen Grenzen absolut gleichzeitig erfolgen. Als Maß für das Gleichgewicht wird die Veränderung der Frequenz über die Zeit verwendet. Dabei wird die erste Regelgröße, die Primärregelung, an jeder großen Erzeugungseinheit ohne Kommunikationsanforderungen lokal zur Verfügung gestellt. Alle folgenden Maßnahmen (Sekundärregelung, Minutenreserve) sind auf die Kommunikationsinfrastruktur angewiesen. Daneben muss sowohl die statische als auch die dynamische Stabilität des Systems aufrechterhalten werden.

Man kann sich dieses System wie ein streng nivelliertes Stauseenmodell vorstellen, bei dem der Wasserspiegel auf einem absolut konstanten Niveau zu halten ist. Eine Überfüllung dieses Systems (zu viel Erzeugung) würde zu Überschwemmungen führen und ein zu niedriger Füllstand (zu viel Belastung) zu einer Austrocknung der angebundenen Verteilnetzebene.

Diesem Prinzip folgend ist seit jeher ein großer Wert auf eine einfache und sichere Informations- und Kommunikationsstruktur gelegt worden. In den Leit- und Steuerzentralen der Übertragungsnetzbetreiber dient diese dazu, Schaltzustand und Belastung der Netzelemente zu kennen, Spannungsgrenzwerte einzuhalten und Lastflüsse zu beeinflussen (zum Beispiel Einspeisungen zu erhöhen oder zu reduzieren, Lasten zu steuern, Import oder Export zu veranlassen). Die Frequenzhaltung erfolgt durch die sogenannte Primärregelung der rotierenden Massen der Kraftwerke. Die schnelle Regelung der Einspeiseleistung (Wirkleistung P und Blindleistung Q) basiert hier auf der Netzfrequenz.

---

[148] Mit dem Ziel, eine wirtschaftlich optimale Spannungsstufung (0,4 kV/Mittelspannung/110 kV/380 kV) zu erreichen, werden bei anstehenden Re-Investitionsmaßnahmen zunehmend 220 kV-Netzteile auf 380 kV hochgerüstet, durch 110 kV ersetzt oder ganz aufgelassen.

Tabelle 2: IKT-Einsatz und Herausforderungen über die Spannungsebenen.

| SPANNUNGS-EBENE | VERWENDETE IKT | CHARAKTER | ANFORDERUNG | STEUE-RUNGS-FUNKTIONEN | HERAUSFORDERUNGEN | |
|---|---|---|---|---|---|---|
| Höchstspannung/ Hochspannung 380 kV / 220 kV | – Leittechnik<br>– Weiterentwicklung | Quasi-Echtzeit | Datensicherheit Verfügbarkeit (24/365) aktives Datenanagement | f (Hz) | – Wind<br>– Handel | |
| Hochspannung 110 kV | Leittechnik/Fernwirktechnik | Quasi-Echtzeit | Datensicherheit Verfügbarkeit (24/365) aktives Datenanagement | Spannung | – Wind, Photovoltaik-Großanlagen<br>– bidirektionaler Lastfluss<br>– Demand Response | |
| Mittelspannung 10 kV/20 kV | Fernwirktechnik registrierende Leistungsmessung (rLM) | nicht zeitkritisch | Datensammlung und -verarbeitung | teilweise Spannung | – Wind, Photovoltaik<br>– ländliche Gebiete<br>– über 800 Netzbetreiber<br>– bidirektionaler Lastfluss<br>– Demand Response<br>– Blindleistungsbereitstellung | Die Netze werden zunehmend an ihrer Leistungsgrenze gefahren. |
| Niederspannung 0,4 kV | – | – | – | – | – dezentrale Einspeiser vor allem PV<br>– ländliche Gebiete<br>– aktive Kunden (Prosumer)<br>– virtuelle Kraftwerke<br>– Verbrauch folgt Erzeugung<br>– Elektromobilität | |

Zur Netzüberwachung und -steuerung wurde ein hochverfügbares (24/7-Betrieb) Informationstechnologie (IT)-Netz aufgebaut, welches ein aktives Datenmanagement in Echtzeit garantiert. Das IT-Netz setzt sich aus vielen Netzleitsystemen zusammen, welche hierarchisch den verschiedenen Spannungsebenen zugeordnet sind und untereinander kommunizieren. Ein Netzleitsystem (siehe Technologiefeld 2) besteht aus der Netzleitstelle, der Stationsleittechnik und der Feldleittechnik. Die Netzleitstelle steuert und überwacht die Umspannstationen von einer örtlich entfernten Warte aus. Die Stationsleittechnik befindet sich in der Nähe der Umspannstationen, steuert und überwacht die Schaltanlagen innerhalb der Umspannstationen und kommuniziert mit der Netzleitstelle. Die Feldleittechnik steuert und überwacht einzelne Schaltfelder der Schaltanlagen und kommuniziert mit der Stationsleittechnik. Ausgangspunkt jeder Schalthandlung ist die Netzleitstelle. Vorrangige Aufgabe der Netzleitstelle ist es, Wirkleistung, Blindleistung, Scheinleistung, Spannungsband, Schaltzustand und Betriebsmittelbelastungen zu überwachen, zu prognostizieren und bei Störungen die Wiederversorgung zu erreichen. Um dies zu realisieren, verfügt die Netzleitstelle über verschiedene Funktionen, welche sich in Supervisory Control and Data Acquisition (SCADA)-Funktionen und höherwertige Entscheidungs- und Optimierungsfunktionen unterteilen lassen. Die SCADA-Funktionen sorgen einerseits für die Überwachung und Meldung der Prozesszustände und andererseits für die Steuerung und Regelung verschiedener Prozesse. Die höherwertigen Entscheidungs- und Optimierungsfunktionen dienen der wirtschaftlichen Optimierung, der Unterstützung von Schalthandlungen (Verriegelungsprüfung), der Verfügbarkeit und der Sicherheit des Betriebspersonals. Die Netzleitstelle sendet den entsprechenden Befehl an die Stationsleittechnik, welche wiederum Informationen an die Netzleitstelle übermittelt und den Befehl der Netzleitstelle an die Feldleittechnik weiterleitet. Diese sorgt für die Durchführung des Befehls an dem entsprechenden Schaltfeld.

Um die interne Kommunikation der Netzleitsysteme und die Kommunikation der Netzleitsysteme untereinander zu gewährleisten, werden verschiedene Kommunikationsstandards verwendet. Hierzu zählen:

- IEC 60870: Offener Kommunikationsstandard für Schaltanlagen-, Fernwirk- und Netzleittechnik
- IEC 60870-5: Fernwirkeinrichtungen und -systeme – Teil 5: Übertragungsprotokolle
- IEC 60870-5-101: Anwendungsbezogene Norm für grundlegende Fernwirkaufgaben: Serielles Übertragungsprotokoll zwischen Netzleitsystemen und Unterstationen
- IEC 60870-5-102: Anwendungsbezogene Norm für die Zählerstandsübertragung in der Elektrizitätsversorgung
- IEC 60870-5-103: Anwendungsbezogene Norm für die Informationsschnittstelle von Schutzeinrichtungen
- IEC 60870-5-104: Zugriff für IEC 60870-5-101 auf Netze mit genormten Transportprofilen (über das Internetprotokoll TCP/IP)
- IEC 60870-6 (auch als TASE.2 bezeichnet): Kopplung verschiedener Netzleitstellen über das Internetprotokoll TCP/IP/ Vernetzung leittechnischer Anlagen (hat sich weltweit als herstellerneutrale Schnittstelle durchgesetzt)
- IEC 61850: Kommunikationsnetze und -systeme für die Automatisierung der Energieversorgung
- IEC 61850-6: Sprache für die Beschreibung der Konfiguration für die Kommunikation in Stationen mit intelligenten elektronischen Geräten
- IEC 61850-7-4: Grundlegende Kommunikationsstruktur – Kompatible Logikknoten- und Datenklassen
- IEC 61400-25: Kommunikation für die Steuerung und Überwachung von Windkraftanlagen
- IEC 61850-7-410: Wasserkraftwerke-Kommunikation für Überwachung, Regelung und Steuerung
- IEC 61850-7-420: Kommunikationssystem für dezentrale Energieerzeugung

Die Normenreihe IEC 61850 stellt den derzeit modernsten Kommunikationsstandard dar. Darin enthalten ist die Verwendung von Internetprotokollen, Echtzeit-Ethernet-Kommunikation zur Übertragung von digitalen Abtastwerten und das Anlagen-Engineering über eine genormte Geräte- und Systembeschreibungssprache.

Für den Datenaustausch zwischen den Anwendungen auf Netzleitebene werden zunehmend die Normenreihen IEC 61968, IEC 61970 und IEC 62325 eingesetzt (beispielsweise bei der European Network of Transmission System Operators for Electricity (ENTSO-E) zum Austausch topologischer Netzdaten). Diese Normenreihen definieren objektorientierte

Datenmodelle und Schnittstellen für Übertragungs- und Verteilnetze, Marktkommunikation sowie Dienste zum Zugriff auf diese Datenmodelle.

- IEC 61968: Integration von Anwendungen in Anlagen der Elektrizitätsversorgung – Systemschnittstellen für Netzführung
- IEC 61970: Schnittstelle für Anwendungsprogramme für Netzführungssysteme (EMS-API) (insbesondere Teil 301: Common Information Model (CIM): Allgemeines Informationsmodell)
- IEC 62325: Kommunikation im Energiemarkt

Eine Übersicht zum Einsatz der genannten Standards gibt Abbildung 10. Weiterhin werden bei Rohjans[149] und Uslar[150] et al. 2010 internationale Standardisierungsempfehlungen gesammelt und ausgewertet, sodass ein guter Überblick über IKT-Standards im Smart Grid geboten wird.

Als eine zukünftige Herausforderung gilt in diesem Zusammenhang das Einbinden großer gebündelter Lasten aus Offshore-Windparks in das System. Hierbei stellt weniger die technische Einbindung ein Problem dar als vielmehr die Vorhersage der zu erwartenden Einspeisungen, die notwendig ist, um die angebundene Flotte von Kraftwerksparks entsprechend zu führen.

Abbildung 10: Einsatz von Kommunikationsstandards innerhalb der elektrischen Energieversorgung (Quelle: Siemens).

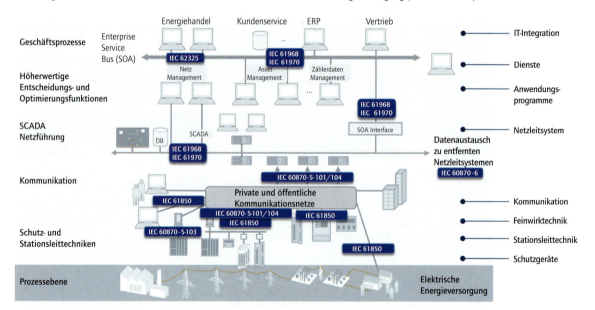

[149] Rohjans et al. 2010.
[150] Uslar et al. 2010.

## 3.2.2 IKT-STRUKTUR IN DER HOCHSPANNUNG (110 KV)

Das nachgelagerte 110 kV-Verteilnetz ist in der Analogie des Stauseenmodells als Kanalsystem zu betrachten, auf dessen Wegen der Strom zu den Verbrauchsstellen geleitet wird. Über sogenannte Umspannanlagen wird der Strom aus dem 380 kV- bzw. 220 kV-System über 380 kV/110 kV- bzw. 220 kV/110 kV-Transformatoren in das System aufgenommen und über zahlreiche Entnahmestellen mithilfe eines 110 kV/20 kV-Transformators in ein noch weiter verzweigtes Verteilnetz gegeben. An diesen Punkten (Verteilnetz- und Ortsnetztransformatoren) stehen der Leitzentrale des Verteilnetzbetreibers Lastflussinformationen quasi in Echtzeit zur Verfügung. Es gilt, die Spannung und damit die Belastung (Leistung) innerhalb des Systems als Führungsgröße zu beobachten und in einem technisch vertretbaren Rahmen zu halten. Im Falle einer zu hohen Spannung muss das System diese über Blindleistungskompensation entsprechend ausgleichen. Bei zu starker Belastung werden Einspeiser in kritischen Betriebssituationen (Überhitzung der Leiterseile und Kabelanlagen) vom Netz genommen. Es gilt also auch auf dieser Ebene, das Verteilnetzsystem hochverfügbar (24/7) zu fahren.

Besondere Herausforderungen an dieses System stellen die derzeit 27 GW installierte Leistung an Onshore-Windparks. Diese volatilen Einspeiser sorgen dafür, dass es in einigen (meist ländlich geprägten) Netzgebieten mit vergleichsweise schwacher Netzstruktur vermehrt zu Belastungsspitzen kommt, auf die der Netzbetreiber nur mit Abschaltungen reagieren kann, falls er nicht in der Lage ist, die Einspeiseleistung an geeigneten Netzknoten in das vorgelagerte 380 kV-Netz zu „schieben". Daraus ergibt sich eine weitere Herausforderung, der sich das heute existierende Verteilnetz stellen muss: der bidirektionale Lastfluss.

## 3.2.3 IKT-STRUKTUR IN DER MITTELSPANNUNG (20 KV)

Die Verteilnetzebene nimmt in der Energieversorgung einen besonderen Platz ein. Sie versorgt sowohl die Haushalte als auch energieintensive Gewerbekunden und einen Großteil der Industriebetriebe. Die Versorgungsqualitätsanforderungen sind aufgrund der prozessbedingten starken Abhängigkeit von einer unterbrechungsfreien Stromversorgung die größte technische Herausforderung auf dieser Ebene. Besondere Spannungsqualitätsanforderungen (zum Beispiel für Rechenzentren) werden häufig kundenseitig durch entsprechende Technologien („unterbrechungsfreie Stromversorgung" – USV oder sogar Netzersatzanlagen – NEA) sichergestellt. Der IKT-Durchdringungsgrad in dieser Ebene ist auf die gesetzlich vorgeschriebene registrierende Leistungsmessung (rLM) bei Gewerbe und Industriekunden, die einen Jahresverbrauch von > 100 000 kWh haben, gesetzlich vorgeschrieben. Hierbei ist der Verteilnetzbetreiber bzw. der Messstellenbetreiber in der Pflicht, den Kunden nachgängig – möglichst bis zehn Uhr vormittags – sein Verbrauchsprofil des vergangenen Tages zur Verfügung zu stellen. Diese Anforderung führte dazu, dass sich in den letzten Jahren firmenspezifische Lösungen zur Datenerfassung und -verarbeitung entwickelt haben. Die Ablesung der Zähler erfolgte vornehmlich über analoge Telefonleitungen (via Modem) oder mithilfe von Global System for Mobile Communications (GSM)-Mobilfunk. In den letzten Jahren halten vermehrt Internetprotokoll (IP)-basierte, paketvermittelte Kommunikationswege Einzug.

Eine darüber hinausgehende IKT-Struktur existiert in dieser Netzebene nicht. In Analogie zur Herausforderung auf der 110 kV-Ebene entstehen auf der Mittelspannungsebene – vor allem aufgrund von kleineren Windparks und Biogasverstromungsanlagen – ebenfalls Lastsituationen, bei denen Strom in die vorgelagerte Netzebene (bidirektionaler Lastfluss) geleitet werden muss.

Der Bundesverband der Energie- und Wasserwirtschaft (BDEW) hat hierzu im Juni 2008 die Richtlinie: „Erzeugungsanlagen am Mittelspannungsnetz"[151] herausgegeben. Darin ist beschrieben, dass der Netzbetreiber eine Anbindung dieser Anlagen in seine Fernsteuerung fordern kann.

### 3.2.4 IKT-STRUKTUR IN DER NIEDERSPANNUNG (0,4 KV)

In Anlehnung an die Telekommunikation kann man dieses feinmaschige Netz als letzte Meile bezeichnen. Hinter jeder 20 kV/0,4 kV-Ortsnetzstation sind in sogenannten Strangstrukturen bis zu ca. 250 Kundenanlagen (Hausanschlusskästen) angeschlossen. Hierbei wird über den Ortsnetztrafo eine Einspeisespannung in einem von der EN 50160 vorgegebenen engen Band eingestellt. Diese Spannung wird allerdings nachgängig nicht mehr gemessen. Eine IKT-Struktur ist in dieser Verteilnetzebene nicht vorhanden.

Eine extreme Herausforderung an diese Netzebene stellt die in den letzten Jahren boomende Installation von Photovoltaik (PV)-Anlagen dar. Dies führt zu zahlreichen Stresssituationen in Form von Spannungsbandverletzungen und überlasteten Betriebsmitteln. Der Netzbetreiber kann darauf heutzutage nur mit einem Ausbau des Netzes (zusätzliche Kabel und Ortsnetztrafos) reagieren, was die Gesamtkosten des Systems erheblich in die Höhe treibt.

Heute im Aufbau befindliche Smart Metering-Strukturen könnten zukünftig genutzt werden, um eine bislang nicht vorhandene Beobachtbarkeit dieser Netzebene zu realisieren. Eine Steuerung dieser Netzebene ist vor dem Hintergrund der enormen Anzahl an Kundenanlagen eine der größten Herausforderungen aufseiten der Industrie. Gerade in der Niederspannung fehlt es noch an verbindlichen Standards. Eine Übersicht dazu gibt „die deutsche Normungsroadmap E-Energy/Smart Grid" von der Deutschen Kommission Elektrotechnik Elektronik Informationstechnik im DIN und Verband der Elektrotechnik Elektronik Informationstechnik (DKE/VDE).[152]

### 3.3 MODELL DER SYSTEMEBENEN

Ein Modell eines Systems dient der Einordnung und Strukturierung von Akteuren, Anwendungen und Technologien. Das System wird also in weitere Teilsysteme und deren Beziehungen unterteilt. Je nach Aufgabenstellung bieten sich verschiedene Unterteilungen an. Im Rahmen von Studien und Roadmaps, welche die zukünftige Entwicklung der Energienetze analysieren und beschreiben, existieren verschiedene Modelle zu deren schematischer Darstellung. Innerhalb dieser Modelle werden Domänen der Energiewirtschaft definiert und untereinander in Beziehung gesetzt. Eine Domäne bezeichnet dabei einen Fachbereich bzw. ein Anwendungsgebiet, welches eine abgrenzbare Rolle innerhalb des Gesamtsystems einnimmt. Die verwendete Lösung zur Realisierung einer Domäne stellt wiederum spezielle Anforderungen an den Aufbau des Gesamtsystems.

So unterscheidet das EPRI mit der Intelligrid Architecture[153] auf oberster Ebene die Domänen „Central Power Generation", „Transmission Operations", „Market Operations", „Distribution Operations", „Distributed Energy Resources", „Consumer Communications" und „Federated and System Management Services".

Darauf aufbauend wählt das NIST innerhalb seines Smart Grid-Konzeptmodells auf oberster Ebene die Domänen „Bulk Generation", „Transmission", „Distribution", „Customer", „Markets", „Operations" und „Service Provider". Diese Domänen stehen über elektrische Netze und Kommunikationsverbindungen in Beziehung zueinander.[154] Dieser Ansatz eignet sich besonders gut, um die zum

---

[151] BDEW 2008.
[152] DKE 2010.
[153] EPRI 2011b.
[154] NIST 2010.

Abbildung 11: Systemmodell des „European Electricity Grid Initiative and Implementation plan" (angelehnt an Darstellung der AG 2 des IT-Gipfels).

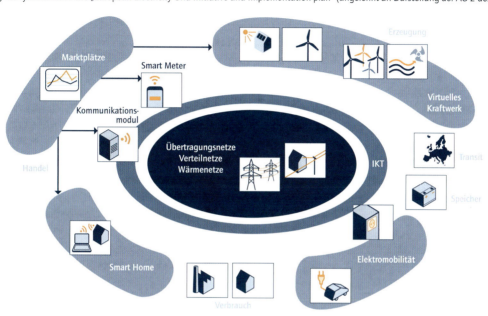

Kommunikationsaustausch zwischen den Akteuren notwendigen Interoperabilitätsstandards zu strukturieren. Dabei ist zu beachten, dass Akteure und Systemfunktionen existieren können, welche quer zu den genannten Domänen liegen, also in mehreren Domänen relevant sind.

Ein Modell mit einer zusätzlichen Strukturierung der Domänen wird im Rahmen des „European Electricity Grid Initiative Roadmap and Implementation plan"[155] verwendet. Wie in Abbildung 11 dargestellt werden die Netze (Übertragungsnetze, Verteilungsnetze sowie Wärmenetze), IKT und darauf aufbauende Anwendungen, wie virtuelle Kraftwerke (VK), Elektromobilität, Smart Homes oder auch Marktplätze unterschieden und innerhalb von drei Modellschichten eingeordnet.

Das in diesem Dokument verwendete Modell greift die Strukturierung durch Modellschichten und Domänen auf. Die Modellschichten werden dabei als Systemebenen bezeichnet und dienen der Veranschaulichung des Systems zur elektrischen Energieversorgung aus IKT-Sicht. Das abstrakte Grundmodell in Abbildung 12 sieht dabei zunächst keine Domänen vor. Diese werden im Kontext der einzelnen Szenarien beschrieben und den Ebenen des Systemmodells zugeordnet. Anhand des Vergleichs der Modellausprägungen werden die Unterschiede der Ausrichtung des Energiesystems zwischen den Szenarien deutlich.

Für die hier gestellte Aufgabe, nämlich IKT-nahe Technologiefelder zu definieren und möglichst eindeutig zuordnen zu können, wird diese Strukturierung auf oberster Ebene weitgehend übernommen.

---

[155] EEGI 2010. Das Modell entstammt der Arbeitsgruppe 2 des nationalen IT-Gipfels.

Abbildung 12: Abstraktes Modell zur IKT-basierten Darstellung des zukünftigen Energiesystems mit den drei Systemebenen und exemplarischen Funktionalitäten und Anwendungsbereichen innerhalb der Ebenen.

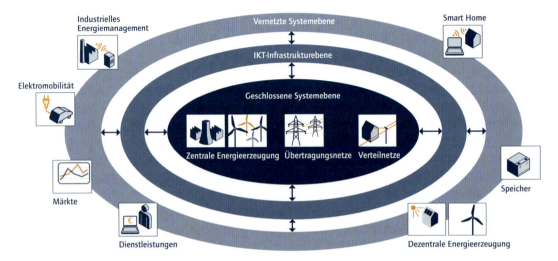

Die im Modell enthaltenen Ebenen ergeben sich aus der Annahme, dass im Aufbau des zukünftigen Energieversorgungssystems neben dem Fluss elektrischer Energie der Austausch von Informationen von großer Bedeutung sein wird. Dementsprechend ergeben sich drei Ebenen innerhalb des Energieversorgungssystems, welche sich bezüglich ihrer Architektur, ihren in IKT-Anwendungen abgebildeten Funktionen, der Zugänglichkeit, der Intensität des Informationsaustauschs und weiteren nicht-funktionalen Ausprägungen unterscheiden.

— **Geschlossene Systemebene:**
Die geschlossene Systemebene umfasst systemkritische Systeme, die voraussichtlich dauerhaft in der Hand der Netzbetreiber (bzw. zukünftiger äquivalenter Akteure) sein werden. Viele der Systemteile, insbesondere in der Aggregationsebene und der Feldebene, haben hohe Quality of Service (QoS)-Anforderungen. Der Zugriff und die Steuerung „von außen" sind für diese Systemteile nicht oder nur unter hohen Restriktionen möglich. Im Betrieb kann aber durchaus auf zusätzliche Informationen außerhalb der eigenen Systemgrenze zurückgegriffen werden, wie die Einspeisung dezentraler Anlagen. Ein typisches Beispiel für die geschlossene Systemebene ist die Ansteuerung von Schaltanlagen.

— **Vernetzte Systemebene:**
Hauptmerkmal dieser Ebene ist der hohe Vernetzungsgrad einer großen Anzahl heterogener Akteure. Bei eingehenden Informationen kann also nicht von vornherein davon ausgegangen werden, dass diese „vertrauenswürdig" sind. Jedoch wird bei weiterem Ausbau der dezentralen Erzeugung diese Ebene durchaus „sicherheitskritisch" sein. Die Heterogenität der Systeme bezieht sich unter anderem auf die Größe (zum Beispiel PV-IED vs. Börsensystem), Realzeitanforderungen (Windenergieanlage, die an der Blindleistungskompensation teilnimmt vs. Smart Meter), Kommunikationsaufkommen oder Sicherheitsanforderungen. Typische Beispiele sind Module zur Ansteuerung von Kraft-Wärme-Kopplung (KWK)-Anlagen oder VK-Systeme.

- **IKT-Infrastrukturebene:**
Um eine Kommunikation zwischen den Komponenten der offenen und der geschlossenen Systemebene zu realisieren, werden Komponenten benötigt, die eine explizite Schnittstellenfunktion einnehmen. Diese werden auf der IKT-Infrastrukturebene angesiedelt. Ein Beispiel für Komponenten sind Kommunikationsnetze.

Die gewählte Struktur der drei Ebenen bietet die nötige Flexibilität, um unterschiedliche technologische Ausprägungen des elektrischen Energieversorgungssystems abzubilden. Je nach Charakter des betrachteten Szenarios können die Systemebenen unterschiedlich stark ausgeprägt sein. Maßgeblich hierfür sind die verwendeten Technologien zur Erfüllung einer Systemfunktion. Die Verortung (zentral/dezentral), das genutzte Medium (elektrische Energie/Information) oder auch die Zugänglichkeit (öffentlich/privat) der eingesetzten Technologien kann sich in zwei Szenarien unterscheiden. Das Gesamtsystem in seiner Grundcharakteristik kann somit zum Beispiel zentral und geschlossen ausgelegt sein. Die vernetzte Systemebene würde in diesem Kontext einen weniger bedeutenden Platz einnehmen, als in einer dezentralen, offenen Systemarchitektur.

## 3.4 TECHNOLOGIEFELDER

Aufbauend auf dem im vorangegangenen Abschnitt dargestellten Modell der Systemebenen werden in diesem Kapitel die Technologiefelder des Future Energy Grids (FEG) erläutert. Dieses entspricht dem Bild der IKT-Anbindung neuer, dezentraler Energieanlagen, wie es beispielsweise in den Roadmaps des NIST[156] sowie der IEC[157] zu finden ist. Neben den bestehenden sicheren Kommunikationswegen in den derzeitigen Versorgungsstrukturen werden in beiden Roadmaps Kommunikationswege über das Internet einbezogen, wodurch die geschlossene IKT-Infrastruktur geöffnet wird. Wie im Rahmen des methodischen Vorgehens in Abschnitt 3.1 erläutert, wurde zur Ermittlung der Technologiefelder im Rahmen von Expertenworkshops zudem auf die IEC 62357 SIA zurückgegriffen. Das angesprochene Modell der Systemebenen setzt hier an und differenziert eine offene und geschlossene Systemebene, welche über Schnittstellen in der IKT-Infrastrukturebene miteinander verbunden sind. Zu den drei Systemebenen kommen die sogenannten Querschnittstechnologien hinzu. Diese umfassen technologische Aspekte, welche in allen Domänen und Systemebenen zum Tragen kommen.

Abbildung 13 veranschaulicht, wie die einzelnen Technologiefelder den Domänen der Energiewirtschaft[158] zuzuordnen sind. Hierzu zählen die Erzeugung (zentral wie dezentral), die elektrische Infrastruktur (Übertragung und Verteilung), die Kunden in Industrie und Privathaushalten, die Energiemärkte sowie die Anbieter von Dienstleistungen. Dabei lassen sich zudem die Technologiefelder farblich den entsprechenden Systemebenen aus Abbildung 13 zuordnen.

Für jedes Technologiefeld werden die wichtigsten Angaben zur Einordnung in den FEG-Systemkontext zunächst zusammenfassend innerhalb einer Tabelle dargestellt. Daraufhin wird das jeweilige Feld inhaltlich erläutert und mit assoziierten Technologiefeldern in Verbindung gesetzt.

Im Hinblick auf die im Rahmen von Kapitel 4 entwickelten Migrationspfade werden im Anschluss Entwicklungsschritte erläutert, welche die Entwicklung des Technologiefeldes in verschiedenen Reifegraden darstellen. Die Entwicklungsschritte lehnen sich damit an die Reifegrade des SGMM[159] an und besitzen keinen festen Zeitbezug. Die ersten Entwicklungsschritte bezeichnen in der Regel technologische

---
[156] NIST 2010.
[157] IEC 2009.
[158] Angelehnt an NIST 2010.
[159] SGMM 2010.

Entwicklungen und Konzepte, die entweder bereits prototypisch implementiert oder konzeptuell bereits fortgeschritten im Rahmen von FuE durchdrungen sind. Die hohen Entwicklungsschritte und im Besonderen der jeweils zuletzt betrachtete Schritt sind als Vision für die Entwicklung des jeweiligen Technologiefeldes zu sehen.

Abbildung 13: Technologiefelder im Future Energy Grid.Darstellungen der Kategorisierung in Systemebenen und Domänen der Energiewirtschaft (Quelle: eigene Darstellung angelehnt an IEA 2011c, S. 17).

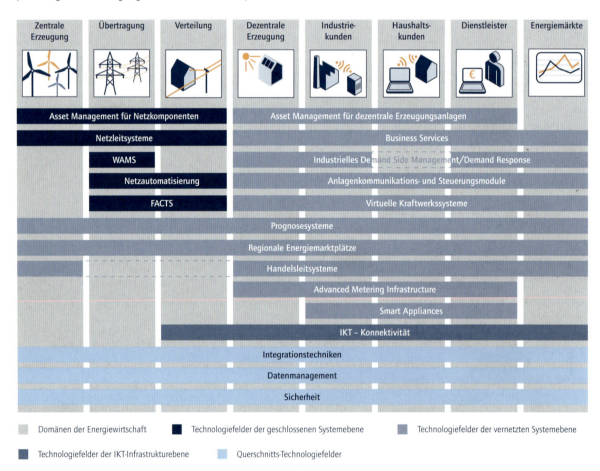

### 3.4.1 TECHNOLOGIEFELD 1 – ASSET MANAGEMENT FÜR NETZKOMPONENTEN

| | |
|---|---|
| **DEFINITION** | Anlagegüter jeder Art werden in Asset-Management-Systemen verwaltet mit derm Ziel, die Anlagegüter in technischer und kaufmännischer Hinsicht optimal zu planen und einzusetzen. |
| **SYSTEMEBENE** | geschlossene Systemebene |
| **DOMÄNE** | zentrale Erzeugung, Übertragung, Verteilung |
| **AKTEURE** | Übertragungsnetzbetreiber, Verteilnetzbetreiber |
| **HERSTELLER/ BRANCHE** | SAP, Siemens, ABB, Oracle |
| **ENTWICKLUNGS- GESCHWINDIGKEIT** | langsam |
| **REIFEGRAD** | Ausgereift für die gegenwärtigen Anforderungen im Markt, in Entwicklung für neue spezifische Lösungen zum Beispiel Energiedienstleistungen oder Messstellenbetrieb |

**Beschreibung/Erläuterung**

Anlagegüter jeder Art werden in Asset-Management-Systemen verwaltet mit dem Ziel, die Anlagegüter in technischer und kaufmännischer Hinsicht optimal über den gesamten Lebenszyklus hinweg einzusetzen.[160] Die Energiewirtschaft unterliegt hier besonderen Anforderungen, da die Anlagegüter so verwaltet und eingesetzt werden müssen, dass sie nachhaltig, wirtschaftlich und sicher eine Energieversorgung gewährleisten. Mögliche Anlagegüter sind je nach Rolle im Energiemarkt zu unterscheiden, wobei für alle Anlagegüter zu definieren ist, dass sie nachhaltig, sicher und wirtschaftlich eingesetzt werden müssen[161]. Das Technologiefeld ist von operativer und strategischer Natur, da einerseits die eingesetzten Anlagegüter mit ihrer Mittelverwendung eingeplant werden, weiter müssen Anlagegüter auch über längere Phasen hinweg eingeplant werden. Der Verwalter eines Gutes ist dabei darauf angewiesen, optimale Investitionsentscheidungen zu treffen, welche den Erfordernissen heutiger und künftiger Bedarfe entsprechen. Dem zugrunde liegen die Lebenszyklen einzelner Komponenten oder ganzer Aggregate, welche bei der Betriebsführung und bei künftigen Investitionen zu berücksichtigen sind.

Die Energiewirtschaft war im Zuge der Marktliberalisierung bereits mit zahlreichen Anforderungen konfrontiert, einzelne Anlagengüter nach Rollen zu teilen. Im Zuge weiterer regulatorischer Anforderungen und komplexeren Anlagengütern müssen Asset Management-Systeme diesen Bedarfen gerecht werden.

Im weiteren Sinne ist Asset Management ein Verfahren um die Anlagegüter bestmöglich zu bewirtschaften, wobei folgende Bereiche zu berücksichtigen sind[162]:

- Betriebswirtschaftliche Steuerungsfunktionen, unter anderem:
    - Budgetplanung und Budgetsteuerung über den Lebenszyklus hinweg
    - Wirtschaftlichkeitsvergleiche unterschiedlicher Anlagengüter
    - Risikoanalysen
- Technische Steuerungsfunktionen unter anderem:
    - Störungsstatistiken, Schadensaufnahme, Netzsubstanzanalyse
    - Zustandsbewertungen
    - Risikoanalysen
- Einbindung von Automatisierungstechnologie auf Ebene der verwalteten Anlagengüter
- Planung und Durchführung von Instandhaltungen, Wartungen und Revisionen
- Einbindung von Automatisierungstechnologie auf Ebene der verwalteten Anlagengüter

---

[160] Schwab 2009.
[161] Balzer/Schorn 2011.
[162] Balzer/Schorn 2011.

- Planung und Durchführung von Instandhaltungen, Wartungen und Revisionen
- Einbindung des Asset Managements in andere Systeme (zum Beispiel Geoinformationssysteme (GIS), Finanzen, Personal etc.) der jeweiligen Marktrolle, bzw. Einbindung über mehrere Marktrollen hinweg, wenn beispielsweise die Anlagengüter gemeinsam genutzt werden.

Weiterentwicklungen des Asset Managements für Netzkomponenten sind unter anderem zu erwarten bei der Bewertung des Zustandes von Anlagen (Condition Monitoring).

### Entwicklungsschritte

**Heute:** Asset Management wird nur für zentrale Betriebsanlagen eingesetzt und verwaltet vor allem statische Anlagendaten. Das Assetmanagement von Hauptkomponenten erfolgt automatisiert, ansonsten manuell.

**Schritt 1:** In einem ersten Entwicklungsschritt werden Kenndaten von zentralen Anlagen zunehmend automatisch erfasst. Es ist eine Entwicklung ausgehend von statischen hin zu dynamischen Daten, die, häufiger aktualisiert, ein Asset Management auf der Basis von aktuelleren Informationen über Anlagenzustände ermöglichen.

**Schritt 2:** Das Asset Management kommt nun, ermöglicht durch Standardisierungen und somit einfacherer Einrichtung für neue Anlagen, nicht nur für Hauptkomponenten, sondern auch für kleinere Anlagen zur Anwendung.

**Schritt 3:** Aktuelle Anlagenzustände werden im Asset Management und bei der Einsatzplanung berücksichtigt. Dadurch können Asset Management-Systeme zum Beispiel mit Leitsystemen verknüpft werden und direkt Parameterwerte zur Steuerung des Anlagenbetriebs liefern.

**Schritt 4:** Das Einbeziehen externer Kosten in das Asset Management ermöglicht die Berechnung optimaler dynamischer Netznutzungsgebühren. Erzeugern und Versorgern können so Preissignale übermittelt werden, die die Beanspruchung des Netzes durch die jeweils geplante Nutzung reflektieren und somit Anreize zur systemoptimalen Ein- und Ausspeisung setzen. Für den Netzbetreiber werden zudem ein präziseres Kosten-Monitoring und somit eine genauere wirtschaftliche Planung des Anlageneinsatzes ermöglicht.

**Schritt 5:** Sämtliche Betriebsmittelsdaten, die mit einer Anlage in Zusammenhang stehen und im Laufe der Zeit angesammelt werden, werden in einem „Betriebsmittel-Elektrokardiogramm (EKG)" protokolliert, ausgewertet und geplant. Alter und neuer Zustand der Anlage werden für den optimalen Anlagenbetrieb berücksichtigt.

### 3.4.2 TECHNOLOGIEFELD 2 – NETZLEITSYSTEME

| | |
|---|---|
| **DEFINITION** | Netzleitsysteme werden eingesetzt um bestehende Versorgungsnetze zu überwachen, zu steuern und mit der übergeordneten Netzebene zu kommunizieren. |
| **SYSTEMEBENE** | geschlossene Systemebene |
| **DOMÄNE** | zentrale Erzeugung, Übertragung, Verteilung |
| **AKTEURE** | Übertragungsnetzbetreiber, Verteilnetzbetreiber |
| **HERSTELLER/ BRANCHE** | Siemens, GE, PSI, BTC, ABB, KISTERS, weitere |
| **ENTWICKLUNGS-GESCHWINDIGKEIT** | langsam |
| **REIFEGRAD** | ausgereifte Technologie; Höchst-, Hoch- und ausgewählte Mittelspannungsnetze werden leittechnisch erfasst; Flächenbereiche in Mittel- und Niederspannung werden nicht ferngesteuert und nicht fernüberwacht. |

## Beschreibung/Erläuterung

Die Übertragungs- und Verteilnetzstationen (Ausnahme Ortsnetze) werden mithilfe von Netzleitsystemen geführt. Dabei handelt es sich um hierarchisch den einzelnen Spannungsebenen zugeordnete Prozessleitsysteme, über die der Netzzustand online überwacht und Netzstabilisierungsmaßnahmen, wie Einspeisemanagement, Lastabwurf oder Schalthandlungen, automatisiert vorgenommen werden können. Die Netzleitstelle (Leitwarte) kommuniziert über Fernwirktechnik mit den verbundenen Stationen (Fernwirkstationen und -unterstationen, zum Beispiel Umspannwerken), in denen die Schaltanlagen und Schaltgeräte gesteuert und deren Zustände der Netzleittechnik gemeldet werden. Die Stationsleittechnik übernimmt hierbei die Aufgaben Nahsteuerung und Nahüberwachung in den Umspannstationen, und die Feldleittechnik übernimmt die Vor-Ort-Steuerung und -Überwachung.[163] Neben diesen Aufgaben koordiniert die Netzleitstelle die Lastsituation im Zusammenspiel mit großen Erzeugern (zum Beispiel Kraftwerken) und Verbrauchern (zum Beispiel Industriebetriebe), soweit dies für die Verfügbarkeit der Stromversorgung notwendig ist. Des Weiteren hat die Netzleitstelle höherwertige Entscheidungs- und Optimierungsfunktionen, unter anderem wirtschaftlicher Art.

Die Leittechniksysteme erfassen heute die Versorgungssituation von der Höchst-, über die Hoch- bis in die Mittelspannungsebene. Die einzelnen hierarchischen Ebenen können darüber hinaus horizontal gekoppelt sein, um eine höhere Versorgungssicherheit zu erzielen. Die Mittel- und Niederspannungsstrahlennetze werden in der Regel heute ohne Kenntnis des aktuellen Zustands geführt. Aufgrund des Top-Down-Versorgungsansatzes konnte aber eine hohe Versorgungsqualität im Rahmen der zu erwartenden Netzbelastung gewährleistet werden. Um das hohe Niveau der Versorgungsqualität auch angesichts der stark steigenden Anzahl der dezentral und fluktuierend einspeisenden Anlagen im Zusammenhang mit dem Erneuerbare-Energien-Gesetz (EEG) zukünftig halten zu können, wird der Aufbau von Sensorik zur flächigen Erfassung der Netzsituation und von Aktorik zur Laststeuerung auch im Niederspannungsbereich sowie die Verarbeitung dieser Informationen im Netzleitsystem unumgänglich werden.

Smart Metering und weitere Sensorik im Netz liefern bereits heute eine Fülle von aktuellen Messwerten von den Endpunkten eines Niederspannungsnetzes. Über ein mit autonomen Agenten ausgestattetes Niederspannungsnetz kann die Auswertung dieser Daten in einem angepassten Algorithmus zur Ableitung von Schaltanweisungen für steuerbare Verbraucher und Speicher erfolgen. Dabei ist das Optimierungsziel die bestmögliche Nutzung des Niederspannungsnetzes hinter einem Transformator, unter Einhaltung des zulässigen Spannungsbandes. Ein solcher Netzabschnitt umfasst in der Regel etwa hundert Haushalte. Diese Systeme sind gewissermaßen Netzleitsysteme, die auf der Feldebene eingesetzt werden. Potenziell kritische Netzsituationen können so ohne Eingriff einer übergeordneten Instanz automatisiert lokal gelöst bzw. abgemindert werden. Das Management der einzelnen Agenten beschränkt sich auf die Vorgabe von Parametern und Regelsätzen und die Handhabung ausgewählter Problemfälle. Die Grundlage bildet dazu ein Modell des physikalischen Netzes mit der Netztopologie und den verbauten Leitungslängen, welches die jeweilige Position der Ein- und Ausspeisungen abbildet. Mit dieser Technologie erhält der Netzbetreiber eine Sicht und Ausblick auf den Netzzustand, erschließt die Flexibilitäten der Verbraucher in Verbindung mit den auftretenden Belastungen im Netz und schafft eine Datenbasis für eine anpasste Netzbauplanung. Weiterhin kann er mit den jeweiligen Kenntnissen über Erzeugungs- und Verbrauchprofil gesicherte Daten zur Verfügung stellen, die eine Teilnahme der angeschlossenen Kunden an Regelenergiemärkten (Aggregatoren-Modelle) erlauben bzw. durch geregelte

---

[163] Schwab 2006.

Ein- und Ausspeisungen diese Kapazität gesichert zur Verfügung stellen.

Für die Organisation eines Leittechniksystems für die Verteilnetze bieten sich neben den hierarchischen auch selbstorganisierende Ansätze an. Darüber hinaus ist in Netzleitsystemen zukünftiger Generationen ein höheres Maß an Workflow- und Entscheidungsunterstützung sowie gegebenenfalls -automatisierung erforderlich, um die steigende Komplexität für menschliches Bedienpersonal beherrschbar zu halten. Daher entwickelt sich die Softwarearchitektur der Leittechniksysteme von monolithischen hin zu modularen Strukturen.

### Entwicklungsschritte

Neben den hier dargestellten Entwicklungen im Verteilnetz werden auch Neuerungen in den Übertragungs- und Transportnetzen notwendig. So sind zukünftig großräumige Netzzusammenschaltungen, die Integration der Hochspannungs-Gleichstrom-Übertragung (HGÜ) und ein europäisches „Super Grid" in der Netzsteuerung zu berücksichtigen. Diese Entwicklungen werden in EEGI 2010 ausführlich dargestellt.

**Heute:** Die Netzleitsysteme erfüllen ihre Aufgabe zuverlässig. Insbesondere im Jahr 2009 konnte in Deutschland wieder ein neuer Spitzenwert bei der mittleren Nichtverfügbarkeit je Netzkunde (SAIDI; System Average Interruption Duration Index) von 14,63 Minuten erreicht werden. Die Netzleittechnik bezieht heute jedoch keine Geschäftsprozesse zwischen Erzeugern und Verbrauchern ein. Die Softwaresysteme sind durch eine monolithische Struktur geprägt, die jeweils für spezifische Einzelfunktionen erstellt wurden. Die Netzleittechnik ist nur in geringem Maße in den Verteilnetzen umgesetzt, da hier historisch keine unerwarteten Leistungsflüsse aufgetreten sind und die dezentralen Vorgänge in der Regel noch gut beherrschbar sind.

**Schritt 1:** Die Netzleittechnik findet immer stärkeren Einzug in die Mittelspannungsebene. Die Komponenten auf Mittelspannungsebene werden immer stärker mit IEDs ausgerüstet, sodass eine Kommunikation mit ihnen möglich wird und diese in die Leittechniksysteme angebunden werden. So werden die Lastflüsse auf der Mittelspannungsebene erfasst, prognostiziert und der Einsatz Leistungsfluss regulierender Anlagen (unter anderem Flexible-AC-Transmission-Systemen; FACTS) geplant.

**Schritt 2:** Die Netzleittechnik wird in die Lage versetzt, im Mittelspannungsnetz notwendige Umschaltungen bedarfsgerecht vorzunehmen. Leistungsflussregulierende Anlagen werden vom Netzleitsystem gezielt eingesetzt, um die Leistungsflüsse zu optimieren und Spannungsbandverletzungen zu unterbinden. Dadurch werden die verfügbaren Betriebsmittel effizienter genutzt und Spannungshaltungsprobleme vermieden. Der Einfluss von Störungen, Schalthandlungen und anderen Aktionen kann in Echtzeit im Netzleitsystem simuliert werden.

**Schritt 3:** Durch die Einbindung von Prognosen der Betriebsmittel halten prozessorientierte Systeme Einzug in die Netzleittechnik. Dadurch werden je nach Prognose von Betriebsmitteln Prozesse angestoßen, um zu erwartenden Problemen frühzeitig mit entsprechenden Maßnahmen entgegenzuwirken. Die Netzleitsysteme sind modularisiert mit offenen Schnittstellen, um weitere Systeme einbinden zu können.

**Schritt 4:** Dem Netzleittechniksystem werden offene Schnittstellen hinzugefügt, über die auf Anlagen in der vernetzten Systemebene zugegriffen werden kann. Die Netzleitsysteme erhalten Bezug auf Prognosesysteme, Asset Management sowie das Demand Side Management (DSM). Des Weiteren werden Autonome Niederspannungsnetz Agenten (ANA) in die Netzleittechnik integriert.

**Schritt 5:** Neben selbstorganisierenden Systemen bis in die Niederspannungsnetze finden auch Microgrids zunehmend Anwendung. Die Netzleitsysteme sind weitgehend automatisiert. Das Netzleitsystem ist in der Lage, Störungen und drohende Probleme zu erkennen und autonom auf diese angemessen zu reagieren („Selbstheilung").

### 3.4.3 TECHNOLOGIEFELD 3 – WIDE AREA MEASUREMENT-SYSTEME

| | |
|---|---|
| DEFINITION | Das Technologiefeld WAMS fasst Technologien im Feld zur Messung, Übertragung, Archivierung und Visualisierung zeitsynchronisierter Phasorenmesswerte mit hoher Auflösung zusammen. Diese Werte werden genutzt, um Maßnahmen zur Systemstabilisierung zu treffen. |
| SYSTEMEBENE | geschlossene Systemebene |
| DOMÄNE | Übertragung<br>künftig möglicherweise:<br>Verteilung, zentrale Erzeugung, dezentrale Erzeugung |
| AKTEURE | Übertragungsnetzbetreiber<br>künftig möglicherweise:<br>Verteilnetzbetreiber 110 kV |
| HERSTELLER/ BRANCHE | Energieautomatisierung (Siemens, ABB, GE, SEL, Psymetrix) |
| ENTWICKLUNGS-GESCHWINDIGKEIT | schnell |
| REIFEGRAD | ausgereifte, im Feld eingesetzte Technologie;<br>In naher Zukunft werden auswertende Applikationen und unter Umständen netzregelnde Applikationen entwickelt und eingesetzt werden. |

#### Beschreibung/Erläuterung

Wide Area Monitoring [164] unterstützt den Netzbetriebsführer in der Netzleitstelle, den Schutzingenieur bzw. den Netzplanungsingenieur eines Energietransportunternehmens in der Erkennung, Analyse und Beseitigung von mittelzeitdynamischen Vorgängen, wie Leistungspendelungen, Spannungsinstabilitäten und Frequenzabweichungen im Energietransportnetz. Für die Erfassung der zugrunde liegenden elektrischen Größen werden sogenannte Phasor Measurement Units (PMU, Phasenmessgerät) in den Unterstationen eingesetzt. Die erfassten Messwerte mit einer Wiederholrate von bis zu 60 Werten pro Sekunde werden durch Einsatz von präziser Zeitsynchronisierung (genauer als 5 µs) zeitgestempelt und über ein IP-Kommunikationsnetzwerk an einen zentralen Server übertragen. Hier werden die Daten zeitlich richtig einsortiert, auf Grenzwerte überwacht und in ein Ringarchiv eingetragen. Weitergehende einfache und komplexe Berechnungen (zum Beispiel Leistungsberechnung, Winkeldifferenzberechnungen, Erkennung von Leistungspendelungen) werden basierend auf diesen Datenströmen ausgeführt und dem Anwender (Operator in der Netzleitstelle, aber auch dem Personal in der Netzberechnungsabteilung und in der Schutzabteilung) übersichtlich zur Verfügung gestellt. Wichtige Ereignisse und ausgewählte Messwerte können über spezifische Schnittstellen an die Netzleittechnik übermittelt werden. Basierend auf den Archivdaten werden Störungsaufklärungsanalysen ausgeführt, in dem die archivierten Daten entweder im Wide Area Measurement-System (WAMS) oder auch in anderen Systemen weiterverarbeitet werden können.

Bei einer weiteren Zunahme der dezentralen Einspeisungen auf 110 kV und den darunter liegenden Spannungsebenen sind die oben genannten Aufgaben – welche heute in der eindeutigen Verantwortung des Übertragungsnetzbetreibers (ÜNB) liegen – gegebenenfalls in abgeänderter Form vom Verteilnetzbetreiber (VNB) zusätzlich zu erfüllen (zum Beispiel Art der Messwerte, Zeitintervalle). Langfristig wird das Monitoring immer mehr zum Management werden (siehe Technologiefeld 2).

---

[164] Chakrabarti et al. 2009.

### Entwicklungsschritte

Heute: Die Implementierung des WAM in das Übertragungsnetz findet in unterschiedlicher Breite weltweite Anwendung. Ein Datenverarbeitungskonzept für die Archivierung der Messdaten ist vorhanden. Pilotprojekte in Verteilnetzen klären derzeit, inwieweit der Grundgedanke der Technologie des WAM auch auf Mittelspannungsebene (Verteilnetz) technisch und wirtschaftlich umgesetzt werden kann.

**Schritt 1:** Use Cases zur Netzzustandserfassung im Verteilnetz liegen für die Sensoren (PMU oder Remote Terminal Unit; RTU) vor. Dadurch existieren Konzepte zum Nutzen des WAMS im Mittelspannungsbereich. Erste Pilotanlagen werden eingesetzt und haben die Use Cases implementiert.

**Schritt 2:** Die Implementierung erfolgt jetzt verstärkt im Mittelspannungsbereich. Verschieden technologische Grundkonzepte (zum Beispiel lokale versus zentrale Optimierung) werden verfolgt. Visualisierungs- sowie Analysewerkzeuge sind auf die Anforderungen im Mittelspannungsbereich adaptiert worden. Es werden WAMS/PMUs für das Verteilnetz als Produkte angeboten.

**Schritt 3:** Anwendungssysteme zur Auswertung und Analyse von Daten aus dem Mittelspannungsnetz sind erhältlich. Verschiedene Koordinationsmechanismen (lokale vs. zentrale Optimierung) werden parallel weiterentwickelt. Die technischen und wirtschaftlichen Vorteile je nach Netzkonfiguration sind bekannt und der Einsatz erfolgt dementsprechend.

**Schritt 4:** Die Grundidee des WAM findet Einsatz in vereinzelten Pilotprojekten im Niederspannungsbereich (400 V). Dies soll insbesondere die Frage beantworten, ob die Systemsicherheit auf der 400 V Ebene auch ohne Kommunikationsanbindung der genannten Sensorik sichergestellt werden kann.

**Schritt 5:** Spannung, Strom und Phasenverschiebung sind an den notwendigen Stellen im Mittespannungsnetz synchron zeitgestempelt bekannt. Das System entwickelt sich vom Measurement- zum bidirektionalen Managementsystem und ist massendatenfähig. Die Komponenten sind preisgünstig und zuverlässig. Der Einsatz im Niederspannungsbereich findet statt.

### 3.4.4 TECHNOLOGIEFELD 4 – NETZAUTOMATISIERUNG

| | |
|---|---|
| **DEFINITION** | Im Technologiefeld Netzautomatisierung werden IKT-Komponenten zusammengefasst, die auf Stations- oder Feldebene Daten aus Netzkomponenten und Messumformern verarbeiten oder diese Netzkomponenten steuern. |
| **SYSTEMEBENE** | geschlossene Systemebene |
| **AKTEURE** | Produzent, Übertragungsnetzbetreiber, Verteilnetzbetreiber, Energielieferant, Messstellenbetreiber, Messdienstleister |
| **HERSTELLER/ BRANCHE** | Siemens, ABB, AREVA, GE, Schneider, Schweizer, NARI, Sprecher |
| **ENTWICKLUNGS- GESCHWINDIGKEIT** | langsam |
| **REIFEGRAD** | ausgereifte, im Feld eingesetzte Technologie; |

### Beschreibung/Erläuterung

Obwohl die Automatisierung der Verteilnetze eines der Kernthemen des Smart Grids ist, kann aufgrund des Themenumfangs und der Vielfalt des Technologiefeldes an dieser Stelle nur ein kurzer und unvollständiger Überblick gegeben werden.

Ortsnetzstationen werden zu Schlüsselstellen im Verteilnetz. Dazu gehört das Niederspannungs-Management mit der Handhabung von Zählerdaten, dem Optimieren der Power Quality (PQ), der Kompensation von Blindleistung und Oberwellen, der Steuerung des Verteilnetztransformators, der Koordinierung von Einspeisung und Last. Mittelspannungsseitig erfolgt das Management der Ortsnetzstation hinsichtlich der Überwachung und Steuerung, der automatischen Versorgungswiederherstellung, der Datenquellen zur Überwachung der Mittelspannungsverteilung und der Koordinierung von Einspeisung und Last.

Beim Einsatz neuer Produkte stehen in erster Linie die Benutzerfreundlichkeit, einfaches Engineering, eine vielseitige Anbindbarkeit an unterschiedliche Kommunikationsmittel und die Erweiterbarkeit im Vordergrund. Ein Stationsautomatisierungs-System eignet sich gleichermaßen für den Einsatz in Schaltanlagen von Energieversorgungsunternehmen und in Industrieanlagen.

**Einsatzbereiche und Funktionalitäten eines Stationsautomatisierungs-Systems:**
— Betreiben einer Schaltanlage mit einem System.
— Skalierbares System deckt Spektrum von Einsatzbereichen ab und unterstützt verteilte Anlagenkonfigurationen.
— Kommunikation zu unterlagerten Feldgeräten über Kommunikationsprotokolle (zum Beispiel Ethernet, Seriell, Profibus), um Geräte einer Unterstation steuern und deren Prozessdaten erfassen zu können.
— Kommunikation zu übergeordneten Leitstellen (Gateway-Funktion) über Kommunikationsprotokolle (zum Beispiel Ethernet, seriell).
— vollgrafisches Prozessvisualisierungs-System direkt in der Unterstation
— integrierte Test- und Diagnosefunktionen
— Anlagenspezifische Automatisierungsaufgaben können mittels geeigneter Werkzeuge (zum Beispiel Continuous Function Chart – CFC, Sequential Function Chart – SFC) erstellt werden.

— Ermittlung und Auswertung von PQ-Messdaten zur Bestimmung der Netzqualität
— Benutzerverwaltung stellt sicher, dass nur autorisierte Personen Zugang zu den jeweiligen Aufgabenkomplexen, wie Konfiguration und Bedienung oder Betriebsführung, haben.
— Vergabe individueller Schaltberechtigungen bis auf Informationsebene erhöht die Sicherheit der Betriebsführung
— Benachrichtigungsfunktionen informieren durch E-Mail und/oder Short Message Service (SMS) über anstehende Störungen.
— Erhöhung der Ausfallsicherheit durch System-, Schnittstellen- und Geräte-Redundanz; bei Unterbrechungen einer Kommunikationsverbindung übernimmt die redundante Komponente die Prozessverbindung
— Gesicherte Datenübertragung unter Nutzung von Zertifikaten
— Überwachung der Betriebszustände von Kommunikationskomponenten wie Switches

**Feldautomatisierung:**
In Ortsnetzstationen und Umspannwerken existieren auf der Feldebene in der Sekundärtechnik Schaltfelder, Schutzeinrichtungen, Messumformer usw. die heute meist keine eigenen IEDs haben. Schutzeinrichtungen können sich nicht koordinieren. Messumformer in den Ortsnetzstationen können heute bereits über diverse Kommunikationswege an das Netzleitsystem angeschlossen werden. Die Dienste der Messumformer außerhalb von Ortsnetzstationen könnten auch durch spezielle elektronische Zähler der Endkunden wahrgenommen werden, zum Beispiel um den Spannungsverlauf in einem Leitungsstrang zu messen.

**Entwicklungsschritte:**
**Heute:** Der Hochspannungsbereich ist automatisiert. Es werden in den Schaltanlagen Stations- und Feldrechner eingesetzt. Im Verteilnetz ist in der Regel nur im Mittel-

spannungsbereich eine Anbindung an die Netzleittechnik realisiert. Stationen auf der 20 kV-Ebene sind zum Teil mit intelligentem Schutz ausgestattet.

**Schritt 1:** Das Mittelspannungsnetz ist weitreichend mit Messumformern, die mit einem Feldrechner versehen sind, ausgestattet (Retrofitting). Ferngesteuerte Aktorik für die Verteilnetze ist marktgängig und wird vereinzelt eingesetzt.

**Schritt 2:** Schaltanlagen im Mittelspannungsbereich besitzen IEDs und sind ansteuerbar. Zunehmend werden Messeinrichtungen mit IEDs und Anschluss an das Netzleitsystem auch im Niederspannungsbereich eingesetzt. Wo technisch sinnvoll, können elektronische Zähler diese Rolle übernehmen.

**Schritt 3:** Auch für den Niederspannungsbereich wird IT-gestützte Aktorik (Schalter, Schutz) eingesetzt, wenn die lokale Netzsituation dies zum Beispiel aufgrund von dezentraler Erzeugung oder spezieller Lastprofile durch Elektromobilität erfordert.

**Schritt 4:** Die IEDs im Niederspannungsbereich haben Funktionen, die ihnen autonomes Agieren erlauben.[165] In den Ortsnetzstationen werden autonome Netzagenten eingesetzt, die lokal Erzeugung und Verbrauch überwachen, gegebenenfalls anpassen und auf die Aktorik des Netzes einwirken. Sie übernehmen damit Aufgaben eines Netzleitsystems (siehe Technologiefeld 2). Dazu verarbeiten sie auch Informationen aus der vernetzten Systemwelt.

**Schritt 5:** Für alle Komponenten der Netztechnik im Niederspannungsbereich sind IEDs entwickelt worden, die autonom oder gesteuert agieren können. An kritischen Punkten kann das Niederspannungsnetz nahezu vollständig automatisiert betrieben werden. Diese IEDs unterstützen bereits auf Niederspannungsebene in Abstimmung mit benachbarten und übergeordneten Netzen Frequenz- und Spannungshaltung und koordinieren sich untereinander. Das System ist lernend, das heißt die IEDs und sind in der Lage, ihre Maßnahmen zur Stabilitätsverbesserung angepasst an die Situation zu verbessern.

### 3.4.5 TECHNOLOGIEFELD 5 – FACTS

| | |
|---|---|
| **DEFINITION** | FACTS sind leistungselektronische Steuerungssysteme, um Leistungsflüsse in elektrischen Energieversorgungssystemen zu beeinflussen. In diesem Technologiefeld werden die eingebetteten IKT-Komponenten betrachtet. |
| **SYSTEMEBENE** | geschlossene Systemebene |
| **DOMÄNE** | Übertragung, Verteilung |
| **AKTEURE** | Übertragungsnetzbetreiber, Verteilnetzbetreiber, Kommunikationsnetzbetreiber |
| **HERSTELLER/ BRANCHE** | Siemens, ABB, Areva, GE, Toshiba, Hitachi |
| **ENTWICKLUNGS- GESCHWINDIGKEIT** | mittel |
| **REIFEGRAD** | ausgereifte, im Feld eingesetzte Technologie; in den Verteilnetzen bislang noch nicht nennenswert eingesetzt |

**Beschreibung/Erläuterung**

FACTS sind leistungselektronische Steuerungssysteme, die in elektrischen Energieversorgungsnetzen zur gezielten instantanen Beeinflussung von Leistungsflüssen eingesetzt werden können. Sie erlauben dadurch einen Betrieb des Netzes an der Grenze zur technischen Belastbarkeit und seiner Stabilitätsgrenzen und erhöhen dadurch die Übertragungskapazität.[166] Im Gegensatz zu klassischen Regeltransformatoren bieten FACTS den Vorteil, dass eine kommunizierte Soll-Stufenstellung beliebig angesprungen werden kann

---

[165] Siehe zum Beispiel Rehtanz 2003.
[166] Schwab 2006.

und eine Regelmaßnahme daher deutlich schneller (im Zeitbereich weniger 10 ms) als mit einem Regeltransformator durchführbar ist. FACTS fallen in den Bereich der Netzleittechnik und werden mithilfe von Netzleitsystemen (siehe Technologiefeld 2) geführt. FACTS werden bislang punktuell in der Nähe von kritischen Netzbereichen, wie Übertragungskorridoren oder potenziellen Engpässen, installiert, was eine weiträumige Verteilung und eine Anbindung über Fernwirktechnik erforderlich macht. Die Funktionalität von FACTS kann nur vollständig ausgenutzt werden, wenn sie mit der Schutz- und Leittechnik IKT-technisch verknüpft wird. Die RTU des FACTS-Elements benötigt daher diverse Schnittstellen, unter anderem einen Anschluss an ein Global Positioning System (GPS) zur Zeitsynchronisation.[167]

Für den Einsatz von FACTS zur Optimierung des Netzbetriebs ist auch ein Online-Monitoringsystem zur Ermittlung des Netzzustands erforderlich. Zur großräumigen Ermittlung und Berechnung von Netzzuständen werden heutzutage PMU eingesetzt, die systemweite Messwerte mit einer Auflösung von einem Vielfachen der Netzfrequenz erfassen und so Transienten oder dynamische Schwingungsphänomene beobachtbar machen (siehe Technologiefeld 3). Aufgrund der hohen zeitlichen Auflösung fallen hierbei große Datenmengen an, die zunächst mit geeigneten Algorithmen (Datenstrommanagement, complex event-processing etc.) vorverarbeitet werden, bevor sie dann als Messdatenströme im Fernwirk- und Messsystem zur Verfügung stehen. Engpässe in den Übertragungsnetzen werden aufgrund des größer werdenden Abstands zwischen Verbrauchssenken und Einspeisung – hier vor allem (Offshore-)Windkraft – zunehmen, sodass ein effizienter Netzbetrieb unter stärkerer Auslastung einzelner Leitungen in größerer Nähe zu Kapazitätsgrenzen notwendig sein wird. Dies macht einen weiteren Zubau von FACTS notwendig (zunehmend auch bis in die Verteilnetzebene). Andererseits muss die Messdatenbasis vergrößert werden, um den Systemzustand präziser abzuschätzen und rechtzeitig auf Topologieänderungen (durch andere spannungsregelnde Betriebsmittel) zu reagieren und optimale Leistungsflusskonfigurationen sowie netzstabilisierende Regelaktionen präzise vorhersagen zu können. Um die erforderliche Messgüte für diese Anwendungsfälle zu erhalten, müssten etwa 50 Prozent der Umspannwerke mit PMU ausgerüstet werden.[168] Um das hierzu proportional steigende Messdatenvolumen zu beherrschen, wird die Betrachtung von autonomen verteilten oder selbstorganisierenden Regelsystemen in Zukunft in diesem Bereich eine entscheidende Rolle spielen. Erste Ansätze hierzu werden erprobt.[169]

**Entwicklungsschritte:**
**Heute:** FACTS werden heute zur gezielten Verschiebung von Leistungsflüssen in vermaschten Übertragungsnetzen sowie zur punktuellen Entlastung begrenzter Netzbereiche vereinzelt eingesetzt.

**Schritt 1:** FACTS sind in WAMS einbindbar. In dem WAMS können frühzeitige globale Netzprobleme identifiziert und Gegenmaßnahmen ergriffen werden. Des Weiteren kann auf Topologieänderungen der hochdynamischen Versorgungssituation mit Leistungsflussoptimierung und spannungsstabilisierenden Maßnahmen reagiert werden.

**Schritt 2:** Auf der Basis von hochdynamischen Netzinformationen, die im Rahmen eines WAMS ermittelt werden können, wird eine netzbereichsübergreifende Koordination der Regelungs- und Stabilisierungsmöglichkeiten mehrerer FACTS ermöglicht. So kann den ermittelbaren Transienten sowie dynamischen Schwingungsphänomenen im Höchst- und Hochspannungsnetz durch ein Netz von FACTS entgegengewirkt werden.

**Schritt 3:** In einem weiteren Schritt werden aktive Netzkomponenten der Mittel- und Niederspannungsebene in der netzbereichsübergreifenden Koordinierung berücksichtigt

---

[167] Crastan 2009.
[168] Zhang/Rehtanz/Pal 2005.
[169] Häger/Lehnhoff/Rehtanz 2011.

und erhöhen damit weiter die Netzauslastung sowie die Stabilität der Versorgungsnetze insgesamt.

**Schritt 4:** In diesem Entwicklungsschritt wird es den aktiven Netzkomponenten ermöglicht, untereinander zu kommunizieren und ohne Einschränkungen nach Maßgabe eines Leitrechners zu koordinieren, wie es bereits seit Längerem in Übertragungsnetzen möglich ist. So kann die Beeinflussung der unterschiedlichen Netzebenen untereinander gesteuert werden, sodass eine gegenseitige Unterstützung erfolgen kann.

**Schritt 5:** Die netzstabilisierenden Regelmaßnahmen erfolgen autonom. Es erfolgt eine adaptive Koordination von FACTS untereinander (Multi-Agenten-Steuerung). Die IEDs der FACTS müssen dazu mit den entsprechenden Algorithmen und Kommunikationsmodulen ausgestattet sein. Diese sind in kleinen Zeitintervallen realzeitfähig implementiert. Durch die weiträumigen Möglichkeiten des Messens, Steuerns und Regelns helfen die verfügbaren Sensoren und Aktoren der Primär- und Sekundärtechnik, der Netzführung alle neuen Möglichkeiten zu nutzen. Es findet eine netzebenenübergreifende Koordination der aktiven Netzkomponenten untereinander statt.

### 3.4.6 TECHNOLOGIEFELD 6 – IKT-KONNEKTIVITÄT

| | |
|---|---|
| **DEFINITION** | Das Technologiefeld IKT-Konnektivität bezeichnet die Kommunikationstechnologien und informationstechnischen Voraussetzungen, die zur Auffindung und Anbindung unter garantierten QoS von Energiekomponenten in Smart Grid-Anwendungen notwendig sind. |
| **SYSTEMEBENE** | IKT-Infrastrukturebene |
| **DOMÄNE** | zentrale Erzeugung, dezentrale Erzeugung, Übertragung, Verteilung, Industriekunden, Haushaltskunden, Dienstleister, Energiemärkte |
| **AKTEURE** | alle Smart Grid-Akteure |
| **HERSTELLER/ BRANCHE** | Telekommunikation, IT-Industrie, Heimvernetzung |
| **ENTWICKLUNGS- GESCHWINDIGKEIT** | schnell |
| **REIFEGRAD** | Die relevanten Kommunikationslösungen sind standardisiert und im Markt eingeführt; die Erweiterung der anwendungsspezifischen Protokolle um neue Funktionen von intelligenten Stromnetzen hat begonnen. |

#### Beschreibung/Erläuterung

Mit IKT-Konnektivität wird die informationstechnische Kommunikationsverbindung aller IKT-relevanten Systemkomponenten von intelligenten Stromversorgungssystemen bezeichnet. Diese Kommunikationsverbindungen reichen von der Anbindung der Sensoren und Aktoren an die Stromnetze bis zu den Überwachungs- und Steuerungssystemen und weiter zur Marktkommunikation. Die Kommunikationsanbindungen stellen den Informationsaustausch und die Steuerungsfunktionen zwischen den verschiedenen Anwendungen von der Energieerzeugung, Verteilung, Speicherung und dem Transport bis zum Verbrauch sicher. Beispiele für die Anwendungen sind Wide Area Situational Awareness (WASA)- und

SCADA-Systeme zur Überwachung und Steuerung der Übertragungs- und Verteilnetze, zur Anbindung und Steuerung von Industrieanlagen, die Smart Meter-Kommunikation für den Zugriff auf die intelligenten Zähler sowie Heimnetze zur Steuerung des Energieverbrauchs von Haushaltsgeräten. Auf der Ebene der Geschäftsprozesse befindet sich zum Beispiel die Unternehmenskommunikation zwischen Business Support-Systemen verschiedener Akteure und Marktteilnehmern. Im Rahmen der künftigen Entwicklung des Technologiefeldes ist es wichtig, die verschiedenen Netz-/Spannungsebenen zu unterscheiden, weil diese unterschiedliche Anforderungen an die Kommunikationsschnittstellen stellen. Viele benötigte Kommunikationstechnologien sind im Wesentlichen vorhanden, es bedarf jedoch entsprechender Investitionen und Erfahrungswissen, um diese innerhalb des elektrischen Energieversorgungssystems anzupassen und zu etablieren.

Vor dem Hintergrund der Interoperabilität kommt der Standardisierung der IKT-Konnektivitätslösungen eine Schlüsselrolle zu. Generell gibt es schon eine Vielzahl von standardisierten und am Markt eingeführten Kommunikationslösungen. Diese werden auch innerhalb des elektrischen Energieversorgungssystems zum Einsatz kommen. Auf die Definition von proprietären Kommunikationslösungen unterhalb der Applikationsebene ist zu verzichten. Generell profitiert das Energieversorgungssystem mit diesem Ansatz von der dynamischen Entwicklung im Kommunikationssektor. Die existierenden anwendungsspezifischen Standards (zum Beispiel IEC 61850, IEC CIM, Device Language Message Specification/Companion Specification for Energy Metering; DLMS/COSEM) wurden entwickelt, um die neuen Funktionalitäten der intelligenten Stromnetze zu ergänzen. Dies ist in einer Vielzahl von Studien und Standardisierungs-Roadmaps berücksichtigt und gefordert.[170]

Zur Bereitstellung von IKT-Konnektivität kommen die verschiedensten Kommunikationslösungen zum Einsatz, die sich je nach Einsatzfeld bezüglich der in den unterschiedlichen Kommunikationsschichten (Open Systems Interconnection (OSI)-Layer) verwendeten Technologien unterscheiden. Auf der Netzwerkschicht zeichnet sich IPv6 als geeigneter Standard ab. Auf den unteren Kommunikationsschichten bis zur physikalischen Übertragung können sowohl funkbasierte (zum Beispiel GSM/General Packet Radio Service – GPRS, Universal Mobile Telecommunications System – UMTS, zukünftig Long Term Evolution – LTE) als auch leitungsgebundene Lösungen (zum Beispiel Digital Subscriber Line – DSL, optische Netze, Power Line Communication – PLC) verwendet werden.

Aufgrund der besonderen Realzeitanforderungen der Energieversorgung muss die gewählte Kommunikationstechnologie in der Lage sein, die jeweiligen End-to-End QoS-Anforderungen zu erfüllen oder sogar zu garantieren. Auf der Applikationsebene geht der Trend zu service-orientierten Ansätzen (zum Beispiel Web Services, service-orientierte Architekturen; SOA). Bei der Auswahl und Definition der spezifischen Kommunikationslösungen sind spezielle Anforderungen des jeweiligen Anwendungsfalls zu berücksichtigen. Dies sind Aspekte wie Verfügbarkeit, Erreichbarkeit, Datenmenge, Latenz und auch Sicherheit sowie Echtzeit- und Sessionfähigkeit.

Neben der Festlegung der Schnittstellen und der Kommunikationsanbindung sind Technologien notwendig, die es erlauben, Informationen über das Gesamtsystem zu speichern und abzulegen. Dazu gehören insbesondere Dienste zur Autorisierung, Authentifizierung, Ressourcenermittlung und -zugriff. Eine solche einheitliche Basis ist als eine Art „Middleware"-Voraussetzung für den Aufbau und den Betrieb eines Smart Grids. Daher stellt eine wesentliche Entwicklung dieses Technologiefeldes die Bereitstellung einer einfachen und zugleich offenen Plattform dar, die es Drittanbietern ermöglicht, Dienste zu entwickeln und einzuführen.

[170] DKE 2010; NIST 2010.

Analog ist hier die vergangene und anhaltende Entwicklung im Sektor der Telekommunikation heranzuziehen.

### Entwicklungsschritte

**Heute:** Das Übertragungsnetz ist mit IKT ausgerüstet und kann mit Übertragungsnetzen anderer Betreiber interagieren. Die Kommunikation verläuft im Wesentlichen über Punkt-zu-Punkt-Verbindungen und proprietäre Schnittstellen. Das Verteilnetz ist meist bis auf wenige Punkte nicht IKT-technisch verbunden. Erneuerbare Energien- und KWK-Anlagen mit einer Leistung ab 100 kW haben die Möglichkeit zur IKT-Anbindung und sind in der Regel durch den Netzbetreiber abregelbar.

**Schritt 1:** Erste Anlagen sind in einen rudimentären Verzeichnisdienst eingebunden. Der zentrale Verzeichnisdienst enthält die angebundenen Anlagen mit einigen technischen Angaben und Informationen, wie die Anlage IKT-technisch von außen angesteuert werden kann. Der Verzeichnisdienst kann auch von Marktakteuren außerhalb des Netzes genutzt werden. Durch die Einführung entsprechender Sensoren und Aktoren und deren Einbindung in das Netz wird eine Steuerung und Erhaltung der Netzstabilität ermöglicht. Sensoren und Aktoren sind ebenfalls in das System eingebunden. Die QoS sind über Einzellösungen ad-hoc implementiert. In Piloten kommen bereits Vorläufer einer einheitlichen Plattform zum Einsatz. Diese ermöglichen eine dynamische Einrichtung von QoS.

**Schritt 2:** Der weitere Ausbau erfolgt in regional unterschiedlichen Lösungen einzelner Netzbetreiber.[171] Heterogene IKT-Lösungen werden nach Einsatzgebiet und Effizienz angewandt und kombiniert. Für technische Steuerungsfunktionen notwendige Daten dezentraler Erzeugungsanlagen, Verbraucher oder auch Speicher können innerhalb ihrer Region in einem einheitlichen System erfasst werden. Hieraus resultiert eine funktional umfangreiche IKT-Vernetzung innerhalb einzelner Regionen. Eine Verbindung zwischen diesen regionalen „Inseln" besteht jedoch nicht und ist aufgrund fehlender Standards schwierig.

**Schritt 3:** Durch die Realisierung von Kommunikationsschnittstellen und -diensten, welche die Integrität und Sicherheit der Daten gewährleisten, sind die für die Erfassung und Steuerung technisch relevanten Informationen auch überregional nutzbar. Diese Informationsstrukturen können als „Datendrehscheiben"[172] aufgefasst werden, in denen die Daten verteilt und gleichzeitig durch die wohldefinierten Schnittstellen bedarfsgerecht und kontrolliert zugreifbar sind. Diese Entwicklung ermöglicht eine automatisierte Interaktion der Marktteilnehmer und sorgt für eine Effizienzsteigerung.

**Schritt 4:** Die Bereitstellung von Plattformen als standardisierten Lösungen ermöglicht eine zukunftssichere und vereinfachte Anbindung. Plug & Play-Lösungen unterstützen einen schnelleren und weitläufigeren Ausbau regionaler Smart Grids und der damit verbundenen Funktionalität im Gesamtsystem. Soweit die Berechtigung vorliegt, können prinzipiell alle Akteure auf alle Informationen des Systems zugreifen. Absolute Einschränkungen beim Zugriff werden nur für die geschlossene Systemebene vorgesehen.

**Schritt 5:** Das System ist komplett vernetzt. Alle Komponenten der Stromversorgung[173] sind in die Plug & Play-Infrastruktur einbindbar. Die Verfügbarkeit erprobter und bewährter Lösungen führt zu einem komplett vernetzten System. Die Gewährleistung hoher Qualitäts- und Sicherheitsstandards führt zu einer hohen Automatisierung und weiter gesteigerten Effizienz durch die Nutzung von Synergien und Interaktion der Marktteilnehmer. Dieses ist auch die Basis für einen gesteigerten Ausbau der Anwendungs- und Applikationsschicht.

---

[171] Ein solcher Betrieb wird auch als Microgrid bezeichnet.
[172] Angelehnt an BDI 2011.
[173] Es ist abzusehen, dass auch im Energiesektor eine Konvergenz zwischen den Energieträgern (Strom, Gas, Wärme, Kraftstoff) stattfinden wird. Derzeit wird beispielsweise viel über „Power to Gas" diskutiert. Daher würden in einem zukünftigen Smart Grid auch Komponenten eingebunden sein, die nicht zum Stromsektor gehören. Ideen dazu wurden bereits Ende der 90er Jahre von Siemens (Bitsch 2000) vorgestellt.

## 3.4.7 TECHNOLOGIEFELD 7 – ASSET MANAGEMENT FÜR DEZENTRALE ERZEUGUNGSANLAGEN

| | |
|---|---|
| **DEFINITION** | Unter einem Asset-Management-System wird ein Informationssystem verstanden, in dem Betriebs- und kaufmännische Daten von Anlagen verarbeitet werden. |
| **SYSTEMEBENE** | vernetzte Systemebene |
| **DOMÄNE** | dezentrale Erzeugung, Industriekunden, Haushaltskunden, Dienstleister |
| **AKTEURE** | Energieserviceunternehmen, Aggregatoren, Verteilnetzbetreiber, Betreiber von DER-Systemen |
| **HERSTELLER/ BRANCHE** | SAP, Oracle, Microsoft (ERP-Softwarehäuser) |
| **ENTWICKLUNGS- GESCHWINDIGKEIT** | langsam |
| **REIFEGRAD** | in Entwicklung |

### Beschreibung/Erläuterung

Asset-Management-Systeme im klassischen Sinne (Strom-, Gas- und Wassernetze) verwalten Anlagegüter, um sie hinsichtlich des kaufmännischen und technischen Zustands optimal zu bewirtschaften. Erweitert man ein Asset-Management-System für die Verwaltung dezentraler Stromerzeugungsanlagen, so müssen aufgrund der Vielzahl der Einzelanlagensysteme weitere Faktoren berücksichtigt und in einem derartigen System abgebildet werden.

Das Asset Management findet in dezentralen Stromerzeugungsanlagen derzeit wenig Anwendung. Vorreiter wird das Asset Management für Windturbinen sein, da hier Synergien mit dem Asset Management großer Offshore-Windanlagen genutzt werden können.

Bei großen Windkraftanlagen und Blockheizkraftwerk (BHKW)-Anlagen, zum Teil auch bei µKWK-Anlagen, ist bereits ein typenspezifisches Zustandserkennungssystem als auch eine Historienverwaltung vorhanden. Typenspezifische Wartungsprogramme sind bereits heute erfolgreich implementiert.

Es gibt noch kein ausgereiftes Asset-Management-System für diese Anlagen, welches den physischen Zustand des Assets bewertet (Condition Monitoring) und daraus Ersatzinvestitionsmaßnahmen bzw. Instandhaltungsplanung ableitet. Der Grund hierfür ist mitunter die fehlende Kenntnis über die Korrelation von Betriebshistoriendaten zum tatsächlichen Ist-Zustand des Betriebsmittels, also der dezentralen Erzeugungsanlage (DER), aber auch der durch die geringe Anlagegröße gegebene kleine finanzielle Hebel. Die Komplexität für die Entwicklung eines derartigen Systems besteht darin, das quasi jede einzelne Erzeugungsanlage eine eigene „Lebenserwartung" (Stichwort: Badewannenkurve) hat. Letztere müsste durch FuE-Maßnahmen entsprechend untersucht und durch den Betrieb validiert werden. Aus diesem Grund kann man in diesem Technologiefeld eher von einer langsamen Entwicklungsgeschwindigkeit ausgehen.

Idealtypisch könnte ein solches System genutzt werden, um gezielt regional, anlagenabhängige Instandhaltungsmaßnahmen zu koordinieren. Hierdurch kann ein derartiges System als Einsatz-/ Erzeugungsprognose-Tool genutzt werden und weiteren Akteuren (Verteilnetzbetreibern, Kraftwerkseinsatzplanern, Aggregatoren, Instandhaltungsunternehmen etc.) Daten zuliefern. Diese Funktionalität wird von klassischen Asset-Management-Werkzeugen nicht übernommen. Hier gilt es ein technologiespezifisches Asset-Management-System mit erweiterten Funktionen (unter anderem Zustandsbewertung, Fehlermeldungkoordination etc.) zu entwickeln. Es kann davon ausgegangen werden, dass sich derartige Systeme erst im Bereich der großen DER (Wind, große BHKW-Anlagen – > 1 MW$_{el.}$ – entwickeln werden und dann langsam in kleinere Anlagensysteme adaptiert werden. Ob jemals ein vollständiges Asset Management in diesem Sinne für Kleinstanlagen sinnvoll ist, entscheidet die Wirtschaftlichkeit der Maßnahmen. Hier darf damit gerechnet werden, dass ein simpler Austausch von Komponenten am Ende ihrer Lebensdauer die wirtschaftlichste Lösung sein wird und sich Asset-Management-Systeme hier nur schwer durchsetzen werden.

Entwicklungsschritte

**Heute:** Anlagendiagnose und Systemtechnik (Remote Diagnostic, Maintenance Forecast) für große konventionelle Erzeugungsanlagen, insbesondere für Großkomponenten (Turbinen, Generatoren, Kessel) existieren bereits heute und werden weiterentwickelt. Es existieren jedoch noch keine durchgängigen Asset-Management-Systeme für mittlere und kleine dezentrale Erzeugungsanlagen. Asset-Management-Systeme für große nichtkonventionelle Erzeugungsanlagen werden entwickelt und in Prototypen implementiert. Im Vordergrund steht hier die optimale Bewirtschaftung der Assets. Für dezentrale Anlagen existieren Module, die den Anlagenzustand über einen Vergleich der tatsächlichen mit der zu erwartenden Leistung ermitteln.[174]

**Schritt 1:** Durch die gestiegene Bedeutung dezentraler Erzeugungsanlagen finden Asset Management-Systeme im Bereich großer dezentraler Erzeugungsanlagen Verwendung. Die Anlagen können durch diese Maßnahme effizienter betrieben werden.

**Schritt 2:** Die Erfahrungen aus dem Einsatz der Asset-Management-Systeme für großskalige Anlagen konnten genutzt werden, um ähnliche Systeme auch für Anlagen mittlerer Leistung einzuführen und ihren Betrieb unter betriebswirtschaftlichen Aspekten zu optimieren.

**Schritt 3:** Während Asset-Management-Systeme bislang genutzt wurden, um einzelne Anlagen effizienter zu betreiben, werden die erhobenen Daten nun innerhalb einzelner Regionen zusätzlich für andere Teile des Energieversorgungssystems nutzbar gemacht. Die Einsatzplanung einzelner Anlagen oder auch ihre Einbindung in VK-Systeme können so optimiert werden. Zudem wird eine zunehmend höhere Integration innerhalb der Prozessketten der Energiewirtschaft erreicht, sodass zum Beispiel Dienstleistungsunternehmen effektiver eingebunden und Prozessschritte zum Teil automatisiert werden können.

**Schritt 4:** Die Schnittstellen zu Systemen, die von Informationen aus dem Asset-Management-Bereich profitieren können, werden weiter ausgebaut. Das Asset Management für dezentrale Erzeugungsanlagen ist in eine IT-Infrastruktur eingebunden, welche den bidirektionalen Austausch von Informationen ermöglicht. Auf diese Weise stehen die Informationen aus dem Asset Management zum einen einer größeren Menge von assoziierten Systemen zur Verfügung, zum anderen ist das Asset Management seinerseits in der Lage, Informationen aus anderen Systemteilen, wie etwa Wetterprognosen, zu nutzen, um seine Geschäftsprozesse weitergehend zu unterstützen.

**Schritt 5:** Diese Ausbaustufe ist von einer hohen Verbreitung der Asset Management-Systeme und einer umfassenden Verknüpfung zu assoziierten Systemen über entsprechend wohldefinierte Schnittstellen geprägt. Dies ermöglicht die betriebswirtschaftliche Einordnung einzelner Anlagen innerhalb des Gesamtkontextes des Energieversorgungssystems. In der Folge ist die Wichtigkeit einer Anlage regional wie bundesweit zu jeder Zeit bewertbar. Geschäftsprozesse, welche die Anlage betreffen, können unter Berücksichtigung umfangreicher Informationen, ihrer bedarfsgerechten Aufbereitung und hoher Automationspotenziale effizient durchgeführt werden. Der Einsatz

---

[174] Siehe zum Beispiel SMA 2011.

entsprechender Systeme ist daher für eine Vielzahl von Anlagen wirtschaftlich vorteilhaft.

### 3.4.8 TECHNOLOGIEFELD 8 – REGIONALE ENERGIE-MARKTPLÄTZE

| | |
|---|---|
| DEFINITION | Regionale Energie-Marktplätze werden eingesetzt, um Industrie, Gewerbe und Privatkunden eine aktive Marktteilnahme zu ermöglichen und um Lastflexibilitäten sowie dezentrale Erzeugung durch neue Tarifsysteme aktiv in den Markt zu integrieren |
| SYSTEMEBENE | vernetzte Systemebene |
| DOMÄNE | zentrale Erzeugung, Übertragung, Verteilung, Dezentrale Erzeugung, Industriekunden, Haushaltskunden, Dienstleister, Energiemärkte |
| AKTEURE | Privat- und Gewerbekunden, Verteilnetzbetreiber, Energielieferanten, Aggregatoren, Energiedienstleister, Messdienstleister |
| HERSTELLER/ BRANCHE | mögliche Hersteller: IBM, SAP, Siemens, BTC, kleine und mittelständische Unternehmen/ Branche IT |
| ENTWICKLUNGS-GESCHWINDIGKEIT | mittel |
| REIFEGRAD | in Entwicklung/in Pilotprojekten in Erprobung |

**Beschreibung/Erläuterung**

Das Ziel regionaler Energie-Marktplätze[175] ist die Transformation derzeit passiver Industrie-, Gewerbe- und Privatkunden zu aktiven Marktteilnehmern, von denen einer der Verteilnetzbetreiber ist. Ein wichtiger Treiber ist die zunehmende Dezentralisierung der Erzeugung, die neue Tarifsysteme und Marktmodelle verlangt. Der Energie-Marktplatz ist damit eine Möglichkeit, um eine Transformation des Energiemarktes in diesem Segment zu erreichen. Der Grundgedanke ist die Nutzung möglicher Flexibilitäten in Stromverbrauch und -erzeugung zur Abstimmung von Erzeugung und Verbrauch unter Berücksichtigung der Restriktionen des Verteilnetzes. Hierzu gehört die Optimierung des zunehmend durch fluktuierende Einspeisung schwankenden Lastgangs. Diese Optimierung erfolgt mithilfe der Verlagerung von Lastspitzen sowie der Integration der Kleinsterzeugung unter Einbeziehung von Netzengpässen.

Lastflexibilitäten und Kleinsterzeugung können entweder direkt am regionalen Energiemarkt oder aggregiert und zu Portfolien zusammengefasst gehandelt werden. Die regionalen Energiemärkte können neue, teilweise regional gebundene Produkte hervorbringen und werden auch mit dritten Märkten verbunden sein. Der Handel der am regionalen Markt aggregierten Flexibilitäten auf Großhandelsmärkten kann durch einen Handelsleitstand erfolgen (siehe Technologiefeld 9), der unter anderem auf der Basis der Daten des regionalen Energiemarktplatzes die Schaffung von handelbaren Positionen erlaubt. Die „Regionalität" bezieht sich dabei nur auf Netzaspekte: Bei den Produkten wird der Nutzen für die Aufgabenerfüllung des Verteilnetzes betrachtet und vergütet.

Der Energiemarktplatz ist zunächst eine reine Plattform für den automatischen Abschluss von Geschäften zwischen Energielieferanten und -abnehmern. Zusätzlich kann er eine Kommunikationsplattform sein, mit deren Hilfe die Interaktion der beteiligten Akteure auf Ebene der Geschäftsbeziehungen, der zugrunde liegenden Prozessunterstützung und des Datenaustauschs abläuft. Der Marktplatz kann etwa auch Verbrauchs- und Erzeugungsdaten bereitstellen. Zu den Akteuren zählen Privat- und Gewerbekunden, Energielieferanten, Messdienstleister, Verteilnetzbetreiber, Energiedienstleister sowie Aggregatoren. Automatisierte Marktprozesse und eine geeignete Prozessunterstützung durch den Marktplatzbetreiber gewährleisten ein schnelles

---

[175] Auch auf dem europäischen Markt sind gravierende Anpassungen vorzunehmen, um den vollen Nutzen eines Smart Grids, die Integration erneuerbarer und dezentraler Energien als auch den europäischen Markt selbst zu realisieren. Die wesentlichen Herausforderungen dazu finden sich in EEGI 2010.

und koordiniertes Zusammenwirken der Akteure am Marktplatz, wobei sich durch die automatisierte Interaktion ein effizienter Prozessablauf ergibt. So kann beispielsweise ein Lieferantenwechsel innerhalb kürzester Zeit ermöglicht werden. Ein Verteilnetzbetreiber kann von der Messung der Last- und Erzeugungsprofile profitieren und dadurch eine genauere Kenntnis über seine Netzauslastung gewinnen. Da aufgrund der hohen Anzahl von Teilnehmern auch eine hohe Anzahl von Transaktionen und große Datenmengen zu erwarten sind, ist eine skalierbare Architektur des Marktplatzes von Bedeutung. Aufgrund der eindeutigen Zuordnung zwischen Verteilnetzbetreiber und dem Privat- und Gewerbekunden können Verträge mit rein lokalem Bezug geschlossen werden; die jeweiligen Funktionsumfänge sind dann auf die lokalen Rahmenbedingungen abgestimmt.

### Entwicklungsschritte

**Heute:** Wirkleistung wird an der European Energy Exchange (EEX) (oder anderen Börsen)[176] und im Over-the-counter (OTC)-Handel gehandelt. Endkunden kaufen ihre Leistungen bis auf wenige Ausnahmen von Energielieferanten ein. Die Ausschreibung von Regelenergie ist hoch reguliert und auf die Übertragungsnetzbetreiber als Einkäufer beschränkt. Systemdienstleistungen werden durch das Netz abgerufen. In den Vereinigten Staaten gibt es die „Nodal Markets", die implizit Kosten für den Stromtransport berücksichtigen. Es wird angestrebt, bei diesen Märkten auch die niedrigeren Spannungsebenen zu berücksichtigen, sodass Tausende von regionalen Marktplätzen entstehen werden. Regionale Energiemarktplätze werden in Deutschland im Rahmen der E-Energy-Marktplätze eingesetzt, können aber aufgrund der geltenden Rahmengesetze nicht profitabel betrieben werden.

**Schritt 1:** Industrieunternehmen und andere Großkunden nehmen werkzeugunterstützt unter Verwendung entsprechender Schnittstellen (siehe Technologiefeld 9) an einem Energiemarkt teil. Diese werden an Pilotmarktplätzen eingesetzt, um Erfahrungen zu sammeln.[177] Es werden Produkte für den Handel definiert. Es existiert keine automatisierte Anbindung an die EEX, jedoch können Marktplatzbetreiber dafür sorgen, dass ein Ausgleich der Preise stattfindet.

**Schritt 2:** Die Marktplätze bieten Produkte an, die auch von Haushaltskunden (Kleinsterzeuger bzw. -verbraucher) genutzt werden können. Insbesondere DSM bzw. Lastverschiebungspotenziale werden angeboten.

**Schritt 3:** Es werden neue Systemdienstleistungen für den Verteilnetzbetreiber, wie zum Beispiel die Spannungshaltung, angeboten. Diese Dienstleistung kann insbesondere in Gegenden mit einem hohen Anteil an Einspeisung durch PV-Anlagen interessant sein, da in diesen Situationen typischerweise Probleme mit der Spannungshaltung auftreten können.

**Schritt 4:** Die regionalen Marktplätze können automatisch und in Echtzeit in die Großhandelsmarktplätze (EEX usw.) bzw. überregionale Marktplätze integriert sein. Auf den großen bzw. überregionalen Marktplätzen entstehen so neue Bündelprodukte, die sich aus kleineren Mengen (wie Kleinstflexibilitäten) zusammensetzen.

**Schritt 5:** Der regionale Marktplatz bietet allen Stakeholdern und Energieanlagen Schnittstellen und Produkte an, um sich in diesen Markt zu integrieren. Eine ökonomisch effiziente Allokation von Erzeugung, Verbrauch, Speicherung und Energietransport wird so ermöglicht. Regionale Marktplätze sind integraler Bestandteil der Energieversorgung.

---

[176] https://www.eex.com, http://www.apxendex.com/
[177] Dies setzt voraus, dass die Energiegesetzgebung solche Prozesse unterstützt.

## 3.4.9 TECHNOLOGIEFELD 9 – HANDELSLEITSYSTEME

| | |
|---|---|
| **DEFINITION** | Ein Handelsleitsystem bzw. ein Handelsleitstand ist ein Werkzeug für Energiehändler zur Analyse und Ausführung des Energiehandels. Insbesondere auch aus dem Betrieb und der Vermarktung dezentraler Erzeugungsanlagen und Verbraucher durch Demand Side Management ergeben sich neue Funktionalitäten. |
| **SYSTEMEBENE** | vernetzte Systemebene |
| **DOMÄNE** | zentrale Erzeugung, dezentrale Erzeugung, Industriekunden Haushaltskunden, Dienstleister, Energiemärkte |
| **AKTEURE** | Energielieferant, Bilanzkreismanager, Energiehändler, Portfoliomanager, Aggregatoren |
| **HERSTELLER/ BRANCHE** | IT |
| **ENTWICKLUNGS- GESCHWINDIGKEIT** | mittel |
| **REIFEGRAD** | gering |

### Beschreibung/Erläuterung

Mit einer steigenden Anzahl dezentraler Erzeugungsanlagen und einer zunehmenden Erschließung des Potenzials des DSM ergeben sich zunehmende Flexibilitäten bei Stromerzeugung und –verbrauch, die möglichst wirtschaftlich nutzbar gemacht werden sollen. Aktuell gibt es allerdings noch keine verbreiteten Werkzeuge zur Information und Entscheidungsunterstützung von Energiehändlern über die Einsatzmöglichkeiten dieser Flexibilitäten. Ansätze finden sich in den Funktionalitäten von Leitständen von VK sowie in Energiedaten Management (EDM)-Systemen und Software zum Portfoliomanagement bzw. zur Kraftwerkseinsatzplanung. In einem Handelsleitstand, der als durchgängige Softwarekomponente noch entwickelt werden muss, werden alle erforderlichen Daten in einer Weise zusammengeführt, aggregiert und visualisiert, die geeignet ist, den Energiehändler bei seinen Entscheidungen zu unterstützen. Im Einzelnen muss dieser in die Lage versetzt werden, auf Bilanzkreisebene Informationen zur gehandelten Position und zu prognostizierter Erzeugung und Last mit einem Stunden- und Tageshorizont der aktuellen Erzeugung und Last gegenüberzustellen. Hiermit können Informationen über handelbare Mengen und verfügbare Erzeugungsanlagen gewonnen werden. Gleichzeitig müssen Informationen für die Kosten des Handels und handelbare Mengen zu unterschiedlichen Zeiten an unterschiedlichen Märkten verfügbar gemacht werden. Auf diese Weise wird eine aktive Bewirtschaftung bislang unerschlossener Flexibilitäten auf der Ebene von Bilanzkreisen möglich, die durch Optimierungsalgorithmen, Informationsangebote und automatisierte Prozesse unterstützt wird.

Während heute für den Day-ahead-Markt und den Terminmarkt eine Top-down-Prognose und Erfassung von Lastdaten und Erzeugungsdaten dezentraler Windanlagen erfolgt, ist bei einer Migration hin zur Nutzung der kleinteiligeren Flexibilitäten auf dem Markt eine Bottom-up-Erfassung der Positionen erforderlich, da eine Top-down-Prognose unter diesen Umständen zu ungenau würde.

Unbedingte Voraussetzung für die Realisierung von Handelsleitständen für Flexibilitäten sind leistungsfähige und wirtschaftliche Informations- und Kommunikationsanbindungen, die anerkannte, internationale Standards nutzen. Des Weiteren ist die nutzbare Übertragungskapazität des Stromnetzes für die erfolgreiche Umsetzung des Handels der aggregierten Flexibilitäten von Bedeutung, ähnlich wie im länderübergreifenden wholesale Trading die Kapazität der Interkonnektoren. Eine wichtige Eigenschaft von Handelsleitständen ist die Massendatentauglichkeit, die weitgehende Automatisierung von Datenaggregation und Datenanalyse sowie die

Aufbereitung relevanter Informationen zur Unterstützung bzw. Unterbreitung von Entscheidungsoptionen.

Die Aggregation der Flexibilitäten, die sich aus dem Lastverschiebungspotenzial beim Verbraucher sowie bei dezentraler Einspeisung ergeben, kann zum Beispiel in regionalen Energiemarktplätzen erfolgen.

**Entwicklungsschritte**
**Heute:** Es existieren Werkzeuge zur Unterstützung des Handels auf dem Terminmarkt und dem Day-ahead-Markt. Es erfolgt eine Top-down-Erfassung von Bilanzkreispositionen. Funktionen für das Portfolio-Management und die Einbindung von EDM-Systemen sind realisiert. In Demonstratoren sind Handelsfunktionen in VK-Leitständen realisiert.

**Schritt 1:** Das Handelssystem kann Positionen und Prognosen zu dezentraler Erzeugung und dezentralem Verbrauch Bottom-up erfassen und geeignet aggregieren. Es existieren Visualisierungsfunktionen zur Abbildung auf Bilanzkreisebene.

**Schritt 2:** Neben neuen Funktionen sind weitere für den Handel relevante Größen visualisiert und mit den anderen Funktionen verknüpft.

**Schritt 3:** Das Handelsleitsystem kann Kosten für Flexibilitäten abschätzen – dies bedeutet auch die Kenntnis der Preiselastizität beim Stromverbrauch nach Kundenprofilen – und entsprechende Produkte handeln. Dabei werden Ausgleichsenergiepreise berücksichtigt. Die Auswirkungen von Preissignalen auf den Endkunden können simuliert und prognostiziert werden.

**Schritt 4:** Fortgeschrittene Analysefunktionen, die alle vorhandenen Daten, Prognosen, Verbrauchsverhalten, Börsenpreisprognosen und die Ziele des Händlers berücksichtigen, unterstützen aktiv Entscheidungen.

**Schritt 5:** Die Systeme erlauben eine vollständige Handelsautomatisierung.

### 3.4.10 TECHNOLOGIEFELD 10 – PROGNOSESYSTEME

| | |
|---|---|
| **DEFINITION** | Ein Prognosesystem berechnet eine Schätzung für den zukünftigen Zustand einer Messgröße. Im Energiebereich sind das in der Regel verbrauchs- oder erzeugungsbezogene Messgrößen. |
| **SYSTEMEBENE** | vernetzte Systemebene |
| **DOMÄNE** | zentrale Erzeugung, dezentrale Erzeugung, Übertragung, Verteilung, Industriekunden, Haushaltskunden, Dienstleister, Energiemärkte |
| **AKTEURE** | Lieferant, Produzent, Energienutzer, Energiehändler, Energiebörse, |
| **HERSTELLER/ BRANCHE** | Siemens, SAP, ABB, Procon, Eurowind, energy meteo systems |
| **ENTWICKLUNGS- GESCHWINDIGKEIT** | mittel |
| **REIFEGRAD** | verfügbar, weitere Bereiche in Entwicklung |

**Beschreibung/Erläuterung**
Prognosesysteme dienen dazu, zukünftige Entwicklungen und Ereignisse vorherzusagen. In der Energiewirtschaft sind diese Systeme in verschiedenen Bereichen erforderlich, unter anderem um Investitionen zu planen, an Märkten optimal zu partizipieren oder auch Wartungen bedarfsgerecht zu terminieren. Mit zunehmenden Anteilen von stochastischer Erzeugung durch Windkraft- und PV-Anlagen spielen auch Wetterprognosen und dadurch abgeleitete Erzeugungsprognosen (jeweils spezifisch für die Charakteristika der Wind- und Solarenergie) eine wichtiger werdende Rolle. In diesen Bereichen sind daher bei zunehmender Durchdringung der fluktuierenden Einspeisung signifikante Weiterentwicklungen zu erwarten.

Für die Energielogistik sind Prognosesysteme erforderlich, um die preis- und mengenbehafteten Risiken zu reduzieren. Dies ist sowohl für die Erzeugung als auch für den Verbrauch von Relevanz. Mittelfristig können auch Speicher mit in die Prognosesysteme eingebunden werden. Speicher können hierbei zentrale oder dezentrale Anlagen oder auch mobile Speicher sein. Bei den mobilen Speichern in Elektrofahrzeugen müssten in den Prognosesystemen zudem die örtliche Veränderbarkeit und somit der unterschiedliche Netzanschlusspunkt berücksichtigt werden.

Heute sind Lieferanten verpflichtet, die Energiemengen für die Haushaltskunden auf der Basis von deren jeweiligen Standardlastprofilen zu beschaffen. Mit der Einführung von Smart Metern könnten Kunden künftig individuell und in Summe besser prognostiziert werden. Eine Prognose des Verbrauchs sowohl für Haushalts- wie für Industriekunden ermöglicht eine bessere Kraftwerkseinsatzplanung oder einen besser geplanten Einkauf von Energie an den Börsen. Neue Verbraucher machen es erforderlich, auch Prognosen außerhalb der Domäne einzubeziehen, zum Beispiel Mobilitätsprognosen zur Prognose des Stand- und Ladeverhaltens von Elektromobilen.

Im Bereich der Netze sind Prognosesysteme erforderlich, um erkennen zu können, wie in Zukunft bestimmte Netzbereiche ausgelastet sind. Dies ist für den Netzausbau und für die Netzwartung, aber auch kurzfristig für Demand Response (DR)-Anwendungen von Relevanz. DR gewinnt hierbei an Bedeutung, da mit der erhöhten unkontrollierten Einspeisung auf Verteilnetzebene Spannungsprobleme bereits heute entstehen und zunehmen werden. Diese können durch einen Abwurf der Einspeisung umgangen werden, wirtschaftlicher sind hier jedoch DR-Anwendungen, bei denen die Energie lokal kurzfristig erhöht abgenommen wird.

Im Gassektor sind Prognosesysteme ebenfalls von sehr großer Bedeutung, da die physischen und chemischen Eigenschaften des Gases berücksichtigt werden müssen.

### Entwicklungsschritte

**Heute:** Derzeit kommen Prognosesysteme in einigen Bereichen der Energiewirtschaft zum Einsatz und unterstützen im kurzfristigen Bereich die Energiebeschaffung und im langfristigen Bereich die Investitionsplanung. Die Übertragungsnetzbetreiber nutzen Prognosen zur Einspeisung von Windenergie, um Strom aus erneuerbaren Energien an der Börse zu verkaufen. PV-Prognosen werden im Wesentlichen zu Investitionsentscheidungen genutzt. Aufgelöste PV-Prognosen sind in der Entwicklung.

**Schritt 1:** Mit zunehmender Relevanz der Direktvermarktung von erneuerbaren Energiemengen werden verbesserte Windprognose-Tools, die insbesondere auch regional feiner aufgelöste Prognosen liefern können, eingesetzt.

**Schritt 2:** Mit der verstärkten Verbreitung von elektronischen Stromzählern und zeitvariablen Tarifen wird es möglich, detaillierte Verbrauchsprognosen einzelner Verbrauchergruppen oder einzelner (Netz-)Regionen zu erstellen, die als wichtige Entscheidungsunterstützung für den Handel und die Netzsteuerung verwendet werden können.

**Schritt 3:** Korrelationen zwischen verschiedenen Prognosen werden angemessen berücksichtigt, um in Kombination präzisere Gesamtprognosen zu ermöglichen. Anwendungen zur Prognose der Stromerzeugung durch PV werden vermarktet. Die Einwirkung variabler Tarife oder anderer Feedback- oder Informationssysteme auf den Stromverbrauch (Preiselastizität) kann abgeschätzt werden.

**Schritt 4:** Die Erzeugungsprognosen von erneuerbaren Energien-Anlagen können anlagenspezifische Details, wie das Anlagenalter (→ Wirkungsgradverlust), berücksichtigen und dadurch noch genauere Prognosen liefern.

## 3.4.11 TECHNOLOGIEFELD 11 – BUSINESS SERVICES

| | |
|---|---|
| **DEFINITION** | Business Services unterstützen und optimieren wesentliche Prozesse eines Unternehmens und kommen auf allen Wertschöpfungsketten der Elektrizitätswirtschaft zum Einsatz. |
| **SYSTEMEBENE** | vernetzte Systemebene |
| **DOMÄNE** | dezentrale Erzeugung, Industriekunden, Haushaltskunden, Dienstleister, Energiemärkte |
| **AKTEURE** | Produzent, Energienutzer (gewerblich), Übertragungsnetzbetreiber, Verteilnetzbetreiber, Energielieferant, Bilanzkreisverantwortlicher, Bilanzkreiskoordinator, Energiehändler, Energiebörse, Messstellenbetreiber, Messdienstleister, Energiemarktplatzbetreiber, Energiedienstleister, Kommunikationsnetzbetreiber |
| **HERSTELLER/ BRANCHE** | SAP, Oracle, Schleupen |
| **ENTWICKLUNGS- GESCHWINDIGKEIT** | mittel |
| **REIFEGRAD** | ausgereifte, vielfach eingesetzte Technologie; Weiterentwicklungen der Technologie ermöglichen/unterstützen neue (Informations-)Dienste und Unternehmensprozesse |

### Beschreibung/Erläuterung

Business Services werden zur Abwicklung einer Vielzahl von Unternehmensprozessen mit dem Ziel eingesetzt, Geschäftsprozesse optimal zu steuern, Ressourcen effizient zu nutzen, Kosten zu minimieren und gleichzeitig eine hohe Verfügbarkeit und Zuverlässigkeit zu gewährleisten. Kennzeichen dieser Services ist zudem, dass sie aufgrund der üblicherweise hohen Anzahl von Geschäftsvorfällen in diesem Bereich (beispielsweise im Endkundengeschäft) eine Massendatenspeicher- und Verarbeitungsfähigkeit der beteiligten Informationssysteme voraussetzen. Beispiele für die wichtigsten Business Services in der Elektrizitätswirtschaft sind Customer Relationship Management (CRM), Abrechnung, Service Management, Advanced Metering Management (AMM), Energiedatenmanagement (EDM), Analytics sowie weitere Enterprise Resource Planning (ERP)-Module,, die auch in anderen Branchen in ähnlicher Weise eingesetzt werden. In Zukunft gehören zu den Business Services der Elektrizitätswirtschaft auch solche Dienste, die Prozesse im Bereich der Elektromobilität unterstützen, etwa spezielle Abrechnungs- und Roamingservices.

Business Services unterscheiden sich für die Bereiche Handel und Vertrieb einerseits und Netzbetrieb andererseits. Im Netzbereich dienen Business Services vorwiegend dazu, um die sich fortwährend ändernden regulatorischen und gesetzlichen Anforderungen an den Netzbetrieb und Kundenwechselprozesse korrekt umzusetzen. In den Bereichen Handel und Vertrieb können Business Services mit der Zielsetzung eingesetzt werden, zum Beispiel die Kundenzufriedenheit zu erhöhen, den Kraftwerkseinsatz zu planen, neue Erlösmöglichkeiten zu entdecken und neue Tarife oder Geschäftsmodelle umzusetzen oder allgemein Geschäftsprozesse zu optimieren.

Aktuelle Entwicklungen im Bereich der Business Services gehen in Richtung erhöhter Prozessinte-gration, Geschwindigkeit (Echtzeit, Massendatenverarbeitung) und mobiler, verteilter Anwendungen. Im Bereich Handel/Vertrieb ermöglicht das beispielsweise schnellere Analysemöglichkeiten auf Basis von detaillierteren (Echtzeit-) Messwerten im Smart Grid, die Unterstützung von DSM oder die Einbindung der Elektromobilität. Insgesamt wird durch Weiterentwicklungen der Business Services eine Flexibilisierung von integrierten Geschäftsprozessen mit Kunden bzw. Geschäftspartnern gefördert.

### Entwicklungsschritte

**Heute:** Die gesetzlich vorgeschriebenen Prozesse, insbesondere für den regulierten Netzbetrieb, werden von heutigen Business Services vollständig unterstützt. Für den Stromvertrieb gibt es einfache Business Services für das CRM und für die Abrechnung und Fakturierung von Abschlagszahlungen bzw. Energieverbräuchen.

**Schritt 1:** In einem ersten Schritt werden Business Services, die in anderen Branchen (zum Beispiel E-Commerce) Stand der Technik sind, auch bei Energieversorgern eingesetzt, wie Customer-Self-Service-Systeme, durch die Kunden Prozesse, etwa Umzüge, anstoßen können.

**Schritt 2:** Durch die Verfügbarkeit von In-Memory-Technologien und größerer Verbreitung von Sensoren in den Netzen sowie elektronischen Zählern können Echtzeitanalysen der Netz- und Verbrauchsdaten vorgenommen und auf dieser Basis Prozesse optimiert werden.

**Schritt 3:** Cloud Computing[178] wird auch von Energieversorgern und Netzbetreibern verstärkt genutzt, da Prozesse sich vereinheitlicht haben und Schnittstellen standardisiert wurden, sodass Softwareanbieter für eine wachsende Zahl von Anwendungen Standarddienste für die Energiewirtschaft anbieten können.

**Schritt 4:** Die Energiemanagementsysteme von Großkunden werden mit Business Services von Energieversorgern verknüpft, sodass DSM-Potenziale für beide Seiten gewinnbringend genutzt werden können.

**Schritt 5:** Ein integriertes Plug & Play-DSM wird bis hin zu kleinen Endkunden ermöglicht, da über standardisierte Schnittstellen die Prozesse des Energieversorgers bzw. Netzbetreibers mit der Verbrauchsseite verknüpft werden können. Die ERP-Systeme des Energielieferanten und eines Unternehmens der Industrie sind so integrierbar, dass auch energiebezogene unternehmensübergreifende Prozesse, wie der Eingriff in Produktionsabläufe über DR, automatisierbar ist.

### 3.4.12 TECHNOLOGIEFELD 12 – VIRTUELLE KRAFTWERKSSYSTEME

| | |
|---|---|
| **DEFINITION** | Mit einem virtuellen Kraftwerkssystem (VK-System) wird eine Anwendung bezeichnet, die mehrere Anlagen zu Stromerzeugung oder des Stromverbrauchs IKT-technisch bündelt und so den Einsatz dieser Anlagen zur Lieferung von Wirkleistung, Systemdienstleistungen oder Regelenergie verbessert.[179] |
| **SYSTEMEBENE** | vernetzte Systemebene |
| **DOMÄNE** | dezentrale Erzeugung, Industriekunden, Haushaltskunden, Dienstleister, Energiemärkte |
| **AKTEURE** | Produzent, Energienutzer, Verteilnetzbetreiber, Energielieferant, Bilanzkreisverantwortlicher, Energiehändler, Energiebörse |
| **HERSTELLER/ BRANCHE** | Siemens, ABB, KISTERS, (Lieferanten für Smart Grid-Technik und Energieautomatisierung) |
| **ENTWICKLUNGS- GESCHWINDIGKEIT** | mittel |
| **REIFEGRAD** | ausgereifte, im Feld eingesetzte Technologie (für Regelenergie und große dezentrale Kraftwerke) |

### Beschreibung/Erläuterung

Kennzeichnendes Element der zukünftigen Energieversorgung ist das messende, prognostizierende und steuernde Einbeziehen dezentraler oder fluktuierender Verbräuche und Erzeugung.

Vor diesem Hintergrund wurde das Konzept der Virtuellen Kraftwerke (VK) entwickelt. Darunter versteht man das

---

[178] BITKOM 2010.
[179] Häufig wird auch die komplette Einheit aus dezentralen Anlagen und IKT-Systemen als VK bezeichnet. Hier ist aber ausdrücklich nur das IKT-Anwendungssystem gemeint.

Zusammenschalten vieler kleiner Anlagen, die von einem EMS geführt werden. Das VK ist ein zentrales Paradigma zur Steuerung von Smart Grids und wurde frühzeitig konzeptionell und experimentell untersucht.[180]

Im VK spielen das dezentrale Energiemanagement und die Kommunikation mit den Erzeugereinheiten eine entscheidende Rolle. Das dezentrale Energiemanagement als „Gehirn" eines dezentralen Erzeugerparks vernetzt die Erzeugungseinheiten, steuert sie zentral und hilft dabei, sie sowohl ökonomisch als auch ökologisch einzusetzen und so das Potenzial von VK voll auszuschöpfen. Es stellt Funktionen zur Prognose der Lasten und der regenerativen Erzeugung bereit und berechnet auf dieser Basis optimale Fahrpläne für den Einsatz der dezentralen Erzeugungs- und gegebenenfalls Verbrauchsanlagen. Dabei werden alle relevanten technischen und wirtschaftlichen Randbedingungen berücksichtigt. Auf der Basis des Einsatzplans werden Planungsabweichungen, die während der Betriebsführung auftreten, kostenoptimal auf Erzeuger, Speicher und beeinflussbare Lasten zyklisch umverteilt, sodass der Planwert eingehalten werden kann. Nach außen werden somit Vorgaben für Bezug, Lieferung bzw. für entsprechende Verträge erfüllt. Ein VK kann sowohl für die Wirkleistungsbereitstellung, zum Beispiel durch Marktteilnahme am Markt, als auch für die Bereitstellung von Systemdienstleistungen, wie Spannungshaltung und Blindleistungskompensation, oder am Regelenergiemarkt eingesetzt werden, wenn die angebundenen Anlagen und die QoS-Level der IKT dies zulassen. Es existieren verschiedene Ansätze, VK zu hierarchisieren oder in selbst organisierten Verbünden zu betreiben.

Bei einer stärkeren Durchdringung von dezentralen Erzeugern in der Niederspannungsebene können VK dazu beitragen, bereits lokal in sogenannten Microgrids für den Ausgleich der fluktuierenden Einspeisungen und der Lasten zu sorgen. Derartige Microgrids haben eine höhere Eigenständigkeit und können sich so an der Sicherung einer zuverlässigen Energieversorgung beteiligen. In Entwicklungsländern erlauben sie es, den wachsenden Strombedarf stärker lokal zu decken und den kostenintensiven Ausbau von Übertragungsnetzen zu reduzieren.

**Entwicklungsschritte**
**Heute:** VK dienen der Bereitstellung von Regelenergie im kommerziellen Einsatz. Es gibt viele heterogene Installationen mit Pilotcharakter.

**Schritt 1:** VK-Systeme sind kommerziell erhältlich und in der Lage, Fahrpläne anzunehmen und abzufahren. Es existieren Schnittstellen zur Fernwirktechnik mit den entsprechenden Standards.

**Schritt 2:** Komponenten für den Einsatz vieler kleiner heterogener Anlagen sind Teil des VK und erlauben es, Fahrpläne für eine große Anzahl von Anlagen zu berechnen, zu versenden und auf Abweichungen in Echtzeit zu reagieren.

**Schritt 3:** Netzberechnungen sind in die Fahrpläne einbindbar. Das VK ist in der Lage, autonom einen Netzabschnitt zu optimieren. „Autonome Netzagenten" können im Niederspannungsbereich eingesetzt werden. Diese eingebetteten Systeme mit VK-Funktionen können Daten aus diversen Messeinrichtungen und Messumformer und Prognosen verarbeiten, um direkt auf Erzeugeranlagen einzuwirken. VK sind in der Lage, für einen kompletten Netzabschnitt Steuersignale so zu berechnen, dass die Anlagen gemäß einem gegebenen Fahrplan zum angrenzenden Netz eingesetzt werden (soweit die angeschlossenen Anlagen dies zulassen).

**Schritt 4:** VK-Systeme sind in der Lage, sich horizontal mit anderen VK-Systemen zu koppeln. Ein VK-System ist damit nicht mehr unbedingt eine „zentrale Lösung", sondern die Steuerungsintelligenz ist über mehrere Systeme verteilt.

---

[180] Bitsch 2000.

**Schritt 5:** Das Geschehen im Verteilnetz kann weitgehend selbst organisiert betrieben werden. Die Konvergenz von IKT und elektrischem System ist vollständig umgesetzt. Die Intelligenz ist vollständig dezentralisierbar: Erzeuger- und Verbraucheranlagen besitzen eigene IEDs (siehe Technologiefeld 13), die miteinander, mit dem Netzleitsystem und dem Markt verbunden sind.

## 3.4.13 TECHNOLOGIEFELD 13 – ANLAGENKOMMUNIKATIONS- UND STEUERUNGSMODULE

| | |
|---|---|
| **DEFINITION** | Dieses Technologiefeld beschreibt eingebettete Systeme in dezentralen Verbrauchern, Erzeugern und Speicher zur Steuerung und Kommunikationsanbindung. |
| **SYSTEMEBENE** | vernetzte Systemebene |
| **DOMÄNE** | dezentrale Erzeugung, Industriekunden, Haushaltskunden, Dienstleister, (regionale) Energiemärkte |
| **AKTEURE** | Verteilnetzbetreiber, künftig möglicherweise Aggregatoren von Schaltrechten, Elektromobilität, Endkunden |
| **HERSTELLER/ BRANCHE** | Bosch, Siemens, ABB, SMA und andere |
| **ENTWICKLUNGS- GESCHWINDIGKEIT** | schnell |
| **REIFEGRAD** | ausgereifte Technologie, bisher kaum in diesem Zusammenhang kommerziell eingesetzt |

### Beschreibung/Erläuterung

Der Grundgedanke des Smart Grids ist die Verbindung aller Erzeuger- und Verbraucheranlagen durch IKT.[181] Dazu müssen die Aktorik und die Sensorik der Anlagen mit einem eingebetteten IKT-System ausgestattet sein, das Kommunikation und gewisse Funktionen unterstützt. Im Energieumfeld werden diese Systeme häufig als IED[182] bezeichnet. Dieses Modul kann auch lokale Intelligenz, also Anwendungen, die aufgrund der Umgebungsanalyse Steuerungssignale an die Aktoren absetzen, enthalten. Je nach Einsatzszenario kann drahtlose oder leitungsgebundene Technik zur Kommunikation eingesetzt werden. Je nach Anlagentyp und angestrebtem Einsatz werden sehr verschiedene Funktionen und nichtfunktionale Anforderungen implementiert sein. So wird das Modul einer PV-Anlage im unteren Kilowattbereich nur einfache Messfunktionen zur Überwachung und eine Kommunikationsanbindung ohne besondere Anforderungen realisieren, während das Modul einer Windanlage umfangreichen Steuermöglichkeiten und eine gesicherte hochzeitaufgelöste Kommunikation erfordern mag, um zukünftig auf Signale der Netzleitsysteme reagieren zu können. Elektrofahrzeuge wiederum benötigen spezielle Komponenten, die den Mobilitätsaspekt mit dem Smart Grid verknüpfen. Die Entwicklung geht dabei auf der einen Seite von der Messung hin zu einer immer vielseitigeren Steuerung, auf der anderen Seite von einfachen Reaktionen, wie der autonomen Abschaltung bei zu hoher Netzfrequenz, zu komplexen Agenten, die auf lokalen Märkten die Anlagenleistung anbieten.

### Entwicklungsschritte

**Heute:** Energieanlagen sind häufig mit proprietärer Anbindung ansteuerbar. Selbst kleinere KWK-Anlagen sind mit IT ausgestattet. Große Verbraucheranlagen verfügen über eine Speicherprogrammierbare Steuerung (SPS). Erneuerbare Energien- und KWK-Anlagen mit einer installierten Leistung >100 kW stellen immer eine Kommunikationsschnittstelle zur Verfügung, um dem Netzbetreiber eine Abschaltung zu erlauben (§ 6, § 11 EEG). In FuE-Projekten werden bereits Anlagen durch lokale Intelligenz gesteuert. Kleine Anlagen reagieren autonom auf mögliche Netzprobleme.[183]

---

[181] Der Gedanke, dass sich „Smart Objects" in ein Kommunikationsnetz integrieren, finden sich auch an anderer Stelle („Internet of Things", Cyber Physical Systems – CPS).

[182] Im engeren Sinne versteht man unter einem IED ein Steuermodul der Schutz- und Leittechnik in der Stationsautomatisierung.

[183] Dazu sind mehrere Mechanismen in Diskussion oder bereits implementiert, wie die Reaktion auf Über-/ Unterfrequenzen, Beiträge zur Spannungshaltung usw.

**Schritt 1:** Erzeugungsanlagen zwischen 30 kW und 100 kW verfügen über die Möglichkeit einer standardisierten Kommunikationsanbindung. Thermische Großverbraucher >100 kW haben einfache Funktionen realisiert. Technisch ist es dadurch dem Netz oder den Betreibern virtueller Kraftwerke möglich, diese Anlagen in ein Steuerungskonzept einzubinden. Kleine Anlagen reagieren weiterhin autonom, aber differenzierter auf mögliche Netzprobleme.

**Schritt 2:** Die IEDs haben variable Steuerkonzepte zur Reaktion auf Anfragen realisiert. Für alle Erzeugungsanlagen sowie mittlere Verbraucher ab 30 kW sind IEDs erhältlich.

**Schritt 3:** Die IEDs besitzen erste Ansätze von „Smartness": Die Anlagen reagieren selbstständig auf die Umgebung. Beispielsweise können Fahrpläne interpretiert werden. Unidirektionales Plug & Play[184] zur Erkennung und Ansteuerung von Anlagen ist implementiert. Die IEDs werden über Remote-Updates aktualisiert.

**Schritt 4:** Für alle Anlagen sind IEDs im Markt, die eine autonome Steuerung und eine standardisierte Kommunikationsanbindung gestatten. Diese Anbindung kann per bidirektionalem Plug & Play[185] erfolgen. Bei Bedarf sind Anlagen in der Lage, sich auch in andere EMS einbinden zu lassen (Multi-Utility).

**Schritt 5:** Die IEDs sind zu autonomer Systemintelligenz fähig. Analog der Entwicklung bei Smart Appliances können sich die Systeme nahtlos in Aggregatorsysteme, wie VK-Systeme, regionale Energiemärkte, Steuersysteme oder Ähnliche integrieren.

### 3.4.14 TECHNOLOGIEFELD 14 – ADVANCED METERING INFRASTRUCTURE

| | |
|---|---|
| **DEFINITION** | Eine Advanced Metering Infrastructure (AMI) dient der Verbrauchsmessung, der Abbildung von Smart-Metering-Prozessen sowie der Übertragung und Verarbeitung von Smar-Meter-Massendaten. |
| **SYSTEMEBENE** | vernetzte Systemebene |
| **DOMÄNE** | dezentrale Erzeugung, Industriekunden, Haushaltskunden |
| **AKTEURE** | Messstellenbetreiber, Messdienstleister, Energiedienstleister, Kommunikationsnetzbetreiber |
| **HERSTELLER/ BRANCHE** | IT |
| **ENTWICKLUNGS-GESCHWINDIGKEIT** | mittel |
| **REIFEGRAD** | entwickelt, in Deutschland aber bislang nur vereinzelt eingesetzt; erste Produkte auf dem Markt verfügbar; Standards sind in der Etablierung |

### Beschreibung/Erläuterung

Eine Advanced Metering Infrastructure (AMI) ist eine automatisierte Infrastruktur für die Abbildung der Smart-Metering-Prozesse sowie die performante Übertragung und Verarbeitung von Massendaten aus den Smart Metern beim Endkunden. Neben dem Smart Meter selber, der gemäß verschiedener Vorgaben beispielsweise als eHZ (elektronischer Haushaltszähler) oder Sym² (taktsynchroner Lastgangzähler) oder aber in Anlehnung an die entsprechenden Paragrafen des EnWG als EDL 21-Zähler ausgeprägt sein kann, ist ein Kommunikationsgateway in der Feldebene erforderlich. Dieser kann entweder in den Smart Meter integriert, als aufsteckbares Kommunikationsmodul oder als separates Gerät ausgeprägt sein. Ein EDL 21-Zähler kann zum Beispiel mit einem entsprechenden Kommunikationsmodul

---

[184] „Unidirektional" meint, dass das System, in das sich das IED einklinkt, dieses IED mit Schnittstellen und Diensten erkennt und es nutzen kann.
[185] „Bidirektional" meint, dass das System, in das sich das IED einklinkt, von dem IED erkannt wird und sich das IED entsprechend dem System verhält.

zu einem EDL 40-System ausgebaut werden oder die elektronischen Zähler für verschiedene Medien werden im Kundenhaushalt durch ein Gateway nach außen hin gekapselt. Ein solcher Multi Utility Communication (MUC)-Controller standardisiert Funktionalität und Schnittstellen zwischen den Messstellen für Strom, Gas, Wasser, Wärme, dem Endkunden sowie den Messstellenbetreibern und -dienstleistern. Innerhalb des Kundenhaushalts ist eine Schnittstelle für den Endverbraucher im Sinne eines Feedbacksystems zur Energietransparenz möglich. Diese kann eine einfache Anzeige am EDL 21-Zähler sein, aber auch ein Heimdisplay, das über Funk mit Daten versorgt wird, ein PC oder eine sonstige Benutzerschnittstelle. Zur Übertragung der Daten von kommunikativ angebundenen Smart Metern zu den Backendsystemen des Messstellenbetreibers/Messstellendienstleisters sind verschiedene Wide Area Network (WAN)-Übertragungsmedien einsetzbar. Im Fall einer indirekten WAN-Anbindung erfolgt eine PLC-basierte Anbindung der Kommunikationseinheit mit in den Ortsnetzstationen implementierten Datenaggregatoren, die wiederum mittels einer WAN-Anbindung mit den Backend-Systemen verbunden sind. Aufgrund der verschiedenen diskutierten Konzepte, offener Fragen der Standardisierung[186], der gesetzlichen Vorgaben[187] und der Sicherheit[188] ist es derzeit nicht möglich, eine eindeutige Entwicklungsrichtung in Deutschland zu beschreiben. Die Regelung der Sicherheitsanforderungen ist besonders wichtig, da einerseits Akzeptanz wesentlich von der Sicherheit abhängt, andererseits rigide Sicherheitsvorschriften einen Rollout auch massiv behindern können.

Aufseiten der datenverarbeitenden IKT-Infrastruktur gibt es verschiedene Ansätze:

Im Rahmen einer Automated-Meter-Reading-Infrastruktur (AMR) erfolgt die Erfassung von Energieverbrauchsdaten mittels einer unidirektionalen Fernauslesung. Die Übertragung von Schaltbefehlen, Tarifinformationen, Firmwareupdates etc. ist nicht möglich.

Eine AMI erweitert ein AMR um die Möglichkeit der bidirektionalen Kommunikation zwischen dem Netzbetreiber bzw. Messstellenbetreiber/Messstellendienstleister und der Feldebene.

**Entwicklungsschritte**
Abweichend von den meisten anderen Technologiefeldern werden nur drei Schritte beschrieben. Dies liegt im Wesentlichen daran, dass das Metering an sich eine im Vergleich zu den anderen Technologiefeldern geringere Komplexität und technologische Vielfalt besitzt.

**Heute:** Elektronische Zähler haben eine Vielzahl unterschiedlicher Funktionalitäten. Die Anbindung der Zähler ist proprietär. Die Auslesung der Zähler und die Verarbeitung der Daten erfolgten ebenfalls proprietär. Die großen Installationen (wie ENEL in Italien) beruhen in der Regel auf der Abhängigkeit von einem Hersteller. In Deutschland gibt es keine umfangreichen Installationen.

**Schritt 1:** Die AMI ist standardisiert. Es ist festgelegt, welche Funktionen die Zähler haben und welche Standards eingesetzt werden müssen.

**Schritt 2:** Ein Advanced Meter Management (AMM) umfasst zusätzliche Daten und Energiedienstleistungen, die auf den erhobenen (Mess-)Daten aufsetzen. Dabei steht auch zunehmend der Verbraucher im Fokus, sodass die Möglichkeit besteht, Daten an den Verbraucher zu übermitteln sowie weitergehende Dienste und Anwendungen im Haushalt zu unterstützen. Weiterentwickelte Zähler sind in der Lage, dem Netz in hoher Auflösung Daten zu Verfügung zu stellen, die die Berechnung des Netzzustandes im

---

[186] Der Standardisierungsbedarf wird derzeit im EU-Mandat M/441 erarbeitet.
[187] Diese wird durch das EnWG und die Regelungen der Bundesnetzagentur (BNetzA) festgelegt. Die Vorschriften entwickeln sich schnell weiter.
[188] Insbesondere das Bundesamt für Sicherheit in der Informationstechnik (BSI) hat dazu ein Schutzprofil vorgegeben, dass zum Zeitpunkt der Erstellung des Textes heftig diskutiert wurde.

Niederspannungsbereich unterstützen[189] (siehe Technologiefelder 2 und 4).

**Schritt 3:** Es ist davon auszugehen, dass an jeder Stelle, an der ein Zähler vorhanden ist, auch die Möglichkeit einer verfügbaren und sicheren Kommunikationsanbindung besteht. Neben dem Zähler und der Kommunikationsanbindung sind dann keine speziellen höheren Funktionen im Smart-Meter-Bereich mehr erforderlich. Es sind ohnehin alle Objekte, in denen Smart Metering interessant ist, mit einer zuverlässigen IP-Anbindung in das Internet und weitere Informationskanäle integriert. Damit fallen die zusätzlichen Service- und Wartungskosten im Smart-Meter-Bereich, die durch die IKT-Anbindung entstehen, einfach weg. Die AMI kann damit in die allgemeine Infrastruktur zur Anbindung von Gebäuden (Smart Home) oder Anlagen (Smart Appliances) übergehen.

### 3.4.15 TECHNOLOGIEFELD 15 – SMART APPLIANCES

| | |
|---|---|
| **DEFINITION** | Mit „Smart Appliances" werden hier Geräte in Haushalt, Gebäuden und Kleingewerbe bezeichnet, die über eine Möglichkeit der intelligenten Steuerung und eine Kommunikationsbindung verfügen.[190] |
| **SYSTEMEBENE** | vernetzte Systemebene |
| **DOMÄNE** | dezentrale Erzeugung, Haushaltskunden, Service |
| **AKTEURE** | Energienutzer, Einspeiser, Verteilnetzbetreiber, Energielieferant, Messstellenbetreiber, Messdienstleister, Energiedienstleister, Kommunikationsnetzbetreiber, Energiemarktplatzbetreiber |
| **HERSTELLER/ BRANCHE** | Hersteller von Haushaltsgeräten und elektronischen Konsumgütern, Hersteller von mobilen Endgeräten, IKT-industrie (Systemintegratoren) |
| **ENTWICKLUNGS-GESCHWINDIGKEIT** | langsam bis mittel |
| **REIFEGRAD** | Entwickelte, aber meist nur in Pilotvorhaben eingesetzte Technologien; die bestehende Trennung von Haushaltstechnik (inkl. Versorgung und Metering); relevante Technologien konvergieren langfristig |

#### Beschreibung/Erläuterung

Trotz verfügbarer Technologien sind heute der private Haushalt und das Gewerbe beim persönlichen Energiemanagement (Raumwärme, Warmwasser, Licht, Verbrauch der Geräte etc.) vorwiegend auf die manuelle Datenbeschaffung und Analyse zur Verbrauchsidentifikation, -steuerung und der Lastverteilung angewiesen. Aus Verbrauchersicht ist dabei das mangelnde Kosten-Nutzen-Verhältnis automatisierter Basislösungen ein Haupthemmnis: Es gibt heute trotz Konvergenztendenzen und (nationaler und EU-weiter) Harmonisierungsbemühungen immer noch zu viele unterschiedliche, nicht miteinander abgestimmte

---

[189] Inwieweit diese Funktionalität genutzt wird oder genutzt werden darf, ist noch in Diskussion. Hier sind zum Beispiel Fragen des Datenschutzes zu klären.
[190] Zum Beispiel beschrieben in AHAM 2009.

Technologiesparten (Heizung, weiße Ware, Konsumelektronik, Inhouse-Kommunikation, Aktoren/Sensoren zur Haussteuerung, Smart Metering usw.) mit unterschiedlichen, zum Teil konkurrierenden Standards (KNX, ZigBee, Z-Wave, M-Bus, OMEGA, PLC, SITRED, SML, DLMS/COSEM, EEBus und viele mehr). Forschungsvorhaben (zum Beispiel OPENmeter, SmartHouse/SmartGrid) und strategische Initiativen (wie OMS) zur Sicherstellung der notwendigen Interoperabilität von Hardware- und Softwarekomponenten in den unterschiedlichen Systemebenen (Protokoll-, Dienste-, Anwendungs-, Anwenderschicht) sind dabei primär auf technologische Machbarkeit und weniger auf die (zum Teil nicht geweckten) Kundenbedürfnisse (Autonomie, Personalisierung, Modularität, Sicherheit, Ökonomie, Ökologie) ausgerichtet. Um schnell eine „kritische Masse" an massenmarktfähigen (Sub-)Metering Devices zu erhalten, ist auf den bisherigen Bemühungen des MUC-Konzepts und vorliegenden Forschungsergebnissen (zum Beispiel E-Energy) aufzusetzen und sie weiterzuentwickeln. Eingebettete Systeme („Embedded Systems") und IP-fähige Netzwerk-Technologien sowie hochstandardisierte Komponenten (Stecker, Adapter, Kabel) im „Device"-Netzwerk sind dabei zentrale technische Innovationstreiber. Kostentreibende Zertifizierungsverfahren und eichrechtliche Vorgaben sind potenzielle Innovationshemmnisse, für die Lösungsansätze zu erörtern sind. Auf der anderen Seite gibt es im Endkundensektor viele Entwicklungen, Geräte intelligenter zu gestalten und auch zu vernetzen im sogenannten „Internet der Dienste" und „Internet der Dinge".[191]

Ein Problem für den Einsatz im Energiemanagement aufseiten der Industrie ist die gegenseitige Abhängigkeit von Smart Appliances, Inhouse-Kommunikation und Angeboten der Energieversorger. Jedes der drei genannten Felder wartet auf die jeweils beiden anderen. Jedoch wird den Smart Appliances ein großer Markt vorausgesagt.[192]

**Entwicklungsschritte:**

**Heute:** In einigen Anwendungen wird autonomes Energiemanagement (Licht-, Wärmesteuerung, automatisches Standby) ohne Verknüpfung mit dem Smart Grid eingesetzt. Smartphones werden zunehmend als Schnittstelle ins Internet eingesetzt. Erste Energieanwendungen zur Verknüpfung mit Verbrauchsmessungen werden in Pilotvorhaben angeboten.

**Schritt 1:** Größere thermische Verbraucher, wie Wärmepumpen und Klimatisierung, besitzen sowohl lokale Intelligenz als auch die Möglichkeit zur Einbindung in ein Kommunikationsnetz.

**Schritt 2:** Großgeräte der weißen Ware, also Kühlschränke, Gefrierschränke, Trockner usw. sind zumindest im oberen Segment mit IKT-Komponenten und mit externer Schnittstelle ausgestattet. Die IKT-Komponente der Geräte hat Informationen über den inneren Zustand und kann diese auswerten. Diese können in ein Energiemanagement eingebunden werden und sind damit fähig, an DR-Programmen teilzunehmen. Es existieren umfangreiche Funktionalitäten zur Energiesteuerung auf Endgeräten mit Benutzerschnittstellen wie Smartphones.

**Schritt 3:** Die Geräte können sich selbstständig in eine bestehende Hauskommunikationseinrichtung einbinden.

**Schritt 4:** Der Trend zum „Internet der Dinge" und zum intelligenten Gebäude setzt sich fort. Die Geräte besitzen autonome Intelligenz. Sie können sich selbstständig in ein Energiemanagement integrieren. Funktionen der Geräte sind durch Ansteuerung von außen nutzbar.

**Schritt 5:** Autonome Intelligenz und eine Anbindung an das Internet befinden sich zunehmend auch in Kleingeräten. Geräte sind in der Lage, durch Sensoren ihre Umgebung wahrzunehmen. Die Grenzen zwischen physikalischer und virtueller Welt verschwimmen.

---

[191] Mattern/Flörkemeier 2010.
[192] ZPRY 2010.

## 3.4.16 TECHNOLOGIEFELD 16 – INDUSTRIELLES DEMAND SIDE MANAGEMENT/ DEMAND RESPONSE

| | |
|---|---|
| DEFINITION | Demand Response (DR) beschreibt eine Einflussnahme auf den zeitlichen Energiebedarf durch Tarife über einen Energielieferanten (bzw. Netzbetreiber) oder über Strompreise an Börsen über ein eigenes Beschaffungsmanagement. Industrielles Demand Side Management (DSM) beschreibt die Möglichkeiten einer direkten Einflussnahme auf Verbrauchsanlagen. |
| SYSTEMEBENE | vernetzte Systemebene |
| DOMÄNE | Industriekunden, Dienstleister, Energiemärkte |
| AKTEURE | Energienutzer, Energielieferanten, Bilanzkreisverantwortlicher, Energiebörse, Energiedienstleister, Netzbetreiber |
| HERSTELLER/ BRANCHE | Entelios, Joule Assets, European Demand Response Center |
| ENTWICKLUNGS-GESCHWINDIGKEIT | langsam |
| REIFEGRAD | Lastabwurf als DSM ist heute vereinbart, wird aber nur selten eingesetzt. Demand Response wird durch eine Zwei-Tarif Lösung realisiert; stärkerer Einfluss durch börslichen Einkauf im Rahmen des Beschaffungsmanagements |

**Beschreibung/Erläuterung**

Die Erschließung elektrischer Lastverschiebungs- und Lastabsenkungspotenziale sowie flexibler Produktionsprozesse im industriellen Bereich ist das Ziel industrieller DSM-Aktivitäten im Kontext des Paradigmenwechsels vom Lastfolge- zum Erzeugungsfolgebetrieb. Im Jahr 2009 konnten 40 Prozent des deutschen Strombedarfs dem industriellen Sektor zugeordnet werden.[193] Das macht deutlich, welchen Beitrag das Technologiefeld im Kontext von Smart Grids zukünftig einnehmen könnte. Unterschieden werden dabei das aktive Steuern von elektrischen Lasten und das DR, welches als Antwortverhalten elektrischer Lasten auf den Preis oder sonstige Signale zu verstehen ist.

Es lassen sich prinzipiell zwei Möglichkeiten des elektrischen DSM unterscheiden. Zum einen kann direkt auf den industriellen Strombedarf von außen Einfluss genommen werden. Übertragungsnetzbetreiber haben heute die Möglichkeit, industrielle Verbraucher über Fernwirktechnik vom Netz zu trennen. Diese Möglichkeiten wurden im Kontext des Fünf-Stufen-Planes[194] zur Blackout-Vermeidung geschaffen, sind jedoch in keiner Weise in die industriellen Prozesse integriert, was bei einer Netztrennung hohe Kosten für die Industriebetriebe zur Folge haben kann. Darüber hinaus können direkte Eingriffe über VK durchgeführt werden. Dabei werden Flexibilitäten von Erzeugungs- und Verbrauchsanlagen des Industriebetriebes im Hinblick auf die Erzielung einer optimalen Marktrendite genutzt. Die Leistungskapazitäten werden dabei auf Energiehandelsmärkten sowie Regelleistungsmärkten zur Verfügung gestellt. Dabei gilt jedoch: Je komplexer ein Fertigungsprozess ist, desto aufwendiger und kostenintensiver ist die Einbindung in das industrielle DSM.

Im industriellen DR wird auf eine direkte Steuerung verzichtet und die Hoheit über die Erzeugungs- und Verbrauchsanlagen bleibt beim Anlagenbetreiber. Dieser wird im Rahmen des DR durch Anreize, wie zeitlich differenzierte Tarife, dazu motiviert seinen elektrischen Bedarf in Zeiten zu verlegen, in denen der Bezug der elektrischen Energie günstiger für ihn ist. Zeitliche Tarife können dabei einerseits bei der Energiebeschaffung und andererseits für die Netznutzung geltend vereinbart werden.

Für die Energiebeschaffung sind zwei Möglichkeiten zu unterscheiden. Einerseits kann über den Energielieferanten ein zeitvariabler Tarif angeboten werden. Dies findet

---

[193] BMWi 2011c.
[194] VDN 2007.

heute in der Regel im Rahmen eines Hoch-/Niedertarif (HT/NT)-Modells statt und betrifft Gewerbe und kleinere Industrieunternehmen. Das Unternehmen wird je nach Einsparpotenzial eine Lastverschiebung in Erwägung ziehen und seine Industrieprozesse entsprechend ausrichten. Zum anderen kann ein größerer Industriebetrieb durch ein eigenes Energiebeschaffungsmanagement selbst Energiemengen an europäischen Strombörsen ein- und verkaufen. Unternehmen mittlerer Größe, die über kein eigenes Beschaffungsmanagement verfügen, können auch Dienstleister in Anspruch nehmen, um indirekt an der Börse vertreten zu sein. Da an den Strombörsen stündliche Produkte handelbar sind, kommt diese Art der Beschaffung einem hochdynamischen Tarif eines Energielieferanten gleich.

Neben der Energiebeschaffung sind tarifliche Anreize der Netznutzung im industriellen Energiemanagement relevant. Hier können Netzbetreiber und Industriekunde Vergütungen nach § 19 Absatz 2 der Stromnetzzugangsverordnung (StromNEV)[195] vereinbaren, wenn sich der Industriekunde vorteilhaft in Bezug auf die Netzlast verhält. Um die Einsparpotenziale für das Industrieunternehmen zu heben, ist eine Einbindung des Energiemanagements in die ERP-Programme der Fertigung notwendig.

DSM für die Industrie lässt sich aufgrund der Vielfältigkeit der Anwendungen kaum einzelnen Entwicklungsschritten zuordnen. Daher wurde eine grobe Aufteilung in zwei Schritte gewählt.

**Entwicklungsschritte**
**Heute:** Industrielles DSM findet heute in der Regel über eine tarifliche Motivation statt (DR). Dies geschieht entweder über Tarifmodelle von Energieversorgern, ein Beschaffungsmanagement (marktpreisorientiert) sowie über Tarifmodelle, die auf die Netznutzung (a-typische Netznutzung) bezogen sind, statt. Ein automatischer Lastabwurf von Industriebetrieben ist teilweise technisch möglich und für Notsituationen zur Blackout-Vermeidung vorgesehen. Die tarifliche Umsetzung findet bei thermischen Verbrauchern (>150 kW) Anwendung, welche eine Lastverschiebung im Rahmen von HT-/NT-Tarifen oder der atypischen Netznutzung[196] durchführen. Bei dem Beschaffungsmanagement versucht das Industrieunternehmen selbst benötigte Energiemengen über Energiemärkte einzukaufen, was in der Regel eine Anpassung von Industrieprozessen an die Gegebenheiten des Marktes und damit eine Lastverschiebung in Abhängigkeit von Marktpreisen zur Folge hat. Im Rahmen der direkten Einflussnahme haben Industriekunden Vereinbarungen getroffen, für verringerte Netzentgelte ihre bezogene Leistung (Lasten) bei Anforderung durch den Netzbetreiber im Rahmen eines manuellen Lastabwurfes zu reduzieren. In den USA wird die direkte Einflussnahme im Rahmen von VK durchgeführt, welche eine direkte Steuerung von industrieprozessunabhängigen Lasten zulassen (zum Beispiel Beleuchtungsstärke).

**Schritt 1:** Die stärkere Nutzung von zeitvariablen Tarifen durch Energieversorger führt zu einer differenzierteren Lastverschiebung durch die Industriekunden. Immer mehr Industriekunden gehen den direkten Weg entweder über ein eigenes Beschaffungsmanagement oder indirekt über Dienstleister an die Energiemärkte. Die Marktpreise sind Hauptmotivator für das Handeln in den Industriebetrieben. So werden Lastverschiebungen auf der Basis von marktwirtschaftlichen Prinzipien durchgeführt.

**Schritt 2:** Im Rahmen des DR werden sowohl die Systemdienstleistungen (Last- bzw. Erzeugungsanpassung zur gesamten Frequenzstabilisierung sowie zur lokalen Spannungshaltung) sowie das Energiebeschaffungsmanagement vollständig in das ERP der Fertigungsprozesse (in EMS) integriert. Die Hauptherausforderung ist es, die Industrieprozesse auf diese neue Anforderung hin zu verstehen,

---

[195] BMJ 2010.
[196] Loske 2010.

da die Prozesszuverlässigkeit nicht infrage gestellt werden darf. Unternehmen sind nun in der Lage, auch kurzfristig auf dargebotsabhängige Preisänderungen am Intraday-Energiehandel zu partizipieren und ihren Energiebezug zu steuern. Die Industrie hat hierdurch ihr Anpassungspotenzial für die Energieversorgung nutzbar machen können.

### 3.4.17 TECHNOLOGIEFELD 17 – INTEGRATIONSTECHNIKEN

| | |
|---|---|
| DEFINITION | Um Interoperabilität, das heißt das Zusammenwirken mehrerer Systeme auf semantischer und syntaktischer Ebene zum Datenaustausch zu ermöglichen, werden diverse Integrationstechniken im Smart Grid genutzt. |
| SYSTEMEBENE | systemebenenübergreifend |
| DOMÄNE | domänenübergreifend |
| AKTEURE | für alle Akteure relevant |
| HERSTELLER/ BRANCHE | SAP, IBM, Oracle, Tibco, Siemens, OPC Foundation, OSGi, Seeburger |
| ENTWICKLUNGSGESCHWINDIGKEIT | schnell bis mittel |
| REIFEGRAD | teilweise ausgereifte, im Feld eingesetzte Technologie; Entwicklung einer Enterprise Application Integration (EAI); Richtung serviceorientierte Architekturen (SOA) und Cloud möglich und forciert |

**Beschreibung/Erläuterung**

Durch die Ablösung der klassischen monolithischen Lösungen innerhalb eines Energieversorgungsunternehmens (EVU) und dem Auftreten neuer Marktteilnehmer wird zunehmend eine Kopplung vormals getrennter, heterogener Systeme bzw. Systemlandschaften nötig. Dadurch werden Datenquellen verschiedener Akteure rekombiniert bzw. neue Systemschnittstellen innerhalb der Anwendungslandschaften etabliert. Um dies zu ermöglichen, ist eine syntaktische und semantische Interoperabilität nötig. Anders als bei der Datenintegration oder Funktionsintegration wird hierbei jedoch die Umsetzung des existierenden Systems nicht verändert, sodass auf einer Integrationsplattform, meist der Middleware, eine Schnittstellenumsetzung stattfindet. Durch die Verlagerung von Intelligenz in die Schnittstellen, gekoppelt mit intelligentem Routing durch Publish/Subscribe- und Eventing-Mechanismen, können performante Architekturen für eine akteursübergreifende Kooperation aufgebaut werden.

Der Ansatz der SOA zur Integration geht einen Schritt weiter. Enterprise Application Integration (EAI) kann als Vorgänger der SOA gesehen werden, da wesentliche technologische Konzepte geteilt werden. Die SOA fordert jedoch, um eine Prozessintegration zu ermöglichen, bestimmte Eigenschaften gemäß der Service-Paradigmen von den zu koppelnden Anwendungen. Dienste (engl. Services) werden in einem Verzeichnis vorgehalten und sind durch Dritte bzw. Prozessengines aufrufbar; dabei werden Daten weitergegeben. Neben einer möglichen Direktkopplung ist auch hier wieder die Nutzung einer Plattform mit geeigneten Funktionalitäten als Middleware möglich bzw. sogar nötig. Hierbei kann es sich um Fachlogik, Datentransformatoren, Ankopplung von Datenquellen, Automationstechnologie bzw. Logging und Reporting sowie Filterung und Transformation handeln. Diese komplexe Middleware wird dabei oftmals als Enterprise Service Bus (ESB) bezeichnet. Eine solche Plattform kann als zentrale Datendrehscheibe jedoch auch einen Bottleneck für die dezentralen Services darstellen. Daher ist es vorteilhaft, die Middleware redundant auszulegen. Wird ein Teil der IT-Infrastruktur nun nicht mehr selbst durch das EVU betrieben, sondern an fremde Betreiber vergeben, ist die dem EVU zur Verfügung gestellte

Infrastruktur abstrahiert und undurchsichtig, das heißt, wie von einer Wolke (engl. Cloud) verhüllt.

Durch den Wechsel von einer zentralen IT hin zu verteilten Systemen, die Erzeuger, Speicher, Verbraucher und weitere Datenquellen im Smart Grid durch IKT integrieren, können die oben genannten Integrationsparadigmen auch im Smart Grid sowohl in der Kommunikation, der Automation als auch der sekundären und primären IT zum Einsatz kommen. Um diese zu vereinfachen, existieren zwar international standardisierte Lösungen, wie die IEC 62357 SIA, die sich auch mittels einer SOA umsetzen lassen, oder die IEC 62541 OPC Unified Architecture als SOA-basierter Ansatz für den Datenaustausch. Dennoch gibt es auch hier noch Lücken, in deren Umfeld die semantischen und syntaktischen Schnittstellen noch harmonisiert werden müssen. Neben den in den nationalen und internationalen Standardisierungsgremien vereinbarten Standards bilden sich durch Quasi-Monopole oder Herstellervereinbarungen gerade in der IKT-Industrie häufig auch Industriestandards heraus.

### Entwicklungsschritte

**Heute:** Viele der in den folgenden Schritten beschriebenen Basistechnologien existieren bereits einige Zeit und haben in bestimmten Branchen (etwa der Banking- oder E-Commerce-Branche) eine hohe Verbreitung gefunden. Aktuell herrscht jedoch das Paradigma der Integration heterogener Systeme über moderne IT-Integrationstechnologien innerhalb monolithisch geprägter Landschaften vor. Dies führt zu hochintegrierten Systemen mit Punkt-zu-Punkt-Verbindungen und Datenaustauschprozessen, die zwar initiale EAI-Technologien und -Lösungen einsetzen, jedoch noch weiteres Optimierungspotenzial besitzen. Für einige Marktprozesse (wie Geschäftsprozesse zur Kundenbelieferung mit Elektrizität – GPKE) sind Standards vorgeschrieben. Es existieren Standards für viele Einsatzbereiche des Smart Grids und Pläne für deren Weiterentwicklung.

**Schritt 1:** Der erste Schritt für die Entwicklung des Technologiefeldes fokussiert den breiten Einsatz von SOA. SOA beschreiben dabei keine Out-of-the-Box-Lösungen, sondern eher ein Paradigma zur Entwicklung von Systemen, die individuellen Ansprüchen gerecht werden. Entwicklern wird eine Struktur zur Verfügung gestellt, mit der verschiedene, verteilte Systeme kombiniert werden können. Als architektonisches Paradigma befasst sich SOA mit der Handhabung von Geschäftsprozessen, welche über eine Vielzahl existierender und neuer, heterogener Systeme verteilt sind. Diese Systeme sind zudem häufig unter der Kontrolle unterschiedlicher Akteure.[197] Somit erfüllen SOA Anforderungen an die IT-Infrastruktur von Smart-Grid-Akteuren, die ebenfalls einen hohen Grad an Verteilung aufweisen. Marktgängige Cloud-Lösungen beschränken sich noch auf Infrastruktur-Angebote (Infrastructure-as-a-Service – IaaS) oder höhere Funktionen, die sich aber nicht gut in die Anwendungen der Energieversorger einbinden lassen. Standards werden zunehmend eingesetzt.

**Schritt 2:** In diesem Schritt wird die standardbasierte syntaktische Interoperabilität erreicht, siehe dazu Abbildung 14. Dies bedeutet, dass zwei oder mehrere Systeme in der Lage sind, miteinander zu kommunizieren und Informationen auszutauschen. Das Spezifizieren von Datenformaten, Datenserialisierungen und Kommunikationsprotokollen ist hierfür essenziell. Standards, wie die Extensible Markup Language (XML) oder die Structured Query Language (SQL) in ihren Dialekten ermöglichen eine syntaktische Interoperabilität. Die syntaktische Interoperabilität ist die Voraussetzung für weitere Formen der Interoperabilität, wie etwa semantische Interoperabilität.[198] Die genannten Standards sind heute in der Praxis erprobt. In diesem Schritt sind die relevanten Anwendungen so gestaltet, dass die genannten Standards unterstützt werden. Energiedienste „aus der Cloud" werden in Piloten erprobt. Die domänenspezifischen Standards, zum Beispiel der IEC TC 57, werden zunehmend

---

[197] Josuttis 2007.
[198] Uslar 2010.

insbesondere bei der Netzautomatisierung eingesetzt. Use Case für den Einsatz der Standards werden entwickelt. Es werden neue Standards entwickelt.

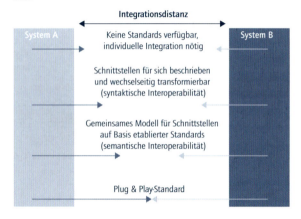

Abbildung 14: Mögliche Integrationsdistanzen zwischen zwei Systemen.[199]

**Schritt 3:** Nachdem die syntaktische Interoperabilität erreicht ist, können entsprechend Referenzarchitekturen für die Entwicklung von neuen Systemen definiert werden. Referenzarchitekturen beschreiben dabei einen speziellen Typ von domänenspezifischen Architekturen und beschreiben auf abstrakte Weise eine große Klasse an Systemen. Sie ermöglichen Entwicklern, Informationen über das Design bestimmter Systemklassen zu erhalten. Üblicherweise werden sie im Rahmen ihrer Entwicklung aus domänenspezifischen Studien abgeleitet. Insgesamt stellen sie die ideale Architektur samt aller möglichen Funktionalitäten dar, die von Systemen realisiert werden können.[200]

**Schritt 4:** Die semantische Interoperabilität verringert die Integrationsdistanz im Vergleich zum dritten Schritt (siehe Abbildung 14). Sie ist dabei definiert als die Fähigkeit, die ausgetauschten Informationen auch sinnvoll und korrekt auszuwerten, um auch für alle beteiligten Systeme nutzbare Ergebnisse zu erhalten. Um die semantische Interoperabilität zu erreichen, müssen sich die beteiligten Systeme auf ein gemeinsames inhaltsorientiertes Referenzmodell zum Informationsaustausch einigen. Die Inhalte des Informationsaustausches sind eindeutig – was gesendet wird, ist semantisch dann auch dasselbe, was vom Empfänger inhaltlich interpretiert wird.[201] Dies wird in einem Smart Grid mit einer Vielzahl an heterogenen Komponenten, die über IKT angebunden werden, durch geeignete Standards und die zugehörigen Use Cases und Werkzeuge ermöglicht. Für die wichtigen Anwendungsfälle sind Profile definiert. Für viele Use Cases und Standards existieren Testmaschinen. Standards sind harmonisiert.

**Schritt 5:** Der finale Schritt der Entwicklung beschreibt die Integration über Clouds in der Energiedomäne. Ähnlich wie bei dem Begriff Smart Grid gibt es verschiedene Definitionen von Cloud Computing. Eine weit akzeptierte Definition wird von dem NIST bereitgestellt und kontinuierlich angepasst.[202] Das NIST beschreibt Cloud Computing dabei als ein Modell, das ubiquitären, komfortablen und On-Demand-Netzwerkzugriff auf einen gemeinsamen Pool an konfigurierbaren Ressourcen aus der elektronischen Datenverarbeitung (EDV), wie Server, Speicher, Anwendungen und Services, ermöglicht. Diese Ressourcen können zudem schnell, das heißt mit minimalem Managementaufwand oder Service-Providerinteraktionen, verwendet und bereitgestellt werden. Dabei umfasst Cloud Computing neben fünf wesentlichen Charakteristika (on-demand self-service, broad network access, resource pooling, rapid elasticity und measured service) drei Servicemodelle („Software as a Service", „Platform as a Service" und „Infrastructure as a Service") und vier Deploymentmodelle („Private Cloud", „Community Cloud", „Public Cloud" und „Hybrid Cloud").[203]

---

[199] Uslar 2010.
[200] Sommerville 2010.
[201] Uslar 2010.
[202] NIST 2011.
[203] NIST 2011.

Es werden somit Voraussetzungen für Geschäftsmodelle – basierend auf den Service- und Deploymentmodellen – für unterschiedliche Akteure als Teilnehmer am Smart Grid geschaffen.

### 3.4.18 TECHNOLOGIEFELD 18 – DATENMANAGEMENT

| | |
|---|---|
| DEFINITION | Unter Datenmanagement versteht man IT-Technologien zur semantischen Beschreibung, Aggregation, Analyse, Strukturierung und Speicherung von Daten.[204] |
| SYSTEMEBENE | systemebenenübergreifend |
| DOMÄNE | domänenübergreifend |
| AKTEURE | für alle Akteure relevant |
| HERSTELLER/ BRANCHE | Siemens, Oracle, Microsoft, SAP, IBM, Google, Accenture, BTC und andere |
| ENTWICKLUNGS- GESCHWINDIGKEIT | schnell |
| REIFEGRAD | ausgereifte Technologie, die teils aus anderen Anwendungsdomänen auf die Energiedomäne übertragen werden muss |

#### Beschreibung/Erläuterung

Das Datenmanagement betrifft alle Komponenten des FEG, da es sowohl die Grundlage für die Datenerfassung und -auswertung als auch für die Entscheidungs- und Steuerungsunterstützung ist. Die besonderen Herausforderungen sind dabei die große Anzahl und Heterogenität von Datensätzen, die räumlich verteilte Entstehung und Haltung der Daten, die Vielzahl der Dateneigentümer und die zunehmend wichtige Integration unstrukturierter Daten.

Je mehr sich IKT im FEG etabliert, desto mehr Daten fallen an und müssen verarbeitet werden. Grundsätzlich lassen sich fünf Datenklassen unterscheiden: operative (Betriebsbereitschaft und Verhalten im Netz) und nicht-operative (Zustand von Netz und Netzkomponenten) Netzdaten, Verbrauchsdaten (Real-Time-Meterdaten und Statistiken, wie Maximum und Durchschnitt), Ereignisanzeigen (Benachrichtigungen im Fehlerfall oder zur Prävention) und Metadaten (beschreibende Daten, die zur Organisation und Auswertung notwendig sind).[205] In allen Bereichen ist mit einem starken Anstieg der Datenmenge zu rechnen, was zum einen neue Techniken zur Erfassung und Verarbeitung erfordert, zum anderen aber auch neue Möglichkeiten zur Analyse und Steuerung eröffnet. Besonders anschaulich ist das am Beispiel der Smart Meter zu zeigen. Werden Daten von Endkunden heute meist nur einmal pro Jahr erfasst, so wird dies künftig alle 15 Minuten (Faktor 36 000 an Datenmenge) oder häufiger der Fall sein. Dies ermöglicht es dann beispielsweise, den Kunden nahezu in Echtzeit über sein Verhalten zu informieren und durch Preisanpassungen sein Verhalten zu beeinflussen.

Technologien zum Management großer Datenmengen sind aus anderen Industriezweigen bereits bekannt und erprobt. So werden Netze, wie Mobilfunknetze oder das Internet, mit riesigen Datenvolumina betrieben und protokolliert, das Nutzerverhalten wird analysiert und durch Anreize gesteuert, sowie die Infrastruktur überwacht und betrieben. Hier sind zum Beispiel Konzepte des Data Stream Managements relevant. Jedoch nimmt nicht nur das Volumen zu. Eine noch größere Herausforderung stellt die Heterogenität der Daten, die hohe Anzahl an Transaktionen und die Dynamik in den Anforderungen dar. Dies verlangt insbesondere Technologien zum Metadatenmanagement und Methoden des Semantic Web.

---

[204] Gemeint sind hier „generische" Technologien und ihre Anwendung in der Energiedomäne. Konkrete Datenmodelle, wie sie zum Beispiel im CIM abgebildet sind, gehören in dieser Definition nicht zum Technologiefeld. Ebenso nicht enthalten sind die Architekturkonzepte zur Vorhaltung, Speicherung und Verarbeitung von Daten. Beides wird im Technologiefeld 17 behandelt.

[205] Hoss 2010. Die Quelle beschränkt sich auf Daten aus dem Smart Metering. Die Aussagen lassen sich jedoch auf weitere Datenquellen übertragen.

Daher ist es nicht verwunderlich, dass viele Unternehmen, die originär nicht im Energiesektor tätig sind, Dienste zum Datenmanagement anbieten wollen. So bieten Google und Microsoft bereits Dienste zur Überwachung und Steuerung des Energieverbrauchs von Privatkunden an, und IBM und Accenture offerieren umfassende Beratungsdienste für das Energienetz der Zukunft. Für alle Akteure im FEG ist es daher wichtig, sich mit dem Themenfeld Datenmanagement zu befassen, um die bereits vorhandene technische Infrastruktur an die neuen Aufgabenfelder anzupassen und diese frühzeitig zu integrieren, anstatt sie parallel neu zu entwickeln.

**Entwicklungsschritte**
**Heute:** Das Datenmanagement wird heute intensiv für die IT-gestützten Systemfunktionen in den Leittechniksystemen eingesetzt. Wie die Quellanwendungen ist das Datenmanagement oftmals noch nicht in die Geschäftsprozesse integriert. Die Datenhaltung ist geprägt von syntaktisch wie semantisch heterogenen Datenquellen und -senken. Es werden eher „traditionelle" Technologien, wie relationale Datenbanksysteme, eingesetzt.

**Schritt 1:** Durch den Zubau und die IKT-Integration von dezentralen Energieanlagen sowie Verbrauchern in der vernetzten Systemebene auf der einen Seite und dem notwendigen Ausbau der Aktoren und Sensoren in der geschlossenen Systemebene auf der anderen Seite erhöht sich zukünftig die Anzahl der datenproduzierenden Akteure stark. In der Folge wird die prinzipielle Verfügbarkeit von Daten durch die zunehmende Integration der Softwaresysteme erhöht. Dies betrifft sowohl den Bereich des Datenstrommanagements als auch den des Data Warehouse.

**Schritt 2:** Neben den Daten selbst gewinnt auch ihr Kontext an Bedeutung. Entsprechende Metainformationen werden zunehmend zur Erfassung und Analyse verwendet. So sind auch unstrukturierte Informationen besser zu verwerten. Metainformationen beziehen sich insbesondere dabei auf die Datenherkunft (Data-Lineage/Data-Provenance) und die Datenqualität.

**Schritt 3:** In einem weiteren Schritt werden die Daten semantisch mit den Metainformationen angereichert. Diese semantisch angereicherten Daten können leichter durch das Data-Mining und weitere Assoziationsanalysen analysiert und zur Informationsgewinnung genutzt werden. Die semantisch angereicherten Daten unterstützen die Automatisierung. Die Daten werden zunehmend physisch entkoppelt von Ihren Quellsystemen betrachtet, die Datenherkunft bleibt dabei sichergestellt.

**Schritt 4:** Das Datenmanagement wird integraler Bestandteil über die gesamte Prozesskette. Die Identifizierung relevanter Daten für die Ein- und Ausgabe in Echtzeit findet statt. Die Daten können semantisch integriert und zusammenhängend analysiert werden, sodass Mehrwerte für Unternehmen und Kunden geschaffen werden. Techniken des Datenstrommanagements sind für diese Aufgabe angepasst worden. Der Blick auf die Daten wird häufig wichtiger als der Blick auf die Anwendung.

**Schritt 5:** Datenmanagement findet in der Cloud statt. Die Herkunft der Daten ist technisch nicht mehr relevant. Analysewerkzeuge bieten dedizierte Unterstützung bei der Auswertung von Daten.

## 3.4.19 TECHNOLOGIEFELD 19 – SICHERHEIT

| | |
|---|---|
| DEFINITION | Mit Sicherheit ist hier Informationssicherheit gemeint. Diese ist als die Sicherheit von Informationen in Bezug auf ihre Anforderungen an Verfügbarkeit, Vertraulichkeit und Integrität definiert. Sie unterscheidet sich von der Funktionssicherheit (Safety), welche die korrekte Funktion eines Systems unter allen Betriebsbedingungen beschreibt. Informationssicherheit befasst sich damit, ein funktionssicheres System vor äußeren Störangriffen zu schützen. |
| SYSTEMEBENE | systemebenenübergreifend |
| DOMÄNE | domänenübergreifend |
| AKTEURE | für alle Akteure relevant |
| HERSTELLER/ BRANCHE | IKT-Branche u.a. |
| ENTWICKLUNGS- GESCHWINDIGKEIT | langsam |
| REIFEGRAD | in Entwicklung, teilweise im Feld eingesetzt |

### Beschreibung/Erläuterung

Kritische Infrastrukturen, wie der Sektor Energie, werden als besonders schützenswert eingestuft, da ein Ausfall zu nachhaltigen Versorgungsengpässen führen kann. Das Thema Sicherheit und besonders die damit verbundene Versorgungssicherheit ist ein für alle Bereiche der Energieversorgung durchgängig wichtiges Thema. Neben der Funktionssicherheit (Safety) gewinnt zunehmend das Thema Informationssicherheit (Security) aufgrund einer wachsenden Zahl von Angriffen auf die Energieinfrastruktur an Bedeutung. Insbesondere die im Jahr 2010 entdeckte Schadsoftware Stuxnet[206] verdeutlicht die Verwundbarkeit durch IT-Angriffe. Ein erfolgreicher Hacker-Angriff auf das Zertifikathandelssystem Anfang des Jahres 2011 veranlasste die EU, den $CO_2$-Zertifikathandel für eine längere Zeit auszusetzen.[207] Neue Herausforderungen ergeben sich für die Sicherheit insbesondere durch verschiedene Änderungen im Energiebereich. Dies ist zum einen der Wandel von geschlossener, proprietärer und prozessspezifischer Technik („Security by obscurity") hin zu offener, vernetzter Standard-IT. Während früher etwa SCADA-Systeme stark abgeschottet auf teilweise selbst entwickelten Betriebssystemen liefen, sind diese heute oft über das Internet fernsteuerbar und zugehörige Datenbanken werden mit kaufmännischen Systemen gekoppelt. Die Kopplung von Energieinfrastrukturen mit anderen Systemen ist eine Herausforderung für die Sicherheit, die in der Vergangenheit bereits zu Schadensfällen führte. Eine weitere Herausforderung ist die gestiegene Anzahl beteiligter Akteure aufgrund der informatorischen Entflechtung gemäß § 9 EnWG (Liberalisierung) und die damit verbundene erhöhte Anzahl der Schnittstellen und Datenübertragungen. Auch die Entwicklung zum ubiquitous Computing vergrößert die potenzielle Angriffsfläche für die Energiedomäne. Neben den klassischen Schutzzielen Vertraulichkeit, Integrität und Verfügbarkeit werden mittlerweile auch differenzierte Schutzziele, wie Verbindlichkeit, Authentizität oder Anonymität, betrachtet. Natürlich sind alle Schutzziele generell wichtig, sie besitzen aber je nach Bezugsdomäne und betreffenden Akteuren eine unterschiedliche Gewichtung. Generell ist in Bereichen der Prozessleittechnik die Verfügbarkeit am höchsten priorisiert. Denn in diesem Bereich geht es schnell um den Schutz von „Leib und Leben" und nicht nur mehr um den reinen Schutz von Daten. Informationen müssen rechtzeitig vorliegen, da ansonsten die Energieanlagen eventuell falsch gesteuert werden. Auf der anderen Seite müssen die Ansteuerung der Energieanlagen und die Reaktion rechtzeitig erfolgen, da es ansonsten zu Schadensfällen kommen kann. Während in kaufmännischen Systemen selbst wichtige Server über Nacht abgeschaltet werden können, müssen Leittechniksysteme in der Regel durchgängig laufen.

---

[206] Ginter 2010.
[207] Europa 2011.

Durch die erwähnte Abschottung der Systeme war in der Vergangenheit die Vertraulichkeit geringer priorisiert. Dies ändert sich mit der Öffnung und auch mit dem erhöhten Datenaufkommen, das zur Erzielung von Energieeffizienz notwendig ist. Zur Erzielung von Energieeffizienz sind Ad-hoc-Informationen über die aktuelle Erzeugungssituation (beispielsweise bei der Windenergie) und Energiebedarf (zum Beispiel mithilfe von Smart Metern) notwendig. Gerade bezüglich des Haushaltsbereiches existieren im Weiteren durch die digitale Zählwerterfassung datenschutzrechtliche Bedenken und ein erhöhter Vertraulichkeitsbedarf. Bei der Beachtung und Umsetzung dieser Schutzziele lassen sich Sicherheitsmaßnahmen aus anderen Bereichen nicht immer eins zu eins für den Energiebereich umsetzen. Es muss zum Beispiel sichergestellt sein, dass die Verfügbarkeit und der laufende Prozess, beispielsweise durch einen Virenscanner, nicht behindert werden.[208]

**Entwicklungsschritte**

**Heute:** Die heutigen Sicherheitsanforderungen der Domäne sind bekannt. Die NISTIR 7628-Reihe liefert hierzu zum Beispiel zahlreiche Informationen und skizziert auch die zukünftigen Entwicklungen. Allgemeine Sicherheitsstandards sind vorhanden, domänenspezifische Sicherheitsstandards und verbindliche Schutzprofile befinden sich derzeit in der Entwicklung. Beispielsweise hat das BSI ein Common-Criteria-Schutzprofil für den Smart-Metering-Bereich entwickelt.[209] IT-Angriffe sind in der Domäne präsent. Es gibt verschiedene, dokumentierte Schadensfälle der Vergangenheit. In Smart-Grid-Pilotprojekten wird vornehmlich neue Funktionalität erprobt, jedoch der Fokus weniger auf Sicherheit gelegt.

**Schritt 1:** Es ist zu erwarten, dass die Vernetzung und damit die Komplexität von Systemen der Energiedomäne zunehmen werden. Dadurch steigen die Fehleranfälligkeit und die potenzielle Angriffsfläche für das Gesamtsystem. Die durchgängige Umsetzung der Sicherheitsanforderungen wird in diesem Schritt erarbeitet. IT-Angriffe oder Schadensfälle werden durch die Vernetzung tendenziell zunehmen. Dazu sind Werkzeuge zu entwickeln, die die Abhängigkeit und das Zusammenspiel der Hard- und Software-Komponenten erfassen und überwachen.

**Schritt 2:** Seiteneffekte – zum Beispiel Performanzverluste, zu umständliche Zugangsregelungen und damit die Erschwerung der Nutzbarkeit von IKT-Systemen – von Standardsicherheitsmaßnahmen sind zu erwarten. Vermutlich werden einige Seiteneffekte erst bei der Erprobung bekannt. (Domänenspezifische) Sicherheitslösungen ohne solche Seiteneffekte werden in diesem Schritt entwickelt bzw. angepasst. Dies sind inbesondere domänenspezifische Intrusion-Detection-Systeme, die sich eines Standards wie IEC 62351-7 bedienen. Nachträgliche Änderungen bzw. Ergänzungen von Sicherheitskonzepten in laufende Systeme erfolgen, sind allerdings nicht optimal. IT-Angriffe sind bei Systemen mit integrierten neuen Sicherheitslösungen seltener; bei deren Auftreten sind die Folgen aber weitreichender aufgrund einer wachsenden Vernetzung. Die Funktionssicherheit des IKT-Gesamtsystems ist auch bei Stromausfällen gewährleistet.

**Schritt 3:** Sicherheitslösungen für das Smart Grid sind durchgängig vorhanden. Erfahrungen fließen in domänenspezifische Entwurfsmuster (Security Patterns[210]) und Standards ein.

**Schritt 4:** Nach den Erfahrungen aus den Schritten 0 bis 3, werden zukünftige Smart Grid-Projekte nach dem Prinzip „Security by Design" und „Privacy by Design"[211] in Systemarchitekturen und Produkten, wie IEDs und Smart-Meter-Infrastrukturen, umgesetzt. Es liegen umfangreiche Best-Practice-Auswertungen vor, die unter anderem in Bibliotheken und Frameworks implementiert sind.

---

[208] Lukszo/Deconinck/Weijnen 2010.
[209] BSI 2011.
[210] Beenken et al. 2010
[211] Security by Design bedeutet, dass bereits von frühen Systemplanungsphasen bis hin zum späten Testen Security-Aspekte eine große Rolle spielen.

**Schritt 5:** Das Smart Grid ist ein intelligentes sich selbstheilendes System, das auf IT-Angriffe und Teilausfälle von Komponenten semiautomatisiert reagieren kann. Sicherheitsmaßnahmen können in Ausnahmesituationen kurzfristig automatisiert werden. Neue Technologien ermöglichen es, Informationen aus Angriffen oder Angriffsversuchen auszuwerten und so auf den Urheber Schlüsse zu ziehen (Cyber Forensic) und insbesondere auch zwischen technischen Ausfällen, terroristischen oder sonstigen Attacken zu unterscheiden.

## 3.5 TECHNOLOGISCHE SICHT DER FUTURE ENERGY GRID-SZENARIEN

Im Folgenden werden die im vorangegangenen Abschnitt dargestellten Technologiefelder im Kontext der FEG-Szenarien betrachtet. Abhängig von dem jeweils betrachteten Szenario sind unterschiedliche technologische Entwicklungen zu erwarten. Durch die Kombination der Szenarien mit den Technologiefeldern können verschiedenartige Entwicklungen im Kontext des Smart Grids aufgezeigt werden, welche sich in ihrem Reifegrad deutlich unterscheiden. Die resultierenden Systemzustände für das Jahr 2030 bilden die Grundlage für die innerhalb von Kapitel 4 entwickelten Migrationspfade.

Die Querschnittstechnologiefelder werden jeweils zwar thematisiert, eine detaillierte Betrachtung in Relation zu den Technologiefeldern 1 bis 16 erfolgt jedoch im Kontext der Migrationspfade innerhalb von Kapitel 4. Da die Querschnittstechnologiefelder in ihrem jeweiligen Anwendungskontext zu betrachten sind, wird eine allgemeine Zuordnung der jeweiligen Entwicklungsstufen zu einem Szenario nicht getroffen.

### 3.5.1 SZENARIO „NACHHALTIG WIRTSCHAFTLICH"

#### Überblick
Das Szenario „Nachhaltig Wirtschaftlich" ist durch eine weitreichende Verbreitung dezentraler und häufig kleiner Erzeuger gekennzeichnet, die wesentliche Beiträge zur Stromlieferung und zur Versorgungssicherheit leisten und dementsprechend viele der Großkraftwerke ersetzen. Verbraucher agieren auf neuen Märkten und treten teilweise auch als Erzeuger auf. Die Verteilnetze werden ertüchtigt, um die umfangreiche, meist fluktuierende Einspeisung bewältigen zu können. Grundlage für diese Entwicklungen ist die Etablierung innovativer Querschnittstechnologien.

Abbildung 15 zeigt die Ausprägungen der Technologiefelder 1 bis 16 im Szenario „Nachhaltig Wirtschaftlich". Die maximalen Entwicklungsstufen sind in hellgrau dargestellt. Ausgehend vom technologischen Ist-Stand sind darüber hinaus die bis zum Jahre 2030 erforderlichen Entwicklungen für die Technologiefelder dargestellt. Die Nummerierung wird in der folgenden Beschreibung im Zusammenhang mit dem jeweiligen Technologiefeld genannt.

#### Technologische Ausprägung des Szenarios
Aus IKT-Sicht zeichnet sich dieses Szenario dadurch aus, dass sehr viele neue betrieblich-technische wie auch geschäftliche Prozesse zu implementieren sind, die zum Teil automatisiert ablaufen müssen. Neue Informationsflüsse entstehen, die zahlreichen neuen funktionalen und nichtfunktionalen Anforderungen genügen müssen. Die dazu notwendigen Technologien und Komponenten sind heute überwiegend noch nicht entwickelt oder in einem Reifezustand, der dieses weitreichende Szenario noch nicht ausreichend unterstützt.

Abbildung 15: Ausprägung der Technologie-Entwicklungsstufen für das Szenario „Nachhaltig Wirtschaftlich".

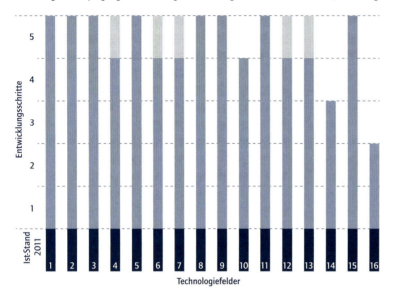

1. Asset Management für Netzkomponenten
2. Netzleitsysteme
3. Wide Area Measurement-Systeme
4. Netzautomatisierung
5. FACTS
6. IKT-Konnektivität
7. Asset Management Systeme für DER
8. Regionale Energiemarktplätze
9. Handelsleitsysteme
10. Prognosesysteme
11. Business Services
12. Virtuelle Kraftwerkssysteme
13. Anlagenkommunikations- und Steuerungsmodule
14. Advanced Metering Infrastructure
15. Smart Appliances
16. Industrielles Demand Side Management/ Demand Response

- Entwicklungsraum des Technologiefeldes
- Entwicklung im Rahmen des Szenarios
- Heutige Ausprägung des Technologiefeldes

Während etwa heute noch die Themen „Smart Metering" und AMM zwei der am meisten diskutierten Smart-Grid-Aspekte sind, hat die **Advanced Metering Infrastructure** (Technologiefeld 14) im Jahr 2030 deutlich an Relevanz verloren, weil sie durch andere Technologien ersetzt wird bzw. in diesen aufgeht. Da die wettbewerbs- und marktgetriebene Entwicklung beim „Internet der Dinge" bzw. beim „Internet der Dienste" deutlich schneller voranschreitet als der regulierte Energiesektor, werden Produktinnovationen in den Bereichen Smart Home und Smart Appliances mit deutlich kürzeren Entwicklungszyklen als noch zurzeit der AMM-Technologien auf den Markt gebracht. Das Szenario „Nachhaltig Wirtschaftlich" benötigt den Smart Meter der heutigen Generation nicht. Ein bidirektionaler elektronischer Zähler mit entsprechenden eichrechtlichen Vorgaben muss aber zu Abrechnungszwecken vorhanden sein; ebenso die zum Datentransport notwendige Kommunikation und in Einzelfällen auch eine Echtzeitanbindung für den Netzbetreiber, um Informationen über das Niederspannungsnetz auswerten zu können.

Der Trend zu immer intelligenteren Geräten, den **Smart Appliances** (Technologiefeld 15), hält seit Jahren ununterbrochen an und wird sich auch in Zukunft weiter fortsetzen. Als Beispielprodukte, die bereits heute angeboten oder prototypisch entwickelt werden, seien unter anderem die meist in der Logistik verwendeten Radio-Frequency-Identification (RFID)-Chips, Waschmaschinen mit Internetanschluss, Heizungssteuerung per Smartphone, Applikationen im vernetzten Autoverkehr oder auch Anwendungen im Ambient-Assisted-Living (AAL)-Umfeld genannt. Im Szenario verwenden zahlreiche weitere Geräte ihre lokale Intelligenz, um Beiträge zur Energieeffizienz zu leisten. Neben

„brauner" und „weißer" Ware sind auch diverse Kleingeräte mit diesen Funktionalitäten und der dazu notwendigen autonomen Intelligenz ausgestattet. Da sich zudem ausreichend Marktanreize und geeignete Standards entwickeln, werden auch Geräte auf den Markt gebracht, die sich in Energiemanagementsysteme einklinken können. Letztere können die in den Smart Appliances verbauten Funktionen verwenden, um die Energieeffizienz unter anderem durch automatisierte Beratungsangebote zu verbessern, Energieeinsparungen zu erzielen oder auch – zumindest bei den größeren Geräten – Beiträge zur Versorgungssicherheit zu leisten. Dadurch wird eine Vielfalt an neuen, marktgetriebenen Services und Dienstleistungen erschlossen, die es Endkunden ermöglicht, von lastvariablen Tarifen zu profitieren, ohne Komforteinbußen zu erleiden.

Der umfangreiche Ausbau fluktuierender Einspeiser wird durch zahlreiche Anpassungen im Bereich des Verbrauchs flankiert. Das Potenzial der kleinen Verbraucher im Haushalt ist im Vergleich zu den gewerblichen und industriellen Großverbrauchern bezüglich des Lastmanagements und der Maßnahmen zum Erzeugungsfolgebetrieb als eher gering einzustufen. Dazu haben die Steuerungssysteme der industriellen Prozesse Schnittstellen zu einem eigenen EMS, das wiederum mit den Systemen des Energielieferanten oder des Marktes und des Netzbetreibers verbunden ist. Somit wird das **industrielle Demand Side Management/Demand Response** (Technologiefeld 16) zu einem integrierten Bestandteil der Prozesslandschaft. Die Prozesssteuerung „versteht" jetzt, welches Verschiebe- und Einsparpotenzial der jeweilige Prozess zulässt und kann so auf wirtschaftlicher – also Stromkosten versus Kosten der Prozessveränderung – und technischer Basis entscheiden bzw. Hilfen bei der Entscheidung bieten, ob ein Eingriff in den Ablauf wünschenswert ist.

Diese meist in das ERP-System integrierte Funktion ist in der Regel hochindividuell für den jeweiligen Produktionsprozess und dementsprechend auch für eine Vielzahl von Industrien spezifisch entwickelt worden. Das Verschiebepotenzial und die Konsequenzen eines Produktionseingriffs sind dazu so gut verstanden, dass ein weitgehend automatisierter Eingriff in den Prozess möglich ist.

Beispiele von schon heute erkannten und realisierbaren Potenzialen sind nach Angaben des BMWi[212] unter anderem die Chlorherstellung, die Papierindustrie, die Aluminiumindustrie oder die Eisen- und Stahlerzeugung.[213] Dies ermöglicht es den Unternehmen, ihre Energieversorgung gezielt den variablen Preisen der Märkte für Wirkleistung anzupassen oder einen Erlös zu erzielen, indem dem Netzbetreiber systemstabilisierende Dienste angeboten werden, die dann zum Beispiel zur lokalen Spannungshaltung oder zur Frequenzstabilisierung beitragen.[214]

Während der Energiehandel europäisch ausgerichtet ist und benötigt wird, um die europaweit „fluktierenden Peaks" der erneuerbaren Einspeisung auf der Marktebene zu verarbeiten, haben **regionale Energiemarktplätze** (Technologiefeld 8) die Aufgabe, lokal für einen gewissen Ausgleich von Erzeugung und Verbrauch zu sorgen und somit vor allem Netzbelange zu erfüllen. Für diese Marktplattformen werden Produkte entwickelt und implementiert, die insbesondere auf kleine Strommengen und die dazugehörenden Profile abgestimmt sind. Dies ermöglicht eine Einbindung aller Stakeholder und Anlagen und sorgt für eine effiziente Allokation von Erzeugung, Verbrauch und Netz. Die regionalen Marktplätze sind mit den überregionalen Börsen gekoppelt.[215]

---

[212] BMWi 2011d.
[213] Während Aluminium erzeugende Betriebe bereits heute am Regelmarkt teilnehmen, ist dies für die Stahlindustrie auch zukünftig schwer möglich. Hier entsteht eine Anpassung an Strompreisschwankungen, zum Beispiel durch den veränderten Beginn eines Schmelzvorgangs nach Beladung des Ofens.
[214] Das Verschiebepotenzial in der Industrie ist bisher insgesamt noch nicht ausreichend verstanden.
[215] Ein Prototyp wurde zum Beispiel im Projekt eTelligence (www.etelligence.de) realisiert. Ein verwandtes Konzept wird in den USA verwendet, um die schwachen Netze zu entlasten. Dort wird die Netzbelastung implizit in der Preisberechnung an den lokalen Marktplätzen berücksichtigt („nodals markets"). Siehe auch Kapitel 6.

Aber auch im Großhandel ergeben sich viele Veränderungen: Sowohl die erhöhte Volatilität und die negativen Preise als auch regionale Marktplätze und viele weitere Veränderungen führen in der Summe dazu, dass die großen Stromlieferanten, Großeinkäufer in der Industrie und Großhändler neue **Handelsleitsysteme** (Technologiefeld 9) benötigen, die es ihnen ermöglichen, erfolgreich am Stromhandel teilzunehmen. Diese Leitstände unterstützen den Händler durch viele neue Funktionen zur Optimierung und Visualisierung beim Handel an verschiedenen Märkten, wie dem Terminmarkt, dem Day-ahead-Markt und dem Intraday-Markt. Den komplexen Handelssystemen auf den Finanzmärkten stehen sie in nichts nach, und sie integrieren viele weitere Aspekte, wie die Prognose im Netzzustand, die es ermöglicht, frühzeitig auf Überlastungen zu reagieren bzw. die Handelsaktivitäten entsprechend anzupassen. Im Gegensatz zu den heute gehandelten Produkten ist dieses System in der Lage, auch neue Produkte (zum Beispiel Verschiebepotenzial) in die Optimierung einzubeziehen. Zum Kauf und Verkauf von Strom werden Vorschläge automatisiert erarbeitet. Auch ein automatisierter Handel von Stromprodukten ist möglich. Der Handelsleitstand ist in der Lage, viele weitere Systeme, wie Prognosesysteme, Systeme zur Generierung von Time-of-Use-Tarifen und VK-Systeme, zu integrieren.

Die ERP-Systeme in den energiewirtschaftlichen Unternehmen unterstützen neue **Business Services** (Technologiefeld 11). Energielieferanten profitieren dabei auch von den Entwicklungen in anderen Domänen. Sogenannte „Customer Self Service"-Funktionalitäten erlauben beispielsweise dem Endkunden die Nutzung oder den Abruf von Dienstleistungen des Energieunternehmens unabhängig von Zeit und (teilweise auch) Raum. Die Analyse ist selbst bei großen Datenmengen und komplexen Algorithmen möglich, bei Bedarf sogar in Echtzeit. Dabei kommen den Business-Services-Entwicklungen in den Technologiefeldern Datenmanagement und Integrationstechniken zugute.

In seiner Ausstattung ähnelt das Verteilnetz im Hinblick auf Messeinrichtungen, Aktorik sowie Aufgabenstellung – und dementsprechend auch im Bereich der Betriebsführung – stark dem Übertragungsnetz; es hat jedoch mehr autonome Funktionen. Dies zeigt sich insbesondere in den **Netzleitsystemen** (Technologiefeld 2). Aufgrund der Verbindung zu vielen Messpunkten in der Mittel- und Niederspannungsebene kann der Netzzustand in Echtzeit bestimmt werden. An jedem relevanten Netzknoten ist der lokale Zustand (zum Beispiel aktuelle Netzspannung) bekannt. Das Netzleitsystem nutzt Funktionen weiterer Systeme: So werden beispielsweise Vorhersagen des Prognosesystems (Technologiefeld 10) verwendet, um die Netzzustände vorauszuberechnen und frühzeitig Maßnahmen zur Sicherung der Stromqualität einleiten zu können. Die Anbindung an das Asset-Management-System gewährleistet, dass sich die Auslastung der Betriebsmittel stärker an monetären Kenngrößen orientiert, ohne dabei die Versorgungssicherheit zu gefährden. Da die durch umfassendes Netzmonitoring entstehende enorme Datenmenge für einen menschlichen Operator nicht mehr überschau- bzw. verarbeitbar ist, stehen vielfältige Analysefunktionen zur Verfügung, die diese Daten vorbewerten und benutzergerecht aufbereiten. Wie im Bereich des Übertragungsnetzes hat das Leitsystem zahlreiche Funktionen, die es erlauben, aktive Netzkomponenten, Erzeuger, Speicher und Verbraucher (gegebenenfalls vermittels eines VK-Systems) anzusteuern, um die Stromqualität durch Supply-side-Management und DR zu sichern. In den Ortsnetzstationen kommen dazu in der Regel autonome Agenten zum Einsatz, die sowohl den Netzzustand im Niederspannungsnetz als auch die Möglichkeiten zur Ansteuerung der dort angeschlossenen dezentralen Komponenten kennen und diese bei drohender Gefahr für die Versorgungsqualität auch selbstständig ansteuern.[216] Auch werden diese Komponenten regelmäßig mit Informationen versorgt, die es ihnen erlauben, in Echtzeit und koordiniert zum Beispiel zur Frequenzstabilisierung beizutragen. In diesem Sinne besteht

---

[216] Diese Systeme sind ein Hybrid aus Netzautomatisierungskomponente und Netzleitsystem.

eine Selbstheilungsfähigkeit der Netze. Die Netzleitsysteme der verschiedenen Netzebenen und -gebiete tauschen aggregierte Informationen basierend auf standardisierten semantischen Austauschformaten (siehe Technologiefeld 17) aus.

Auch auf den höheren Spannungsebenen wird die Koordination automatisiert und der Informationsfluss verbessert. Das Netzleitsystem der höchsten Spannungsebene kommuniziert auch mit den Netzleitsystemen der untergeordneten Spannungsebenen und fordert dort Systemdienstleistungen an, wie Lastverminderung, also DSM (Technologiefeld 16).

Voraussetzung für die Realisierung der oben beschriebenen Funktionalitäten ist die Verfügbarkeit geeigneter Feldkomponenten, sogenannter IED, für die **Netzautomatisierung** (Technologiefeld 4). In der Feldebene werden an allen notwendigen Orten und allen Komponenten der Sekundärtechnik entsprechende IED für die Messwerterfassung verbaut. Dies gilt insbesondere für die Umspannwerke. Die Leitungsstränge in der Niederspannungsebene sind mit Messtechnik ausgestattet. Die Reaktion von Netzschutzgeräten erfolgt aufgrund vorheriger Koordination untereinander. Analog zum Übertragungsnetz, in welchem heute an einigen Punkten FACTS zum Einsatz kommen, nutzt auch das vermaschte Verteilnetz FACTS (Technologiefeld 5), um Leitungsflüsse zu steuern. Diese FACTS kosten aufgrund der hohen Stückzahl und des vereinfachten Aufbaus deutlich weniger als die typischerweise im heutigen Übertragungsnetz verwendeten. Die Netzführung erfolgt weitgehend automatisiert, wird aber weiterhin durch menschliche Operatoren überwacht. Die Aktionen der FACTS werden, ebenso wie die Aktionen vieler weiterer aktiver Netzkomponenten, netz- und spannungsebenenübergreifend koordiniert.

Sowohl das Übertragungs- wie auch das Verteilnetz werden durch **Wide-Area-Measurement-Systeme** (Technologiefeld 3) überwacht, da zunehmend mehr Blindleistungskompensation vorgenommen werden muss und diese Maßnahmen koordiniert erfolgen müssen. PMUs werden auch im Niederspannungsbereich hergestellt und eingesetzt.

**Asset-Management-Systeme für Netzkomponenten** (Technologiefeld 1) speichern die komplette Betriebs- und Belastungshistorie ab. Die Organisation der Wartungsprozesse erfolgt gemäß der aus der Historie ermittelten physikalischen Alterung und somit nicht mehr nach festgelegten Intervallen. Die Automatisierungskomponenten der Betriebsmittel halten einen Teil dieser Daten auch dezentral. Externe Kosten werden im Asset Management internalisiert: Wartungen werden zum Beispiel dann vorgenommen, wenn der Ausfall des jeweils betroffenen Betriebsmittels laut Prognose von Marktpreisen, dezentraler Einspeisung und Netzbelastung in wirtschaftlicher Hinsicht am günstigsten ist.

Aufseiten der Erzeugung werden **virtuelle Kraftwerkssysteme** (Technologiefeld 12) in diesem Szenario vielfach benötigt. Die Mehrzahl der dezentralen Erzeugungsanlagen sowie viele Verbrauchsanlagen sind in die Steuerung eines oder mehrerer VK-Systeme eingebunden. Integriert in die VK-Systeme ist eine zuverlässige Prognose zu Verbrauch und Erzeugung der integrierten Anlagen möglich. Das VK-System ist in der Lage, vorgegebene Fahrpläne zu erfüllen, soweit dies die angeschlossenen Anlagen zulassen, und auf Planabweichungen angemessen zu reagieren, indem der Fahrplan einzelner Anlagen angepasst wird oder neue Anlagen in das VK-System aufgenommen werden. Damit wird stochastische Einspeisung ausgeglichen und außerdem die Energie- bzw. Leistungsmenge vergrößert, die am Wirkleistungsmarkt oder als Regelleistung angeboten werden kann. Je nach gewünschter Einsatzart lässt sich das VK-System in Netzleitsysteme oder Handelsleitstände einbinden.

Ein VK-System kennt den Ort der Anlagen im Verteilnetz und kann daher verschiedene Beiträge zur Netzstabilisierung erbringen. Die vom VNB zu erbringenden Systemdienstleistungen, die im Jahr 2012 den Übertragungsnetzen vorbehalten sind, werden häufig von den VK-Systemen ausgelöst. Die VK-Systeme können im „Inselbetrieb" gefahren werden und sorgen in diesem Fall dafür, dass ein vorgegebener Fahrplan zu den angrenzenden Netzen eingehalten wird. Hierbei koordinieren sie sich autonom (zum Beispiel vermittels eines regionalen Marktplatzes) mit den angrenzenden Netzen. Eine spezielle Form des VK-Systems wäre ein autonomer Netzagent, eine autonom agierende Komponente in der Ortsnetzstation, die Funktionen eines Netzleitsystems übernimmt.

Damit dezentrale Anlagen in VK-Systeme oder in Netzleitsysteme eingebunden werden können, sind sie mit **Anlagenkommunikations- und Steuerungsmodulen** (Technologiefeld 13) versehen. Durch eine allgemein verfügbare Infrastruktur (Technologiefeld 6) und Plug & Play-Standards (Technologiefeld 17) können diese Module einfach mit VK-Systemen und Netzleitsystemen verbunden und über diese angesprochen werden. Die Module sind in der Lage, Aussagen über den Anlagenzustand zu machen, Möglichkeiten zur Erfüllung von anlagenindividuellen Fahrplänen sowie zur Blindleistungskompensation aufzuzeigen und weitere, für den Betrieb wichtige Informationen zu übermitteln. Die individuellen Fahrpläne werden abgefahren. Bei Abweichungen wird das VK-System proaktiv benachrichtigt. Auf Fahrplanänderungsanfragen können die Anlagenkommunikations- und Steuerungsmodule reagieren. Sie kommunizieren mit dem Netzleitsystem teilweise in Echtzeit, geben diesem Informationen über den eigenen Fahrplan und bekommen von ihm ein Verhaltensmuster, welches aufzeigt, wie die Anlage autonom Netzdienstleistungen bei Überschreiten gewisser Grenzwerte erbringen kann. Dadurch erbringen die DER direkt Beiträge sogar über das deutsche Versorgungssystem hinaus.

Um die Wirtschaftlichkeit und die Zuverlässigkeit der Anlagen zu erhöhen, werden auch die dezentralen Anlagen in einem **Asset-Management-System** (Technologiefeld 7) abgebildet. Ähnlich wie die Netzbetriebsmittel nutzen diese Systeme lokale Anlagendaten über die Betriebshistorie und verknüpfen sie mit den Daten anderer Anlagen und Prognosesysteme sowie mit den Marktpreisen, um Wartungsintervalle oder auch andere Betriebshinweise zu bestimmen.

Wie anhand weiter oben genannter Beispiele bereits klar wird, spielen verbesserte **Prognosesysteme** (Technologiefeld 10) eine entscheidende Rolle bei Netzleitsystemen, für VK sowie bei der Anbindung und der Vermarktung erneuerbarer Energien. Im Szenario „Nachhaltig Wirtschaftlich", das in hohem Maße auf fluktuierender und dezentraler Einspeisung beruht, gilt dies in besonderem Maße. Die Prognose für die dezentrale Erzeugung und den Verbrauch ist leitungsscharf und verwendet sowohl Wetter- als auch Betriebsdaten aus der Anlagen- bzw. Verbrauchshistorie. Eventuell werden auch soziodemografische Daten verwendet, vorausgesetzt, dies wird von den Verbrauchern gewünscht oder mindestens akzeptiert und die datenschutzrechtlichen Voraussetzungen machen dies möglich. Die Prognosesysteme sind über entsprechende Standards einfach zu integrieren. Neben der einfachen Angabe eines Leistungswertes zu jedem Zeitpunkt können Prognosen miteinander korreliert werden. Des Weiteren liefern sie für den jeweils gewünschten Zweck neben der Leistung auch Informationen hinsichtlich des zu erwartenden Verschiebepotenzials, der Volatilität in einem Zeitintervall usw., um eine möglichst gute Betriebsführung zu ermöglichen. Prognosesysteme kommen in allen Spannungs- und vielen Aggregationsebenen zum Einsatz.

Wichtigste Voraussetzung, wie unter anderem im Schlüsselfaktor „Standardisierung" beschrieben, ist die Möglichkeit, die große Zahl der dezentralen IKT-Systeme der Feldebene

## Rolle der IKT

und der IKT-Systeme im Verteilnetz sowie die bereits beschriebenen Netzleitsysteme und die Systeme zur Steuerung der virtuellen Kraftwerke einfach miteinander Informationen austauschen zu lassen. **Integrationstechniken** (Technologiefeld 17) spielen dementsprechend eine zentrale Rolle. Für die angestrebten Anwendungsfälle müssen deshalb einheitliche, semantisch interoperable Datenmodelle definiert sein, sodass ein Informationsaustausch ohne Anpassungen der Systemsoftware möglich wird. Da Smart Grids keinen abgeschlossenen Zustand, sondern einen dynamischen Modernisierungsprozess darstellen, müssen die IKT-Systeme flexibel auf Anpassungen reagieren können. Dazu werden moderne, flexible Architekturkonzepte, die sich aus den heutigen Paradigmen, wie SOA, weiterentwickeln werden, an die Anforderungen von Smart Grids angepasst. Für die Entwicklung der Systeme stehen Smart-Grid-Referenzarchitekturen zur Verfügung. Viele der benötigten Dienste sind von zentralen Systemen entkoppelbar. Da in diesem IKT-intensiven Szenario sehr viele Akteure aktiv sind, werden diese Dienste häufig nicht selbst vorgehalten, sondern als Cloud-Dienste angeboten. Dies erlaubt auch kleinen Unternehmen, die notwendigen komplexen Dienste zu akzeptablen Kosten zu abonnieren und zu nutzen oder eigene spezifische Dienste anzubieten. Alle Unternehmen werden entlastet, da sie Ressourcen aus der Cloud beziehen und so von Skaleneffekten profitieren.

Informationstechnisches Rückgrat des Energiesystems im Szenario „Nachhaltig Wirtschaftlich" ist die IKT-Infrastruktur (Schlüsselfaktor 2). Technologische Grundlage ist die **IKT-Konnektivität** (Technologiefeld 6), die für eine Kommunikationsinfrastruktur steht, an die sich alle Anlagen anbinden und über die alle Systeme der Leittechnik- und der Feldebene kommunizieren. Das Kommunikationsnetz dieser Infrastruktur bietet verschiedene – je nach Anwendungskontext anpassbare – QoS-Levels an. Es ist gegen Angriffe geschützt und verhält sich robust gegenüber technischen Störungen und an den notwendigen Stellen auch gegenüber Stromausfällen. Ein Berechtigungskonzept erlaubt es, autorisierten Parteien, beispielsweise Anlageninformationen (wie aktueller Zustand, technische Fähigkeiten) gezielt abzufragen. In Verbindung mit der Durchsetzung passender Standards und weiteren **Integrationstechniken** (Technologiefeld 17) wird eine Plug & Play-Anbindung an die Kommunikationsinfrastruktur ermöglicht. Oberhalb der Kommunikationsschicht erlaubt ein „semantischer Layer", viele semantische Abfragen vorzunehmen, um beispielsweise herauszufinden, welche Anlagen derzeit bereit wären, negative Regelleistung anzubieten.

Die Automatisierung und der Umbau einer kritischen Infrastruktur durch massiven IKT-Einsatz zu einem CPS bieten neben vielen Chancen auch neue Risiken: Geglückte Angriffe oder Störungen des IKT-Systems führen schlimmstenfalls zu großflächigen Stromausfällen. Nicht ausreichende Sicherheitskonzepte gestatten ein unautorisiertes Verändern oder Lesen von Daten. Damit dies nicht Realität wird, werden alle IKT-Systeme durch hinreichende organisatorische und technische Maßnahmen geschützt, die dazu dienen, etwaige Angriffe abzuwehren (**Sicherheit**, Technologiefeld 19). Bereits beim Design und bei der Konzeption des Systems sowie bei dessen Weiterentwicklung werden Projekte nach dem Prinzip Security & Privacy by Design umgesetzt. Das Thema Datensicherheit der elektronischen Zähler, das derzeit und auch in den kommenden Jahren – ebenso wie die Akzeptanz der Endkunden – eine kaum zu überschätzende Rolle spielt, wird in einem größeren Kontext betrachtet, da eine sehr viel größere Anzahl Geräte in der Heimumgebung private Daten übertragen. Aufgrund des hohen Datenaufkommens, der Heterogenität der Daten und der Abhängigkeit fast aller Systemfunktionen von der Datenqualität kommen außerdem fortgeschrittene **Datenmanagementtechnologien** (Technologiefeld 18) zum Einsatz. Das Datenmanagement ist ein essenzieller Bestandteil in allen

Prozessschritten des Energieversorgungssystems und stützt sich in vielen Fällen auf semantisch annotierte Datenmodelle, die den hohen Automationsgrad des Systems stützen.

### 3.5.2 SZENARIO „KOMPLEXITÄTSFALLE"

**Überblick**

Es werden die Auswirkungen des Szenarios „Komplexitätsfalle" auf die Entwicklung in den Technologiefeldern beschrieben. Im Kern hat die Uneinigkeit der relevanten Marktakteure bei der Umgestaltung des Energieversorgungssystems ein Umfeld mit geringer Investitionssicherheit geschaffen. Hierdurch werden sowohl staatliche als auch privatwirtschaftliche Investitionen gehemmt, insbesondere in den für die Infrastruktur relevanten Technologiefeldern.

Betriebliche Kostensteigerungen können jedoch durch Effizienzsteigerungen im Kontext der Geschäftsprozesse und des Handels ausgeglichen werden. In der Gesamtschau ergibt sich aus den nicht konsistenten Rahmenbedingungen ein uneinheitlich entwickelter Technologiestand.

Abbildung 16 zeigt die Ausprägungen der Technologiefelder im Szenario „Komplexitätsfalle". Die maximalen Entwicklungsstufen der Technologiefelder, welche den vom Szenario unabhängigen Entwicklungsraum repräsentieren, sind in hellgrau dargestellt. Ausgehend vom derzeitigen technologischen Ist-Stand sind darüber hinaus die bis zum Jahre 2030 erforderlichen Entwicklungen für die Technologiefelder 1 bis 16 abgebildet. Die Nummerierung wird in der folgenden Beschreibung im Zusammenhang mit dem jeweiligen Technologiefeld genannt.

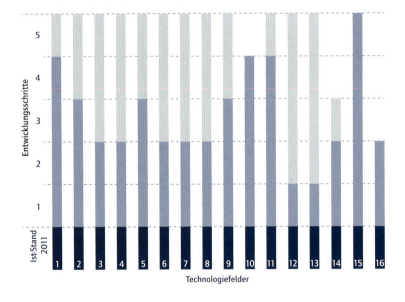

Abbildung 16: Ausprägung der Technologie-Entwicklungsstufen für das Szenario „Komplexitätsfalle".

## Technologische Ausprägung des Szenarios

Der Umbau des Energieversorgungssystems geht insgesamt schleppend voran. Da die Integration kleiner dezentraler Anlagen teilweise technisch nicht abgebildet werden kann, greift das Gesamtsystem zu einem großen Teil auf zentrale Großkraftwerke zurück. Eine „Öffnung" der **Netzleitsysteme** (Technologiefeld 2) in Richtung offener Systemkonzepte wird nicht vorangetrieben, denn Übertragungsnetze (Höchst- und Hochspannung) sowie der Mittelspannungsteil der Verteilnetze können durch die bestehenden leittechnischen geschlossenen Konzepte weiterhin zuverlässig geführt werden. Mittels durch Fernwirktechnik angebundener Aktorik kann in diesen Netzbereichen vermehrt steuernd eingegriffen werden. Dabei können Betriebsmittel ihre eigene Belastung prognostizieren und so dem Netzleitsystem erlauben, Lastflussoptimierungen und Umschaltungen frühzeitig durchzuführen.

Die dazu notwendigen **Prognosesysteme** (Technologiefeld 10) sind in der Lage, sowohl die Erzeugung und den Verbrauch bis auf die Ebene der Haushalts- und Gewerbekunden als auch die dezentrale Einspeisung, wenn notwendig aggregiert bis auf Ortsnetzebene, zu prognostizieren. Diese fortgeschrittenen Systeme zeichnen sich dadurch aus, dass die im Vergleich zu heute fein aufgelösten Daten nicht nur besser vorhergesagt, sondern auch miteinander korreliert werden können. Daraus gewonnene Erkenntnisse schaffen Mehrwerte für den Betrieb des Gesamtsystems. Die Stromausbeute von Erzeugungsanlagen im Bereich der Windkraft und der PV kann aufgrund der feineren Auflösung in der Prognose zuverlässiger vorhergesagt werden, was die Möglichkeiten einer Direktvermarktung der Stromerträge steigert. Auch die Wartung der Anlagen kann mit den Informationen aus den Prognosesystemen besser geplant werden. Der Zugriff auf Erzeugungs- und Verbrauchsprognosen erlaubt eine kostenoptimale Durchführung von Wartungsarbeiten: Wenn zum Beispiel sowohl eine hohe Windeinspeisung als auch ein guter Marktpreis in der Direktvermarktung prognostiziert werden, sollten im Sinne der Maximierung der regenerativen Stromproduktion in dieser Zeit weder an den kritischen Netzbetriebsmitteln noch an den Windanlagen Wartungen vorgenommen werden. Eine vollständige Integration der Systeme wird in diesem Szenario jedoch nicht erreicht.

Die Optimierung der Lebensdauer der vorhandenen Netzbetriebsmittel und zentralen Erzeugungsanlagen nimmt eine wichtige Rolle ein, da die fehlende Investitionssicherheit den großflächigen Einsatz neuer Komponenten verhindert. Asset-Management-Systeme unterstützen bei der Wartungsplanung von zentralen wie auch dezentralen Anlagen. Im Bereich des **Asset Managements für zentrale Anlagen und Netzkomponenten** (Technologiefeld 1) wird ein deutlicher Fortschritt erreicht. Der zuvor manuelle Prozess der Zustandsbewertung wird automatisiert. Relevante Kenndaten über den Zustand von Betriebsmitteln können systemweit automatisiert erfasst werden. Diese werden in den Asset Management-Systemen so verarbeitet, dass die physikalische Alterung der Komponenten bei der betrieblichen Einsatzplanung berücksichtigt wird. Auch externe Kosten, die zum Beispiel aus der Unterbrechung der Direktvermarktung aus dezentraler Erzeugung entstehen, können im Asset Management berücksichtigt werden, sodass die Wartung zu einem kostenoptimalen Zeitpunkt stattfinden kann. Um die Versorgungssicherheit nicht wartungsbedingt zu gefährden, existiert eine Schnittstelle zu den Netzleitsystemen. Zwischen Asset Management und angrenzenden Systemen werden Daten über ein standardisiertes Objektmodell ausgetauscht.

Das **Asset Management für dezentrale Erzeugungsanlagen** (Technologiefeld 7) wurde im Vergleich dazu deutlich weniger stark vorangetrieben. Da die dezentralen Einspeiser für die Systemstabilität keine stützende Rolle einnehmen und die Direktvermarktung keine hinreichenden Renditen erzielt, werden Investitionen in diesem Bereich gehemmt. Für die vorhandenen Anlagen ist jedoch eine periodische Wartungsplanung möglich. Historische Daten der einzelnen Anlagen sind online verfügbar.

Problemen bei der Integration fluktuierender Erzeugung wird in vielen Fällen mit dem Ausbau der betroffenen Netze begegnet. Der Einsatz der **Netzautomatisierung** (Technologiefeld 4) mit der Kombination aus Sensorik und Aktorik beschränkt sich auf das Hoch- und Mittelspannungsnetz. Neue Komponenten werden in vielen Fällen nur bei Bedarf installiert, bestehende Systeme im Rahmen eines Retrofittings modernisiert. Nur in Teilen der Niederspannungsnetze werden Messeinrichtungen installiert, um deren Beobachtbarkeit zu steigern.

**Wide-Area-Measurement-Systeme** (WAMS, Technologiefeld 3) werden entsprechend des relativ geringen Automatisierungsgrades des Gesamtsystems im Verteilnetz nur eingeschränkt eingesetzt. Der Einsatz der Technologie erfolgt weiterhin großteilig im Übertragungsnetz bzw. auf den hohen Spannungsebenen. Aus den Pilotprojekten für den Einsatz dieser Technologie im Verteilnetz sind Use Cases entwickelt worden, welche die Möglichkeiten der Netzzustandserfassung in diesem Bereich beschreiben. Implementierungen im Mittelspannungsnetz werden aufgrund der Erfahrungen aus den Projekten nur vereinzelt vorgenommen.

Um die Kapazitäten der vorhandenen Netze optimal auszunutzen bzw. um auf hochdynamische Versorgungssituationen angemessen reagieren zu können, werden **FACTS** (Technologiefeld 5) in WAMS integriert. Die in verschiedenen Netzbereichen eingesetzten FACTS als leistungselektronisches System können auf der Basis von Netzinformationen geregelt und stabilisiert werden. Aktive Netzkomponenten werden nach Bedarf bis in die Mittel- oder teilweise sogar Niederspannungsnetzebene hinein berücksichtigt, um Leistungsflüsse zu verschieben.

Im Gegensatz zu FACTS ist der durchgängige Einsatz der IKT nicht möglich: Technisch mögliche Lösungen zur Hebung wirtschaftlicher Potenziale können innerhalb der in diesem Szenario geltenden Gesetzgebung nicht zur Anwendung kommen. Eine durchgehende **IKT-Konnektivität** (Technologiefeld 6) wird entsprechend nicht geschaffen. In ausgewählten Regionen sind als Ergebnis von Pilotprojekten Lösungen in Betrieb, mit denen die Möglichkeit des IKT-Einsatzes auch im Verteilnetz geschaffen wird. Die installierten Strukturen sind zumeist proprietär und vertikal ausgerichtet. Einzelne Funktionen können daher zwar durch die IKT unterstützt oder vollständig realisiert werden, jedoch ist eine umfassende Unterstützung von Geschäftsprozessen nicht möglich. Die Flexibilität und der potenzielle Mehrwert einer solchen Infrastruktur bleiben daher insgesamt sehr begrenzt.

Für den Handel mit elektrischer Energie stehen der Industrie, dem Gewerbe und auch den Privatkunden Werkzeuge für die Teilnahme an **regionalen Energiemarktplätzen** (Technologiefeld 8) zur Verfügung. Eine Teilnahme am regionalen Energiehandel ist somit prinzipiell für alle Interessenten möglich. Der Handel mit abgeleiteten Produkten, wie Netzdienstleistungen oder DSM, wird technisch durch entsprechende Werkzeuge unterstützt und steht sämtlichen Marktteilnehmern offen. Die Bedeutung dieser Produkte am Marktplatz wird jedoch durch den vergleichsweise niedrigen Anteil dezentraler Anlagen eingeschränkt. Besonders im Privatkundenbereich spielt DSM nur eine geringe Rolle. Eine Integration der regionalen Marktplätze in übergeordnete Märkte findet nicht statt.

Während der regionale Handel über Marktplätze sich nur eingeschränkt etabliert, werden die auf den übergeordneten

## Rolle der IKT

Märkten eingesetzten **Handelsleitsysteme** (Technologiefeld 9) bzw. Leitstände deutlich weiterentwickelt. Um der Heterogenität der Rahmenbedingungen, dem gestiegenen Kostendruck und der damit verbundenen Komplexität des Marktgeschehens zu begegnen, sind die am Energiehandel teilnehmenden Parteien an ausgefeilten Handelssystemen interessiert. Diese Systeme sind in der Lage, Handelspositionen und Prognosen durchgängig zu erfassen und bedarfsgerecht zu aggregieren. So ist zum Beispiel die Darstellung aller relevanten Informationen auf Bilanzkreisebene möglich. Die in einem Handelsleitsystem verfügbaren Funktionen werden in geeigneter Weise zusammengefasst und handelsrelevante Größen gemeinsam visualisiert, was die Effektivität und Effizienz der Systeme steigert. Das System ist zudem in der Lage, den Marktwert von Flexibilitäten zu bewerten oder zu prognostizieren. Darüber hinaus kann es abschätzen, ob und in welcher Höhe sich Echtzeit-Preissignale für große Endkunden in Industrie und Gewerbe auswirken und gegebenenfalls die entsprechenden Signale über eine Schnittstelle zum Tarifsystem anstoßen, um indirekt Anreize zur Lastverschiebung zu schaffen. Während das Leitsystem die handelsrelevanten Informationen bedarfsgerecht aggregiert und darstellt, ist eine aktive Entscheidungsunterstützung bzw. (Teil-) Automatisierung in diesem Feld nicht notwendig, da der für die Handelsunterstützung notwendige Informationsumfang durch die angesprochene Visualisierung und Aggregation für den Händler problemlos beherrschbar ist.

Unternehmensübergreifende und kundenbezogene Geschäftsprozesse in der Energiewirtschaft werden durch entsprechende **Business Services** (Technologiefeld 11) unterstützt. Business Services sind in der Lage, die für sie relevanten Daten in Echtzeit zu analysieren. Dabei werden die Dienste technisch in einer Cloud-Architektur gehalten, was ihre Verfügbarkeit und Flexibilität stärkt. Das Energiemanagement von großen Gewerbe- und Industriekunden wird beispielsweise über entsprechende Services in das des Versorgers integriert, um in diesem Bereich Potenziale zu heben und die Wettbewerbsfähigkeit zu steigern.

Die **virtuellen Kraftwerkssysteme** (Technologiefeld 12) werden lediglich für große steuerbare dezentrale Verbrauchsanlagen, wie Kühlhäuser, und Erzeugungsanlagen (in der Regel BHKW) eingesetzt, da der Handel mit Energie aus kleineren dezentralen Anlagen in diesem Szenario nicht ausreichend motiviert wird. VK-Systeme haben sich zur Aggregation von Anlagen etabliert und sind in der Lage, innerhalb eines Netzbereichs stochastische Fluktuationen der Erzeugung auszugleichen. Weiterhin fahren sie Fahrpläne ab, um von der Preisentwicklung an der Börse zu profitieren. Die VK-Systeme ermitteln dazu aus den Anlagendaten und aus Prognosen das Lieferpotenzial der angeschlossenen Anlagen und berechnen daraus den gewinnbringendsten Fahrplan. Die Hersteller von größeren BHKWs und zum Teil auch von großen anderen Einspeiseanlagen haben diese mit **Anlagenkommunikations- und Steuerungsmodulen für Erzeugungsanlagen und Verbraucher** (Technologiefeld 13) ausgestattet, sodass sie sich ohne nennenswerten Aufwand an ein VK-System anschließen und steuern lassen. So werden entsprechende Kommunikations- und Steuerungsmodule beispielsweise auch für thermische Großverbraucher (>100 kW Leistung) eingesetzt, wobei jedoch nur einfache Funktionen unterstützt werden. Im Bereich der Erzeugung werden zum Teil auch Anlagen mit einer Leistung zwischen 30 und 100 kW mit entsprechenden Modulen ausgestattet, jedoch in der Regel nur zur Anlagenüberwachung und mit proprietären Schnittstellen und Anwendungen. In Einzelfällen entwickeln Hersteller „schlüsselfertige" VK größeren Umfangs, indem sie die IKT der dezentralen Anlagen und das VK-System als proprietäre Gesamtlösung in Kombination mit entsprechenden Dienstleistungen vermarkten.

Mit der **Advanced Metering Infrastructure** (Technologiefeld 14) liegt eine technische Infrastruktur vor, welche die

Fernauslesung von Messwerten, eine bidirektionale Kommunikation und die Verwendung von Daten in höherwertigen Applikationen im Rahmen des AMM ermöglicht. Das DSM hat sich bei Privatkunden nur sehr eingeschränkt durchgesetzt und spielt keine Rolle auf dem Energiemarkt. Allerdings nutzen die Energieversorger die Möglichkeiten der AMI intensiv, um ihre Kundenprozesse (Business Services, Technologiefeld 11) zu verbessern. Einige Kunden erlauben Dienstleistern, ihre Daten zu verarbeiten und profitieren im Gegenzug von neuen Services.

Das Energiemanagement ist im Bereich der Industrie- und Gewerbekunden von großer Bedeutung. Ziel ist es, die Energiekosten zu senken, indem die interne Energieeffizienz gesteigert wird, auf variable Preise reagiert wird oder dem Netz Unterstützungsleistungen angeboten werden (DR). **Industrielles Demand Side Management/Demand Response** (Technologiefeld 16) setzt sich somit weitestgehend durch. Über EMS findet dieser Aspekt automatisiert Eingang in die betrieblichen Planungsprozesse. Das Produktionsplanungs- und Steuerungssystem (PPS) enthält eine Komponente, die beurteilt, welches Verschiebe- und Einsparpotenzial der industrielle Prozess zulässt. Dies erlaubt es, auf wirtschaftlicher – also Stromkosten vs. Kosten der Prozessveränderung – und technischer Basis zu entscheiden, ob ein Eingriff in den industriellen Ablauf wünschenswert ist. Neben dieser fortgeschritteneren Anpassung im Hinblick auf die Energiepreise erfolgt in vielen Prozessen die Anpassung des Energieverbrauchs noch abhängig von einfachen Tarifen (HT/NT). Ein Energiemanagement dieser Art wird für die jeweilige Domäne und deren Abläufe hochindividuell entwickelt.

Unabhängig vom Smart Grid und der AMI haben sich deutliche Entwicklungen im Bereich der **Smart Appliances** (Technologiefeld 15) ergeben. Alle im Haushalt befindlichen Geräteklassen, von der „weißen Ware" bis hin zu Kleingeräten, sind in der Lage, sich zum Beispiel an einem im Haushalt befindlichen Monitoring- und Steuerungssystem anzumelden und ihre Funktionalitäten anzubieten. Dabei erfolgt die Anbindung nach dem Plug & Play-Prinzip. Das Monitoring- und Steuerungssystem unterstützt die Verbraucher bei der Kontrolle ihres Energieverbrauchs und schafft so die Grundlage für die Nutzung der autonomen Intelligenz der einzelnen Geräte. Die angebotenen Funktionen adressieren den Haushalt und nehmen nur selten Bezug auf das Gesamtsystem außerhalb des Haushalts. Treibende Kräfte im Umfeld der Smart Appliances sind die Gerätehersteller, welche mit ihren Produkten neue Märkte adressieren wollen.

Interoperabilität auf der Ebene der Informationssysteme im Energieversorgungssystem wird im Bereich der **Integrationstechniken** (Technologiefeld 17) an manchen Stellen über standardisierte Schnittstellen geschaffen. Diese gewährleisten die syntaktische Interoperabilität zwischen den verschiedenen Systemen, indem auf spezifizierte Datenformate, Datenserialisierungen und Kommunikationsprotokolle zurückgegriffen wird. Zudem werden die einzelnen Prozessschritte – dem SOA-Gedanken folgend – in Form von Services angeboten. Aufgrund fehlender Einigkeit zwischen den Anbietern und uneinheitlicher Rahmenbedingungen sind jedoch nicht alle Standardisierungsvorhaben geglückt, sodass an vielen Stellen auf proprietäre Lösungen zurückgegriffen wird. In Bezug auf Referenzarchitekturen oder semantische Interoperabilität wird unter den Akteuren des Energieversorgungssystems folglich keine Einigkeit erzielt, sodass insgesamt zwar eine grundlegende Interoperabilität gegeben ist, jedoch darüber hinausgehende Potenziale zur Erhöhung der Effizienz und der Flexibilität des Gesamtsystems unerschlossen bleiben. In den Fällen, in denen sich Quasi-Monopole gebildet haben, sind deren Formate zu Industriestandards geworden.

Der erhöhte Einsatz von IKT innerhalb des Energieversorgungssystems bedingt eine Steigerung der Anforderungen an das **Datenmanagement** (Technologiefeld 18). Trotz der Einschränkungen durch die Rahmenbedingungen erlangt IKT einerseits einen höheren Stellenwert für die Realisierung der Systemfunktionen innerhalb des Energieversorgungssystems, andererseits werden die Geschäftsprozesse der Energiewirtschaft zunehmend durch Informationssysteme unterstützt. Durch diese Entwicklung steigt sowohl die Menge der anfallenden Daten als auch die Anforderungen an ihre Verfügbarkeit. Um die Analyse der Daten zu unterstützen und auch unstrukturierte Informationen in den Prozessschritten verwerten zu können, werden Metainformationen verwendet, die den Kontext der Daten, wie etwa die Datenherkunft oder auch ihre Qualität, nutzbar machen. Auch hier werden jedoch Mehrwerte, welche sich aus der semantischen Anreicherung und der Integration der Daten über die gesamte Prozesskette hinweg ergeben könnten, an vielen Stellen nicht realisiert.

Die **Sicherheit** (Technologiefeld 19) der Daten und Anwendungen wird insgesamt gewährleistet. Der Sicherheitsbedarf wird auf Ebene der einzelnen Applikationen meist rechtzeitig erkannt und trägt der Erhöhung der Komplexität und der damit einhergehenden Vergrößerung der Angriffsfläche Rechnung. Die Heterogenität der Rahmenbedingungen und der technischen Entwicklung wirkt sich jedoch auch auf diesen Bereich aus. Zwar sind jeweils Sicherheitskonzepte für die verwendeten Technologien vorhanden und werden auch in bereits laufende Systeme nachträglich integriert, jedoch werden durchgängige Sicherheitslösungen über Systemgrenzen hinweg gehemmt.

### 3.5.3  SZENARIO „20. JAHRHUNDERT"

#### Überblick

Dieses Szenario beschreibt eine Situation, in der sich Smart Grids und die Integration regenerativer bzw. dezentraler Erzeugung in die Stromversorgung gegenüber heute nur sehr wenig weiter entwickelt haben:

– Das Angebot stützt sich auf zentrale fossile Erzeugung, die zunehmend $CO_2$-arm ist (zum Beispiel aufgrund der Anwendung der Carbon Capture and Storage (CCS)-Technologie), und auf $CO_2$-armen Import-Strom.
– Die Übertragungsnetze wurden zu diesem Zweck gut ausgebaut, nationale und transnationale Overlay-Netze stehen in ausreichendem Maße zur Verfügung. Das Verteilnetz wurde auf einen Lastfluss in Richtung der Endverbraucher ausgelegt und entsprechend ausgebaut.
– Nennenswerte Strommengen aus fluktuierender und dezentraler Erzeugung (Onshore-Wind und PV) sind nicht zu integrieren, verschiebbare Lasten und anderweitig steuerbare Verbraucher spielen keine wesentliche Rolle.
– Die Stromkosten sind auf einem konstant hohen Niveau und im Bereich der Erzeugung, Übertragung und Nutzung von elektrischem Strom wurde eine sehr hohe Energieeffizienz erreicht.

Abbildung 17 zeigt die Ausprägungen der Technologiefelder 1 bis 16 im Szenario „20. Jahrhundert". Die maximalen Entwicklungsstufen sind in hellgrau dargestellt. Ausgehend vom technologischen Ist-Stand sind darüber hinaus die bis zum Jahre 2030 erforderlichen Entwicklungen für die Technologiefelder dargestellt. Die Nummerierung wird in der folgenden Beschreibung in Zusammenhang mit dem jeweiligen Technologiefeld genannt.

## Future Energy Grid

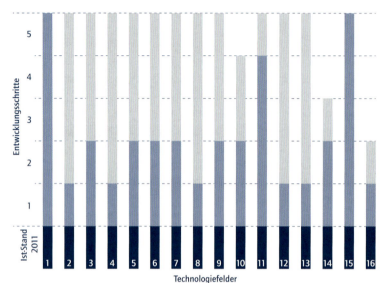

Abbildung 17: Ausprägung der Technologie-Entwicklungsstufen für das Szenario „20. Jahrhundert".

1. Asset Management für Netzkomponenten
2. Netzleitsysteme
3. Wide Area Measurement-Systeme
4. Netzautomatisierung
5. FACTS
6. IKT-Konnektivität
7. Asset Management Systeme für DER
8. Regionale Energiemarktplätze
9. Handelsleitsysteme
10. Prognosesysteme
11. Business Services
12. Virtuelle Kraftwerkssysteme
13. Anlagenkommunikations- und Steuerungsmodule
14. Advanced Metering Infrastructure
15. Smart Appliances
16. Industrielles Demand Side Management/ Demand Response

Entwicklungsraum des Technologiefeldes
Entwicklung im Rahmen des Szenarios
Heutige Ausprägung des Technologiefeldes

### Technologische Ausprägung des Szenarios

**Asset-Management-Systeme** werden unterteilt in solche für **Netzkomponenten** (Technologiefeld 1) und solche für **dezentrale Erzeugungsanlagen** (Technologiefeld 7). Erstere haben sich bis zum Jahr 2030 sehr weit entwickelt. So ist es systemweit möglich, die Kenndaten aller Anlagen automatisch zu erfassen. Unter anderem wird dies durch standardisierte Objektmodelle ermöglicht. Schnittstellen zum Leitsystem gestatten, Anlagen ihrem Alter entsprechend sowohl technisch sicher als auch vollkostengerecht zu betreiben: So wird zum Beispiel die ereignisbasierte Überlastung einer Anlage, die zu einer verminderten Lebenszeit führt, häufig toleriert, sofern die Kosten, die aufgrund der schnelleren Alterung entstehen, geringer sind als der Gewinn am Markt, der durch die Überlast entsteht.

Diese Asset-Management-Systeme lassen sich als „Betriebsmittel-EKG" bezeichnen, welche die gesamte Historie der Netzkomponenten vorhalten. Ebenso sind Wartung und Betrieb an physikalische Alterung und entstehende Kosten angepasst. Der Grund für die ausgereifte Entwicklung dieser Systeme liegt in der Festlegung, eher den Netzausbau zu fördern als das Gesamtsystem durch die Integration intelligenter Technik in das Netz zu optimieren. So erhöht sich auch das in den Netzen gebundene Kapital. Aufgrund analoger Überlegungen wird umgekehrt das Asset Management für dezentrale Erzeugungsanlagen nicht so weit entwickelt.

Der Energiemix setzt hauptsächlich auf fossile zentrale Versorgung und umfasst einen stagnierenden Anteil erneuerbarer Energien. Es werden nur wenige neue PV- und

Windanlagen installiert. Historische Anlagendaten sind lediglich teilweise online verfügbar, und die Wartung der dezentralen Erzeugungsanlagen wird schematisch in festen Intervallen durchgeführt. Weiterentwicklungen entsprechender Asset-Management-Systeme erscheinen nicht rentabel.

Über die Versorgung aus dem beschriebenen Energiemix hinaus wird der restliche Bedarf an Strom durch Importe $CO_2$-armer Energie aus Nachbarländern gedeckt (unter anderem Atomstrom aus Frankreich, skandinavischer Strom aus Wasserkraft, Strom aus Sonnenenergieprojekten wie DESERTEC). Da das Versorgungssystem somit überwiegend große Erzeugungsanlagen umfasst und nur die Großverbraucher steuerbar ins Gesamtsystem eingebunden sind, fokussiert sich die Entwicklung von Modulen zur **Anlagensteuerung und Kommunikation** (Technologiefeld 13) auf diese Bereiche. Als Folge werden im Bereich der standardisierten Anbindungen nur thermische Großverbraucher (>100 kW) und Erzeugungsanlagen ab 50 kW berücksichtigt. Die Anbindungen sind jedoch nicht als „intelligent" anzusehen, sondern sie erfüllen einfache Funktionalitäten, in der Regel die Reaktion auf einfache Steuersignale. Ebenfalls auf die Priorisierung der fossilen Erzeugung und den politisch motivierten, regressiven Rückbau erneuerbarer Energien ist die nur teilweise Entwicklung von **Prognosesystemen** (Technologiefeld 10) zurückzuführen. Verbesserte Prognosen, vor allem in Form von aggregierten Daten über den Verbrauch von Haushalts- und Gewerbekunden, helfen dabei, Entscheidungen der Netzsteuerung zu unterstützen. Dies ist notwendig, um die stetig steigenden Lasten handhaben zu können.

Um Stromimporte realisieren und die großen Erzeugungsanlagen anbinden zu können, liegt der Fokus auf dem Ausbau des Übertragungsnetzes. Der Ausbau der Verteilnetze ist nachrangig, da dezentrale Erzeugung in diesem Szenario keine große Rolle spielt. Dies beeinflusst die Entwicklung verschiedener Technologien: So haben zum Beispiel die Funktionalitäten der **Netzleitsysteme** (Technologiefeld 2) die tieferen Spannungsebenen nicht durchdrungen. Es ist zwar möglich, im Mittelspannungsnetz eine Zustandsbewertung durchzuführen, und es wurde auch damit begonnen, dort Planung und Prognosen einzubinden, jedoch dominieren in diesem Feld weiterhin monolithische Systeme mit Einzelfunktionen. Ein weiteres betroffenes Technologiefeld ist das der **Wide-Area-Measurement-Systeme** (Technologiefeld 3), für welches Anwendungsfälle für den Einsatz von Sensoren im Verteilnetz identifiziert und ausgearbeitet werden, um darauf aufbauend Visualisierungs- und Analysewerkzeuge zu implementieren. Diese werden nun zwar auch in der Mittelspannungsebene (20 kV) eingesetzt, jedoch nicht im Bereich der Niederspannung. **FACTS** (Technologiefeld 5) sind an kritischen Punkten im vermaschten Verteilnetz über IKT mit Komponenten der WAMS verbunden, um auf hochdynamische Versorgungssituationen durch Lastflussveränderung reagieren bzw. diese ausregeln zu können. Zudem ist es möglich, eine netzbereichsübergreifende Koordination und Regelung bzw. Stabilisierung mehrerer FACTS auf der Basis hochdynamischer Netzinformationen zu realisieren. Ebenfalls begründet durch den Fokus auf den Netzausbau ist bei der **Netzautomatisierung** (Technologiefeld 4) die Aktorik nur punktuell realisiert, wobei die Sensorik sich auf ein durchgehendes Monitoring im Hoch- und Mittelspannungsbereich beschränkt. Dabei werden sowohl neue, moderne Messkomponenten verbaut als auch bei im Feld installierten Geräten ein Retrofitting durchgeführt.

Infolge der Struktur der Erzeugung und des Netzes herrscht bei den Energiekosten ein hohes Preisniveau mit geringer Preisvolatilität vor. Hinzu kommt nur ein sehr geringes Potenzial für Lastverschiebung, weshalb sich **regionale Marktplätze** (Technologiefeld 8) kaum ausgebildet haben. Es existieren Werkzeuge zur Handelsunterstützung, die jedoch nur für Unternehmen in Industrie und Gewerbe mit sehr hohem Energiebedarf geeignet sind. Im Hinblick auf kleinere Kunden sind sie funktional und preislich überdimensioniert. Überregionale Märkte, insbesondere die europäischen Börsen, sind dadurch in ihrer Bedeutung gestiegen, sodass entsprechende **Handelsleitsysteme und -stände** (Technologiefeld 9) stetig weiterentwickelt wurden. Das Zusammenfassen verschiedener Funktionalitäten wird von diesen unterstützt. Darüber hinaus können handelsrelevante Größen gemeinsam visualisiert werden und müssen somit nicht mehr einzeln dargestellt und manuell kombiniert oder aggregiert werden. Zudem wurden Möglichkeiten zur Bottom-up-Erfassung von Positionen und Prognosen sowie geeignete Aggregationsfunktionen umgesetzt. **Virtuelle Kraftwerke** (Technologiefeld 12) sind ebenfalls Teil des Energiesystems und werden durch passende Systeme unterstützt. Aufgrund der geringen Verbreitung erneuerbarer Energien und der ausbleibenden Entwicklung von Prognosesystemen sowie des Fehlens regionaler sind sie jedoch technisch nur in der Lage, vorgegebene Fahrpläne zu fahren oder als Pool an Regelenergiemärkten teilzunehmen, um so Fluktuation der Erzeugung oder der Nachfrage auszugleichen. Die zu steuernden Anlagen sind größere steuerbare Verbraucher und dezentrale Erzeuger, wie BHKWs.

Im Bereich der **IKT-Konnektivität** (Technologiefeld 6) sind in diesem Szenario ausschließlich bedarfsgetriebene Insellösungen vorzufinden. Innerhalb dieser Insellösungen sind neben den Erzeugern auch Verteilnetze und Verbraucher angebunden. Somit ergeben sich auch nur partielle Schnittstellen zwischen der vernetzten und der geschlossenen Systemebene. Allgemein verläuft die Entwicklung neuer Services eher konservativ, indem Basisdienste nur bei konkretem Bedarf entwickelt werden. Diese folgen jedoch den allgemeinen Trends im Bereich der **Business Services** (Technologiefeld 11) und adaptieren entsprechende Konzepte für den Bereich Energie. Es existieren damit flexible und unternehmensübergreifende Prozesse, die unter anderem zum Zwecke von Echtzeitanalysen genutzt werden können. Weiterhin sind sie hauptsächlich in privaten Clouds organisiert und bieten überwiegend „Software as a Service"-Modelle an. EMS von EVU-Großkunden integrieren diese Dienste.

Smart Meter sind in ein **Advanced Meter Management** (Technologiefeld 14) eingebunden. Das bedeutet, dass die Erfassung von Energieverbrauchsdaten mittels einer bidirektionalen Kommunikation zwischen dem Netzbetreiber bzw. zwischen Messstellenbetreiber/Messstellendienstleister und der Feldebene durchgeführt wird. Weiterhin umfasst das System zusätzliche Daten und Dienste, die auf den erhobenen (Mess-)Daten aufsetzen. Dabei steht zunehmend der Energieverbraucher im Fokus, sodass die Möglichkeit besteht, Daten an den Kunden zu übermitteln und weitergehende Dienste bzw. Anwendungen im Haushalt zu unterstützen. Unabhängig von den Entwicklungen im Bereich der Smart Meter haben sich die Geräte in den Haushalten zu **Smart Appliances** (Technologiefeld 15) weiterentwickelt. Dies ist maßgeblich auf die Fortschritte im IT-Bereich und im Telekommunikationsumfeld zurückzuführen. Es existiert eine kaum überschaubare Menge an Anwendungen für mobile Endgeräte, die Informationen über den Energieverbrauch einzelner Geräte liefern. Zudem sind auch Kleingeräte zunehmend mit autonomer Intelligenz ausgestattet, sodass alle Funktionen in ein übergeordnetes Steuersystem integriert werden können. Neue Geräte werden automatisch erkannt und sofort in das System eingebunden. Sämtliche Funktionalitäten beschränken sich jedoch auf die Haushalte selbst, das heißt, dass innerhalb der Bevölkerung zwar das Bewusstsein für elektrische Energie gestiegen ist, jedoch keine Funktionalitäten – wie Lastverschiebung oder komplexe externe Steuerung – vorhanden sind, die das Versorgungssystem selbst signifikant betreffen. Im Allgemeinen wird die Möglichkeit der Lastverschiebung im Gesamtsystem kaum genutzt. Private und gewerbliche Abnehmer haben aufgrund der geringen Preisfluktuationen kaum Anreiz dazu und auch in der Industrie kommt **Demand Side Management/Demand Response** (Technologiefeld 16) nur vereinzelt zum Einsatz, da Versorger oder VNB keine attraktiven Angebote geschaffen haben, die einen Anreiz zum Beispiel zum DR bieten würden. Die Idee des Energiemanagements ist jedoch in den Industriebetrieben mittlerweile flächendeckend verbreitet und nach und nach beginnen die Early Adopter, ihren Verbrauch zu flexibilisieren. Initial bedeutet dies Anpassungen an grobe Tarife wie HT/NT.

Die Querschnittstechnologien, sowohl die **Integrationstechniken** (Technologiefeld 17) als auch das Datenmanagement und die IT-Sicherheit im Versorgungssystem entwickeln sich „durchwachsen". Auf Basis von Initiativen auf europäischer Ebene werden für einige Systeme standardisierte Schnittstellen entwickelt.

Dies wird durch den Markt insoweit unterstützt, als auch Unternehmen zunehmend SOA implementiert haben. Eine semantische Interoperabilität zwischen allen Systemen wird jedoch nur für die Smart Appliances erreicht. In den übrigen Technologien beschränkt sich die Semantik auf den durch die Liberalisierung geforderten Informationsaustausch.

Anforderungen an das **Datenmanagement** (Technologiefeld 18) ergeben sich hauptsächlich durch das erhöhte Aufkommen von zu verarbeitenden Daten in den frühen Entwicklungsschritten der Technologiefelder. Ausnahmen sind zum einen die Prognosesysteme, welche semantisch angereicherte Daten für ihre Analysen benötigen und zum anderen die Smart Appliances, die Metadaten für ihre Kommunikation berücksichtigen.

Aus der vergleichsweise geringen IKT-Durchdringung des Energieversorgungssystems folgt ein entsprechend geringer Bedarf an neu entwickelten IT-**Sicherheitssystemen** (Technologiefeld 19).

In einer Vielzahl von Fällen werden Sicherheitsmaßnahmen nachträglich in die bestehenden Systeme integriert. Die Systeme zur IKT-Anbindung der FACTS, die Business Services und die Smart Appliances werden jedoch aufgrund der umfangreichen, neuen Funktionalitäten praktisch neu entwickelt, sodass Sicherheitsanforderungen einen integralen Bestandteil des Entwicklungsprozesses bilden (Security-by-Design).

## 3.6 ZUSAMMENFASSUNG

Innerhalb dieses Kapitels wurde die Bedeutung der IKT für das Energieversorgungssystem betrachtet. Im Kontext des Ist-Stands für das Jahr 2012 wurde zunächst deutlich, dass über alle Spannungsebenen hinweg die jeweiligen Netze an ihrer Leistungsgrenze gefahren werden. Dabei ist diese Belastung meist nicht dauerhaft, sondern entsteht in Form von Spitzen durch fluktuierende Einspeisung aus Windkraft (on- und offshore in verschiedenen Größenordnungen abhängig von der Einspeisung in den Höchst-, Hoch- oder Mittelspannungsbereich) oder PV (hauptsächlich im Niederspannungsbereich). Besondere Herausforderungen bestehen bei der Steuerung von Kraftwerksparks auf Basis von Prognosen (beispielsweise für große Offshore-Windparks), dem Umgang mit bidirektionalen Lastflüssen (Umkehr des Stromflusses in Richtung der nächsthöheren Netzebene) und nicht zuletzt bei der Herstellung einer Beobachtbarkeit im Bereich der Niederspannungsnetze. Die IKT und entsprechende Kommunikationsstandards können zur Bewältigung dieser Herausforderungen beitragen.

Als Ordnungsrahmen der technologischen Betrachtung wurde ein Systemmodell spezifiziert, welches drei Systemebenen umfasst. Die geschlossene Systemebene ist dabei durch (derzeit) weitestgehend autonome bzw. manuell anzusprechende Komponenten geprägt, welche die Kommunikation zu anderen Komponenten stark reglementieren. Dies kann beispielsweise aus Sicherheitsgründen sinnvoll sein, wie bei der Steuerung von Kraftwerken. Die vernetzte Systemebene beinhaltet Komponenten, welche für die Erfüllung ihrer Funktion stark auf die Kommunikation bzw. den Datenaustausch mit anderen Komponenten oder Akteuren angewiesen sind. Hier sind etwa regionale Energiemarktplätze als Beispiel zu nennen. Eine flexible Plattform für die (zukünftige) Vernetzung von Komponenten wird in Form der IKT-Infrastrukturebene abgebildet. Diese kommt zum einen innerhalb der Systemebenen, zum anderen als verbindende Komponente zwischen geschlossener und vernetzter Systemebene zum Tragen. Die zweite Dimension umfasst die Domänen, welche sich aus technologischer und regulatorischer Sicht im Energieversorgungssystem ergeben. Hierzu zählen die Stromerzeugung (zentral wie dezentral), die Netze (Übertragung und Verteilung), die Kunden (Industrie- und Privatkunden) sowie die Dienstleister und Energiemärkte.

Innerhalb dieses Modells aus Systemebenen und Domänen wurden im vorherigen Abschnitt 19 Technologiefelder spezifiziert. Fünf der Technologiefelder, wie die Netzleitsysteme, sind dabei der geschlossenen Systemebene und den Domänen zentrale Erzeugung, Übertragungs- und Verteilnetze zugeordnet. Zehn Technologiefelder wurden innerhalb der vernetzten Systemebene platziert. Diese können sich, wie beispielsweise die Prognosesysteme, über sämtliche Domänen des verwendeten Modells erstrecken. Weitere Beispiele innerhalb der vernetzten Systemebene sind Asset-Management-Systeme für dezentrale Erzeugungsanlagen, Anlagenkommunikations- und Steuerungsmodule, regionale Energiemarktplätze oder auch die Advanced Metering Infrastructure. Mit dem Technologiefeld IKT-Konnektivität wurden Entwicklungspotenziale innerhalb der IKT-Infrastrukturebene betrachtet. Darüber hinaus wurden die drei Querschnittstechnologiefelder Integrationstechnik, Daten-management und Sicherheit identifiziert. Diese sind jeweils im Kontext eines der anderen 16 Technologiefelder zu betrachten und sind damit weder einer Domäne noch einer Systemebene fest zuzuordnen.

Für jedes Technologiefeld wurden Entwicklungspotenziale ausgehend vom heutigen Stand der Technik beschrieben. Abhängig vom betrachteten Entwicklungsschritt und Technologiefeld handelt es sich bei einem Entwicklungsschritt um zu leistende FuE-Arbeit oder auch um die flächendeckende Einführung einer gegebenenfalls schon heute entwickelten Technologie. Angelehnt an das SGMM[217] wurden jeweils bis zu fünf Entwicklungsstufen identifiziert, welche die möglichen Entwicklungen für das betrachtete Technologiefeld aufzeigen. Der höchste Entwicklungsschritt ist dabei aufgrund des großen Zeithorizonts als Vision für die Entwicklung des Technologiefeldes zu betrachten.

Nach Einschätzung von Experten aus den jeweiligen Domänen erfolgte im nächsten Abschnitt eine Zuordnung der Technologie-Entwicklungsschritte auf die in Kapitel 2 beschriebenen Extremszenarien. Basierend auf dem durch die Schlüsselfaktor-Projektionen skizzierten Umfeld innerhalb der Szenarien ergeben sich unterschiedliche technologische Ausprägungen. Die Technologiefelder Asset Management für Netzkomponenten, Business Services und Smart Appliances erfahren dabei in allen Szenarien eine umfangreiche Weiterentwicklung. Im Falle des Asset Managements und der Business Services wird angenommen, dass eine Optimierung der Wirtschaftlichkeit in diesen Bereichen unabhängig von der strukturellen Entwicklung des Energieversorgungssystems von den jeweiligen Akteuren vorangetrieben wird. Die Entwicklung der Smart Appliances wird im Kontext der Szenarien zumeist durch die Anbieter am Markt stattfinden. In Abhängigkeit vom Aufbau einer entsprechenden IKT-Infrastruktur wird sich hier die Anbindung an das Energieversorgungssystem unterscheiden. Je nach Ausprägung der

---

[217] SGMM 2010.

Infrastruktur werden die Funktionen der Smart Appliances entweder auf das häusliche Umfeld beschränkt oder aber in das Energiemanagement des Gesamtsystems eingebunden sein. Die Entwicklung der übrigen Technologiefelder hängt stark von der Charakteristik des jeweils betrachteten Szenarios im Hinblick auf die Infrastruktur (Energie und Information) und die energiepolitischen Rahmenbedingungen ab.

Die Entwicklung der Technologiefelder und ihre Ausprägung innerhalb der Szenarien „20. Jahrhundert", „Komplexitätsfalle" und „Nachhaltig Wirtschaftlich" werden im folgenden Kapitel weiter detailliert. Zunächst werden die Abhängigkeiten zwischen den Entwicklungssträngen der Technologiefelder aufgezeigt. Diese werden im Anschluss für die Entwicklung der Migrationspfade genutzt, welche die Entwicklung des Energieversorgungssystems im Hinblick auf IKT skizzieren.

# 4 MIGRATIONSPFADE IN DAS FUTURE ENERGY GRID

Bisher wurde für drei Szenarien, die den Zukunftsraum abdecken, sowohl der Ausgangszustand als auch der Zielzustand des Einsatzes von Informations- und Kommunikationstechnologien (IKT) detailliert für alle relevanten Technologiefelder beschrieben. Um einen Migrationspfad darzustellen, ist also noch die Entwicklung über die Zeit zu beschreiben. Diese ergibt sich, wenn die Entwicklungsschritte der Technologiefelder in eine inhaltliche Abhängigkeit gebracht werden und anschließend das Abhängigkeitsnetz auf die Zeitachse abgebildet wird. Für dieses Gesamtbild ist dann zu analysieren, welche kritischen Punkte sich ergeben. Es wird sich zeigen, dass sich für das Szenario „Nachhaltig wirtschaftlich" drei Entwicklungsphasen unterscheiden lassen.

## 4.1 METHODISCHES VORGEHEN

Die in Kapitel 2 nach der Szenario-Technik[218,219] entwickelten Szenarien „20. Jahrhundert", „Komplexitätsfalle" und „Nachhaltig Wirtschaftlich" zeigten in mehreren Dimensionen, den Schlüsselfaktoren, zunächst den Entwicklungsraum für das zukünftige IKT-basierte Energieversorgungssystem der Zukunft auf.

In Kapitel 3 wurden IKT-bezogene Entwicklungspotenziale in Technologiefelder strukturiert und beschrieben. Die Zuordnung ihrer Entwicklungsschritte auf die Szenarien zeigte Parallelen, aber auch divergente Entwicklungsverläufe in den drei Ebenen des Systemmodells auf.

Innerhalb dieses Kapitels werden zunächst die Entwicklungsschritte der Technologiefelder auf gegenseitige Abhängigkeiten hin analysiert. Für die Technologiefelder 1 bis 16 wird jeweils dargestellt, welche Vorbedingungen für die einzelnen Entwicklungsschritte zu erfüllen sind. Durch die Referenz auf die in den einzelnen Szenarien erreichten Entwicklungsschritte wird so der für ein Technologiefeld erforderliche Entwicklungsbedarf deutlich. Für die Querschnittstechnologiefelder, nämlich Integrationstechnik, Datenmanagement und Sicherheit, wird zudem gesondert beschrieben, welche Bedeutung sie für die Entwicklung der übrigen Technologiefelder besitzen.

Durch die zusammenhängende Darstellung der Technologiefeld-Abhängigkeiten werden im Anschluss die vollständigen Migrationspfade für die Szenarien ermittelt und visualisiert. Die Bedeutung der Technologiefelder und ihrer Entwicklungsschritte wird mittels einer quantitativen Analyse ermittelt. „Hot Spots", also kritische Pfade oder Verzweigungen innerhalb der technologischen Migration werden auf diese Weise herausgearbeitet. Da das Szenario „Nachhaltig Wirtschaftlich" derzeit am nächsten an der in der „Energiewende" beschriebenen Zielvision liegt und außerdem die ambitioniertesten Ziele verfolgt, wird die Entwicklung der Technologiefelder für dieses Szenario durch die Einteilung in charakteristische Entwicklungsphasen genauer strukturiert. Aus den Ergebnissen der Analyse werden schließlich Kernaussagen abgeleitet, welche die wesentlichen Entwicklungen und Zusammenhänge für die Migration in Richtung eines IKT-basierten Energieversorgungssystems zusammenfassen.

## 4.2 BEZIEHUNGEN ZWISCHEN DEN TECHNOLOGIEFELDERN

Die in Kapitel 3 erarbeiteten Entwicklungsschritte der 19 unterschiedlichen Technologiefelder werden in diesem Kapitel in ihren gegenseitigen Abhängigkeiten im Hinblick auf eine kontinuierliche Weiterentwicklung des Internets der Energie (IdE) untersucht. Für jedes der Technologiefelder, die sich einer Systemebene zuordnen lassen, werden anhand der entsprechenden Abfolge von Entwicklungsschritten 1 bis 5 die Abhängigkeiten von anderen Technologiefeldern beschrieben.

---

[218] Gausemeier et al. 1996.
[219] Gausemeier et al. 2009.

Für die Querschnittstechnologiefelder Integrationstechniken, Datenmanagement und Sicherheit wird hingegen dargestellt, für welche Entwicklungsschritte diese als Voraussetzung angenommen werden: Die Querschnittstechnologien sind nicht in sich Bausteine des Systems, sondern eben sehr wichtige Voraussetzungen für dessen Funktionsfähigkeit.

Die Darstellung beschränkt sich jeweils auf Abhängigkeiten erster Ordnung. Wenn beispielsweise der Entwicklungsschritt 9.3 (dritter Entwicklungsschritt des Technologiefeldes 9) eine Abhängigkeit zum Entwicklungsschritt 10.3 besitzt und dieser wiederum von Entwicklungsschritt 14.1 abhängt, so wird die Abhängigkeit zwischen 9.3 und 14.1 nicht dargestellt. Diese transitiven Abhängigkeiten werden in der Gesamtdarstellung der Szenario-Migrationspfade in Abschnitt 4.3 ersichtlich.

### 4.2.1 GESCHLOSSENE SYSTEMEBENE

**Technologiefeld 1 – Asset Management für Netzkomponenten**
Das Asset Management für Netzkomponenten entwickelt sich, wie in Abbildung 18 zu sehen, relativ autark. Es sind lediglich Vorbedingungen für frühe Entwicklungsschritte gegeben, die sich aus IKT-Konnektivität und Datenmanagement ergeben. In den Szenarien „20. Jahrhundert" und „Nachhaltig Wirtschaftlich" wird der letzte Entwicklungsschritt erreicht, im Szenario „Komplexitätsfalle" der vorletzte Schritt.

Zur automatisierten Erfassung aller Hauptkomponenten innerhalb des Asset Management sind diese zunächst IKT-seitig zu erschließen (Entwicklungsschritt 6.1). Um diesen Prozess im nächsten Entwicklungsschritt systemweit auszudehnen (1.2), muss sich auch die IKT-Konnektivität verbessern. Zunächst werden Microgrids voll vernetzt. Innerhalb dieser Insellösungen wird somit eine Möglichkeit geschaffen, Netzkomponenten automatisch zu erfassen (6.2). Ein standardisiertes Objektmodell steigert die Interoperabilität. Hieraus folgt jedoch auch eine steigende Datenmenge, welche ihrerseits ein angemessenes Datenmanagement erfordert (18.1).

Danach benötigen weder die Schnittstelle zum Leitsystem (1.3) noch die Einbeziehung externer Kosten in das Asset Management (1.4) oder die Wartung und der Betrieb basierend auf der physikalischen Alterung und den Kosten einer Anlage (1.5) zwingend Fortschritte aus anderen Technologiefeldern. Diese Entwicklungsschritte können auf den zuvor geschaffenen Grundlagen aufsetzen.

Abbildung 18[220]: Abhängigkeiten des Technologiefeldes 1 „Asset Management für Netzkomponenten".

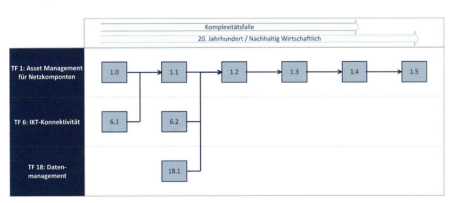

---

[220] Zur Visualisierung der Pfade wurde im Folgenden das, von OFFIS-ST entwickelte Programm, EA-Viz (www.EA-Demonstrator.de) verwendet.

### Technologiefeld 2 – Netzleitsysteme

Netzleitsysteme sind, wie in Abbildung 19 dargestellt, in nahezu jedem Entwicklungsschritt auf Fortschritte in anderen Technologiefeldern angewiesen. Sie sind andererseits die Schlüsselkomponente des geschlossenen Systems.

Die Entwicklung innerhalb der Szenarien verläuft sehr unterschiedlich, so wird im „20. Jahrhundert" lediglich der erste Schritt erreicht, in der „Komplexitätsfalle" der dritte Schritt und im „Nachhaltig Wirtschaftlich"-Szenario mit Schritt fünf auch der letzte Entwicklungsschritt. Dieses Technologiefeld stellt damit einen wichtigen differenzierenden Faktor für die Entwicklung des IdE im Kontext der drei unterschiedlichen Szenarien dar.

Die Zustandsbewertung im Mittelspannungsnetz (2.1) erfordert die Bereitstellung entsprechender Monitoringdaten durch die Netzautomatisierung (4.2). Ausgewählte einzelne Anlagen im Verteilnetz müssen über IKT-Schnittstellen erreichbar sein, damit ihre Daten als Grundlage für die Zustandsberechnung abgerufen werden können (6.1). Auch die Prognosesysteme müssen sich weiterentwickelt haben, damit detaillierte Vorhersagen, zum Beispiel zur Last und Einspeisung, gemacht werden können (10.1). Des Weiteren erfordert die erhöhte Datenmenge ein Konzept zum Management derselben (18.1).

Damit die Netzleitsysteme im nächsten Schritt zudem Steuerungsmöglichkeiten im Mittelspannungsnetz nutzen können (2.2), muss sich auch die Netzautomatisierung weiterentwickeln: Die Aktorik zum Steuern im Mittelspannungsbereich muss zur Verfügung stehen (4.2). Ebenso sind automatisch erfasste Informationen aus dem Asset Management wichtig (1.1). So muss zum Beispiel die Information zur Überlastfähigkeit oder zum Spannungsstellbereich der Netz- oder Verteiltransformatoren vorliegen, um die Netzautomatisierung optimal zu parametrieren. Flexible Drehstromübertragungssysteme (engl. Flexible AC Transmission System – FACTS) sind weitere Komponenten zur Lastflusssteuerung, die bei der Steuerung im Mittelspannungsnetz (5.3) künftig zu berücksichtigen sind. FACTS werden heute vor allem im Höchst- und Hochspannungsnetz eingesetzt. Der zunehmende Grad der Vernetzung, der sich aus den Steuerungsmöglichkeiten ergibt, erfordert ein höheres Maß an Sicherheitsmaßnahmen, die bereits bei der Entwicklung der Steuerung berücksichtigt werden müssen (19.1).

Nachdem das Mittelspannungsnetz nun bewertet und gesteuert werden kann, entwickeln sich die Netzleitsysteme weiter zu prozessorientierten Systemen, die Prognosen einbinden (2.3). Dabei müssen die Prognosesysteme in der Lage sein, die Korrelationen zwischen verschiedenen Erzeugungs- und Verbrauchsprognosen zu berücksichtigen, um die Planung und Steuerung auf die möglichst gut prognostizierte Residuallast abzustimmen (10.3).

Im nächsten Schritt (2.4) werden Leitsysteme durch die Schaffung offener Schnittstellen erweitert und beziehen dabei unter anderem Prognosesysteme, Asset-Management-Systeme und das Demand Side Management (DSM) ein. Außerdem werden autonome Niederspannungsnetzagenten (ANA) in die Leitsysteme integriert. Für das Asset Management der Netzkomponenten bedeutet dies, dass eine Schnittstelle zum Netzleitsystem bereitgestellt werden muss (1.3). Im Bereich der Wide Area Measurement Systems (WAMS) muss deren Einsatz zumindest vereinzelt auch im Niederspanungsbereich (400 V) erfolgen, um die notwendigen Daten für die Integration der ANAs zu liefern (3.4). Damit diese überhaupt in die Netzleitsysteme integriert werden können, ist es zwingend notwendig, dass sie vorher bereits in der Netzautomatisierung eingesetzt werden (4.4). Ein wirtschaftlich optimales Messen, Steuern und Regeln durch die ANAs im Rahmen der Netzleitsysteme setzt voraus, dass FACTS es ermöglichen, sowohl autonome, netzstabilisierende Regelmaßnahmen zu ergreifen als auch die Aktorik adaptiv zu koordinieren (5.5). Die Nutzung vieler

Abbildung 19: Abhängigkeiten des Technologiefeldes 2 „Netzleitsysteme".

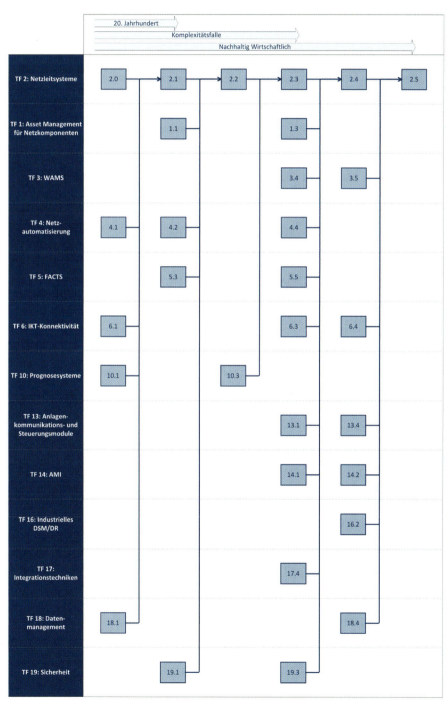

Schnittstellen durch die Netzleitsysteme bedeutet auch, dass diese Zugriffe auf eine große Menge an Daten verzeichnen werden, was wiederum erweiterte Anforderungen an die IKT stellt. So ist der Einsatz von Datendrehscheiben erforderlich, um das geforderte Maß an Konnektivität zu gewährleisten (6.3). Um Regelungskonzepte in diesem Schritt sinnvoll einsetzen zu können, ist eine standardisierte Anbindung für große Verbraucher und Erzeugungsanlagen durch entsprechende Anlagenkommunikations- und Steuerungsmodule erforderlich (13.1). Auf der Ebene der Haushalte wird die Konnektivität durch eine standardisierte Advanced Metering Infrastructure (AMI) gewährleistet (14.1). Die Vielzahl von Schnittstellen macht einen hohen Integrationsgrad erforderlich. So sind standardisierte Schnittstellen eine wichtige Voraussetzung für die Anbindung einer Vielzahl von Anlagen. Zur Umsetzung intelligenter Regelungskonzepte sind darüber hinaus jedoch auch semantisch interoperable Datenmodelle nötig (17.4). Durch diese Maßnahme werden die Daten aus verschiedenen Quellen und Kontexten in dieser umfangreichen Ausprägung erst automatisiert interpretierbar, während gleichzeitig die Kosteneffizienz gewährleistet werden kann. Dies steht auch in Zusammenhang mit der zu gewährleistenden Sicherheit. Die Erfahrungen aus der vorangegangenen Entwicklung sind zu nutzen, um entsprechende Security Patterns zu definieren und zu standardisieren (19.3).

Für die Realisierung eines automatisierten, selbstorganisierenden Netzleitsystems (2.5) ist die Kenntnis über Spannung, Strom und Phasenverschiebung an allen notwendigen Stellen in synchron zeitgestempelter Form erforderlich. Die hierfür einzusetzenden WAMS sind als massendatenfähige Managementsysteme mit der Fähigkeit zur bidirektionalen Kommunikation zu gestalten (3.5). Der durchgehende Einsatz im Niederspannungsnetz sorgt für eine hohe Anzahl an erforderlichen Komponenten, sodass diese entsprechend preisgünstig sein sollten. Die Anbindung von Komponenten an die IKT-Infrastruktur muss in diesem Schritt nach dem Plug & Play-Prinzip erfolgen, um die notwendige Ansteuerungsmöglichkeit für alle Smart-Grid-Komponenten zu gewährleisten (6.4). Zu diesen Komponenten zählen Erzeugungsanlagen, Verbraucher und Speicher, welche auch bei kleiner Dimensionierung über entsprechende Kommunikations- und Steuerungsmodule anzubinden sind (13.4). Für die Haushaltsebene ist ein Advanced-Meter-Management (AMM)-System zu realisieren, um die dort anfallenden technischen Informationen sinnvoll verwenden zu können (14.2). Die Integration des automatisierten Energiemanagements in die Wertschöpfungsprozesse (16.2) schafft wiederum aufseiten der Industrie- und Gewerbebetriebe eine wichtige Voraussetzung für die Automatisierung der Netzleitsysteme. Um die notwendige Integration aller Beteiligten umzusetzen, ist das Datenmanagement als integraler Bestandteil in allen für das Energieversorgungssystem relevanten Prozessketten vorzusehen (18.4).

### Technologiefeld 3 – Wide-Area-Measurement-Systeme

Zunächst können die WAMS ohne weitere Abhängigkeiten weiterentwickelt werden: Es muss geklärt werden, auf welche Weise WAMS nutzbringend im Verteilnetz eingesetzt werden können (3.1).

Wide-Area-Monitoring-Systeme, die Zustände der Verteilnetzebene (eventuell auch mehrerer Netze) analysieren (3.2), sind dann im Wesentlichen von den Querschnittstechnologien und der IKT-Konnektivität abhängig (siehe Abbildung 20). Neue Werkzeuge, die Verteilnetzdaten analysieren, benötigen dazu Datenmanagementtechnologien, die mit der Vielfalt und der Anzahl der Daten umgehen können (18.1). Um die Daten aus vielen Datenquellen „einzusammeln", wird zumindest eine grundlegende Interkonnektivität in der Informationstechnologie (IT)-Infrastruktur benötigt (6.1). Alle Daten zu den Sensoren sind dazu in einer Datenbank gespeichert. Diese Voraussetzungen erlauben es den

Herstellern, Visualisierungs- und Analysewerkzeuge zu entwickeln und zu vermarkten.

Um im nächsten Schritt die WAMS in weitere IT-Systeme einzubinden (3.3), sind entsprechende syntaktische Standards einzusetzen (17.2). Um in den Anwendungen die WAMS-Daten aus vielen Quellen adäquat integrieren zu können, sind diese semantisch mit den notwendigen Metainformationen angereichert (18.3). Dies ermöglicht präzisere Auswertungen der Daten und komplexere Analysen, wie sie beispielsweise zur Untersuchung der Frage notwendig sind, ob für den jeweils geplanten Einsatz die lokale Optimierung der zentralen vorzuziehen ist – respektive umgekehrt – und wie die Optimierungsstrategie genau aussehen soll. Dazu werden insbesondere Metadaten zu Datenqualität, Art der Sensoren usw. mit den Daten zur Analyse durchgereicht. Da WAMS bereits an kritischen Punkten im Verteilnetz eingesetzt werden und somit Bausteine zur Erhaltung der Systemstabilität sind, haben Sicherheitsaspekte sowohl zum Schutz vor zunehmenden Angriffen als auch vor natürlichen Schadensfällen einen hohen Stellenwert. Die konkreten Bedrohungsszenarien sind verstanden und entsprechende Maßnahmen sind umgesetzt. Dazu gehört insbesondere die Umsetzung von Security Patterns, die öffentlich verfügbar und gängige Praxis bei der Realisierung von sicherheitskritischen Systemen sind (19.3).

Wenn der Einsatz von WAMS auch im Niederspannungsbereich erfolgen soll (3.4), muss in der Einsatzregion eine Energiedateninfrastruktur ausgerollt sein. Diese erlaubt die Einhaltung des Quality of Service (QoS), damit die für die Berechnung des Systemzustandes notwendigen Daten immer rechtzeitig zur Verfügung stehen (6.2).

Abbildung 20: Abhängigkeiten des Technologiefeldes 3 „Wide Area Measurement-Systeme".

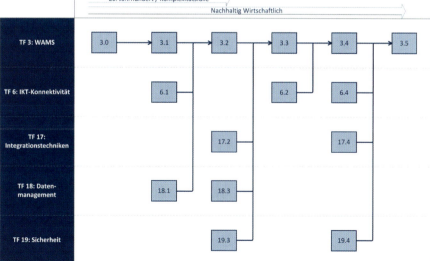

Der zusätzliche Aufwand für das WAMS ist nur dann sinnvoll, wenn die Anlagen des Verteilnetzes umfangreich durch IKT angebunden sind. Dies setzt voraus, dass die Energiedateninfrastruktur diesen Anschluss einfach erlaubt. Wenn im höchsten Entwicklungsschritt WAMS umfangreich im Verteilnetz eingesetzt werden (3.5) und die Netzautomatisierung wesentlich auf diesen Messungen beruht, werden höchste Anforderungen an die zugrunde liegende IKT gestellt (6.4). Sowohl Phasor Measurement Units (PMU) und weitere Sensoren als auch ein großer Teil der Erzeugungs- und Verbrauchsanlagen sind an eine Energiedateninfrastruktur angeschlossen. Diese Plattform sichert die Integrität und Sicherheit der Daten, sorgt für die Einhaltung der Anforderungen an die Kommunikation (QoS) und verhindert die Benutzung durch nicht autorisierte Personen. Die Integration der vielfältigen – auch heterogenen – Intelligent Electronic Devices (IED) an diese Plattform gelingt durch die Verwendung von Plug & Play-Standards, die insbesondere für semantische Interoperabilität sorgen (17.4). Da dieses System hochgradig IT-basiert ist, darf ein Angriff auf IKT-Komponenten oder sogar der Ausfall einzelner IKT-Komponenten nicht zu Einschränkungen in der Stromversorgung führen. Daher werden die Sicherheitsanforderungen bei der Entwicklung des Systems und der Einzelkomponenten von der Planung über den Entwurf und die Entwicklung bis hin zum Test berücksichtigt (19.4).

### Technologiefeld 4 – Netzautomatisierung

Die Abhängigkeiten der Netzautomatisierung ergeben sich aus der Vernetzung mit der notwendigen Sensorik und Aktorik (siehe Abbildung 21). Zur Realisierung eines durchgehenden Monitorings im Bereich der Mittelspannungsnetze (4.1), wie es im Rahmen des Szenarios „20. Jahrhundert" erwartet wird, sind erste regionale Implementierungen der IKT-Konnektivität (6.2) erforderlich, um aus der Ferne auf die Monitoring-Daten zugreifen zu können. Das Datenmanagement muss den steigenden Datenmengen begegnen können (18.1). Das Netzautomatisierungssystem ist mit domänenspezifischen Sicherheitslösungen (19.2) auszustatten. In diesem Schritt werden nicht nur neue Komponenten verbaut, sondern auch bereits bestehende im Rahmen eines Retrofittings an die neuen Anforderungen angepasst.

Die Realisierung von Aktorik im Mittelspannungsbereich (4.2), welche im Kontext des Szenarios „Komplexitätsfalle" erwartet wird, wird unter anderem durch die Implementierung eines WAMS auf der Mittelspannungsebene (3.2) gestützt. Zudem sind im Kontext von FACTS aktive Netzkomponenten der Mittelspannungsebene und zum Teil auch bereits der Niederspannungsebene zu berücksichtigen (5.3). Für die Vernetzung der Komponenten untereinander werden standardisierte Schnittstellen (17.2) eingesetzt. Die Erfahrungen aus dem Schritt 4.1 werden genutzt, um erprobte Sicherheitsmaßnahmen zu standardisieren und die resultierenden Security Patterns bei der Umsetzung dieses Schrittes zu berücksichtigen (19.3).

Die Realisierung von Aktorik im Bereich der Niederspannungsnetze (4.3) wird von Area Management Systemen (AMS, mit ähnlichen Funktionalitäten wie die des WAMS) unterstützt (3.4). Gemeinsam mit der in Schritt 4.2 erprobten Einsatzmöglichkeit von FACTS im Niederspannungsbereich wird auch die Niederspannungsebene direkt beeinflussbar.

Der Einsatz von ANAs (4.4) zur Realisierung eines autonomen, gegebenenfalls selbstheilenden Systems (erwartet im Szenario „Nachhaltig Wirtschaftlich") stellt hohe Anforderungen an das WAMS bzw. AMS, welche zu massendatenfähigen, bidirektionalen Managementsystemen weiterzuentwickeln sind (3.5). Die FACTS müssen in der Lage sein, aktive Netzkomponenten netz- und spannungsebenenübergreifend zu koordinieren (5.4). Für die Vielzahl von Komponenten in diesem Entwicklungsschritt wird eine

Plug & Play-fähige IKT-Konnektivität vorausgesetzt (6.4). Dies bedingt weiterhin semantisch interoperable Datenmodelle (17.4) sowie semantisch angereicherte Daten im Datenmanagement (18.3). Die neuen (physikalischen wie informationstechnischen) Komponenten sind nach dem Security-by-Design-Prinzip zu entwickeln.

Abbildung 21: Abhängigkeiten des Technologiefeldes 4 „Netzautomatisierung".

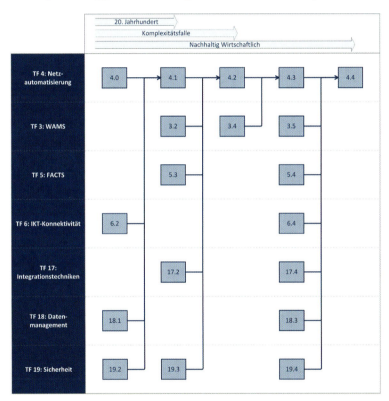

## Technologiefeld 5 – FACTS

FACTS werden zunehmend die Verteilnetze durchdringen (5.1) und dabei auch stärker in eine Koordination eingebunden werden, was zu den in Abbildung 22 dargestellten Abhängigkeiten führt. Um in einem System auf Netzprobleme durch Änderung der Leistungsflüsse zu reagieren, werden die Komponenten an ein WAMS angebunden. Dieses muss dazu für ein Verteilnetz eingerichtet sein (3.1). Damit die Leistungsflüsse nicht aufgrund bösartiger Angriffe auf die IT fehlerhaft umgelenkt werden und eine Systemstörung verursachen, müssen die notwendigen Sicherheitstechnologien zur Verfügung stehen und eingesetzt werden. Aufgrund der hohen Realzeitanforderungen müssen dazu insbesondere Seiteneffekte, wie Einwirkungen auf die Ende-zu-Ende-Performanz, beherrscht werden (19.2). Die Einbindung der FACTS setzt zumindest standardbasierte syntaktische Interoperabilität voraus. Dabei müssen in der Domäne – gegebenenfalls auch über die Basisstandards hinaus – anwendungsfallspezifische Standards geschaffen werden, um nichtfunktionalen Anforderungen zu genügen (17.2).

Mit der netzbereichsübergreifenden Koordination von FACTS im nächsten Entwicklungsschritt (5.2, der höchste Schritt für das Szenario „20. Jahrhundert") steigen die Sicherheitsanforderungen noch einmal deutlich. Die FACTS beeinflussen sich nun gegenseitig bzw. nehmen eine gemeinsame Aufgabe wahr. Diese würde bereits durch den Ausfall weniger FACTS-Komponenten gestört werden. Daher wird beim Systemdesign und bei der Entwicklung der FACTS-IEDs auf Entwurfsmuster und ebenso auf die entwickelten Sicherheitsstandards zurückgegriffen. Bereits während der Systementwicklung wird der Security-by-Design-An-

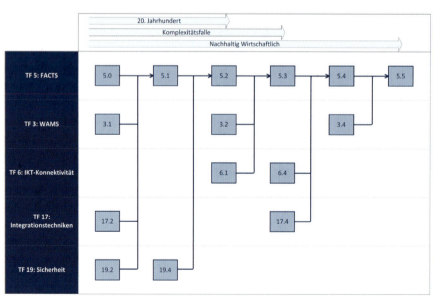

Abbildung 22: Abhängigkeiten des Technologiefeldes 5 „Flexible AC transmission systems"(FACTS).

satz verfolgt. Außerdem werden umfangreiche Werkzeuge zur Verbesserung der Sicherheit genutzt (19.4).

Um aktive Netzkomponenten der Mittel- und Niederspannungsebene in der netzbereichsübergreifenden Koordinierung zu berücksichtigen (5.3 der höchste Schritt innerhalb des Szenarios „Komplexitätsfalle"), muss zumindest ein einfacher Verzeichnisdienst das Potenzial der Anlagen berücksichtigen, damit diese gezielt zusammen mit den FACTS in das Netzleitsystem eingebunden werden können (6.1). Um den Netzzustand ausreichend gut zu kennen, werden WAMS-Komponenten installiert und Analyse- und Visualisierungswerkzeuge zur Auswertung eingesetzt (3.2). Die Auswertung der Ergebnisse wird genutzt, um die FACTS zu steuern.

Im folgenden Schritt kommunizieren die FACTS untereinander und koordinieren sich gegenseitig (5.4). So können die unterschiedlichen Netzebenen Einfluss aufeinander nehmen und sich gegenseitig weiter stützen. Eine Veränderung der Schnittstellen der FACTS-IEDs ist in der Regel ausgeschlossen. Daher müssen die IKT-Komponenten bei der Kommunikation untereinander auf semantische Standards setzen können (17.4). Use Cases können dann zur Konfiguration der IEDs genutzt werden. Zur Vernetzung der IEDs im Verteilnetz ist eine Punkt-zu-Punkt-Verbindung weniger geeignet. Es wird also eine IKT-Plattform benötigt, die bereits die notwendigen Kommunikationsanforderungen gewährleistet und auf semantische Standards setzt (6.4). Um die FACTS mit den notwendigen Informationen zu versorgen, sind auch im Verteilnetz verstärkt Messeinrichtungen, wie PMUs, einzusetzen.

Damit sich die FACTS im höchsten Schritt (5.5, erreicht im Szenario „Nachhaltig Wirtschaftlich") weitgehend autonom bzw. ohne eine zentrale Steuerung erfolgreich und in Echtzeit mit anderen Netzkomponenten koordinieren können, muss zusätzlich zu den genannten Entwicklungen die entsprechende Messsensorik bis in den Niederspannungsbereich vorhanden sein (3.4).

### 4.2.2 IKT-INFRASTRUKTUREBENE

#### Technologiefeld 6 IKT-Konnektivität

Das Technologiefeld IKT-Konnektivität stellt die Infrastruktur zur Verfügung, welche die Informations- und Kommunikations-Anbindung der Komponenten des Energieversorgungssystems realisiert. Für die Realisierung eines intelligenten, informationsgestützten Energieversorgungssystems stellt es damit eine wichtige Voraussetzung dar.

Ausschlaggebend für die erfolgreiche Umsetzung der IKT-Konnektivität ist die Entwicklung der Querschnittstechnologiefelder (siehe Abbildung 23). So ist die Integration geeigneter Sicherheitsmaßnahmen (19.2) essenziell für den Aufbau einer Informationsinfrastruktur und bereits bei der Realisierung der ersten Anbindungen innerhalb der Verteilnetzebene (6.1) zu berücksichtigen.

Mit dem fortschreitenden Ausbau der Informationsinfrastruktur innerhalb regional ausgeprägter Microgrids (6.2), wie sie im Kontext der Szenarien „20. Jahrhundert" und „Komplexitätsfalle" erwartet werden, geht eine Erhöhung der anzubindenden Komponenten einher. Die effektive Anbindung von Smart-Grid-Komponenten benötigt daher die Bereitstellung standardisierter Schnittstellen und architektonisch sauber entkoppelter Informationssysteme (17.2). In der Folge steigt die Komplexität der zu berücksichtigenden Daten und mit ihr wachsen auch die Anforderungen an die Systeme des Datenmanagements in Bezug auf die Verfügbarkeit und die Performanz (18.1).

Die weitere informationstechnische Integration der Microgrids (6.3) erhöht nochmals die Menge und die Gleichzeitigkeit der Informationsflüsse. Vor der Realisierung dieses Schritts sollten Datenmanagementsysteme daher in der Lage sein, die anfallenden Daten durch die Anreicherung mit Metainformationen stärker zu strukturieren (18.2). Durch die in diesem Schritt vorgenommene Ausdehnung der Informationsinfrastruktur

Abbildung 23: Abhängigkeiten des Technologiefeldes 6 „IKT-Konnektivität".

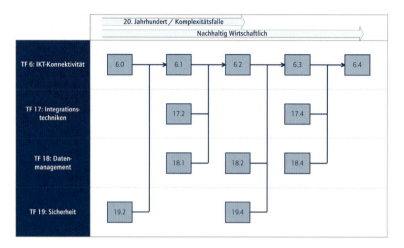

steigt auch die vorhandene Angriffsfläche. Die Erfahrungen aus dem regionalen Einsatz sollten daher im Vorfeld verwendet werden, um erprobte Sicherheitsmaßnahmen zu standardisieren und die daraus resultierenden Security Patterns im Entwurfsprozess der überregionalen IKT-Konnektivität (19.4, Security by Design) direkt einfließen zu lassen.

Sofern die IKT-Konnektivität überregional zur Verfügung steht und wie im Szenario „Nachhaltig Wirtschaftlich" durch die Bereitstellung von Plug & Play-Anbindungen ergänzt wird (6.4), steigen die Anforderungen an die Integrationstechniken und das Datenmanagement nochmals deutlich an. Die Plug & Play-Anbindung von Komponenten erfordert neben der syntaktischen auch die semantische Interoperabilität (17.4). In Verbindung mit einer entsprechend angereicherten Datenbasis sowie einer Abdeckung der Prozessketten der Energiewirtschaft durch das Datenmanagement (18.4) kann eine stabile informationstechnische Basis für das Energiesystem der Zukunft gewährleistet werden.

### 4.2.3 VERNETZTE SYSTEMEBENE

**Technologiefeld 7 – Asset Management für dezentrale Erzeugungsanlagen**

Asset-Management-Systeme für dezentrale Erzeugungsanlagen bieten Zugriff auf Anlagendaten, welche deren wirtschaftlichen Betrieb unterstützen. Zum aktuellen Zeitpunkt existieren in diesem Bereich noch keine durchgängigen Lösungen, die im Verlauf der in Abbildung 24 dargestellten Entwicklung geschaffen werden. Bei Einsatz von Asset-Management-Systemen für größere dezentrale Erzeugungsanlagen (7.1) sind diese zunächst durch den Einsatz von Anlagenkommunikations- und Steuerungsmodulen für Remote-Zugriffsfunktionen verfügbar zu machen (13.1). In Bezug auf das Datenmanagement ist sicherzustellen, dass es mit den gestiegenen Datenmengen operieren kann (18.1). Zudem ist die Informationssicherheit für die Datenverbindungen zu gewährleisten. Erfahrungen aus Pilotprojekten könnten hier genutzt werden, um geeignete Sicherheitsmaßnahmen zu entwickeln und zu integrieren (19.1).

Abbildung 24: Abhängigkeiten des Technologiefeldes 7 „Asset Management für dezentrale Erzeugungsanlagen".

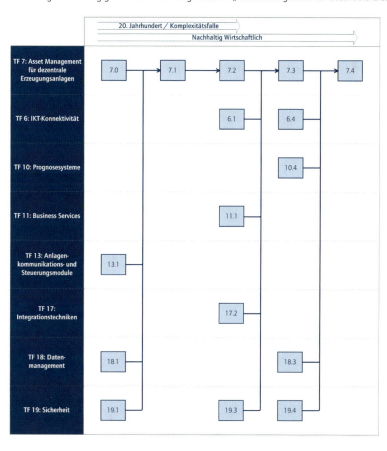

Nach erfolgreichem Einsatz der Asset-Management-Systeme für größere Anlagen wird eine Übertragbarkeit der gewählten Ansätze auf Anlagen kleinerer Größenordnung möglich (7.2). Daher entstehen keine neuen zusätzlichen Voraussetzungen für die Durchführung dieses Entwicklungsschritts, welcher im Kontext der Szenarien „20. Jahrhundert" und „Komplexitätsfalle" erwartet wird.

Hingegen umfasst der folgende Entwicklungsschritt die Nutzbarmachung der Daten des Asset Managements in weiteren Anwendungskontexten (7.3): Der Energiehandel sowie die Business Services könnten von dieser Entwicklung besonders profitieren. Es sollten daher zum einen flexible Werkzeuge zur Handelsunterstützung vorliegen, in welche diese Daten einfließen können. Die Unterstützung flexibler, unternehmensübergreifender Prozesse gewährleistet zum anderen den korrekten Informationsfluss über Organisationseinheiten und Unternehmensgrenzen hinweg (11.1). Damit diese Kommunikationskanäle realisiert werden können, ist eine Standardisierung der benötigten Schnittstellen erforderlich (6.1, 17.2). Die gestiegene Vernetzung erzeugt zudem hohe Anforderungen in Bezug auf die Sicherheit der Kommunikation. Die Erfahrungswerte aus den vorangegangenen Entwicklungsschritten können genutzt werden, um die Sicherheitsanforderungen als integralen Bestandteil des Entwicklungsprozesses zu berücksichtigen und auf diesem Weg Security by Design zu erreichen (19.3).

Der vierte Entwicklungsschritt, welcher im Rahmen des Szenarios „Nachhaltig Wirtschaftlich" erwartet wird, ist von einem weiteren Ausbau der Vernetzung der Asset-Management-Systeme gekennzeichnet (7.4). Spätestens hier wird die Einbindung der Asset-Management-Systeme in die IKT-Infrastruktur des Smart Grids erforderlich (6.4). Ein Datenaustausch erfolgt nun mit Prognosesystemen, was die Wirtschaftlichkeit des Anlagenbetriebs weiter erhöht und eine tatsächliche Leistungsprognose für dezentrale Erzeugungsanlagen ermöglicht (10.4). Der weiter steigenden Datenmenge ist in diesem Entwicklungsschritt mit einer semantischen Anreicherung der Daten zu begegnen. Anderenfalls würde die fehlende Strukturierung die Komplexität der Datenverarbeitung und -analyse deutlich erhöhen (18.3). Aufgrund des Datenaustauschs in der vernetzten Systemwelt sowie der heterogenen Schnittstellen und Prozesse sind umfangreiche Sicherheitsmaßnahmen zu treffen. Dies gelingt, wenn das System bereits im Entwurf gehärtet wurde und entsprechende Werkzeuge und Erfahrungen in ausreichendem Maße zur Verfügung stehen (19.4).

**Technologiefeld 8 – Regionale Energiemarktplätze**
Die Abhängigkeiten der regionalen Energiemarktplätze ergeben sich aus der zunehmenden Vernetzung und dem daraus folgenden Datenaustausch (siehe Abbildung 25). Damit sich etwa größere Anlagen an eine Marktplattform anbinden und die vereinbarten Lieferungen einhalten können (8.1, der höchste Schritt innerhalb des Szenarios „20. Jahrhundert"), werden zuverlässige IKT-Anbindungen und eine Anlagen-Auffindbarkeit über einen Verzeichnisdienst benötigt (6.1). Um die notwendige Flexibilität bei der Gestaltung der Prozesse zu erhalten, werden serviceorientierte Architekturen (SOA) verwendet. Diese nutzen Austauschformate, wie die Extensible Markup Language (XML), um Interoperabilität zu erreichen (17.2). Sobald das gehandelte Volumen zunimmt, nimmt auch die Bedrohung durch betrügerische Manipulationen zu. Daher ist es notwendig, die Gefahren zu verstehen und den Betrieb zu überwachen (unter anderem durch Intrusion Detection), um rechtzeitig Abwehrmaßnahmen ergreifen zu können (19.2).

Damit der Einbezug kleinerer Anlagen in Handelsprodukte und die Abwicklung der dazugehörigen Transaktionen kostengünstig und sicher ist (8.2, erwartet im Szenario „Komplexitätsfalle"), muss eine Infrastruktur vorhanden sein, in welcher all diese Anlagen erfasst und angebunden sind (6.2). Für die Vermarktung von Windenergie sind verbesserte Prognosewerkzeuge erforderlich (10.2). Um die Flexibilität am Markt durch entsprechend gestaltete Produkte nutzen zu können, müssen die Verbraucher mit bidirektionalen elektronischen Zählern ausgestattet sein. Diese sind zum Teil in der Lage, über die AMI auch zeitlich hochaufgelöste Messreihen an den Netzbetreiber zu vermitteln (14.2). Die Prognose des Verbrauchs erlaubt dem Netzbetreiber die leitungsgenaue Ermittlung der Netzbelastung (10.2). Um zu vermeiden, dass bei den Transaktionen Fehler oder Fehlverarbeitungen passieren, sind die übertragenen Werte mit Metainformationen zu versehen (18.2).

Die Anforderung an Transaktionen und die Plattform zum Handel mit Produkten, die für Systemdienstleistungen genutzt werden (8.3), bedeuten auch schärfere Anforderungen an die IKT. Für teilnehmende Haushalte müssen dazu die angebundenen Geräte mit entsprechenden Schnittstellen versehen werden und dem Kunden jederzeit eine Überwachung erlauben (15.2). Die Anbindung vieler kleiner Anlagen bedarf der Entwicklung und Nutzung vieler neuer Prozesse in den Enterprise Ressource Planning (ERP)-Systemen und insbesondere auch des Einsatzes von Customer Self Services, um die Kosten möglichst gering zu

Abbildung 25: Abhängigkeiten des Technologiefeldes 8 „Regionale Energiemarktplätze".

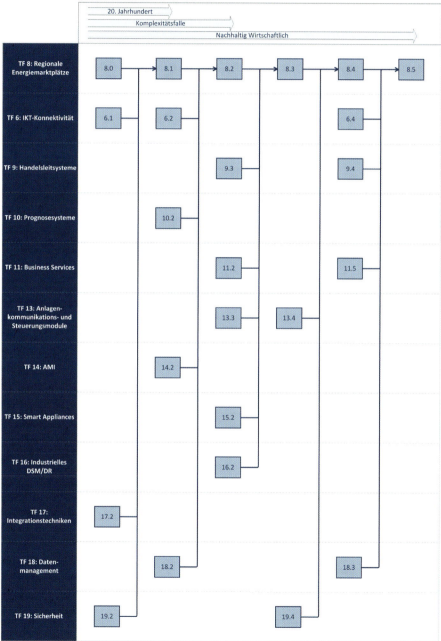

halten (11.2). Um dem Energiehändler den Handel mit den neuen Produkten zu ermöglichen, benötigt er ein System, das zuverlässig dazu in der Lage ist, den Beitrag aus vielen kleinen Anlagen zu prognostizieren, zu analysieren, zu visualisieren und finanziell zu bewerten. Um die Endkunden einzubinden, muss dazu simuliert werden, wie sich variable Preise auswirken (9.3). Für die Einbindung kleiner Anlagen müssen diese mit IEDs ausgestattet sein, die eine kostengünstige Einbindung erlauben und durch geeignete Algorithmik auf Marktsignale reagieren können (13.3). Damit industrielle Prozesse in den Marktplatz integriert werden können, müssen die steuernden ERP-Systeme bzw. das Produktionsplanungs- und Steuerungssystem (PPS) über ein Handelssystem eine Anbindung an den Marktplatz realisieren (16.2).

Neue Bündelprodukte aus kleinen Beiträgen dezentraler Verbraucher und Erzeuger (8.4) benötigen eine große Anzahl von Anlagen, die autonom mit dem Marktplatz interagieren (13.4). Die Verbindung mit der European Energy Exchange (EEX) schafft die Möglichkeit, diese Mengen in einen europaweiten Handel zu integrieren. Dadurch steigen die Sicherheitsanforderungen, da Sicherheitslecks sowohl direkt finanzielle Verluste verursachen als auch die Versorgungssicherheit gefährden können. Diese Anforderungen können nur erfüllt werden, wenn die Sicherheit beim Aufbau des komplexen Gesamtsystems bereits berücksichtigt wurde und durch Sicherheitsstandards und erprobte Werkzeuge unterstützt wird (19.4).

Regionale Marktplätze sind im letzten Entwicklungsschritt zentrale Bausteine der Energieversorgung (8.5, erreicht im Szenario „Nachhaltig Wirtschaftlich"): Alle Komponenten des Smart Grids können sich ohne nennenswerten Aufwand über die Energiedateninfrastruktur mit standardisierten Schnittstellen in den Markt integrieren (6.4). Für die Integration der vielen heterogenen Erzeugungs- und Verbrauchsanlagen werden Analysefunktionen in den Handelssystemen benötigt, die in Echtzeit die vielfältigen Informationen verarbeiten, prognostizieren und mit den Handelszielen verknüpfen und außerdem aktiv Entscheidungen vorschlagen (9.4). Die mit dem Energiehandel und den angebotenen Dienstleistungen verbundenen Geschäftsprozesse sind mithilfe entsprechender IT-Dienste zu unterstützen, sodass eine vollständige Endkundenintegration erreicht wird (11.5). Um die in diesem Kontext relevanten Daten korrekt auswerten zu können, müssen diese in Echtzeit verknüpft und ausgewertet werden können (18.3).

**Technologiefeld 9 – Handelsleitsysteme**
Zur Information und Entscheidungsunterstützung im Bereich des Energiehandels sind Daten aus verschiedenen Quellen zu integrieren (siehe Abbildung 26). Für die Bottom-up-Erfassung von Handelspositionen und Prognosewerten innerhalb eines Handelsleitsystems (9.1) sind so zum Beispiel Fortschritte im Bereich der Prognosesysteme erforderlich. Diese müssen zum einen in der Lage sein, Lasten für private wie gewerbliche Verbraucher zu prognostizieren, und greifen dazu beispielsweise auf hoch aufgelöste Zählerdaten zurück. Zum anderen ist eine höhere geografische Auflösung bei der Erzeugung elektrischer Energie aus Wind und Photovoltaik (PV) förderlich (10.2). Bei der Nutzung dieser Daten im Rahmen des kurzfristigen Handels müssen innovative Datenmanagementtechniken eingesetzt werden, um sowohl die Heterogenität als auch die Vielzahl der Datenquellen bewältigen zu können (18.1).

Die fortschreitende Zusammenfassung von handelsrelevanten Funktionalitäten und die Visualisierung der entstehenden Daten (9.2, maximaler Entwicklungsschritt für das Szenario „20. Jahrhundert") ergeben sich hingegen aus der Weiterentwicklung dieses Feldes und stellen keine zusätzlichen externen Anforderungen.

Eine neue Qualität stellt die Berechnung der Kosten für Lastverschiebungspotenziale dar, mit der auch die Wirkung von Endkundenpreissignalen simuliert werden kann (9.3, maximaler Entwicklungsschritt für das Szenario

Abbildung 26: Abhängigkeiten des Technologiefeldes 9 „Handelsleitsysteme".

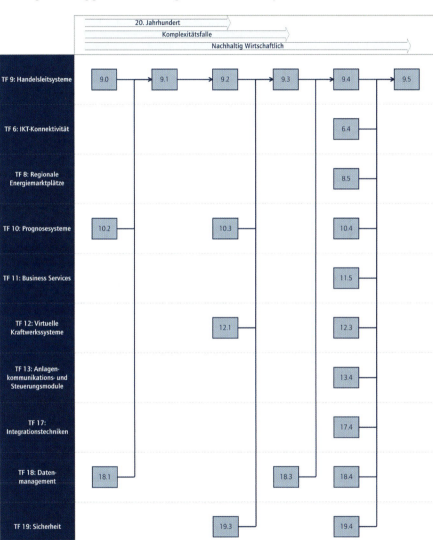

„Komplexitätsfalle"). Dazu müssen die Kosten verschiedener Prognosen mit Variabilitäten korreliert werden können (10.3). Das Handelsleitsystem verwendet zudem virtuelle Kraftwerke (VK), um fahrplanbasierte Produkte zu handeln. Dazu müssen die VK-Systeme Fahrpläne verstehen und abfahren können und zudem fernsteuerbar sein (12.1). Zur Vermeidung von Verlusten und Manipulationen müssen diese Systeme hohe Sicherheitsstandards garantieren. Dazu sind die nötigen Entwurfsmuster und Standards zu entwickeln. Diese beziehen sich nicht nur auf den eigentlichen

Handelsleitstand und die Kommunikationsanbindung zur Börse, sondern gerade auch auf die Anbindung an die vernetze Systemebene und die Erkennung von Sicherheitsproblemen in den angebundenen Komponenten (19.3).

Um fortgeschrittene Analysefunktionen zur Entscheidungsunterstützung zu realisieren (9.4), werden verbesserte Funktionen für das Datenmanagement benötigt. Dazu gehören die Fähigkeit, Metadaten auszuwerten, um beispielsweise die Korrektheit von Prognosen abschätzen zu können, und der Erkenntnisgewinn durch Data-Mining, das auch die Semantik der Daten in die Auswertung einbezieht (18.3).

Damit eine vollständige Automatisierung des Handels über entsprechende Leitsysteme (9.5, erreichbar im Szenario „Nachhaltig Wirtschaftlich") zu den gewünschten Ergebnissen führt, sind in mehreren Kategorien technologische Voraussetzungen zu erfüllen:

1. Eine zuverlässige Automatisierung benötigt ein hohes Maß an Zuverlässigkeit bei Entscheidungen und Systemsicherheit (6.4, 10.4, 18.4, 19.4).
2. Das Kosten-Nutzen-Verhältnis muss verbessert werden (8.5, 17.4).
3. Die Steuerung der genutzten Ressourcen muss gezielter erfolgen können (11.5, 12.3, 13.4).

Zur Zuverlässigkeit:

Ein automatisiertes System muss die Handelsentscheidungen mit einer möglichst guten Zuverlässigkeit treffen. Ein Ziel könnte beispielsweise das Maximieren des erwarteten Gewinns unter Berücksichtigung einer Risikobegrenzung sein. Zuallererst muss dazu die Prognose der zu erwartenden Anlagenleistung weiter verbessert werden (10.4). Für eine Einschätzung des Marktes kann es sinnvoll sein, zusätzlich zu den im Handelsleitsystem gehaltenen Informationen Daten aus Fremdsystemen (wie Anlagen, Marktplätze, Business Services) abzufragen. Diese können über die Smart-Grid-Plattform einfach zur Verfügung gestellt werden (6.4). Um die heterogenen Daten in Echtzeit und im Zusammenhang mit Handelsentscheidungen analysieren zu können, werden fortgeschrittene Analysetechniken eingesetzt (18.4). Die Sicherheitsanforderungen können aufgrund der vielen Anbindungen nur noch erfüllt werden, wenn bis dahin hinreichend Erfahrungen bei der Implementierung sicherer Systeme gewonnen wurden und diese in Frameworks und Werkzeuge Eingang gefunden haben (19.4).

Zum Kosten-Nutzen-Verhältnis:

Ein Einsatz am Markt wird sich lohnen, wenn die Energiemarktplätze auch für kleine Mengen etabliert, die technischen Voraussetzungen geschaffen und die Transaktionskosten dementsprechend gesunken sind. Das so entstehende größere Handelsvolumen senkt die Volatilität und sorgt für ein geringeres Risiko für den Händler. Aufgrund der Möglichkeit, mit verschiedenen Produktarten (Wirkleistungsprodukte, Regelleistung, neue Flexibilitätsprodukte, Systemdienstleistungen) am Energiehandel teilzunehmen (8.5), kann ein geeignetes Portfolio gewählt und der Gewinn signifikant erhöht werden. Um die IT-Integrationskosten möglichst gering zu halten, müssen Standards und Profile zur Erreichung der semantischen Interoperabilität sowie Werkzeuge „von der Stange" diese Integration unterstützen (17.4).

Zur gezielten Steuerung der eingesetzten Ressourcen:

Um im Zuge der Vermarktung hohe Gewinne zu erzielen, müssen die verfügbaren Ressourcen effizient eingesetzt werden. Bei der Steuerung des Verbrauchs hilft ein DSM, das integraler Teil der ERP-Systeme ist und das über Customer-Self-Services-Schnittstellen zum Endkunden bietet (11.5). Letzteres hilft auch, Kosten zu vermeiden und die Zuverlässigkeit von Entscheidungen zu erhöhen. Die Ansteuerung von VK-Systemen, die auch Informationen aus dem Verteilnetz verwenden, hilft dabei, den Einsatzplan der Anlagen für netzbezogene

Produkte besser zuzuschneiden (12.3). Um Anlagen direkt anzubinden und ihnen zu erlauben, sich so zu steuern, dass der angegebene Fahrplan möglichst optimal erfüllt wird, müssen entsprechende IEDs entwickelt und eingesetzt werden. Fortgeschrittene Anlagen können dabei selbstständig abschätzen, welcher Fahrplan den höchsten Gewinn verspricht (13.4).

### Technologiefeld 10 – Prognosesysteme

Prognosesysteme ermöglichen eine proaktive Planung und beziehen dabei, wie in Abbildung 27 dargestellt, Daten aus verschiedenen Quellen ein. Um beispielsweise eine regional aufgelöste Prognose der fluktuierenden Einspeisung mit guter Qualität zu ermitteln (10.1), muss neben dem Wetter auch bekannt sein, wann Wartungsarbeiten vorgenommen werden oder voraussichtlich anfallen. Dies wird durch eine Anbindung an das entsprechende Asset-Management-System geleistet (1.3). Aufgrund von drohenden Netzproblemen müssen Windanlagen derzeit immer häufiger abgeschaltet werden. Für eine Prognose der Stromlieferung können drohende Netzengpässe besser prognostiziert werden, wenn der Netzzustand mit in die Prognose einbezogen werden kann. Dazu werden Messumformer, PMUs sowie Sensoren zur Temperatur-, Isolations- oder Geräuschmessung benötigt (3.1, 4.1).

Um verbesserte Prognosen für den Verbrauch zu liefern (10.2, maximaler Entwicklungsschritt für das Szenario „20. Jahrhundert"), werden hoch aufgelöste Lastgänge aus den elektronischen Zählern benötigt (14.1). Aufgrund der größeren Datenmenge und unterschiedlicher Zähler werden fortgeschrittene Datenanalysemethoden verwendet. In diese gehen potenziell heterogene Datenquellen ein. Dies können neben Zähler- auch Wetterdaten und -prognosen, soziodemografische Daten zur verbesserten Prognose des Verbrauchs usw. sein (18.3).

Die Auswertung von Korrelationen zwischen verschiedenen Prognosen ermöglicht präzisere Gesamtprognosen (10.3). Wetter-, Verbrauchs- und Erzeugungsprognosen werden dazu kombiniert, sodass eine detaillierte Entscheidungsgrundlage für die Auswahl geeigneter Steuermechanismen entsteht. So kann etwa die Auswirkung variabler Tarife oder anderer Feedback- bzw. Informationssysteme auf den Stromverbrauch (Preiselastizität) abgeschätzt werden. Für das industrielle DSM sind daher Systemdienstleistungen (Last- bzw. Erzeugungsanpassung zur gesamten Frequenzstabilisierung sowie zur lokalen Spannungshaltung) sowie das Energiebeschaffungsmanagement vollständig in das ERP der Fertigungsprozesse (in Energiemanagementsystemen – EMS) zu integrieren, um das dort vorliegende Anpassungspotenzial sinnvoll nutzen zu können (16.2).

Für die Erstellung anlagenscharfer Prognosen (10.4, erreicht im Szenario „Nachhaltig Wirtschaftlich") sind die Anlagendaten und ihre Historie zu berücksichtigen, welche aus deren Asset-Management-Systemen entnommen werden (7.3). Durch Customer Self Services können weitere Informationen erlangt werden, die in die Prognose einfließen. Die Integration der EMS von Großkunden ermöglicht eine verbesserte Abschätzung der benötigten Energie (11.4). Da die Prognosesysteme Daten aus vielen anderen Systemen auswerten und zusätzliche Systeme flexibel und schnell einbinden sollen, werden ein flexibles Architekturkonzept und standardisierte, offene Schnittstellen benötigt (17.2). Zur Abwehr von Bedrohungen werden für die nun betriebskritische Verwendung der Prognose und die Vernetzung mit vielen weiteren Systemen eine ausgereifte Sicherheitsarchitektur und entsprechende Werkzeuge benötigt (19.4).

Abbildung 27: Abhängigkeiten des Technologiefeldes 10 „Prognosesysteme".

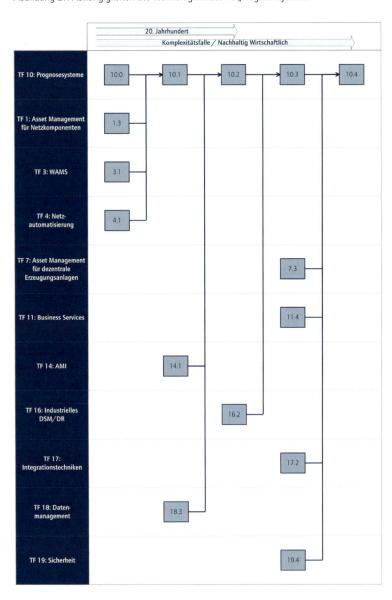

## Technologiefeld 11 – Business Services

Um Prozesse, welche den Kunden, mehrere Organisationseinheiten oder Unternehmen betreffen, durch entsprechende Business Services unterstützen zu können, muss der Zugriff auf die dafür notwendigen Daten und Systeme möglich sein (siehe Abbildung 28). So liegen heute häufig Informationen, die für einen Prozess benötigt werden, in verschiedenen Systemen und sind dementsprechend nur mit hohem Aufwand verwertbar. Ein wichtiger Schritt ist die Integration der Systeme, in denen Betriebsmittel und weitere Anlagen verwaltet werden (11.1). Hierzu sind die Asset Management-Systeme mit standardisierten Schnittstellen oder später sogar mit Datenmodellen zu versehen, um durchgängige Datenzugriffe und die durchgängige Datenpflege zu ermöglichen (1.2). SOA werden eingesetzt, um Systeme flexibel in das ERP-System einzubinden (17.1). Die hierfür benötigten Daten sind unter anderem auch von den Anlagen zu liefern. Dazu muss ein Verzeichnisdienst

Abbildung 28: Abhängigkeiten des Technologiefeldes 11 „Business Services".

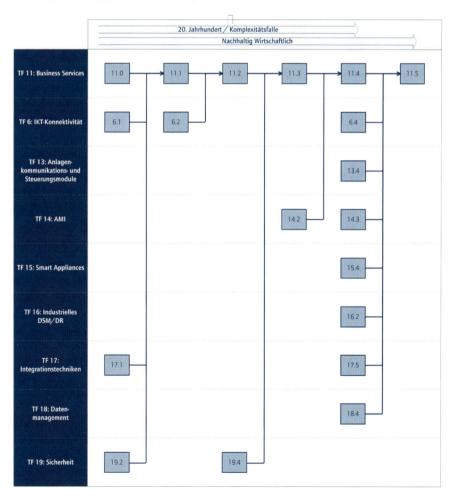

vorhanden sein, in welchem beschrieben ist, wie auf Anlagendaten zugegriffen werden kann (6.1). Die eingesetzten Sicherheitsmechanismen sollten den Besonderheiten der Energiewirtschaft gerecht werden, um die Seiteneffekte der Standardlösungen weitgehend vermeiden zu können (19.2).

Um Echtzeitanalysen auszuführen (11.2), müssen die notwendigen Daten vorhanden und der entsprechende Zugriff möglich sein. Um die Daten aus dezentralen Ressourcen zu beziehen, muss – zumindest regional – eine Infrastruktur vorhanden sein, an die sie angeschlossen sind (6.2).

Der Einsatz von Cloud Computing durch Energieversorger und Netzbetreiber (11.3) bedeutet einen standardbasierten, unternehmensübergreifenden Datenzugriff und eine entsprechende Datenverarbeitung. Dazu müssen Sicherheitslösungen und Werkzeuge vorhanden sein, die für die in der Cloud angebotenen Dienste, aber auch für die Kommunikation mit dezentralen Anlagen gelten. Diese sind bereits bei der Konzeption der Systemarchitektur als integraler Bestandteil anzusehen (19.4).

Die Verknüpfung der EMS von Großkunden mit den Business Services der Energieversorger (11.4, maximaler Entwicklungsschritt für die Szenarien „20. Jahrhundert" und „Komplexitätsfalle") ermöglicht die effektivere Nutzung von DSM-Potenzialen für beide Seiten. Hierfür ist ein AMM erforderlich, welches im Hinblick auf das Energiemanagement den Rahmen für die Kommunikation zwischen Energieversorger und Kunde bildet (14.2).

Durch eine vollständige Endkundenintegration (11.5, erreicht im Szenario „Nachhaltig Wirtschaftlich") können sowohl beim kleinen als auch beim großen industriellen Endkunden Prozesse und Gerätesteuerung in energiebezogene Business Services eingebunden werden. Dies benötigt die Möglichkeit, Geräte und Anlagen umstandslos in die Kommunikation einzubinden. Die Schnittstellen sind selbstbeschreibend und die Authentifizierung transparent über das System (6.4). Damit die Anlagen nicht nur einfach angebunden werden können, sondern auch die Funktionalität der jeweiligen IED vollständig von den Business Services genutzt werden kann, müssen diese in der Lage sein, Fahrpläne und weitere standardisierte Informationen zu bewerten und zu bearbeiten (13.3). Da nicht zu erwarten ist, dass die Kunden jeweils selbst auf Demand-Response (DR)-Signale reagieren, müssen diese direkt an die Geräte übertragen werden, die daraufhin dann ihren Energieverbrauch optimal an den Bedarf der Benutzer anpassen (14.3, 15.4). Um Business Services des Energielieferanten in die Produktionsabläufe eines Kunden zu integrieren, muss industrielles DSM in den ERP-Systemen des Kunden vorgesehen und in die Steuerungssysteme integriert sein (16.2). Eine so tiefe Integration sehr heterogener Systeme gelingt nur, wenn die Standardisierung sehr weit fortgeschritten ist. Die Standards müssen eine Integration ohne Softwareanpassungen ermöglichen. Da die Services auch bis zu einem gewissen Grad standardisiert bzw. für den jeweiligen Bedarf konfigurierbar sind, werden diese aus einer Energie-Cloud bezogen (17.5). Das Datenmanagement muss aufgrund der großen Zahl angebundener Anlagen und Softwaresysteme in der Lage sein, die für einen Prozess relevanten Daten zu erkennen und diese gegebenenfalls aus mehreren Quellen stammenden Informationen semantisch zu integrieren (18.4).

**Technologiefeld 12 – Virtuelle Kraftwerkssysteme**
Wie in Abbildung 29 dargestellt, werden im ersten Schritt kommerzielle VK-Systeme verfügbar gemacht, welche Fahrpläne für eine Zusammenstellung dezentraler Anlagen errechnen und abfahren können (12.1, der höchste Schritt für die Szenarien „20. Jahrhundert" und „Komplexitätsfalle). Die Entwicklung, die Vermarktung und der Betrieb solcher Systeme sind jedoch nur lohnenswert, sofern die Anlagen leicht auffindbar und in das VK-System integrierbar sind. Dazu sind diese Anlagen über IKT-Komponenten in eine einfache Energieinformationsinfrastruktur einzubinden (6.1). Für die Kommunikationsanbindung sind anwendungsfallspezifische Sicherheitsstandards aus den verfügbaren

Standardsicherheitsmaßnahmen zu entwickeln. Deren mögliche Seiteneffekte, wie Performanzverluste oder Einschränkungen durch umständliche Zugangsregelungen, werden zunächst toleriert, da keine Echtzeitanforderungen bestehen (19.2). Zur Einbindung fluktuierender Erzeuger in einen Fahrplan werden Prognosewerkzeuge benötigt. Insbesondere wenn auch Netzbelange berücksichtigt werden, muss die Prognose lokal aufgelöst sein (10.1).

Mithilfe von Standards lassen sich im weiteren Verlauf auch zunehmend Kleinanlagen in VK-Systeme integrieren (12.2). Auf Anlagenseite werden dazu IEDs benötigt, die Fahrpläne verstehen (13.2). Wo keine Standards für eine Einbindung existieren, können also höchstens sehr einfache Funktionalitäten verwendet und Anlagen weniger Hersteller eingebunden werden. Da syntaktische Standards und eine Energieinformationsinfrastruktur Informationen zum Aufruf der Anlagenschnittstellen bereitstellen, können auch dann Anlagen zumindest mit Basisfunktionalitäten eingebunden werden, wenn keine Plug & Play-Standards entwickelt worden sind (17.2). Zur schnellen Reaktion auf Fahrplanabweichungen können für eine große Anzahl an Anlagen Einzelfahrpläne in Echtzeit verteilt werden, da für das Datenmanagement Technologien, wie Datenstrommanagement, eingesetzt werden (18.1).

In diesem Schritt ist das VK-System aufgrund der zugelieferten Daten aus der Netzsensorik und von angeschlossenen Erzeugungs- und Verbrauchsanlagen in der Lage, autonom Steuerentscheidungen zu treffen (12.3). VK-Systeme werden auch in den Ortsnetzstationen eingesetzt, um stabilisierend auf einen Netzabschnitt einzuwirken. Dazu ist die Informationsbeschaffung deutlich zu verbessern: Das Asset Management der Netzkomponenten enthält Informationen über Anlagenzustand und Anlagenhistorie und lässt daher eine höhere Auslastung der Betriebsmittel zu (1.3). Daten aus den WAMS werden verarbeitet, um auf Anforderungen des Verteilnetzes schnell reagieren zu können (3.4). Zur erweiterten Analyse werden die Daten umfangreich semantisch angereichert. So kann zum Beispiel besser mit fehlenden oder fehlerhaften Daten gearbeitet werden (18.3). Neben der Echtzeitverarbeitung, also der Reaktion auf das Geschehen im Stromnetz und im Markt, müssen verbesserte Prognosen eingesetzt werden, um die Planung zu optimieren. Diese müssen nicht nur den Verbrauch vorhersagen, sondern auch die Reaktion auf variable Tarife abschätzen oder kleine Erzeugeranlagen für erneuerbare Energien so prognostizieren, dass eine Planung der Reaktion auf Fluktuationen leitungsscharf erfolgen kann (10.4). Die Anbindung der Anlagen muss sowohl kostengünstig als auch mit den richtigen Service Leveln erfolgen. Dazu ist zumindest pro Netzgebiet eine einheitliche Energieinformationsinfrastruktur zu schaffen, an die alle Anlagen angeschlossen sind und die Dienste zum Gesamtsystem zur Verfügung stellt, also zum Beispiel dem VK-System ermöglicht, alle Anlagen mit gewissen Eigenschaften zu finden (6.2). Kostengünstige und zuverlässige Anbindung werden durch vereinheitlichte Architekturen sowie durch semantische Standards und die dazu passenden Werkzeuge gewährleistet (17.4). Aufseiten der Anlagen müssen ebenfalls die Voraussetzungen zur Einbindung vorhanden sein. Dazu müssen die Anlagen ebenfalls Plug & Play-fähig sein. Zur Reaktion auf neue Fahrpläne ist eine lokale Intelligenz vorhanden (13.4). Das komplexe Zusammenspiel wird durch höchste Sicherheitsanforderungen gegen Angriffe und Ausfälle gehärtet. Nebeneffekte dürfen nun nicht mehr auftreten (zum Beispiel Performanzverschlechterungen). Das System wird von vornherein sicher konzipiert (19.4). Die Business Services halten mit dieser Entwicklung Schritt. Sie sind in der Lage, akteursübergreifend eingesetzt zu werden. Alle Akteure können in diese Services direkt unterstützend eingreifen oder diese modifizieren (11.5).

Im letzten Entwicklungsschritt, wie er im Szenario „Nachhaltig Wirtschaftlich" erwartet wird, nutzt die Energieversorgung primär VK-Systeme, die miteinander in Verbindung stehen und sich gegenseitig koordinieren (12.5). Die Netzleittechnik arbeitet eng mit den VK-Systemen zusammen. Auf der Niederspannungsebene in den Ortsnetzstationen verschwimmt der Unterschied zwischen VK-System und

Abbildung 29: Abhängigkeiten des Technologiefeldes 12 „Virtuelle Kraftwerkssysteme".

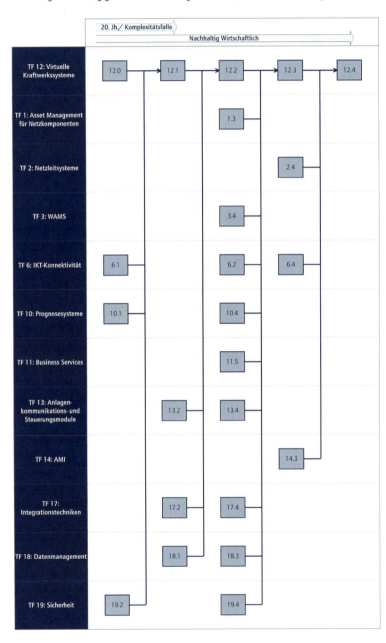

Netzleitsystem (2.4). Alle wesentlichen Komponenten sind dazu in die IKT-Infrastruktur integriert und ermöglichen den interaktiven Austausch von Informationen. Netzagenten können auf alle Anlagen zugreifen, Netz-Assets bleiben jedoch im geschlossenen Bereich (6.4). Auch kleine Verbraucher sind in die VK-Systeme integrierbar. In Gebäuden und Haushalten zählen dazu Geräte oder das Gebäudemanagement, sodass Verbrauchergeräte oder ein Gateway direkt angesprochen werden können (14.3).

### Technologiefeld 13 – Anlagenkommunikations- und Steuerungsmodule

Anlagenkommunikations- und Steuerungsmodule für Erzeugungsanlagen, Verbraucher und Speicher sorgen für die Einbindung der Komponenten in die IKT-Infrastruktur der Smart Grids, sodass sie Messwerte kommunizieren können oder für Steuerungsfunktionen zur Verfügung stehen. Sie sind daher vor allem auf die Entwicklung von Querschnittstechnologien und auf eine verbesserte Konnektivität zwischen der offenen und der geschlossenen Systemebene angewiesen (siehe Abbildung 30).

Zunächst werden entsprechende Module auch für Erzeugungsanlagen zwischen 30 kW und 100 kW sowie für thermische Großverbraucher ab 100 kW eingesetzt. Dabei wird eine standardisierte Anbindung verwendet (13.1, maximaler Entwicklungsschritt für die Szenarien „Komplexitätsfalle" und „20. Jahrhundert"). Somit steigt die Anzahl der eingebundenen Anlagen und die Anbindung wird gegenüber den heutigen proprietären Lösungen vereinfacht. Für das erweiterte Einsatzgebiet werden vor allem Fortschritte bei den Sicherheitsmaßnahmen und eine verbesserte IKT-Konnektivität benötigt. Zum einen müssen die Seiteneffekte der Sicherheitslösungen in den Systemen erkannt und entsprechende Lösungen in die laufenden Systeme integriert worden sein, sodass die Anzahl kommunizierender Anlagen erhöht werden kann, ohne dabei Sicherheitsrisiken einzugehen (19.2). Zum anderen muss ein rudimentärer Verzeichnisdienst etabliert worden sein, in dem die Anlagen eingetragen sind, die mit den Modulen ausgestattet werden sollen (6.1). Dabei ist es vor allem wichtig, die technischen Informationen bezüglich ihrer Kommunikationsfähigkeit abrufen zu können, um auch standardisierte Anbindungen realisieren zu können (17.2).

Abbildung 30: Abhängigkeiten des Technologiefeldes 13 „Anlagenkommunikations- und Steuerungsmodule".

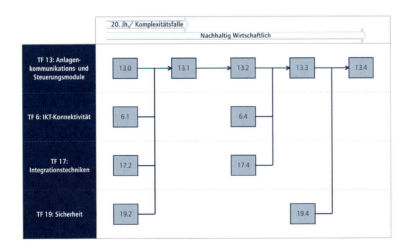

Diese Fortschritte stellen ebenfalls die Voraussetzungen des zweiten Entwicklungsschrittes (13.2) dar. Die Anzahl der durch IKT ansprechbaren Anlagen wird weiter erhöht und die Querschnittstechnologien folgen dieser Entwicklung. Variable Steuerkonzepte können systemintern entwickelt werden und stellen keine zusätzlichen externen Anforderungen.

Der dritte Entwicklungsschritt (13.3) hingegen erfordert Fortschritte im Bereich der Integrationstechniken und der IKT-Konnektivität. So ist es notwendig, dass Plattformen als standardisierte Lösungen bereitgestellt werden, damit das unidirektionale Plug & Play ermöglicht werden kann. Dies erfordert auch die Entwicklung semantisch interoperabler Datenmodelle, damit die ausgetauschten Daten ohne weiteren Aufwand fehlerfrei interpretiert werden können (17.4). Weiterhin können die Anlagen – ihren Rechten entsprechend – die nötigen Informationen über das Gesamtsystem beziehen, um selbstständig auf ihre Umgebung reagieren zu können, wenn die IKT-Konnektivität diese Funktionalität bereitstellt (6.4).

Die stark zunehmende Verbreitung von Steuerungsmodulen mit der Möglichkeit zur bidirektionalen Kommunikation (13.4, erreicht im Szenario „Nachhaltig Wirtschaftlich") stellt gehobene Anforderungen an die Sicherheitsmaßnahmen. Neue Anlagen, welche Kommunikationsschnittstellen und Steuerungskomponenten bereits integrieren, werden unter der Prämisse Security by Design (19.4) entworfen. Der Entwurf von Steuerungsfunktionen und Kommunikationsschnittstellen erfolgt unter dem Gesichtspunkt potenzieller Gefährdungsszenarien. Die selbstkonfigurierende Einbindung in das Kommunikationsnetz und die zunehmend intelligenten Steuerungskonzepte (lokal wie auch verteilt) können auf der Basis der Entwicklungen aus den vorangegangenen Schritten realisiert werden.

**Technologiefeld 14 – Advanced Metering Infrastructure**
Die Entwicklung der AMI hängt hauptsächlich von der IKT-Konnektivität und den Querschnittstechnologien ab (siehe Abbildung 31).

So ist für den Einsatz einer standardisierten AMI (14.1) die Einrichtung erster IKT-Infrastrukturen auf der Verteilnetzebene (6.1) erforderlich. Die benötigten Schnittstellen sind in standardisierter Form vorzusehen (17.2). Da mit dem Aufbau dieser Infrastruktur die Datenmenge stark ansteigt, ist das Datenmanagement an diesen Umstand anzupassen (18.1). Für die Sicherung der Verbindung sind Maßnahmen erforderlich, welche die Besonderheiten der Domäne berücksichtigen (19.2).

Für den Aufbau eines AMM (14.2), wie es im Kontext der Szenarien „20. Jahrhundert" und „Komplexitätsfalle" erwartet wird, sind darüber hinaus Möglichkeiten zur Datenanalyse in Echtzeit erforderlich (11.2). Auf diese Weise können Prozesse basierend auf den Daten des AMM optimiert werden. Im Rahmen des Managements und der Analyse sind die Metainformationen der Daten einzubeziehen (18.2), da etwa die Datenherkunft und ihre Qualität für die Verarbeitung von Messdaten von hoher Bedeutung sind.

Der letzte Entwicklungsschritt dieses Technologiefeldes (14.3) beschreibt die Verlagerung der Koordinations- und Steuerungsfunktionalität des AMM hin zu den einzelnen Applikationen und Geräten (Smart Appliances, Smart Homes etc.) zur Realisierung eines nachhaltig wirtschaftlichen Energieversorgungssystems. Die Messdatenerfassung wird durch diesen Schritt von der Steuerung und Kommunikation der Applikationen und Geräte entkoppelt. Um diesen Schritt vollziehen zu können, ist die Fähigkeit zur Anbindung nach dem Plug & Play-Prinzip sowohl auf der Ebene der IKT-Konnektivität als Infrastruktur (6.4) als auch auf der Ebene der anzubindenden Smart Appliances (15.4)

Abbildung 31: Abhängigkeiten des Technologiefeldes 14 „Advanced Metering Infrastructure".

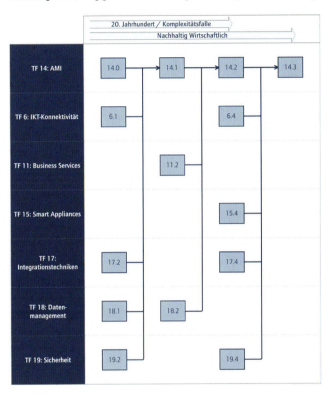

erforderlich. Semantisch interoperable Datenmodelle (17.4) ermöglichen dabei die Anbindung der Applikationen und Geräte und die Realisierung autonomer Intelligenz. Aufgrund der weiteren Dezentralisierung der Funktionalität ist es erforderlich, dass die verwendeten Komponenten dem Security-by-Design-Prinzip (19.4) folgen.

### Technologiefeld 15 – Smart Appliances

Smart Appliances ermöglichen Dienste und Funktionalitäten zum Energiemanagement innerhalb von Privathaushalten. Diese können sowohl innerhalb der Haushalte selbst zu Mehrwerten führen als auch im Sinne des DSM Energiedienstleistungen nach „außen" bereitstellen. Letzteres wird vor allem im Kontext des Szenarios „Nachhaltig Wirtschaftlich" erwartet, während die angebotenen Funktionen im Kontext der Szenarien „Komplexitätsfalle" und „20. Jahrhundert" eher innerhalb der Haushalte zum Tragen kommen werden. Die Voraussetzungen dieses Technologiefeldes liegen im Bereich der Informationsinfrastruktur und der Querschnittstechnologiefelder (siehe Abbildung 32).

Das Energiemanagement mithilfe von großen thermischen Verbrauchern (Wärmepumpen, Heizungen, Klimatisierungsanlagen, 15.1) kann im Wesentlichen mit dem heutigen Stand der Technik realisiert werden. Um die Betriebssicherheit dieser steuerbaren Komponenten zu gewährleisten, sind jedoch für diesen Anwendungskontext entworfene Sicherheitslösungen zu spezifizieren (19.2).

Abbildung 32: Abhängigkeiten des Technologiefeldes 15 „Smart Appliances".

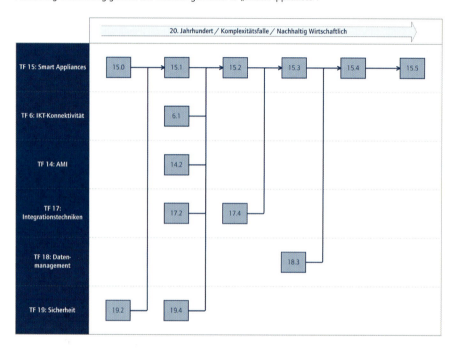

Die Nutzung großer Haushaltsgeräte für das Energiemanagement (15.2) bedarf darüber hinaus neuer Kommunikationsstrukturen. So sind erste IKT-Anbindungen innerhalb des Verteilnetzes (6.1) einzurichten, um der gestiegenen Gerätezahl sowie dem unterschiedlichen Lastverhalten der Geräteklassen zu begegnen und Potenziale der Steuerungsmöglichkeiten zu testen. Zur Feststellung des Netzzustands im Niederspannungsbereich als hauptsächliche Kommunikationsschnittstelle in Richtung der Haushalte wird der Einsatz eines AMM (14.2) erwartet. Standardisierte Schnittstellen (17.2) sind erforderlich, um Kosteneffizienz zu gewährleisten und somit die Verbreitung entsprechender Geräte zu fördern. Die Geräte und ihre Kommunikationsmodule sind nach dem Security-by-Design-Prinzip (19.4) zu entwerfen, um Datenmissbrauch und Manipulationsmöglichkeiten zu verhindern.

Um Smart Appliances nach dem Plug & Play-Prinzip (15.3) verwenden zu können, sind semantisch interoperable Schnittstellen (17.4) festzulegen. Auf diese Weise können neben der einfacheren Einrichtung auch erste Voraussetzungen für den selbst organisierten Betrieb der Geräte geschaffen werden.

Die höhere Anzahl von Smart Appliances und die zunehmenden autonomen Funktionen (15.4) bedingen in der weiteren Entwicklung die semantische Anreicherung der anfallenden Daten. Gemeinsam mit den im vorangegangenen Schritt realisierten Kommunikationsschnittstellen schafft ein derartiges Datenmanagement die Möglichkeit für höherwertige Dienste.

Die beschriebenen Entwicklungen ermöglichen prinzipiell auch die Einbindung von Kleingeräten (15.5). Es wird erwartet, dass sich diese Entwicklung basierend auf den Erfahrungen der vorangegangenen Schritte natürlich ergibt.

### Technologiefeld 16 – Industrielles Demand Side Management/Demand Response

Für das Technologiefeld Industrielles Demand Side Management/Demand Response wurden nur zwei Entwicklungsschritte identifiziert. Der erste Schritt wird im Szenario „20. Jahrhundert" erreicht, der zweite Schritt in den Szenarien „Komplexitätsfalle" und „Nachhaltig Wirtschaftlich" (siehe Abbildung 33).

Um den Industriebetrieben zu ermöglichen, über Dienstleister (direkt oder indirekt) auf zeitvariable Tarife zu reagieren und so differenzierte Lastverschiebungen zu erhalten (16.1), ist es notwendig, die Netzautomatisierung weiterzuentwickeln. Ein durchgehendes Monitoring im Mittelspannungsnetz muss vorhanden sein, um mithilfe der dadurch möglichen Messungen entsprechende lastbezogene Tarife berechnen zu können (4.1).

Um alle Industriekunden in das DSM einbinden zu können (16.2), ist – mit derselben Argumentation wie im Mittelspannungsbereich – ein Monitoring durch eine entsprechende Sensorik im Rahmen der Netzautomatisierung auch im Niederspannungsbereich notwendig (4.2). Ebenso muss auch die IKT-Konnektivität gesteigert werden, sodass alle Industriekunden an einem DSM teilnehmen können. Dazu ist es zumindest notwendig, dass für die Kommunikation Insellösungen etabliert sind, wobei eine Insel zum Beispiel das System eines einzelnen Energieversorgungsunternehmen (EVU) sein kann, welches DSM über seine Preise anbietet (6.2). Darüber hinaus müssen die EMS der Industriekunden in die Business Services der EVUs eingebunden werden, um die möglichen DSM-Potenziale auf beiden Seiten gewinnbringend nutzen zu können (11.4). Damit die Einbindung der Industriekunden in Konzepte, wie VK, ermöglicht und somit die Flexibilität des Anpassungspotenzials gesteigert wird, muss die Basis in Form von primitiven Funktionen im Rahmen der Anlagenkommunikation geschaffen worden sein (13.1). Im Hinblick auf die Querschnittstechnologien ist sowohl ein Fortschritt im Bereich der Integrationstechniken als auch im Bereich der Sicherheit notwendig. Dementsprechend müssen standardisierte Schnittstellen angeboten werden, die den nahtlosen Austausch von Daten (zum Beispiel im Bereich der Preise oder der Anlagensteuerung) gewährleisten (17.2). Da es sich bei der Entwicklung und der Integration dieser Systeme aufseiten der Industriekunden um neuartige Implementierungen handelt, ist es empfehlenswert, die Sicherheitsanforderungen direkt bei ihrer Implementierung zu berücksichtigen und umzusetzen (19.4).

Abbildung 33: Abhängigkeiten des Technologiefeldes 16 „Industrielles Demand Side Management/Demand Response".

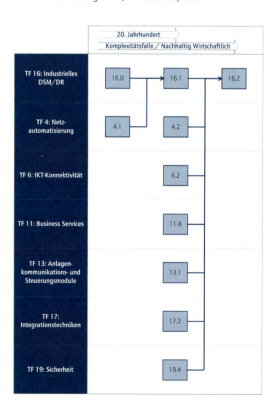

### 4.2.4 Querschnittstechnologiefelder

Da das IdE bzw. Smart Grids stark von der IKT abhängen, wird an dieser Stelle auf die Relationen der Querschnittstechnologiefelder eingegangen. Während sie einerseits jeweils einen weitgehend unabhängigen Entwicklungsstrang bilden, stellen sie andererseits die Voraussetzung für viele Entwicklungsschritte anderer Technologiefelder dar.

So bestehen für das Technologiefeld Integrationstechniken keine Vorbedingungen, welche durch die übrigen Technologiefelder geschaffen werden. Im Umkehrschluss sind die Paradigmen, wie standardisierte Schnittstellen oder semantisch interoperable Datenmodelle, für viele der Technologiefelder kontextgerecht umzusetzen.

Auch für das Datenmanagement gilt, dass es als Querschnittstechnologiefeld im Wesentlichen unabhängig von den übrigen Technologiefeldern ist. Voraussetzungen werden lediglich durch die Inte-grationstechniken geschaffen (siehe Abbildung 34). Um die Daten der Energiewirtschaft über die gesamten Prozessketten hinweg managen zu können (18.4), sind entsprechend semantisch interoperable Datenmodelle notwendig (17.4). Ebenso sind vor der Realisierung des Datenmanagements in der Cloud (18.5) zunächst die Grundvoraussetzungen durch entsprechende Anwendungsarchitekturen zu schaffen (17.5).

Da Sicherheit kein allgemein festzustellender Zustand ist, sondern vielmehr für jeden Betrachtungsgegenstand unterschiedlich ausgeprägt sein kann, gibt es keine allgemeinen Vorbedingungen, welche für dieses Technologiefeld definiert werden können. Entsprechend sind die unterschiedlichen Ausprägungen der Sicherheitsmaßnahmen kontextbezogen zu entwickeln.

Im Folgenden wird daher die Betrachtungsweise umgekehrt. Ausgehend von den Entwicklungsschritten der Querschnittstechnologiefelder wird dargestellt, für welche Technologiefelder sie Voraussetzungen stellen.

### Technologiefeld 17 – Integrationstechniken

Das Technologiefeld Integrationstechniken dient der Sicherstellung der Interoperabilität zwischen den Teilsystemen des IdE. Entsprechend stellt es für nahezu alle Technologiefelder eine wichtige Voraussetzung im Entwicklungsprozess dar (siehe Abbildung 35).

So bilden SOA (17.1) einen wichtigen Impuls für die Stärkung der Kundenprozesse und die Unterstützung von Abläufen über die Grenzen von Organisationseinheiten oder gar Unternehmen hinweg (11.1).

Standardisierte Schnittstellen (17.2) sind für alle Technologiefelder von großer Relevanz. In der geschlossenen Systemebene sind entsprechende Regelungen zur Vorbereitung von Datenverarbeitungskonzepten im WAMS-Umfeld (3.3), für die großflächige Anbindung von Aktorik im Bereich der Netzautomatisierung (4.2) sowie zur Integration der FACTS in WAMS (5.1) essenziell. Auf der vernetzten Ebene kommt der Bereitstellung standardisierter Schnittstellen ebenfalls

Abbildung 34: Abhängigkeiten des Technologiefeldes 18 „Datenmanagement".

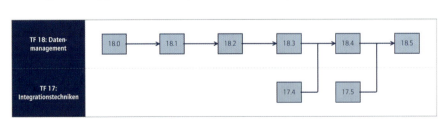

Migrationspfade

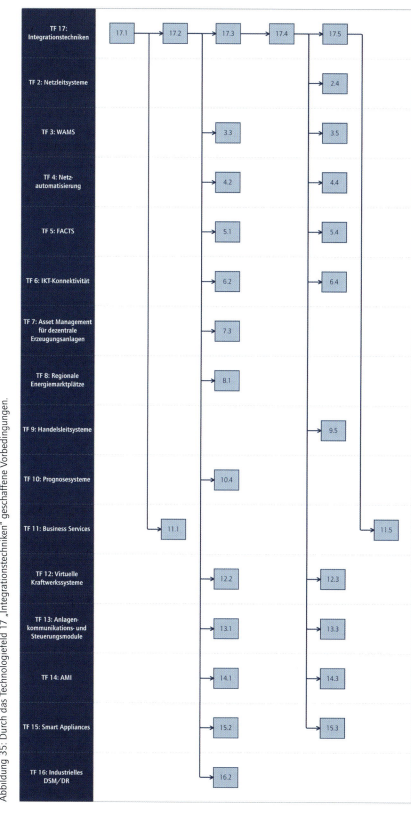

Abbildung 35: Durch das Technologiefeld 17 „Integrationstechniken" geschaffene Vorbedingungen.

eine hohe Bedeutung zu, da sie den Aufbau einer informationstechnischen Infrastruktur im Rahmen regionaler Microgrids ermöglicht (6.2). Aufseiten der angebundenen Applikationen fußt die Nutzung der Asset-Management-Daten dezentraler Erzeugungsanlagen auf Fremdsystemen (7.3), die Anbindung der Industriekunden an regionale Marktplätze (8.1) oder auch die Schärfung von Prognosewerten durch die Nutzung zusätzlicher Daten (10.4) fußt auf der Erarbeitung entsprechender Schnittstellenspezifikationen. Die Bereitstellung von Energiefahrplänen für VK-Systeme (12.2), die Verbreitung von Anlagenkommunikations- und Steuerungsmodulen von Erzeugungsanlagen zwischen 30 und 100 kW (13.1), der Aufbau einer AMI (14.1), Smart Appliances mit Bezug zum Energieversorgungssystem (zum Beispiel DSM über Weiße Ware, 15.2) oder auch die umfassende Integration von Energiemanagement in die industriellen und gewerblichen Wertschöpfungsprozesse (16.2) sind ohne derartige Spezifikationen ebenfalls nicht effizient realisierbar.

Aufbauend auf den standardisierten Schnittstellen und den praktischen Erfahrungen aus Pilotprojekten und/oder dem regionalen Aufbau neuer Infrastruktur zur Realisierung eines smarten Energieversorgungssystems können im weiteren Verlauf Referenzarchitekturen (17.3) konzipiert werden. Diese kommen einerseits der Optimierung neuer Installationen im IdE zugute, bilden andererseits jedoch keine zwingende Voraussetzung für andere technologische Entwicklungsstränge.

Semantisch interoperable Datenmodelle (17.4) ermöglichen ausgehend von syntaktischer Interoperabilität (realisiert durch standardisierte Schnittstellen) semantische Interoperabilität. Semantische Interoperabilität ist insbesondere dann erforderlich, wenn ein Prozess viele Ebenen (sowohl Applikationen als auch Daten) einbezieht, wie es in den fortgeschrittenen Entwicklungsschritten der Technologiefelder der Fall ist. So führen etwa der Einsatz der ANAs im Rahmen der Netzleittechnik (2.4) und Netzautomatisierung (4.4), die hohe Verbreitung und Granularität der WAMS (3.5) und die Fähigkeit zur Koordination aktiver Netzkomponenten (5.4) zu einem großen Zuwachs von internen wie externen Schnittstellen der vormals geschlossenen Systemebene. Auf der vernetzten Systemebene ist ein entsprechender Anstieg zu spezifizierender Kommunikationsschnittstellen im Rahmen der Handelsautomatisierung (9.5), der Vernetzung von VK-Systemen (12.3), der „intelligenten" Anbindungen industrieller Anlagenkommunikations- und Steuerungsmodule (13.3) sowie der privaten Smart Appliances (15.3) zu erwarten. Die mit diesen Entwicklungen verbundene direktere Kommunikation der Komponenten miteinander und die daraus folgende Verlagerung von Funktionalitäten aus der AMI (14.3) bedingt im Besonderen die Spezifikation semantischer Schnittstellen.

Die Integration über das Paradigma des Cloud Computing (17.5) wird für die Realisierung der vollständigen Endkundenintegration im Rahmen entsprechender Business Services nötig sein, stellt darüber hinaus jedoch keine zwingende Voraussetzung für andere Entwicklungsschritte dar.

**Technologiefeld 18 – Datenmanagement**
Das Technologiefeld Datenmanagement ist – wie die übrigen Querschnittstechnologien – ebenfalls mit fast allen anderen Technologiefeldern assoziiert (siehe Abbildung 36).

Die Handhabung größerer Datenmengen ist als erster Entwicklungsschritt (18.1) die Voraussetzung für die Entwicklung in einigen Technologiefeldern, deren Entwicklungsschritte eine erhöhte Kommunikation oder eine erhöhte Anzahl an Kommunikationsteilnehmern bedingen. In der geschlossenen Systemebene ist ein erhöhtes Datenaufkommen durch die systemweite Erfassung von Kenndatendurch das Asset Management (1.2), die Zustandsbewertung im Mittelspannungsnetz in den Netzleitsystemen (2.1), die Bereitstellung von Visualisierungs- und Analysewerkzeugen im Bereich der WAMS (3.2) und ebenso durch ein durchgehendes Monitoring im Mittelspannungsnetz für die Netzautomatisierung zu erwarten (4.1). In der IKT-Konnektivität als Vernetzungsebene ist die Realisierung erster Insellösungen darauf angewiesen, ein erhöhtes Datenaufkommen verar-

Abbildung 36: Durch das Technologiefeld 18 „Datenmanagement" geschaffene Vorbedingungen.

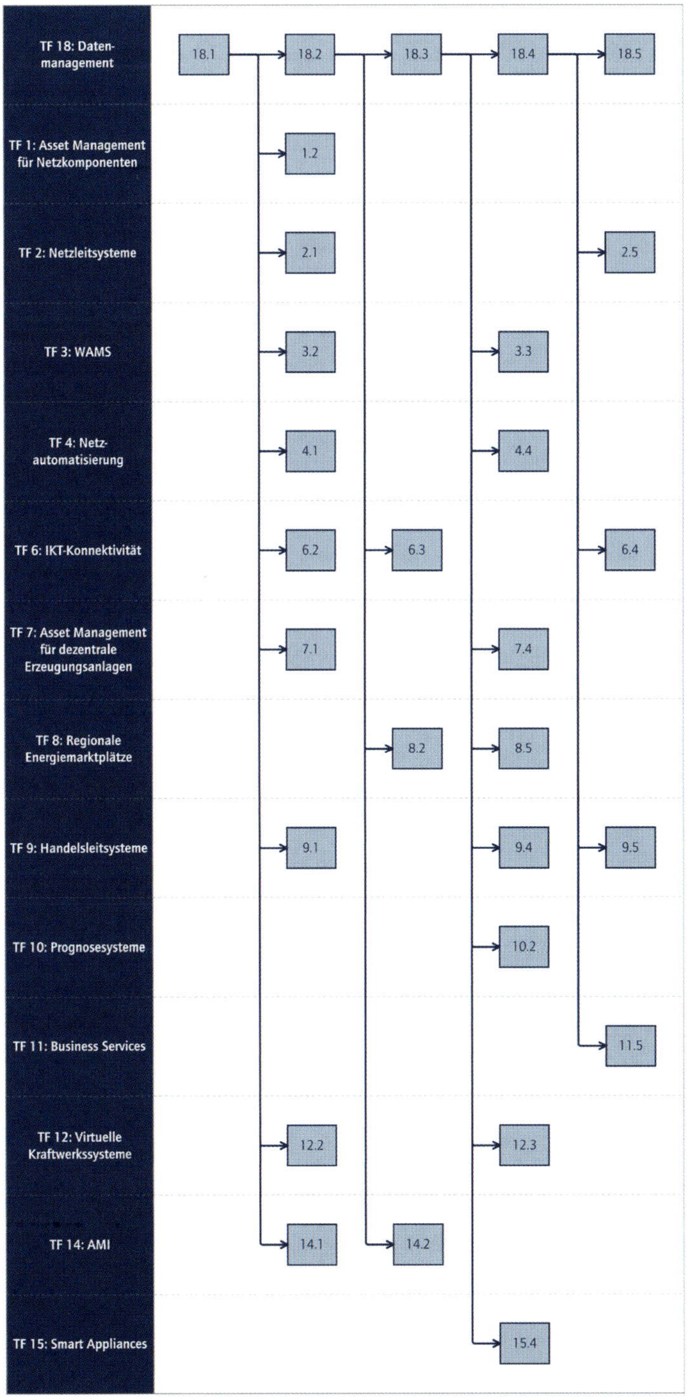

beiten zu können (6.2). In der offenen Systemebene sind die Einführung von Asset-Management-Systemen für größere dezentrale Erzeugungsanlagen (7.1), die Implementierung geeigneter Aggregationsfunktionen für Handelsleitsysteme (9.1), die Erstellung von Energiefahrplänen für zunehmend kleine Anlagen in VK (12.2) und ein standardisiertes AMI (14.1) darauf angewiesen, dass die vermehrten Daten zuverlässig verarbeitet werden.

Die Berücksichtigung von Metadaten bei der Verarbeitung ausgetauschter Informationen (18.2) bietet die Entwicklungsbasis für verschiedene Technologiefelder. Vor allem Metadaten zur Herkunft und Qualität der ausgetauschten Daten sind dabei von großer Bedeutung, um bei der jeweiligen Auswertung die Zuverlässigkeit der abgeleiteten Informationen abzuschätzen und in Steueraktionen umsetzen zu können. Die IKT-Konnektivität ist bei der Einführung von Datendrehscheiben beispielsweise auf eine hohe Datenqualität angewiesen (6.3). In der offenen Systemebene sind mit den regionalen Energiemarktplätzen und der AMI zwei Felder assoziiert. Ersteres benötigt die Metadatenverarbeitung bei der Möglichkeit zum DSM (8.2), Letzteres für die Umsetzung von AMM-Konzepten (14.2).

Der dritte Entwicklungsschritt des Datenmanagements beschreibt semantisch angereicherte Daten, die zum einen physisch entkoppelt von ihren Quellsystemen betrachtet werden und zum anderen die Basis für automatisierte Prozesse bilden (18.3). Innerhalb der geschlossenen Systemebene wird damit die Voraussetzung für Datenverarbeitungskonzepte im WAMS (3.3) und für den Einsatz von ANAs in der Netzautomatisierung (4.4) geschaffen. Im Rahmen der offenen Systemebene sind einige weitere Technologiefelder auf diesen Entwicklungsschritt angewiesen. So ist die physikalische Unabhängigkeit der Daten, die das Asset Management für dezentrale Erzeugungsanlagen benötigt, notwendig, um externe Kosten einzubeziehen (7.4). Weiterhin ist ein hoher Grad an Automatisierung notwendig, um alle Anlagen in regionale Marktplätze zu integrieren und sie somit zum integralen Bestandteil der Energieerzeugung zu machen (8.5). Damit Handelsleitsysteme eine aktive Entscheidungsunterstützung anbieten können (9.4), müssen die dazu verwendeten Quelldaten analysiert werden, damit sie zur Informationsgewinnung genutzt werden können, was durch eine semantische Anreicherung gewährleistet wird. Ebenfalls für Prognosesysteme werden semantisch angereicherte Daten benötigt, um eine feinere geografische Auflösung von PV- und Windprognosen zu erhalten (10.2). Die Nutzung von ANAs für VK (12.3) beruht ebenfalls auf semantisch angereicherten Daten als Grundlage für automatisierte Abläufe. Schließlich benötigen auch die Smart Appliances diese Form des Datenmanagements zur Anbindung aller Geräte innerhalb eines Steuersystems (15.4).

Die letzte relevante Entwicklung im Datenmanagement befasst sich mit dem Datenmanagement über die gesamte Prozesskette (18.4). Sie ist eine Grundlage für vier Entwicklungsschritte weiterer Technologiefelder. In der geschlossenen Systemebene sind dies die Entwicklung der Automatisierung der Netzleitsysteme und deren Fähigkeit zur Selbstheilung (2.5), in der IKT-Konnektivität die Bereitstellung von Plug & Play-Anbindungen (6.4) sowie in der geschlossenen Systemebene zum einen die vollständige Handelsautomatisierung durch die Handelsleitsysteme (9.5) und zum anderen die vollständige Endkundenintegration durch entsprechende Business Services (11.5).

Ein Datenmanagement in der Cloud (18.5) ist zwar ein innovativer Entwicklungsschritt, wird jedoch im Hinblick auf die übrigen Technologiefelder nicht als Voraussetzung für deren Entwicklung gesehen und ist somit innerhalb dieser Betrachtung nicht weiter zu berücksichtigen.

### Technologiefeld 19 – Sicherheit

Das Technologiefeld Sicherheit ist mit allen anderen Technologiefeldern verknüpft, mit Ausnahme der Querschnittstechnologien und dem Asset Management für Netzkomponenten (siehe Abbildung 37), da Letztere im Wesentlichen in

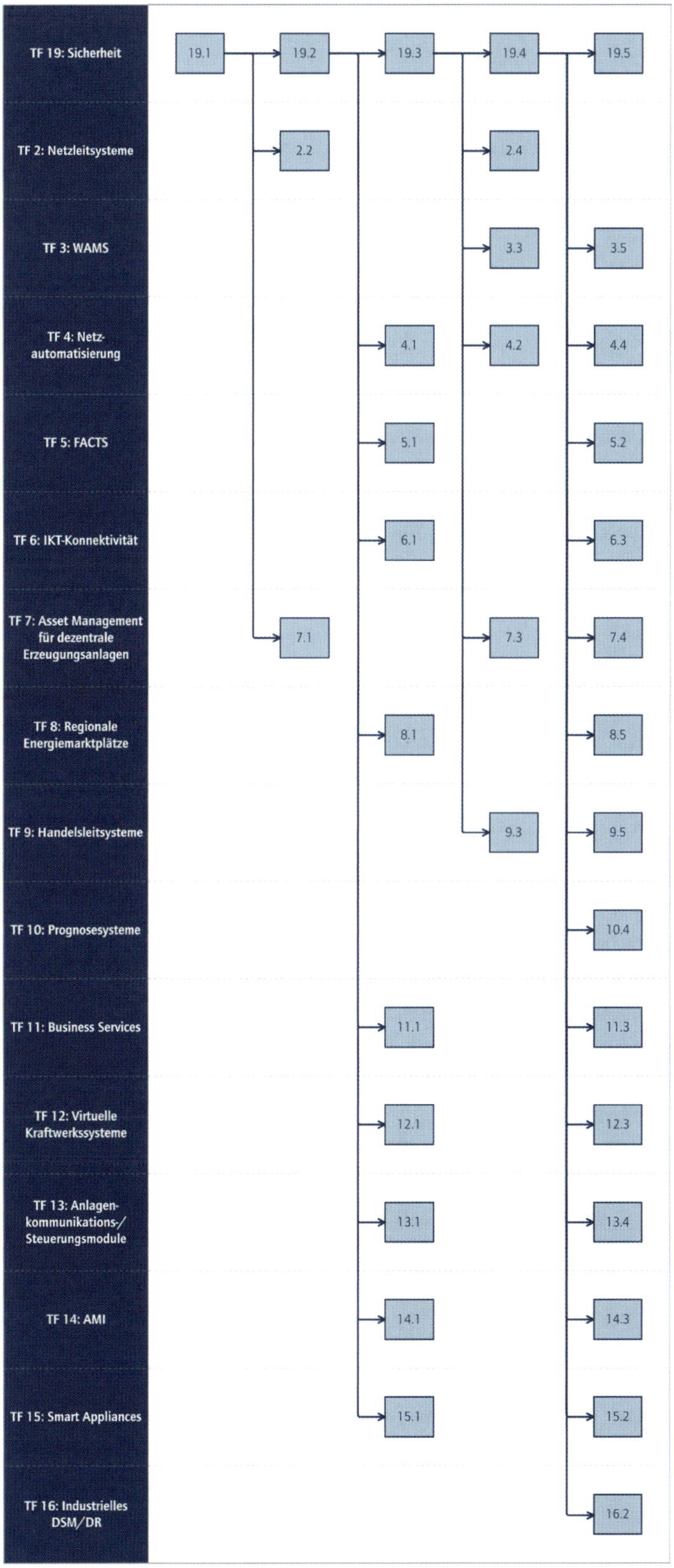

**Migrationspfade**

Abbildung 37: Durch das Technologiefeld 19 „Sicherheit" geschaffene Vorbedingungen.

|  | | | | | |
|---|---|---|---|---|---|
| TF 19: Sicherheit | 19.1 | 19.2 | 19.3 | 19.4 | 19.5 |
| TF 2: Netzleitsysteme | | 2.2 | | 2.4 | |
| TF 3: WAMS | | | | 3.3 | 3.5 |
| TF 4: Netzautomatisierung | | | 4.1 | 4.2 | 4.4 |
| TF 5: FACTS | | | 5.1 | | 5.2 |
| TF 6: IKT-Konnektivität | | | 6.1 | | 6.3 |
| TF 7: Asset Management für dezentrale Erzeugungsanlagen | | 7.1 | | 7.3 | 7.4 |
| TF 8: Regionale Energiemarktplätze | | | 8.1 | | 8.5 |
| TF 9: Handelsleitsysteme | | | | 9.3 | 9.5 |
| TF 10: Prognosesysteme | | | | | 10.4 |
| TF 11: Business Services | | | 11.1 | | 11.3 |
| TF 12: Virtuelle Kraftwerkssysteme | | | 12.1 | | 12.3 |
| TF 13: Anlagenkommunikations-/Steuerungsmodule | | | 13.1 | | 13.4 |
| TF 14: AMI | | | 14.1 | | 14.3 |
| TF 15: Smart Appliances | | | 15.1 | | 15.2 |
| TF 16: Industrielles DSM/DR | | | | | 16.2 |

einem geschlossenen und wenig angreifbaren System agieren. Vor allem die Entwicklungsschritte zwei und vier werden häufig als Voraussetzung für die Entwicklung der anderen Technologien gesehen. Dies ist darauf zurückzuführen, dass sich Schritt zwei auf die nachträgliche Integration von Sicherheitslösungen bezieht – dies wird notwendig, wenn sich eine Technologie in sich weiterentwickelt – und Schritt vier auf das Security-by-Design-Prinzip, das bei der Neuentwicklung von Technologien angewendet werden kann.

Die im Schritt eins umgesetzten Sicherheitsanforderungen sind durch die gestiegene Systemkomplexität begründet (19.1). Sie werden benötigt, um Steuerungsmöglichkeiten im Mittelspannungsnetz durch die Netzleitsysteme zu realisieren (2.2). Da es in diesem Schritt kaum oder keine Vernetzung in die vernetzte Systemebene gibt, reicht die einfache Anwendung etablierter Sicherheitslösungen aus. Ähnliches gilt für die Asset-Management-Systeme für große Erzeugungsanlagen, die im ersten Schritt nur mit wenigen „bekannten" Anlagen verbunden sind (7.1).

Im Laufe der Entwicklung der Technologiefelder können viele Punkte identifiziert werden, bei denen die nachträgliche Integration von Sicherheitslösungen notwendig wird (19.2). Dieser Entwicklungsschritt ist ein großer qualitativer Schritt: Es werden Maßnahmen getroffen, die das nun offenere System gegen vielfältige Angriffe härten. Auch ein Stromausfall kann nun gemeistert werden. Die ersten Entwicklungsschritte vieler Technologiefelder umfassen eben gerade den Schritt zur Anbindung externer Systeme und müssen daher gesichert werden. Es betrifft also die Schritte durchgehendes Monitoring im Mittelspannungsnetz (Netzautomatisierung, 4.1), Einbindung in ein WAMS zur Ausregelung und Reaktion auf hochdynamische Versorgungssituationen (FACTS, 5.1), Realisierung einzelner Anbindungen des Verteilnetzes und der Verbraucher (IKT-Konnektivität, 6.1), Werkzeuge für Industrie und Gewerbekunden zur Handelsunterstützung in den regionalen Energiemarktplätzen, (8.1), flexible unternehmensübergreifende Prozesse (Business Services, 11.1), Ausgleich stochastischer Fluktuationen der Erzeugung (VK-Systeme, 12.1), Einsatz von Modulen auch für Erzeugungsanlagen zwischen 30 kW und 100 kW und für thermische Großverbraucher >100 kW (Anlagenkommunikations- und Steuerungsmodule, 13.1), standardisierte AMI (Advanced Metering Infrastructure, 14.1) und Anbindung größerer thermischer Verbraucher, wie Wärmepumpen, Heizungen und Klimatisierungsanlagen (Smart Appliances, 15.1).

Der dritte Entwicklungsschritt befasst sich damit, dass Sicherheitslösungen für das Smart Grid durchgängig vorhanden sind und Erfahrungen in Entwurfsmuster und Standards einfließen (19.3). Diese Sicherheitsstandards sind eine Voraussetzung für die Öffnung der Netzleitsysteme durch offene Schnittstellen (2.4) und die nun notwendige Anbindung von Komponenten der vernetzen Systemebene, für die keine Vertrauenswürdigkeit per se angenommen werden kann. Da die Verteilnetzstabilität nun auf der Koordinierung von WAMS-Komponenten erfolgt (3.3), die zudem größere Erfordernisse an die Echtzeit der Kommunikation haben, müssen mögliche Seiteneffekte durch die Verwendung Smart-Grid-spezifischer Security Patterns beherrscht werden. Aus demselben Grund müssen ab der Einführung der Aktorik im Mittelspannungsbereich für die Netzautomatisierung (4.2) Entwurfsmuster vorhanden sein, um eine sichere Steuerung zu implementieren.

In der vernetzten Systemebene sind zuverlässige Sicherheitsstandards wichtig, wenn Daten aus den Asset-Management-Systemen der dezentralen Anlagen extern verfügbar gemacht werden sollen (7.3): Daten vieler Anlagen der dezentralen Versorgung werden von den Asset-Management-Systemen anderer Systeme zur Verfügung gestellt, die diese Daten dann zum Beispiel für Handelsaktivitäten oder Netzstabilisierungsmaßnamen verwenden. Diese Komplexität kann nur durch die geeigneten Entwurfsmuster implementiert werden.

Auch bei der Nutzung von Flexibilitäten in Handelsleitsystemen werden verstärkt in Echtzeit Daten zu Verbrauch und Erzeugung aus externen Quellen genutzt, sodass entsprechende Sicherheitsstandards eine zentrale Rolle spielen (9.3). Security-by-Design und Privacy-by-Design (19.4) zusammen mit umfangreichen bewährten Methoden und Werkzeugen erlauben es, ein neues Sicherheitsniveau zu erreichen, das für die nächsten Entwicklungsschritte hinreichend ist.

In späteren Entwicklungsschritten der Technologiefelder verlangen die neuen Funktionalitäten eine weitgehende Neuentwicklung der Systeme. Dies bietet die Chance, das notwendige Security-by-Design-Prinzip in die Entwicklung zu integrieren.

In der geschlossenen als auch der vernetzten Systemebene werden standardisierte Protokolle eingesetzt, damit die Systeme über eine gemeinsame Infrastruktur (6.3) kommunizieren können. Der durchgehende Einsatz von WAMS im Niederspannungsbereich (3.5), der Einsatz von ANAs in den Ortsnetzstationen (4.4) und die Nutzung von FACTS (5.2) in der geschlossenen Systemebene erfolgen weitgehend automatisiert und auf Echtzeitbasis. Ein unautorisierter Eingriff von außen könnte also höchstmöglichen Schaden anrichten. Eine nachträgliche Sicherung der Einzelsysteme reicht also zur Sicherung nicht mehr aus. Nur ein Security-by-Design sorgt für einen sicheren Betrieb.

In der vernetzten Systemebene wäre die Angriffsfläche aufgrund der intensiven Verknüpfung noch größer: Direkte finanzielle Schäden durch Manipulation des Handels oder der Abrechnung (8.5, 16.2) müssen verhindert werden.

Die Komponenten der vernetzten Systemebene sind nun, wenn auch nicht als Einzelkomponenten, so doch in ihrer Gesamtheit systemkritisch. Dazu gehören die Prognosen, die den Einsatz von Anlagen bestimmen (7.4, 10.4), die VK-Systeme im Zusammenwirken mit den ANAs (12.3) oder auch der direkte Zugriff auf Anlagen (13.4), (14.3, 15.2, 16.2). Sicherheitsmaßnahmen müssen auch direkt die privaten und industriellen Verbraucher vor Eingriffen in ihre Bereiche schützen (14.3, 15.2, 16.2). Neu und nicht energiespezifisch ist die dann intensive Nutzung Cloud-basierter Dienste. Bei diesen ist davon auszugehen, dass Sicherheitslösungen ausreichend etabliert sind.

Die im finalen Schritt beschriebene, intelligente und semi-automatische Reaktion auf IT-Angriffe (19.5) ist zwar ein Prinzip, das einige Vorteile bietet, aber nicht zwingend notwendig für die Entwicklung der übrigen Technologiefelder ist.

## 4.2.5 ZUSAMMENFASSENDE ANALYSE DER QUERSCHNITTSTECHNOLOGIEN

Innerhalb des Abschnitts 4.2.4 wurde erläutert, welche Entwicklungsschritte der Querschnittstechnologien als Vorbedingungen dienen. Zusammenfassend lässt sich für die Integrationstechniken feststellen, dass die Entwicklung standardisierter Schnittstellen in frühen Stadien und semantisch interoperabler Datenmodelle in späteren Stadien für diverse Technologieentwicklungen von großer Bedeutung sind. Die Realisierung einer Cloud ist hingegen als unkritisch einzustufen. Beim Datenmanagement ist es wichtig, in verschiedenen Bereichen ein erhöhtes Datenaufkommen managen zu können und semantisch angereicherte Daten zu Analysezwecken zur Verfügung zu haben. Ein Datenmanagement, welches Cloud-basiert abgehandelt wird, wird für keinen Entwicklungsschritt vorausgesetzt. Ebenfalls sind auf dem Gebiet der Sicherheit zwei Schwerpunkte zu erkennen. Zum einen ist es wichtig, Sicherheitslösungen in bestehende Technologien zu integrieren, sofern diese sich weiterentwickeln, und zum anderen Security by Design zu betreiben, wenn Technologien aufgrund umfangreicher neuer Funktionalitäten neu entwickelt werden müssen. Intelligente und semiautomatische Angriffsreaktionen sind für keine weiteren Entwicklungsschritte nötig.

## 4.3 ANALYSE DER MIGRATIONSPFADE

Nachdem die Technologiefelder 1 bis 16 daraufhin untersucht wurden, welche Vorbedingungen für jeden der einzelnen Entwicklungsschritte gegeben sein müssen, wird nun untersucht, welche Teilpfade, Technologiefelder und Entwicklungsschritte für die Migration in die jeweiligen Szenarios kritisch sind.

Dabei wird auf unterschiedlichen Granularitätsstufen quantitativ geprüft, welche Bedeutung einzelne Elemente für die Entwicklung der Gesamtmigrationspfade haben. Die Grundlagen der Analyse finden sich in den Abbildungen 38, 39 sowie 40, aus denen alle Abhängigkeiten des jeweiligen Szenarios zu entnehmen sind.

### Kritische Entwicklungsschritte
Das Ziel des jeweils ersten Analyseteils ist im Folgenden die Identifikation der für ein Szenario kritischen[221] und weniger kritischen[222] Entwicklungsschritte. Ein Entwicklungsschritt ist dann als kritisch anzusehen, wenn die Verzögerung dieses Schritts die Entwicklung des Gesamtsystems verzögern würde.

Die Bedeutung der Entwicklungsschritte kann anhand der von ihnen abgehenden Kanten[223] gemessen werden. Eine hohe Kantenanzahl macht auf potenziell wichtige Entwicklungsschritte aufmerksam. Umgekehrt weist eine niedrige Anzahl abgehender Kanten auf potenziell weniger wichtige Entwicklungsschritte hin.

### Kritische Technologiefelder
Für jedes Szenario werden außerdem kritische[224] und weniger kritische[225] Technologiefelder ermittelt. Dies sind die Technologiefelder, die als Enabler dienen. Bei der Migration ist auf diese Felder also besonderes Augenmerk zu richten.

Analog zu den Entwicklungsschritten werden wieder die abgehenden Kanten betrachtet: Die Anzahl der abgehenden Kanten aller einem Technologiefeld zugehörigen Schritte werden aufsummiert. Dies lässt Schlüsse auf die Kritikalität der Technologiefelder zu. Berücksichtigt werden dabei nur die Verbindungen zu anderen Technologiefeldern, das heißt, die internen Vorbedingungen werden nicht betrachtet. Im Folgenden werden die Ergebnisse für die drei Szenarien dargestellt.

Ausgenommen von dieser Untersuchung sind die Querschnittstechnologien (Technologiefelder 17 bis 19), da diese bereits oben in diese Richtung analysiert wurden. Das Szenario „Nachhaltig Wirtschaftlich" wird als komplexeste Migration zusätzlich in drei Phasen unterteilt. In Abschnitt 4.3.6 werden die daraus abzuleitenden Aussagen kurz zusammengefasst.

---

[221] Ein kritischer Entwicklungsschritt hat signifikant viele Kanten (gerundet das Doppelte des Durchschnitts aller Kanten der Entwicklungsschritte eines Szenarios).

[222] Ein weniger kritischer Entwicklungsschritt hat nur eine Kante, die die Abhängigkeit zum nächsten Schritt desselben Technologiefeldes aufweist. Zudem darf er nicht direkt oder indirekt eine Vorbedingung eines kritischen Entwicklungsschrittes sein. Entwicklungsschritte, die einen Endzustand darstellen und somit keine ausgehenden Kanten haben, sind im Rahmen der Gesamtentwicklung ebenfalls als weniger kritisch einzustufen.

[223] Eine Kante zeigt in diesem Kontext eine Vorbedingung auf, die ein Entwicklungsschritt für das Erreichen eines anderen Entwicklungsschrittes darstellt. Sie wird in den Abbildungen als gerichteter Pfeil – ausgehend von der Vorbedingung – zwischen zwei Entwicklungsschritten abgebildet.

[224] Kritische Technologiefelder haben signifikant viele abgehende Kanten zu anderen Technologiefeldern (mehr als das Doppelte des Obermedian über die abgehenden Kanten der Technologiefelder in einem Szenario).

[225] Weniger kritische Technologiefelder haben signifikant wenig abgehende Kanten zu anderen Technologiefeldern (weniger als die Hälfte des Obermedian über die abgehenden Kanten der Technologiefelder in einem Szenario).

## 4.3.1 KRITISCHE TECHNOLOGIEFELDER UND ENTWICKLUNGSSCHRITTE IM SZENARIO „20. JAHRHUNDERT"

Dieses Szenario ist in mancher Hinsicht dem heutigen ähnlich und bedarf nur weniger Innovationsschritte im IKT-Umfeld. Daher fällt auch die Anzahl der kritischen Entwicklungsschritte deutlich geringer aus als in den beiden übrigen Szenarien (siehe Abbildung 38).

### Analyse der Entwicklungsschritte

In der geschlossenen Systemebene finden sich die Schritte 3.1 (3) und 3.4 (3), in der IKT-Infrastrukturebene 6.1 (10) und 6.2 (3) und in der vernetzten Systemebene der Schritt 10.1 (3). Da sich in dem Szenario viele Technologiefelder unbeeinflusst von ihrer Umgebung entwickeln, werden viele Endzustände erreicht, sodass in 11 der 16 Technologiefelder Entwicklungsschritte einen Endzustand darstellen (1.5, 2.1, 3.2, 5.2, 7.2, 8.1, 9.2, 11.4, 12.1, 15.5 und 16.1). Ebenso sind relativ viele Entwicklungsschritte identifiziert worden, die nicht Teil kritischer Pfade sind und nur zur internen Entwicklung beitragen. Neben den Schritten 1.1, 1.2 und 5.1 in der geschlossenen Systemebene sind dies die Schritte 11.1, 11.3, 15.1, 15.2, 15.3 und 15.4 in der vernetzten Systemebene.

Gesamtheitlich betrachtet ist als besonders kritischer Schritt nur die vereinzelte Anbindung des Verteilnetzes und der Verbraucher im Rahmen der IKT-Konnektivität (6.2) zu nennen. Relativ gesehen sind mit ca. 15 Prozent dennoch ähnlich viele Schritte in diesem Szenario wie im Szenario „Nachhaltig Wirtschaftlich" als kritisch identifiziert worden. Die relative Anzahl unkritischer Schritte ist jedoch enorm hoch und liegt bei ca. 65 Prozent. Zu ihnen zählen – wie auch in den anderen beiden Szenarien – erneut die Entwicklungsschritte der Smart Appliances; aber auch jeweils drei Schritte des Asset Managements für Netzkomponenten und der Business Services sind als unkritisch eingestuft.

### Analyse der Technologiefelder

Die IKT-Konnektivität (12) ist das einzige kritische Technologiefeld des Szenarios „20. Jahrhundert". Folglich ergibt sich eine Vielzahl – die Hälfte – an Technologiefeldern, die keine abgehenden Kanten besitzen. Im Einzelnen sind dies: Netzleitsysteme, FACTS, Asset-Management-Systeme für dezentrale Anlagen, regionale Energiemarktplätze, Handelsleitsysteme, VK-Systeme, Smart Appliances und industrielles DSM.

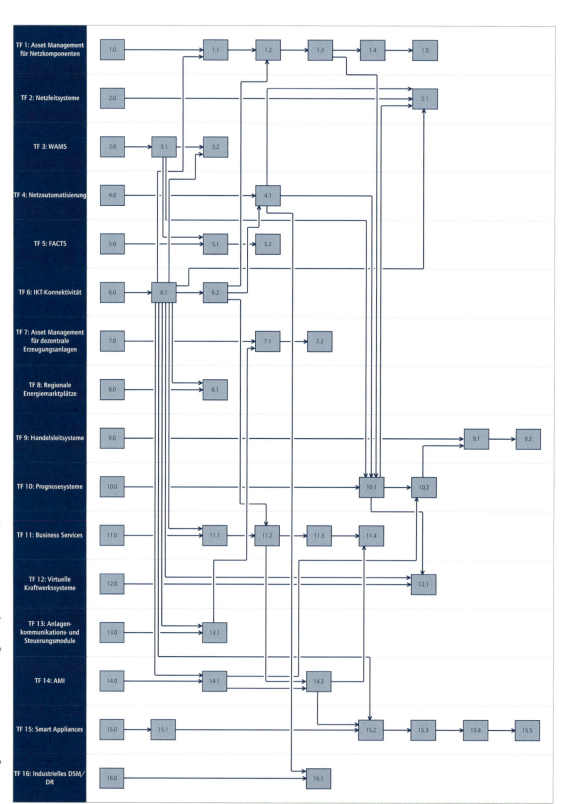

Abbildung 38: Gesamtansicht der Migrationspfade für das Szenario „20. Jahrhundert".

## 4.3.2 KRITISCHE TECHNOLOGIEFELDER UND ENTWICKLUNGSSCHRITTE IM SZENARIO „KOMPLEXITÄTSFALLE"

Dieses Szenario ist deutlich komplexer und verlangt mehr Entwicklungsschritte als das Szenario „20. Jahrhundert". Dies zeigt sich dann auch in der folgenden Analyse an der gesteigerten Anzahl kritischer Zusammenhänge (siehe Abbildung 39).

### Analyse der Entwicklungsschritte

In der geschlossenen Systemebene sind vor allem die Entwicklungsschritte 3.1 (3), 3.2 (3) und 4.1 (4) als kritische Schritte anzusehen. Die IKT-Konnektivität weist in ihren Entwicklungsschritten 6.1 (11) und 6.2 (5) eine hohe Anzahl an Verbindungen auf. Die meisten kritischen Schritte, nämlich 10.1 (3), 10.2 (3), 10.3 (3) und 14,2 (3), liegen im Bereich der vernetzten Systemebene. Neben den – wie im vorherigen Abschnitt beschriebenen – unkritischen Endzuständen (1.4, 2.3, 7.2, 8.2, 9.3, 10.4 und 15.5), sind in der geschlossenen Systemebene nur die Schritte 2.1 und 2.2 für interne Weiterentwicklungen notwendig. In der vernetzten Systemebene hingegen sind es die Schritte 7.1, 8.1, 9.1, 9.2, 15.1, 15.2, 15.3 und 15.4.

Zusammenfassend wird ersichtlich, dass auch in diesem Szenario die Entwicklungsschritte der IKT-Konnektivität am wichtigsten für die weiteren Entwicklungen sind. Dabei sticht vor allem die Funktionalität zur vereinzelten Anbindung des Verteilnetzes und der Verbraucher hervor.

Weiterhin ist das durchgehende Monitoring im Mittelspannungsnetz ein überaus wichtiger Schritt innerhalb dieses Szenarios. Außerdem sind drei Entwicklungsschritte der Prognosesysteme als kritisch eingestuft, was darauf hindeutet, dass vor allem deren frühe Funktionalitäten eine hohe Bedeutung für die Gesamtentwicklung besitzen. Insgesamt sind ca. 21 Prozent der Entwicklungsschritte kritisch und somit deutlich mehr als im folgenden Szenario „Nachhaltig Wirtschaftlich". Betrachtet man die unkritischen Entwicklungsschritte, so wird deutlich, dass die Smart Appliances komplett in diese Kategorie fallen und dass außerdem auch alle erreichten Funktionalitäten der Handelsleitsysteme nur für interne Entwicklungen notwendig sind. Generell sind ca. 41 Prozent der Schritte unkritisch, was geringfügig mehr ist als im Szenario „Nachhaltig Wirtschaftlich".

### Analyse der Technologiefelder

Für das Szenario „Komplexitätsfalle" ist ebenfalls die IKT-Konnektivität das Technologiefeld, welches als Enabler dient, denn es besitzt bei nur zwei Entwicklungsschritten 15 abgehende Kanten. Weiterhin sind die Netzautomatisierung (5) in der geschlossenen Systemebene und die Prognosesysteme (6) in der vernetzten Systemebene als kritisch zu sehen. Innerhalb dieses Szenarios sind Technologiefelder enthalten, die keinerlei Vorbedingungen für andere Technologiefelder sind und somit nur für die interne Weiterentwicklung ihrer Funktionalitäten benötigt werden. Dies sind die Felder Netzleitsysteme, Asset-Management-System für dezentrale Anlagen, regionale Energiemarktplätze, Handelsleitsysteme und Smart Appliances.

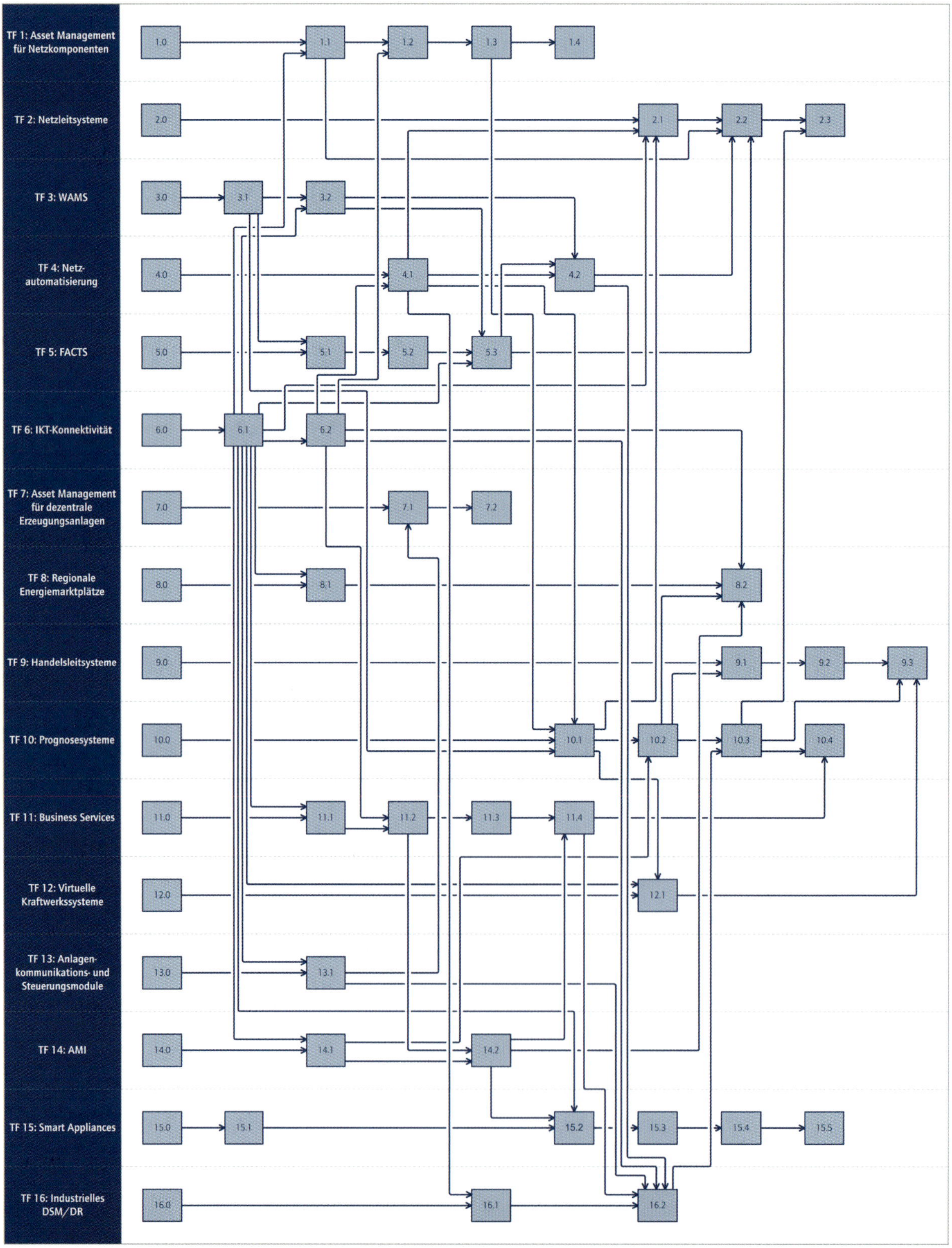

Abbildung 39: Gesamtansicht der Migrationspfade für das Szenario „Komplexitätsfalle".

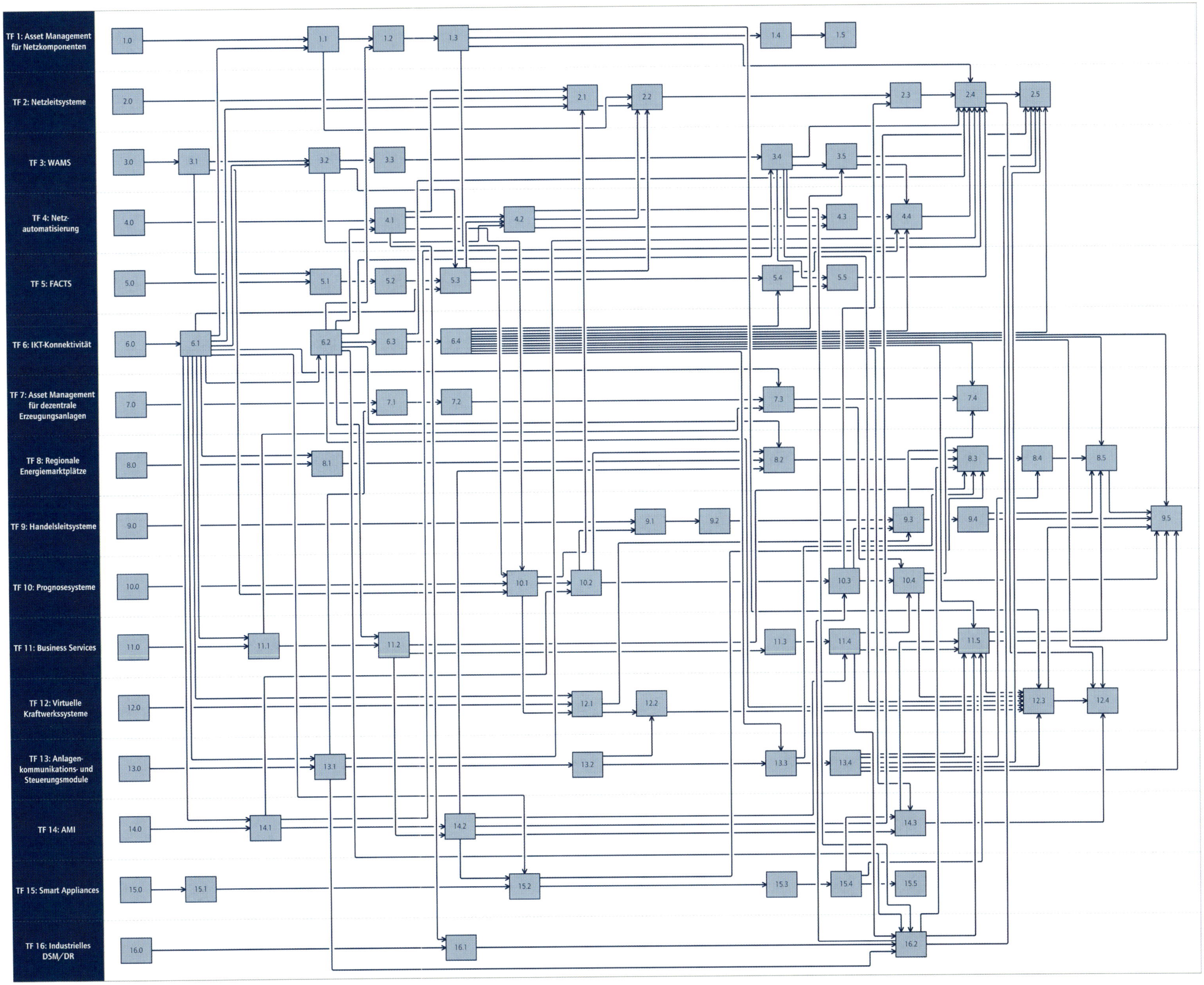

**Future Energy Grid**

Abbildung 40: Gesamtansicht der Migrationspfade für das Szenario „Nachhaltig Wirtschaftlich"

### 4.3.3 KRITISCHE TECHNOLOGIEFELDER UND ENTWICKLUNGSSCHRITTE IM SZENARIO „NACHHALTIG WIRTSCHAFTLICH"

Die größte Durchdringung mit noch zu entwickelnden IKT-Anteilen findet sich im technologisch ambitionierten Szenario „Nachhaltig Wirtschaftlich". Daher finden sich hier auch die größte Anzahl kritischer Technologiefelder und Entwicklungsschritte (siehe Abbildung 40).

#### Analyse der Entwicklungsschritte

In diesem Szenario sind die meisten Abhängigkeiten in Form von abgehenden Kanten zu erkennen. In der geschlossenen Systemebene besitzen vor allem die Schritte 1.3 (4 abgehende Kanten), 3.4 (5) und 4.1 (4) eine hohe Anzahl abgehender Kanten. In der IKT-Infrastrukturebene sind gleich drei Entwicklungsschritte der IKT-Konnektivität als kritisch zu bezeichnen: 6.1 (12), 6.2 (8) und 6.4 (11). In der vernetzten Systemebene ist ein relativ gleichmäßiges Bild zu erkennen, sodass nur die Entwicklungsschritte 13.1 (4), 13.4 (5), 14.2 (5) und 16.2 (4) von erhöhter Bedeutung sind. Unkritisch sind neben den Endzuständen (1.5, 2.5, 7.4, 9.5, 12.4 und 15.5), die zwar keine Vorbedingungen darstellen, aber erreicht werden müssen, um die Anforderungen des Szenarios zu erfüllen, eine Vielzahl an Entwicklungsschritten, die nur zur internen Entwicklung eines Technologiefeldes benötigt werden. Zu berücksichtigen ist jedoch, dass diese direkt oder indirekt Teil eines Pfades sein können, der zu einem kritischen Entwicklungsschritt führt und sie dementsprechend in den Fällen nicht als weniger kritisch gelten dürfen. Demnach sind in der geschlossenen Systemebene lediglich die Schritte 1.4, 2.4, 4.3, 4.4, 5.1, 5.2 und 5.5 als eher unkritisch zu sehen. Die IKT-Infrastrukturebene weist keine unkritischen Entwicklungsschritte auf. Innerhalb der vernetzten Systemebene ergeben sich auf der Basis derselben Untersuchung die weniger kritischen Schritte 7.1, 7.2, 8.1, 8.2, 8.3, 8.4, 9.1, 9.2, 12.2, 15.1, 15.3 und 15.4.

Betrachtet man das Gesamtbild, wird deutlich, dass vor allem die einzelnen Schritte der IKT-Konnektivität einen kritischen Charakter besitzen und als notwendige Enabler vieler Technologieentwicklungen gelten. Die „Datendrehscheiben" bilden eine Ausnahme, weil sie mit zwei ausgehenden Kanten nicht so deutlich hervorstechen wie die übrigen Entwicklungsschritte des Technologiefeldes. Sie sind jedoch notwendig, um die späteren Plug & Play-Anbindungen zu realisieren. Zudem sind der vereinzelte Einsatz von AMS im Niederspannungsbereich, die autonome Anlagensteuerung mit bidirektionalem Plug & Play und das AMM als wesentliche Schritte zu nennen. Auffällig ist ebenso, dass in den Technologiefeldern WAMS, IKT-Konnektivität und Anlagenkommunikations- und Steuerungsmodule mit Schritt vier jeweils noch eine weit fortgeschrittene Entwicklung die Vorbedingung für viele weitere Entwicklungen ist. Insgesamt sind mit zehn Entwicklungsschritten ca. 15 Prozent als kritisch zu sehen. Auf der Gegenseite sind die ersten vier Schritte der regionalen Markplätze nur für die interne Entwicklung der Technologie notwendig und auch der letzte Schritt weist nur eine abgehende Kante zu einem Endzustand auf. Ähnliches gilt für die Smart Appliances, bei denen extern lediglich das DR für die Entwicklung der regionalen Marktplätze vorausgesetzt wird. Ebenso ist für die Technologiefelder FACTS, Asset Management für dezentrale Anlagen und Handelsleitsysteme mit jeweils drei unkritischen Schritten eine starke Präsenz zu erkennen. Neben den sechs Endzuständen, sind weitere 19 Entwicklungsschritte als eher unkritisch zu betrachten; das entspricht ca. 36 Prozent der Gesamtschritte innerhalb des Szenarios.

#### Analyse der Technologiefelder

Innerhalb des Szenarios „Nachhaltig Wirtschaftlich" ist vor allem das Technologiefeld IKT-Konnektivität (30 Vorbedingungen) als besonders kritisch zu nennen. Dies ist aufgrund der bereits vorher als kritisch identifizierten einzelnen Entwicklungsschritte des Technologiefeldes erwartungskonform.

Hinzu können die Technologiefelder WAMS (10), Anlagenkommunikations- und Steuerungsmodule (10), Prognosesysteme (9), Business Services (8) und AMI (8) als kritisch eingestuft werden. Zudem beinhaltet das Szenario Technologiefelder, deren Entwicklungsschritte in der Summe nur sehr wenige Vorbedingungen darstellen. So weisen die Technologiefelder Netzleitsysteme, Asset Management für dezentrale Anlagen, regionale Energiemarktplätze und Smart Appliances nur jeweils eine externe Vorbedingung auf. Bei den letzten beiden deutete bereits die Analyse der Einzelschritte auf unkritische Technologiefelder hin. Zudem sind die Technologiefelder Handelsleitsysteme (2) und VK-Systeme (2) als eher unkritisch einzuordnen.

#### 4.3.4 SZENARIOÜBERGREIFENDE ANALYSE

Betrachtet man die Entwicklungen in allen drei Szenarien, so wird deutlich, dass sich manche Technologiefelder weitgehend unbeeinflusst vom umgebenden Szenario entwickeln. Das Technologiefeld Smart Appliances erreicht in allen Szenarien den weitesten Entwicklungsschritt und auch das Asset Management für Netzkomponenten sowie die Business Services sind in allen Szenarien weit entwickelt. Ein Sonderfall ist das industrielle DSM, welches nur zwei Entwicklungsschritte besitzt, diese aber in zwei Szenarien erreicht, nämlich in den Szenarien „Komplexitätsfalle" und „Nachhaltig Wirtschaftlich". Somit haben diese Technologiefelder eine besondere Bedeutung, da sie die beschriebenen Funktionalitäten der einzelnen Entwicklungsschritte in jedem Fall bereitstellen müssen, unabhängig davon, wie sich das Gesamtsystem der Stromversorgung entwickelt. Die Technologiefelder Netzleitsysteme, Anlagenkommunikations- und Steuerungsmodule sowie VK-Systeme erreichen nur im Szenario „Nachhaltig Wirtschaftlich" hohe Entwicklungsschritte, was darauf hindeutet, dass künftige Funktionalitäten dieser Bereiche maßgeblich in einem sehr weit entwickelten Stromversorgungssystem benötigt werden.

#### 4.3.5 MIGRATIONSPHASEN FÜR DAS SZENARIO „NACHHALTIG WIRTSCHAFTLICH"

Das Szenario „Nachhaltig Wirtschaftlich" wird als Orientierung für die durch die Energiewende angestrebten Entwicklungen herangezogen werden, da es das technologisch, ökologisch sowie ökonomisch am weitesten entwickelte Gesamtsystem beschreibt.

Aus diesen Gründen wurden die Migrationspfade des Szenarios wie in Abbildung 41 dargestellt, innerhalb eines Zeitrasters eingeordnet. Ausgehend vom Stand der Technik im Jahre 2012 wurden die Jahre 2015, 2020 sowie 2030 Meilensteine des Entwicklungsprozesses gewählt. Es lassen sich drei Entwicklungsphasen erkennen, die Konzeptionsphase, die Integrationsphase und die Fusionsphase bezeichnet.

Jeder Entwicklungsschritt wird damit einer der drei Phasen von drei, fünf und zehn Jahren Dauer zugeordnet. Da der Gesamtzeitraum 18 Jahre umfasst, ist der exakte Einsatzzeitpunkt einer Technologie nicht sinnvoll bestimmbar, sodass davon abgesehen wurde, alle enthaltenen Entwicklungsschritte jeweils einzeln zu terminieren. Die Einordnung der Entwicklungsschritte innerhalb der Phasen und die Zusammenhänge zwischen den Technologieentwicklungsschritten stellen eine qualitative Sichtweise dar. Alternativen der Einzelzusammenhänge sind denkbar, verändern aber nicht die Aussagekraft der zentralen Ergebnisse. Zusätzlich wird auf die in den vorangegangenen Abschnitten beschriebenen Ergebnisse der quantitativen Analyse Bezug genommen.

Diese Klassifikation dient der Orientierung bezüglich der notwendigen Marktdurchdringung der jeweils beschriebenen Funktionalitäten. Um die Markteinführung und -durchdringung einer technologischen Entwicklung innerhalb einer Phase zu gewährleisten, ist die dazu nötige Forschung und Entwicklung im Vorfeld durchzuführen.[226] Für die Einführung der jeweiligen Technologien innerhalb der skizzierten Zeiträume

---

[226] Der zugehörige Prozess muss sich, soweit er jeweils volkswirtschaftlich nutzbringend ist, wertschöpfend für die Akteure gestalten (s. Kapitel 6).

wird angenommen, dass der Einsatz der entsprechenden Technologien für alle Beteiligten möglichst wirtschaftlich sein sollte, was zu einer Differenz zwischen der Verfügbarkeit und dem tatsächlichen Einsatz führen kann. Bei der Betrachtung der Abbildung ist ebenfalls zu beachten, dass sich die Einordnung der Technologieentwicklungsschritte ausschließlich auf den deutschen Markt bezieht und die Darstellung für andere Länder durchaus abweichen kann. Im Folgenden werden nun die Kernpunkte der Phasen beschrieben.

**Konzeptionsphase (2012 bis 2015)**
In der Konzeptionsphase wird das Fundament geschaffen und wesentliche Weichen gestellt, auf denen die Entwicklung des FEG im weiteren Verlauf aufbaut. Diese beziehen sich im Wesentlichen auf die geschlossene Systemebene und die IKT-Konnektivität.

So wird der Einsatz von WAMS im Bereich der Verteilnetze konzipiert. Die Netzzustandserfassung durch Sensoren in PMUs oder Remote Terminal Units (RTU) wird dazu in Form von Use Cases modelliert (Technologiefeld 3, Schritt 1). Durch die Schaffung erster IKT-Anbindungen im Verteilnetz und einem ersten rudimentären Verzeichnisdienst für dezentrale Anlagen (Technologiefeld 6, Schritt 1) werden dezentrale Anlagen besser auffindbar und ihre Einsetzbarkeit unter der Prämisse der Netzstabilität ermöglicht. Im Bereich der vernetzten Systemebene wird die Transparenz für die Kunden der Energieversorger durch entsprechende Customer-Self-Service-Systeme erhöht (Technologiefeld 11, Schritt 1). Die Abwicklung von Prozessen, in die mehrere Organisationseinheiten eingebunden sind, wird durch den Einsatz fortschrittlicher Informationssysteme besser unterstützt. Im Bereich des privaten Energiemanagements werden ebenfalls wesentliche Impulse gesetzt. Große thermische Verbraucher, wie Heiz- oder Klimatisierungssysteme werden in Bezug auf ihr Energiemanagement intelligenter und können neben der lokalen Funktionalität auch in ein Kommunikationsnetz eingebunden werden (Technologiefeld 14, Schritt 1 und Technologiefeld 15, Schritt 1).

**Integrationsphase (2015 bis 2020)**
In dieser Phase werden die Informationen aus den Komponenten der vernetzten Systemebene verstärkt in die Systeme der geschlossenen Ebene integriert.

Zunächst werden Infrastruktur und Steuerungskonzepte eingeführt. WAMS werden auf der Basis der Erkenntnisse aus der Konzeptionsphase weiterentwickelt und werden vermehrt im Bereich der Mittelspannungsnetze eingesetzt. Aufgrund der vorliegenden Datenverarbeitungskonzepte wird die bedarfsgerechte Umsetzung von Optimierungsmaßnahmen (lokal oder zentral) ermöglicht (Technologiefeld 3, Schritte 2 und 3). AMS-WAMS werden zudem mit FACTS verzahnt, welche durch die Nutzung der erhobenen Daten netzbereichsübergreifend koordiniert werden können und entscheidend zur Stabilisierung der Netzebenen Höchst- bis Mittelspannung beitragen (Technologiefeld 5 Schritte 1 bis 3). Im Bereich der vernetzten Systemebene werden Standards für die Bereiche AMI (Technologiefeld 14) sowie Anlagenkommunikations- und Steuerungsmodule (Technologiefeld 13) geschaffen, um die Konnektivität der Applikationen im FEG zu gewährleisten. Diesen Gedanken fortführend steht der Aufbau der allgemeinen IKT-Konnektivität im Zentrum dieser Phase. So ermöglichen regionale Netzwerke (Technologiefeld 6, Schritt 2) erste netzstützende Applikationen und den effizienteren Austausch von Informationen. Die Weiterentwicklung der Konnektivität durch die überregionale Vernetzung (Technologiefeld 6, Schritt 3) und im Speziellen die Bereitstellung von standardisierten Schnittstellen mit Plug & Play-Charakter (Technologiefeld 6, Schritt 4) sind von besonderer Wichtigkeit für die langfristige Entwicklung des FEG. Durch den Aufbau einer entsprechenden Infrastruktur und dadurch, dass der Fokus auf Interoperabilität liegt, wird ein innovationsförderndes Umfeld geschaffen, auf dem besonders die in der Fusionsphase eingeführten Technologien aufbauen.

Während der Aufbau der Strukturen für das FEG im Zentrum dieser Phase steht, werden erste darauf aufbauende

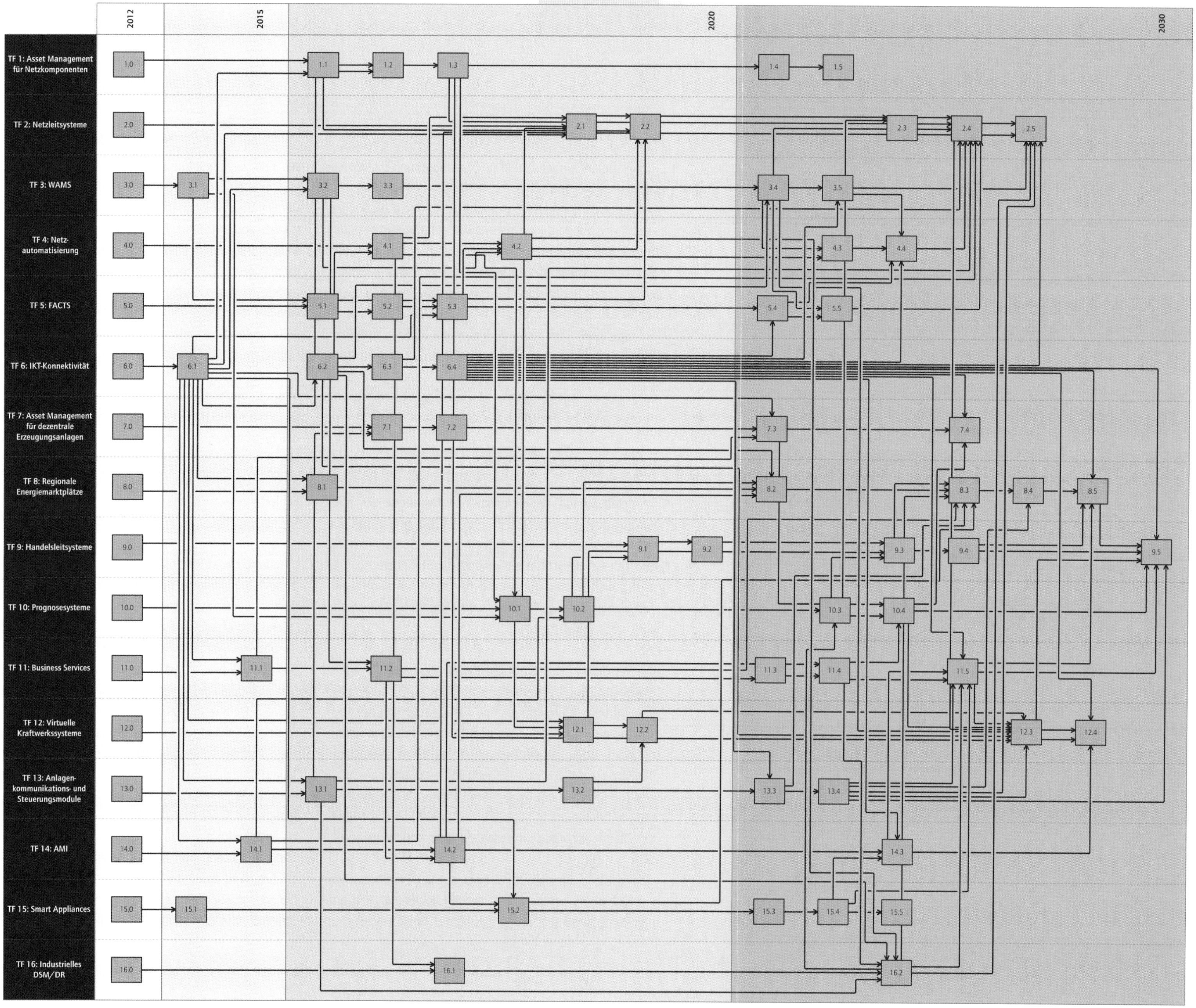

Abbildung 41: Technologische Migrationspfade für das Szenario „Nachhaltig Wirtschaftlich".

Applikationen eingeführt. In der geschlossenen Systemebene können die Netzleittechnik (Technologiefeld 2) und die Netzautomatisierung (Technologiefeld 4) durch die Verbesserung der Informationslage und die Zunahme von Aktorik in Richtung der Verteilnetze gezielter auf den Regelbedarf in der elektrischen Infrastruktur einwirken. In der vernetzten Systemebene finden die Infrastrukturmaßnahmen unter anderem Anwendung in VK (Technologiefeld 12), die nun in der Lage sind, auch kleine Anlagen einzubinden und Fahrpläne nach Prognosen, Markt- und Betriebsdaten der Anlagen zu erstellen. Asset Management (Technologiefelder 1 und 7) und Prognosesysteme (Technologiefeld 10) stützen das System als weitere Informationsquellen.

### Fusionsphase (2020 bis 2030)

In der Fusionsphase verschmilzt sowohl die geschlossene Systemebene mit der vernetzten Systemebene als auch das elektrotechnische System mit dem IKT-System. Die nun hohe gegenseitige Abhängigkeit zwischen geschlossener und vernetzter Systemwelt verlangt insbesondere nach einem hohen Entwicklungsstand bei den Querschnittstechnologien und der IKT-Konnektivität. Der Sicherheit kommt eine große Bedeutung zu.

Die Versorgung stützt sich auf dieses „fusionierte" System. Die geschlossene Systemebene benötigt zur Sicherung der Stabilität die Informationen und die Ansteuerung der Komponenten der vernetzten Ebene. Die vernetzte Ebene benötigt viele Informationen der geschlossenen Ebene, damit die Prozesse der vernetzten Ebene von vornherein die physikalischen Restriktionen beachten können. Dezentrale Anlagen sind durch die IKT-Durchdringung wesentliche Stützen der Energieversorgung inklusive der Versorgungsqualität.

Der Fokus der Entwicklungen liegt auf der Einführung von Applikationen, welche zur Steigerung der Energieeffizienz, der Transparenz der Energieversorgung, des Energieeinsatzes und der Regelungsmöglichkeiten, zu größerem Endkundennutzen und insbesondere auch zu einer erhöhten Wirtschaftlichkeit innerhalb des elektrischen Energieversorgungssystems führen. In der geschlossenen Systemebene werden die Bereiche (W)AMS (Technologiefeld 3), Netzautomatisierung (Technologiefeld 4) sowie FACTS (Technologiefeld 5) durch Nutzung der Vernetzungsstrukturen zum Informationsaustausch sukzessive weiterentwickelt. Das (W)AMS wird zum Managementsystem entwickelt und die Regelung der Netze erfolgt durch Einsatz autonomer Agentensysteme bis in den Niederspannungsbereich hinein. Die Integration der Netzregelung erfolgt durch die Netzleitsysteme (Technologiefeld 2), welche sowohl die Komponenten der geschlossenen Netzebene als auch die Informationen aus der vernetzten Systemebene nutzen, um den Netzbetrieb zu automatisieren (Schritt 4) und auch nach einem Fehlerfall Netzbereiche automatisiert wieder anfahren zu können (Schritt 5).

Innerhalb der vernetzten Systemebene gewinnen die Komponenten in dieser Phase ihren Nutzen im Wesentlichen durch Vernetzungseffekte. Regionale Energiemarktplätze (Technologiefeld 8), Handelsleitsysteme (Technologiefeld 9) und VK-Systeme (Technologiefeld 12) weisen starke Abhängigkeiten zu anderen technologischen Entwicklungen auf, deren Informationen sie für ihre Wertschöpfung, wie die Definition von Handelsprodukten im Bereich der Netzdienstleistungen, die Integration der unterschiedlichen Marktebenen, die Entscheidungsunterstützung und Teilautomatisierung im Handelsumfeld sowie die Fahrplanerstellung innerhalb von VK durch Verarbeitung von Netz-, Markt- und Prognosedaten, nutzen. Besondere Bedeutung als Enabler für diese Funktionalitäten besitzen die Anlagenkommunikations- und Steuerungsmodule (Technologiefeld 13, Schritt 4) sowie die vollwertige Integration des DSM in die industriellen Fertigungsprozesse (Technologiefeld 16, Schritt 2). Die Kommunikationsfähigkeit der Erzeugungsanlagen, Verbrauchsanlagen und Speicher ist ein wesentliches Element für ihre Einbindung innerhalb der VK oder zur Integration von Kleinstflexibilitäten in handelbare Produkte.

Gemeinsam mit der durch die IKT-Konnektivität geschaffenen Informationsinfrastruktur und der Weiterentwicklung der Netzleitsysteme wird durch diese technologische Entwicklung der Paradigmenwechsel zum Internet der Energie vollzogen.

In Abbildung 42 sind die drei Phasen und die damit verbundene Zunahme des Vernetzungsgrads und der Funktionalität vereinfacht dargestellt.

Abbildung 42: Die Entwicklungsphasen des Future Energy Grids.

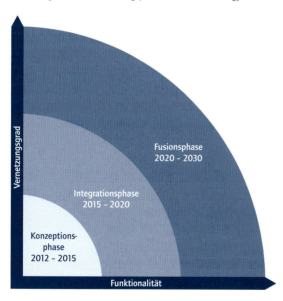

### 4.3.6 KERNAUSSAGEN

Auf der Basis der quantitativen Analyse der Technologiefelder und ihrer Entwicklungsschritte sowie der gewählten zeitlichen Einteilung für das Szenario „Nachhaltig Wirtschaftlich" können die folgenden Kernaussagen getroffen werden:

— Kurzfristig (bis 2015) liegt der Fokus der Entwicklung auf der geschlossenen Systemebene. Er wird mittelfristig (bis 2020) über die IKT-Infrastrukturebene (IKT-Konnektivität als Rückgrat) in die langfristig-orientierte (bis 2030), vernetzte Systemebene verschoben.
— Die IKT-Konnektivität ist in jedem Szenario eine nötige Basis für die Entwicklung anderer Technologiefelder. Besonders die Anbindung an das Verteilnetz und die Anbindung der Verbraucher sowie die Bereitstellung von Plug & Play-Anbindungen sind dabei von erhöhter Bedeutung.
— Die Querschnittstechnologien Integrationstechnik, Datenmanagement und Sicherheit weisen jeweils zwei erkennbare Meilensteine, die die übrigen Technologiefelder „triggern".
— Fortgeschrittene Funktionalitäten für Netzleitsysteme, VK-Systeme und Anlagenkommunikations- und Steuerungsmodule werden vorwiegend in einem stark dezentralen und IKT-basierten Stromversorgungssystem benötigt.
— Eine typische Enabler-Technologie der geschlossenen Systemebene sind die (W)AMS. In der vernetzten Systemebene treiben insbesondere Prognosesysteme, Anlagenkommunikations- und Steuerungsmodule, Business Services und AMI die Entwicklung voran.
— In der geschlossenen Systemebene ist vor allem das Technologiefeld Netzleitsysteme mit externen Entwicklungen verknüpft. In der vernetzten Systemebene sind dies die Technologiefelder regionale Energiemarktplätze, Handelsleitsysteme und VK-Systeme.

— Smart Appliances, Business Services und Asset Management für Netzkomponenten werden sich in jedem Szenario weit entwickeln – was zunächst nichts über ihren direkten Einfluss auf das Netz aussagt.

## 4.4 ZUSAMMENFASSUNG

Im Rahmen dieses Kapitels wurden Migrationspfade entwickelt, welche auf den in Kapitel 2 konzipierten Szenarien und ihren in Kapitel 3 beschriebenen technologischen Ausprägungen basieren. Die Herausforderungen bei der Weiterentwicklung der FEG-Technologiefelder ergeben sich aus den vielen Abhängigkeiten untereinander. Diese wurden für jeden Entwicklungsschritt ermittelt und beschrieben. Die Querschnittstechnologien Integrationstechniken, Datenmanagement und Sicherheit nehmen im Umfeld der IKT eine besondere Rolle ein und ermöglichen in vielen Fällen erst die Weiterentwicklung der anderen Technologiefelder. Die Anwendbarkeit der in den Entwicklungsschritten der Querschnittstechnologiefelder beschriebenen Konzepte wurde daher innerhalb eines gesonderten Abschnitts erläutert.

Aus den Ergebnissen der Betrachtung nach Technologiefeldern wurden im weiteren Verlauf die Migrationspfade für die Szenarien „20. Jahrhundert", „Komplexitätsfalle" sowie „Nachhaltig Wirtschaftlich" entwickelt. Anhand der an die Netzplantechnik angelehnten Darstellungen konnte die den Abhängigkeiten entspringende Ordnung der Technologie-Entwicklungsschritte aufgezeigt werden. Ebenso konnte im Rahmen einer quantitativen Analyse die Bedeutung der Technologiefelder und ihrer Entwicklungsschritte für die unterschiedlichen Szenarien dargelegt werden.

Entsprechend den technologischen Entwicklungsschritten, welche in Kapitel 3 für die Szenarien definiert wurden, wurde in den Darstellungen der Migrationspfade die technologische Komplexität der Szenarien deutlich. Das Szenario „Nachhaltig Wirtschaftlich" weist entsprechend seiner Schlüsselfaktor-Projektionen eine gegenüber den Szenarien „20. Jahrhundert" und „Komplexitätsfalle" deutlich erhöhte Komplexität auf. Als Zielvision für die erfolgreiche Umsetzung eines IKT-basierten Energieversorgungssystems wurde es daher gesondert beschrieben und der Migrationsprozess zeitlich in die drei Phasen „Konzeption", „Integration", „Fusion" unterteilt. Nach einem ersten Entwicklungsschwerpunkt innerhalb der geschlossenen Systemebene werden im weiteren Verlauf des Migrationspfades durch den Ausbau der IKT-Infrastruktur zunehmend Technologien der vernetzten Systemebene implementiert. Darüber hinaus wird die Verbindung zwischen geschlossener und vernetzter Systemebene langfristig gestärkt.

# 5 INTERNATIONALER VERGLEICH

Dieses Kapitel befasst sich mit dem internationalen Vergleich, der komplementär zu den Migrationspfaden und deren Zwischenergebnissen erarbeitet worden ist. Als Hauptziel dieser Gegenüberstellung ist zu identifizieren, wie Deutschland im Vergleich zu anderen Ländern, die modellhafte Charakteristika aufweisen, positioniert ist. Vor allem wird herausgestellt, wo sich mögliche Potenziale für die deutsche Wirtschaft ergeben.

Abschnitt 5.1 befasst sich mit der Methodik, die für den internationalen Vergleich angewendet wurde. Kernelemente der Methodik sind Experten-Workshops zur initialen Identifikation der Rahmenbedingungen und Bewertungskriterien. Eine ausführliche Expertenumfrage für die Bewertung von Smart-Grid-Kriterien in unterschiedlichen Ländern bzw. Regionen rundet dieses Kapitel ab.

Damit das übergeordnete Ziel erreicht werden kann, müssen drei Teilziele (siehe Abbildung 43) erarbeitet werden, die die Grundlage bilden, um Deutschland in einem internationalen Vergleich bewerten zu können. Hierzu müssen Bewertungskriterien für den Vergleich abgeleitet werden. In Abschnitt 5.2 wird beschrieben, wie die Kriterien zum einen für die Beschreibung eines Ist-Zustandes und zum anderen für die Beschreibung eines Entwicklungsansatzes identifiziert worden sind. In einem weiteren Schritt werden Länder für den Vergleich ausgewählt und anhand zentraler Kriterien in Ländersteckbriefen charakterisiert werden. In Abschnitt 5.3 werden dazu Auswahlkriterien eingeführt, anhand derer eine Liste von Ländern zusammengestellt wurde. Diese Länder haben modellhaften Charakter und stehen stellvertretend für einen gewissen Typ. Die ausgewählten Länder werden im folgenden Abschnitt 5.4 jeweils in einem Steckbrief beschrieben. Darüber hinaus werden in Abschnitt 5.5 ergänzend Modellprojekte betrachtet, die außerhalb der betrachteten Länder angesiedelt sind, aber aufgrund ihrer Bedeutung berücksichtigt werden. In einem dritten und letzten Schritt werden die Länder anhand von Positionierungslandkarten anschaulich verglichen. Diese wurden auf der Grundlage der Ergebnisse einer Umfrage erstellt. Sowohl der Fragebogen als auch die Auswertung und Analyse werden umfassend in Abschnitt 5.6 dargestellt. Abschließend werden in Abschnitt 5.7 die abgeleiteten Kernaussagen zusammenfassend dargestellt.

Abbildung 43: Gegenstand des internationalen Vergleiches.

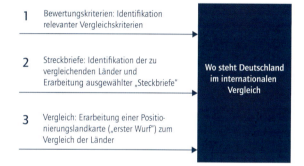

## 5.1 METHODISCHES VORGEHEN

Im Rahmen des internationalen Vergleiches werden zwei methodische Ansätze kombiniert. Zunächst leistete eine Expertengruppe qualitative Arbeit. Dies umfasste zum einen die Definition der Kriterien zur Bewertung der Länder. Zum anderen erarbeitete die Expertengruppe die Länderbeschreibungen (Abschnitt 5.4). Schlussendlich wurde auch der Fragebogen, der dem direkten Ländervergleich zugrunde liegt, von dieser Gruppe erarbeitet (Abschnitt 5.6). Methodisch wurde damit der Fokusgruppenansatz verfolgt, der besonders für die Erarbeitung und Bewertung neuer und innovativer Konzepte geeignet ist.[227] Die Fokusgruppe bestand aus Teilnehmern des Projektes Future Energy Grid (FEG). Involviert waren damit sowohl Experten aus der Forschung als auch Technologieanbieter und EVU.

---
[227] Tremblay et al. 2010.

Komplementär dazu wurde eine quantitative Umfrage durchgeführt, die einen direkten Vergleich der Länder ermöglicht und außerdem die vorher ermittelten Ergebnisse verifiziert. Dazu wurde ein Fragebogen abgeleitet, der in Abschnitt 5.6 mit deskriptiven Methoden sowie auf der Basis einer Faktoranalyse ausgewertet wird.[228,229] Der Fragebogen wurde in deutscher und englischer Sprache versendet. Angeschrieben wurden die Teilnehmer des Projektes FEG, mit der Bitte, auch ihr Expertennetzwerk in die Umfrage zu involvieren. Offen war die Studie somit auch für weitere Fachleute, die ebenfalls das entsprechende Fachwissen aufwiesen.

An der Studie haben nur Personen teilgenommen, die im weitesten Sinne im internationalen Energieumfeld tätig sind und somit einschlägige Erfahrung haben. 39 auswertbare Fragebögen wurden im Rahmen der Studie erhoben. In Anbetracht der Tatsache, dass die Anzahl geeigneter Experten, die ein umfassendes Wissen im Kontext der internationalen Energieversorgung vorweisen können, sehr überschaubar ist, ist diese Menge absolut zufriedenstellend, zumal der Fragebogen und auch die durchgeführten Analysen auf einen erwarteten Rücklauf von 35 Fragebögen zugeschnitten worden waren.[230,231] Somit können die hier präsentierten Ergebnisse im Hinblick auf die Anzahl der Fragebögen als aussagekräftig bezeichnet werden.

Abbildung 44 gibt einen genaueren Einblick in die Struktur der Teilnehmer: Die Befragten sind bei Energieversorgern, Technologieanbietern oder im Umfeld von Forschung und Ausbildung tätig. Der überwiegende Teil der Antworten (jeweils über 30 Prozent) kommt aus dem Bereich Forschung/Ausbildung und aus dem Umfeld von Technologieanbietern. Jeweils 15 Prozent der Daten wurden von Mitarbeitern von Energieversorgern und einer sonstigen Gruppe, bestehend aus Technologie- bzw. Managementberatern und Mitarbeitern von Verwaltungsorganisationen geliefert. Zwischen dem Tätigkeitsumfeld und der Erfahrung der Experten lässt sich ein Zusammenhang erkennen. So gehören die befragten Forscher überwiegend der Gruppe mit bis zu fünf Jahren Erfahrung in der Energiebranche an. Von den verbleibenden Studienteilnehmern haben die meisten eine Erfahrung von mehr als zehn Jahren angegeben (siehe A1 und A2, Abbildung 44).

Abbildung 44: Teilnehmerstruktur des Fragebogens.

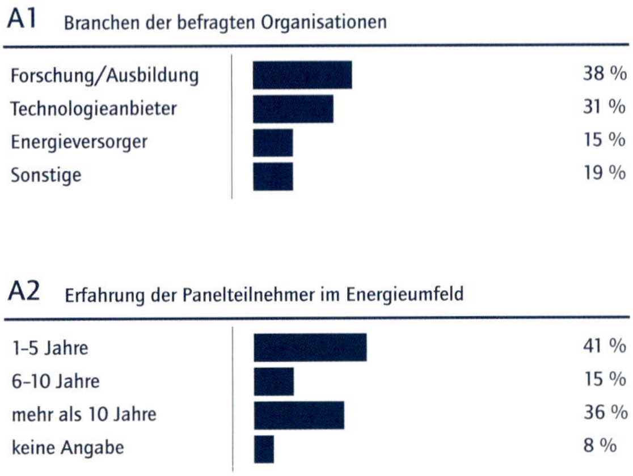

**A1** Branchen der befragten Organisationen

| | |
|---|---|
| Forschung/Ausbildung | 38 % |
| Technologieanbieter | 31 % |
| Energieversorger | 15 % |
| Sonstige | 19 % |

**A2** Erfahrung der Panelteilnehmer im Energieumfeld

| | |
|---|---|
| 1-5 Jahre | 41 % |
| 6-10 Jahre | 15 % |
| mehr als 10 Jahre | 36 % |
| keine Angabe | 8 % |

## 5.2 KRITERIEN

Um die Bewertung der untersuchten Länder durchführen zu können, wurden im Rahmen des Projektes zunächst Bewertungskriterien definiert. Für die Länderklassifikation ist die Unterscheidung zwischen dem Archetyp[232] eines Landes und dessen Entwicklungsansatz sinnvoll (siehe Abbildung 45). Ein Archetyp repräsentiert die aktuelle Situation eines Landes in mehrdimensionaler Sicht. Innerhalb des Entwicklungsansatzes werden die Pläne und Initiativen

---

[228] Backhaus 2006.
[229] Thompson 2004.
[230] Backhaus 2006.
[231] de Winter et al. 2009.
[232] accenture/WEF 2009.

# Internationaler Vergleich

Abbildung 45: Gegenüberstellung von Archetyp und Entwicklungsansatz.

**Archetyp als Ausgangssituation**

- Geographie/Demographie
- Politische Rahmenbedingungen
- Energiekonsum
- Energieversorgung

**Entwicklungsansatz als Strategie**

- Energieversorger
- Industrie
- Politik
- Forschung und Wissenschaft

▶ Kriterien ◀

zusammengefasst, welche die Weiterentwicklung eines Landes maßgeblich beeinflussen. Für Archetyp und Entwicklungsansatz wurden Kriterien definiert, die für den in dieser Studie beschriebenen Ländervergleich herangezogen werden. Die Darstellung und Strukturierung dieser Kriterien ist Inhalt dieses Abschnitts.

## 5.2.1 ARCHETYP

Die zu vergleichenden Länder weisen zum Teil erhebliche Unterschiede in den Ausgangssituationen auf. Eine Klassifizierung von ähnlichen Ausgangssituationen zu Archetypen erscheint somit sinnvoll. Damit ist eine differenziertere Analyse der Entwicklungsansätze der Länder möglich und ein ungewollter Vergleich von „Äpfeln mit Birnen" wird verhindert.

Ein Archetyp kann durch vier wesentliche Faktoren beschrieben werden: Geografie/Demografie, politische Rahmenbedingungen, Energiekonsum und Energieversorgung (siehe Abbildung 46). Der Faktor Geografie/Demographie beschreibt die geographischen Besonderheiten des Landes sowie die grundsätzlichen Charakteristika der Volkswirtschaft.

Die politischen Rahmenbedingungen beziehen unter anderem die Historie der Energiepolitik, ihre Bedeutung und den Grad des Föderalismus ein. Der Energiekonsum charakterisiert den Energieverbrauch und die Energieverbraucher. Der Faktor Energieversorgung umfasst unter anderem die Qualität der existierenden Infrastruktur und die Struktur des Energiemarktes.

### Geografie/Demografie

Die Voraussetzungen eines Landes in Bezug auf die regionale Lage und die geografischen Besonderheiten haben einen starken Einfluss auf die Energieerzeugung im Allgemeinen und die Nutzung regenerativer Energien im Speziellen. Die verschiedenen Arten erneuerbarer Energieerzeugung setzen unterschiedliche Faktoren voraus. So lassen sich Windkraftwerke nur in solchen Regionen wirtschaftlich betreiben, in denen kontinuierliche und ausreichend starke Luftbewegungen vorherrschen. Solaranlagen dagegen sind in den Gegenden ertragreich, die sich durch eine hohe Sonnenscheindauer auszeichnen. Zusätzlich zu geografischen Voraussetzungen spielt die Gesamtsituation der Volkswirtschaft eine große Rolle bei der Definition von Archetypen. Beispielsweise wird das zukünftige Investitionsvolumen in Smart-Grid-Technologie und sonstige Energieinfrastruktur

Abbildung 46: Dimensionen zur Beschreibung eines Archetyps.

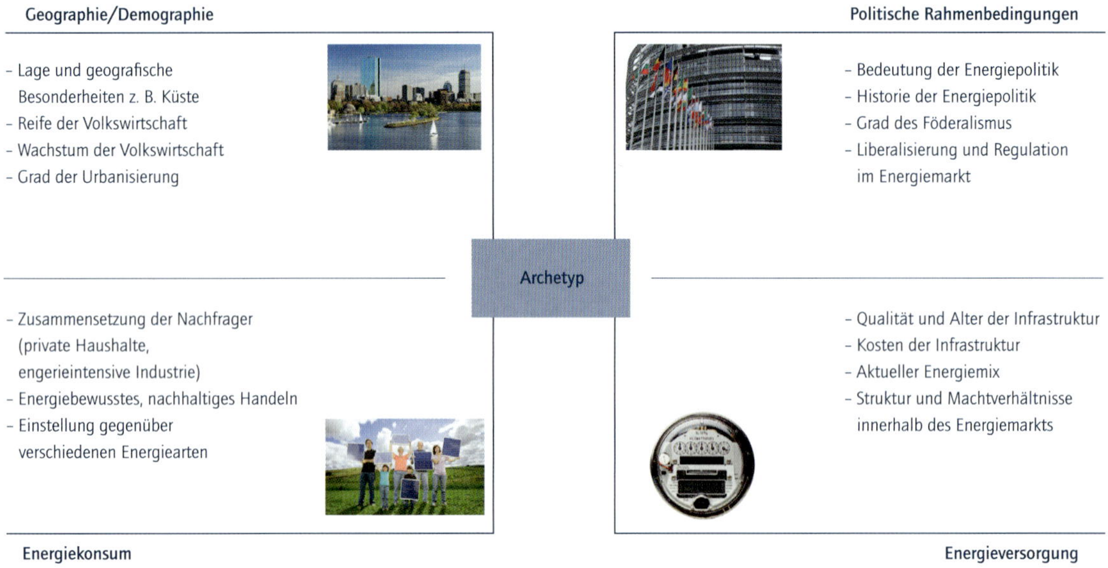

**Geographie/Demographie**

- Lage und geografische Besonderheiten z. B. Küste
- Reife der Volkswirtschaft
- Wachstum der Volkswirtschaft
- Grad der Urbanisierung

**Politische Rahmenbedingungen**

- Bedeutung der Energiepolitik
- Historie der Energiepolitik
- Grad des Föderalismus
- Liberalisierung und Regulation im Energiemarkt

Archetyp

- Zusammensetzung der Nachfrager (private Haushalte, energieintensive Industrie)
- Energiebewusstes, nachhaltiges Handeln
- Einstellung gegenüber verschiedenen Energiearten

- Qualität und Alter der Infrastruktur
- Kosten der Infrastruktur
- Aktueller Energiemix
- Struktur und Machtverhältnisse innerhalb des Energiemarkts

**Energiekonsum**

**Energieversorgung**

stark durch das Wirtschaftswachstum beeinflusst. Ebenfalls große Einflüsse auf die Energieversorgung eines Landes hat der jeweilige Urbanisierungsgrad.

### Politische Rahmenbedingungen

Im Bereich der politischen Rahmenbedingungen lassen sich Länder anhand der Bedeutung und Historie ihrer Energiepolitik, dem Grad des Föderalismus sowie dem Umfang von Liberalisierung und Regulierung im Energiemarkt in Archetypen gliedern. Der Grad des Föderalismus hat maßgeblichen Einfluss auf die Geschwindigkeit und die Homogenität der politischen Willensbildung und Entscheidungsfindung. Der Regulierungsumfang des Energiemarktes determiniert den Handlungsspielraum der Energieversorgungsunternehmen. Bürokratische und langwierige Verwaltungs- und Genehmigungsprozesse beeinflussen das Investitionsklima maßgeblich.

### Energiekonsum

In Bezug auf den Energiekonsum grenzen sich Länder vor allem durch die Zusammensetzung der Energieverbraucher voneinander ab. Hier spielt insbesondere das Verhältnis zwischen der Nachfrage von privaten Haushalten und energieintensiver Industrie eine Rolle. Auch die Einstellung und Sensibilität der Verbraucher in Bezug auf den allgemeinen Energieverbrauch (effiziente Energienutzung) und auf einzelne Energiearten (Atomenergie, fossile und erneuerbare Energie) ist von Bedeutung.

### Energieversorgung

Im Bereich der Energieversorgung unterscheiden sich Länder unter anderem hinsichtlich der Qualität und des Alters der existierenden Infrastruktur, der Kosten für Infrastrukturinvestitionen, des aktuellen Energiemixes sowie des Wettbewerbes im Energiemarkt. Die Qualität der existierenden Infrastruktur sowie die notwendigen Investitionskosten, zum Beispiel zur Gewährleistung der Versorgungssicherheit, wirken sich direkt auf das Investitionsverhalten der Energieversorger und der staatlichen Organisationen aus. Basierend auf dem jeweiligen, aktuellen Energiemix werden Entscheidungen für die zukünftige Zusammensetzung der Energieversorgung abgeleitet. Weitere Klassifikationskriterien sind die Größe und die Anzahl der Marktteilnehmer auf der Seite der EVU innerhalb des Energiemarktes sowie dessen Struktur. Hierdurch wird die Wettbewerbsdynamik maßgeblich beeinflusst.

## 5.2.2 ENTWICKLUNGSANSATZ

Der Entwicklungsansatz ergibt sich im Wesentlichen aus den Aktivitäten der Akteure im Energiemarkt und deren Einflüsse auf die zukünftige Gestaltung und Situation des Energieumfelds. Die Energieversorger sind im Rahmen der Studie wesentliche Akteure, die es zu analysieren gilt. Des Weiteren ist aber auch die Industrie, welche die technologische Infrastruktur entwickelt und implementiert, zu berücksichtigen. Die Politik setzt wesentliche Rahmenbedingungen für den Energiemarkt. Forschung und Wissenschaft tragen die Verantwortung im Bereich der Ausbildung und der Erarbeitung innovativer Grundlagen (siehe Abbildung 47).

### Energieversorger

Zur Einordnung der Energieversorger und zur Bewertung ihres Einflusses auf die Weiterentwicklung des Energieumfelds können ihre Eigenschaften und ihr Verhalten herangezogen werden. Beispielsweise beeinflussen die Energieversorger den Energiemarkt im Rahmen von privatwirtschaftlich initiierten und finanzierten Pilot- und Forschungsprojekten. Hierdurch können sie einen Beitrag zur Optimierung der Energieversorgung und zur Verbesserung der Infrastruktur leisten. Zusätzlich zu den Forschungs- und Entwicklungsinvestitionen können sich auch die Struktur und die Zusammensetzung des Energieversorgermarktes, die Dominanz einzelner Akteure sowie deren Organisation in Verbänden auf die zukünftige Energieversorgung

Abbildung 47: Dimensionen zur Beschreibung des Entwicklungsansatzes.

**Energieversorger**
- Aktuelle privatwirtschaftliche Pilot- und Forschungsprojekte und Investitionen in Forschung und Entwicklung
- Organisation in Verbänden
- Förderung von Standards

**Industrie**
- Aktuelle Projekte und Investitionen
- Dominierende energiepolitische Position
- Technologische Bedeutung
- Adressierte Leitmärkte

Entwicklungsansatz

- Aktuelle Energiepolitik und energiepolitische Agenda
- Spektrum der energiepolitischen Positionen
- Subventions- und Anreizpolitik

- Bedeutung der Energiewirtschaft
- Aktuelle Forschungslandschaft im Umfeld Energie
- Aktuelle Leuchtturmprojekte
- Image der Fachkräfte

**Politik**

**Forschung und Wissenschaft**

auswirken. Über die Definition, Förderung und Akzeptanz von Industriestandards haben die Versorger darüber hinaus die Möglichkeit, gezielt Einfluss auf die Umsetzung neuer Technologien zu nehmen.

### Industrie

Zusätzlich zu den Energieversorgern können auch Industrieunternehmen (als Energiekonsumenten) und Technologieanbieter Forschungs- und Pilotprojekte initiieren. Energieintensive Industrien sind in diesem Kontext insbesondere an Projekten interessiert, die eine effiziente und kostengünstige Energieversorgung im Fokus haben. Anbieter von Energietechnologie sind hingegen an der Entwicklung innovativer Infrastrukturlösungen für das In- und Ausland interessiert. Gerade im Umfeld von Smart Grids und regenerativer Energie herrscht augenblicklich eine hohe Dynamik, da hier Zukunftsmärkte liegen, die das entsprechende wirtschaftliche Potenzial aufweisen.

### Politik

Im politischen Umfeld wirken sich einige zentrale Kriterien auf die Weiterentwicklung des Energieumfelds aus. Übergreifende politische Ziele wie der Umweltschutz, der Ausstieg aus der Atomenergie oder auch eine angestrebte Technologieführerschaft (zum Beispiel im Bereich der regenerativen Energien) beeinflussen die aktuelle und zukünftige Energiepolitik maßgeblich. Es werden Anreize für die Industrie und die privaten Haushalte geschaffen, um deren Entscheidungen zu beeinflussen und auf diese Weise die verfolgten Ziele schnellstmöglich zu erreichen. Zusätzlich kann die Politik auch durch direkte Förderung von Projekten und Initiativen Einfluss nehmen.

### Forschung und Wissenschaft

Neben den möglichen Kategorisierungskriterien in den Bereichen Energieversorgung, Industrie und Politik können sich im Umfeld von Forschung und Wissenschaft vor allem Schwerpunkte der Universitäten und Forschungseinrichtungen auf den Entwicklungsansatz eines Landes in Bezug auf den Energiesektor auswirken. Im Umfeld der gewählten Schwerpunkte werden Forschungs- und Pilotprojekte initiiert, durch die der zukünftige Fokus der Energieversorgungskompetenz sowie verschiedene Ansätze in Bezug auf den Umweltschutz oder auf Ressourceneinsparung beeinflusst werden. Von zentraler Bedeutung ist auch die Ausbildung entsprechender Fachkräfte. Der Ausbildungsstand und die Verfügbarkeit von Fachkräften haben maßgeblichen Einfluss auf das gesamte Umfeld der zukünftigen Energieversorgung und auf die technologische Kompetenz, die ein Land im Energiekontext aufzuweisen hat.

## 5.3 AUSWAHL DER LÄNDER

Die Auswahl und Priorisierung der Länder, die im internationalen Vergleich berücksichtigt werden, erfolgt nach den folgenden Kriterien, welche in einem Experten-Workshop festgelegt worden sind:

(1) Wachstum,
(2) geografische Besonderheiten,
(3) Möglichkeiten zum „Green Field Approach"[233],
(4) Energieart und –mix,
(5) Leitmarkt,
(6) Pilotprojekte,
(7) Modellregionscharakter.

Im nächsten Schritt wurde eine Liste mit Ländern erstellt, für die mindestens eines der Kriterien zutrifft. Diese Länder wurden anschließend gruppiert, sodass für jede Gruppe ein stellvertretendes Land identifiziert werden konnte. Zudem wurden diese Länder priorisiert, wobei die Zuordnung zu einer Kategorie unter anderem davon abhängt, wie viele der Kriterien von dem Land erfüllt werden.

---

[233] Das ist ein Ansatz, bei dem die Planung „auf der grünen Wiese" aufsetzt.

Neben Deutschland wurden für die USA, China und die Region Europa die meisten zutreffenden Kriterien identifiziert. Vor allem sind sie wegen ihres Status als Leitmärkte als besonders bedeutsam einzustufen:

- Deutschland (4, 5, 6, 7),
- USA (2, 5, 6),
- China (1, 2, 5, 6),
- Region Europa (2, 5, 6).

Die drei Länder der nächsten Kategorie, Dänemark, Frankreich und Brasilien, erfüllen jeweils drei der Auswahlkriterien und besitzen zudem starken Modellcharakter, da Einzelaspekte in diesen Ländern prototypisch ausgeprägt sind. Dänemark ist ein Vorreiter im Bereich der Windenergie und Frankreich engagiert sich stark auf dem Gebiet Nuklearenergie sowie, ähnlich wie Brasilien, bei der Erzeugung von Biotreibstoffen. Zudem bezieht Brasilien einen immensen Anteil des Stroms aus Wasserkraft:

- Dänemark (2, 4, 6),
- Frankreich (4, 5, 7),
- Brasilien (1, 3, 4).

Indien, Italien und Russland wurden als repräsentative Länder für weitere Ländergruppen ausgewählt, zudem besitzen sie jeweils modellhafte Charakteristika. Dabei zeichnet sich Indien durch ein großes Wachstumspotenzial aus. Italien sticht durch die starke Nutzung von Gas, den Atomausstieg sowie durch fortschrittliche Modellregionen (siehe unten) hervor. Russland besitzt sehr große Potenziale für erneuerbare Energien, gleichzeitig aber auch eine Politik, die den Ausbau nuklearer Erzeugung fördert, um den Export fossiler Energieträger weiterhin zu steigern:

- Indien (1, 3),
- Italien (4),
- Russland (1, 2).

Neben den betrachteten Ländern sind einige Projekte zu beachten, die einen starken Modellcharakter haben. Dazu werden vier Projekte aus bisher nicht berücksichtigten Ländern exemplarisch in kurzer Form dargestellt:

- Schweden,
- Vereinigte Arabische Emirate,
- Niederlande,
- Singapur.

## 5.4 LÄNDERSTECKBRIEFE

In diesem Kapitel werden die ausgewählten Länder jeweils in einem Profil beschrieben, das sich an den Kriterien aus Abschnitt 5.3 orientiert. Mithilfe der Profile soll herausgestellt werden, worin sich die Länder von Deutschland unterscheiden und welche Potenziale sich für die deutsche Wirtschaft ergeben können.

### 5.4.1 DEUTSCHLAND

**Allgemeines**

Betrachtet man Deutschland hinsichtlich der künftigen Elektrizitätsversorgung im Profil, ist vor allem aufgrund der vorliegenden Kombination von Export- und Industrieland mit dem konsequenten Atomausstieg 2022 ein Pionierstatus zu erkennen.[234] Es bieten sich bis dahin und darüber hinaus bis 2030 viele Potenziale, aber auch einige Risiken und Herausforderungen für die Stromversorgung.

**Status Quo**

Der nun sicher scheinende Atomausstieg (~22 Prozent Anteil von Kernenergie am Strommix im Jahr 2010, ~17 Prozent erneuerbare Energien, ~43 Prozent Kohle und ~14 Prozent Erdgas[235]) ist das Ergebnis vieler politischer Diskussionen, die nicht zuletzt stark durch die Ereignisse in Fukushima

---

[234] Liebig 2011.
[235] BMU 2011a.

geprägt worden sind. Trotz der föderalen Entscheidungsstrukturen und der daraus resultierenden, nicht immer harmonisch verlaufenden Gesetzgebung in der Energiepolitik, wurde der Umbruch für die Energiewirtschaft beschlossen. Die Politik greift durch die Regulierung stark in die Energieversorgung ein und legt teilweise Vorgaben bis hinunter auf die Datenkommunikationsebene fest. Dennoch können die Voraussetzungen für die Realisierung des angestrebten Umbruchs als aussichtsreich eingeschätzt werden. Neben guten geografischen und klimatischen Rahmenbedingungen, wie

— die zentrale, mitteleuropäische Lage,
— die Küstenlinie im Norden, die sich für die Errichtung von Offshore-Windparks und Onshore-Windanlagen eignet,
— die ausreichende Sonneneinstrahlung im Süden, welche die ökonomisch machbare Installation von Photovoltaik (PV)-Anlagen ermöglicht und
— im Hinblick auf die Speicherung von Energie ein enormes Potenzial an natürlichen Gas- oder Wasserstoffspeichern,

ist auch die reife Volkswirtschaft samt moderater Wachstumsraten ein Vorteil auf dem Weg, die gesetzten Ziele zu erreichen.

Generell hat sich in Deutschland in den letzten Jahren ein ausgeprägtes Energiebewusstsein gebildet, was sich zum Beispiel durch ein hohes Ansehen erneuerbarer Energien ausdrückt. Dies gilt nicht nur für Haushalte, die 2010[236] ca. 23,3 Prozent ihres Stromkonsums mit erneuerbaren Energien deckten, sondern auch für Handel und Gewerbe (~12,4 Prozent), öffentliche Einrichtungen (~7,6 Prozent) und Industrie (~40,2 Prozent), die Themen wie Energieeffizienz stark in ihre Unternehmensstrategien eingebunden haben. Alle Konsumenten können sich in Deutschland auf eine hohe Versorgungsqualität verlassen, was auch dazu führt, dass deren Sicherstellung ein wichtiges Ziel der künftigen Energieversorgung bleiben wird.

Der deutsche Energiemarkt ist liberalisiert. Die Gebietsmonopole für die Vertriebe sind aufgelöst, Netze und Vertrieb sind – zumindest gesellschaftsrechtlich – voneinander getrennt und vielen Vorschriften unterworfen („legal unbundling"). Die Übertragungsnetze befinden sich zum Teil nicht mehr im Besitz der großen deutschen Energieversorger. Im Bereich der Erzeugung besteht ein Oligopol weniger Anbieter, die auch im Handel und Vertrieb tätig sind.

Im Bereich der Solarzellenherstellung befindet sich mit Q-Cells die Firma mit den weltweit viertgrößten Marktanteilen (2009) in Deutschland, mit Enercon, Siemens und REpower sind drei der zehn größten Hersteller von Windenergieanlagen (Stand 2009) in Deutschland beheimatet und die E.ON AG gehörte 2010 zu den Unternehmen mit dem größten Besitz an dezentralen Erzeugungsanlagen im Bereich der erneuerbaren Energien.[237]

### Entwicklung

Damit Deutschland auch weiterhin eine führende Position im Energieumfeld einnehmen kann, ist es notwendig, entsprechende Forschungs- und Demonstrationsvorhaben durchzuführen. Vor allem auf Gebieten, wie der regenerativen Erzeugung, der Speicherung fluktuierend eingespeister Energie und dem Einsatz von IKT zur Realisierung intelligenter Netze, werden von der Politik Projekte unterstützt. Diese werden sowohl von den Energieversorgern als auch von der herstellenden Industrie angenommen und vorangetrieben. International sichtbar ist insbesondere die E-Energy-Initiative.[238]

Die Energieversorger initiieren außerdem eigene Projekte, die eine große Technologiebandbreite aufweisen. Die Investitionstätigkeiten sind jedoch aufgrund der mangelnden Investitionssicherheit als gering einzustufen. Für die Industrie ist die Realisierung von Pilotprojekten besonders wichtig, da der Export von Technologien für sie von großer Bedeutung ist. Ähnlich wie bei den Energieversorgern, fokussiert

---

[236] AGEB 2011.
[237] IEA 2010a.
[238] BMWi 2011d.

auch die Industrie nicht nur auf bestimmte Technologien, sondern forscht und entwickelt – zum Teil getrieben durch gesetzliche Rahmenbedingungen, wie dem Atomausstieg – in den verschiedensten Bereichen.

Eine weitere Folge des Umbruchs ist der steigende Bedarf an Fachkräften für den Energiesektor. Dieser umfasst neben Experten aus dem Ingenieurswesen und der Elektrotechnik auch zunehmend Fachleute aus dem IT- bzw. IKT-Umfeld. Zwar bescheinigen Experten Deutschland eine sehr große Technikkompetenz im Smart-Grid-Sektor[239], mittel- bis langfristig erwarten Bildungs- und Wirtschaftsexperten aber einen großen Mangel an entsprechend ausgebildeten Nachwuchskräften.[240]

### 5.4.2 USA

#### Allgemeines

Das Thema Energieversorgung nimmt vor allem in den USA – der weltgrößten Volkswirtschaft - einen hohen Stellenwert ein. Der Bedarf für umfangreiche Investitionen im Energiesektor ist auf verschiedene Faktoren zurückzuführen. Besonders wichtig sind dabei zum einen die Minderung der Abhängigkeit von Energieimporten und zum anderen der für ein Industrieland mangelhafte Zustand der Stromnetze, welcher unter anderem Auswirkungen auf die Versorgungssicherheit hat. Dies zeigt sich in einer hohen Störanfälligkeit sowie in mehreren großflächigen Stromausfällen in den letzten Jahren.[241] Somit ist es nicht überraschend, dass unter der Obama-Regierung enorme Investitionen getätigt werden. Der American Recovery Reinvestment Act (ARRA) von 2009 umfasst 3,48 Mrd U.S.-Dollar für die Modernisierung der bestehenden Netze, 435 Mio. U.S.-Dollar für regionale Smart-Grid-Demonstrationsprojekte sowie 185 Mio. U.S.-Dollar für Demonstrationsprojekte in der Energiespeicherung.[242]

#### Status quo

Die Präsidialpolitik der USA hat das Thema Energie zum Leitthema gemacht (Regulierungs- und Liberalisierungsansätze gibt es allerdings schon seit 1970) und strebt an, die erneuerbaren Energiequellen stärker zu subventionieren als konventionelle Energiequellen. Hierbei spielen verschiedene Mechanismen wie Einspeisetarife und steuerliche Vorteile, eine wichtige Rolle. Zu beachten ist, dass die beiden großen Parteien (Republikaner und Demokraten) unterschiedliche Energiekonzepte verfolgen und dass die US-amerikanische Gesetzgebung teilweise hochkomplex ist, wodurch die Vorhersage der zukünftigen Entwicklung im Energieumfeld signifikant erschwert wird.

Die Atomkraft (im Jahr 2008 ca. 19 Prozent der Stromerzeugung[243]) wird in den USA als wichtige Übergangstechnologie gesehen, die bei der Energiewende eine bedeutsame Rolle spielt. So ist erstmals seit den 1970er Jahren wieder der Bau neuer Atomkraftwerke beschlossen worden.[244] Zudem sollen neue, sauberere Kohlekraftwerke (im Jahr 2008 ca. 49 Prozent des Strommixes[245]) helfen, den steigenden Energiebedarf zu decken und den Ausstoß an Emissionen zu verringern. Im Weiteren ist die Erschließung unkonventioneller Erdgasquellen (wie „Shale Gas") in den USA stark vorangetrieben worden. Die Abhängigkeit von Erdgasimporten wurde dadurch drastisch gesenkt. Der Anteil von Erdgas mit ca. 22 Prozent an der Gesamtenergieversorgung der USA wird für die nächsten 20 Jahre als konstant bleibend eingeschätzt.[246] Im Jahr 2008 war der Anteil erneuerbarer Energien mit knapp

---

[239] VDE 2011.
[240] VDE 2011.
[241] Stern.de 2010.
[242] U.S. Government 2011.
[243] IEA 2011a.
[244] DW 2011.
[245] IEA 2011a.
[246] DoE 2009.

8 Prozent am Strommix[247] noch relativ gering; bis zum Jahr 2010 hat sich jedoch zum Beispiel die installierte Leistung von Windenergieanlagen mehr als verdoppelt und somit den Markt zum zweitgrößten der Welt gemacht.[248]

Aus geografischer Perspektive bietet die USA eine hohe Diversifikation von möglichen Standorten für erneuerbare Energien (lange Küstenlinien im Osten und Westen sowie den zentralen „Sonnengürtel") und zudem eine relativ geringe Bevölkerungsdichte, was die Nutzung dieser Standorte begünstigt. Sowohl von der zuständigen Behörde der Regierung, dem Department of Energy (DoE) als auch von den Unternehmen werden verschiedene Projekte gefördert, um die installierte Leistung erneuerbarer Energien zu erhöhen. Zusätzlich werden in manchen Staaten Anreize für die Verbraucher geboten, damit diese ihren Energiekonsum optimieren. Im Jahr 2008 hatte der Haushaltssektor mit ca. 36,2 Prozent den größten Anteil am Endstromverbrauch, knapp dahinter folgen mit ca. 35 Prozent der Sektor der gewerblichen und öffentlichen Dienstleistungen und schließlich die Industrie mit einem Anteil von ca. 24 Prozent.[249]

### Entwicklung

Damit das übergeordnete Ziel der Stromunabhängigkeit erreicht werden kann, müssen neben der Modernisierung der Netze weitere Maßnahmen ergriffen werden. Daher werden Forschungs- und Entwicklungsmaßnahmen nicht nur von der Politik explizit unterstützt, sondern auch von den Unternehmen gefördert. Hierbei wird vor allem angestrebt, die Vormachtstellung in dem Bereich der IKT nicht – wie von Experten prognostiziert – an Indien und China zu verlieren.[250] Im Umfeld von Smart Grids wird den USA eine wachsende Innovationskraft zugesprochen.[251] Zudem befinden sich in den USA die Sitze von Weltmarktführern wie GE Energy (12.4 Prozent, zusammen mit Vestas/Dänemark 12.5 Prozent im Jahr 2009) im Bereich der Herstellung von Windkraftanlagen und First Solar (8.9 prozent im Jahr 2009) im Bereich der Herstellung von Solarzellen. Ebenfalls gehörten 2010 Nextera Energy, das Unternehmen mit dem weltweit zweitgrößten Besitz an Anlagen zur Energieerzeugung aus erneuerbaren Quellen, sowie Archer Daniels Midland Company, Valero Energy Corporation und POET als die drei weltgrößten Besitzer von Anlagen zur Biotreibstoffproduktion (insgesamt stellten die USA sechs der größten zehn Firmen) zu den Weltmarktführern.[252]

### Fazit

In den USA ergeben sich aufgrund der Größe und der Diversifikation der Landschaft vielerlei Potenziale für die Entwicklung von Smart Grids. So ist die Windenergieindustrie zwar gesättigt und reif, bietet aber wegen der großen Ressourcen gute Markteintrittschancen unter anderem für Energieprodukte.[253] Zu beachten sind dabei jedoch besondere Zertifizierungsprozesse und spezielle Bedingungen für die Netzeinspeisung. Aufgrund der starken Sonneneinstrahlung besteht außerdem ein hohes Potenzial hinsichtlich der Nutzung von Solarenergie. Je nach Gebiet ist der Einsatz von PV oder CSP von wirtschaftlichem Vorteil. Zudem gelten gute geologische Voraussetzungen für Geothermie (bereits mit heutigen Technologien nutzbar[254]) und für Wasserkraft (der Großteil ist wenigstens teilweise erschlossen). Weiterhin ergeben sich Möglichkeiten im Bereich der Netzkomponenten, da eine umfassende Modernisierung geplant ist.

---

[247] IEA 2011a.
[248] WWEA 2011.
[249] IEA 2011b.
[250] VDE 2011.
[251] VDE 2011.
[252] IEA 2010a.
[253] dena 2009a.
[254] dena 2009a.

## 5.4.3 CHINA

### Allgemeines

Die Volksrepublik China nimmt im Rahmen der energietechnischen Entwicklung vor allem aus zwei Gründen einen besonderen Platz ein. Ein Grund ist die politische Ausrichtung als faktischer Einparteienstaat, der andere Grund ist das äußerst starke Wirtschaftswachstum mit einem Bruttoinlandsprodukt (BIP)-Zuwachs von 10,3 Prozent im Jahr 2010 und 9,6 Prozent im Jahr 2011[255].

### Status quo

China ist das viertgrößte Land der Welt mit einer relativ hohen Bevölkerungsdichte, die sich auf verschiedene Ballungsräume konzentriert. Dies ist auf die unterschiedlichen geografischen Gegebenheiten zurückzuführen, die sich über 18 Klimazonen erstrecken. Somit ergeben sich zwar auf der einen Seite gute Möglichkeiten für die Installation erneuerbarer Energien, auf der anderen Seite besteht aber eine räumliche Diskrepanz zwischen Stromerzeugung und -bedarf. Dies ist einer der Gründe für vermehrt aufkommende Energieengpässe und für das geplante Abschalten der Stromversorgung in großen Städten sowie auch für Stromausfälle.[256] Technologien zur Übertragung von Energie über weite Strecken bilden somit einen zentralen Schwerpunkt der chinesischen Energieforschung.[257]

Noch viel höher als bei anderen Industrienationen ist der Anteil des Stromverbrauchs der chinesischen Industrie, mit ca. 75 Prozent (2008).[258] Dabei sind drei der zehn weltgrößten Windkraftanlagenhersteller (Sinovel mit 9,2 Prozent, Goldwind mit 7,2 Prozent und Dongfang mit 6,5 Prozent im Jahr 2009) in China beheimatet sowie vier der zehn größten Solarhersteller (Suntech Power 5,7 Prozent, Yingli 4,3 Prozent, JA Solar 4,2 Prozent und Trina Solar 3,2 Prozent im Jahr 2009).[259] China konsumiert ca. 20% der weltweiten Energie[260] und überholte im Jahr 2010 die USA als größten Energieverbraucher der Welt.

### Entwicklung

China wird von der Zentralregierung der Kommunistischen Partei Chinas autoritär geführt. Daher können Beschlüsse ohne große Kompromisse umgesetzt werden, was häufig zu einer klaren Linie in den politischen Entscheidungen führt. Dabei setzt man sich – zumindest teilweise – sowohl über die Meinungen und die Wünsche der Bevölkerung als auch über die Interessen der Unternehmen hinweg. Dieser Aspekt betrifft auch die Energiepolitik. So werden zum Beispiel auch die Preise für Strom, Kohle und Öl von der National Development and Reform Commission (NDRC) festgelegt. 2005 trat das Renewable Energy Law in Kraft, welches Netzbetreiber verpflichtet, für Stromeinspeisung aus erneuerbarer Erzeugung einen höheren Preis zu akzeptieren als für Energie aus konventioneller Erzeugung[261]. Weiterhin wurde das Ziel gesetzt, den Anteil erneuerbarer Energien bis 2020 auf mindestens 15 Prozent der Primärenergieerzeugung zu steigern.[262] Angestrebt wird in diesem Zusammenhang eine Steigerung der Stromerzeugung mithilfe von Wind, Sonne und Biomasse auf Leistungen von 150 GW, 20 GW bzw. 30 GW.[263] Vor allem die Entwicklung der Windenergie bestätigt diesen Trend, denn im Jahr 2010 installierte China mehr als die Hälfte der weltweiten Windkraftkapazitäten und führt nun den Markt mit einer installierten Maximalleistung von ca. 44,7 GW an, was einen Zuwachs von über 73 Prozent der bisher installierten Leistung

---

[255] GTAI 2011.
[256] Du/Liu 2011.
[257] SGCC 2010.
[258] PDO 2008.
[259] IEA 2010a.
[260] NDR 2011.
[261] REW 2005.
[262] CDG 2007.
[263] DDWB 2011.

im Jahr 2010 bedeutet.[264] Im Bereich der Solarenergie werden ebenfalls Großprojekte geplant, wie der Bau des größten Solarkraftwerks der Welt in der Mongolei, welcher bis 2019 abgeschlossen sein soll.[265] Zudem ist der Drei-Schluchten-Damm mit einer installierten Leistung von maximalen 18,2 GW das größte Wasserkraftwerk der Welt,[266] weitere Großprojekte sind geplant. Es wird aber auch der Ausbau der Kernkraft geplant, so sollen zusätzlich zu den zehn bereits existierenden Reaktorblöcken – fünf weitere befinden sich aktuell im Bau – noch weitere 116 Reaktorblöcke gebaut werden.[267] Ziel dieser Entwicklung ist es, den Anteil von Kohle (knapp 80 Prozent des Strommixes im Jahr 2008, dazu noch knapp 15 Prozent Wasserkraft[268]) an der gesamten Energiegewinnung zu senken. Der Politik kommt also in Hinblick auf die zukünftige Entwicklung des Energiesektors eine gewichtige Rolle zu.

Smart Grids werden in China als Möglichkeit gesehen, den Energieverbrauch zu senken, die Effizienz des Elektrizitätsnetzes zu steigern und außerdem die Erzeugung regenerativer Energie handhabbar zu machen. Um diese Ziele zu erreichen, wurde 2010 von der State Grid Corporation of China (SGCC) ein Plan für ein Smart-Grid-Pilotprogramm erstellt. Dieser erstreckt sich bis zum Jahr 2030 und beinhaltet Investitionen in einer Mindesthöhe von 96 Milliarden U.S.-Dollar bis 2020.[269]

Experten bescheinigen China zwar eine enorme Innovationskraft in den Bereichen IT, IKT, Elektrotechnik, Elektromobilität und Smart Grids, die Technikkompetenz wird jedoch als noch nicht so hoch eingeschätzt. Generell gehen die Fachleute aber von einem sehr großen Potenzial im Bereich der Ausbildung von Fachkräften aus.[270]

**Fazit**
China wird auch im Bereich der Smart-Grid-Technologien einer der großen Zukunftsmärkte sein, der sich aufgrund der politischen Situation und strategischer Zielsetzungen wie in der Elektromobilität, schnell entwickelt und gleichzeitig einen starken Fokus auf heimische Unternehmen setzt. Geografisch bietet das Land gute Voraussetzungen sowohl für Wind- und Solarenergie als auch für Wasserkraft. Ebenso bietet der Biogassektor gute Marktchancen für deutsche Unternehmen, da China in diesem Bereich großes, bislang ungenutztes Potenzial bietet. Der Markt für Geothermie ist hingegen wenig entwickelt und hat aufgrund der starken Wasserkraft kaum Chancen auf Entfaltung. Die Wasserkraft wird in China zwiespältig gesehen, da entsprechende Projekte oftmals negative ökologische und soziale Konsequenzen nach sich gezogen haben (wie Umsiedlungen im Rahmen des Drei-Schluchten-Damms[271]). Weiterhin sind Defizite bei Serviceleistungen, wie der Wartung von Anlagen, zu erwarten.[272] Ein technologischer Schwerpunkt liegt zudem auf der Entwicklung und dem Einsatz von HGÜ-Technologien, begründet durch die räumliche Distanz zwischen Erzeugungs- und Verbrauchsregionen.

### 5.4.4 EUROPA

**Allgemeines**
Europa wird in diesem Kontext als die Europäische Union (EU 27) verstanden, deren politisches System sich im Wesentlichen auf den EU-Vertrag und den Vertrag über die Arbeitsweise der Europäischen Union (AEU-Vertrag) stützt. Diese Verträge beinhalten sowohl über- als auch zwischenstaatliche Regelungen. Wirtschaftlich bildet die EU den weltweit

---

[264] WWEA 2011.
[265] FAZ 2009.
[266] Spiegel 2011.
[267] Nikolei 2007.
[268] IEA 2011a.
[269] IEA 2011b.
[270] VDE 2011.
[271] FTD 2011.
[272] dena 2009b.

größten Binnenmarkt mit einem jährlich um ca. 2 Prozent (bis 2008) wachsendes BIP.[273] Im Hinblick auf die Energieversorgung sind auf europäischer Ebene vier zentrale Aspekte zu betrachten: die geografischen Gegebenheiten, das Verbundnetz, die Energiepolitik und die Förderprogramme.

**Status quo**

Die EU liegt hauptsächlich in einer gemäßigten Klimazone und besitzt sowohl große Küstengebiete und Gebirge als auch großflächige Seenlandschaften. Es bieten sich somit viele Chancen für die Installation unterschiedlicher Erzeugungsanlagen, allerdings werden derzeit zum Zwecke der Energieerzeugung auch viel Kohle (aus Russland) und Gas (aus Russland und Norwegen) importiert.[275] Auf diesen Umstand ist auch der relativ diversifizierte Mix der Bruttostromerzeugung (2010) zurückzuführen.[275] So wurden 28 Prozent des Stroms aus Kernenergie erzeugt, 27,6 Prozent aus Kohle, 23,2 Prozent aus Gas, 19 Prozent aus erneuerbaren Energien und 2,2 Prozent aus Erdölprodukten. Die erneuerbaren Energien verteilen sich dabei so, dass die Windkraft vor allem im nördlichen Teil der EU genutzt wird, die Solarkraft eher im Süden und die Wasserkraft in Skandinavien und in den Alpenregionen. Daraus ergibt sich die Möglichkeit, die Fluktuationen der unterschiedlichen Erzeuger auf europäischer Ebene auszugleichen.

Ein erster Schritt zur Erhöhung der Versorgungssicherheit und der Schaffung eines gemeinsamen Marktes ist das europäische Verbundnetz für Hoch- und Höchstspannung. Dieses existiert bereits seit einigen Jahren, wird nun aber zentral von der ENTSO-E[276] einem Zusammenschluss von Übertragungsnetzbetreibern (ÜNB), gemeinsam abgestimmt. ENTSO-E bildete sich im Jahr 2009 aus den Verbundsystemen UCTE (Union for the Coordination of Transmission of Electricity), Nordel, ATSOI (Association of the Transmission System Operators of Ireland), ETSO (European Transmission System Operators), BALTSO (Baltic Transmission System Operators) und UKTSOA (United Kingdom Transmission System Operators Association). Bisher sind dem Verbund insgesamt 41 ÜNB aus 34 Staaten beigetreten, sodass UKTSOA über die EU-Grenzen hinweg operiert. Dem ENTSO-E kommt somit auch eine Schlüsselstellung bei der Erschließung der regenerativen Potenziale in Nordafrika zu. Da sich entsprechende Projekte zunächst nur in der Phase der Machbarkeitsuntersuchung befinden, wird dies erst langfristig eine Rolle spielen.

**Entwicklung**

Die Energiepolitik in der EU ist mit dem Vertrag von Lissabon 2007 gesetzlich institutionalisiert worden. In dem Jahr wurde auch der Aktionsplan zur Energiepolitik der EU beschlossen. Ein wichtiger Bestandteil dieses Plans sind die so genannten „20-20-20" Ziele.[277] Darin wird 1990 als Referenzjahr zugrunde gelegt, um bis zum Jahr 2020 mindestens 20 Prozent des Energieverbrauchs aus erneuerbaren Energien zu decken, im gleichen Zeitraum die Treibhausgase um 20 Prozent zu verringern und die Energieeffizienz um 20 Prozent zu steigern. Ein Mittel zur Erreichung dieser Ziele ist zum Beispiel der EU-Emissionshandel, der zudem dazu beiträgt, die Klimaschutzziele des Kyoto-Protokolls einzuhalten. Zudem wurde auf dem Energiegipfel im Jahr 2011 in Brüssel beschlossen, den Energiebinnenmarkt bis zum Jahr 2014 zu vollenden, die Strom- und Gasnetze schneller auszubauen, eine gemeinsame Energieaußenpolitik zu betreiben und erneuerbare Energien zu fördern.[279] Eine Energie-Roadmap 2050 wurde für Ende 2011 angekündigt, deren öffentliche Kommentierung in der ersten Jahreshälfte 2011 abgeschlossen wurde.[279] Die Direktiven der EU[280] sind verbindlich für nationale Gesetzgeber.

---

[273] BMWi 2011f.
[274] EKE 2010.
[275] FAZ 2011a.
[276] ENTSOE 2011.
[277] EP 2008.
[278] WZ 2011.
[279] ECE 2011b.
[280] ECE 2011c.

Auf europäischer Ebene werden verschiedene Forschungsvorhaben gefördert[281]. Neben vielen eher kleinen Programmen ist als aktuell größtes Förderprogramm das „7. Forschungsrahmenprogramm" zu nennen[282]. Dieses Programm sieht Investitionen in Höhe von rund 50,5 Mrd. EUR Im Zeitraum von 2007 bis 2013 vor. Es wird zwischen den vier zentralen Oberthemen[283] Zusammenarbeit (das Kernprogramm mit ca. 32,5 Mrd. EUR), Ideen, Menschen und Forschungskapazitäten unterschieden. Für die Bereiche Energie (~2,35 Mrd. EUR) und Umwelt (~1,89 Mrd. EUR) stehen direkte Gelder im Kernprogramm bereit, aber energie-technologische Themen werden auch in Querschnittsbereichen wie IKT (~9,05 Mrd. EUR) behandelt. Als wichtigste Projekte im gesamteuropäischen Kontext, sind zu nennen: das „Europäische Supergrid", „North Sea Power Wheel", ITER[284] oder DESERTEC[285], dessen Ziel es ist, die Sonneneinstrahlung in der Wüste großflächig zur Erzeugung von Strom zu nutzen.

### Fazit

Im Hinblick auf Europa als Region ergeben sich für deutsche Unternehmen insbesondere Möglichkeiten im Bereich der geförderten Projekte, die aufgrund des breiten Anwendungsfeldes auch die Chance bieten, Forschung und Entwicklung mit dem Fokus auf IKT im Energiebereich zu realisieren. Aufgrund der unterschiedlichen Voraussetzungen innerhalb der EU-Länder, ist es schwer, Potenziale für Technologien allgemein zu beschreiben. Es ist jedoch davon auszugehen, dass Europa (neben den USA und China) in Zukunft ein bedeutender Absatzmarkt für Smart-Grid-Technologien sein wird.

## 5.4.5 DÄNEMARK

### Allgemeines

Dänemark ist eine parlamentarisch-demokratische Monarchie, in der die ausführende Gewalt formell in den Händen des Königs/der Königin liegt. In der Praxis wird diese jedoch vom Kabinett ausgeführt, welches wiederum dem Premierminister unterstellt ist. Geografisch zeichnet sich Dänemark durch eine Vielzahl von Inseln und eine große Küstenlinie aus. Ungefähr ein Drittel der Fläche verteilt sich auf 443 Inseln und insgesamt gibt es 1 419 Inseln mit einer Fläche von jeweils mehr als 100 Quadratmetern. Grönland und die Färöer sind ebenfalls als gleichberechtigte Nationen Teil des dänischen Königreichs. Die dänische Bevölkerung lebt 2011 zu 79,5 Prozent in Städten.[286]

### Status quo

Die Unternehmenslandschaft ist von vielen mittelständischen Industrie- und Dienstleistungsunternehmen geprägt, welche oft hoch spezialisiert und zudem meist innovativ ausgerichtet und exportstark sind.[287] Viele von ihnen gehören technologisch zur Spitzenklasse. Die dänische Firma Vestas war 2009 Weltmarktführer im Bereich des Windkraftanlagenbaus.[288]

Der Energiesektor des Landes weist ebenfalls besondere Strukturen auf. Er ist zu einem hohen Grad dezentralisiert und umfasst zahlreiche Genossenschaften und Energieversorgungsunternehmen (EVU), die sich im kommunalen Besitz befinden.[289] Somit haben die Kommunen – anders als in den meisten anderen europäischen Ländern – einen bedeutenden Einfluss auf die nationale Energieversorgung. Als Folge dessen sind die Verbraucher in Dänemark

---

[281] JRC 2011.
[282] ECC 2011.
[283] BMBF 2011b.
[284] ITER 2011.
[285] DESERTEC 2011a.
[286] SD 2011.
[287] dena 2008.
[288] IEA 2010a.
[289] DONG 2007.

Miteigentümer der EVUs und insbesondere auch von vielen dezentralen Energieanlagen. Die Systemverantwortung und das Verteilnetz sind seit 2004 in staatlicher Hand. Dabei gehört die 400 kV-Übertragungsebene dem Unternehmen Energinet.dk, die 150/132 kV-Ebenen regionalen ÜNB und die Verteilnetze örtlichen VNB. Das gesamte Netz ist Teil des Nordel-Stromnetzverbundes mit Norwegen, Schweden und Finnland und nimmt so am Energiehandel bzw. am gemeinsamen Strommarkt NordPool teil. In Dänemark ist der Strommarkt seit 2003 in vollem Umfang liberalisiert, wobei die Ziele verfolgt wurden, Transparenz zu schaffen, Konsumenten die freie Wahl ihres Stromversorgers zu ermöglichen, die Stromerzeugung zu fairen Marktkonditionen sicherzustellen und den Gasmarkt 2004 zu öffnen.[290] Im Januar 2007 war der Strompreis in Dänemark der höchste in Europa, unter anderem bedingt durch den hohen Steueranteil (> 50 Prozent).[291]

Im Jahr 2010[292] wurden 36,3 Prozent des Stroms aus Kohle gewonnen, 35 Prozent aus erneuerbaren Energien (21 Prozent alleine aus Windkraft[293]) und 27,7 Prozent aus Gas. Über die Hälfte der Erzeugung stammt dabei aus Großkraftwerken, wobei es sich fast ausschließlich um KWK-Anlagen handelt. 2009 verteilte sich der Endstromverbrauch relativ gleichmäßig auf die Sektoren: ~33,9 Prozent Handel und Dienstleistungen, ~32,7 Prozent Agrarwesen und Industrie sowie ~32 Prozent Haushalte.[294]

Im Windenergiesektor belegt Dänemark im Jahr 2010 zwar nur Platz zehn bei der installierten Leistung, ist aber im Verhältnis zum Pro-Kopf-Verbrauch, zur Landesgröße und zum BIP mit Abstand führend. Zudem ist Dänemark das Land mit der zweitgrößten installierten Offshore-Windkraftleistung[295] nach Großbritannien.

### Entwicklung

Die administrative Führung des Energiesektors hat in Dänemark das Ministerium für Klima und Energie (KEMIN) inne, welches hauptsächlich die politischen Vorgaben erarbeitet, die wiederum durch die Danish Energy Authority (DEA) und die Danish Energy Regulatory Authority (DERA) umgesetzt werden. Der nationale Energieplan von 2007 bezieht sich auf das Jahr 2025 und verfolgt als übergeordnetes Ziel, die Unabhängigkeit von fossilen Energieträgern wie Kohle, Gas und Öl (25 Prozent weniger Verbrauch im Jahr 2025). Um das zu erreichen ist vorgesehen, den Anteil von erneuerbaren Energien am Gesamtenergieverbrauch auf 30 Prozent zu erhöhen. Die Energieeffizienz soll um 1,25 Prozent pro Jahr gesteigert werden und bei gleichzeitigem Wirtschaftswachstum soll so unter anderem durch Zertifizierungsmaßnahmen der Energieverbrauch auf den Stand der Mitte der 70er Jahre gebracht werden. Im Transportbereich sollen bis 2020 zu 10 Prozent der Kraftstoffe aus erneuerbaren Energien gewonnen werden. 2010 wurden die FuE-Investitionen auf ~134 Mio. EUR verdoppelt. Im Jahr 2015 soll der Plan überprüft und die Ziele unter Umständen angepasst werden.[296] Um die Wunschresultate zu erreichen, sieht die Regierung vor, ein Subventionsprogramm zur Energiegewinnung aus erneuerbaren Energien aufzulegen, das unter anderem den verstärkten Einsatz von Biogas fördern soll. Windenergie (On- und Offshore-Demonstrationsprojekte sowie ein Offshore-Infrastrukturplan) ist als strategischer Baustein identifiziert worden und soll weiter ausgebaut werden. Die Energiesteuern sollen reorganisiert werden. Mittels Förderprogrammen werden der Einsatz effizienter Wärmepumpentechnik und Biobrennstoffe in KWK-Techniken gefördert.[297] Außerdem plant Dänemark gemäß EU-Richtlinien den $CO_2$-Ausstoß zwischen 2008 und 2012 um 21 Prozent zu verringern (Referenzjahr

---

[290] Energinet.dk 2011.
[291] Goerten/Clement 2007.
[292] FAZ 2011a.
[293] WWEA 2011.
[294] DEA 2010.
[295] WWEA 2011.
[296] ICDSV 2007.
[297] DEA 2007.

1990).[298] Die Regierung misst darüber hinaus der Investitionssicherheit in erneuerbare Energie eine hohe Bedeutung zu.[299]

Der Bereich der FuE nimmt in Dänemark eine Vorreiterrolle ein. Vor allem werden Vorhaben zu neuen und effizienteren Energietechnologien gefördert. Es kann dabei auf wertvolle Erfahrungen in der praktischen Umsetzung zurückgegriffen werden. Im Fokus stehen dabei Biomasse (insbesondere Biotreibstoffe der zweiten Generation), Wasserstoff- und Brennstoffzellentechnik, Windenergieanlagentechnik sowie Energieeffizienztechnologien im Gebäudebereich. Auf diese Weise sollen langfristige Finanz- und Wirtschaftsvorteile für Kapitalanleger und Verbraucher geschaffen werden.[300]

**Fazit**

Potenziale ergeben sich für deutsche Unternehmen im Bereich großer Windanlagen aber auch im Hinblick auf Biomasse und Wärmepumpen. Letzteres aufgrund des großen dänischen Fernwärmenetzes, inklusive einer enormen Anzahl integrierter KWK-Anlagen. Ein weiteres Merkmal Dänemarks, das im Rahmen des wirtschaftlichen Engagements eine bedeutende Rolle spielt, ist die vorherrschende Unternehmensstruktur. So bieten sich die eher kleinen, aber dafür hoch spezialisierten Unternehmen, die in ihren Anwendungsgebieten oftmals zur internationalen Spitze gehören, als innovative Projektpartner an. Durch seine Vorreiterrolle bei der Integration erneuerbarer Energien ist Dänemark besonders interessant für deutsche Unternehmen mit Blick auf die Anwendung neuer Technologien. Zudem bietet Dänemark durch seinen bereits hohen Anteil fluktuierender Stromerzeuger, eine ideale Plattform, um Smart-Grid-Funktionalitäten und deren Auswirkungen auf allen Spannungsebenen zu testen.

### 5.4.6 FRANKREICH

**Allgemeines**

Frankreich ist der flächenmäßig größte Staat in Westeuropa und neben Deutschland auch das wichtigste Industrieland Europas. Dabei ist die Bevölkerungsdichte in Frankreich im Vergleich zu den Nachbarländern eher gering. In der semipräsidialen demokratischen Republik räumt die Verfassung dem Präsidenten eine starke Rolle ein. Die traditionelle staatliche Kontrolle der Energiewirtschaft wurde im Jahr 2000 mit der Umsetzung der EU-Richtlinie aufgehoben und der Markt einem begrenzten Wettbewerb geöffnet. Der Zertifikatshandel für den Endenergiebereich ist seit 2006 möglich.

**Status quo**

Im Endstromverbrauch liegt der Anteil der Haushalte und des tertiären Sektors bei rund 66 Prozent (2009),[301] was einem erheblichen Anteil an Stromheizungen in Haushalten geschuldet ist.

Innerhalb Europas setzt sich Frankreich für eine Klimaabgabe auf fossile Brennstoffe ein.[302] Zudem wird das Ziel verfolgt, sich im Sektor der erneuerbaren Energien als einer der führenden Staaten zu positionieren.[303] Bisher liegt der Anteil der Atomkraft[304] an der Stromerzeugung allerdings noch bei ca. 76 Prozent (2008) und der der erneuerbaren Energien bei knapp 13 Prozent (2008).[305] Die starke Abhängigkeit von der Kernkraft hat vielseitige Konsequenzen. Beispielsweise müssen die Atomkraftwerke auch im Mittellastbetrieb gefahren werden und der Ausbau des Leitungsnetzes zu einem der größten in Europa war notwendig, um Bedarfsschwankungen durch gemeinsamen Ausgleich zu ermöglichen. Dadurch ist die Strominfrastruktur insgesamt gut ausgebaut und bildet die Grundlage für eine hohe

---

[298] Spiegel 2007.
[299] DEA 2007.
[300] DEA 2007.
[301] CGDD 2010.
[302] dena 2011a.
[303] dena 2011a.
[304] 21 Kernkraftwerke mit 59 Reaktoren
[305] IEA 2011a.

Versorgungssicherheit. Aufgrund des stark nukleartechnisch geprägten Erzeugungsmixes ist ein Forschungsschwerpunkt in diesem Bereich angelegt. Frankreich nimmt weltweit in der Nuklearforschung einen führenden Platz ein und ist auf Themenfeldern, wie Kernfusion und Wiederaufbereitung, stark engagiert.

Im Transportsektor besitzt Frankreich mit zwei der zehn weltweit größten Unternehmen eine Spitzenstellung im Bereich der Biokraftstoff produzierenden Anlagen (Louis Dreyfuss Group und Sofiproteol).[306] Dies ist darauf zurückzuführen, dass Frankreich früh beschlossen hat, sein Engagement in diesem Sektor auszubauen.

### Entwicklung

Analog zum BMWi ist das französische Wirtschaftsministerium unter anderem für den Energiesektor zuständig. Generell zielt die Energiepolitik Frankreichs auf die Reduzierung der Treibhausgase, eine größere Sicherheit in der Energieversorgung und die Minderung der Abhängigkeit von Importen fossiler Rohstoffe. Dazu wurde unter anderem der National Renewable Energy Action Plan (NREAP) verfasst, der einen Energieanteil von 23 Prozent aus erneuerbarer Erzeugung vorsieht.[307] Nicht berücksichtigt ist dabei Frankreichs Anteil am Mittelmeer Solarplan (MSP)[308], der eine Solaranlagen-Installation im Mittelmeerraum von 20 GW bis 2020 vorsieht. Die Strategie, um das Ziel zu erreichen, 23 Prozent des Energiebedarfs mit erneuerbaren Energien zu decken, wurde bereits 2008 entwickelt und setzt zum einen auf die Verdopplung installierter Anlagen zur Erzeugung aus erneuerbaren Energien im Vergleich zu 2005 und zum anderen auf die Reduzierung des Energieverbrauchs. Im Fokus steht hier insbesondere der Gebäudebestand, der zu rund 38 Prozent betragen soll. Vor allem Gebäude, die dem Staat gehören oder dessen Unternehmen, sollen unter Berücksichtigung von Energieeffizienzmaßnahmen renoviert werden. Dies soll bis 2012 initiiert sein.[309]

Ein wichtiges Projekt, aus dem zahlreiche Schlüsse gezogen werden können, startete der Verteilnetzbetreiber Électricité Réseau Distribution France (ERDF), der im Rahmen eines Pilotprojektes 300 000 Smart Meter installierte und zudem angekündigt hat, im Erfolgsfall alle 35 Mio. ERDF-Zähler im Zeitraum von 2012 bis 2016 durch Smart Meter zu ersetzen.[310]

### Fazit

Neben Technologien für die beherrschende Nuklearenergie existieren große Potenziale im Hinblick auf Technologien aus dem Umfeld der erneuerbaren Energien. Beispielsweise besitzt Frankreich nach England das zweitgrößte Potenzial für Windenergienutzung und eine höhere Sonneneinstrahlung als zum Beispiel Deutschland.[311] Der Windenergiemarkt wächst stark an, der Bau von Anlagen wird aber durch bestimmte Regelungen, wie Maßnahmen gegen die Zersiedelung durch Windkraftanlagen, beeinflusst. Die Märkte für Solarthermie und CSP sind relativ klein, wachsen aber stetig an. Frankreich ist Europas größte Agrarnation und besitzt daher gute Strukturen im Bereich der Bioenergie (Biogas, -masse und -treibstoffe).[312] Ebenso besitzt Frankreich eines der größten europäischen Potenziale für Wasserkraft (zum Beispiel in den Alpen und in den Pyrenäen) und zudem werden innovative Erzeugungstechnologien, wie Meeres- und Gezeitenströmungsanlagen, erprobt.

---

[306] IEA 2010a.
[307] MEEDDM 2009.
[308] ZEIT 2011.
[309] MEEDDM 2009.
[310] IEA 2011b.
[311] dena 2011a.
[312] Cassin 2011b.

## 5.4.7 BRASILIEN

### Allgemeines

Brasilien ist nur wenig kleiner als die gesamte Fläche des Festlandes Europas und liegt in vielfältigen Klimazonen mit einer starken Nord-Süd-Ausdehnung. Es zählt zu den Ländern mit den besten Möglichkeiten zur Nutzung erneuerbarer Energiequellen.[313] Neben der bereits signifikant genutzten Wasserkraft gibt es reichlich Sonne, einen immensen Biomassereichtum und – bedingt durch die Küstenzonen – sehr gute Chancen für die Windenergie. Die präsidiale, föderative Republik Brasilien wird als Schwellenland eingestuft und hatte 2008 ein BIP-Wachstum von 5,1 Prozent, wurde danach aber von der Weltwirtschaftskrise zurückgeworfen.[314] Bemerkenswert ist das niedrige Durchschnittsalter der Bevölkerung, das mit 29,3 Jahren weit unter dem europäischen Mittelwert liegt (ca. 39 Jahre bei einer Spannbreite von 28,3 bis 42,3 Jahren).[315]

### Status quo

Der Stromerzeugungsmix[316] lässt Brasilien eine weltweit einzigartige Rolle einnehmen, denn rund 80 Prozent (2008) des Stroms wird aus Wasserkraft gewonnen; weitere knapp 13 Prozent (2008) verteilen sich auf fossile Quellen. Diese verhältnismäßig einseitig auf Wasserkraft ausgerichtete Struktur führt insbesondere in wasserarmen Perioden zu großen Problemen, wie im Jahr 2001, als der Wasserverbrauch aufgrund einer Dürreperiode um 20 Prozent gesenkt werden musste[317]. Nun ist vorgesehen, dieser Abhängigkeit mit dem Ausbau von Windenergieanlagen im Nordosten, wo in der Zeit der Dürreperioden starke Winde herrschen, entgegen zu wirken. Der Stromverbrauch verteilte sich 2008 zu 46,7 Prozent auf die Industrie, zu 22,1 Prozent auf die Haushalte und zu 22,4 Prozent auf den öffentlichen Sektor und das Gewerbe.[318]

Insgesamt herrscht am Energiemarkt eine komplizierte Situation vor. Dieser ist größtenteils privatisiert und die Bildung der Strompreise geschieht über Preisauktionen mit festgesetzten Obergrenzen.

In Brasilien wurde ein umfangreiches Übertragungsnetz gebaut, und es existieren viele lokale Netze. Noch sind längst nicht alle Landesteile von den Netzen erschlossen, sodass es keine vollständige Elektrifizierung des Landes gibt.

Verschiedene EVU in Brasilien haben Pilotprojekte im Smart-Grid-Umfeld initiiert. Beispiele[319] sind Ampla (ein VNB im Bundesstaat Rio de Janeiro), welcher Smart Meter und sichere Netzwerke installierte, um Verluste durch illegale Anschlüsse zu mindern und AES Electropaulo (ebenfalls ein VNB im Bundesstaat Rio de Janeiro), welcher einen Smart Grid-Businessplan entwickelte. Dieser basiert auf dem existierenden Glasfaserbackbone. CEMIG (EVU) initierte ein Smart-Grid-Projekt, das auf der Systemarchitektur des IntelliGrid-Consortium (eine Initiative des Electric Power Research Institute - EPRI) basiert. Weiterhin gehört das brasilianische Unternehmen Cosan Limited zu den zehn größten Besitzern von Biokraftstoffanlagen weltweit.

### Entwicklung

Mit dem Energieplan 2030[320] verfolgt die Regierung das Ziel, den Energiemix zu optimieren, uner anderem durch eine Verschiebung des Verbrauchs von Bioethanol und Öl hin zu Erdgas. Dazu soll der Stromverbrauch um 10 Prozent gesenkt werden. Weiterhin soll trotz stetig steigendem Strombedarf der Anteil erneuerbarer Energien beibehalten werden. Traditionell haben Wasserkraft zur Stromerzeugung und Alkohol aus Zuckerrohr als Treibstoff einen hohen Stellenwert. Die Energieversorgung ist dabei zum Großteil in staatlicher Hand

---

[313] dena 2009c.
[314] BCB 2009.
[315] CIA 2011.
[316] IEA 2011a.
[317] De Oliveira 2007.
[318] EPE 2008.
[319] IEA 2011b.
[320] EPE 2007.

und der Energiesektor wird auf Bundesebene vom Ministerium für Bergbau und Energie verwaltet. Als übergeordnetes Ziel wird ein nachhaltig ökonomisches Wachstum verfolgt. Im Bereich der Biotreibstoffe strebt Brasilien die Weltmarkt- und Technologieführerschaft an, was dazu führt, dass in diesem Bereich die FuE stark gefördert wird.

### Fazit

In Sao Paulo befindet sich der größte deutsche Industriestandort außerhalb Deutschlands, zudem wurde Mitte 2008 ein bilaterales Abkommen zwischen Deutschland und Brasilien abgeschlossen, um die Zusammenarbeit im Bereich der erneuerbaren Energien[321] zu fördern. Erneuerbare Energien gelten in Brasilien als Wachstumsbranche. Es ist zwar eine zunehmende Aufgeschlossenheit gegenüber neuen Technologien zur Erzeugung erneuerbarer Energien zu erkennen, aber die Nutzung des Potenzials wird aufgrund der geringeren Rentabilität gegenüber Wasserkraft verhindert.[322] Sehr gute Marktpotenziale ergeben sich dennoch für solarthermische Wassererwärmung, Solarkühlung und kleine Wasserkraftanlagen.

### 5.4.8 INDIEN

### Allgemeines

Neben China ist Indien der größte Entwicklungsmarkt in den Sektoren IT bzw. IKT und bietet im Energieumfeld viele Potenziale, welche sich im Hinblick auf Smart Grids eher auf essenzielle Funktionalitäten wie die Versorgungssicherheit beschränken.[323] Dies liegt darin begründet, dass Indien trotz eines BIP-Wachstums von 7,3 Prozent im Jahr 2008 als Schwellenland einzustufen ist. Nur knapp mehr als die Hälfte der Einwohner Indiens verfügten 2008 über einen Stromanschluss.[324]

### Status quo

Die Stromversorgung ist in Indien staatlich organisiert (die administrative Zuständigkeit im Energiesektor verteilt sich dabei im Wesentlichen auf sechs Ministerien und Behörden), das Stromversorgungssystem befindet sich grundsätzlich in einer Liberalisierungsphase, in der sich die Liberalisierung langsam aber stetig enwickelt.[325] Es fehlt ein landesweit einheitliches Fördersystem für Erzeugungsanlagen für erneuerbare Energien, sodass erst in 18 von 29 Bundesstaaten regionale Quoten- und Tarifsysteme umgesetzt werden.

Das Landschaftsbild Indiens ist unter anderem von hohen Gebirgszügen wie dem Himalaya geprägt. Daraus bedingt sich der Bau vieler Staudämme, die zum einen zur Bewässerung und zum anderen zur Erzeugung von Elektrizität genutzt werden. Daraus ergab sich im Jahr 2008[326] ein Wasserkraftanteil an der Stromerzeugung von knapp 14 Prozent (bei einem Anteil erneuerbarer Erzeugung von ca. 15,4 Prozent). Dominiert wird der Erzeugungsmix von ca. 68,5 Prozent durch Energie aus Kohle (Indien ist weltweit der drittgrößte Förderer von Steinkohle). Die Atomkraft spielt mit nur ca. 1,8 Prozent eine untergeordnete Rolle. Ende 2010 waren sechs Kernkraftwerke mit 19 Reaktorblöcken in Betrieb; fünf weitere Blöcke befanden sich im Bau. Europäische und amerikanische Firmen sind in die Bauarbeiten nicht involviert und werden dies auch zukünftig nicht sein, da Indien den Atomwaffensperrvertrag bislang nicht unterzeichnet hat.[327] Deutschland gilt aber als wichtigster Handelspartner in der EU und die guten Beziehungen gelten als Grundlage für unternehmerische Investitionen. 2006 wurde das „Deutsch-Indische Energieforum" gegründet, unter anderem um die Beziehungen der Länder weiter zu festigen.[328]

---

[321] dena 2009c.
[322] dena 2009c.
[323] VDE 2011.
[324] UNEP 2008.
[325] AA 2009.
[326] IEA 2011a.
[327] sueddeutsche.de 2007.
[328] ZVEI 2010.

Im Jahr 2008-09 verteilte sich der Endstromverbrauch zu rund 37,8 Prozent auf die Industrie, ca. 23,8 Prozent auf die Haushalte, ca. 19,8 Prozent auf das Agrarwesen und zu ca. 9,8 Prozent auf das Gewerbe.[329]

Für den Energiehandel wurden 2008 drei Strombörsen eingerichtet, die jedoch nur eingeschränkt operieren können, da nur der Day-ahead-Stromhandel erlaubt ist.[330]

Das Höchstspannungsnetz in Indien (765 kV, 400 kV, 220 kV und 132 kV) erreicht 80 Prozent der Landesfläche. Das Verbundnetz transportiert jedoch nur 45 Prozent des erzeugten Stroms in die Verbraucherregionen.[331]

### Entwicklung

Im Bereich der solaren Energieerzeugung startete die indische Regierung im Januar 2010 die „Jawaharlal Nehru National Solar Mission".[332] Diese sieht vor, bis zum Jahr 2022 mindestens 20 GW Maximalleistung an Solarkraftwerken zu installieren. Das Programm erfasst sowohl große als auch kleine Erzeugungsanlagen und auch die ländliche Elektrifizierung ist eingeschlossen. Generell strebt die indische Regierung die Realisierung einer qualitativ hochwertigen und zuverlässigen Energieversorgung, die Beseitigung von Energieengpässen und eine Reform des Energiesektors an. Dabei manifestiert sich die wirtschaftliche Planung in Fünf-Jahres-Plänen (FJP). Aktuell läuft der 11. FJP (bis 2012), in dessen Rahmen ein Ausbau der erneuerbaren Erzeugung um 15 GW mit einem Windenergieanteil von ca. 75 Prozent (die indische Firma Suzlon hatte 2009 den achtgrößten Weltmarktanteil an der Windenergieanlagenproduktion[333]) vorgesehen ist. Darüber hinaus erwartet die Regierung einen zusätzlichen Ausbau in Höhe von 30 GW bis 2022.[334]

Indien hatte im Jahr 2008 weltweit den fünftgrößten Primärenergieverbrauch und kam dabei auf ein Erzeugungsdefizit von 10 bis 15 Prozent.[335] Experten prognostizieren einen Anstieg des Strombedarfs auf das Fünffache bis zum Jahr 2032.[336] Zudem sind die Stromtarife in Indien nicht kostendeckend und im Verhältnis zur Kaufkraft sehr hoch. Hinzu kommen hohe Übertragungsverluste und ein großer Anteil an nicht-technischen Verlusten auf der Verteilnetzebene. Um dem zu begegnen, forciert die Regierung Indiens den Ausbau der Strominfrastruktur und des Kraftwerkparks mit einer fossil-ausgerichteten Ausbaustrategie inklusive großer Kohlekraftwerke (bis zu 4 GW).[337] Dies erfordert jedoch Investoren aus dem Ausland, was dazu führte, dass im Jahr 2009 erste Regelungen zu einem offenen Marktzugang getroffen wurden. Ebenso besteht großes Interesse am Ausbau der Kernkraft, begründet durch reiche Thoriumreserven, die durch die Technik des „Schnellen Brüters" genutzt werden können.[338]

### Fazit

Im Windenergiemarkt sind neben einheimischen Firmen auch Tochterunternehmen fast aller internationalen Hersteller zu finden. Bisher beschränkt sich der Markt auf Onshore-Anlagen, es ist aber davon auszugehen, dass auch Offshore-Anlagen in Zukunft von großer Bedeutung sein werden.[339] Die Solarenergie wird als Möglichkeit gesehen, um die ländlichen Gegenden durch PV-Inseln und solarthermische Anlagen zu elektrifizieren.[340] Weiterhin ist ein steigendes Interesse zu beobachten, die immensen Potenziale

---

[329] CSO 2010.
[330] AA 2009.
[331] dena 2010a.
[332] IG 2010.
[333] IEA 2010a.
[334] dena 2010a.
[335] MoP 2008.
[336] GTAI 2007a.
[337] GTAI 2007b.
[338] dena 2010a.
[339] dena 2010a.
[340] MNRE 2009.

der Geothermie zu nutzen. Hindernisse bei fast allen Projekten sind jedoch die mangelhaften Infrastrukturen – sowohl im Transportwesen als auch im Bereich der Stromnetze. Hier bietet sich, ähnlich wie in China, der Einsatz von HGÜ-Technologien, zum Beispiel die 800 kV HGÜ der Firma Siemens, an.

### 5.4.9 ITALIEN

**Allgemeines**

Italien besitzt mit einer Länge von 7375 km die längste Küstenlinie aller Länder am Mittelmeer. Hinzu kommt, dass mit den Alpen im Norden ein Zugang zu einem Hochgebirge besteht und dass einige Regionen starken seismischen Aktivitäten ausgesetzt sind. Das Klima in Italien reicht dabei von mediterran bis alpin. Das Ressourcenvorkommen ist als gering zu bezeichnen. Die Regierung (parlamentarische Demokratie mit Zweikammersystem) begann für europäische Verhältnisse relativ spät (1999) mit der Liberalisierung des Energiemarktes und leitete 2007 eine vollständige Liberalisierung ein.[341]

**Status quo**

Bei der Stromerzeugung[342] ist Italien stark auf Gas (zu großen Teilen aus Importen) fokussiert (~54 Prozent im Jahr 2008). Weitere große Stromerzeugungsquellen sind Wasser (~14,5 Prozent im Jahr 2008) und Kohle (~15 Prozent im Jahr 2008). Nach der Katastrophe in Tschernobyl wurde im Zeitraum von 1987 bis 1990 der Atomausstieg durchgeführt. Dabei wurden die vier italienischen Atomkraftwerke schrittweise abgeschaltet. Ein Bau von vier bis fünf neuen Atomkraftwerken wurde 2008 geplant, mit dem Ziel diese 2020 an das Versorgungsnetz anzuschließen. Eine Volksabstimmung verhinderte jedoch die Realisierung dieses Vorhabens[343]. Auf seiten des Stromendverbrauchs[344] war die Industrie im Jahr 2009 mit 43,5 Prozent eindeutig an erster Stelle. Es folgten der Dienstleistungssektor (31,6 Prozent), die Haushalte (23 Prozent) und - mit großem Abstand - die Landwirtschaft (1,9 Prozent).

Die Strompreise in Italien sind auf einem hohen Niveau, was nicht zuletzt den geringen Erzeugungskapazitäten geschuldet ist. Dabei hat Italien den viertgrößten Strommarkt Europas. Eine Folge der hohen Preise und der gleichzeitig kontinuierlich sinkenden Kosten für Solartechnik ist ein künftig attraktiver Markt für PV- und solarthermische Anlagen sowie für Pellet-Zimmeröfen, was zudem durch einen hohen Heizölpreis begründet ist. Zurzeit ist aber die Windkraft aufgrund der niedrigen Anlagenkosten noch die attraktivste Investitionsmöglichkeit, wobei die Netzstruktur im windreichen Süden des Landes für die Anbindung der Anlagen jedoch nicht optimal geeignet ist.[345] Energieversorger sind momentan noch dazu verpflichtet, einen progressiven Stromtarif (die Kosten steigen mit dem Verbrauch) anzubieten. Diese Maßnahme soll das Konsumverhalten positiv beeinflussen. Jedoch steht zur Diskussion, diese gesetzliche Verpflichtung abzuschaffen.[346]

Mit Enel SpA hat eine Firma ihren Sitz in Italien, die weltweit zu den zehn größten Besitzern von Anlagen zur Gewinnung von Strom durch erneuerbare Energie gehört.[347] Enel ist immer noch der wichtigste Akteur auf dem italienischen Strommarkt, auch wenn das Staatsunternehmen einen leichten Rückgang des Produktionsanteils verzeichnet.

**Entwicklung**

Für die Energiepolitik sind in Italien vor allem das Ministerium für wirtschaftliche Entwicklung (Energieversorgungssicherheit, -infrastruktur und -effizienz) und das Umweltministerium

---

[341] dena 2011b.
[342] IEA 2011a.
[343] FAZ 2011b.
[344] AEEG 2010.
[345] dena 2011b.
[346] dena 2011b.
[347] IEA 2010a.

(Energieeffizienzpolitik) zuständig. Diese beiden Behörden waren zudem essenziell an der Entwicklung des National Renewable Energy Action Plan (NREAP)[348] beteiligt. Dieser sieht vor, den Anteil erneuerbarer Energien am Energieverbrauch bis 2020 auf 17 Prozent zu steigern. Ein wichtiger Aspekt in Italien sind auch die regionalen Ziele autonomer Regionen und Provinzen. Beispiele sind Südtirol[349] mit zehn energieautarken Provinzen und einer Deckung des Energiebedarfs zu 56 Prozent aus erneuerbaren Energien (geplant: 75 Prozent im Jahr 2015 und 100 Prozent im Jahr 2020), was die Region zum führenden Standort sowohl in Italien als auch in Europa macht, und die Region Apulien,[350] welche für Italien 13 Prozent der Energie aus Biomasse, 19 Prozent der Solarenergie und über 25 Prozent der Windenergie liefert.

Im Bereich der Forschung sind vor allem die Agenzia nazionale per le nuove tecnologie, l'energia e lo sviluppo economico sostenibile (ENEA) als nationale Agentur für neue Technologien, Energie und nachhaltige Wirtschaftsentwicklung und das Istituto Nazionale di Geofisica e Vulcanologia (INGV) als größtes europäisches Institut in der geophysischen und vulkanischen Forschung zu nennen. Forschungsprojekte werden innerhalb Italiens national und international gefördert und binden kleine und mittlere Unternehmen besonders stark ein.

### Fazit

In Italien ist Smart Metering bereits eine großflächig eingesetzte Technologie. Windenergie und Wasserkraft sind die vorherrschenden Bereiche der erneuerbaren Stromerzeugung und bieten daher auch ein gutes Marktpotenzial. Es ist jedoch ein umfangreicher Netzausbau nötig, um die vorhandenen Potenziale für die Windenergie nutzen zu können. Der Windturbinenmarkt wird dabei von ausländischen Herstellern dominiert. Der PV-Markt wächst stetig und konzentriert sich auf den Süden des Landes, zum Beispiel auf Sizilien. Auch die Märkte für Bioenergie und Geothermie zur Erzeugung von Wärme und Strom spielen in Italien eine wichtige Rolle und bieten somit Einstiegspotenziale. Die Wasserkraft steuert mit Abstand den größten Anteil zur Stromerzeugung aus erneuerbaren Energien bei und ist in Italien bereits sehr gut ausgebaut.

## 5.4.10 RUSSLAND

### Allgemeines

Russland (Präsidialrepublik mit republikanischer Regierungsform) ist der flächenmäßig größte Staat der Welt und ist zudem reich an Bodenschätzen, zum Beispiel der weltweit größten Erdgasreserve und der zweitgrößten Kohlereserve, außerdem hat das Land einen stetig zunehmenden Strombedarf.[351] Bis auf Tropengebiete sind in Russland alle Klimazonen vorhanden. Die Landschaft ist geprägt von Gebirgen, Senken, Flüssen und zahlreichen Seen. Experten schätzen aus diesem Grund, dass Russland 30 Prozent seines Strombedarfs durch erneuerbare Energien decken könnte.[352] Der ursprüngliche Energieplan der Regierung für 2020[353] sah zwar einen Ausbau regenerativer Energie vor, setzte aber auch auf die Kernenergie mit dem Ziel, den Export fossiler Energieträger weiter zu steigern, um weltgrößter Lieferant für fossile Energieträger zu werden. Eine Folge dieses Vorhabens ist eine große Abhängigkeit Russlands vom Energiesektor. Ende 2009 wurde dieser Plan durch eine neue Strategie mit dem Zielplanjahr 2030 ersetzt.[354]

### Status quo

Die Weltbank schätzt, dass die Energiewirtschaft und die übrigen Rohstoffsektoren ca. 20 Prozent zur

---

[348] MED 2010.
[349] Athesiadruck 2010.
[350] EUROSOLAR 2010.
[351] BP 2010.
[352] dena 2009d.
[353] Götz 2004.
[354] dena 2011c.

gesamtwirtschaftlichen Produktion Russlands beitragen[355]. Am gesamten Warenexporterlös beträgt der Anteil der Energieexporte ca. 66 Prozent und ca. 50 Prozent der föderalen Staatseinnahmen stammen aus der Energiewirtschaft[356]. Außerdem ist Russland der weltgrößte Exporteur von Erdgas und der zweitgrößte von Erdöl[357]. Besonders im Export fossiler Brennstoffe liegt das Wirtschaftswachstum Russlands begründet (nach negativem Wachstum im Jahr 2009, 4 Prozent des BIP im Jahr 2010[358]). Im Bereich des Ressourcenabbaus in immer schwieriger zugänglichen Gebieten ist Russland oftmals auf technologische Hilfe aus dem Ausland angewiesen.

Im Jahr 2007 betrug der Anteil der Industrie am Stromverbrauch ganze 62 Prozent; der Anteil der Haushalte hingegen nur 20 Prozent[359]. Es wird geschätzt, dass es im Vergleich zum Jahr 2000 ein Energieeinsparpotenzial von insgesamt 39 bis 47 Prozent des Verbrauchs gibt.[360] Dies ist unter anderem deshalb möglich, weil derzeit viele Haushalte nicht mit Zählern ausgerüstet sind und dementsprechend verbrauchsunabhängig für den Bezug von Wasser, Gas, Wärme und teilweise auch Strom Festpreise zahlen. Dadurch wird ein verschwenderischer Umgang mit niedriger Effizienz gefördert.[361]

Im Jahr 2008[362] wurde der Strom in Russland zu ca. 68 Prozent aus fossilen Energieträgern gewonnen (ca. 19 Prozent Kohle, ca. 1,5 Prozent Öl und ca. 47,5 Prozent Gas). Das übrige Drittel teilte sich fast gleichmäßig auf Wasser- und Kernkraft auf.

Die Weitläufigkeit des Landes und der schlechte Zustand der Infrastruktur führen dazu, dass in Russland 20 Mio. Menschen nicht ans Stromnetz angeschlossen sind. Dies wird häufig durch den Einsatz von Dieselgeneratoren kompensiert. Zudem sind ca. 70 Prozent des Landes nicht vom Hochspannungsnetz erschlossen.[363]

Die Stromwirtschaft in Russland gilt in zweierlei Hinsicht als modernisierungsbedürftig. Zum einen im Hinblick auf die veraltete technische Ausrüstung und zum anderen hinsichtlich ihrer Organisation. Seit 2001 wird der Strommarkt durch einen Regierungsbeschluss restrukturiert und seit 2010 liberalisiert. Im Bereich des Handels wurde bisher jedoch erst ein kleiner Teil liberalisiert, sodass für einen Großteil des Marktes noch staatlich festgesetzte Tarife gelten. Das soll sich aber bis Ende 2011 ändern, sodass zukünftig 90 Prozent des Stroms auf dem freien Markt gehandelt werden können.[364]

### Entwicklung

Bereits 2003 hat das russische Energieministerium eine Energiestrategie für 2020 entwickelt.[365] Diese verfolgte insbesondere die Ziele, die Energieversorgungssicherheit des Landes zu erhöhen, eine Energieeffizienzsteigerung mit Fokus auf Förderung, Verarbeitung und Transport fossiler Energieträger zu realisieren, den Energiemarkt zu liberalisieren und eine nachhaltige Entwicklung des Energiesektors unter Berücksichtigung des Umweltschutzes zu gewährleisten.

In der darauf folgenden Strategie von 2009 wurden neue Ziele für das Jahr 2030 definiert.[366] Sie verfolgen primär

---

[355] WBG 2005, S. 36.
[356] AHK 2011.
[357] IEA 2010b.
[358] Merck 2011.
[359] dena 2009e.
[360] dena 2009e.
[361] SEN 2010.
[362] IEA 2011a.
[363] dena 2009e.
[364] dena 2010b.
[365] Götz 2004.
[366] dena 2011c.

das Ziel, durch die effiziente Nutzung der natürlichen Energierohstoffe und des Potenzials im Energiesektor ein stabiles Wirtschaftswachstum zu erreichen. Dieses Ziel soll durch die Integration in die Weltwirtschaft, die Schaffung eines konkurrenzfähigen Marktes und den Übergang zu einem innovativen und energieeffizienten Wachstum erreicht werden. Dabei soll ein grundsätzlicher Wandel der Wirtschaft vollzogen werden, die sich vom reinen Rohstoffexporteur hin zu einer auf Ressourcen und Innovationen basierenden Wirtschaft wandeln soll (der Anteil konventioneller Energieträger am Export soll im Jahr 2030 um 40 Prozent niedriger sein als noch 2005). Als Folge stehen weniger energieintensive Industrien im Fokus der Entwicklungen. Vorbilder sind diesbezüglich Länder wie Kanada und Regionen wie Skandinavien. Weiterhin werden intelligente Netze für die Stromübertragung, die Schaffung von Leitern und Kompositstoffen mit geringem Widerstand, supraleitende Stromspeicher und die Entwicklung von Technologien zur Wasserstoffproduktion gefördert. Bis zum Jahr 2030 wurden folgende Entwicklungen prognostiziert: Senkung des Anteils der Primärrohstoffe an der Energieversorgung von 52 Prozent (2005) auf 46 bis 47 Prozent, Steigerung des Anteils der erneuerbaren Energien von 11 auf 13 bis 14 Prozent und eine Stromerzeugung durch erneuerbare Energien von mindestens 80 bis 100 Mrd. kWh/Jahr. Als Zwischenziel soll der Anteil der erneuerbaren Energiequellen (ohne Wasserkraftwerke mit einer Leistung über 25 MW) an der Gesamtstromerzeugung bis 2020 von 0,5 auf 4,5 Prozent steigen. Um dies zu erreichen, ist der Bau von kleinen Wasserkraftwerken, Windkraftanlagen, Gezeitenkraftwerken, Geothermalstationen und Biomasse-Wärmekraftwerken notwendig.

**Fazit**

Technologien zum Abbau der fossilen Ressourcen müssen von Russland importiert werden. Ebenso ist ein Bedarf an Messtechnologien vorhanden, da diese als Hilfsmittel zur Verbrauchseinsparung eingesetzt werden sollen. Aufgrund der Größe des Landes bietet Russland für fast alle erneuerbaren Energien enorme Potenziale. Allerdings müssen seitens der Regierung in vielen Fällen erst noch entsprechende Anreize zur Nutzung geschaffen werden. Der Bau nuklearer Kraftwerke führt dazu, dass sich zusätzliche technologische Märkte ergeben. Ein weiterer Aspekt, der Chancen für deutsche Unternehmen bietet, ist die dringend notwendige Überholung der Netzinfrastruktur.

## 5.5 MODELLPROJEKTE

In diesem Kapitel werden ergänzend Modellprojekte aus Ländern beschrieben, die in Abschnitt 5.4 nicht betrachtet worden sind.

### 5.5.1 AMSTERDAM SMART CITY

Amsterdam Smart City[367] ist eine unabhängige Organisation, die Klima- und Energieprojekte durchführt. Dabei bringt sie Unternehmen, Behörden und Einwohner aus Amsterdam zusammen, um Energie effizienter zu nutzen und neue Technologien zu etablieren. Die Organisation ist eine Initiative von Liander, einem niederländischen Netzbetreiber, und dem Amsterdam Innovation Motor (AIM), in enger Kooperation mit der Stadt Amsterdam. Das übergeordnete Ziel, das von den Teilnehmern verfolgt wird, ist die Reduzierung der $CO_2$-Emissionen in Amsterdam um 40 Prozent bis zum Jahr 2025, im Vergleich zum Referenzjahr 1990. Seit 2009 sind dazu in diesem Rahmen 16 Projekte gestartet worden, an denen über 70 Partner teilgenommen haben. Der Fokus liegt bei den Projekten auf vier Kernthemen, die zusammengenommen für den Großteil der $CO_2$-Emissionen verantwortlich sind: nachhaltiges Arbeiten, Wohnen, nachhaltiger Verkehr und öffentlicher Raum. Innerhalb der letzten zwei Jahre konnten wertvolle Erfahrungen aus den Projekten gewonnen und Wissen darüber aufgebaut werden, wie man

---

[367] AIM/Liander 2011.

erfolgreiche Projektkooperationen aufbaut, Bewusstsein schafft und Smart-Grid-Technologien implementiert bzw. realisiert. Basierend auf diesen Erkenntnissen sind weitere Projekte geplant, um das übergeordnete Ziel zu erreichen. Im Jahr 2011 gewann das Vorhaben den „European City Star Award 2011".[368]

## 5.5.2 MASDAR CITY

Das Projekt Masdar City[369] hat 2006 begonnen und wird von der Abu Dhabi Future Energy Company (ADFEC) geleitet. Es verfolgt das visionäre Ziel, eine komplett $CO_2$-neutrale Stadt in der Wüste zu errichten, was in vielerlei Hinsicht Pionierarbeit erfordert. Ursprünglich waren eine Bauzeit von acht Jahren und ein Kostenvolumen von 22 Mrd. U.S.-Dollar geplant. Die erste Phase des Projektes, welche eine Fläche von einer Million Quadratmeter, also einem Sechstel der vorgesehenen sechs Quadratkilometer, umfasst, sollte 2009 abgeschlossen werden, das heißt, die Stadt sollte bewohnbar sein. Aufgrund der weltweiten Finanzkrise haben sich die ursprünglichen Pläne jedoch verschoben, sodass die Fertigstellung der ersten Phase auf 2015 verlegt wurde. Die Finalisierung des gesamten Projektes ist nun für den Zeitraum zwischen 2020 und 2025 vorgesehen. Ebenso wurden die geschätzten Entwicklungskosten neu bewertet und belaufen sich laut Planung nun auf 18,7 bis 19,8 Mrd. U.S.-Dollar. In der Stadt sollen später 45 000 bis 50 000 Einwohner leben. Außerdem sollen ca. 1 500 Unternehmen angesiedelt werden. Diese sollen primär aus den Sektoren Handels- und Produktionsgewerbe stammen und zudem auf umweltfreundliche Produkte spezialisiert sein. Neben den Einwohnern der Stadt werden zusätzlich ca. 60 000 Pendler pro Tag erwartet, die in den Unternehmen arbeiten. Darüber hinaus soll mit Unterstützung des Massachusetts Institute of Technology (MIT) eine Universität, das Masdar Institute of Science and Technology (MIST), gegründet werden und sich auf erneuerbare Energien spezialisieren. Der Strombedarf der Stadt soll über ein großes Solarfeld in der Nähe gedeckt werden.

Autos werden in der Stadt nicht erlaubt sein, sodass der Verkehr sich zum einen auf das öffentliche Transportsystem und zum anderen auf den automatisierten Schnelltransport in Einzelkabinen beschränkt. Bereits existierende Straßen und Schienennetze werden angebunden, um Orte außerhalb der Stadt erreichen zu können. Es ist dadurch möglich, schmale und schattige Straßen zu bauen, die eine Verteilung kühler Luft innerhalb der Stadt begünstigen. Unterstützt wird dies durch eine Stadtmauer, welche die heißen Wüstenwinde abhält.

## 5.5.3 SINGAPUR

Vor allem wegen seiner hohen Netzstabilität (weniger als eine Minute jährliche Ausfallzeit pro Kunde) und eines bereits eingesetzten Supervisory-Control-and-Data-Acquisition (SCADA)-Systems, welches in der Lage ist, durch eine Zweikanal-Kommunikation Störungen im Übertragungs- und Verteilnetz zu erkennen, bietet sich Singapur dafür an, Smart-Grid-Technologien im Rahmen eines Living Lab zu testen. Daher startete die Energy Market Authority (EMA) im Jahr 2009 das Pilotprojekt „Intelligent Energy System" (IES). Es verfolgt das Ziel, innovative Smart-Grid-Technologien, -Anwendungen und -Lösungen zu testen. Fokussiert wird der Einsatz der IKT, um eine bidirektionale Kommunikation zwischen EVU und Kunde zu etablieren. Zur Evaluation werden 4 500 Smart Meter an Haushalte, aber auch an gewerbliche und industrielle Kunden ausgerollt. Generell sind die Verbraucher im Rahmen des Projektes von großer Bedeutung und werden als Schlüsselkomponente gesehen. Sie sollen durch Smart Meter, programmierbare Gebäudeautomation und variable Preismodelle eingebunden werden. Weiterhin wird erwartet, dass das Outage-Management in Zukunft eine gewichtigere Rolle einnehmen wird und so-

---

[368] DDN 2011.
[369] MC 2011.

mit bildet es einen weiteren Schwerpunkt des Vorhabens. Zudem wird anhand von PV- und KWK-Anlagen an Plug-&-Play-Integrationslösungen für kleine, flexible Erzeugungsanlagen geforscht.

Die Umsetzung sieht zwei Phasen vor. Die erste Phase umfasst dabei die Einführung der Infrastrukturkomponenten wie Smart Meter und Komponenten für die bidirektionale Kommunikation, das Outage-Management und Demand Response (DR), die Integration von Distributed Energy Resources (DER) sowie die Integration von Elektromobilität ins Netz. Die zweite Phase fokussiert die Partizipation der Haushalts-, Gewerbe- und Industriekunden durch variable Tarife und Mehrwertdienste.[370]

### 5.5.4 STOCKHOLM

In der Stadt Stockholm, welche 2010 den „European Green Capital Award"[371] gewonnen hat, ist das größte Smart-Grid-Projekt die Errichtung des Stadtteils Royal Seaport.[372] Die Planungen für das Projekt begannen Anfang des Jahrtausends und das Projektende ist für 2025 vorgesehen. Es nehmen sowohl akademische und industrielle Partner an dem Projekt teil, als auch die Stadt selbst und vor allem – als Kern – die Bevölkerung als künftige Bewohner. Innerhalb des Stadtteils sollen Wohnungen für 10 000 Einwohner und ca. 30 000 neue Arbeitsplätze entstehen. Die ersten Bewohner sollen ab 2012 in den Stadtteil einziehen können. Bei dem Projekt wird auf Erfahrungen aus einem ähnlichen Stockholmer Projekt (Hammarby Sjöstad) zurückgegriffen. Der Fokus liegt auf nachhaltigen Verkehrslösungen, effizienten Bauprozessen, Energieeinsparung und Energieeffizienz. Für den Stadtteil werden drei übergeordnete Umweltziele verfolgt:

— Die $CO_2$-Emissionen sinken bis 2020 auf unter 1,5 t pro Person und Jahr.
— Der Stadtteil ist bis 2030 komplett frei von fossilen Kraftstoffen.
— Der Royal Seaport ist an die künftigen Klimaänderungen angepasst.

Für den Verkehr werden zahlreiche Ladesäulen für Elektroautos installiert und außerdem Biogas-Busse und Straßenbahnen eingesetzt. Außerdem werden innovative Recyclingtechnologien genutzt. Bisher sind auf dem Gelände industrielle Anlagen, wie Tanklager, Containerterminals und Gaskraftwerke zu finden. Neben den bereits erwähnten Wohnungen sollen auf 600 000 Quadratmetern gewerblich nutzbare Flächen und ein moderner Hafen entstehen. Angestrebt werden ein Stromverbrauch in den Haushalten von 55 kWh pro Jahr und Quadratmeter und ein Anteil von 30 Prozent am Stromverbrauch aus lokal erzeugter erneuerbarer Energie. Das geplante Smart Grid-System von Fortum und ABB umfasst dabei viele verschiedene Stakeholder, wie Smart Buildings, verteilte Energiesysteme, integrierte Elektromobilität, Energiespeicher für Kunden und Netze, intelligente Umspannwerke und ein Smart-Grid-Labor als Teil eines Innovationszentrums.

### 5.6 LÄNDERVERGLEICH

Auf der Basis der in Abschnitt 5.2 vorgestellten Kriterien wurde ein Fragebogen erarbeitet, um Deutschland mit den Ländern bzw. Regionen Brasilien, China, Dänemark, EU, Frankreich, Indien, Italien, Russland und USA vergleichen zu können. Der Fragebogen wurde wie in Abschnitt 5.2 beschrieben an Experten verteilt, die im internationalen Umfeld der Energiebranche tätig sind. Der folgende Abschnitt präsentiert ausgewählte Erkenntnisse, die aus den erhobenen Daten extrahiert wurden.

---

[370] Gross 2010.
[371] ECE 2011d.
[372] SRS 2011.

Die Einschätzungen wurden anhand einer fünfstufigen Ordinalskala mit den Werten 1 bis 5 erfasst, wobei 5 den stärksten und 1 den schwächsten Wert repräsentiert. Die nachfolgenden Ausführungen legen jeweils die arithmetischen Mittelwerte der Antworten zugrunde. Bei der Interpretation der Ergebnisse ist zu beachten, dass die Einschätzungen der Experten insbesondere auch im Kontext der relativen, länderspezifischen Möglichkeiten zu sehen sind.

### 5.6.1 RAHMENBEDINGUNGEN

Im ersten Teil der Erhebung wurden die Experten zu ihren Einschätzungen bezüglich der geografischen und politischen Rahmenbedingungen der Länder befragt.

Die Analyse der geographischen Rahmenbedingungen (siehe A3 bis A5, Abbildung 48) zeigt, dass sowohl die Vereinigten Staaten als auch China in allen für die Erzeugung erneuerbarer Energien relevanten Kategorien optimale Rahmenbedingungen aufweisen. Andere Länder haben laut den Bewertungen individuell gute Voraussetzungen für einzelne Energiearten. Beispielsweise haben sowohl Dänemark als auch Deutschland gute geografische Eigenschaften für Windenergie. Beide Länder sind aber bezüglich Solarenergie und sonstigen regenerativen Energien verhältnismäßig schlecht positioniert. Diese Einschätzung gilt auch für die Voraussetzungen zur Errichtung von Energiespeichern.

Im Hinblick auf die politischen Rahmenbedingungen (siehe A6 bis A8, Abbildung 49) wird deutlich, dass Deutschland

Abbildungen 48: Analyse der geografischen Rahmenbedingungen.

Abbildungen 49: Analyse der politischen Rahmenbedingungen.

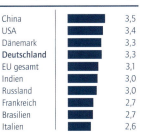

den größten Liberalisierungsgrad aller untersuchten Länder aufweist. Allerdings ist Deutschland auch führend bei den regulatorischen Vorgaben im Energieumfeld. Bezüglich der Umsetzungsgeschwindigkeit energiepolitischer Entscheidungen liegt Deutschland im Verhältnis zu den anderen untersuchten Ländern auf Platz vier. Vor allem im direkten Vergleich mit den Vereinigten Staaten und China wird Deutschland hier schlechter bewertet. Daraus kann, aus Sicht der Experten, für Deutschland ein Verbesserungspotenzial abgeleitet werden.

### 5.6.2 ENERGIEMIX

Die analysierten Länder weisen heute einen sehr unterschiedlichen Energiemix auf (siehe A9 bis A11, Abbildung 50).[373] Deutschland setzt im Vergleich zu den anderen Ländern jetzt schon sehr stark auf regenerative Energie (Platz 2). Aber auch Atomkraft und fossile Energie haben noch eine gewichtige Bedeutung. Bei der Nutzung von Atomkraft ist Frankreich heute klarer Spitzenreiter. Der französische Energiemix wird von der Atomenergie dominiert. Fossile Energie spielt heute insbesondere in China, Russland, den USA und Indien eine besondere Rolle.

Um die Entwicklung des Energiemixes in den Ländern zu analysieren, wurden Regressionsanalysen angewendet. Es zeigen sich jeweils klare Entwicklungen (siehe A12 bis A14, Abbildung 51):

— Länder, die heute auf Atomenergie setzen, setzen nach Einschätzung der Befragten im Jahr 2030 in ähnlichem Umfang auf Atomenergie.
— Länder, die heute auf fossile Energien setzen, setzen im Jahr 2030 voraussichtlich in etwas geringerem Umfang auf fossile Energie.
— Länder, die heute auf erneuerbare Energien setzen, setzen im Jahr 2030 voraussichtlich verstärkt auf diese Energieform.

Nur im Umfeld der Atomenergie können Auffälligkeiten erkannt werden. A12 stellt die Entwicklung der Bedeutung von Atomenergie dar. Dabei fällt unter anderem auf, dass sich Deutschland in Bezug auf die Atomenergie radikal wandelt und dabei eine Sonderstellung einnimmt. Die heute große Bedeutung wird bis zum Jahr 2030 laut Expertenmeinung stark abnehmen.

Abbildung 50: Analyse des Energiemixes.

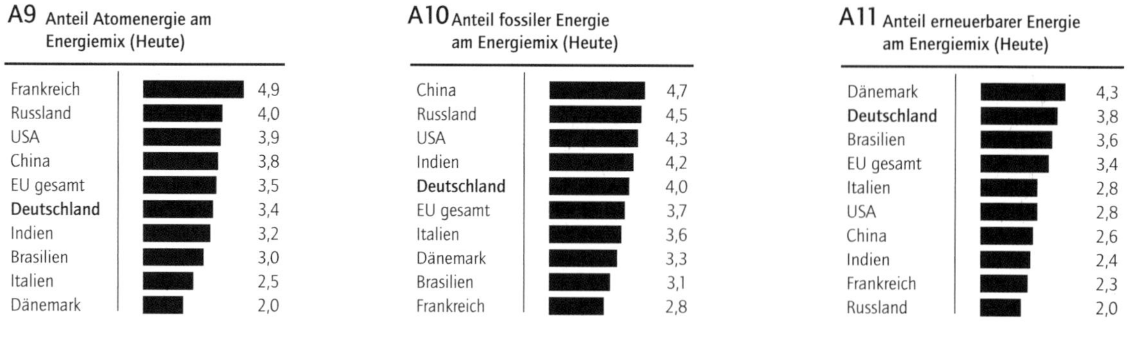

**A9** Anteil Atomenergie am Energiemix (Heute)

| Frankreich | 4,9 |
| Russland | 4,0 |
| USA | 3,9 |
| China | 3,8 |
| EU gesamt | 3,5 |
| **Deutschland** | 3,4 |
| Indien | 3,2 |
| Brasilien | 3,0 |
| Italien | 2,5 |
| Dänemark | 2,0 |

**A10** Anteil fossiler Energie am Energiemix (Heute)

| China | 4,7 |
| Russland | 4,5 |
| USA | 4,3 |
| Indien | 4,2 |
| **Deutschland** | 4,0 |
| EU gesamt | 3,7 |
| Italien | 3,6 |
| Dänemark | 3,3 |
| Brasilien | 3,1 |
| Frankreich | 2,8 |

**A11** Anteil erneuerbarer Energie am Energiemix (Heute)

| Dänemark | 4,3 |
| **Deutschland** | 3,8 |
| Brasilien | 3,6 |
| EU gesamt | 3,4 |
| Italien | 2,8 |
| USA | 2,8 |
| China | 2,6 |
| Indien | 2,4 |
| Frankreich | 2,3 |
| Russland | 2,0 |

[373] Obwohl Dänemark und Italien keinen eigenen Atomstrom produzieren, lassen sich die Werte in A7 durch Importe aus Schweden (WNA 2011a) bzw. Frankreich (WNA 2011b) erklären.

Abbildung 51: Entwicklung des Energiemixes.

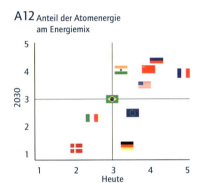
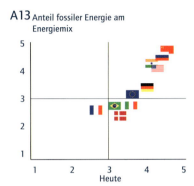
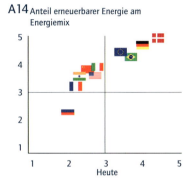

## 5.6.3 TECHNOLOGIEFÜHRERSCHAFT

Neben den Rahmenbedingungen und dem Energiemix wurden die Einschätzungen der Experten bezüglich der zukünftigen Technologiekompetenz im Smart-Grid-Umfeld abgefragt und ausgewertet. Deutschland liegt in Bezug auf die Technologieführerschaft im Jahr 2030 hinter den Vereinigten Staaten auf dem zweiten Platz. Bezüglich der zukünftigen Verfügbarkeit qualifizierter Fachkräfte im Umfeld von Smart-Grid-Technologie liegt Deutschland laut Expertenmeinung im unteren Mittelfeld der untersuchten Länder. Vor allem im Vergleich zu den anderen Ländern in der Spitzengruppe der Technikkompetenz (USA, China und Dänemark) wird Deutschland bei der Verfügbarkeit von Fachkräften schlechter eingeschätzt[374] (vergleiche A15 und A16, Abbildung 52). Daraus könnte in Zukunft ein Verlust der guten technologischen Position resultieren. Besser sieht es wiederum bei den Pilot- und Forschungsprojekten zum Smart Grid aus. Deutschland liegt hier an zweiter Stelle noch vor den USA und China (A17).

Abbildung 52: Analyse von Technikkompetenz, Fachkräften und Forschungsprojekten.

| A15 Technikkompetenz im Umfeld Smart Grids (2030) | | A16 Angebot an qualifizierten Fachkräften im Umfeld Smart Grids (2030) | | A17 Bedeutung von Pilot- und Forschungsprojekten zu Smart Grids | |
|---|---|---|---|---|---|
| USA | 4,1 | China | 3,4 | Dänemark | 4,4 |
| Deutschland | 3,9 | USA | 3,3 | Deutschland | 4,3 |
| China | 3,9 | Dänemark | 3,3 | USA | 4,3 |
| Dänemark | 3,8 | Frankreich | 3,2 | China | 4,3 |
| EU gesamt | 3,7 | Indien | 3,1 | EU gesamt | 3,8 |
| Indien | 3,4 | Deutschland | 3,1 | Indien | 3,6 |
| Brasilien | 3,1 | EU gesamt | 2,9 | Brasilien | 3,3 |
| Italien | 3,0 | Italien | 2,9 | Italien | 3,3 |
| Frankreich | 2,9 | Brasilien | 2,8 | Frankreich | 3,2 |
| Russland | 2,3 | Russland | 2,3 | Russland | 2,4 |

[374] Die Positionierung Deutschlands hinter Frankreich und Indien kann zum Teil den aktuellen Diskussionen um den Fachkräftemangel geschuldet sein.

Abbildung 53: Analyse von Technikkompetenz im Vergleich zu Forschungsprojekten und Fachkräften.

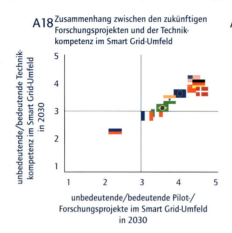

Wiederum deutet die Regressionsanalyse klare Zusammenhänge zwischen Fachkräften und Technikkompetenz (A18, Abbildung 53) sowie zwischen Forschungs-/Pilotprojekten und Technikkompetenz an. Insbesondere die Bedeutung der Fachkräfte zeichnet sich in A19 deutlich ab.

„Investitionen und staatliche Anreize fördern die Technikkompetenz eines Landes" ist eine immer wieder angeführte Hypothese. Um diese Aussage zu hinterfragen, wurden die Kriterien „staatliche Investitionen in Smart Grids bis 2030", „staatliche Anreize für Investitionen in Smart Grids im Jahr 2030" und „privatwirtschaftliche Investitionen in Smart Grids bis 2030" über den Fragebogen erfasst. Die Regressionsanalyse deutet wiederum an, dass alle drei Kriterien einen klaren Einfluss auf die Technologieführerschaft haben (siehe A20 bis A22, Abbildung 54). Auf der Basis der vorliegenden Untersuchung kann die angeführte Hypothese daher gestützt werden. Somit deutet sich an, dass auch der Staat auf wirksame Mittel zurückgreifen kann, um die Technologieführerschaft seiner Wirtschaft zu sichern.

Abbildung 54: Analyse der Technikkompetenz im Vergleich zu Investitionen und Anreizen.

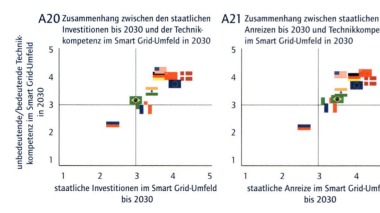
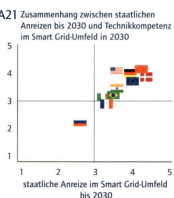
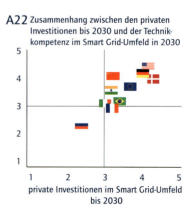

## 5.6.4 GRUNDLEGENDE GESTALTUNGSFAKTOREN UND POSITIONIERUNG DER LÄNDER

Gestaltungsfaktoren resultieren aus der Verdichtung mehrerer gleichartiger Aussagen bzw. Bestimmungsgrößen. Um die wesentlichen Gestaltungsfaktoren auf der Grundlage des Fragebogens zu identifizieren, wurde zunächst eine Faktorenanalyse auf der Basis der zukunftsgerichteten Kriterien durchgeführt. Dieses statistische Verfahren wird im Allgemeinen dafür eingesetzt, eine kleine Anzahl relevanter, wechselseitig unabhängiger Faktoren aus einer Vielzahl von Ausgangsvariablen zu ex-trahieren.[375,376] Im vorliegenden Fall konnten mithilfe der Technik der Hauptkomponentenanalyse drei Faktoren ermittelt werden, die zusammengenommen mehr als 66 Prozent der Varianz in den Ausgangsvariablen erklären. Die Bestimmung der Faktorenanzahl erfolgte auf der Basis des Elbow-Kriteriums.[377] Die Qualität des Modells kann entsprechend der aktuellen wissenschaftlichen Bewertungsgrundlagen als „lobenswert" („meritorious") bezeichnet werden (KMO 0,805).[378,379] Die drei Gestaltungsfaktoren zur Kategorisierung der Länder bezüglich ihrer Energieversorgung im Jahr 2030 fokussieren erstens auf die Bedeutung der Atomkraft im Gegensatz zur regenerativen Energie (Faktor 1), zweitens auf die Bedeutung der fossilen Energie im Energiemix (Faktor 2) und schließlich drittens auf das Ausmaß der Smart-Grid-Technikkompetenz und -Investitionen (Faktor 3). Die drei Faktoren werden in Abbildung 55 dargestellt und im Folgenden kurz beschrieben.

Abbildung 55: Gestaltungsfaktoren zur Positionierung der Länder.

| F1: Bedeutung der Atomkraft im Gegensatz zur regenerativen Energie | F2: Bedeutung der fossilen Energie im Energiemix | F3: Ausmaß der Smart Grid-Technikkompetenz und -Investitionen |
|---|---|---|
| Anteil Atomenergie 2030 | Anteil fossiler Energie 2030 (ohne Atomenergie) | Pilot- und Forschungsprojekte zu Smart Grids bis 2030 |
| Anteil regenerativer Energien 2030 (negative Ladung auf den Faktor) | Absoluter Energiekonsum bis zum Jahr 2030 | Angebot an qualifizierten Smart Grid-Fachkräften 2030 |
| | Bedeutung energieintensiver Industrie 2030 | Technikkompetenz im Umfeld Smart Grids 2030 |
| | | Staatliche Investitionen in Smart Grids bis 2030 |
| | | Staatliche Anreize für die Smart Grid-Investitionen bis 2030 |
| | | Privatwirtschaftliche Investitionen in Smart Grids bis 2030 |

---

[375] Backhaus 2006.
[376] Thompson 2004.
[377] Backhaus 2006.
[378] Kaiser/Rice 1974.
[379] Stewart 1981.

Der erste Faktor („Bedeutung der Atomkraft im Gegensatz zur regenerativen Energie") basiert auf zwei Variablen: dem Anteil der Atomenergie und dem Anteil der regenerativen Energie. Dabei zahlt die regenerative Energie negativ auf den Faktor ein. Das bedeutet, dass zwischen Atomenergie und regenerativer Energie ein gegenläufiger Zusammenhang besteht. Ein verstärkter Einsatz von regenerativer Energie geht also unmittelbar zulasten der Atomkraft (und umgekehrt). Der zweite Faktor („Bedeutung der fossilen Energie im Energiemix") basiert insbesondere auf dem Anteil fossiler Energie am Energiemix. Die Faktoranalyse zeigt, dass der Einsatz von fossilen Energieträgern mit einem steigenden Energiekonsum des entsprechenden Landes einhergeht. Entsprechende Länder verfügen darüber hinaus in hohem Maße über energieintensive Industrien. Der dritte Faktor („Ausmaß der Smart-Grid-Technikkompetenz und -Investitionen") zeigt zunächst, dass die Variablen „Pilot- und Forschungsprojekte zu Smart Grids", „qualifizierte Fachkräfte im Umfeld Smart Grids" und „Technikkompetenz im Umfeld Smart Grids" stark zusammenhängen. Darüber hinaus gehen diese Aspekte Hand in Hand mit den Investitionsbedingungen „staatliche Investitionen in Smart Grids",
„staatliche Anreize für die Investitionen in Smart Grids" und „privatwirtschaftliche Investitionen in Smart Grids". Damit bestätigt die Faktoranalyse die in der deskriptiven Auswertung bereits skizzierten Zusammenhänge zwischen Smart-Grid-Investitionen und der entsprechenden Technikkompetenz.

Auf der Basis einer Regressionsanalyse wurden für jedes Land die entsprechenden Faktorwerte ermittelt.[380] Diese sind in Abbildung 56 dargestellt. Auf der x-Achse der Abbildung ist der Faktor 1, auf der y-Achse der Faktor 2 abgetragen. Die Größe der Kreise bezieht sich auf das Ausmaß der Smart Grid-Technikkompetenz und -Investitionen und damit auf Faktor 3. Auf der Basis der Darstellung lassen sich drei Ländercluster identifizieren:

— „Regenerative, wenig fossile Anti-Atomer": Brasilien, Dänemark, Deutschland, Italien und die EU als Region setzen sehr stark auf regenerative Energie – zulasten der Atomenergie. Darüber hinaus liegt der Entwicklungsfokus dieser Länder eher weniger auf der Verwendung fossiler Energie. Deutschland und Dänemark (und damit

Abbildung 56: Positionierung der Länder in der Präferenzmatrix der Energieformen.

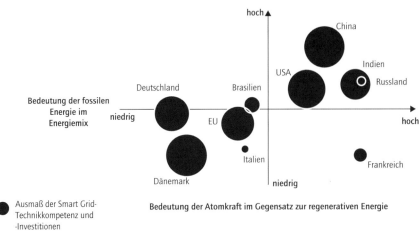

[380] Thompson 2004.

auch die EU als Region) weisen eine sehr hohe Smart-Grid-Technikkompetenz auf. Brasilien und Italien fallen hier deutlich ab.
- „Fossile Atomer": China, Indien, Russland und die USA setzen sehr stark auf fossile, wie auch auf Atomenergie. Dies bedeutet nicht, dass regenerative Energie in diesen Ländern keine Rolle spielt. Vielmehr ist der Anteil der Atomenergie mittel- bis langfristig bedeutender als der Anteil regenerativer Energie. In Bezug auf die Smart-Grid-Technikkompetenz und -Investitionen sind insbesondere China und die USA hervorzuheben. Auch Indien ist gut positioniert. Lediglich Russland zeigt hier eine sehr schwache Positionierung.
- „Reine Atomer": Als einziges der analysierten Länder verfolgt Frankreich eine reine Atomorientierte Energiestrategie. Smart-Grid-Technikkompetenz und -Investitionen sind daher im Vergleich zu den anderen Ländern auch entsprechend niedrig ausgeprägt, wobei auf speziellen Gebieten wie Bioenergie und innovativer Wasserkraft, gezielt geforscht und entwickelt wird.

## 5.7 ZUSAMMENFASSUNG

Aus dem Ländervergleich und den erarbeiteten Länderprofilen lassen sich zusammenfassend fünf zentrale Kernaussagen ableiten. Diese fokussieren die Positionierung Deutschlands und die deutscher Unternehmen im Kontext der identifizierten Länder:

- *Geografische Rahmenbedingungen*: Deutschland hat im Kontext regenerativer Energien gute Voraussetzungen für Windenergie. Bei anderen regenerativen Energiequellen liegt Deutschland im unteren Drittel der betrachteten Länder.
- *Politische Rahmenbedingungen*: Bezüglich der politischen Rahmenbedingungen wird deutlich, dass Deutschland den größten Liberalisierungsgrad der untersuchten Länder aufweist. Allerdings ist Deutschland auch führend im Hinblick auf den Umfang regulatorischer Vorgaben.
- *Energiemix*: Deutschland verändert seinen Energiemix im Vergleich zu den anderen Ländern sehr stark. Somit nimmt es eine klare Sonderrolle ein. Die Atomkraft soll im Wesentlichen durch regenerative Energie ersetzt werden. Erfahrungen aus Ländern, wie Dänemark, können wertvolle Erkenntnisse zu diesem Prozess beitragen.
- *Technologieführerschaft*: Im Hinblick auf eine Smart-Grid-Technologieführerschaft ist Deutschland sehr gut positioniert. Ein sich abzeichnender Fachkräftemangel kann hier jedoch hinderlich wirken. Investitionen und staatliche Anreize fördern die Technikkompetenz eines Landes. Hier bestehen ebenfalls Risiken für Deutschland. Andere Länder investieren wesentlich mehr in ihre Smart-Grid-Infrastrukturen.
- *Demonstrationsprojekte*: Es wird deutlich, dass viele Länder unterschiedliche Schwerpunkte bei der Entwicklung und Nutzung von Smart-Grid-Technologien setzen. Somit ergeben sich verschiedene, länderspezifische Märkte für deutsche Unternehmen. Nationale Demonstrationsprojekte bieten eine Möglichkeit, die technische Machbarkeit von Lösungen zu beweisen, da sie als „Preview-Phase"[381] zum Testen für spätere Markteinführungen gesehen werden können. Somit bilden sie eine Grundlage für den Export und für die Partizipation an ausländischen Märkten.

---

[381] ECJRCIE 2011.

# 6 RAHMENBEDINGUNGEN FÜR EIN FUTURE ENERGY GRID

Die Entwicklung der richtigen Rahmenbedingungen für ein Future Energy Grid (FEG) beinhaltet vielfältige Herausforderungen. In diesem Kapitel werden die dabei bestehenden Unsicherheiten benannt, in einen Zusammenhang gebracht und daraus mögliche Rahmenbedingungen für ein FEG abgeleitet.

Grundannahme dabei ist, dass ein FEG sinnvoll und wünschenswert ist, auch wenn eine belastbare Kosten-Nutzen-Analyse bislang fehlt. Die in Deutschland vorgesehene Kosten-Nutzen-Analyse für Smart Metering wird Hinweise auf die Komplexität und Durchführbarkeit einer solchen Analyse für das FEG insgesamt geben.

In den folgenden Ausführungen werden die beiden Bestandteile Smart Metering und ein intelligentes Verteilnetz getrennt betrachtet, um die ökonomischen und regulatorischen Zusammenhänge zu differenzieren. Der Themenkomplex Datensicherheit wird nicht betrachtet.

Die Ausführungen orientieren sich am Szenario „Nachhaltig Wirtschaftlich" und den Bemerkungen zum Schlüsselfaktor „Politische Rahmenbedingungen". Das Szenario „Nachhaltig Wirtschaftlich" beschreibt auf energiepolitischer Ebene den gewünschten Zielzustand. Sowohl die Dezentralisierungs- als auch die europäische Zentralisierungsstrategie sind marktorientiert umgesetzt. Rahmenbedingungen für komplexe Innovationsprozesse sind so gestaltet, dass sie das Optimum nicht schon von vornherein zu kennen glauben, sondern dem Entdeckungsprozess des Marktes überlassen.

## 6.1 TRANSFORMATION DER ENERGIESYSTEME ZWISCHEN MARKT UND STAATLICHER LENKUNG

Ein „Future Energy Grid", im legislativen Sinnzusammenhang dieses Kapitels, ist eine Energieinfrastruktur, die Demand Response (DR) und damit den Wechsel von einem lastgeführten System hin zu einem erzeugungsgeführten System (und damit den Ausgleich von Angebot und Nachfrage) prinzipiell ermöglicht. Bislang kann jeder Kunde zu jedem Zeitpunkt dem Stromnetz im Rahmen der maximal zulässigen Last des Netzanschlusspunktes so viel Last entnehmen, wie er möchte – auch ohne entsprechenden eigenen Netznutzungsvertrag und unabhängig von der Netzsituation. Die verantwortlichen Netzbetreiber müssen die entsprechende Netzinfrastruktur bereitstellen. Die dazu notwendige Energie wird durch Aktivierung zusätzlicher Kraftwerke geliefert, die mit steigender Nachfrage zugebaut wurden. Dieses System zeichnet sich durch eine sehr hohe Verfügbarkeit und Zuverlässigkeit der Versorgung aus. Diese auch bei einem Systemwechsel hin zu einem FEG zu erhalten, ist eine der vielen Herausforderungen für die Übergangsphase.

Aufgrund historischer Umstände, aber auch aufgrund der Rekommunalisierungen der letzten 20 Jahre sind die deutschen Verteilnetzbetreiber (VNB) in ihrer Größe und geografischen Ausdehnung sehr unterschiedlich und verantworten unterschiedliche Netzebenen.

Die vier Übertragungsnetzbetreiber (ÜNB) haben über die Bereitstellung des Netzes hinaus die Verpflichtung, das Gesamtsystem mithilfe der Frequenzregelung stabil zu halten. Hierzu agieren sie mit der Erzeugungsseite und den Lieferanten, die dem Netz neben den in „Fahrplänen" vorab festgelegten Produktionsmengen entsprechend der jeweiligen Nachfrage- und Dargebotssituation weitere Energie zuführen oder vorenthalten. Die Ausschreibung dieser Regelenergie geschieht im Wesentlichen über die Regelenergiemärkte. Zusätzlich bewirtschaften die ÜNB Kuppelstellen zu anderen internationalen Verbundnetzen, über die Energiemengen importiert bzw. exportiert werden.

Diese Industriestruktur wurde dabei wesentlich durch den im Laufe des 20. Jahrhunderts stetig wachsenden Strombedarf geprägt, der zu steigenden Skaleneffekten führte. Diese bedingten wiederum, dass auf der Versorgungsseite immer größere Erzeugungseinheiten gebaut wurden. Dieses in Deutschland mit dem zweiten „Elektrofrieden" im Jahre 1928 geschaffene, durch das Energiewirtschaftsgesetz von 1938 bestätigte und nach dem Zweiten Weltkrieg ausgebaute System war bis in die 90er Jahre des letzten Jahrhunderts aus volkswirtschaftlichen und regulatorischen Gründen vertikal integriert und zentral organisiert. Die gesamte Energieversorgungsinfrastruktur (Netze, Kraftwerke usw.) wurde als natürliches Monopol angesehen und war gleichzeitig zu wichtig und kritisch, als dass sie dem Markt überlassen werden konnte. Der Preis einer Kilowattstunde für den Tarifkunden wurde im Rahmen der Bundestarifordnung Elektrizität durch die Bundesländer nach Kostengesichtspunkten festgelegt und an die Verbraucher durchgereicht. Die Strompreise für andere Kunden waren das Ergebnis von Verhandlungen.

Dieses System wurde in den späten 1990er Jahren einer Liberalisierung/Re-Regulierung unterzogen, die einen disaggregierten Ansatz verfolgte: Reguliert werden nunmehr nur noch die Netze (essential facilities/core monopolies), wogegen alle anderen Aktivitäten entlang der energiewirtschaftlichen Wertschöpfungskette als potenziell wettbewerblich angesehen werden. Dies bedeutet insbesondere, dass es mehr als einen Netznutzer auf der Monopolinfrastruktur gibt. Unterschiedliche Unternehmen nutzen die Netze, um ihre Kunden zu beliefern. Damit muss die Belieferung einzelner Kunden genauer geregelt und kontrolliert werden. Dies leistet die sogenannte Bilanzierung.

Aus Vereinfachungsgründen kommen dabei im Segment der Privat- und Gewerbekunden < 100 000 kWh/a. sogenannte (Standard-)Lastprofile zum Einsatz. Dies bedeutet, dass die Belieferung eines Privat- oder Gewerbekunden für den zuständigen Lieferanten insofern risikogemindert ist, als regelmäßig nur die Frage, wie viel Strom der Kunde insgesamt in einem Jahr verbraucht hat, eine Rolle spielt, jedoch nicht der Zeitpunkt seiner tatsächlichen Nachfrage. Die Lieferanten speisen jede Viertelstunde bestimmte Strommengen je Kunde ins Netz ein. Diese Strommengen ergeben sich aus dem Lastprofil. Ansätze zu zeitgesteuerten Tarifen waren und sind für Kleinverbraucher in einer solchen Versorgungsstruktur nur in einigen speziellen Fällen vorgesehen, die zumeist mit bestimmten Anwendungstechnologien einhergehen (Nachtspeicheröfen). Die sogenannten Hoch- und Niedrigpreistarife (HT/NT) existieren auch weiterhin in den meisten deutschen Energieversorgungsunternehmen (EVU). Für große Verbraucher, also die Industrie, gibt es Tarife, die spitzenlastdämpfend wirken. Bei den Netzentgelten gibt es Sonderregelungen für unterbrechbare Verbrauchseinrichtungen. Mit §14a des EnWG intensiviert der Gesetzgeber seine Bemühungen, unterbrechbare Lasten für die Belange der Verteilnetze nutzbar zu machen. Auch die Fernsteuerung von Lasten (zum Beispiel öffentliche Beleuchtung) und der Lastabwurf über den Netzbetreiber sind möglich.

> Die Neuausrichtung dieses Energiesystems und die Integration fluktuierender erneuerbarer Energien bis zu deren Systemprägung erfordert ein konsistentes und nachhaltiges Marktdesign zu einem Zeitpunkt, zu dem gerade einmal ein neues Paradigma („Wettbewerb", „Unbundling", „Anreizregulierung") *teilweise* umgesetzt ist.

Prinzipiell soll die Politik Ziele und Rahmenbedingungen setzen, die es dem Markt erlauben, langfristig die besten technischen und ökonomischen Lösungen zu finden. Ob dies in Energiemärkten beispielsweise für den Neubau in der Erzeugung über Preissignale in Spitzenlastzeiten funktioniert, ist sowohl in der Theorie strittig als auch in der praktischen Erfahrung offensichtlich problematisch.

Dieses Marktparadigma wurde in den Jahren seit 1998 in ein System eingeführt, bei dem viele technologische Entscheidungen von der Politik getroffen wurden (in den 1960er und 1970er Jahren Einstieg in die Kernenergie, Netzausbau) und weiterhin werden. Mit dem Erneuerbare-Energien-Gesetz (EEG) und dem Beschluss, aus der Kernenergie auszusteigen, werden wesentliche Technologieentscheidungen weiterhin nicht vom Markt, sondern von der Politik getroffen.

Ob und inwieweit die Elemente dieses doppelten Paradigmenwechsels (fluktuierende erneuerbare Energien, Demand Side Management (DSM), verteilte und damit fragmentierte Erzeugung auf der einen Seite und das Wettbewerbsparadigma auf der anderen) in Einklang zu bringen sind, wird sowohl auf nationaler als auch europäischer Ebene entscheidend für den Erfolg der Transformation zu einem zukunftsfähigen Energiesystem sein.

Die jeweiligen Rollen von Markt und Politiksteuerung müssen dabei ideologiefrei diskutiert werden: Ohne eine umfassende langfristige Planung der Migration des Energiesystems können auch langfristige energiepolitische Ziele nicht erreicht werden. Die hieraus abgeleiteten Rahmenbedingungen sollten einen möglichst großen Raum für marktwirtschaftliche Findungsprozesse offenhalten, dabei aber berücksichtigen, dass erstens ein Markt in einem Energiesystem bei falschen Anreizen und „Versuch und Irrtum" unter Umständen sehr große „Stranded Investments" erzeugen kann und zweitens Energiemärkte in einem Transformationsprozess besonders anfällig für unbeabsichtigte Nebenwirkungen von Eingriffen sind. Entschiedene Marktlösungen brauchen daher sehr starke Institutionen und ein konsistentes Design. Hier zeigen die Erfahrungen aus Kalifornien, das eine unentschiedene Vorgehensweise zum einen mit einer Erhöhung der Strompreise und zum anderen mit einer Zunahme der Stromausfälle einhergeht. Dies gilt es, weitestgehend zu vermeiden.

## 6.2 HERAUSFORDERUNG INTEGRATION FLUKTUIERENDER ERNEUERBARER ENERGIEN

Der Anteil erneuerbarer Energien an der Stromerzeugung in Deutschland und Europa ist innerhalb der letzten fünf Jahre deutlich gestiegen und soll in Zukunft weiter wachsen, um den Übergang in ein klimaschonendes Versorgungssystem zu gewährleisten. Insbesondere Wind- und Sonnenenergie variieren jedoch entsprechend der aktuellen Wetterbedingungen – ein höherer Preis auf der deutschen Strombörse EEX in Leipzig führt sicherlich nicht dazu, dass der Wind stärker weht. Das Stromangebot, das sich bislang nach der Nachfrage richtete und auf sie einstellte („lastgeführt"), wird somit strukturell inelastischer. Um dieser Veränderung der fluktuierenden Einspeisung, also einer Inelastizität gekoppelt mit stochastischen Komponenten, Rechnung zu tragen, gibt es prinzipiell vier Möglichkeiten:

1. Zubau von Leitungen, Speichern und Kraftwerken zur Kompensation der Angebots-Inelastizität,
2. Reduzierung der Angebots-Inelastizität,
3. Flexibilisierung der Nachfrage,
4. Verstärkte europäische Marktintegration.

### 6.2.1 ZUBAU ZUR KOMPENSATION DER ANGEBOTS-INELASTIZITÄT

Die Residuallast eines Systems mit einem hohen Anteil an fluktuierenden erneuerbaren Energien kann für den Stunden- und Tagesbereich nachgeregelt werden. Zur Aufrechterhaltung der dynamischen Stabilität des Netzes ist die Beschaffung der Sekunden- und Minutenreserve entscheidend. Im Fall eines geschlossenen Energiesystems müsste für jegliche zeitlich nur begrenzt verfügbare Erzeugungseinheit eine Reservekapazität (je nach gewünschter Versorgungssicherheit und eingesetzter Primärenergie in Höhe von 80 bis 95 Prozent der Leistung) zur Verfügung stehen, die im Bedarfsfall abgerufen werden kann. Für den ins europäische Hochspannungsnetz integrierten deutschen Strommarkt gibt es drei sich ergänzende Möglichkeiten:

Der **Kraftwerkspark** wird durch den Zubau weiterer Kraftwerke ergänzt, die vornehmlich auf der Basis fossiler Brennstoffe kurzfristig den Ausfall von Wind- oder Sonnenkraft kompensieren können. In einem System mit einem hohen Anteil und dem Primat erneuerbarer Energie sind diese Kraftwerke einer Konstellation hoher Kapitalkosten, sehr weniger Nutzungsstunden und möglicher Alternativen über Importe ausgesetzt. Eine Finanzierung dieser Kraftwerke über extreme Marktpreise für Spitzenlast ist unwahrscheinlich. Entweder müssen sie daher voraussichtlich über Kapazitätszahlungen oder einen Flexibilitätszuschlag finanziert werden.

Die **Speicherkapazitäten** in Deutschland werden langfristig ausgebaut werden müssen. Da die Speicherung von Strom mit herkömmlichen Technologien noch einen längeren Weg zur Wettbewerbsfähigkeit vor sich hat, spielt diese Möglichkeit für den Betrachtungszeitraum der nächsten fünf bis zehn Jahre eher eine untergeordnete Rolle. Langfristig können sich jedoch ökonomisch attraktive Alternativen ergeben; sowohl dezentral, zum Beispiel mit Elektroautos, Wasserstoff und Schwungmassenspeichern, als auch zentral mit Druckluft- oder zusätzlichen Pumpspeichern. Auch „Power to Gas", also die Umwandlung von überschüssiger erneuerbarer Energie in Methan und dessen Speicherung im Gasspeichersystem, ist eine interessante, aber noch zu entwickelnde großtechnische Alternative.

**Übertragungsnetz** und Kuppelleistungen im europäischen Verbund werden ausgebaut. Auch der Zubau zusätzlicher Kraftwerks- oder Speicherkapazität erfordert die verstärkte Erweiterung von Netzkapazitäten.

Prinzipiell gilt: Je mehr fluktuierende erneuerbare Energien integriert werden, desto höhere Investitionen in die Netze sind erforderlich. Der Ausgleich des Systems fände bei dieser Option im Wesentlichen über die Vermehrung der bekannten Betriebsmittel statt, nicht über ein qualitativ neues System. Ein solcher Zubau *allein* und damit die Fortführung des bisherigen Wegs zur Systemtransformation ist schon aus ökonomischen Gesichtspunkten nicht nachhaltig. Zunächst ist in jedem Fall zu prüfen, ob bereits alle mit wenig Aufwand sinnvoll zu erschließenden Flexibilitäten im bestehenden System genutzt werden – durch flexibleres Fahren der existierenden Kraftwerke, bessere Nutzung der Interkonnektorenkapazität, flexibleren Einsatz der erneuerbaren Erzeugung.

### 6.2.2 REDUZIERUNG DER INELASTIZITÄT

Sowohl die Mitnahmeeffekte etwa der Photovoltaik (PV) als auch die entstehenden Verpflichtungen für den Netzausbau führen zu verstärkter Kritik am EEG. Deswegen wird in der Diskussion einem unbegrenzten Netzzubau auch die Alternative einer **Begrenzung** der Netzbetriebsmittel an die Seite gestellt.

Eine Möglichkeit, auf das zunehmend inelastische Angebot zu reagieren, ist eine Anreizregulierung, die erneuerbare Energien nach **systemfreundlichen Kriterien** differenziert.

Als Kriterium für eine differenzierte Förderpolitik kann die zeitlich variable Verfügbarkeit und Flexibilität der Erzeugungskapazitäten herangezogen werden. Flexiblere und planbar einsetzbare Erzeugungsformen würden monetär begünstigt. Ein solcher „Stetigkeitsanreiz" könnte die finanzielle Attraktivität solcher Technologien erhöhen und somit die fluktuierende Einspeisung erneuerbarer Energien, insbesondere Wind und PV, ausgleichen oder zumindest besser prognostizieren. Auf diese Weise lässt sich die Zufuhr erneuerbarer Energien stabiler gestalten.[382] Ein solches Instrument, das von den Unternehmen aus der Branche der erneuerbaren Energien positiv und vom Bundesverband der Energie- und Wasserwirtschaft (BDEW) eher skeptisch bewertet wurde,[383] ist jedoch in der aktuellen EEG-Novelle nicht mehr vorgesehen. Stattdessen sind eine sogenannte „Marktprämie" (verpflichtend nur für große Biogasanlagen) und eine Flexibilitätsprämie für große Biogasanlagen geplant.

Eine zweite Option, die Netzstabilität angesichts der fluktuierenden Einspeisung erneuerbarer Energien aufrechtzuerhalten und punktuelle Überlastungen zu minimieren, ist eine **selektive Abschaltung einzelner netzbelastender Erzeuger**. Schon jetzt erlaubt die Gesetzeslage Verteilnetzbetreibern, die Einspeisung aus EEG-Anlagen über 100 kW Nennleistung per Fernzugriff zu kontrollieren. Sollte das Netz überlastet sein, kann der Netzbetreiber die Einspeisung reduzieren oder die Anlage abschalten. Der Netzbetreiber ist in diesem Fall verpflichtet, den Anlagenbetreiber so zu stellen, als habe es keine Abschaltung gegeben. Dies war bislang als Übergangslösung gedacht, der Netzbetreiber sollte seine Netzkapazität verstärken bzw. ausbauen, solange dies wirtschaftlich zumutbar sei. Die aktuelle EEG-Novelle weist auf eine Abkehr von diesem wenig konditionierten Netzausbau hin. Sie sieht eine Begrenzung der maximalen Wirkleistung von kleineren PV-Anlagen am Netzverknüpfungspunkt auf 70 Prozent der installierten Peak-Leistung vor (§ 6 Abs. 2 Nr. 2 Buchst. b EEG 2012) oder verlangt alternativ die Ansteuerbarkeit.

Dies ist im Sinne einer Kosten-Nutzen-Betrachtung sinnvoll: Eine Fortsetzung der unbegrenzten Einspeisung und Dimensionierung des Netzanschlusses auf die allenfalls in wenigen Jahresminuten bereitgestellte „Typenschildleistung" der Anlagen würde bedeuten, dass mit weiterem Netzausbau überproportional viel Geld des Stromkunden für wenig genutzte erneuerbare Energien-Anlagen aufgewendet wird und außerdem der Netzausbau unverhältnismäßig wäre.

Ein FEG zielt im Kern auf Effizienz durch ein Optimieren und Verschieben von Last und Erzeugung über Zeit und Ort durch intelligente Steuerungsmechanismen. Nicht allein der quantitative Ausbau der installierten Leistung aus erneuerbaren Energien, sondern qualitatives Wachstum steht im Vordergrund, also die sichere und flexible Versorgung mit Strom aus erneuerbaren Energien.

Ein FEG stellt die technische Plattform für eine Optimierung der Netze unter den Bedingungen eines hohen Anteils an fluktuierenden erneuerbaren Energien her und macht einen Teil des Netzausbaus obsolet. Eine optimale Netzleistungsfähigkeit (anstelle einer bisher maximalen) und intelligente Steuerung müssen mit einem Umbau zu einem FEG folgerichtig das bisherige Paradigma einer Dimensionierung des Netzes auf 100 Prozent Aufnahme der Erzeugungskapazitäten ablösen.

Neben der Verpflichtung zum Anschluss und Netzausbau ist der Erfolg des EEG durch den Vorrang der Einspeisung und damit der Maximierung der Zeiträume, in denen eingespeist und eine Vergütung gezahlt wird, begründet. Die Überführung eines solchen bewusst marktfernen Systems in den Markt ist mit dem wachsenden Erfolg des EEG ökonomisch geboten.

Eine Diskussion der möglichen Instrumente für Rationierung in einem FEG und die Weiterentwicklung des EEG ist noch zu führen – erste Ansatzpunkte werden im Abschnitt 6.4 ausgeführt.

Die dargestellten Instrumente zur Reduzierung der Inelastizität sind für einen **Überschuss an Produktion** und damit für eine volkswirtschaftlich optimale Begrenzung des lokalen Verteilnetzausbaus insbesondere in ländlichen Gebieten

---

[382] Reiche 2010.
[383] BEE 2011.

sinnvoll, beispielsweise für PV in Bayern oder Wind in Niedersachsen und Mecklenburg-Vorpommern. Der folgende Abschnitt, **Flexibilisierung der Nachfrage**, ist hingegen auf Angebote zum überregionalen Ausgleich der zunehmend differierenden Erzeugungs- und Verbrauchsmengen sinnvoll anzuwenden. Diese Flexibilisierung wird vor allem in Senken (größeren Städten oder Industrieansiedlungen) stattfinden.

### 6.2.3 FLEXIBILISIERUNG DER NACHFRAGE

Für einen Ausgleich des Überschusses (Reduzierung der Inelastizität) kann ein FEG über die bereits genannten Optionen zum Einspeisemanagement hinaus hilfreich sein. Für eine Flexibilisierung der Nachfrage stellt das intelligente Stromnetz sogar die beste Lösung dar, solange man nicht auf Rationierungsinstrumente, wie den sogenannten „Flex Alert" zu Spitzenlastzeiten in Kalifornien zurückgreifen möchte. Beim „Flex Alert" werden Verbraucher am Tag vorher ermahnt, zu Spitzenlastzeiten bestimmte elektrische Geräte nicht einzuschalten. Bei drohenden Netzengpässen werden elektrische Verbraucher auch selektiv abgeschaltet.

Kernpunkt bei einer Flexibilisierung der Nachfrage ist ein Preisdesign, das den Endverbrauchern aus Industrie und Haushalten effizient signalisiert, zu welchem Zeitpunkt eine Verschiebung ihrer individuellen Nachfrage für sie profitabel ist.

#### Flexibilisierung bei Industrie und großen Verbrauchern

Industrie und große Verbraucher sind monetär getrieben, ihren Erzeugungsbedarf zu optimieren und Effizienzvorteile und Möglichkeiten zur Lastverschiebung auszuloten, solange die Gewinne einer solchen Lastverschiebung eventuelle Nachteile in Produktionsprozessen überkompensieren. Entsprechende Verträge sind gängige Praxis. Auch die Erschließung weiterer Effizienzpotenziale, wie der Einsatz großer Gebäude als Speicher, wird anreizkompatibel funktionieren, solange sich diese Effizienzpotenziale kostengünstig heben lassen.

#### Flexibilisierung bei Haushaltskunden

Während die Liberalisierung im Informations- und Telekommunikationsmarkt zu einer starken Diversifizierung der Angebote führte – von Flatrate, kombinierten Internet- und Telefontarifen zu Call-by-Call-Optionen im Rahmen eines konventionellen Angebots –, fehlt es auf dem Strommarkt bislang an einer vergleichbaren Pluralität der Angebote für Haushaltskunden. Die existierenden Standardlastprofile machen eine solche Diversifizierung obsolet, haben jedoch den Vorteil, dass Markteintritte in den Endkundenmarkt auch ohne eigene hochflexible Erzeugungsanlagen, die das Kundenverhalten antizipieren müssten, möglich sind. Für einen Erfolg neuer Geschäftsmodelle (etwa das eines „Aggregators", der individuelle Lastkurven von Endverbrauchern kombiniert und an den Markt bringt), müsste prinzipiell ein Marktdesign eingeführt werden, das Flexibilität und Effizienz belohnt und einen Ausgleich für zusätzliche Risiken über die höhere Volatilität schafft. Die zu erzielenden Preisanreize, die durch eine Verschiebung der individuellen Nachfrage entstehen, erscheinen den meisten Endverbrauchern noch zu gering, als dass sie den logistischen und zeitlichen Mehraufwand kompensieren könnten. Eine einfache ökonomische Überschlagsrechnung[384] zeigt, dass ein tageszeitlich differenzierter (und damit potenziell erzeugungsgeführter) Tarif aus Sicht des Haushaltskunden ökonomisch uninteressant ist.

### 6.2.4. VERSTÄRKTE EUROPÄISCHE MARKTINTEGRATION

In Zeiten unzureichender inländischer Versorgung wird vermehrt auf Stromeinfuhren aus den europäischen Nachbarländern zurückgegriffen. Export kann das europäische Gesamtsystem stützen und optimieren. Das Zusammenwachsen der europäischen Strommärkte, der Bau zusätzlicher Kuppelleitungen und die angestrebte europaweite Harmonisierung der länderspezifischen Regulierung von Spotmärkten erleichtert zunehmend den grenzüberschreitenden Handel

---

[384] Stoft 2002, S. 13.

und lässt die vormals weitgehend autonom operierenden Märkte der EU-Mitgliedstaaten weiter zusammenwachsen. Dies eröffnet Möglichkeiten, die zusätzlichen Kapazitäten anderer Kraftwerksparks kosteneffizient zu nutzen.

Inwieweit der Erzeugungsmix, der in diesem Fall für die Einfuhren genutzt werden soll, allerdings den jeweiligen politischen Wünschen Deutschlands entsprechen kann, ist offen: Letztendlich wird das am europäischen Markt verfügbare Angebot zur Bedarfsdeckung von den Kunden oder deren Lieferanten genutzt werden. Dies kann bedeuten, dass es neben der Belieferung durch Pumpspeicherkraftwerke in Norwegen und der Schweiz sowie zentrale Sonnenkraftwerke in Nordafrika (DESERTEC) auch zu Importen aus fossilen oder nuklearen Kraftwerken innerhalb des europäischen Binnenmarkts kommt bzw. kommen muss. Die politische Akzeptanz und Realisierbarkeit solcher Verbundsysteme ist noch unklar. Die geltenden Marktregeln sind noch für ein gewachsenes System mit nationalen Märkten und Baseload-Erzeugungseinheiten geschaffen, nicht für ein System mit intensivierter Kopplung der Märkte und Netze. Für den Umgang mit möglichen Wechselwirkungen und Entscheidungen für das Gesamtsystem sind noch Regeln zu entwerfen. Ein integriertes europäisches Marktdesign, das von einer Mehrzahl der zahlreichen Stakeholder getragen wird, fehlt bislang.

## 6.3 INTELLIGENTES VERTEILNETZ IST VORAUSSETZUNG FÜR SINNVOLLES SMART METERING

Belastbare Kosten-Nutzen-Analysen eines (bundesweiten) Einsatzes von intelligenten Messsystemen liegen noch nicht vor. Sie müssen nach europäischem Recht zum 3. September 2012 abgeschlossen sein, wenn der Mitgliedstaat nicht gezwungen sein möchte, sein Regelwerk so zu gestalten, dass quasi automatisch ein sogenannter „flächendeckender Roll-out" erfolgt, in dessen Verlauf bis 2020 80 Prozent aller Messeinrichtungen ersetzt werden.

Manche Ausführungen zum FEG[385] legen nahe, dass ein Smart Grid und die Einführung intelligenter Stromzähler substanzielle Einsparpotenziale *für das Gesamtsystem* bergen. Ob diese positiven Externalitäten so umfangreich sind, wie in diesen Verlautbarungen beschrieben, ist insbesondere für den Bereich der Smart Meter in Deutschland zu bezweifeln. Belastbare Zahlen zur Ökonomie der Smart Meter sind schwer zu erhalten und zu vergleichen. Zu Werten von 12 bis 50 EUR (zwischen 2 und 8 Prozent bezogen auf die Jahresrechnung) kommt eine Tarifsimulation im Rahmen einer von der BNetzA beauftragten Studie.[386]

Pilotversuche, so etwa der im Jahr 2008 durchgeführte Versuch der Stadtwerke Hannover AG („enercity"), kommen in der Kosten-Nutzen-Analyse zu einem ähnlichen Ergebnis wie Stoft 2002 in der eingangs zitierten Überschlagsrechnung. Unter Einbeziehung der Kosten für die Technologie (Software, Zähler, Module, Support) von rund 230 EUR pro Zähler kompensieren dem zuständigen Fachgebietsleiter Messwesen der Stadtwerke Hannover zufolge „die Einsparungen von Smart Metering [...] nicht die Aufwände". „Ohne Geldflüsse von außen [Zuzahlung]" sei „Smart Metering nicht betriebswirtschaftlich einzusetzen.[387] Bei einem weiteren Piloten, der Kooperation der EWE Energie AG in Zusammenarbeit mit der Fraunhofer-Allianz Energie, die mit knapp 400 Haushalten in den Jahren 2008/2009 getestet wurde, betrugen die tatsächlichen Stromeinsparungen der teilnehmenden Haushalte je nach Produktpaket durchschnittlich zwischen 5 und 10 Prozent. Eine Analyse und Tarifsimulation der Beratungsfirma EnCT[388] zeigt, dass sich „für Kunden mit einem niedrigen Energieverbrauch die Smart-Metering-Produkte nicht lohnen, da sie die im Durchschnitt um 65 EUR höheren Grundgebühren durch Verhaltensänderungen nicht kompensieren können". Haushalte

---

[385] Pipke et al. 2009.
[386] Nabe et al. 2009.
[387] Rohlfing 2010a.
[388] EnCT 2011.

mit einem jährlichen Stromverbrauch von 2 000 kWh oder weniger müssten laut EnCT im Vergleich zu den Standardprodukten Mehrkosten von durchschnittlich 4 bis 11 Prozent in Kauf nehmen. Als Schwellenwert ermittelt EnCT einen Mindestverbrauch von 3 400 kWh pro Jahr, damit sich die Anschaffung eines intelligenten Zählers lohnen kann. Die Stadtwerke Bielefeld gehen von einem Break-even-Point für einen Privatkunden bei rund 5 000 kWh aus, während Berechnungen für den Yello Stromzähler sogar nahelegen, dass ein Verbraucher fast 4 700 kWh seiner Nachfrage in die Niedertarifzeit verlagern müsste, damit sich der Einsatz eines Smart Meters amortisiert.[389]

Die Ergebnisse dieser Pilotprojekte mit spezifischen Kundenkreisen sind nur begrenzt zu verallgemeinern und Rückschlüsse auf allgemeine Kosteneinsparungen sind mit Vorsicht zu ziehen. Erhebliche Zweifel an der Wirtschaftlichkeit von Smart Metering sind jedenfalls angebracht.[390]

Auch die BNetzA weist darauf hin, dass sie Smart Meter weniger als Bestandteil des regulierten Netzgeschäfts sieht, sondern als Bestandteil von „Smart Markets", und einen weitgehenden Roll-out (mit der Folge der Finanzierung ausschließlich über Netzentgelte) unangebracht findet. Dies sei auch übereinstimmende Position mit dem Bundesverband Neuer Energieanbieter (BNE) und dem BDEW.[391]

Bezüglich der ungewünschten, aber eventuell nicht zu vermeidenden Zwangseinführung von Smart Metern lässt die aktuell diskutierte EnWG-Novelle in der Erweiterung des § 21 Fragen offen, die in Rechtsverordnungen zu konkretisieren sind. Bis dies geschieht, besteht am Markt weiterhin Unsicherheit. Die so angelegte Delegation von Grundsatzentscheidungen auf nachgelagerte Ebenen ist problematisch, da eine verlässliche Rahmensetzung immer schwerer erkennbar wird. Versteht man die Novelle so, dass bei Kunden mit einer Nachfrage von über 6 000 kWh Strom (nicht Gas) pro Jahr die Installation eines intelligenten Zählersystems verpflichtend sei, hieße das, dass von einem flächendeckenden Roll-out abgesehen wird. Durch die gesetzlich verordnete Installation von Smart Metern bei Großkunden wird die oben erwähnte, betriebswirtschaftlichen Gütekriterien genügende Verbreitung neuer Geschäftsmodelle beschleunigt, da die notwendige Infrastruktur in den entsprechenden Kundengruppen schon vorhanden ist.[392]

In der momentanen Struktur und Verfassung des Elektrizitätsmarktes ist Demand Response (DR) noch nicht vorgesehen. Es fehlt also schlicht die Basis für einen über die reinen Kosteneinsparungen beim Messstellenbetreiber hinausgehenden ökonomischen Erfolg von Smart Metern. Erst müssen im Verteilnetz, in einer Backend-Struktur und den Tarifen für Smart Metering die Voraussetzungen geschaffen werden, sonst wird der „Karren vor das Pferd gespannt". Wenn die Kosten für einen flächendeckenden Roll-Out über die Messentgelte sozialisiert werden, droht ohne Investition in ein umfassenderes FEG die Gefahr von Fehlinvestitionen, insbesondere wenn eine solche ordnungspolitische Steuerung nicht auch klare Anreize für eine Verhaltensanpassung aufseiten der Endverbraucher setzt.

---

[389] Rohlfing 2010b.
[390] Erfahrungen in anderen europäischen Ländern und Übersee zeugen von stark variierenden Einsparpotenzialen in der Spanne 1 bis 20 Prozent, abhängig von der eingesetzten Technik, dem Kundenfeedback und dem länderspezifischen Verbrauchsverhalten sowie von der Verpflichtung, monatliche und nicht jährliche Rechnungen zu stellen. Der flächendeckende Roll-out von bidirektionalen elektronischen Zählern in Schweden wurde durch einen Zwang zur monatlichen Rechnungserstellung herbeigeführt; damit war es für die Verteilnetzbetreiber ökonomischer, Smart Meter einzurichten. In Italien wurden durch Smart Meter bei der bestehenden Verpflichtung zur zweimonatigen Rechnungsstellung und die Eindämmung von Stromdiebstahl („nichttechnische Netzverluste") Kosteneinsparungen avisiert. Bei einer jährlichen Abrechnung und monatlichen Vorauszahlung, wie momentan in Deutschland, ist die Kosten-Nutzen-Kalkulation für Smart Meter aus Sicht des Messstellenbetreibers negativ.
[391] Zerres 2011.
[392] Zudem geht der Gesetzgeber dazu über, solche intelligenten Messsysteme auch bei EEG-Anlagen über 7 kW zu fordern. Auch diese Richtungsentscheidung ist im Sinne eines FEG zu begrüßen. Offen bleibt die Frage, wie mit der großen Zahl von Altanlagen umzugehen ist, die dieser Regelung nicht unterfallen und auch nicht an einem vereinfachten Einspeisemanagement nach der letzten EEG-Novelle teilnehmen.

Gleichzeitig äußern viele potenzielle Privatkunden Vorbehalte gegenüber der Echtzeitübermittlung ihrer Verbrauchsdaten, Mechanismen und Gesetze für einen effektiven Datenschutz befinden sich noch im Klärungsprozess. Die detaillierten Regelungen und Anforderungen des BSI-Schutzprofiles lassen befürchten, dass derart weitreichende Sicherheitsanforderungen nur durch wenige Anbieter erbracht werden können und damit potenzielle Marktteilnehmer (und damit Innovationspotenzial) ausgeschlossen werden.

Im privaten Bereich sind weder die Mehrheit der Verbraucher noch die Lieferanten bereit, die derzeit noch (zu) hohen Kosten für die Installation und den Betrieb intelligenter Stromzähler zu tragen. Da jedoch selbst bei stark sinkenden Preisen für die Smart-Meter-Technologie und wachsender Automatisierung der Haushalte die psychologischen und finanziellen Vorbehalte der meisten Endverbraucher gegenüber intelligentem Energiemanagement zu überwinden sind, wird es intelligente Stromzähler ohne Einbindung in ein FEG nur in Nischensegmenten des Endkundenbereichs geben, etwa bei technikaffinen, eigenproduzierenden oder verbrauchsintensiven Haushalten. Die überwiegende Anzahl der privaten Konsumenten wird den Komfort eines in zwei Tarife (zum Beispiel Tag/Nacht, Wochentag/Wochenende) gesplitteten Strompreises vorziehen. In diesem Fall kann es dem Markt überlassen werden, die entsprechenden Konsumenten zu identifizieren und auf die Bedürfnisse der einzelnen Verbrauchercluster zugeschnittene Dienstleistungen anzubieten. Eine staatliche Lenkung wäre in diesem Fall womöglich sogar hinderlich und keinesfalls kosteneffizient. Der Gesetzgeber wäre dann nur für die Bereitstellung eines fairen wettbewerblichen Umfelds, zum Beispiel durch Vorgaben zu Standards zwischen neuen Dienstleistern und etablierten Energieversorgern, zuständig.

Wenn die durch die Lastverlagerung erzielte Optimierung bei mehr als drei Viertel der privaten Haushalte so marginal ausfällt, dass sie kaum zu tatsächlichen Einsparungen führt, wird sich die Einführung von Smart Metering primär auf die Großindustrie und die industriellen Kunden, auf gewerbliche Kunden sowie Haushalte mit einer höheren Lastnachfrage richten, um den größten Kosten-Nutzen-Vorteil zu erschließen.

Zum jetzigen Zeitpunkt wäre es daher verfehlt, ordnungspolitische Maßnahmen einzuleiten, die einen massiven Ausbau von intelligenten Stromzählern im Privatkundenbereich forcieren, oder eine Ausstattung des bestehenden Gebäudebestands verbindlich vorzuschreiben.

Im Verteilnetz sind mithilfe des FEG zunächst die Voraussetzungen zu schaffen, um Smart Meter zu einem langfristigen Erfolgsmodell zu machen.[393]

Smart Meter sind als weitere Ausbaustufe eines FEG für bestimmte Verbrauchergruppen sinnvoll, nicht als dessen Vorläufer.

Sollte dennoch aus politischen Gründen ein flächendeckender Roll-out umgesetzt werden, wäre darauf zu achten, dass dieser offenen Standards folgt, nämlich solchen, die es dem Markt ermöglichen, Geschäftsmodelle zu erproben. Standards sollten kein Geschäftsmodell definieren. Auch sollte darauf hingewirkt werden, dass die Smart Meter unproblematisch mit neuer Software auszustatten sind, da sie mit einem sich entwickelnden Markt und der Integration in ein Backend-System vermutlich sehr schnell veralten.

## 6.4 KÜNFTIGES MARKTDESIGN

Für eine erfolgreiche und nachhaltige Transformation des Energiesystems ist ein langfristiger Systemwechsel im EEG und im Marktdesign parallel zur Transformation zu einem FEG erforderlich.

---

[393] Dies bestätigt noch einmal die Aussagen in Kapitel 4.

Die Diskussion um ein solches Marktdesign findet noch nicht statt, da zunächst die vom Marktparadigma induzierten Konkretisierungen, Veränderungen und „Aufräumarbeiten" im EEG und EnWG im Vordergrund stehen. Ein FEG ist eine langfristige Aufgabe.[394] Sie sollte aber rechtzeitig initiiert werden, da hier theoretisch und praktisch neue Wege beschritten werden müssen und die Ergebnisse gut vorbereitet in einen lang andauernden institutionellen sowie politischen Prozess eingespielt werden müssen.

## 6.4.1 ERNEUERBARE ENERGIEN IM MARKT

Wie können Märkte dazu dienen, eine verbesserte **Nutzung** der erneuerbaren Einspeisung zu erreichen? Wie ist der Markt den erneuerbaren Energien auszusetzen? Welcher Markt kann das sein? Das heutige EEG zielt in seiner Struktur darauf ab, die Menge an Kilowattstunden im System mit einer Mikrodifferenzierung von Belohnungssystemen zu maximieren.

Das EEG ist grundsätzlich nicht vereinbar mit einem FEG, das im Kern Optimierung und Effizienz herbeiführen soll, also die optimale Menge an Kilowattstunden zu einem bestimmten Zeitpunkt im System.

Aktives Netzmanagement im Verteilnetz kann bedeuten, dass die Reduktion von Windeinspeisung ökonomischer für das Gesamtsystem ist. Im Gegensatz dazu will bei einem Einspeisetarif jeder Einspeiser so viel wie möglich produzieren. Der EEG-Erfahrungsbericht der Bundesregierung 2011[395] nennt als strategische Linie: „[...] an bewährten Grundprinzipien des EEG festhalten und diese weiterentwickeln." Andererseits weist er jedoch gleichzeitig auf eine „für die langfristig angestrebte Transformation des Energiesystems" notwendige „Prüfung einer grundlegenden Weiterentwicklung des Strommarktes" hin. Bislang war und ist Ziel des EEG immer, erneuerbare Energien in ein dominant zentrales und fossiles/nukleares System zu bringen und einen langfristigen Systemwechsel anzustoßen. Dieses Ziel ist vielleicht noch nicht erreicht, vielleicht aber auch nicht mehr gefährdet. Künftig – und erst recht in einem FEG – ist die Frage anders zu stellen: Im neuen Paradigma dominieren die erneuerbaren Energien. Dies setzt auch für das Marktdesign eine andere Denkrichtung voraus.

Für die „Prüfung einer grundlegenden Weiterentwicklung" ergibt sich schon bald eine Gelegenheit, nämlich dann, wenn Anlagen aus der Förderung herausfallen. Wie ist das Zusammenwirken des Netzbetreibers mit dem Anlagenbetreiber auszugestalten, wenn keine Abnahmeverpflichtung und kein Einspeisevorrang für erneuerbare Energien mehr bestehen?

Einspeisetarife waren und sind notwendig, um erneuerbaren Energien einen Systemzugang zu eröffnen. Mittelfristig müssten auch fluktuierende erneuerbare Energien wie alle anderen Erzeuger behandelt werden, um „marktfähig" zu werden. Sie müssten an den Märkten teilnehmen, Fahrpläne anmelden, Gebote in den Regelenergiemarkt abgeben, der Steuerung durch den Netzbetreiber unterliegen usw. Die Vermarktung sollten die Anlagenbetreiber eigenverantwortlich organisieren und belohnen. In diesem Sinne sind die Ansätze zur Direktvermarktung im EEG und entsprechende Marktprämien prinzipiell zu begrüßen.

Alternativen zu Einspeisetarifen liegen vor. International wird das Konzept der Two-Part-Tariffs diskutiert.[396] Diese bieten einen Sockelbeitrag als „Investitionsbeihilfe" und einen Anreiz, am Markt aktiv zu werden. Kapazitätszahlungen für Investitionen in die nicht-fossile Erzeugung sind strukturell vergleichbar.

Solche Kapazitätszahlungen sind noch aus der alten Systemperspektive gedacht. In einem von erneuerbaren

---

[394] Einen guten Überblick der Positionen verschiedener Stakeholder gab die Jahreskonferenz der Florence School of Regulation „Future Trends in Energy Market Design" [FSR 2011].
[395] DB 2011.
[396] Lesser/Sue 2008.

Energien dominierten System verschärft sich die Problematik weiter. Nicht nur für eine Übergangsphase wären Kapazitätszahlungen möglich und nötig: Wind und Solar haben Grenzkosten von null. Wenn viel Wind weht, senkt dies in einem „Merit Order"[397]-System die Börsenpreise. In einem windbasierten System würden Aggregatoren von Windleistung immer unterhalb der bekannten Grenzkosten der konventionellen Erzeugung in den Markt bieten. Sehr viel prognostizierte Windleistung würde dazu führen, dass alle Windanbieter mit minimalen Preisen in den Markt gehen. Wenn Wind weht, senkt der Windanlagenbetreiber in einem grenzkostenbasierten System sich selbst (und allen anderen) den Preis. Damit entfällt der Deckungsbeitrag des zweiten Teils von Two-Part-Tariffs. Wenn der Wind nicht weht, verdient der Anlagenbetreiber auch nichts. Die Anbieter konventioneller Erzeugung, von Speichern (die mit Grenzkosten von null gefüllt wurden), von aggregierter Nachfragereduktion, von Lastverschiebung und von Importen können in dieser Zeit Geld verdienen.

> Die Frage „Wie sind erneuerbare Energien für ihre preisdämpfende Wirkung in einem winddominierten System adäquat zu kompensieren?" bleibt offen.

### 6.4.2. REGULIERUNGSPARADIGMA UND FEG

Wie sieht eine Qualitäts- und Innovationsregulierung aus, die ein FEG im Verteilnetz ermöglicht? Die seit 2005 arbeitende BNetzA hat mit großem methodologischen Aufwand ein aus den 1980er Jahren stammendes Regulierungsparadigma („RPI-X") in die Anreizregulierung umgesetzt, wobei dies der erklärte Wille des Gesetzgebers war und bislang ist.

> Die Anreizregulierung stellt auf Kostenreduktionen in einem bestehenden Verteilnetz ab und ist grundsätzlich nicht dafür ausgelegt, zu Innovationen und einem FEG zu motivieren.[398]

Bei der Anreizregulierung einigen sich Regulierer und Netzbetreiber ex ante auf die erlaubten Kosten bei definierten Outputs (Service-Level-Agreements - SLA), Quality of Service (QoS), Netzverluste, Netzengpässe etc.), um zu verhindern, dass der Netznutzer zu viel zahlt. Bei neuen Dienstleistungen oder neuer Technologie ist es schwierig, diese Kosten zu bestimmen. Deshalb gibt es mehrjährige Regulierungsperioden, an deren Ende die vereinbarten Kosten adjustiert werden. Der Output wird allerdings nicht nur in der Periode erzielt, in der investiert wird, sondern auch in darauf folgenden. Deswegen ist eine angemessene Regulierung von Investitionen schwieriger als die von Betriebskosten.

FEG bedeutet auch, die maximale Spitzenlast im Netz nach ökonomischen Gesichtspunkten festzulegen. Das heißt: Der Verteilnetzbetreiber soll zunächst mehr investieren, um dann reduzierte Benchmarkingparameter und somit perspektivisch weniger Netzentgelte zu bekommen. FEG kann also bedeuten, dass nicht unbedingt der Netzbetreiber die Vorteile seiner Investition hebt. Dieses Motivationsproblem kann durch ein substanziell weiterentwickeltes regulatorisches Effizienzbenchmarking oder alternative Entgeltformen gelöst werden. Wie aber Outputs des Verteilnetzes mit den Inputs argumentativ und finanziell zu verbinden sind, ist bei einem FEG noch schwerer als bei einem Verteilnetz im heutigen Zustand zu bestimmen. Bei wenigen Netzbetreibern, wie im Vereinigten Königreich, mag dies auf individueller Verhandlungsbasis möglich sein, bei mehreren Hundert nicht.

---

[397] „Merit Order" bezeichnet die Einsatzreihenfolge der Kraftwerke: Zunächst werden die günstigen Kraftwerke zum Zuge kommen, dann die nächstteureren usw., bis die Marktnachfrage zum Preis des letzten Kraftwerks gedeckt ist. Die Kosten der Energie dieses Kraftwerks bestimmen den Strompreis.

[398] Die britische Regulierungsinstanz OFGEM hat 2010 mit der Etablierung von RIIO (Revenue = Incentives+Innovations+Outputs) ein neues Regulierungsparadigma etabliert, das die im Vereinigten Königreich seit 1990 ausdifferenzierte Anreizregulierung in wesentlichen Teilen modifiziert, um adäquat auf die Herausforderung der Systemtransformation zu reagieren. Ein zentrales Element ist dabei auch der Umgang mit Unsicherheit. Der Ansatz ist direkt nicht übertragbar, da die Bestimmung von adäquaten Outputgrößen für über 900 Netzbetreiber in Deutschland nicht möglich ist.

Die BNetzA steht vor der Herausforderung, Fragen zum FEG vor dem Hintergrund eines über 25 Jahre alten politischen Auftrags zu beantworten. Der Abteilungsleiter Energieregulierung, Achim Zerres, schlägt vor, den Begriff Smart Grid für „netzinterne" Themen (Netzsteuerung – Ausbau – Management) zu verwenden und durch den Begriff „Smart Market" zu ergänzen, der „verändertes Nutzerverhalten durch Preise und Anreize im Bereich Energiemengenaustausch" beschreibt. Das Netz soll diesem „Smart Market" dienen, der dann, anders als das Monopol „Netz", Innovationen herbeiführt. Die „Intelligenzlücke in den Verteilernetzen lässt sich größtenteils durch Kapitalflüsse des bestehenden Netzes finanzieren" – über „intelligente Restrukturierung". Smart Meter seien eher für „Smart Markets" erforderlich, für das Smart Grid leisteten sie keinen Beitrag. Derart hoch aufgelöste Daten seien für den Netzbetrieb nicht erforderlich. Daher sei ein weitgehender Roll-out (mit der Folge der Finanzierung ausschließlich über Netzentgelte) unangebracht.[399] Die Marktregeln für diesen „Smart Market" sind noch zu definieren.

Diese Positionierung ist bezüglich der Smart Meter inhaltlich zu Recht skeptisch, zu sehen, zeigt aber eine strenge Argumentationspflicht auf der Basis der gerade etablierten Anreizregulierung und vermeidet jeden Hinweis auf einen „grundlegenden Strategiewechsel" bezüglich der Anerkennung von Innovationen im Netz.

Die BNetzA sieht sowohl eine Kapazitätsbewirtschaftung als auch zeitvariable Netzentgelte als Instrument dieser Bewirtschaftung kritisch. Zeitvariable Netzentgelte seien nur mit hohem Aufwand zu implementieren, ebenso sei die Netznutzerakzeptanz schwierig. Ein „starker Fokus auf das bestehende Netz und zu geringer Netzausbau würde die Integration erneuerbarer Energie und den Smart Market behindern" – Flexibilität benötigt Kapazität. Das Netz soll eine dienende Funktion für diesen „Smart Market" haben.

Der starke Fokus auf das etablierte Paradigma in dieser Argumentation zementiert das bestehende Netz. Ein FEG als Dienstleistungsplattform für einen „smarten" Markt müsste auch zu einer optimalen Netzleistungsfähigkeit führen. Eine Diskussion zu der Regelung eines „optimalen Netzausbaus" oder zu Preissignalen aus dem Netz sind noch zu führen.

Die Position der Bundesregierung und die Haltung der BNetzA ist zurzeit, dass eine Fortentwicklung des gerade einmal etablierten Regulierungsparadigmas hinreicht, aber keine Veränderung notwendig ist. Eine Position zur Frage, wie die hohen Investitionen in ein mögliches FEG (aus Sicht des Netzbetreibers: mehr investieren, um die Netzerlöse perspektivisch zu senken) in die Anreizregulierung eingebunden werden sollen, ist noch nicht erkennbar.

Aufwand und Folgekosten der „konventionellen" Lösung durch Netzausbau müssten Aufwand und Folgekosten einer FEG-Lösung gegenübergestellt werden, damit die Politik sinnvoll zwischen dem Effizienzgedanken der Anreizregulierung (der Kosteneinsparungen belohnt und „White Elephants" weitgehend verhindert) und einer Belohnungsstrategie, die Verteilnetzbetreiber stärker am Gesamtnutzen des Netzausbaus und der Netzerneuerung partizipieren lässt, abwägen kann.[400] Ein Gutachten im Auftrag des BDEW zufolge ergeben sich je nach Ausbauszenario der erneuerbaren Energien Investitionen zwischen 13 und 27 Milliarden Euro innerhalb der nächsten zehn Jahre – ohne die für Smart Grids erforderlichen Investitionen.[401]

---

[399] Zerres 2011.
[400] Für die Weiterentwicklung der Anreizregulierung hat Gerd Brunekreeft im Rahmen des vom BMWi geförderten IRIN-Projektes im Rückgriff auf Elemente aus Revenue=Incentives+Innovations+Outputs (RIIO) den Vorschlag gemacht, vom „Photojahr" 2011 aus eine „Als-ob"-Projektion und Modellnetzrechnungen zu machen, die ein intelligentes mit einem nicht-intelligenten Netz vergleicht und daraus Investitionsbedarf abzuleiten. Dies wird für Hunderte von Netzbetreibern schwer durchzuführen sein.
[401] E-Bridge 2011.

Beides, lokales FEG und europäisches Overlay-Grid, erzielen ihren Nutzen erst, wenn sie insgesamt breit ausgerollt sind. Inwieweit beide Infrastrukturen notwendig und parallel zu finanzieren und deren Kosten über die Netzentgelte zu sozialisieren sind, ist eine offene Frage, die vermutlich zunächst von der politischen Durchsetzbarkeit der Optionen her geprägt wird. In beiden Fällen sind substanzielle Investitionen nötig, sodass die Strompreise in jedem Fall steigen werden, auch wenn bei hohen Anteilen von Erneuerbaren die marginalen Kosten sinken könnten.

Die BNetzA hat methodisch konzis und ausführlich das Paradigma der „RPI-X"-Regulierung in Deutschland umgesetzt. Ebenso könnte sie die Diskussion um eine Veränderung dieses Paradigmas begleiten, wenn sie den politischen Auftrag dazu erhält. Im Hinblick auf die dritte Regulierungsperiode (beginnend 2018) wäre die Expertendiskussion zu intensivieren, mit den Ergebnissen aus den laufenden Modellprojekten anzureichern und in die politische Diskussion zu überführen. Nur so wird es möglich sein, echte Veränderungen der Anreizregulierung rechtzeitig herbeizuführen.

### 6.4.3 BELOHNUNG VON FLEXIBILITÄT

Wie ist Flexibilität zu belohnen (zum Beispiel der Nichteinsatz von Erzeugungskapazität)? Mehr investieren, um weniger zu produzieren. Dieses Paradoxon der Rationierung ist für ein FEG und ein künftiges Energiesystem prägend:

— Mehr Investitionen in erneuerbare Energien, die bei ihrem Einsatz den Preis senken.
— Mehr Investitionen in Netzintelligenz, soweit diese zu weniger Entgelten führen.
— Optimale Investitionen in Netzausbau, die zu weniger Entgelten führen.

Dies gilt auch für Maßnahmen, die Flexibilität produzieren. Speicher sind weniger problematisch: Sie müssen ihre Kosten über Arbitrage decken können. Unklar ist noch, wie Anbieter aggregierter Nachfrage direkt am Markt partizipieren können. Das Zementwerk, das seine Produktion in windintensive Tage verschiebt, müsste seine „Negawatts" bei windstillen Tagen in Höhe des dann recht hohen Preises, den konventionelle Erzeuger und Anbieter aus Speichern erzielen können, kompensiert bekommen.

Für eine konsistente Skizze in Richtung auf ein künftiges Marktdesign bedürfen eine Vielzahl von Fragen noch der weiteren Bearbeitung und Diskussion. Die Folgenden sind dafür nur Beispiele:

— In welchem Umfang können Leitungsinvestitionen durch Investition in „Intelligenz" ersetzt werden (Kosten-Nutzen-Analyse)?
— Wie kann eine Anreizregulierung eine „optimale Netzleistungsfähigkeit" herbeiführen?
— Was sind sinnvolle Erlöstreiber („Outputs") eines FEG im Sinne einer weiterentwickelten Anreizregulierung?
— Wie soll mit der angeschlossenen Leistung verteilter Erzeugung (auf dem Land) verfahren werden?
— Wie ist der effizienteste Umgang mit dieser Einspeisung?
— Wie kann eingesparte Energie beim Verbraucher belohnt werden?
— Wie kann die Regulierung gestaltet werden, damit das Verteilnetz den übergeordneten ÜNB bei seinen Aufgaben unterstützt?
— Welche Rollen und Verantwortlichkeiten der verschiedenen Marktteilnehmer in einem FEG sind anzustreben?
— Wie lässt sich ein Übergang sinnvoll gestalten und wie sind „Quick Wins" zu erzielen?
— Wie werden die Kosten für ein Abkaufen von Flexibilität behandelt? Wie kann Verbrauchsreduzierung/Reduktion von Nachfrage am Spotmarkt und intraday gehandelt werden?

- Sind negative Preise ein sinnvolles Steuerungsinstrument?
- Wie sind erneuerbare Energien für ihre preisdämpfende Wirkung in einem winddominierten System adäquat zu kompensieren?

## 6.5 INTELLIGENTE VERTEILNETZE IN EINEM ZENTRALISIERTEN EUROPÄISCHEN ÜBERTRAGUNGSNETZ

Mit einem weiter steigenden Anteil erneuerbarer Energien an der Energieversorgung wächst die Notwendigkeit, ausreichende Reservekapazitäten bereitzustellen und aktiveres Lastmanagement als bisher zu betreiben. Ob dieser Systemausgleich dezentral, zentral oder eine Mischung aus beiden Ansätzen ist, ist noch unklar.

Ein europaweites Übertragungsnetz, das die Pumpspeicherkraftwerke in Norwegen (die im Übrigen weiter ausgebaut werden müssten) mit Windparks entlang der Atlantikküste integriert, kann sowohl für den Ausgleich im Tagesbereich als auch für einen saisonalen Ausgleich sorgen. Alternativen zum saisonalen Ausgleich sind zudem durch weitere zentrale, großtechnische Optionen möglich: etwa den Bau von Gasspeichern, die Herstellung und Speicherung von Wasserstoff, die Erschließung von weiteren Speichermöglichkeiten, beispielsweise Luftspeichern (sogenannte CAES – Compressed Air Energy Storage), oder die Nutzung des Gasnetzes als Speicher („Power to Gas"). Ein europaweites Übertragungsnetz, ein Overlay-Netz, könnte große Erzeugungsanlagen vor allem erneuerbarer Energien von Spanien bis in den Norden synchronisieren und eventuell sogar thermische Sonnenkraftwerke und Wind aus Nordafrika in die Strommärkte Europas einbinden.

Auf der anderen Seite kann ein FEG auf Verteilnetzebene durch die intelligente Einbindung kleiner Erzeugungsanlagen und intelligentes Lastmanagement lokal zu in sich effizienten Teilsystemen führen.

Sowohl beim lokalen FEG als auch bei einem europäischen Übertragungsnetz ist das folgende Dilemma der meisten Netzinfrastrukturen zu beachten:

> Erst ein großflächig ausgebautes FEG kann voraussichtlich die notwendigen Skaleneffekte und Effizienzvorteile ermöglichen, die allein auf der Basis lokaler Initiativen nicht entstehen werden.

Wenn alle Akteure investieren, werden die Transaktionskosten gesenkt und nachfolgend die Aufwendungen für Spitzenlastkraftwerke und physischen Netzausbau reduziert. Dann wäre ein Ausbleiben dieser Investitionen ein Marktversagenstatbestand in der klassischen wirtschaftstheoretischen Auslegung, der durch einen staatlichen Eingriff behoben werden könnte. Zur Beurteilung von Kosten und Nutzen eines FEG wäre in dieser Logik nicht eine rein betriebswirtschaftliche Investitionsrechnung angemessen, sondern eine langfristorientierte Gesamtbetrachtung, die auch die Bepreisung von Externalitäten sowie Sicherheits- und Energieautarkieeffekte berücksichtigt.

## 6.6 TRANSFORMATION VON ÜBERTRAGUNGS- UND VERTEILNETZ ZU EINEM FEG

> Ein integriertes Marktdesign, das von einer Mehrzahl der zahlreichen Stakeholder getragen wird, ist sowohl für das europäische Übertragungsnetz als auch für das lokale Verteilnetz noch zu entwickeln.

Sowohl auf Übertragungsnetz- als auch auf Verteilnetzebene sind die sich abzeichnenden Konflikte ähnlich: Was hat zum Beispiel an einem windreichen Feiertag Vorfahrt im europäischen Netz? EEG-Strom aus Deutschland oder Kernenergie in der Grundlast aus Frankreich? Wie ist die verfügbare Netzkapazität grenzübergreifend optimal zu nutzen?

Dies könnte ein europäischer Independent System Operator (ISO) entscheiden, der den Systemdispatch des Gesamtsystems verantwortet und intraday optimiert. Ein solcher ISO müsste Informationen über das Gesamtsystem (Netzstatus, Verfügbarkeit der Anlagen, kurzfristige Windprognosen) und Hoheit über den europäischen Day-ahead- und Intraday-Markt bekommen, um eine optimale Ressourcenallokation in einem Gesamtsystem mit einem hohen Anteil an fluktuierenden erneuerbaren Energien vornehmen zu können.

Dafür ist ein Bündel an Voraussetzungen zu schaffen, unter anderem gemeinsame Spielregeln zum Beispiel dafür, wie genau erneuerbare Energien zu privilegieren sind. Ein Übergang zu einem ISO benötigt Zeit, zentrale Koordination und politischen Willen.[402,403]

Was für das europäische Übertragungsnetz gilt, gilt ähnlich auch für ein Verteilnetz, sobald es steuerbar ist, wenn auch auf anderer Systemebene. Wer führt das System und entscheidet bei entstehenden Konflikten? Ein FEG insbesondere auf Verteilnetzebene kann die Voraussetzung schaffen, dezentrale Einspeisung und Nachfrage besser zu managen. Der Verteilnetzbetreiber integriert fluktuierende erneuerbare Erzeugung bereits auf der Verteilnetzebene. Er könnte als regulierter Enabler für DSM genutzt werden, indem notwendige technische Daten (unter anderem zur Spannungshaltung in Verteilnetzen) für ein optimiertes stabiles Gesamtsystem aggregiert werden. Darüber hinausgehende Daten für Dritte könnten je nach Präferenz der Kunden oder Dritter diskriminierungsfrei bereitgestellt werden. Auch dies könnte im Prinzip ein aktiver ISO leisten, für den der Begriff „Smart Area Grid Operator" (SAGO) geprägt wurde. Die Rolle ist skizziert, noch ist aber unklar, wie das Geschäftsmodell dazu im Prinzip unter den derzeitigen Randbedingungen funktionieren soll. Die arbeitsteilige Marktrollentrennung des aktuellen Wettbewerbsparadigmas erleichtert die Etablierung eines solchen SAGO nicht. Die gegenwärtigen Entflechtungsmaßnahmen des Wettbewerbsparadigmas sind zwar nicht im Hinblick auf ein FEG entwickelt worden, sie stehen aber auch nicht unbedingt im Widerspruch zu einem FEG.

## 6.7 WECHSELWIRKUNGEN EINES FEG MIT ERZEUGUNG

In der Theorie sollen Knappheitspreise Neuinvestitionen anreizen. In der Praxis tun sie dies aus einer Vielzahl von Gründen nicht. Die Nebenbedingungen der Systemtransformation im Energiebereich sind so, dass Investoren die assoziierten Risiken für konventionelle Kraftwerke immer weniger tragen wollen. Je erfolgreicher die erneuerbaren Energien sind, desto weniger Benutzungsstunden haben konventionelle Kraftwerke. Damit sind viele traditionelle Investitionsrechnungen obsolet.

Langfristverträge, Kapazitätszahlungen, Carbon Price floors[404] werden europaweit diskutiert und sollen langfristig wirksame Marktsignale senden. Ein FEG sollte prinzipiell zu in sich optimierten Zellen führen und den Bedarf an zentraler Einspeisung von außen reduzieren sowie Spitzenlasten glätten. Damit werden die Nutzungsstunden für konventionelle Kraftwerke weiter reduziert und die Investitionsbedingungen innerhalb des bestehenden Marktdesigns weiter verschlechtert. Hinzu kommt, dass Windeinspeisung und Spotmarktpreise negativ korreliert sind: je mehr Zubau, desto höher ist der zu erwartende Preisdruck auf dem Spotmarkt.

---

[402] Neuhoff et al. 2011.
[403] Säcker 2007.
[404] Ein „carbon price floor" ist eine Regulierung/Besteuerung, die vorsieht, dass ein Emittent von $CO_2$ eine Mindestsumme für das Verschmutzungsrecht zahlt, auch wenn Überallokationen von Emissionszertifikaten zu einem sehr niedrigen Marktpreis führen. Dieser Mindestpreis soll auch in diesen Situationen Investitionen in Effizienz und $CO_2$-Vermeidung attraktiv machen.

Mit der Systemtransformation geht auch eine Veränderung der Rolle der zentralen Kraftwerke einher. Hochflexible Gaskraftwerke als dezentrale Regeleinheiten werden dringend benötigt. Sie sollen aber in einem Markt agieren, der sie am liebsten möglichst wenig einsetzen möchte. Dazu sind neue Regularien notwendig, um Investitionssicherheit zu bieten.

## 6.8 ZUSAMMENFASSUNG

Es gibt vier Möglichkeiten zur Integration fluktuierender erneuerbarer Energien in das Energiesystem:

— Zubau von Netzen, Kraftwerken, Speichern,
— Reduzierung der Inelastizitäten durch Einspeisemanagement,
— Flexibilisierung der Nachfrage und
— verstärkte europäische Marktintegration.

Nach der Transformation der Monopole in einen wettbewerblichen Rahmen ist es fraglich, wie und ob der Markt die hohen Investitionen für diese Möglichkeiten bereitstellt. Erst recht gilt dies für hohe Investitionen, die auf einen saisonalen Ausgleich zielen. Unklar ist auch, inwiefern das gegenwärtige Marktdesign mehrere mögliche technische Systemkonfigurationen großtechnischer Verbundlösungen (europäisches Overlay-Netz, Power to Gas) zulässt. Eine andere Option stellt die Vereinzelung von Netzzellen mit weitgehend autarker Versorgung inklusive Speichern dar, die nur noch einen geringen Puffer zur Überbrückung zum Beispiel von Zeiten mit schwachem Wind und von sonnenarmen Zeiten im Winter benötigen. Ein FEG ist Voraussetzung für die Bereitstellung vieler anderer Ausgleichsoptionen. Aus einer solchen Bewertung könnte eine „merit order" der Ausgleichsoptionen erstellt werden, die Möglichkeiten zur Einbindung fluktuierender Energien sortiert nach zeitlicher Verfügbarkeit und Kosten, darstellt. Sie könnte, analog zur „abatement curve"[405] helfen, die begrenzten Investitionsmittel adäquat zu allozieren.

Der von der EU gesetzte Fokus auf das Thema Smart Metering ist zumindest für Deutschland kontraproduktiv. Erst müssen im Verteilnetz, in einer Backend-Struktur und im Marktdesign die Voraussetzungen für einen Erfolg von Smart Metering geschaffen werden. Sollte eine Kosten-Nutzen-Analyse für Deutschland bestätigen, dass ein flächendeckender Roll-out von intelligenten Zählern für Kleinverbraucher wirtschaftlich wenig effizient wäre, könnte dieses Ergebnis die von der EU geforderte Verpflichtung, dass 80 Prozent aller Haushalte bis zum Jahr 2020 einen Smart Meter installiert haben, infrage stellen. Bisherige Studien für den deutschen Markt gehen von einem wesentlich geringeren Kundensegment aus, für das sich ein intelligenter Zähler finanziell lohnt.

Die Diskussion um ein Marktdesign für ein FEG auch auf Verteilnetzebene sollte initiiert werden. Ein solches Design muss folgende Fragen beantworten:

— Wie sind Investitionen in Rationierung und Effizienz zu belohnen?
— Wie kann aggregierte Nachfrage und wie können Speicher am Markt teilnehmen?
— Wie können fluktuierende erneuerbare Energien für ihre preissenkende Wirkung belohnt werden?

Ein Preismechanismus, der lokale/regionale Effizienz- und Flexibilitätsanforderungen erfüllt, muss bei zunehmender Durchdringung mit erneuerbaren Energien einen messbaren und begrenzten Netzgültigkeitsbereich abdecken. Die Preisbildung sollte damit die strukturellen Bedingungen für Einspeisung, Speicherung und Ausspeisung aus einzelnen Netzbereichen widerspiegeln können.

---

[405] abatement curve: Sogenannte "marginal abatement cost curves" (MAC) tragen eine Reihe von Optionen zur Reduzierung von Verschmutzung (zum Beispiel bei Treibhausgasen) in Reihenfolge ihrer Kosten und zeigen zugleich den möglichen Anteil an der Reduzierung.

## Future Energy Grid

Vor dem Hintergrund der vielfältigen Unsicherheiten und Wechselwirkungen ist das frühzeitige Erproben neuer Ansätze und Innovationsmechanismen im Experiment mit Sonderzonen, in denen Ausnahmen von in der Fläche geltenden Regulierungsprinzipen möglich sind, wichtig, um optimale Anreizmechanismen, adäquate Marktrollen, und ein Marktdesign zu finden, das ein FEG mit einer Maximierung des Verbrauchernutzens herbeiführt.

Ein Marktparadigma für die Strommärkte ist in Europa und Deutschland gerade erst etabliert. Zugleich wird ein immer größerer Anteil an fluktuierenden erneuerbaren Energien durch Einspeisetarife marktfern installiert. Wie die erneuerbaren Energien in den Markt überführt werden sollen, ist noch unklar. Diesen dreifachen Widerspruch zwischen den Paradigmen Markt – Technologiewahl (EEG) – Optimierung (FEG) muss ein neues Marktdesign auflösen. Für eine erfolgreiche und nachhaltige Transformation des Energiesystems ist ein langfristiger Systemwechsel im EEG und im Marktdesign parallel zur Transformation eines FEG erforderlich. Dies gilt auch für die Weiterentwicklung der Anreizregulierung in Richtung Qualitäts- und Innovationsregulierung.

# 7 SMART GRID UNTER DEM GESICHTSPUNKT DER VERBRAUCHERAKZEPTANZ

In diesem Kapitel werden die Aspekte der Verbraucherakzeptanz mithilfe eines differenzierten Blicks auf die Verbraucher"milieus" analysiert. Nach der Darstellung und Bewertung des Ist-Standes der Forschung wird zunächst der Milieuansatz vorgestellt und die unterschiedlichen Milieus beschrieben. Auf dieser Grundlage werden dann die Potenziale für die Schaffung von Technikakzeptanz in den Milieus, untergliedert nach verschiedenen thematischen Zusammenhängen und spezifischen Sichtweisen auf das Thema Smart Grid, identifiziert.

## 7.1 IST-STAND DER FORSCHUNG

### 7.1.1 EINFÜHRUNG

Die Kombination aus steigenden Energiepreisen und einer zunehmenden Sensibilität der Verbraucher für den Energieverbrauch und seinen umweltbezogenen, negativen Konsequenzen führen zu einem erhöhten Interesse am Thema Energiemanagement. Forciert durch den raschen Atomausstieg der Bundesregierung nach der Katastrophe in Fukushima werden auch die regenerativen Energien und somit eine variablere Stromnutzung noch schneller an Bedeutung gewinnen. Fernab der Wahrnehmung der breiten Öffentlichkeit werden vonseiten der Industrie und Politik derweil die Grundlagen einer neuartigen Stromversorgung entwickelt – das Smart Grid.

Neben gesetzlichen und technischen Rahmenbedingungen ist es allerdings auch entscheidend, die Sicht der zukünftigen, sprich potenziellen Nutzer nicht außer Acht zu lassen. Denn nur die Berücksichtigung von deren Bedürfnissen und Anforderungen führt zu einer breiten Inanspruchnahme und zügigen Etablierung eines neuen, „intelligenten" Stromsystems.

Eine diesjährige Expertenumfrage hat ergeben, dass drei von vier Experten die Marktdurchdringung von Smart Grids in mehr als 10 Jahren erwarten, rund ein Viertel erst in mehr als 15 Jahren. Zwar traut man Deutschland die höchste Kompetenz für diese Technologie zu, die Realisierungschancen werden jedoch wesentlich kritischer bewertet. Weiterhin definieren 65 Prozent der Befragten Smart Grids als „Voraussetzung für die Integration erneuerbarer Energien".[406]

In den folgenden Ausführungen wird allerdings weniger die häufig sehr technische Expertensicht betrachtet werden, vielmehr liegt der Fokus auf dem aktuellen Forschungsstand im Hinblick auf die Akzeptanz von Smart-Grid-Technologie im Haushalt in der deutschen Bevölkerung. Die Kenntnisse von Motiven und Barrieren aus Verbrauchersicht liefern wichtige Ansatzpunkte für eine Erfolg versprechende Markteinführung und verhindern eine allzu technokratische Herangehensweise, die oftmals an den Kundenbedürfnissen vorbeigeht.

Die Kenntnisse von Chancen und Barrieren liefern wichtige Ansatzpunkte für eine Erfolg versprechende Markteinführung.

### 7.1.2 STATUS QUO

Deutschland spielt in Europa eine sehr aktive (Vorreiter-) Rolle beim Umweltschutz.[407] Bevölkerungsumfragen zeigen einen generell hohen Kenntnisstand zum Thema Energie und Umwelt. So denken beispielsweise 60 Prozent der Deutschen, dass der Energiekonsum der privaten Haushalte einen negativen Einfluss auf die Umwelt hat (vgl. 40 Prozent weltweit). Sogar 80 Prozent der Deutschen schätzen ihr Wissen über Maßnahmen zur Optimierung der privaten Energienutzung als ausreichend ein. Allerdings kennen lediglich 31 Prozent gezielte Programme zum

---
[406] VDE 2011, S. 26.
[407] EKO 2009.

Energiemanagement,[408] was den Schluss zulässt, dass ein hoher spezifischer Aufklärungsbedarf vorhanden ist.

Laut einer internationalen Studie, durchgeführt in fünf Ländern, erwarten knapp 80 Prozent der Befragten, dass intelligente Systeme („Smart Appliances") in den nächsten 10 Jahren eine größere Rolle spielen werden. Dabei sind sich aber auch fast alle einig, dass die Verringerung des Stromverbrauchs sowohl deutlicher Verhaltensänderungen der Privathaushalte bedarf als auch neuer technischer Lösungen.[409] Eine weitere Umfrage zum Thema Smart Metering hat ergeben, dass 85 Prozent der Haushalte bereits heute an intelligenten Stromzählern interessiert sind und dass sich fast ebenso viele für den Ausbau einer dezentralen Energieversorgung (unter Einbeziehung der Möglichkeit einer eigenen Energiegewinnung, was vor allem für Wohneigentümer relevant ist[410]) aussprechen. Hierbei ist jedoch zu berücksichtigen, dass ein bekundetes Interesse noch nicht mit tatsächlichem Handeln gleichzusetzen ist und der grundsätzlichen Offenheit für neue Energielösungen gewichtige Barrieren gegenüberstehen. In der Literatur lassen sich hier fünf Themenfelder identifizieren, die im Folgenden dargestellt werden.

### 7.1.3 KOSTEN-NUTZEN-RELATION

Zunächst ist ein finanzieller Vorteil essenziell bei der Überlegung, intelligente Energie-Management-Systeme (EMS) zu nutzen bzw. in diese zu investieren. So sucht beispielsweise der Endverbraucher erst dann gezielt nach kaufrelevanten Informationen, wenn die Strompreise merkbar steigen oder wenn ein Neukauf von großen Haushaltsgeräten sowieso geplant ist[411]. Da die Lebenszyklen großer Verbrauchsgeräte allerdings relativ lang sind, findet diese Überlegung in der Regel nur alle 10 bis 15 Jahre statt.[412]

Hinzu kommt die Zahlungsbereitschaft für sogenannte Smart-Home-Produkte, wie intelligente Kühlschränke oder andere vernetzte Haushaltsgeräte. Mehrere Studien mit Endverbrauchern belegen, dass die Befürchtung von zu hohen Anschaffungskosten stark ausgeprägt ist und diese gegebenenfalls in keinem Verhältnis zum Nutzen stehen[413]. Die (finanziellen) Einsparpotenziale werden sehr kritisch hinterfragt. Zwar würden rund 50 Prozent einen Aufpreis von 50 bis 100 Euro für intelligente Haushaltsgeräte zahlen. Dieser Aufpreis müsste sich allerdings spätestens innerhalb von 5 Jahren amortisiert haben[414]. Aus einer weiteren Studie geht hervor, dass Investitionen in eigene Energiegewinnung in der Regel erst dann interessant sind, wenn diese die Energiekosten um 50 Prozent senken würden[415].

Obwohl die Aussicht auf geringere Energiekosten in erster Linie ausschlaggebend ist bei der Überlegung in EMS zu investieren, würden letztlich immerhin knapp ein Drittel der Endverbraucher einen Kostenanstieg von 5 Prozent akzeptieren[416]. Aus zwei Studien geht hervor, dass sowohl Experten als auch Endverbraucher eine Einsparung des Stromverbrauchs von ca. 10 Prozent als realistisch betrachten.[417] Diese Einsparungen resultieren nicht allein aus intelligenten, energiesparenden Haushaltsgeräten, sondern werden vielmehr durch ein erhöhtes Bewusstsein und das Wissen um das eigene Energieverhalten bzw. die Möglichkeit zur

---

[408] Guthridge 2010, S. 7-9.
[409] Mert 2008, S. 17.
[410] Haastert 2010.
[411] Guthridge 2011, S.12.
[412] BMWi 2006b, S. 134.
[413] VDE 2011, S. 32 f.
[414] Mert 2008, S. 33.
[415] Valocchi 2007, S. 10.
[416] Guthridge 2011, S. 17 f.
[417] BMWi 2008; VZBV 2010.

Optimierung des eigenen Stromverbrauches erreicht.[418] Gerade diese Kontrolle und das Aufspüren von „Stromfressern" sind interessante Anreize für den Endverbraucher[419] und würden eventuell etwas höhere Anschaffungskosten bzw. zusätzlich entstehende Kosten durch Service/Wartung kompensieren.

In diesem Zusammenhang ist es für viele Endverbraucher auch sehr interessant, Einkünfte durch nicht benötigten Strom erzielen zu können.[420] Insofern kann man resümierend festhalten, dass das Wissen über intelligente Technologien zur Stromeinsparung sowohl im Hinblick auf Kosten als auch auf den tatsächlichen Nutzen bei den Endverbrauchern noch zu gering ist, um derzeit eine realistische Aussage über die private Investitionsbereitschaft treffen zu können.

### 7.1.4 STROMANBIETER/DATENSCHUTZ

Stromanbieter sind die ersten Ansprechpartner der Endverbraucher zum Thema Energieeffizienz. Die Beziehung zwischen Stromanbietern (insbesondere den Energiekonzernen) und Endverbrauchern ist allerdings vor allem in Deutschland durch ein starkes Misstrauen geprägt.[421] Auch wenn die Deutschen (noch) nicht häufig ihren Stromanbieter wechseln und diese Option auch nicht für so wichtig erachten[422], möchten sie sich doch nicht über einen allzu langen Zeitraum an einen Anbieter binden müssen. Befürchtet wird eine technische Abhängigkeit vom Stromanbieter, wenn dieser gleichzeitig auch intelligente Messgeräte anbietet.[423] Dieses (sehr deutsche) Misstrauen stellt eine mögliche Barriere dar im Hinblick auf die steigende Kontrolle durch den Stromanbieter und damit seinen Zugriff auf persönliche Daten. Laut einer Umfrage wird diese Problematik allerdings stärker verbal thematisiert als letztlich als tatsächliche Barriere erlebt. Immerhin erklären über 60 Prozent, dass der Zugriff Dritter auf Nutzerdaten zur Wartung bzw. zur Nutzungsoptimierung kein Hindernis darstellt. Dies gilt insbesondere dann, wenn dadurch Kosten eingespart werden können.[424] Skepsis und ein gewisses Unbehagen bleiben dennoch die Regel.

### 7.1.5 PERSÖNLICHE AUTONOMIE

Intelligente Geräte im Haushalt bedeuten neben einer Steigerung des Komforts und der Energieeffizienz aber auch eine oftmals ungewollte Abhängigkeit von der Technik. Hinzu kommt die Befürchtung, dass die Technologie zu komplex und daher unverständlich ist. Die so vermutete schwierige, nicht intuitive Bedienbarkeit entsprechender Systeme konterkariert insofern den bestehenden Komfort bzw. erwünschten Komfortgewinn. Außerdem gehen viele Verbraucher (ausgehend von eigenen Erfahrungen) fast schon grundsätzlich davon aus, dass bei der Einführung neuer Produkte und Technologien die technische Fehlerquote (zunächst einmal) sehr hoch ist („Kinderkrankheiten").

Skepsis wird auch bezüglich des Designs der Messfühler, Sender-Boxen oder der Verkabelung geäußert. Die Raumästhetik und das Design einzelner Geräte fließen demnach auch in die Wohlfühl-Atmosphäre ein.[425] Wird diese gestört oder nicht mehr so positiv erlebt, fördert das die Distanz zum Produkt und verstärkt das Gefühl der Fremdbestimmtheit im Haushalt. Zusammengefasst gilt: Je besser die Berücksichtigung bzw. Stärkung der eigenen Autonomie, umso größer die Akzeptanz von EMS im Haushalt und umgekehrt.[426]

---

[418] BMWi 2008, S. 44.
[419] VZBV 2010, S. 24.
[420] Valocchi 2007, S. 10.
[421] Guthridge 2010, S. 13 ff.
[422] Valocchi 2007, S. 9.
[423] VZBV 2010, S. 7.
[424] Guthridge 2011, S. 32 f.
[425] BMWi 2006b, S. 133-137.
[426] Guthridge 2010, S. 17-21.

## 7.1.6 ÖKOLOGISCHE ASPEKTE

Wie bereits ausgeführt, ist das stärkste Motiv, sich über energiesparende Maßnahmen zu informieren, die Möglichkeit zur Reduzierung der eigenen Stromkosten (rund 90 Prozent). Immerhin 70 Prozent geben an, dass die Minderung umweltschädlichen Verhaltens ebenfalls ein attraktiver Anreiz ist.[427] Das Motiv „Umwelt" ist zwar für die wenigsten allein ausschlaggebend für eine Investition, aber definitiv zumindest ein begrüßens- und wünschenswerter Nebeneffekt. Der geringe effektive Einfluss des Arguments „Umweltschutz" resultiert möglicherweise aus unzureichender Aufklärung über den Nutzen für die Umwelt und dem Gefühl, dass vom Endverbraucher Investitionen abverlangt werden, während „die Großen" aus der Industrie, die als die stärkeren Umweltschädiger erlebt werden, nicht entsprechend zur Verantwortung gezogen werden. Zum Teil wird sogar der tatsächliche Nutzen für die Umwelt infrage gestellt und als reines Verkaufsargument bzw. als Marketingmaßnahme vonseiten der Anbieter gesehen.[428] Abermals deutet sich an: Es ist eine gewisse Skepsis vorhanden, die aus der Unwissenheit der Bevölkerung abzuleiten ist und durch Aufklärungsarbeit (mittel- bis langfristig) entkräftet werden kann.

## 7.1.7 AKTUELLE WOHNSITUATION

Die Wohnsituation ist ein wichtiger Faktor, der die persönliche Investitionsbereitschaft mitbestimmt. Dabei ist zu berücksichtigen, dass über die Hälfte der deutschen Bevölkerung[429] zur Miete wohnt und von daher seltener bereit ist, sich an Investitionen für energiesparende Maßnahmen zu beteiligen. Auf der anderen Seite stehen viele Eigentümer/Vermieter, die für sich einen zu geringen Nutzen sehen, als dass sie bereit wären, die Kosten komplett selbst zu tragen. Dieses Dilemma kann nur durch die gleichrangige Berücksichtigung der Perspektive beider Marktteilnehmer aufgelöst werden. Dabei kann es sich um materielle (zum Beispiel finanzielle Förderung) sowie immaterielle (zum Beispiel Prestige) Vorteile handeln, die dazu führen, dass beide Seiten in eine Technologie der Zukunft investieren, ohne die finanzielle Last einseitig tragen zu müssen.[430]

Ebenso wird eine Investitionsentscheidung davon beeinflusst, ob die entsprechenden Gebäude neu gebaut oder renoviert/saniert werden. Bei Neubauten ist eine höhere Investitionsbereitschaft festzustellen, da sich die Technik mit weniger Aufwand (sprich: kostengünstiger) integrieren lässt, was sich positiv auf das Aufwand-Nutzen-Verhältnis auswirkt. Es gibt allerdings in Deutschland mehr Renovierungen als Neubauten (rückläufige Entwicklung von Neubauten), was die Markteinführung von EMS erschwert[431].

## 7.1.8 AKZEPTANZ INTELLIGENTER HAUSHALTSGERÄTE

Um Aussagen über die zukünftige Verbreitung und den Einsatz von Smart-Grid-Technologien im Haushalt treffen und die Einstellung und den Umgang von Endverbrauchern damit einschätzen zu können, bietet sich an, vergleichbare Produkte, die bereits auf dem Markt sind und einen gewissen Bekanntheitsgrad besitzen, zu betrachten. Verschiedene Einzellösungen können punktuell einen Beitrag leisten, um konsumentenspezifische Erkenntnisse für die Entwicklung und Vermarktung von Smart-Grid-Technologien zu erlangen.

In der Studie „Consumer acceptance of smart appliances" wurde gezielt erhoben, wie stark die Bereitschaft ausgeprägt ist, Haushaltsgeräte nur zu den Zeiten zu nutzen, in denen der Strom günstig ist.[432] Die Untersuchung hat

---

[427] Guthridge 2011, S. 17.
[428] Mert 2008, S. 34.
[429] TDWI 2011.
[430] Auer/Heng 2011, S. 12 f.
[431] BMWi 2006b, S. 133 f.
[432] Mert 2008, S. 17-27.

gezeigt, dass die Attraktivität von intelligenten Haushaltsgeräten generell sehr hoch ist. Zwar sind spezifische Funktionsweisen häufig noch unbekannt, aber man erwartet grundsätzlich einen erhöhten Komfort und eine Entlastung im Haushalt. Bezogen auf spezifische Haushaltsgeräte lassen sich unterschiedliche Attraktivitätsniveaus feststellen.

Intelligente Heizungssysteme erscheinen äußerst attraktiv, da insbesondere das Heizen als sehr energie- und dadurch kostenintensiv erlebt wird. Innovative Ansätze in diesem Bereich werden von daher auch besonders begrüßt – allerdings möchte man die nicht die komplette Kontrolle verlieren.

Auch einen intelligenten Geschirrspüler können sich die Befragten sehr gut vorstellen. Einer Vielzahl würde es nichts ausmachen, das Geschirr länger im Geschirrspüler stehen zu lassen, um einen günstigeren Betriebszeitpunkt abzuwarten. Bei einem geringen Geräuschpegel und hohen Sicherheitsstandards – wie es bei modernen Geräten inzwischen üblich ist – kann die Geschirrspülmaschine auch während der Nacht oder in Abwesenheit laufen.

Eine intelligente Waschmaschine wird ebenfalls als sehr attraktiv eingestuft und ist zum Teil auch schon vorhanden. Allerdings gibt es auch hier eine Befürchtung: Die Wäsche könnte „darunter leiden", wenn sie zu lange in der Waschmaschine liegt (Belastung durch zu lange feuchtes Gewebe, Knitterfalten). Abhilfe könnte hier geschaffen werden, indem die „Intelligenz des Geräts" etwas relativiert wird und sich die Waschmaschine spätestens nach 3 Stunden selbstständig anschaltet. Eine Laufzeit über Nacht ist aufgrund des (immer noch zu) hohen Geräuschpegels allerdings weniger erwünscht. Darüber hinaus möchte man die Wäsche über Nacht auch nicht nass in der Waschmaschine liegen lassen.

Ein intelligenter Wäschetrockner trifft auf geringere Akzeptanz als die bisher besprochenen Geräte. Viele sehen die Nutzung als wenig sinnvoll an. Zudem wird die Nutzung eines Wäschetrockners bei genauerer Betrachtung häufig im Widerspruch zum ökologischen als auch ökonomischen Gedanken erlebt.

Die Vorstellung von einem intelligenten Kühlschrank fällt in der Regel schwer. Die Befürchtung ist groß, dass Lebensmittel durch Temperaturschwankungen verderben könnten. Die Funktionsweise ist weitestgehend unverständlich. Für dieses Produkt bedarf es mehr Informationen ebenso wie eines gut sichtbaren Thermostats, das zeigt, dass die Temperaturen trotz intelligenter Funktionsweise konstant gehalten werden können.

„Intelligente Warmwasserboiler" lösen tendenziell Widerstand aus. Der Boiler wird „on demand" gebraucht und die Verbraucher sind nicht bereit einen Komfortverlust zu akzeptieren. Auch bei diesem Produkt besteht die Befürchtung, dass höhere Anschaffungskosten die Stromkostenersparnis relativieren.

Die Nutzung „intelligenter Klimaanlagen" wird in Deutschland kritisch betrachtet, da aufgrund der vergleichsweise niedrigen Sommertemperaturen der Sinn eines solchen Produktes generell bezweifelt wird. Mit anderen Worten: Das Kosten-Nutzen-Verhältnis ist hier eher ungünstig.

### 7.1.9 INFORMATIONSVERHALTEN / KAUFVERHALTEN DER ENDVERBRAUCHER

Hauptinformationsquellen bei Maßnahmen zur Optimierung des Stromverbrauchs sind laut einer Accenture-Studie von 2010 Verbraucher- und/oder Umweltorganisationen, da diesen ein hohes Vertrauen entgegengebracht wird. Die

Hersteller bzw. Anbieter erscheinen zu wenig neutral, da sie mit dem Verkauf solcher Produkte nicht nur das „Wohl" des Verbrauchers im Auge haben, sondern vielmehr ein eigennütziges Interesse verfolgen.[433] Generell wird eine persönliche Beratung gewünscht. Im Unterschied zum europäischen Ausland, wo die Beratung und der Kauf vor allem in der Geschäftsstelle gewünscht sind, bevorzugen die Deutschen die Kaufberatung überdurchschnittlich häufig in den eigenen vier Wänden.[434]

Damit die Smart-Grid-Technologie flächendeckend in deutschen Haushalten zum Einsatz kommt, müssen alle Marktspieler eingebunden werden. Hier sehen Experten ein Problem: Wenn – wie aktuell der Fall – selbst Handwerkern und Architekten häufig das nötige Fachwissen fehlt, um die Technik zu verstehen (und sie die Technik somit auch nicht dem Endverbraucher erklären können), schafft dies beim Endverbraucher Unsicherheit, die zu Distanz und Abwarten führt. Ein sicheres und fachkundiges Auftreten ist unabdinglich, um den Verbraucher von der neuen Technologie zu überzeugen[435].

### 7.1.10 EXKURS: VERBRAUCHERGRUPPIERUNGEN

In der Studie „Understanding Consumer Preferences in Energy Efficiency" von Accenture, die 2010 in 17 Ländern durchgeführt wurde, sind anhand von Faktoren, die bei der Entscheidung für ein intelligentes Energieverwaltungssystem einfließen, verschiedene Konsumentengruppen gebildet worden. Folgende sechs Segmente wurden dabei identifiziert: Proactives (16 Prozent), Eco-rationals (12 Prozent), Cost conscious (17 Prozent), Pragmatics (21 Prozent), Skepticals (21 Prozent) und Indifferents (13 Prozent). Die Deutschen werden überdurchschnittlich häufig den folgenden Gruppen zugeordnet:

- Pragmatics (24 Prozent)
  - geringe Akzeptanz gegenüber Kontrolle der Energieversorger
  - bedacht auf Einsparungen bei der Stromabrechnung
  - höhere Bereitschaft zum Wechsel zu anderen Produkten und Marken
  - abwartende Haltung gegenüber neuen Technologien
- Skepticals (25 Prozent)
  - niedrigste Akzeptanz gegenüber Kontrolle der Energieversorger
  - geringstes Vertrauen gegenüber Energieversorgern
  - niedrigere Stromabrechnung weniger relevant (höheres Einkommen)
  - wenig sozialer Druck
  - suchen Rat/Informationen bei Verbraucherassoziationen[436]

### 7.1.11 GENERELLE ANFORDERUNGEN BEIM KAUF VON EMS

Aus den unterschiedlichen Untersuchungen lassen sich zusammenfassend die folgenden Erwartungen aus Verbrauchersicht ableiten:[437]

- ausgereifte Technik,
- finanzielle Förderungsmaßnahmen,
- Amortisation der privaten Investitionskosten innerhalb von ca. fünf Jahren,
- dauerhafte Senkung der Energiekosten,
- Transparenz der erzielten Einspareffekte (zum Beispiel Information auf Stromabrechnung),
- einfache Bedienbarkeit, ansprechendes Design und hohes Komfortniveau der entsprechenden Geräte,
- Wahrung der persönlichen Autonomie bei der Gerätenutzung,

---

[433] Guthridge 2010, S. 14.
[434] Guthridge 2011, S. 36.
[435] BMWi 2008, S. 43-46.
[436] Guthridge 2010, S. 27 ff.
[437] Mert 2008, S. 44 ff.

- Erhöhung des Wissenstands bei allen Marktteilnehmern (Verbraucher, Verbraucherzentralen, Installateure, Architekten etc.)
- individuelle Kundenbetreuung und maßgeschneiderte Lösungen.

## 7.2 METHODISCHES VORGEHEN: AKZEPTANZ AUS DER PERSPEKTIVE DER SINUS-MILIEUS[438]

### 7.2.1 FORSCHUNGSHINTERGRUND

Die durch Struktur- und Wertewandel veränderten Freizeit- und Konsumorientierungen und das damit verbundene Entstehen neuer Werte und Lebensstile führen in allen Märkten zu grundlegenden Veränderungen, die die strategische Marketing-, Produkt- und Kommunikationsplanung vor neue Herausforderungen stellen. Dies macht die Entwicklung neuer, sensibler Marktmodelle notwendig, die sich an der zunehmend komplexer werdenden Realität orientieren, das heißt an den sich ausdifferenzierenden Wünschen und Bedürfnissen der Menschen: Der Mensch ist hier der Markt! Es versteht sich von selbst, dass mit der heute stattfindenden Zersplitterung von Märkten und Zielgruppen dem Marketing auch immer differenziertere Strategien abverlangt werden. Zielgruppengerechte Produktentwicklung und Positionierung, erfolgreiche Markenführung und Kommunikation sind heute nur noch möglich, wenn man von der Lebenswelt und dem Lebensstil der Kunden ausgeht, die man erreichen will.

Im Rahmen der Milieuforschung werden alle wichtigen Erlebnisbereiche erfasst, mit denen eine Person täglich zu tun hat (Arbeit, Freizeit, Familie, Geld, Konsum, Medien usw.). Ein zentrales Ergebnis dieser Forschung ist, dass die empirisch ermittelten Wertprioritäten und Lebensstile zu einer Basis-Typologie, den Sinus-Milieus, verdichtet werden. Bei der Definition der Milieus handelt es sich im Unterschied zur traditionellen Schichteinteilung um eine inhaltliche Klassifikation. Grundlegende Wertorientierungen, die Lebensstil und Lebensstrategie bestimmen, gehen dabei ebenso in die Analyse ein wie Alltagseinstellungen, Wunschvorstellungen, Ängste und Zukunftserwartungen. Im Gegensatz zu sozialen Schichten beschreiben die Sinus-Milieus real existierende Subkulturen in unserer Gesellschaft mit gemeinsamen Sinn- und Kommunikationszusammenhängen in ihrer Alltagswelt.

Ein besonderer Vorteil der Sinus-Milieus besteht in der kausal-analytischen Erklärung milieuspezifischer Einstellungs- und Verhaltensweisen. Damit gehen sie über rein deskriptive soziodemografische Typologien hinaus. Wertorientierungen und mentale Dispositionen, die sich aus der individuellen und sozialen Entwicklung ableiten lassen, bestimmen maßgeblich das Verhalten. Diese Faktoren ergänzt um alltagsästhetische Prägungen sind für die Zugehörigkeit zu einem der Sinus-Milieus ausschlaggebend.

### 7.2.2 POSITIONIERUNGSMODELL

Die folgende Milieu-Grafik (Abbildung 57) zeigt die aktuelle Milieulandschaft und die Position der verschiedenen Milieus in der deutschen Gesellschaft nach sozialer Lage und Grundorientierung. Je höher ein bestimmtes Milieu in dieser Grafik angesiedelt ist, desto gehobener sind Bildung, Einkommen und Berufsgruppe; je weiter es sich nach rechts erstreckt, desto moderner im soziokulturellen Sinn ist die Grundorientierung des jeweiligen Milieus.

---

[438] „Sinus-Milieu" ist ein geschützter Begriff der Sinus Sociovision GmbH.

Abbildung 57: Verteilung der Sinus-Milieus in Deutschland, 2011.

[Diagramm: Sinus-Milieus in Deutschland 2011]

- Konservativ-Etablierte 10%
- Liberal-Intellektuelle 7%
- Performer 7%
- Expeditive 6%
- Sozialökologische 7%
- Adaptiv-Pragmatische 9%
- Traditionelle 15%
- Bürgerliche Mitte 14%
- Hedonisten 15%
- Prekäre 9%

Soziale Lage: Oberschicht/Obere Mittelschicht – Mittlere Mittelschicht – Untere Mittelschicht/Unterschicht

Grundorientierung:
- Tradition: Feshalten, Bewahren (Traditionsverwurzelung, Modernisierte Tradition)
- Modernisierung / Individualisierung: Haben & Genießen (Lebensstandard, Status, Besitz), Sein & Verändern (Selbstverwirklichung, Emanzipation, Authentizität)
- Neuorientierung: Machen & Erleben (Multioptionalität, Beschleunigung, Pragmatismus), Grenzen überwinden (Exploration, Refokussierung, neue Synthesen)

© SINUS 2011

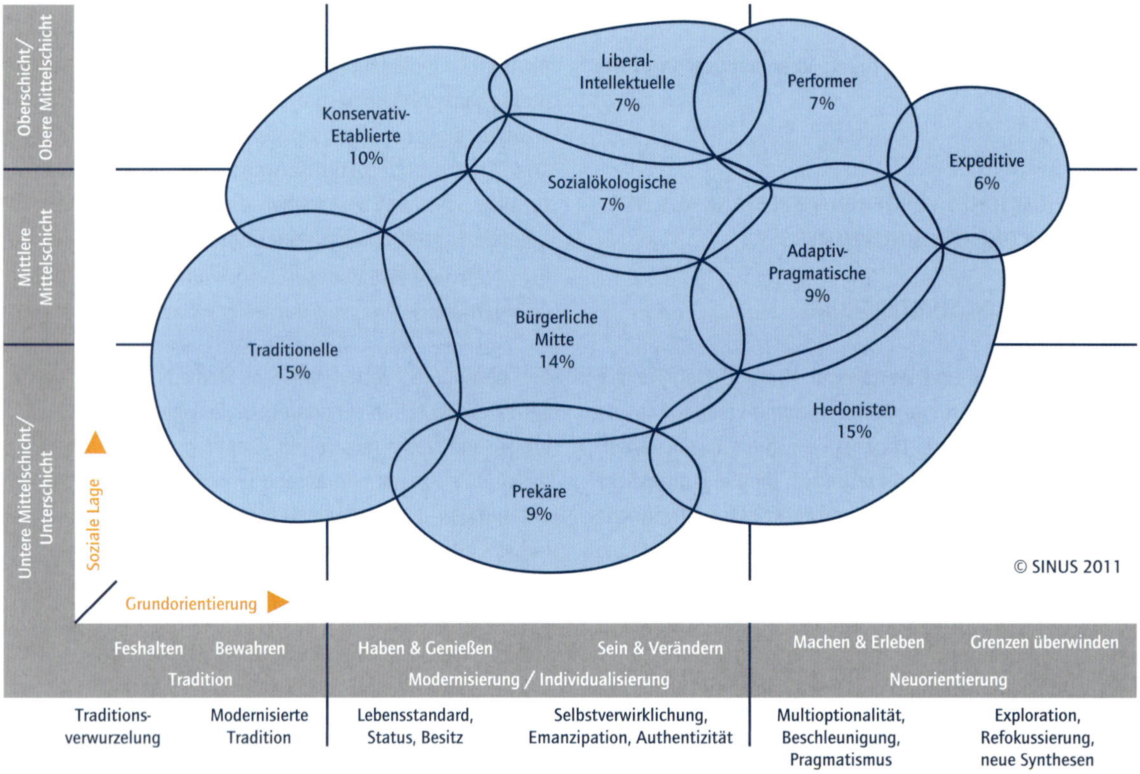

Was Abbildung 57 auch zeigt: Die Grenzen zwischen Milieus sind fließend; Lebenswelten sind nicht exakt abgrenzbar.

Aus Gründen der Lesbarkeit und Übersichtlichkeit wird in Abbildung 58 die Verteilung der Milieus im Vergleich zu Abbildung 57 etwas vereinfacht dargestellt. Zum besseren Verständnis hier eine Leseerläuterung: Im Durchschnitt stimmen 55,4 Prozent der Befragten einer Aussage zu (grün umkreist). Im Milieu der Traditionellen stimmen allerdings nur 9,6 Prozent zu (rot umkreist). Die Zustimmung ist in diesem Milieu im Vergleich zur Gesamtzahl der Befragten unterrepräsentiert und deshalb grau eingefärbt.

### 7.2.3 KURZCHARAKTERISTIK DER SINUS-MILIEUS

#### Sozial gehobene Milieus

— *Sinus AB12: konservativ-etabliertes Milieu (KET), 10 Prozent*
klassisches Establishment: Verantwortungs- und Erfolgsethik, Exklusivitäts- und Führungsansprüche versus Tendenz zu Rückzug und Abgrenzung

- *Sinus B1: liberal-intellektuelles Milieu (LIB), 7 Prozent*
  aufgeklärte Bildungselite mit liberaler Grundhaltung und postmateriellen Wurzeln; Wunsch nach selbstbestimmtem Leben, vielfältige intellektuelle Interessen
- *Sinus C1: Milieu der Performer (PER), 7 Prozent*
  multi-optionale, effizienzorientierte Leistungselite mit global-ökonomischem Denken und stilistischem Avantgarde-Anspruch
- *Sinus C12: expeditives Milieu (EPE), 6 Prozent*
  stark individualistisch geprägte digitale Avantgarde: unkonventionell, kreativ, mental und geografisch mobil und immer auf der Suche nach neuen Grenzen und nach Veränderung

**Milieus der Mitte**
- *Sinus B23: bürgerliche Mitte (BÜM), 14 Prozent*
  leistungs- und anpassungsbereiter bürgerliches Mainstream: generelle Bejahung der gesellschaftlichen Ordnung; Streben nach beruflicher und sozialer Etablierung, nach gesicherten und harmonischen Verhältnissen
- *Sinus C2: adaptiv-pragmatisches Milieu (PRA), 9 Prozent*
  mobile, zielstrebige junge Mitte der Gesellschaft mit ausgeprägtem Lebenspragmatismus und Nutzenkalkül: erfolgsorientiert und kompromissbereit, hedonistisch und konventionell, starkes Bedürfnis nach „flexicurity" (Flexibilität und Sicherheit)

Abbildung 58: Beispiel zur Lesehilfe, Sinus 2011.

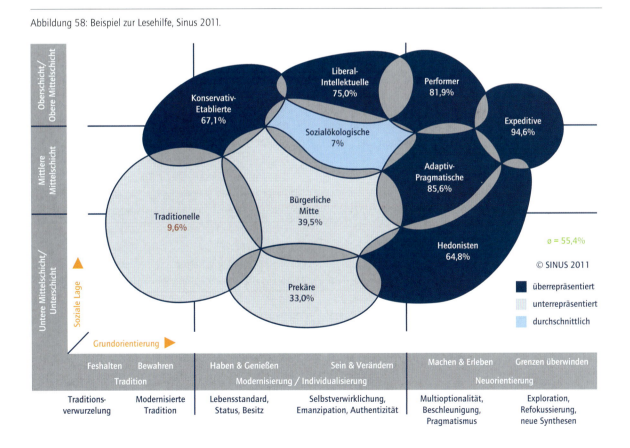

- *Sinus B12: sozialökologisches Milieu (SÖK), 7 Prozent*
  idealistisches, konsumkritisches/-bewusstes Milieu mit ausgeprägtem ökologischen und sozialen Gewissen: Globalisierungsskeptiker, Bannerträger von Political Correctness und Diversity

**Milieus der unteren Mitte/Unterschicht**
- *Sinus AB23: traditionelles Milieu (TRA), 15 Prozent*
  Sicherheit und Ordnung liebende Kriegs-/Nachkriegsgeneration: in der alten kleinbürgerlichen Welt bzw. in der traditionellen Arbeiterkultur verhaftet
- *Sinus B3: prekäres Milieu (PRE), 9 Prozent*
  Teilhabe und Orientierung suchende Unterschicht mit starken Zukunftsängsten und Ressentiments: bemüht, Anschluss zu halten an die Konsumstandards der breiten Mitte als Kompensationsversuch sozialer Benachteiligungen; geringe Aufstiegsperspektiven und delegative/reaktive Grundhaltung, Rückzug ins eigene soziale Umfeld
- *Sinus BC23: hedonistisches Milieu (HED), 15 Prozent*
  Die spaß-orientierte moderne Unterschicht/untere Mittelschicht: leben im Hier und Jetzt, Verweigerung von Konventionen und Verhaltenserwartungen der Leistungsgesellschaft

## 7.3 IDENTIFIKATION VON ZIELGRUPPEN-POTENZIALEN IN DEN SINUS-MILIEUS

Ziel der nachfolgenden Milieu-Analyse ist es, Bevölkerungssegmente zu identifizieren, die eine hohe Akzeptanz gegenüber intelligenten EMS zeigen. Um die verschiedenen Sinus-Milieus diesbezüglich zu polarisieren, werden Faktoren analysiert, die Einfluss auf eine mögliche Akzeptanz bzw. Ablehnung intelligenter EMS haben.

Diese Vorgehensweise wird deshalb gewählt, da bislang noch keines der Produkte ausgereift auf dem freien Markt verfügbar ist.

Aktuell laufen verschiedene Modellprojekte in einzelnen Modellregionen um unter anderem bezüglich der Akzeptanz neuer EMS erste Hinweise aus Verbrauchersicht zu generieren.

Folgende sechs Modellregionen und -projekte sind unter dem Dach „E-Energy: IKT-basiertes Energiesystem der Zukunft" zusammengefasst:

- eTelligence – Intelligenz für Energie, Märkte und Netze, Modellregion Cuxhaven (Niedersachsen);
- E-DeMa – Entwicklung und Demonstration dezentral vernetzter Energiesysteme hin zum E-Energiemarktplatz der Zukunft, Modellregion Rhein-Ruhr (Nordrhein-Westfalen);
- MEREGIO – Minimum-Emission-Region, Modellregion Baden-Württemberg;
- Modellstadt Mannheim – Modellstadt Mannheim in der Metropolregion Rhein-Neckar, Modellregion Rhein-Neckar (Baden-Württemberg);
- RegModHarz – Regenerative Modellregion Harz (Niedersachsen, Sachsen-Anhalt, Thüringen);
- Smart W@TTS – Steigerung der Selbstregelfähigkeit des Energiesystems durch die Etablierung eines Internets der Energie, Modellregion Aachen (Nordrhein-Westfalen).

Die Modellprojekte erhalten in einer ressortübergreifenden Partnerschaft des BMWi mit dem BMU eine Förderung, die sich zusammen mit den Eigenmitteln der beteiligten Unternehmen auf insgesamt etwa 140 Mio. EUR beläuft.[439]

---

[439] BMWi 2009.

Vor diesem Hintergrund werden die folgenden Aspekte nach Sinus-Milieus thematisiert:

- Wohnsituation und Haushaltsstruktur
- Energie und Umwelt
- Einstellung gegenüber und Anforderungen an moderne Technologie
- (mobiles) Internet und Web 2.0
- Datenschutz
- Diffusionsmodell für Produktinnovationen

## 7.3.1 WOHNSITUATION UND HAUSHALTSSTRUKTUR

Ein offensichtlich entscheidender Einflussfaktor auf den Verbrauch von Energie ist zunächst die Struktur der Haushalte und des Wohneigentums. Die Höhe des Energieverbrauchs wird naturgemäß durch Rahmenbedingungen, wie die Anzahl der Personen im Haushalt und die Größe der Wohnfläche, bestimmt.

Umso mehr Personen in einem Haushalt leben – so die logische Schlussfolgerung – desto größer ist zunächst auch der Bedarf an Strom. Haushalte, die aus mehr als zwei Personen bestehen, finden sich vor allem in den jüngeren und moderner ausgerichteten Milieus. In den im Durchschnitt älteren Milieus sind die Kinder schon aus dem Haus bzw. in dem Milieu TRA gibt es einen erhöhten Anteil an Verwitweten. Gemeinsam mit zwei Kindern unter 18 Jahren leben überdurchschnittlich häufig die Milieus LIB, PER, PRA und HED.[440]

Korrespondierend zur Einkommensstruktur sowie der Lebensphase befinden sich kleinere Wohneinheiten vor allem in den Milieus PRE und EPE. Die flächenmäßig größten Wohneinheiten finden sich in den Milieus KET und LIB sowie eingeschränkt auch im Milieu BÜM.[441]

Neben der Größe der bewohnten Fläche hat auch die Wohnsituation (Eigentum vs. Miete) Einfluss auf den Energiebereich – dies betrifft vor allem Veränderungen der genutzten Heizenergie. Während Mieter nur eingeschränkte Möglichkeiten haben, auf eine neue Heizart umzusteigen und auch schon bei der Planung kleinerer Veränderungen vom Vermieter oder der Hausgemeinschaft abhängig sind, so haben Hauseigentümer oder Eigentümer von Eigentumswohnungen einen größeren Freiraum.

Eigentümer von Eigentumswohnung (siehe Abbildung 59) finden sich vor allem in den finanziell gut situierten Milieus (LIB, PER). Ein eigenes Haus (siehe Abbildung 60) besitzen mit 37 Prozent etwas mehr als ein Drittel der Bevölkerung. Sowohl die sozial gehobenen Milieus (KET, LIB) als auch die Milieus BÜM und TRA verfügen überdurchschnittlich häufig über ein Eigenheim (mit Abstrichen auch das Milieu SÖK) und somit auch über die Freiheit Änderungen im Energie- und Heizbereich vorzunehmen.[442]

Betrachtet man die Milieustruktur der Mieter in Deutschland (55 Prozent) so liegen die Milieus PRE und PRA deutlich über dem Durchschnitt. In den Milieus KET und LIB wohnen weniger als die Hälfte zur Miete.[443]

Als ein Indikator für die Offenheit gegenüber neuen und alternativen Energiesystemen werden im Folgenden Hausbesitzer[444], die regenerative Energien nutzen, analysiert. Insgesamt macht diese Gruppe 14 Prozent der Hausbesitzer aus, was 4,85 Mio. Deutschen entspricht. Vor allem Milieus aus dem modernen Lebenswelt-Segment (PER, PRA, PEP, HED) erscheinen hier besonders aufgeschlossen, ebenso

---

[440] TDWI 2011.
[441] TDWI 2011.
[442] TDWI 2011.
[443] TDWI 2011.
[444] Besitzer von Einfamilienhäusern, Doppelhaushälften, Reihenhäusern, Mehrfamilienhäusern und Bürogebäuden.

Abbildung 59: (Eigentumswohnung) Typologie der Wünsche 2011 III; Basis: deutsche Bevölkerung ab 14 Jahren (20 129 Fälle).

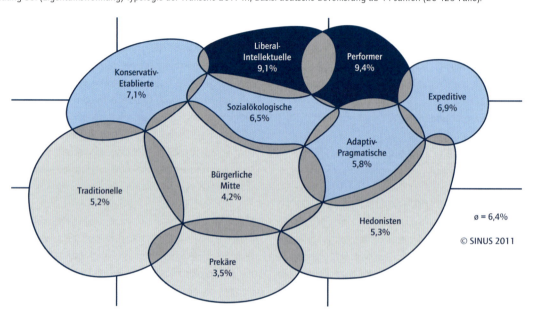

Abbildung 60: (eigenes Haus) Typologie der Wünsche 2011 III; Basis: deutsche Bevölkerung ab 14 Jahren (20 129 Fälle).

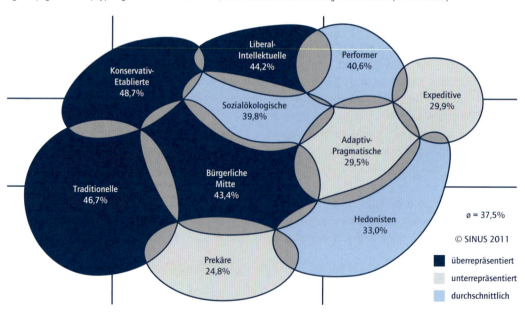

wie die umweltbewussten Milieus SÖK und LIB. Der geringste Anteil an Nutzern von regenerativer Heizenergie findet sich in den Milieus TRA und BÜM. Hier vertraut man auf herkömmliche und etablierte Heizarten und scheut den Wechsel zu bisher weniger verbreiteten Alternativen.[445]

## 7.3.2 ENERGIE UND UMWELT

Die Frage, ob man für umweltfreundlichen Strom eine Kostensteigerung von bis zu 5 Prozent in Kauf nehmen würde, bejahen überproportional die sozial gehobenen Milieus, Mehrausgaben bis zu 10 Prozent sind vor allem für die Milieus LIB, SÖK und PER akzeptabel. Die breite Masse der Deutschen (64 Prozent) ist allerdings nicht zu Mehrausgaben für umweltfreundlichen Strom bereit. Vor allem die Milieus PRE (79 Prozent) und TRA (76 Prozent) lehnen dies klar ab.[446]

Der nachhaltige Umgang mit Energie kann aber auch von einer anderen Seite angestrebt werden, beispielsweise über Haushaltsgeräte mit einem niedrigen Energieverbrauch. Vor allem die Milieus KET und SÖK achten beim Kauf von sogenannter Weißer Ware auf die Energieklasse und nehmen dabei auch höhere Anschaffungskosten in Kauf. Hier verbindet sich die bessere finanzielle Situation mit dem Bewusstsein für nachhaltige Lebensführung. Angehörige des Milieus HED hingegen handeln nur unterdurchschnittlich häufig nach diesem Prinzip. Hier hat der direkt zu bezahlende Einkaufspreis in der Regel ein größeres Gewicht als die späteren Betriebskosten.

Das Bewusstsein für eine effiziente, zukunftsgerichtete Energienutzung und die Bereitschaft sich mit dieser Thematik auseinanderzusetzen sind im Zusammenhang mit Smart Grids ebenso relevant wie die generelle Sensibilität für den Themenkomplex „Umwelt".

## 7.3.3 UMWELTBEWUSSTSEIN IN DEN SINUS-MILIEUS

Positive Umwelteinstellungen und umweltgerechte Verhaltensweisen sind in den sozial gehobenen Milieus (KET, LIB) relativ weit verbreitet. Dieser Befund ist insofern bemerkenswert, weil diese Milieus eine wichtige Orientierungsfunktion für große Teile der Gesellschaft haben. Die Milieu-Angehörigen teilen die Bereitschaft, gesellschaftliche Verantwortung zu übernehmen und den Willen, mit dem eigenen Verhalten für andere Vorbild zu sein. Zudem nehmen Angehörige dieser Milieus oft gesellschaftliche Schlüsselfunktionen ein.

In den Milieus PER und EPE ist das Umweltbewusstsein nicht ganz so deutlich ausgeprägt. Diese urbane, mobile, technologiebegeisterte und konsumfreudige Gruppe pflegt auf den ersten Blick zwar keinen stringent umweltfreundlichen Lebensstil, ist jedoch bereits (zum Teil sehr) stark für die Umweltproblematik sensibilisiert, zum Beispiel aufgrund des eigenen sozialen Umfelds und des großen Informationshungers. Einem „Greening" der eigenen Lebensweise steht man aufgeschlossen gegenüber, allerdings nur dann, wenn man die eigenen Ansprüche nicht zurückstehen lassen muss.

Die Orientierung der Angehörigen des Milieus BÜM an denen der Milieus KET und LIB dürfte ein, aber sicher nicht der alleinige, Grund dafür sein, dass sich auch in diesem großen Mainstream-Milieu positive Umwelteinstellungen und ein entsprechendes Verhalten verbreiten. Ein weiterer nahe liegender Grund ist der in diesem Milieu sehr starke Wunsch nach einer heilen Welt, in der die Familie und insbesondere die Kinder sicher und gesund leben können.

Im Milieu SÖK ist der Umwelt- und Klimaschutz ein den Alltag durchdringendes Thema. Diese Menschen legen großen Wert auf einen ökologisch bewussten, gesundheitsorientierten,

---

[445] HBM 2011.
[446] HBM 2011.

nachhaltigen Lebensstil: Bio-Lebensmittel, Kosmetikprodukte auf Naturbasis und das Achten auf umwelt- und sozialverträgliche Verbrauchersiegel sind typisch für ihr Konsumverhalten. Relativ weit verbreitet ist zudem der Bezug von Öko-Strom. Kurz: Sozialökologische Konsumenten sind „kritische und konsequente Konsumenten".

Typisch für das junge Milieu PRA ist eine ausgeprägte Leistungs-und Sicherheitsorientierung, Weltoffenheit sowie Pragmatismus. Dieser milieutypische Pragmatismus zeigt sich auch im Umweltverhalten. Zwar bemüht man sich um eine gute Öko-Bilanz, „Spezialwissen" ist jedoch kaum vorhanden und mit Detailfragen des eigenen Umweltbeitrags hält man sich kaum auf. Zu den „übertriebenen Ökos" möchte man auf keinen Fall gezählt werden.

Bei den unterschichtigen Milieus PRE und HED ist Umweltbewusstsein und -verhalten noch schwächer ausgeprägt. Dennoch handeln gerade diese Milieus aufgrund ihres einfachen, von Sparsamkeit geprägten Lebensstils im Alltag häufig umweltschonender als andere Bevölkerungsgruppen.

Für das Milieu TRA sind die „preußischen Tugenden" wichtig, wie Pflichterfüllung, Ordnung und Sauberkeit. Gerade deswegen fällt ihr Lebensstil besonders umweltfreundlich aus, obwohl sie sich selbst gar nicht als sonderlich umweltbewusst einstufen. Dieses ist dadurch zu erklären, dass die Traditionellen nach wie vor eine große Distanz zu gesellschaftlichen Gruppen haben, die sich als Vorreiter der ökologischen Bewegung betrachten (Lebenswelt der „Alternativen"). Aufgrund des eigenen Wertesettings und des eigenen Einkommens halten sich die Traditionellen beim Konsum eher zurück. Wenn Konsumgüter gekauft werden, spielen Langlebigkeit, Qualität und Effizienz eine wichtige Rolle. Aus Umweltschutzgesichtspunkten ist dies eine zwar nicht intendierte, aber dennoch trotzdem vorbildliche Haltung.

Die Auffassung, dass die Verbraucher über ihr Verhalten selbst einen großen Beitrag zum Umweltschutz beitragen können, ist in den Milieus LIB und SÖK am stärksten ausgeprägt. Vor allem die Angehörigen des Milieus PRE sehen hier am wenigsten einen Ansatzpunkt.

Dasselbe Bild zeigt sich auch in Bezug auf einen konsequenten Umstieg auf erneuerbare Energien: Auch hier stimmen vor allem die Angehörigen der Milieus LIB und SÖK zu, während die Personen aus dem Milieu PRE unterpräsentiert sind.[447]

Ein weiterer Aspekt beim Thema Energie sparen ist die Steuerung von Haustechnik über Informationstechnologie. Besonders Angehörige der Milieus EPE und PER, aber auch die der Milieus PRA und LIB sehen hierin eine Möglichkeit zur Reduktion des Energieverbrauchs. Hier verknüpft sich die im Folgenden noch genauer beschriebene Offenheit (teilweise bis hin zur Begeisterung) gegenüber Technik mit dem Zusatznutzen, etwas Gutes zu tun – sowohl für den eigenen Geldbeutel als auch für die Umwelt.

Für Personen aus den Milieus TRA und PRE ist die Kombination von Haustechnik und Informationstechnologie (IT) nicht mit Energieeinsparung verknüpft (siehe Abbildung 61). Wie später noch ausführlicher dargestellt, sind beide Milieus gegenüber neuer Technik – vor allem in Verbindung mit IT – sehr zurückhaltend und skeptisch[448].

---

[447] BMU 2010.
[448] BMBF 2009.

Abbildung 61: (Eine durch IT gesteuerte Haustechnik spart Energie: Stimmt ganz genau/stimmt eher) AACC-Studie 2009, Basis: deutsche Bevölkerung ab 14 Jahren (5 030 Fälle).

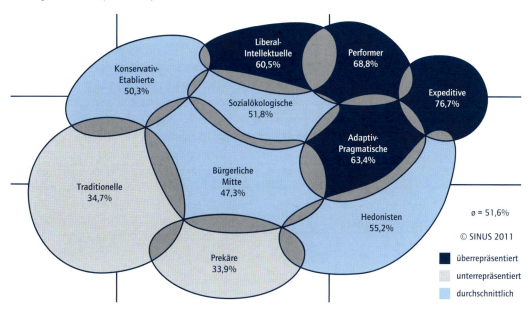

### 7.3.4 EINSTELLUNG GEGENÜBER MODERNER TECHNIK UND ANFORDERUNGEN AN MODERNE TECHNIK

Das Vorhandensein einer gewissen Technik-Affinität bei Verbrauchern ist eine Voraussetzung für die erfolgreiche Vermarktung von Smart-Grid-Angeboten.

Filtert man zunächst nach Personen, für die der Zugang zu neuen Technologien am schwierigsten ist, so fallen insbesondere zwei Milieus auf: TRA und die PRE. Beide haben häufig Schwierigkeiten im Umgang mit technischen Geräten und tun sich schwer bei der Geschwindigkeit des technologischen Fortschritts mitzuhalten. Auch in den Milieus BÜM und KET sind entsprechende defensive Haltungen mehrheitlich vertreten[449] (siehe Tabelle 3).

Tabelle 3: VerbraucherAnalyse 2010; Basis: deutsche Bevölkerung ab 14 Jahren (31 447 Fälle) und AACC-Studie 2009, Basis: deutsche Bevölkerung ab 14 Jahren (5 030 Fälle)deutsche Bevölkerung ab 14 Jahren (5 030 Fälle).

| ANGABEN IN PROZENT | Ø | KET | LIB | PER | EPE | BÜM | PRA | SÖK | TRA | PRE | HED |
|---|---|---|---|---|---|---|---|---|---|---|---|
| Im Umgang mit technischen Geräten habe ich oft Probleme. | 39 | 31 | 30 | 27 | 18 | 43 | 27 | 37 | **62** | **48** | 37 |
| Es fällt mir immer schwerer, mit der technischen Entwicklung mitzukommen. | 53 | **58** | 40 | 34 | 15 | **59** | 34 | 56 | **80** | **71** | 42 |

[449] BMBF 2009.

Im Gegensatz dazu besteht eine grundsätzlich positive Haltung gegenüber moderner Technik vor allem in den Milieus EPE und PER, gefolgt von den Milieus PRA, LIB und HED[450] (siehe Abbildungen 62 und 63).

Ähnlich stellt sich auch das Bild bei der eigenen Einschätzung als Technik-Experte dar (siehe Tabelle 4). Hier sind ebenfalls die Milieus der modernen Lebenswelt-Segmente am stärksten vertreten. Diese von der Technik begeisterte und pro-aktive Gruppe hat eine Vorreiterrolle inne und achtet sehr darauf, dass ihr Equipment den eigenen Modernitätsansprüchen genügt und immer auf dem neuesten Stand ist. Diese Milieus sind auch überrepräsentiert, wenn es um den „Spaß-Faktor" geht, den Computer und andere moderne elektronische Geräte ihnen bereiten.[451]

Vorteile, die mit einer technologischen Weiterentwicklung einhergehen, wie ein größeres Angebot an Steuer- und Programmier-Möglichkeiten, eine vereinfachte Bedienung der Geräte oder die Vermeidung von menschlichen Fehlern, werden besonders von Angehörigen der Milieus EPE, PER und PRA erwartet. Dass die Bedienung neuer Geräte mehr Spaß macht, wird typischerweise auch von Personen aus dem Milieu HED überproportional erlebt.

Wichtig ist in der Gruppe der Technikbegeisterten aber nicht nur die Aktualität oder der „Spaß-Faktor". Mit der erhöhten Technik-Akzeptanz geht die Erwartung einher, dass moderne Produkte auch eine attraktive Produktgestaltung haben. So achtet diese Gruppe besonders auf das Design der Geräte, die sich idealerweise stilistisch in das häusliche Interieur integrieren lassen sollten.[452]

Tabelle 4: VerbraucherAnalyse 2010; Basis: deutsche Bevölkerung ab 14 Jahren (31 447 Fälle) und Typologie der Wünsche 2011 III; Basis: deutsche Bevölkerung ab 14 Jahren (20 129 Fälle).

| ANGABEN IN PROZENT | Ø | KET | LIB | PER | EPE | BÜM | PRA | SÖK | TRA | PRE | HED |
|---|---|---|---|---|---|---|---|---|---|---|---|
| Ich halte mich selbst für einen Experten in Hinblick auf neue Technologien | 11 | 10 | 11 | 21 | 23 | 8 | 14 | 8 | 2 | 4 | 20 |
| Ich lege großen Wert darauf, bei meiner Ausstattung mit technischen Geräten immer auf dem neuesten Stand zu sein. | 43 | 46 | 49 | 68 | 67 | 40 | 53 | 32 | 18 | 26 | 52 |
| Computer und andere moderne elektronische Geräte machen mir Spaß. | 54 | 60 | 67 | 80 | 87 | 44 | 75 | 50 | 16 | 34 | 66 |
| Bei technischen Geräten lege ich Wert auf gutes Aussehen/Design | 61 | 64 | 71 | 80 | 83 | 62 | 74 | 51 | 35 | 49 | 68 |

[450] HBM 2011.
[451] HBM 2011.
[452] HBM 2011.

Abbildung 62: (Hohes Technik-Interesse) VerbraucherAnalyse 2010; Basis: deutsche Bevölkerung ab 14 Jahren (31 447 Fälle).

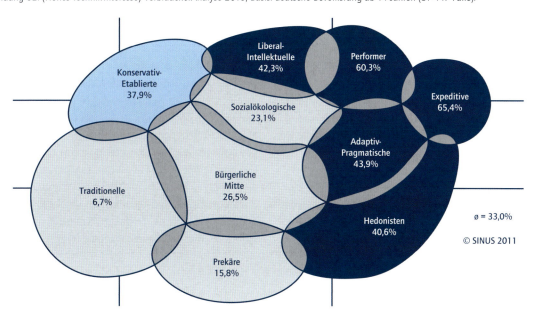

Abbildung 63: (Niedriges Technik-Interesse) VerbraucherAnalyse 2010; Basis: deutsche Bevölkerung ab 14 Jahren (31 447 Fälle).

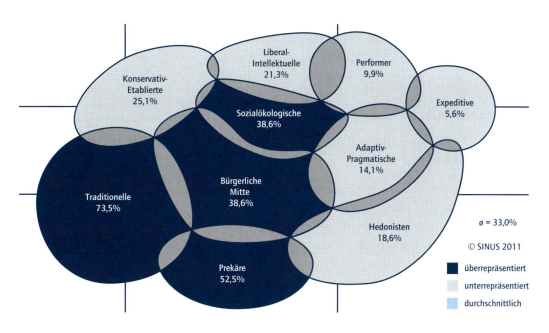

Was die Bedienung von Geräten angeht, wird sowohl von dem technik-fernen Milieu TRA, aber auch von den Milieus SÖK und dem modernen Milieu PRA überdurchschnittlich stark eine leichte Handhabung eingefordert. Zudem gilt hier „Weniger ist mehr". Geräte, die sich auf ihre Kernfunktionen beschränken und nicht mit unzähligen und komplexen Zusatzoptionen aufwarten, sind besonders attraktiv. Diese drei Milieus stimmen auch am stärksten der Aussage zu, dass sich die Technologie den eigenen Gewohnheiten anpassen muss und nicht umgekehrt (siehe Tabelle 5).

Die technologisch versierten Milieus (EPE, PER, LIB, PRA, HED) gehen dieses Thema genau umgekehrt an: Sie wünschen sich zum Beispiel bei Software-Programmen die Möglichkeit, selber Anpassungen und Einstellungen vornehmen zu können. Aufgrund ihres souveränen Umgangs mit Technik sind sie für Angebote, die man personalisieren kann, am ehesten zu haben[453] (siehe Tabelle 5).

Erwartungsgemäß geht mit einem größeren Selbstbewusstsein im Umgang mit neuen Technologien auch das Vertrauen einher, dass die Vorteile des technologischen Fortschritts gegenüber den negativen Aspekten überwiegen. Es überrascht also nicht, dass die Milieus PER, EPE und PRA die Veränderungen, die durch die technische Weiterentwicklung entstehen, als wünschenswert empfinden. Die Milieus TRA und PRA äußern sich genau gegenteilig und auch das Milieu SÖK steht dem technischen Fortschritt weit weniger positiv gegenüber. Aus deren Sicht ist eine technische Neuerung nicht per se etwas Positives, sondern muss zunächst die Marktreife beweisen und einen echten, sinnvollen Nutzen bieten. Sie warten lieber erst ab und beobachten, wie sich neue technische Produkte/Technologien etablieren, bevor sie selber gegebenenfalls zugreifen.[454]

Tabelle 5: AACC-Studie 2009, Basis: deutsche Bevölkerung ab 14 Jahren (5 030 Fälle).

| ANGABEN IN PROZENT | ∅ | KET | LIB | PER | EPE | BÜM | PRA | SÖK | TRA | PRE | HED |
|---|---|---|---|---|---|---|---|---|---|---|---|
| Die Technologie muss sich meinen Gewohnheiten anpassen, nicht umgekehrt | 33 | 36 | 37 | 24 | 34 | 33 | 40 | 40 | 41 | 35 | 15 |
| Alles in allem sind die Veränderungen, die durch die technischen Weiterentwicklung auf uns zu kommen, wünschenswert | 66 | 64 | 75 | 86 | 93 | 65 | 85 | 54 | 37 | 51 | 75 |

### 7.3.5 (MOBILES) INTERNET UND WEB 2.0

Neben der Kompetenz im Umgang mit IT-Geräten ist auch die Vertrautheit mit dem Internet – be-sonders dem Social Web – ein wichtiger Faktor, um das Potenzial einzelner Zielgruppen für den in Zukunft stärker von Dialog und Interaktion geprägten Strommarkt abschätzen zu können. Betrachtet man zunächst die Internetnutzung generell, so liegt der Schwerpunkt klar bei den jungen und modernen Milieus (EPE, PER, PRA). Sie wachsen mit den neuen Möglichkeiten des World Wide Web (WWW) auf und gehen deshalb ganz selbstverständlich damit um. Durch die meist schon langjährige Erfahrung mit diesem Medium schätzen sich selber auch am stärksten als Experten in Sachen Internet ein. Als Anfänger bezeichnen sich vor allem die Angehörigen der Milieus TRA und PRE, aber auch die des Milieus SÖK[455] (siehe Abbildungen 64 und 65).

---

[453] BMBF 2009.
[454] BMBF 2009.
[455] TDWI 2011.

## Verbraucherakzeptanz

Abbildung 64: (Nutzung von Internet bzw. World Wide Web) Typologie der Wünsche 2011 III; Basis: deutsche Bevölkerung ab 14 Jahren (20 129 Fälle).

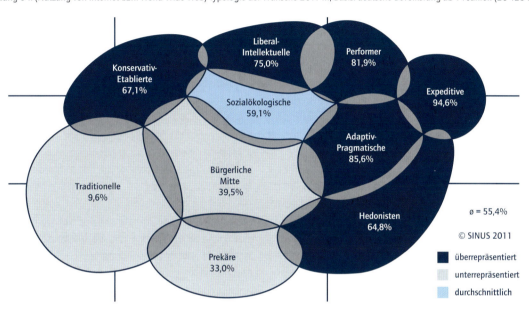

Abbildung 65: (Selbstbild Internetnutzung: Experte vs. Anfänger) Typologie der Wünsche 2011 III; Basis: deutsche Bevölkerung ab 14 Jahren (20 129 Fälle).

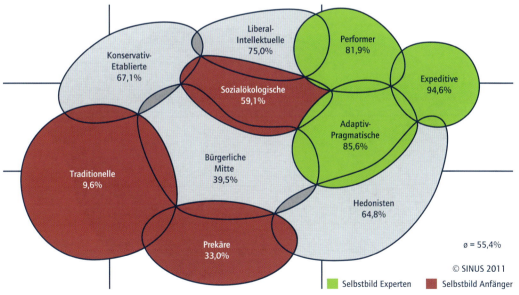

Das Statement *„Das Internet ist aus meinem täglichen Leben nicht mehr wegzudenken"* findet bei knapp der Hälfte der Bevölkerung (47 Prozent) Zustimmung. Besonders stark stimmen die Milieus EPE und PER dieser Aussage zu, gefolgt von den Milieus PRA, HED und LIB. Demgegenüber stehen – wie gewohnt – die Milieus TRA und PRE, die ihr Privatleben von Kommunikationstechnik möglichst freihalten wollen – was sich auch in der niedrigen Internet-Penetrationsrate niederschlägt.[456]

Im Hinblick auf die mobile Internetnutzung über kompakte Endgeräte wie Smartphones, Netbooks etc., erscheinen neben den Angehörigen der Milieus PER und EPE auch die des Milieus LIB überrepräsentiert. Sie sind interessiert an neuen technologischen Entwicklungen und nutzen State of the Art-Equipment, wozu eben auch das iPhone als Wegbereiter für eine breite mobile Internetnutzung und vergleichbare Geräte zählen. Dennoch beobachten sie bestimmte Entwicklungen zunächst aus einer kritischen Distanz und gehören hier nicht zu denjenigen, die zu einem frühen Zeitpunkt diese Geräte kaufen.[457]

Die interaktive Nutzung von Web 2.0-Angeboten spielt sich vor allem bei den Milieus PER, EPE und HED ab. Auch wenn die Verbreitung von großen Social Networks wie Facebook schon breite Bevölkerungsschichten – also auch andere Milieus – erreicht hat und die meisten Internetnutzer die Youtube-Seite schon besucht haben, so ist eine wirklich aktive Nutzung bisher doch vor allem bei den erstgenannten Gruppen auszumachen.

Die Kommunikation mittels sozialer Netzwerke, die Informationssuche über Blogs und der Austausch über Foren, Chats und mobile Anwendungen ist selbstverständlicher Bestandteil in deren Kommunikations-Portfolios[458] (siehe Abbildungen 66 und 67).

Abbildung 66: (Lese und kommentiere in Weblogs) VerbraucherAnalyse 2010; Basis: deutsche Bevölkerung ab 14 Jahren (31 447 Fälle).

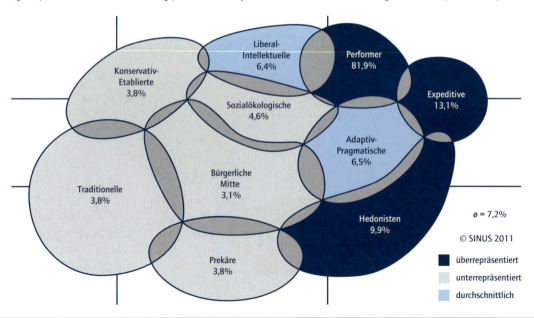

[456] BMBF 2009.
[457] HBM 2011.
[458] HBM 2011.

Abbildung 67: (Habe ein Profil in einer Social Community, zum Beispiel: Facebook, StudiVZ, Lokalisten) VerbraucherAnalyse 2010; Basis: deutsche Bevölkerung ab 14 Jahren (31 447 Fälle).

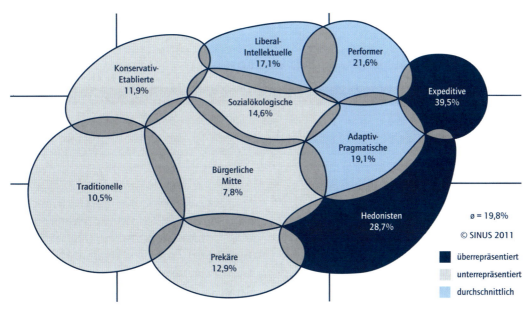

## 7.3.6 DATENSCHUTZ

Ist die Veröffentlichung von persönlichen Daten (zum Beispiel bei Facebook) bereits Gewohnheitssache oder findet die Mitgestaltung benutzergenerierter Inhalte bei Plattformen wie Youtube routiniert statt, so ist davon auszugehen, dass auch die Barrieren bezüglich eines Datentransfers im Zusammenhang mit Smart Grid-Technologien geringer sind wie bei Nichtnutzern von Web 2.0-Angeboten.

Neben dem Vertrauen in eine funktionierende Technik ist auch das Vertrauen in den korrekten Umgang mit den gesammelten Daten ein sehr wichtiger Faktor – gerade auch in Verbindung mit dem Datentransfer via Internet.

Erwartungsgemäß ist die Artikulation von Sicherheitsbedenken bei den jüngeren Milieus geringer. Dabei spielt mit Sicherheit auch Sorglosigkeit eine Rolle. Die Milieus PER, EPE und PRA vertrauen am stärksten darauf, dass Kontrollinstanzen, wie der Gesetzgeber die Bürger vor dem Missbrauch ihrer Daten schützt (siehe Tabelle 4). Sie delegieren den Schutz in viel größerem Maße an den Staat und verantwortliche Institutionen und lassen sich auch von wiederholten Datenschutz-Skandalen nicht abschrecken. Zudem fließt auch ein gewisser Fatalismus mit ein – Datentransfers lassen sich im Alltag immer weniger vermeiden und persönliche negative Erfahrungen finden nicht in dem Maße statt, dass sie Reaktanz erzeugen würden.

Das Vertrauen in den Datenschutz ist bei den Personen des Milieus SÖK dagegen nur unterdurchschnittlich ausgeprägt (siehe Tabelle 4). Ihre konsum-kritische Haltung wirkt sich auch hier aus: Sie wollen ganz genau wissen, wer welche Zugriffsrechte hat und was mit den erhobenen Daten geschieht.[459]

---

[459] BMBF 2009.

Das Gefühl, dass das eigene Nutzungsverhalten überwacht oder ausgespäht wird, ist am stärksten in den Milieus TRA und PRE ausgeprägt, also in den Milieus, die den gerings-ten Zugang finden (siehe Tabelle 6). Aber auch die Angehörigen des Milieus SÖK bestätigen wieder ihre gesellschaftskritische Grundeinstellung.[460]

Tabelle 6: AACC-Studie 2009, Basis: deutsche Bevölkerung ab 14 Jahren (5 030 Fälle).

| ANGABEN IN PROZENT | ∅ | KET | LIB | PER | EPE | BÜM | PRA | SÖK | TRA | PRE | HED |
|---|---|---|---|---|---|---|---|---|---|---|---|
| Es wird Kontrollinstanzen geben, die den Missbrauch von Daten verhindern | 61 | 62 | 69 | 79 | 81 | 59 | 74 | 44 | 54 | 45 | 60 |
| Mein Verhalten wird überwacht | 34 | 36 | 32 | 28 | 21 | 32 | 28 | 47 | 41 | 42 | 26 |

### 7.3.7 DIFFUSIONSMODELL FÜR PRODUKTINNOVATIONEN

Am Beispiel analoger und digitaler Unterhaltungselektronik kann gezeigt werden, wie Produktinnovationen durch das Modell der Sinus-Milieus diffundieren. Es werden fünf Verbrauchergruppen dargestellt, die deutliche Milieuschwerpunkte zeigen:

– Innovatoren
– Frühadopter
– frühe Mehrheit
– späte Mehrheit
– Nachzügler

Produktinnovationen in dem genannten Bereich starten zunächst in den Milieus PER und EPE (**Innovatoren**) und setzen sich dann in den Milieus LIB, PRA und HED fort (**Frühadopter**). In der dritten Phase, die sich auf die sogenannte **frühe Mehrheit** bezieht, finden sich vor allem die Milieus KET, SÖK, BÜM und HED. Die **späte Mehrheit** sowie die **Nachzügler** setzen sich dann im Wesentlichen aus den Milieus TRA, PRE und auch den Älteren des Milieus BÜM zusammen[461] (siehe Abbildung 68).

Da es sich bei intelligenten EMS auch um elektronische Endgeräte handelt, die im Haushalt zum Einsatz kommen und vom Verbraucher (zumindest eingeschränkt) bedient werden, lassen sich diese Verbreitungsphasen zu einem

Tabelle 7: AACC-Studie 2009, Basis: deutsche Bevölkerung ab 14 Jahren (5 030 Fälle).

| ANGABEN IN PROZENT | ∅ | KET | LIB | PER | EPE | BÜM | PRA | SÖK | TRA | PRE | HED |
|---|---|---|---|---|---|---|---|---|---|---|---|
| Ich werde das eine oder andere mit vernetzter IT ausgestattete Serviceangebot nutzen. | 55 | 59 | 68 | 85 | 91 | 51 | 73 | 50 | 22 | 30 | 60 |
| Ich freue mich auf die zukünftigen Errungenschaften, welche allgegenwärtige und vernetzte IT bringen werden | 41 | 34 | 47 | 74 | 84 | 37 | 64 | 26 | 12 | 21 | 52 |

[460] BMBF 2009.
[461] TDWI 2011.

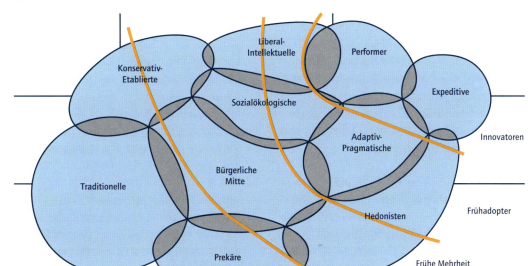

Abbildung 68: (Adopter-Modell bei Consumer-Electronics) Typologie der Wünsche 2011 III; Basis: deutsche Bevölkerung ab 14 Jahren (20 129 Fälle).

großen Teil auch auf die Diffusion von Smart-Grid-Technologien in Haushalten übertragen. Auch wenn der Grad der Bedienung der Geräte stark variiert, so scheinen Diffusionsprozesse im Kontext von digitaler Unterhaltungselektronik eine plausible Analogie zu sein.

Die Einordnung der Innovatoren und frühen Mehrheit deckt sich im Übrigen sehr stark mit der Milieu-Zustimmung zu dem Statement „Ich werde das eine oder andere mit vernetzter IT ausgestattete Serviceangebot nutzen"[462] (siehe Tabelle 7).

Und auch in die Zukunft gerichtet ist die Erwartung von positiven Veränderungen und neuen Optionen durch technisch weiter ausgereifte und miteinander vernetzte Informationstechnologie am stärksten in den der Technik aufgeschlossenen Milieus des modernen Lebenswelt-Segments zu finden.[463] Dies ist insbesondere vor dem Hintergrund des Smart Metering eine wichtige Erkenntnis.

Auch hier erscheinen die Angehörigen der Milieus EPE und PER, gefolgt von denen der Milieus PRA und LIB mit der größten Offenheit gegenüber neuen Serviceprodukten, die mit IT verknüpft sind (siehe Tabelle 5).

---

[462] BMBF 2009.
[463] BMBF 2009.

### 7.3.8 ENTWICKLUNG DER SINUS-MILIEUS BIS 2030

Als abschließende Einflussgröße auf die strategische Planung bei der Einführung der Smart-Grid-Technologie sind auch die zukünftigen Potenziale der Sinus-Milieus zu berücksichtigen. Wie eingangs beschrieben ist das Milieu-Modell kein starres Konstrukt, sondern verändert sich im Laufe der Zeit mit der Entwicklung der Gesellschaft. Auf der Grundlage einer Prämisse (Verrechnung von Geburten- und Sterberate) sind folgende Veränderungen zu erwarten:

Das Segment TRA wird bis zum Jahr 2030 um 12 Prozent schrumpfen. Dieses Milieu altert immer weiter und „stirbt" somit quasi aus. Ebenfalls leicht zurückgehen werden die Milieus BÜM und PRE. Dem gegenüber stehen die jungen Milieus PRA und EPE, die in den kommenden Jahren den größten Zuwachs verzeichnen werden. Auch die Milieus HED und PER werden ihren Anteil in der Bevölkerung ausbauen. Die gehobenen Milieus KET und LIB sowie SÖK bleiben stabil[464].

### 7.3.9 ERGEBNISSE DER ENCT-MARKTSTUDIE

Im Jahr 2011 veröffentlichte das Forschungsinstitut EnCT aus Freiburg die Marktstudie „Kundensegmente und Marktpotenziale". Dabei handelt es sich um eine repräsentative Befragung mit 1 100 Teilnehmern (Energieentscheider) zu neun smarten Energieprodukten. Ziel war es, das Kundeninteresse und Kundenpotenziale zu ermitteln, sowie pro Produktklasse die jeweils relevanten Kundensegmente und deren Motive herauszuarbeiten.

Gemeinsam mit dem Sinus Institut wurden drei smarte Energie-Angebote ausgewählt, die den Bogen von einfachen, passiv genutzten Produkten bis hin zu variablen und auf Interaktion angelegten Systemen spannen und den Befragten wie folgt beschrieben wurden:

— Wohnungsdisplay:
  *„Sie erhalten von Ihrem Energieversorger einen modernen elektronischen Stromzähler und ein Wohnungsdisplay, das den aktuellen Verbrauch anzeigt sowie den Verbrauch nach Stunden, Tagen und Wochen. Zusätzlich können Sie auch Ihre Energiekosten und Ihre $CO_2$-Emissionen sehen und so Ihre Energiekosten kontrollieren. Die Daten werden nicht an Ihren Energieversorger übertragen, sondern verbleiben in Ihrem Haus. Durch die bessere Transparenz und Verbrauchskontrolle können Sie im Vergleich zum Standardtarif etwa 5 Prozent Ihrer Stromkosten einsparen."*
— Variables Tarif- und Internet-Feedback:
  *„Sie erhalten von Ihrem Energieversorger einen modernen elektronischen Stromzähler, der die Messdaten über Ihren Internetanschluss an eine Datenzentrale übermittelt. Die Daten können Sie auf einer PC-Software oder im Internet anzeigen lassen. Auch mit einem Smartphone können Sie jederzeit sehen, wie hoch Ihr Stromverbrauch war. Zusätzlich erhalten Sie einen variablen Tarif mit einem günstigen Wochenendpreis. Der Tagtarif gilt werktags von 8 bis 20 Uhr, der günstigere Nacht- und Wochenendtarif gilt werktags in der übrigen Zeit und ganztägig am Wochenende. Für das Produkt bezahlen Sie eine einmalige Anschlussgebühr. Durch die bessere Transparenz und Verbrauchskontrolle können Sie einerseits Kosten einsparen und zusätzlich Ihren Verbrauch aus der Tagzeit in die billigere Nacht- und Wochenendzeit verlagern. Auf diese Weise senken Sie Ihre Stromkosten zweifach."*
— Intelligente Geräte:
  *„Sie erhalten von Ihrem Energieversorger ein Paket, bestehend aus einer Steuerungszentrale, die gleichzeitig ein Wohnungsdisplay ist, und von verschiedenen intelligenten Endgeräten. Hierzu gehört ein Zwischenstecker (intelligente Steckdose), der den Energieverbrauch des angeschlossenen Geräts misst und der wie eine Zeitschaltuhr geschaltet werden kann. Weiterhin ist in dem*

---

[464] Angabe des Sinus Instituts in 2011.

*Paket ein intelligentes Thermostatventil, mit dem die Raumtemperatur eingestellt und auch aus der Ferne gesteuert werden kann. Über ein Smartphone oder einen PC können Sie die Daten von der Zentrale abrufen und die Geräte steuern. Sie bezahlen dafür eine einmalige Anschlussgebühr. Sie können durch die bessere Transparenz und Verbrauchskontrolle 5 bis 10 Prozent Ihres Verbrauchs einsparen."*

Anhand des Interesses (6-stufige Skala) für diese Produkte wurden Kundenmerkmale identifiziert, die mit einem überdurchschnittlichen Interesse an diesen Produkten korrelieren.

Den größten Einfluss von objektiven Merkmalen auf die Bewertung der smarten Energieprodukte hatten das Alter der Befragten, die Haushaltsgröße und der Besitz von mobilen Geräten. Bei den Motiven war die Entscheidungskontrolle, das Interesse an neuartigen Entwicklungen, Individualität, die Kostenreduktion und Effizienz sowie das Interesse an Technologien am stärksten ausschlaggebend.

Den größten Zuspruch der drei ausgesuchten Produkte erhielt das überschaubarste und am wenigsten aufwendige Angebot – das Wohnungsdisplay (61 Prozent Interesse; 30 Prozent Kundenpotenzial) – gefolgt von der Vision „Smart Home" (46 Prozent Interesse; 18 Prozent Kundenpotenzial). Etwas weniger Kundenpotenzial kann der variable Tarif inklusive Internet-Feedback verzeichnen (46 Prozent Interesse; 12 Prozent Kundenpotenzial).[465]

Im Rahmen einer Expertise von EnCT und Sinus auf der Basis der empirischen Ergebnisse sind folgende Milieuschwerpunkte wahrscheinlich:

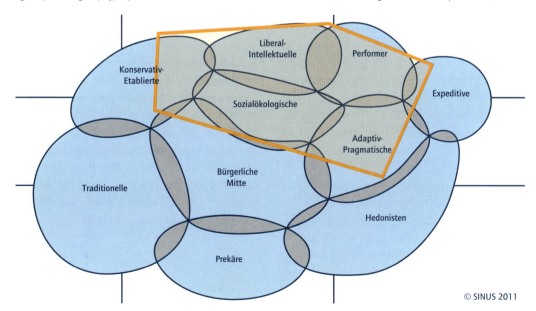

Abbildung 69: (Wohnungsdisplay) Expertise von EnCT und Sinus auf Basis der Marktstudie „Kundensegmente und Marktpotenziale", 2011.

[465] Schäffler 2011.

Das Wohnungsdisplay stellt von den drei ausgewählten Produkten die geringsten Anforderungen an das technische Verständnis der Nutzer, was zu einem breiten Milieu-Potenzial führt (siehe Abbildung 69). Die Nutzer müssen durchaus Gefallen finden an neuen Entwicklungen und einen Bezug zu moderner Technik haben, ein ausgesprochenes Technik-Know-how ist aber nicht notwendig.

Hauptnutzen des Produkts ist die Überprüfung des Energieverbrauchs, der auf dem Display jederzeit einsehbar ist. Eine Variable ist hierbei das Anzeigenformat (EUR, kWh oder $CO_2$), wobei die Angabe in Euro die größte Alltagsnähe besitzt. Eine direkte Steuerung anderer Geräte über das Display ist nicht möglich, ebenso wenig wie der Zugriff außerhalb des Haushaltes, zum Beispiel via Smartphone. Besonderes Interesse gilt in der Regel der Anzeige eines Echtzeit-Lastprofils, sodass Veränderungen des Verbrauchs beim Einschalten einzelner Geräte und Veränderungen des Verlaufs entsprechend alltäglicher Nutzungsgewohnheiten ablesbar sind. Nutzer schätzen vor allem das Gefühl von Kontrolle und die „Aha-Effekte" durch Informationen zum eigenen Verbrauch, die zuvor hinter den Türen des Sicherungskastens verborgen blieben. Langfristig bleiben solche Systeme vor allem durch Kontrollmöglichkeiten bei Abweichungen des Verbrauchs vom gewohnten Profil interessant.

Der emotionale Zusatznutzen dieses Gerätes (Prestige, Ausweis eines modernen, zeitgemäßen Lebensstils) ist als gering einzustufen.

Bei dem Produkt mit Smartphone kommt es zu einer Interaktion zwischen Energieanbieter und Endverbraucher. Die Interaktion erhöht bei Milieus, denen dieser Vorgang durch die Internetnutzung bereits bestens bekannt ist, die Attraktivität (siehe Abbildung 70). Auch die Möglichkeit, per Smartphone den Verbrauch zu beobachten bzw. zu steuern, erhöht die Wahrscheinlichkeit der Inanspruchnahme.

Die positiven Erfahrungen mit Datentransfers erzeugen Vertrauen, dennoch müssen die Prozesse transparent sein, vor allem für Angehörige der Milieus SÖK und LIB. Problematisch können sich hier allerdings Datenschutz-Skandale anderer Branchen auswirken, die zwar nicht im Zusammenhang mit Smart-Grid-Technologien stehen, sich aber dennoch auch hier negativ auswirken, da sie generelles Misstrauen schaffen.

Die Vielschichtigkeit des Angebots und die individuelle Adaptierbarkeit setzt die Fähigkeit zum Umgang mit einem höheren Grad an Komplexität voraus. Es bedarf eines gewissen Aufwands, um sich mit den variablen Tarifen zu beschäftigen, um ein bestmögliches Ergebnis zu erzielen. Andererseits verschafft die variable Gestaltung ein Gefühl des „Mitspracherechts" und stärkt das Gefühl der Autonomie des Nutzers.

Das dritte untersuchte Produkt baut auf das Vorangegangene auf, erweitert um die Integration von „intelligenten" Haushaltsgeräten. Die Steuerung dieser modernen Endgeräte über eine Steuerzentrale kann sowohl im Haus als auch von außerhalb via Smartphone und Computer erfolgen. Aufgrund der Komplexität ist ein hohes Technik-Know-how und -Begeisterung Voraussetzung (siehe Abbildung 71). Smart Homes eigne sich vor allem für (solvente) Wohneigentümer, da zunächst eine Investition in die Infrastruktur notwendig ist. Wie bei „Variabler Tarif und Internet-Feedback" findet auch hier ein Datentransfer statt - das Thema Vertrauen spielt also auch hier eine wichtige Rolle. Der Vorteil „intelligenter" Geräte ist, dass sie selbstständig in günstigeren Tarifzeiten in Betrieb gehen und somit den Verbraucher finanziell weiter entlasten.

Abbildung 70: (Variabler Tarif und Internet-Feedback) Expertise von EnCT und Sinus auf Basis der Marktstudie „Kundensegmente und Marktpotenziale", 2011.

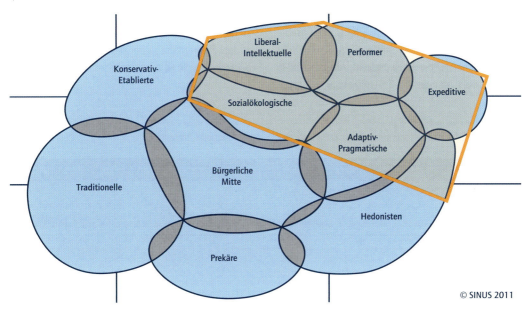

Abbildung 71: (Intelligente Geräte - Smart Home) Expertise von EnCT und Sinus auf Basis der Marktstudie „Kundensegmente und Marktpotenziale", 2011.

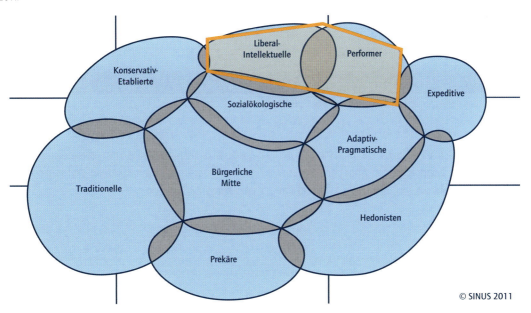

### 7.3.10 FOKUSSIERUNG AUF DIE ZIELGRUPPE

Auf der Basis der durchgeführten Analysen sind folgende Faktoren wichtig für die Akzeptanz von Smart-Grid-Angeboten: Wohneigentum, Größe der Wohnfläche, zwei und mehr Personen im Haushalt, Umweltbewusstsein, Ausgabebereitschaft für Ökostrom, Kompetenz im Umgang mit Technik und IT, Internetnutzung, Innovationsbereitschaft und das Interesse an mit IT ausgestatteten Serviceangeboten.

Für diese Faktoren lassen sich deutliche Milieu-Schwerpunkte identifizieren, die in der nachfolgend aufgeführten Matrix (siehe Tabelle 8) dargestellt sind.

Tabelle 8: Priorisierung der 10 Milieus im Hinblick auf eine mögliche Kommunikationsreihenfolge.

|  | KET | LIB | PER | EPE | BÜM | PRA | SÖK | TRA | PRE | HED |
|---|---|---|---|---|---|---|---|---|---|---|
| Wohneigentum | ++ | + | o | - | o | - | o | + | - | - |
| Größe der Wohnfläche | ++ | ++ | ++ | o | + | o | o | - | - | o |
| zwei und mehr Personen im Haushalt | + | + | + | + | + | ++ | + | - | - | + |
| Umweltbewusstsein | + | ++ | + | o | o | + | ++ | - | - | - |
| Ausgabebereitschaft für Ökostrom | + | ++ | + | o | o | o | ++ | - | - | - |
| Kompetenz im Umgang mit Technik und IT | o | + | ++ | ++ | o | + | - | - | - | + |
| Internetnutzung | + | ++ | ++ | ++ | - | ++ | o | - | - | + |
| Innovationsbereitschaft | o | + | ++ | ++ | - | + | o | - | - | + |
| Ich werde das eine oder andere mit vernetzter IT ausgestattete Serviceangebot nutzen. | + | ++ | ++ | ++ | o | ++ | o | - | - | + |
| Milieuentwicklung | o | o | ++ | + | - | ++ | o | - | - | + |
| **PRIORITÄT** | **2.** | **1.** | **1.** | **2.** | **3.** | **2.** | **2.** | **3.** | **3.** | **2.** |

„++" = überproportional stark/groß; „- -" = unterproportional stark/groß

Daraus erschließen sich die Milieus LIB und PER als Primärzielgruppe für die entsprechenden Angebote. Darüber hinaus sind auch die Milieus KET, EPE, PRA, SÖK und eingeschränkt auch HED relevant – diese werden aber wahrscheinlich erst zu einem späteren Zeitpunkt aktiv (siehe Abbildung 72).

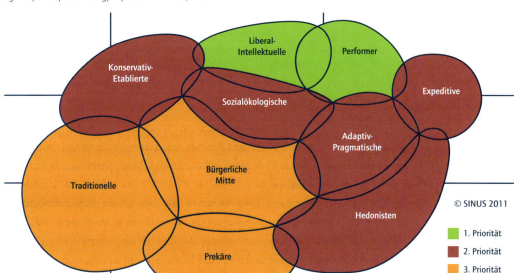

Abbildung 72: (Milieupriorisierung) Expertise von Sinus, 2011.

Folgende Merkmale zeichnen den Lebensstil der zwei Hauptzielgruppen aus:

Bei den *Liberal-Intellektuellen* herrscht das Primat der Lebensqualität – persönlich wie gesellschaftlich:

— Freude an den schönen Dingen des Lebens, Aufgeschlossenheit für Luxus, Genuss, Service und Entlastung;
— Ideal einer nachhaltigen, umwelt- und gesundheitsbewussten Lebensführung (zum Beispiel Bio- und Fair-Trade-Produkte, Naturheilverfahren), aber kein missionarischer Eifer;
— anspruchsvolles und selektives Konsumverhalten („weniger ist mehr"), Aversion gegen die oberflächliche Konsum- und Mediengesellschaft – aber aktives Informationsverhalten, souveräne Nutzung der neuen Medien;
— Streben nach Gleichgewicht zwischen Körper, Geist und Seele, Work-Life-Balance; Wunsch nach Selbstentfaltung und persönlicher Weiterentwicklung, aktives Freizeitleben;
— Community-Orientierung, gesellschaftliche Teilnahme und Engagement (Vereine, Initiativen, Politik, Kirche etc.), Networking und intensiver Austausch mit Gleichgesinnten;
— globales Denken, prinzipielle Offenheit gegenüber anderen Denkweisen und Lebensstilen; weit gespannte Themeninteressen, Bedürfnis nach intellektueller Anregung (Kunst, Musik, Kultur), häufig selbst künstlerisch aktiv;
— Bejahung von Aufklärung und Emanzipation, Zurückweisung der traditionellen Rollenklischees, Orientierung am Ideal von Gleichstellung und sozialer Gerechtigkeit.

Die *Performer* besitzen ein Selbstverständnis als die moderne, zeitgemäße Elite:

- konsequent individualisierter Leistungsbegriff, hohes Ich-Vertrauen, Macher-Mentalität: smart, dynamisch, visionär, „always on".
- Patchworking, keine Festlegung auf konventionelle Lebensmuster, Multioptionalität, Networking und Multitasking als Schlüsselkompetenzen, Vermischung von Arbeit, Freizeit und sozialem Leben;
- selbstverständliche Integration der neuen Medien in die alltägliche Lebensführung, hohe IT- und Multimedia-Kompetenz, moderne Technik als Spielzeug wie auch als Arbeitsmittel zur Effizienzsteigerung;
- entwickelte Konsumorientierung, Konsum als Belohnung für Leistung, hohe Ansprüche an Qualität und Design, Lust auf das Besondere;
- Avantgarde-Anspruch hinsichtlich Stilpräferenzen und Lebensart; ausgeprägte Tendenz zur Distinktion;
- kompetitive Grundhaltung in allen Lebensbereichen (Job, Freizeit, Sport): Herausforderungen bestehen, unter den Besten sein, neue intensive Erfahrungen machen;
- großes Interesse an sportlicher Betätigung (Trendsport, Prestigesport, Extremsport), Outdoor-orientierte Freizeitgestaltung (unterwegs sein, aktiv sein, Events).

Bei einer Produkteinführung sind für die kommunikative Ansprache sowohl die Medienkanäle als auch die Tonalität auf diese beiden Milieus abzustimmen und zu fokussieren.

Wie in Abschnitt 7.3.7 dargestellt, existieren für elektronische Endgeräte erfahrungsgemäß bestimmte Abläufe bei der Diffusion in breitere Gesellschaftsschichten. Nachdem Smart Grid-Lösungen im Haushalt bei den Angehörigen der Milieus LIB und PER angekommen sind bzw. sich etabliert haben, werden die angrenzenden Milieus verstärkt auf diese Technologie aufmerksam. Einerseits findet eine stetige Optimierung der Technik statt, andererseits verbreiten sich auch immer stärker Erfahrungswerte mit den Anwendungen und Produkten.

Bei den Angehörigen des Milieus KET führt das generelle Technik-Interesse dazu, dass sie den Anschluss halten und selber Erfahrung mit der noch neuen Technologie sammeln wollen. Auch das Milieu EPE ist aufgrund seiner Technik-Begeisterung prädestiniert, Smart-Grid-Technologien frühzeitig in den mobilen Lebensalltag zu integrieren.

Für Personen aus den jungen Mainstream-Milieus (PRA, HED) ist die Vereinfachung im Umgang mit Endgeräten und die Aussicht, Energie bzw. vielmehr Geld zu sparen, erstrebenswert.

Bei Personen aus dem Milieu SÖK steht die Möglichkeit, Energie zu sparen und dadurch einen Beitrag zum Umweltschutz zu leisten, im Vordergrund. Technische Spielereien sind hier weniger ausschlaggebend.

## 7.4 ZUSAMMENFASSUNG

Ziel dieses Kapitels war zum einen die Einordnung des aktuellen Forschungsstandes zur Verbraucherakzeptanz von Smart Grid-Technologien, zum anderen wurde ein Ausblick darauf gegeben, welche Faktoren für eine Erhöhung der Akzeptanz und folglich zu einer möglichst starken Verbreitung von Smart-Grid-Technologien bei Endverbrauchern entscheidend sind.

In Kapitel 2 wurde bereits ein Spannungsfeld möglicher Entwicklungen im Energiemarkt im Zusammenhang mit Smart Grids aufgezeigt. Die drei Szenarien skizzieren dabei unterschiedliche Visionen des Strommarktes der Zukunft.

Das Szenario „Nachhaltig Wirtschaftlich" weist dabei Merkmale auf, die auch in den vorangegangenen Ausführungen wiederzufinden sind.

Die Forschung zum Thema Verbraucherakzeptanz von Smart Grids steht insgesamt gesehen relativ am Anfang. Während über technologische Entwicklungen und technische wie auch gesetzliche Rahmenbedingungen in Deutschland, Europa oder weltweit schon viel Know-how zusammengetragen wurde, ist das Wissen über die Einstellungen der Verbraucher noch recht gering.

Voraussetzung für die zügige Verbreitung von Smart Grids ist, dass reale Vorteile kommuniziert werden, die je nach Zielgruppe unterschiedlich ausgeprägt sind.

Losgelöst von der Milieu-Ebene lassen sich aufgrund der vorliegenden Analysen und Auswertungen, die das Spannungsfeld rund um Smart Grids abdecken, folgende Schlüsse für die (zukünftige) Verbraucherakzeptanz ziehen:

— Ein Großteil der Bevölkerung denkt, dass er gut über den eigenen Beitrag zum Umweltschutz und zum Energiesparen aufgeklärt ist. Diese Wahrnehmung steht jedoch oft im Widerspruch zum tatsächlichen Wissensstand. Bereits verfügbare Optionen und Programme zur Unterstützung einer Energie-effizienteren Haushaltsführung sind häufig unbekannt bzw. werden selten in vollem Umfang genutzt. Es besteht daher ein Bedarf an Aufklärungsprogrammen, die sich gezielt an die Endverbraucher richten. Denn ein größeres Bewusstsein und eine erhöhte Kompetenz im Umgang mit einer Technologie führen erfahrungsgemäß auch zu einer höheren Investitionsbereitschaft. Erst wenn das Wissensdefizit beseitigt und das Vertrauen hergestellt ist, sind die wahren Potenziale für den Verbraucher und seine individuelle Lebenssituation in vollem Umfang sicht- und damit einsehbar.

— Zu beachten ist hierbei, dass diese Informationen nicht nur Stromanbieter oder Hersteller entsprechender Produkte an die Endverbraucher herantragen. Einige Bestandteile von Smart-Grid-Technologien stufen Verbraucher als Möglichkeiten zur Kontrolle und Datensammlung ein. Deshalb besteht besonders gegenüber der Industrie (Anbieter und Hersteller) zum Teil erhebliches Misstrauen. Eine Zusammenarbeit mit Verbraucher- bzw. Umweltorganisationen ist daher ratsam, um Vertrauen zu schaffen.

— Sicherheit ist ein zentrales Bedürfnis der Endverbraucher. Das Thema Datenschutz muss daher höchste Priorität genießen und auch in der Kommunikation nach außen eine wichtige Rolle einnehmen. Zudem ist zu berücksichtigen, dass wichtige Kontaktpersonen – wie Energieberater und Heizungsinstallateure, über genügend Informationen verfügen und Endverbrauchern Smart-Grid-Bausteine kompetent vermitteln können.

— Für viele Verbraucher stellt die Technik als solche die größte Barriere dar. Sie wird als zu aufwendig und damit fehleranfällig wahrgenommen, wobei es sich in der Regel um Annahmen und Vorurteile handelt und nicht um eigene Erfahrungen mit den Geräten. Wie beschrieben gibt es jedoch auch Bevölkerungsgruppen, die starkes Interesse an State-of-the-Art-Technologien haben und typischerweise als Erste neue Produktangebote kaufen und nutzen (Innovatoren). Die Milieus, in denen sich diese Menschen vor allem finden, sind als Einstiegspunkt sehr wichtig und öffnen die Tür für weitere Kunden, die sich an den Innovatoren orientieren (Frühadopter) und den von ihnen geprägten Trends folgen.

— Dennoch: Ein großer Teil der Verbraucher will nicht zu sehr von der Technik vereinnahmt werden. Intelligente Haushaltsgeräte und neuartige Systeme sollen zwar den Komfort erhöhen und Ratschläge zur effizienteren Energienutzung liefern. Aber der Verbraucher muss das Gefühl haben, die Oberhand über die Datenströme

- und individualisierten Abläufe zu behalten. Daher sind bestimmte Grundvoraussetzungen notwendig, zum Beispiel die Option zu einer manuellen Bedienung der Geräte.
- Technische Berührungsängste können darüber hinaus durch das Angebot individueller Lösungen reduziert, wenn nicht gar behoben, werden. Gerade die etwas unsicheren Nutzer wünschen sich eine maßgeschneiderte Lösung, die perfekt an ihre Wohnsituation angepasst ist. Sie möchten in die Entscheidungsabläufe mit einbezogen werden, wobei die Demonstration der technischen Möglichkeiten dabei hilfreich sein kann.
- Wie bereits ausgeführt müssen sich Smart Grids in erster Linie finanziell lohnen. Eine effizientere Stromnutzung und der positive Einfluss auf die Umwelt reichen in der Regel nicht aus, um einen Verbraucher von intelligenten Haushaltsgeräten zu überzeugen. Die genauen Einsparpotenziale und die Zusatzkosten müssen deutlich und nachvollziehbar kommuniziert werden. Höhere Initialkosten werden dann akzeptiert, wenn die langfristigen Einsparpotenziale bemerkbar sind. Dabei sollten die Stromeinsparungen bestenfalls vom Endverbraucher selbst an den Geräten ablesbar sein und auf der Stromabrechnung im Detail aufgeführt werden.
- Damit Smart-Grid-Technologien und der damit verbundene Datentransfer in breiten Bevölkerungsschichten auf Unterstützung stößt, müssen Risiken und entsprechende vorbeugende Maßnahmen sehr bedacht und sensibel kommuniziert werden. Ein Gefühl von Überwachung und Kontrolle muss genauso vermieden werden, wie der Eindruck, dass mit den gesammelten Daten nicht sorgsam umgegangen wird. Ebenso muss ausgeschlossen sein, dass ohne Zustimmung Verknüpfungen mit anderen Datenquellen hergestellt werden können, dass das individuelle Nutzungsverhalten von Dritten abgeleitet wird oder dass Unbefugte Zugang zu Daten erlangen.
- Ein wesentlicher Faktor für die Akzeptanz von Smart Grids wird das Vertrauen in den sicheren Datenaustausch zwischen Endverbraucher und Energieanbieter sein. Aufgrund der Weitergabe haushaltsbezogener Daten ist es entscheidend, für die Sicherheit der Endverbraucher zu sorgen und dadurch Vertrauen aufzubauen. Datenschutz-Skandalen, wie man sie aus anderen Branchen bereits kennt, ist vorzubeugen, und Datenmissbrauch klar vom eigenen Angebot auszuschließen.
- Das Internet passt als moderne Kommunikationstechnologie gut als Informationsquelle zur zukunftsweisenden Technologie von Smart Grids und wird insbesondere von den Vertretern der modernen und internet-affinen Milieus erwartet.
- Ein weiterer wichtiger und im Szenario „Nachhaltig Wirtschaftlich" beschriebener Faktor, um der Smart-Grid-Technologie in Zukunft eine zügige Verbreitung zu ermöglichen, ist die Liberalisierung des Energiemarktes. Durch den Wettbewerb zwischen verschiedenen Akteuren wird das Angebot für Endverbraucher zunehmend attraktiv und die steigende Interaktion zwischen allen Marktteilnehmern beschleunigt die Verbreitung. Ebenso wird sich die Sensibilisierung der Endverbraucher bezüglich des Stromverbrauchs aus ökologischen oder finanziellen Gründen positiv auf die Nutzung von Smart Grid-Technologie auswirken.
- Um Smart-Grid-Technologien erfolgreich einzuführen und zu verankern, müssen die Verbraucher einbezogen werden. Erste Ansätze wie der im Juli 2011 in Berlin durchgeführte „Bürgerdialog" zum Thema „Energietechnologien der Zukunft"[466] zeigen einen möglichen Weg auf. Die öffentliche Diskussion zwischen allen Akteuren inklusive der Bürger und Bürgerinnen ist wichtig, um die Sicht der Endverbraucher in Entwicklungen und Entscheidungen einzubeziehen. Zu empfehlen ist hierbei eine professionelle Moderation solcher Diskussionsprozesse, um zielgerichtet umsetzbare Ergebnisse zu

---

[466] BMBF 2011c.

erlangen. Wie im Szenario „Nachhaltig Wirtschaftlich" beschrieben, sollte nicht nur die passive Unterstützung der Bürger angestrebt werden. Vielmehr ist darauf abzuzielen, dass die Bürger selbst aktiv am Strommarkt teilnehmen und das Internet der Energie mitgestalten.

— Um dies zu erreichen, sind verstärkt Erwartungen und Ansprüchen an Smart-Grid-Technologien bei Endverbrauchern zu erforschen. Nur wenn die Bedürfnisse, Wünsche und Hoffnungen der Menschen in aller Deutlichkeit erkannt werden, kann eine Technologie Vertrauen und Akzeptanz erfahren und damit erfolgreich ihr Zukunftspotenzial einsetzen.

# 8 ZUSAMMENFASSUNG UND AUSBLICK

Die vorliegende Studie hat das Ziel, Faktoren für die Entwicklung eines Smart Grids in Deutschland zu identifizieren, Schlüsseltechnologien und -funktionalitäten sowie Wechselwirkungen und Abhängigkeiten zwischen diesen aufzuzeigen und daraus konkrete technologische Migrationspfade in das Internet der Energie abzuleiten. Dazu wurden insgesamt drei Szenarien bis zum Jahr 2030 erarbeitet und im Hinblick auf die dafür notwendigen Informations- und Kommunikationstechnologien (IKT) sowie energietechnologiespezifischen Entwicklungen analysiert. Neben der technisch ausgerichteten Analyse wurden im Hinblick auf eine möglichst ganzheitliche Betrachtung des Themenkomplexes Smart Grid begleitend auch Analysen in den Bereichen Marktregulierung und Technikakzeptanz bei den Verbrauchern durchgeführt. Einen internationalen Benchmark für die aktuellen und zukünftigen Entwicklungen in Deutschland ermöglichte ein Vergleich mit ausgewählten europäischen und außereuropäischen Staaten.

Zur Erarbeitung der Szenarien für das deutsche Elektrizitätsversorgungssystem der Zukunft (siehe Kapitel 2) wurde der methodische Ansatz zur Szenarientechnik von Jürgen Gausemeier für das Future-Energy-Grid (FEG)-Vorhaben adaptiert. Der Zeithorizont wurde dabei bis zum Jahr 2030 festgelegt – ein Zeitraum, der gerade noch für die betrachtete Fragestellung überschaubar erscheint. Zunächst wurden in Expertenworkshops Determinanten für die Entwicklung des Energiesystems gesammelt und im Hinblick auf deren möglichst diskriminierenden Einfluss auf eine zukünftige Smart-Grid-Entwicklung bewertet. Die Vielzahl an Faktoren wurde aus Gründen der Übersichtlichkeit zu insgesamt acht Schlüsselfaktoren zusammengefasst. In einem darauf folgenden Schritt wurden für diese Schlüsselfaktoren jeweils bis zu vier extremale Ausprägungen erstellt. Durch die Kombination unterschiedlicher Ausprägungen und mithilfe von Cluster- und Konsistenzanalysen wurden daraus schließlich die in den Abschnitten 2.4 bis 2.6 vorgestellten Szenarien zusammengestellt. Bei den Ausprägungen wie auch bei den darauf basierenden Szenarien handelt es sich um Extreme, die dazu dienen, die maximale Spannbreite für die Entwicklungen zu zeigen. Mit den gewählten Szenarien „Nachhaltig Wirtschaftlich", „Komplexitätsfalle" und „20. Jahrhundert" wurde somit der für die Entwicklung der IKT im Elektrizitätsversorgungssystem maßgebliche Zukunftsraum aufgespannt.

Kapitel 3 befasst sich vor allem mit der aktuellen und der künftigen Rolle der IKT im Kontext der Energieversorgung. Der aktuelle Stand wird in Abschnitt 3.2 erläutert und beschreibt unter anderem die Standardisierungsaktivitäten im IKT-Umfeld. Zur Strukturierung des komplexen Energieversorgungssystems führt Abschnitt 3.3 eine Aufteilung in drei Systemebenen ein und begründet sie. Diese gliedert die betrachteten Technologien bezüglich ihres Einsatzes in der „geschlossenen Systemebene", der „vernetzten Systemebene" oder in der verbindenden „IKT-Infrastrukturebene". Darauf aufbauend und ergänzt durch Expertenbefragungen wurde eine Literaturrecherche durchgeführt, welche zum Ziel hatte, Technologiefelder zu identifizieren, die für die IKT von großer Bedeutung sind (siehe Abschnitt 3.4). Diese 19 Technologiefelder verteilen sich auf die geschlossene Systemebene (5), die vernetzte Systemebene (10), die IKT-Infrastrukturebene (1) sowie auf die Gruppe der sogenannten Querschnittstechnologien (3). Die Querschnittstechnologien sind dabei keiner der drei Systemebenen zuzuordnen und spielen in jeder der drei Systemebenen eine Rolle. Hierzu zählen die Integrationstechniken, das Datenmanagement und die Informationssicherheit. Angelehnt an das Smart Grid Maturity Model (SGMM) werden bis zu fünf Entwicklungsstufen pro Technologiefeld abgeleitet. Sie beziehen sich ausschließlich auf die funktionale Entwicklung der Technik und berücksichtigen daher weder den Zeitfaktor noch regulatorische oder gesellschaftliche Rahmenbedingungen. Abschließend werden in Abschnitt 3.5 die drei entwickelten Szenarien mit den Entwicklungsschritten der

## Zusammenfassung und Ausblick

einzelnen Technologiefelder abgeglichen. Dabei wird untersucht, bis zu welchem Grad sich ein Technologiefeld entwickeln muss, damit das in dem jeweiligen Szenario beschriebene Gesamtsystem in der Summe realisiert werden kann.

Unter Kenntnis der Szenarien, der Technologiefelder und ihrer wechselseitigen Zuordnung beschreibt Kapitel 4 die der Studie namensgebenden Migrationspfade. Dazu werden in Abschnitt 4.2 zunächst die Beziehungen zwischen den Technologiefeldern dargestellt. Diese basieren wiederum auf durchgeführten Expertenworkshops. Dabei wird deutlich, welche Zusammenhänge zwischen den einzelnen Entwicklungsschritten aller Technologiefelder bestehen. Aufgezeigt werden jeweils die Vorbedingungen, die geschaffen werden müssen, damit in einem Technologiefeld die nächste Entwicklungsstufe erreicht werden kann. Wichtig zu beachten ist dabei, dass ein Entwicklungsschritt die marktreife Einführung einer Funktionalität bedeutet und somit bereits vorher prototypisch oder als Teil anderer Systeme implementiert sein kann und außerdem dass eine gewisse Erfahrung beim Einsatz vorliegt. Ebenso sind die identifizierten Abhängigkeiten nicht als die einzig mögliche Lösung zu betrachten, sondern als die aus heutiger Sicht sinnvollste, logische und konsistente Möglichkeit. Aus den Abhängigkeiten ergibt sich ein komplexer Abhängigkeitsgraph pro Szenario. Diese Graphen werden in Abschnitt 4.3 analysiert. Das technologisch am stärksten ausgeprägte Szenario „Nachhaltig Wirtschaftlich" wird in diesem Kontext als Zielszenario angenommen. Aus diesem Grund wird bei der Betrachtung der Migrationspfade dieses Szenario zusätzlich mit einer Zeitskala für die Entwicklung ausgestattet. Diese unterteilt den Migrationsprozess in drei Phasen: die Konzeptionsphase (2012 bis 2015), die Integrationsphase (2015 bis 2020) und die Fusionsphase (2020 bis 2030). Es wird hierbei sehr deutlich, dass sich die Entwicklungen der Technologiefelder aus der geschlossenen Systemebene in der Integrationsphase entwickeln, während die Technologiefelder der offenen Systemebene sich verstärkt in der Fusionsphase ausbilden. Die IKT-Infrastrukturebene bildet dabei das Rückgrat der gesamten Entwicklung.

Die Kapitel 5 bis 7 sind mit den Rahmenbedingungen für die technologischen Entwicklungen befasst: Deutschland im internationalen Vergleich, der energiewirtschaftliche, gesetzliche Rahmen und die gesellschaftliche Akzeptanz eines ausgewählten Anwendungsbereiches. Kapitel 5 positioniert Deutschland im Vergleich zu ausgewählten Ländern. Diese Positionierung beruht zum einen auf Ländersteckbriefen, die zehn (inklusive Deutschland) ausgewählte Länder mit modellhaften Charaktereigenschaften hinsichtlich ihrer aktuellen Situation und ihrer Entwicklung in Bezug auf Smart Grids betrachten. Zum anderen fußt die Positionierung auf den Ergebnissen eines Fragebogens. Der Fragebogen befasst sich mit den Einschätzungen von Experten für die Situation in den ausgewählten Ländern. Abschließend wurden Kernaussagen für Deutschland getroffen, die unter anderem besagen, dass Demonstrationsprojekte für Smart-Grid-Technologien helfen, internationale Märkte zu erschließen.

Der in Kapitel 6 beschriebene energiewirtschaftliche Rahmen diskutiert insbesondere, welche Bedingungen geschaffen werden müssen, um ein hoch entwickeltes Szenario wie das Szenario „Nachhaltig Wirtschaftlich" zu realisieren. Es wird dabei ebenfalls der Schlüsselfaktor „Politische Rahmenbedingungen" berücksichtigt. Smart Metering und das intelligente Verteilnetz werden getrennt betrachtet, um die ökonomischen und regulatorischen Zusammenhänge zu differenzieren. Neben den Herausforderungen, die durch die Integration fluktuierender Einspeisung entstehen, werden auch mögliche, zukünftige Marktdesigns betrachtet. Es wird gezeigt, welche Bedingungen geschaffen werden müssen, um die Transformation von Übertragungs- und Verteilnetzen vom heutigen Zustand in ein zukunftsfähiges Gesamtsystem herbeizuführen.

Kapitel 7 adressiert den gesellschaftlichen Rahmen der künftigen Energieversorgung. Dabei wird speziell das Beispiel von EMS in Haushalten angeführt und somit die Verbraucherakzeptanz als Schwerpunkt gewählt. Unter Zuhilfenahme der etablierten Sinus-Milieus und durchgeführter Akzeptanzstudien werden verschiedene, in der Komplexität steigende Ausprägungen von EMS in Haushalten untersucht. Im Ergebnis stechen die Gruppen der Liberal-Intellektuellen und der Performer als besonders affin für den Einsatz von EMS in Haushalten hervor. Darüber hinaus wird erläutert, wie auch die anderen Milieus von EMS überzeugt werden können.

Die Ergebnisse bestätigen aus der Sicht der IKT die immense Komplexität des Vorhabens Energiewende. Es wird deutlich, dass der Aufbau eines Smart Grids ein möglichst geordnetes Zusammenspiel vieler Akteure, Technologieentwicklungen und gesetzgeberischer Maßnahmen voraussetzt. Soll das Smart Grid maßgeblich zum Gelingen der Energiewende beitragen, so bedarf es einer zügigen Weiterentwicklung systembestimmender Technologien sowie einer abgestimmten rahmenpolitischen Prozessbegleitung.

Die Studie macht einen vielfachen Handlungsbedarf deutlich. Insbesondere beim Einsatz neuer, IKT-naher Technologien ist ein stringenter Plan zu verfolgen:

— Unter der Annahme, dass das Szenario „Nachhaltig Wirtschaftlich" als Zielszenario betrachtet wird, kann der in Abschnitt 4.3 vorgestellte Phasenplan als Monitoringwerkzeug genutzt werden. Es ist zum Beispiel möglich, andere Roadmaps und Gesetzesvorgaben zu integrieren, um zu prüfen, ob die Entwicklung zur Erreichung der Ziele in den gewünschten Bahnen verläuft. So ist es möglich, Meilensteine wie den Smart-Meter-Roll-out auf die Zeitskala aufzutragen, indem die dafür notwendigen technologischen Entwicklungen hervorgehoben werden.

— Die Studie hat gezeigt, dass es „kritische Pfade" der Migration gibt. Sie benennt die Schritte, die in den jeweiligen Systemebenen vorrangig gegangen werden müssen, um das gesetzte Ziel zu erreichen. So haben sich insbesondere AMS-WAMS in der geschlossenen Systemebene, Prognosesysteme, Anlagenkommunikations- und Steuerungsmodule, Business Services sowie AMI in der vernetzten Systemebene und die IKT-Konnektivität als neuralgische und systemimmanente Technologien herausgestellt. Ohne eine Entwicklung dieser Technologien ist der Aufbau eines Smart Grids nicht oder nur sehr erschwert möglich. Auf diese Technologiefelder sollte daher ein Schwerpunkt in Forschung, Entwicklung und Anwendung gelegt werden.

— In vielen Bereichen sind umfängliche FuE-Anstrengungen und Pilotprojekte notwendig. Viele der benötigten Technologien befinden sich noch im Entwicklungsstadium oder erst in den Laboren. Da die meisten Technologien nur im vernetzten System Einsatz finden, sind FuE-Projekte und später Demonstratoren notwendig, um den nächsten Entwicklungsschritt eines Technologiefeldes zu erreichen.

— Im Rahmen der Studie wurden die vielfältigen Herausforderungen der intelligenten Stromversorgung betrachtet. Eine Erweiterung um weitere Energieinfrastrukturen hätte den Umfang gesprengt. Jedoch sind in nächsten Schritten ähnliche Studien auch für die integrierte Betrachtung aller Energienetze, also der Gasnetze, der Wärmenetze und auch des Transportsystems, und zu deren übergreifenden Optimierungsmöglichkeiten notwendig. Durch die Nutzung bereits bestehender Infrastruktur sowie die dadurch eröffneten Möglichkeiten zur Speicherung regenerativ erzeugter Energien könnten gegebenenfalls gesamtwirtschaftliche Kosten der Energiewende deutlich gesenkt werden. Diese These gilt es, zeitnah zu prüfen.

## Zusammenfassung und Ausblick

— Ein weiteres Thema, das im Rahmen des Projektes nur implizit betrachtet wurde, ist die Elektromobilität. Wie bereits zuvor in der Studie erwähnt, ist die Betrachtung der Elektromobilität implizit durch die Technologiefelder abgedeckt. So trägt sie zur Flexibilisierung der Stromnachfrage bei und kann eine wichtige Komponente der Feldebene werden. Sie öffnet zudem den Einstieg in die Einbeziehung des Verkehrssystems und bietet Potenziale für die Stromspeicherung.

Aus der Analyse der gesetzlichen Rahmenbedingungen, der Akzeptanz und der internationalen Einordnung, ergeben sich die folgenden kurz- bis langfristig nötigen Schritte:

— Der internationale Vergleich zeigt für ausgewählte Länder, die als prototypisch betrachtet werden, wie sich Deutschland weltweit positioniert. Im Hinblick auf Smart-Grid-Technologien bieten unter anderem Länder wie Japan und Spanien sowie Länder in Nordafrika Nischen, in denen deutsche Unternehmen an den Märkten teilnehmen können. Dasselbe gilt für die betrachteten Modellprojekte, welche in Europa zu großen Teilen bereits in einem Katalog zusammengefasst aufgeführt sind.[467]
— Die energiewirtschaftliche Gesetzgebung wird in dieser Studie sehr kondensiert betrachtet. Der Fokus liegt hierbei auf den erforderlichen, technologischen Entwicklungen mit IKT-Bezug. Vor allem im Bereich der Regulierung wird die besondere Situation Deutschlands deutlich: Die Vorgaben sind dort zum Teil sehr vielschichtig und müssen angesichts einschneidender Veränderungen, wie der Liberalisierung und des Atomausstiegs angepasst werden. Die Ergebnisse der Untersuchungen zeigen, dass eine detailliertere Prüfung der regulatorischen Situation sinnvoll ist. So wurden ungelöste Probleme aufgezeigt. Es fehlen aber noch sowohl konkrete Ideen, wie das Zusammenspiel der Rollen geregelt oder dem Markt überlassen werden sollte, als auch Erkenntnisse, wie Effekte möglicher Regulierung aussehen würden.
— Akzeptanzfragen werden in Zukunft von großer Bedeutung sein, wenn Smart-Grid-Technologien realisiert werden sollen bzw. müssen. Projekte wie Stuttgart 21 oder der Ausbau der Übertragungstrassen zeigen, dass in Deutschland große Vorhaben nur gelingen, wenn dies im Dialog und mit Zustimmung der Öffentlichkeit geschieht. Im Energiebereich wird es zukünftig weiterhin Proteste insbesondere beim Leitungsausbau, der Errichtung von Onshore- und Offshore-Windkraftanlagen oder der CCS-Technologie geben – obwohl klar ist, dass eine Energiewende ganz ohne diese Anlagen nicht möglich ist. Diese Art der Akzeptanzfragen wurden in dieser IKT-bezogenen Studie nicht betrachtet, werden aber im Zusammenhang mit Smart Grids berücksichtigt werden müssen. Es ist zu prüfen, wie sich die Ergebnisse der Verbraucherakzeptanz übertragen lassen, um dementsprechend Untersuchungen anzustoßen. Neben den betrachteten Haushaltskunden sind auch die gewerblichen und industriellen Großkunden einzubeziehen. Durch eine hohe Akzeptanz lassen sich Konzepte, wie DSM und DR bei Haushaltskunden leichter realisieren. Bei industriellen Großkunden werden die Instrumente DSM und DR bereits heute angewendet. Zusätzliche Potenziale bergen hier insbesondere die weitere Optimierung der individuellen Prozesse und die Erschließung neuer Geschäftsmodelle.

Von den hier vorgestellten Ergebnissen hat acatech Empfehlungen abgeleitet, die sich an Vertreter aus der Politik, der Wirtschaft und der Wissenschaft richten. Die acatech POSITION *Informations- und Kommunikationstechnologien für den Weg in ein nachhaltiges und wirtschaftliches Energiesystem* [468] diskutiert und stellt diese Empfehlungen im Detail vor.

---

[467] ECJRCIE 2011
[468] acatech 2012

# LITERATUR

**AA 2009**
Auswärtiges Amt (Hrsg.): *Indien - Energiepolitischer Jahresbericht*, New Delhi 2009.

**acatech 2010**
acatech (Hrsg.): *Wie Deutschland zum Leitanbieter für Elektromobilität werden kann* (acatech BEZIEHT POSITION, Nr. 6), Heidelberg u. a.: Springer Verlag 2010 (acatech bezieht Position, Nr. 6).

**acatech 2012**
acatech (Hrsg.): *Future Energy Grid. Informations- und Kommunikationstechnologien für den Weg in ein nachhaltiges und wirtschaftliches Energiesystem* (acatech POSITION), Heidelberg u. a.: Springer Verlag 2011.

**accenture/WEF 2009**
accenture/World Economic Forum (Hrsg.): *Accelerating Smart Grid Investments*, Davos: 2009.

**AEEG 2010**
The Italian Regulatory Authority for Electricity and Gas: Annual Report to the European Commission on Regulatory Activities and the State of Services in the Electricity and Gas Sectors, Ort? 2010.

**AGEB 2011**
AGEB AG Energiebilanzen e. V. (Hrsg.): *Energieverbrauch in Deutschland im Jahr 2010*. URL: http://www.ag-energiebilanzen.de/viewpage.php?idpage=62 [Stand: 12.10.2011].

**AHAM 2009**
Association of Home Appliance Manufacturers (AHAM) (Hrsg.), *Smart Grid White Paper*, 2009, URL: http://www.aham.org/ht/a/GetDocumentAction/i/44191 [Stand: 12.10.2011].

**AHK 2011**
Deutsch-Russische Auslandshandelskammer (Hrsg.): *Russland 2010 – Auf dem Weg zur Modernisierung*, Moskau: 2011.

**AIM/Liander 2011**
Amsterdam Innovation Motor/Liander: *Amsterdam Smart City*. URL: http://www.amsterdamsmartcity.nl/#/en [Stand: 23.09.2011].

**Amelin/Soder 2010**
Amelin, M./ Soder, L.: "Taking Credit". In: Power and Energy Magazine, Vol. 8 No. 5 (2010), S. 47-52.

**Angenendt/Boesche/Franz 2011**
Angenendt, N./Boesche, K./Franz, O.: „Der energierechtliche Rahmen einer Implementierung von Smart Grids". In: Recht der Energiewirtschaft, Nr. 4-5 (2011), S. 117-164.

**Appelrath et al. 2011**
Appelrath et al. (Hrsg.), *Forschungsfragen im „Internet der Energie"*, URL: http://www.acatech.de/de/publikationen/materialienbaende/uebersicht/detail/artikel/internet-der-energie.html [Stand: 12.10.2011].

**Athesiadruck 2010**
Athesiadruck GmbH (Hrsg.): „Sauber und lokal: Unsere Energie". In: Radius, Magazin für die Europaregion Tirol, Nr. 8 (2010), S. 6-7.

**ATW 2010**
Holger Ludwig/Tatiana Salnikova/Ulrich Waas: *Lastwechselfähigkeiten deutscher KKW*. URL: http://www.atomforum.de/kernenergie/documentpool/Aug-Sept/atw2010_09_waas_lastwechselfaehigkeiten_kkw.pdf [Stand: 12.10.2011].

**Auer/Heng 2011**
Auer, Josef/Heng, Stefan: *Smart Grids – Energiewende erfordert intelligente Elektrizitätsnetze*, Frankfurt am Main: Deutsche Bank Research, 2011.

**Backhaus 2006**
Backhaus, K. et al.: *Multivariate Analysemethoden – Eine anwendungsorientierte Einführung*, 11. Auflage, Berlin: Springer Verlag 2006.

**Balzer/Schorn 2011**
Balzer, G./Schorn, C.: *Asset Management für Infrastrukturanlagen – Energie und Wasser,* Berlin: Springer Verlag 2011.

**BCB 2009**
Banco Central do Brasil (Hrsg.): *Produto Interno Bruto e taxas medias de crescimento*, Sao Paulo: 2009.

**BDEW 2008**
Bundesverband der Energie- und Wasserwirtschaft e. V. (Hrsg.): *Technische Richtlinie Erzeugungsanlagen am Mittelspannungsnetz – Richtlinie für Anschluss und Parallelbetrieb von Erzeugungsanlagen am Mittelspannungsnetz*, Berlin: BDEW 2008.

**BDEW 2011a**
Bundesverband der Energie- und Wasserwirtschaft e. V.: *Energiedaten*. URL: http://www.bdew.de/internet.nsf/id/DE_Energiedaten [Stand: 30.08.2011].

**BDEW 2011b**
Bundesverband der Energie- und Wasserwirtschaft e. V. (Hrsg.): *Energiemarkt Deutschland 2011 – Zahlen und Fakten zur Gas-, Strom- und Fernwärmeversorgung*, Berlin: BDEW 2011.

**BDI 2011**
Bundesverband der Deutschen Industrie e. V. (Hrsg.): *BDI Agenda*. URL: http://www.bdi-online.de/BDIONLINE_INEAASP/iFILE.dll/X434E4CE448D145C3B17B54DB5FCCFAD6/2F252102116711D5A9C0009027D62C80/PDF/BDI_Agenda_24_Januar_2011_small.PDF [Stand: 29.10.2011].

**BEE 2011**
Bundesverband Erneuerbare Energie e. V. (Hrsg.): *Maßnahmenpaket zur System - und Marktintegration Erneuerbarer Energien*. URL: http://www.bee-ev.de/_downloads/publikationen/sonstiges/2011/110321_BEE_Position_Direktvermarktung_Systemintegration.pdf [Stand: 11.10.2011].

**Beenken et al. 2010**
Beenken, P./Rohjans, S./Specht, M./Uslar, M.: *Towards a standard compliant Smart Grid through Semantic Web Technologies concerning interoperability, security and SOA*, Proceedings of the Power Grid Europe, Amsterdam: 2010.

**BITKOM 2010**
Bundesverband Informationswirtschaft, Telekommunikation und neue Medien e. V. (BITKOM) (Hrsg.): *Cloud Computing Leitfaden*, URL: http://www.bitkom.org/de/publikationen/38337_66148.aspx [Stand: 19.08.2011].

**Bitsch 2000**
Bitsch, Rainer: *Perspektiven im Energiemanagement bei Stromversorgungsnetzen mit dezentraler Einspeisung*. Kasseler Symposium Energie-Systemtechnik, Kassel: 2000.

**BMBF 2009**
Bundesministerium für Bildung und Forschung (Hrsg.): *Anytime, Anywhere, Communication and Computing (AACC)*, Berlin: SINUS Markt- und Sozialforschung GmbH 2009.

**BMBF 2011a**
Bundesministerium für Bildung und Forschung Hrsg.): *Energietechnologien der Zukunft.* URL: http://www.buergerdialog-bmbf.de/energietechnologien-fuer-die-zukunft/index.php [Stand: 05.09.2011].

**BMBF 2011b**
Bundesministerium für Bildung und Forschung (Hrsg.): *7. FRP im Überblick.* URL: http://www.forschungsrahmenprogramm.de/frp-ueberblick.htm [Stand: 22.09.2011].

**BMBF 2011c**
Bundesministerium für Bildung und Forschung (Hrsg.): *Bürgerdialog zum Thema Energietechnologien für die Zukunft.* Bonn, Berlin: 2011. URL: http://www.bmbf.de/pub/energietechnologien_fuer_die_zukunft.pdf [Stand: 12.10.2011].

**BMJ 2010**
Bundesministerium der Justiz (Hrsg.): *Verordnung über die Entgelte für den Zugang zu Elektrizitätsversorgungsnetzen (Stromnetzentgeltverordnung – StromNEV)*, Berlin: Bundesministerium der Justiz 2010.

**BMU 2009**
Bundesministerium für Umwelt, Naturschutz und Reaktorsicherheit (Hrsg.): *Langfristszenarien und Strategien für den Ausbau erneuerbarer Energien in Deutschland.* URL: http://www.bmu.de/files/pdfs/allgemein/application/pdf/leitszenario2009_bf.pdf. [Stand: 12.101.2012].

**BMU 2010**
Bundesministerium für Umwelt, Naturschutz und Reaktorsicherheit (Hrsg.): *Umweltbewusstseinsstudie*, Berlin, Bonn: 2010.

**BMU 2011a**
Bundesministerium für Umwelt, Naturschutz und Reaktorsicherheit (Hrsg.): *Erneuerbare Energien in Zahlen. Nationale und internationale Entwicklung*, Berlin: 2011.

**BMU 2011b**
Bundesministerium für Umwelt, Naturschutz und Reaktorsicherheit (Hrsg.): *Nationaler Aktionsplan für erneuerbare Energie gemäß der Richtlinie 2009/28/EG zur Förderung der Nutzung von Energie aus erneuerbaren Quellen.* URL: http://www.bmu.de/files/pdfs/allgemein/application/pdf/nationaler_aktionsplan_ee.pdf [Stand: 28.03.2011].

**BMWi 2006a**
Bundesministerium für Wirtschaft und Technologie (Hrsg.): *Energiedienstleistungsrichtlinie (2006/32/EG).* URL: http://www.bmwi.de/BMWi/Redaktion/PDF/E/edl-richtlinie,property=pdf,bereich=bmwi,sprache=de,rwb=true.pdf [Stand: 15.11.2010].

**BMWi 2006b**
Bundesministerium für Wirtschaft und Technologie (Hrsg.): *Potenziale der Informations- und Kommunikations-Technologien zur Optimierung der Energieversorgung und des Energieverbrauchs*, Berlin: 2006.

**BMWi 2008**
Bundesministerium für Wirtschaft und Technologie (Hrsg.): *Zukunft & Zukunftsfähigkeit der deutschen Informations- und Kommunikationstechnologie*, Berlin: 2008.

**BMWi 2009**
Bundesministerium für Wirtschaft und Technologie (Hrsg.): *Parlamentarischer Staatssekretär Otto eröffnet ersten E-Energy Jahreskongress.* URL: http://bmwi.de/BMWi/Navigation/Presse/pressemitteilungen,did=321584.html?view=renderPrint [Stand: 27.09.2011].

## Literatur

**BMWi 2010a**
Bundesministerium für Wirtschaft und Technologie/Bundesministerium für Umwelt, Naturschutz und Reaktorsicherheit (Hrsg.): *Energiekonzept für eine umweltschonende, zuverlässige und bezahlbare Energieversorgung*, Berlin: 2010. URL: http://www.bmwi.de/BMWi/Redaktion/PDF/Publikationen/energiekonzept-2010,property=pdf,bereich=bmwi,sprache=de,rwb=true.pdf [Stand: 12.10.2011].

**BMWi 2010b**
Bundesministerium für Wirtschaft und Technologie (Hrsg.): *Das Energiedienstleistungsgesetz tritt in Kraft*. URL: http://www.bmwi.de/BMWi/Navigation/Presse/pressemitteilungen,did=368034.html [Stand: 15.11.2010].

**BMWi 2010c**
Bundesministerium für Wirtschaft und Technologie (Hrsg.): *Gesetz zur Umsetzung der EU-Energiedienstleistungsrichtlinie*. URL: http://www.bmwi.de/BMWi/Redaktion/PDF/J-L/gesetz-umsetzung-richtlinie-eu-edl-g,property=pdf,bereich=bmwi,sprache=de,rwb=true.pdf [Stand: 15.11.2010].

**BMWi 2011a**
Bundesministerium für Wirtschaft und Technologie (Hrsg.): *Monitoring-Bericht*. URL: http://www.bmwi.de/BMWi/Redaktion/PDF/M-O/monitoringbericht-bmwi-versorgungssicherheit-bereich-leitungsgebundene-versorgung-elekrizitaet,property=pdf,bereich=bmwi,sprache=de,rwb=true.pdf [Stand: 04.03.2011].

**BMWi 2011b**
Bundesministerium für Wirtschaft und Technologie (Hrsg.): *Akzeptanz, schnellere Genehmigungsverfahren, Smart Grids – Brüderle gibt offiziellen Startschuss für die Plattform „Zukunftsfähige Netze"*. URL: http://www.bmwi.de/BMWi/Navigation/Presse/pressemitteilungen,did=381382.html [Stand: 04.03.2011].

**BMWi 2011c**
Bundesministerium für Wirtschaft und Technologie (Hrsg.): *Zahlen und Fakten Energiedaten – Nationale und Internationale Entwicklung*, Berlin: 2011.

**BMWi 2011d**
Studie für das Bundesministerium für Wirtschaft und Technologie (Hrsg.): *Potenziale der Informations- und Kommunikations-Technologien zur Optimierung der Energieversorgung und des Energieverbrauchs (eEnergy)*. URL: http://www.bmwi.de/BMWi/Redaktion/PDF/Publikationen/Studien/e-energy-studie,property=pdf,bereich=bmwi,sprache=de,rwb=true.pdf [Stand: 28.03.2011].

**BMWi 2011e**
Bundesministerium für Wirtschaft und Technologie (Hrsg.): *Monitoring-Bericht des Bundesministeriums für Wirtschaft und Technologie nach § 51 EnWG zur Versorgungssicherheit im Bereich der leitungsgebundenen Versorgung mit Elektrizität*, Berlin: 2011.

**BMWi 2011f**
Bundesministerium für Wirtschaft und Technologie (Hrsg.): *Wirtschaftsraum Europa*. URL: http://www.bmwi.de/BMWi/Navigation/Europa/wirtschaftsraum-europa,did=118988.html [Stand: 22.09.2011].

**BMWi 2011g**
Bundesministerium für Wirtschaft und Technologie (Hrsg.): *Energiedaten – nationale und internationale Entwicklung*. URL: http://www.bmwi.de/BMWi/Navigation/Energie/Statistik-und-Prognosen/energiedaten,did=176654.html. [Stand: 12.10.2011].

**BNetzA 2009**
Bundesnetzagentur (Hrsg.): *Monitoringbericht 2009*. URL: http://www.bundesnetzagentur.de/cae/servlet/contentblob/152206/publicationFile/7883/Jahresbericht2009Id18409pdf.pdf [Stand: 20.10.2010].

**BNetzA 2010a**
Bundesnetzagentur (Hrsg.): *Monitoringbericht 2010*. URL: http://www.bundesnetzagentur.de/cae/servlet/contentblob/191676/publicationFile/9834/ Monitoringbericht-2010Energiepdf.pdf [Stand: 29.10.2011].

**BNetzA 2010b**
Bundesnetzagentur (Hrsg.): *Anzahl Lieferantenwechsel 2006-2009*. URL: http://www.bundesnetzagentur.de/cae/servlet/contentblob/191768/publicationFile/9320/S43_Strom_pdf.pdf [Stand: 18.02.2010].

**Bothe et al. 2011**
Bothe, D., et al. „Ökonomisches Potenzial spricht für Wahlfreiheit von Haushalten bei Smart Metern". In: *Energiewirtschaftliche Tagesfragen*, Vol. 6 (2011).

**BP 2010**
Beyond petroleum (Hrsg.): *BP Statistical Review of World Energy*, London, 2010.

**BUND 2011**
Bundesregierung (Hrsg.): *Der Weg zur Energie der Zukunft – sicher, bezahlbar und umweltfreundlich*. URL: http://www.bundesregierung.de/Content/DE/__Anlagen/2011/06/2011-06-06-energiekonzept-eckpunkte,property=publicationFile.pdf [Stand: 12.10.2011].

**Cassin 2011**
Cassin, F.: *The French planning exercise – Regional Wind Plan – (Schéma régional éolien – SRE) – Perspectives and Reality*, Brüssel: EWEA 2011.

**CDG 2007**
China Development Gateway (Hrsg.): *Medium and Long-Term Development Plan for Renewable Energy in China*. URL: http://en.chinagate.cn/reports/2007-09/13/content_8872839.htm [Stand: 22.09.2011].

**CEC 2009**
Commission of the European Communities (Hrsg.): *A Technology Roadmap for the Communication on Investing in the Development of Low Carbon Technologies (SET-Plan)*, Brüssel 2009.

**CGDD 2010**
Commissariat général au développement durable (Hrsg.): *Bilan énergétique de la France pour 2009*, Paris, 2010.

**Chakrabarti et al. 2009**
Chakrabarti, Saikat/Kyriakides, Elias/Bi, Tianshu/Cai, Deyu/Terzija, Vladimir „Measurements get together". In: *Power and Energy Magazine*, 7, (2009), Nr. 1 (2009), S. 41-49.

**CIA 2011**
Central Intelligence Agency (Hrsg.): *The World Factbook – Brazil*. URL: https://www.cia.gov/library/publications/the-world-factbook/geos/br.html [Stand: 22.09.2011].

**Crastan 2009**
Crastan, Valentin: *Elektrische Energieversorgung*, 2. Auflage, Berlin/Heidelberg: Springer Verlag 2009.

**Cross 1997**
Cross, R.: Revenue Management: *Hard-Core Tactics for Market Domination*, New York: Broadway Books 1997.

**CSO 2010**
Central Statistics Office (Hrsg.): *Energy Statistics 2010*. Cork: 2010.

**DB 2011**
Deutsche Bundesregierung (Hrsg.): E*rfahrungsbericht 2011 zum Erneuerbare-Energien-Gesetz (EEG-Erfahrungsbericht)*, Berlin: 2011.

**DDN 2011**
Dutch Daily News (Hrsg.): *Amsterdam Smart City wins European award.* URL: http://www.dutchdailynews.com/amsterdam-smart-city/ [Stand: 23.09.2011].

**DDWB 2011**
Delegiertenbüro der Deutschen Wirtschaft Beijing (Hrsg.): *CDM Newsletter,* 6 (2011).

**DEA 2007**
Danish Energy Authority (Hrsg.): *Energy Policy Statement 2007.* URL: http://193.88.185.141/Graphics/Publikationer/Energipolitik_UK/Energy_policy_Statement_2007/index.htm [Stand: 22.09.2011].

**DEA 2010**
Danish Energy Authority (Hrsg.): *Energy Statistics 2009,* Kopenhagen: 2010.

**dena 2008**
Deutsche Energie-Agentur GmbH (Hrsg.): *Länderprofil Dänemark,* Berlin: 2008.

**dena 2009a**
Deutsche Energie-Agentur GmbH (Hrsg.): *Länderprofil USA,* Berlin: 2009.

**dena 2009b**
Deutsche Energie-Agentur GmbH (Hrsg.): *Länderprofil China,* Berlin: 2009.

**dena 2009c**
Deutsche Energie-Agentur GmbH (Hrsg.): *Länderprofil Brasilien,* Berlin: 2009.

**dena 2009d**
Deutsche Energie-Agentur GmbH (Hrsg.): *Erneuerbare Energien in Russland.* URL: http://www.energieforum.ru/de/nachrichtenarchiv/erneuerbare_energien_in_russland_527.html [Stand: 23.09.2010].

**dena 2009e**
Deutsche Energie-Agentur GmbH (Hrsg.): *Länderprofil Russland,* Berlin: 2009.

**dena 2010a**
Deutsche Energie-Agentur GmbH (Hrsg.): *Länderprofil Indien,* Berlin: 2010.

**dena 2010b**
Deutsche Energie-Agentur GmbH (Hrsg.): *dena-Netzstudie II, Integration erneuerbarer Energien in die deutsche Stromversorgung im Zeitraum 2015-2020 mit Ausblick 2025,* Berlin: Deutsche Energie Agentur (DENA) 2010.

**dena 2011a**
Deutsche Energie-Agentur GmbH (Hrsg.): *Länderprofil Frankreich,* Berlin: 2011.

**dena 2011b**
Deutsche Energie-Agentur GmbH (Hrsg.): *Länderprofil Italien,* Berlin: 2011.

**dena 2011c**
Deutsche Energie-Agentur GmbH (Hrsg.): *Russlands Energiestrategie bis 2030.* URL: http://www.energieforum.ru/de/nachrichtenarchiv/russlands_energiestrategie_bis_2030_764.html [Stand: 23.09.2010].

**De Oliveira 2007**
Oliveira, A., de: "Political economy of the Brazilian power industry reform". In: Victor, D. G./Heller, T. C. (Hrsg.): *The Political Economy of Power Sector Reform. The Experience of Five Major Developing Countries*, Cambridge: Cambridge University Press 2007, S. 31-75.

**DESERTEC 2011a**
DESERTEC Foundation (Hrsg.): *Das DESERTEC-Konzept*. URL: http://www.desertec.org/de/konzept/ [Stand: 22.09.2011].

**DESERTEC 2011b**
DESERTEC Foundation (Hrsg.): URL: http://www.desertec.org/de/ [Stand: 03.03.2011].

**Destatis 2010**
Statistisches Bundesamt Deutschland (Hrsg.): *Haushalte*. URL: http://www.destatis.de/jetspeed/portal/cms/Sites/destatis/Internet/DE/Navigation/Statistiken/Bevoelkerung/Haushalte/Haushalte.psml [Stand: 20.10.2010].

**de Winter et al. 2009**
Winter, J. C. F., de:/Dodou, D./Wieringa, P.A.: "Exploratory Factor Analysis With Small Sample Sizes". In: *Multivariate Behavioral Research* 44, 2009, S. 147–181.

**DGEMPOE 2008**
Direction Générale de l'Énergie et des Matières Premières Observatoire de l'énergie (Hrsg.): *Scénario énergétique de référence DGEMP-OE*, 2008.

**DKE 2010**
DKE (Hrsg.): *Die deutsche Normungsroadmap E-Energy/Smart Grid*, 2010.

**DoE 2009**
U. S. Department of Energy (Hrsg.): *Modern Shale Gas – Development in the United States: A Primer*, Pitsburgh: 2009.

**DONG 2007**
DONG Energy (Hrsg.): *Nachhaltigkeitsbericht 2006*, ((Ort?))2007.

**Du/Liu 2011**
Du, J./Liu, Y.: *Unprecedented power shortages expected*. URL: http://europe.chinadaily.com.cn/business/2011-05/24/content_12567865.htm [Stand: 22.09.2011].

**DW 2011**
Deutsche Welle: *Obama hält am Bau neuer Atomkraftwerke fest*. URL: http://www.dw-world.de/dw/article/0,,14912210,00.html [Stand: 22.09.2011].

**E-Bridge 2011**
E-Bridge Consulting GmbH (Hrsg.): *Abschätzung des Ausbaubedarfs in deutschen Verteilungsnetzen aufgrund von Photovoltaik- und Windeinspeisungen bis 2020*, URL: http://www.bdew.de/internet.nsf/id/C8713E8E3C658D44C1257864002DDA06/$file/2011-03-30_BDEW-Gutachten%20EEG-bedingter%20Netzausbaubedarf%20VN.pdf [Stand: 12.10.2011].

**EC 2009**
European Commission (Hrsg.): *M/441 Standardisation mandate to CEN, CENELEC and ETSI in the filed of measuring instruments for the development of an open architecture for utility meters involving communication protocols enabling interoperability*, Brüssel: 2009.

**EC 2010a**
European Commission (Hrsg.): *M/468 Standardisation mandate to CEN, CENELEC and ETSI concerning the charging of electric vehicles. Radiation protection dosimetry*, Brüssel: 2010.

**EC 2010b**
European Commission (Hrsg.): *Energy 2020 – A strategy for competitive, sustainable and secure energy*, 2010. URL: http://eur-lex.europa.eu/LexUriServ/LexUriServ.do?uri=COM:2010:0639:FIN:EN:PDF [Stand: 12.10.2011]

**EC 2011**
European Commission (Hrsg.): *M/490 Standardization mandate to European Standardisation Organisations (ESOs) to support European Smart Grid deployment*. Networks, Brüssel: 2011.

**ECC 2011**
European Commission CORDIS (Hrsg.): *Seventh Framework Programme (FP7)*. URL: http://cordis.europa.eu/fp7/home_en.html [Stand: 22.09.2011].

**ECE 2011a**
European Commission Environment (Hrsg.): *Smart Grids Task force*. URL: http://ec.europa.eu/energy/gas_electricity/smartgrids/taskforce_en.htm [Stand: 04.03.2011].

**ECE 2011b**
European Commission Energy (Hrsg.): *European strategy*. URL: http://ec.europa.eu/energy/strategies/consultations/20110307_roadmap_2050_en.htm [Stand: 22.09.2011].

**ECE 2011c**
European Commission Energy (Hrsg.): *Overview of the secondary EU legislation (directives and regulations) that falls under the legislative competence of DG ENER and that is currently in force*. URL: http://ec.europa.eu/energy/doc/energy_legislation_by_policy_areas.pdf [Stand 22.09.2011].

**ECE 2011d**
European Commission Environment (Hrsg.): *Green Cities Fit for Life 2010 – Stockholm*. URL: http://ec.europa.eu/environment/europeangreencapital/winning-cities/stockholm-european-green-capital-2010/index.html [Stand: 23.09.2011].

**ECJRCIE 2011**
European Commission Joint Research Centre Institute for Energy (Hrsg.): *Smart Grid projects in Europe: lessons learned and current developments*, Brüssel: 2011.

**EEGI 2010**
The European Electricity Grid Initiative (Hrsg.): *Roadmap 2010-18 and Detailed Implementation Plan 2010-12*. URL: http://www.smartgrids.eu/documents/EEGI/EEGI_Implementation_plan_May%202010.pdf [Stand: 16.08.2011].

**EKE 2010**
Europäische Komission Eurostat (Hrsg.): *Energy production and imports*. URL: http://epp.eurostat.ec.europa.eu/statistics_explained/index.php/Energy_production_and_imports [Stand: 22.09.2011].

**EKO 2009**
Europäische Kommission (Hrsg.): *Eurobarometer 313, Dezember 2009*. URL: http://ec.europa.eu/public_opinion/archives/ebs/ebs_313_en.pdf [Stand: 12.10.2011].

**EKO 2010a**
Europäische Kommission (Hrsg.): *Energieinfrastrukturprioritäten bis 2020 und danach – ein Konzept für ein integriertes europäisches Energienetz*, 2010. URL: http://eur-lex.europa.eu/LexUriServ/LexUriServ.do?uri=COM:2010:0677:FIN:DE:PDF [Stand: 12.10.2011].

**EKO 2010b**
EU-Commission, Europe in figures. *Eurostat yearbook 2010.* URL: http://epp.eurostat.ec.europa.eu/cache/ITY_OFF-PUB/KS-CD-10-220/EN/KS-CD-10-220-EN.PDF [Stand: 20.10.2010].

**EKO 2010c**
Europäische Kommision (Hrsg.): *Energie 2020 – Eine Strategie für wettbewerbsfähige, nachhaltige und sichere Energie.* URL: http://eur-lex.europa.eu/LexUriServ/LexUriServ.do?uri=COM:2010:0639:FIN:DE:PDF [Stand: 05.03.2011].

**EnCT 2011**
Schäffler, Harald (Hrsg.): *Marktstudie Kundensegmente und Marktpotentiale 2011,* Freiburg: Forschungsgruppe Energie- und Kommunikationstechnologien (EnTC) 2011.

**Energinet.dk 2011**
Energinet.dk: *Market regulations – Regulations for the wholesale and retail markets.* URL: http://www.energinet.dk/EN/El/Forskrifter/Markedsforskrifter/Sider/default.aspx [Stand: 22.09.2011].

**ENTSOE 2011**
European Network of Transmission System Operators for Electricity: *We are the European TSOs.* URL: https://www.entsoe.eu/ [Stand: 22.09.2011].

**EP 2008**
Europäisches Parlament: „20-20-20 bis 2020": *EP debattiert Klimaschutzpaket.* URL: http://www.europarl.europa.eu/sides/getDoc.do?pubRef=-//EP//TEXT+IM-PRESS+20080122IPR19355+0+DOC+XML+V0//DE [Stand: 22.09.2011].

**EPE 2007**
Ministério das Minas e Energia/Empresa de Pesquisa Energética (Hrsg.): P*lano Nacional de Energia 2030*, Rio de Janeiro: 2007.

**EPE 2008**
Ministério das Minas e Energia/Empresa de Pesquisa Energética (Hrsg.): *Balanço Energético Nacional 2008:* Ano base 2007. Resultados, Rio de Janeiro: 2008.

**EPRI 2011a**
Electric Power Resarch Institute (EPRI): *Estimating the Costs and Benefits of the Smart Grid: A Preliminary Estimate of the Investment Requirements and the Resultant Benefits of a Fully Functioning Smart Grid, 2011.* URL: http://my.epri.com/portal/server.pt?space=CommunityPage&cached=true&parentname=ObjMgr&parentid=2&control=SetCommunity&CommunityID=404&RaiseDocID=000000000001022519&RaiseDocType=Abstract_id [Stand: 10.10.2011].

**EPRI 2011b**
Electric Power Resarch Institute (EPRI): *EPRI Intelligrid Initiative.* URL: http://intelligrid.epri.com/ [Stand: 07.10.2011].

**Europa 2011**
Emissions Transit. Emissions Trading: *Q & A following the suspension of transactions in national ETS registries for at least one week from 19:00 CET on Wednesday 19 January 2011.* URL: http://europa.eu/rapid/pressReleasesAction.do?reference=MEMO/11/34 [Stand: 24.08.2011].

**EUROSOLAR 2010**
The European Association for Renewable Energy (Hrsg.): *Appreciation Region of Puglia.* URL: http://www.eurosolar.de/en/index.php?option=com_content&task=view&id=427&Itemid=128 [Stand: 23.09.2011].

**FAZ 2009**
Frankfurter Allgemeine Zeitung: *China baut größtes Solarkraftwerk der Welt.* URL: http://www.faz.net/artikel/C31151/innere-mongolei-china-baut-groesstes-solarkraftwerk-der-welt-30007306.html [Stand: 22.09.2011].

**FAZ 2011a**
Frankfurter Allgemeine Zeitung: *Was folgt aus dem Abschalten der Kraftwerke?* URL: http://www.faz.net/artikel/C32436/atomkraft-debatte-was-folgt-aus-dem-abschalten-der-kraftwerke-30331417.html [Stand: 22.09.2011].

**FAZ 2011b**
Frankfurter Allgemeine Zeitung: *Italien entscheidet über Kernenergie.* URL: http://www.faz.net/artikel/C31151/mitte-juni-volksabstimmung-italien-entscheidet-ueber-kernenergie-30330486.html [Stand: 23.09.2011].

**FSR 2011**
Florence School of Regulation (Hrsg.): *FSR Annual Conference, 2011 Edition.* URL: http://www.florence-school.eu/portal/page/portal/FSR_HOME/ENERGY/Policy_Events/Annual_Conferences [Stand: 11.10.2010].

**FTD 2011**
Financial Times Deutschland: *Fünf Jahre nach Fertigstellung – Drei-Schluchten-Staudamm sorgt für neuen Ärger.* URL: http://www.ftd.de/wissen/technik/:fuenf-jahre-nach-fertigstellung-drei-schluchten-staudamm-sorgt-fuer-neuen-aerger/60054418.html [Stand: 22.09.2011].

**Gausemeier et al. 1996**
Gausemeier, J./Fink, A./Schlake, O.: *Szenario-Management – Planen und Führen mit Szenarien,* 2. Auflage, München/Wien: Carl Hanser Verlag 1996.

**Gausemeier et al. 2009**
Gausemeier, J./Plass, C./Wenzelmann, C.: *Zukunftsorientierte Unternehmensgestaltung – Strategien, Geschäftsprozesse und IT-Systeme für die Produktion von morgen*, München/Wien: Carl Hanser Verlag, 2009.

**Ginter 2010**
Ginter, A.: *The Stuxnet Worm and Options for Remediation,* Industrial Defender, Inc. 2010.

**Goerten/Clement 2007**
Goerten, J./Clement, E.: „Strompreise für private Haushalte und industrielle Verbraucher zum 1. Januar 2007". In: *Statistik kurz gefasst, Umwelt und Energie* 80 (2007).

**Götz 2004**
Götz, R.: *Rußlands Energiestrategie und die Energieversorgung Europas, Stiftung Wissenschaft und Politik (SWP)-Studie,* Berlin: 2004.

**Gross 2010**
Gross, D.: "Spotlight on Singapore: Smart Grid City". In: Cleantech magazine, Juli/August 2010.

**GTAI 2007a**
Germany Trade and Invest (Hrsg.): *Energiewirtschaft Indien 2006/2007,* Berlin: 2007.

**GTAI 2007b**
Germany Trade and Invest (Hrsg.): *Hoher Kapitalbedarf in Indiens Elektrizitätssektor,* Berlin: 2007.

**GTAI 2011**
Germany Trade and Invest (Hrsg): *Wirtschaftstrends kompakt Jahresmitte 2011 VR China,* Berlin: 2011.

**Guthridge 2010**
Guthridge, Gregory, S.: *Understanding Consumer Preferences in Energy Efficiency – Accenture end-consumer observatory on electricity management*, Amsterdam, 2010.

**Guthridge 2011**
Guthridge, Gregory, S.: *Revealing the Values of the New Energy Consumer – Accenture end-consumer observatory on electricity management.* Amsterdam, 2011.

**Haastert 2010**
Haastert, Robert: *Ergebnisse einer repräsentativen Umfrage zum Potenzial von Smart Metern und dezentraler Energieversorgung in Deutschland,* Berlin: Accenture GmbH, Januar 2010.

**Häger/Lehnhoff/Rehtanz 2011**
Häger, U./Lehnhoff, S./Rehtanz, C.: A*nalysis of the Robustness of a Distributed Coordination System for Power Flow Controllers,* Stockholm: IEEE-Press Proceedings of the 17th Power Systems Computation Conference 2011.

**HBM 2011**
Hubert Burda Media (Hrsg.): *VerbraucherAnalyse 2010.*

**HER 08**
Herger, Karl: „Evergreen in der Netzleittechnik". In: *ew – das Magazin für die Energie Wirtschaft* 107 (2008), Heft 23, S. 36-45.

**Hiroux 2005**
Hiroux, C.: *The Integration of Wind Power into Competitive Electricity Market: The Case of the Transmission Grid Connection Charges. 28th annual IAEE International Conference,* Taipei: 2005.

**Hoss 2010**
Hoss, F.: *Smart Grid Data Management: 7 Tips from the Trenches.* URL: http://www.smartgridnews.com/artman/publish/Business_Strategy_Resources/Smart-Meter-Data-Management-7-Essential-Tips-from-the-Trenches-2445.html [Stand: 08.09.2011].

**Hüttel/Pischetsrieder/Spath 2010**
Hüttl, R./Pischetsrieder, B./Spath, D. (Hrsg.): *Elektromobilität – Potenziale und wissenschaftlich-technische Herausforderungen,* Heidelberg u. a.: Springer Verlag 2010.

**ICDSV 2007**
Innovation Center Denmark Silicon Valley (Hrsg.): *New Energy Plan from the Danish Government: Double Energy from Renewable Sources,* Silicon Valley: 2007.

**IEA 2010a**
International Energy Agency (Hrsg.): *World Energy Outlook 2010,* Paris: 2010.

**IEA 2010b**
International Energy Agency (Hrsg.): *Key World Energy Statistics,* Paris: 2010.

**IEA 2011a**
International Energy Agency (Hrsg.): *Statistics & Balances.* URL: http://www.iea.org/stats/index.asp [Stand: 22.09.2011].

**IEA 2011b**
International Energy Agency(Hrsg.): *Technology Roadmap Smart Grids,* Paris: 2011.

**IEA 2011c**
International Energy Agency (Hrsg.): *Technology Roadmap Smart Grids,* 2011. URL: http://www.iea.org/papers/2011/smartgrids_roadmap.pdf [Stand: 10.10.2011].

**IEC 2009**
International Electrotechnical Commission (Hrsg.): *62357 Second Edition: TC 57 Architecture – Part 1: Reference Architecture for TC 57 – Draft,* 2009.

**IG 2010**
Indian Government: *Jawaharlal Nehru National Solar Mission Towards Building SOLAR INDIA,* Neu Delhi, 2010.

**ISTT 2011**
IEEE Spectrum Tech Talk: *Fukushima's Impact on Nuclear Power.* URL: http://spectrum.ieee.org/tech-talk/energy/nuclear/fukushimas-impact-on-nuclear-power/?utm_source=techalert&utm_medium=email&utm_campaign=032411 [Stand: 24.03.2011].

**ITER 2011**
ITER Organization: *Iter the way to new energy.* URL: http://www.iter.org/ [Stand: 22.09.2011].

**Josuttis 2007**
Josuttis, N. M.: *SOA in Practice,* O'Reilly: 2007.

**JRC 2011**
European Commission Joint Research Centre Smart Electricity Systems: *Smart grid catalogue – The first comprehensive inventory of Smart Grid projects in Europe.* URL: http://ses.jrc.ec.europa.eu/index.php?option=com_content&view=article&id=93&Itemid=137 [Stand: 22.09.2011].

**Kaiser/Rice 1974**
Kaiser, H. F./Rice, J.: "Little Jiffy". Mark IV. In: Educational and Psychological Measurement 34, Nr. 1 (1974), S. 111-117.

**Kost/Schlegl 2010**
Kost, C./Schlegl, T.: *Stromgestehungskosten Erneuerbare Energien, Studie des Fraunhofer Instituts für Solare Energiesysteme, Renewable Energy Policy Innovation.* 2010. URL: http://www.juwi.de/fileadmin/user_upload/de/PK_2011/Hintergruende/FIS-Stromgestehungskosten.pdf. [Stand: 13.10.2012].

**Kurbel et al. 2009**
Kurbel, K./Becker, J./Gronau, N./Sinz, E./Suhl, L.: *Enzyklopädie der Wirtschaftsinformatik,* München: Oldenbourg Wissenschaftsverlag 2009.

**Lesser/Sue 2008**
Lesser, Jonathan A./Sue, Xuejuan: "Design of an economically efficient feed-in tariff structure for renewable energy development". In: *Energy Policy,* Nr. 36 (2008), S. 981-990.

**Liebig 2011**
Liebig, D.: *Änderungen AtG.* URL: http://www.buzer.de/gesetz/6234/l.htm [Stand: 22.09.2011].

**Loske 2010**
A. Loske: „Industrial Smart Grids". In: *e|m|w Zeitschrift für Energie, Markt, Wettbewerb,* 5 (2010).

**Lukszo/Deconinck/Weijnen 2010**
Zofia Lukszo/Deconinck, Geert/Weijnen, Margot P. C.: *Securing Electricity Supply in the Cyber Age,* Heidelberg u. a.: Springer Verlag 2010.

**Mattern/Flörkemeier 2010**
Mattern, F./Flörkemeier, Ch.: „Vom Internet der Computer zum Internet der Dinge". In: *Informatik-Spektrum* 33, Nr. 2 (2010), S. 107-121.

**Matthes/Harthan/Loreck 2011**
Matthes, C./Harthan, R./Loreck, C.: *Schneller Ausstieg aus der Kernenergie in Deutschland.* 2011. URL: http://www.oeko.de/oekodoc/1121/2011-008-de.pdf [Stand: 12.10.2011].

**Mayer et al. 2010**
Mayer, C., et al.: *IKT – Integration für Elektromobilität in einem zukünftigen Smart Grid,* VDE Kongress, 2010.

**McLuhan/Nevitt 1972**
McLuhan, M./B. Nevitt: *Take Today: The Executive as Dropout,* New York: Harcourt Brace Jovanovich 1972, S. 4.

**MC 2011**
Masdar City: *Masdar City.* URL: http://www.masdarcity.ae/en/ [Stand: 23.09.2011].

**MED 2010**
Italian Ministry for Economic Development (Hrsg.): *Italian National Renewable Energy Action Plan*, Rom 2010.

**MEEDDM 2009**
Ministère de l'Ecologie, de l'Energie, du Développement Durable et de la Mer (Hrsg.): *National action plan for the promotion of renewable energies 2009-2020*, Paris: 2010.

**Merck 2011**
Merck KGaA: *Gesamtwirtschaftliche Situation.* URL: http://merck.online-report.eu/2010/gb/lagebericht/gesamtwirtschaft.html [Stand: 23.09.2011].

**Mert 2008**
Mert, Wilma: *Consumer acceptance of smart appliances, Smart-A project, Inter-university Research Centre for Technology (IFZ)*, Graz: 2008.

**MNRE 2009**
Ministry for New and Renewable Energy (Hrsg.): *Wind Power Program*, New Delhi: 2009.

**MoP 2008**
Ministry of Power (Hrsg.): *Annual Report 2007-2008*, New Delhi: 2008.

**Nabe et al. 2009**
Nabe, C., et al.: E*inführung von lastvariablen und zeitvariablen Tarifen*, 2009. URL: http://www.bundesnetzagentur.de/cae/servlet/contentblob/153298/publicationFile/6483/EcosysLastvariableZeitvariableTarife19042010pdf.pdf [Stand: 10.10.2011].

**NDR 2011**
Norddeutscher Rundfunk: *Höchster Verbrauch vor den USA – Chinas Energiehunger ist am größten.* URL: http://www.tagesschau.de/wirtschaft/energieverbrauch112.html [Stand: 22.09.2011].

**Neuhoff et al. 2011**
Neuhoff et al.: *Europe's Challenge: A Smart Power Market at the Centre of a Smart Grid. CPI Smart Power Grid Project*, Project Overview Januar 2011.

**Nikolei 2007**
Nikolei, H.-H.: „China überschüttet Frankreich mit Aufträgen – Schlag gegen Dollar". In: *greenpeace magazin*, 2007.

**NIST 2010**
NIST (Hrsg.): *NIST Framework and Roadmap for Smart Grid Interoperability Standards*, Special Publication 1108, Release 1.0., Washington: 2010.

**NIST 2011**
NIST (Hrsg.): *The NIST Definition of Cloud Computing (Draft)*, Washington: 2011.

**Nitsch et al. 2010**
Nitsch, Joachim et al.: *Leitstudie 2010.* URL: http://elib.dlr.de/69139/1/Leitstudie_2010.pdf [Stand: 23.08.2011].

**Østergaard 2006**
Østergaard, J.: *European SmartGrids Technology Platform-Vision and Strategy for Europes Electricity Networks of the Future*, Brüssel: 2006.

**Oettinger 2011**
Oettinger, G.: *Towards competitive, sustainable and secure energy?* URL: http://ec.europa.eu/commission_2010-2014/oettinger/headlines/speeches/2011/01/doc/20110125.pdf [Stand: 12.10.2011].

**OFFIS/SCC Consulting/MPC management coaching 2009**
OFFIS, SCC Consulting, und MPC management coaching: *Untersuchung des Normungsumfeldes zum BMWi-Förderschwerpunkt ‚E-Energy – IKT-basiertes Energiesystem der Zukunft'*, Oldenburg: 2009.

**PDO 2008**
People's Daily Online: *China's electricity consumption increases 6.67 % year-on-year.* URL: http://english.people.com.cn/90001/90776/90884/6557978.html [Stand: 22.09.2011].

**Pike 2011**
Pike Research: *Smart Appliances to be a $ 26.1 Billion Global Market by 2019.* URL: www.pikeresearch.com/newsroom/smart-appliances-to-be-a-26-1-billion-global-market-by-2019.[Stand: 12.10.2011].

**Pipke et al. 2009**
Pipke, H./Hülsen, C./Stiller, H./Seidel, K./Balmert, D.: *Endenergieeinsparungen durch den Einsatz intelligenter Messverfahren, 2009.* URL: http://www.kema.com/Images/KEMA%20Endbericht%20Smart%20Metering%202009.pdf doc [Stand: 10.10.2011].

**Prahalad/Ramaswamy 2000**
Prahalad, C. K./Ramaswamy V.: "Co-opting Customer Competence". In: *Harvard Business Review*, Ausg. Jan.-Feb. 2000, S. 79-87.

**Rastler 2010**
Rastler, D., *EPRI, Electricity Energy Storage Technology Options, 2010.* URL: http://my.epri.com/portal/server.pt?space=CommunityPage&cached=true&parentname=ObjMgr&parentid=2&control=SetCommunity&CommunityID=404&RaiseDocID=000000000001020676&RaiseDocType=Abstract_id [Stand: 07.10.2011].

**Rehtanz 2003**
Rehtanz, Christian: *Autonomous Systems and Intelligent Agents in Power System Control and Operation*, Heidelberg u.a.: Springer Verlag 2003.

**Reiche 2010**
Reiche, Katherina: *Neues Energiekonzept der Bundesregierung – welche Spielräume für Unternehmen?* (Jahreskonferenz Erneuerbare Energie), Berlin: 2010. URL: http://www.bmu.de/reden/katherina_reiche/doc/46683.php [Stand: 11.10.2011].

**REW 2005**
Renewable Energy World: *Authorized Release: The Renewable Energy Law. The People's Republic of China.* URL: http://www.renewableenergyworld.com/assets/download/China_RE_Law_05.doc [Stand: 22.09.2011].

**Rohjans et al. 2010**
Rohjans, Sebastian et al: „Survey of Smart Grid Standardization Studies and Recommendations". In: *First IEEE International Conference on Smart Grid Communications*, Gaithersburg: 2010.

**Rohjans et al. 2011**
Rohjans, Sebastian et al.: "Towards an Adaptive Maturity Model for Smart Grids". In: *17th international Power Systems Computation Conference*, Stockholm: 2011.

**Rohlfing 2010a**
Rohlfing, Dirk: Hannover: *Bilanz des Smart-Meter Piloten.* URL: http://smart-energy.blog.de/2010/07/06/ [Stand: 12.10.2011].

**Rohlfing 2010b**
Rohlfing, Dirk: *EnCT Studie bestätigt Erfahrung der Stadtwerke Bielefeld.* URL: http://smart-energy.blog.de/2010/05/05/ [Stand: 12.10.2011].

**Schwab 2006**
Schwab, Adolf: *Elektroenergiesysteme*, Berlin/Heidelberg: Springer Verlag 2006.

**Schwab 2009**
Schwab, A. J.: *Elektroenergiesysteme,* Karlsruhe: Springer Verlag 2009.

**SD 2011**
Statistics Denmark: *Statistical Yearbook 2011,* Statistisches Amt Dänemark, Kopenhagen: 2011.

**SEN 2010**
SEN Group GmbH: *Russlands Energiewirtschaft.* URL: http://senmedia.net/index.php?option=com_content&view=article&id=255&Itemid= [Stand: 23.09.2011].

**SGCC 2010**
State Grid Corporation of China: *SGCC Framework and Roadmap for Strong and Smart Grid Standards,* Peking: 2010.

**SGMM 2010**
The SGMM TEAM: *Smart Grid Maturity Model – Model Definition – A framework for smart grid transformation,* Pittsburg: 2010.

**SGN 2011**
Smart Grid News: *Energy-Efficiency Policy Opportunities for Electric Motor-Driven Systems.* URL: http://www.smartgridnews.com/artman/uploads/1/EE_for_ElectricSystems_1.pdf [Stand: 22.06.2011].

**SMA 2011**
SMA Solar Technology: *Sunny Sensorbox.* URL: http://www.sma.de/de/produkte/monitoring-systems/sunny-sensorbox.html [Stand: 12.10.2011].

**SMBSG3 2010**
SMB Smart Grid Strategic Group: *IEC Smart Grid Standardization Roadmap,* Genf: 2010.

**Sommerville 2010**
Sommerville, I.: *Software Engineering* [Taschenbuch], 9., überarbeitete Auflage, International Version Amsterdam: Addison-Wesley Longman 2010.

**Spiegel 2007**
SPIEGEL ONLINE GmbH: *Rasmussen rühmt Dänemark als Musterland.* URL: http://www.spiegel.de/wissenschaft/natur/0,1518,470802,00.html [Stand: 22.09.2011].

**Spiegel 2011**
SPIEGEL ONLINE GmbH: *Drei-Schluchten-Damm.* URL: http://www.spiegel.de/thema/drei_schluchten_damm/ [Stand: 22.09.2011].

**SRS 2011**
Stockholm Royal Seaport: *Stockholm Royal Seaport.* URL: http://www.stockholmroyalseaport.com/ [Stand: 23.09.2011].

**Stern.de 2010**
Stern.de: *Stromausfälle in den USA und Kanada – Dunkle Zeiten in Amerika.* URL: http://www.stern.de/politik/ausland/stromausfaelle-in-den-usa-und-kanada-dunkle-zeiten-in-amerika-1580736.html [Stand: 22.09.2011].

**Stewart 1981**
Stewart, D. W.: "The Application and Misapplication of Factor Analysis in Marketing Research". In: *Journal of Marketing, Research* 18:1 (1981), S. 51-62.

**Stoft 2002**
Stoft, S.: *Power System Economics,* New York: John Wiley & Sons 2002.

**sueddeutsche.de 2007**
sueddeutsche.de GmbH: *Atomwaffensperrvertrag: Das indische Problem.* URL: http://www.sueddeutsche.de/politik/atomwaffensperrvertrag-das-indische-problem-1.889347 [Stand: 22.09.2011].

**TDWI 2011**
Axel Springer AG/Bauer Media Group (Hrsg.): *Typologie der Wünsche.* Berlin, Hamburg: 2011.

**Thompson 2004**
Thompson, B.: *Exploratory and Confirmatory Factor Analysis: Understanding Concepts and Applications,* Washington DC: American Psychological Association 2004.

**Tremblay et al. 2010**
Tremblay, Monica et al.: "Focus Groups for Artifact Refinement and Evaluation in Design Research". In: *Communications of the Association for Information Systems* 26/27 (2010).

**UBA 2008**
Umweltbundesamt (Hrsg.): *Politikszenarien für den Klimaschutz IV – Szenarien bis 2030,* Berlin: 2008.

**UNEP 2008**
United Nations Environment Programme: *Human Development Report 2007/2008 Fighting climate change: Human solidarity in a divided world,* New York: 2008.

**UNITY 2011**
UNITY AG: *Szenario-Software.* URL: http://www.unity.de/de/vorrausschau-szenarien/szenario-software.html [Stand: 07.10.2011].

**U. S. Government 2011**
U. S. Government: *The Recovery Act.* URL: http://www.recovery.gov/About/Pages/The_Act.aspx [Stand: 22.09.2011].

**Uslar 2010**
Uslar, Mathias: *Ontologiebasierte Integration heterogener Standards in der Energiewirtschaft.* Edewecht: Olwir Verlag Oldenburg, Computer Science Series XIII, 2010.

**Uslar et al. 2010**
Uslar, Mathias et al.: „Survey of Smart Grid Standardization Studies and Recommendations - Part 2". In: *IEEE Innovative Smart Grid Technologies Europe,* Gothenburg: 2010.

**Valocchi 2007**
Valocchi, Michael et al.: P*lugging in the consumer, Innovating utility business models for the future – IBM Institute for Business Value,* IBM Global Business Services, Somers: 2007.

**VDE 2009**
Verband der Elektrotechnik Elektronik Informationstechnik e. V.: *Energiespeicher in Stromversorgungssystemen mit hohem Anteil erneuerbarer Energieträger, 2009.* URL: http://www.vde.com/de/fg/ETG/Arbeitsgebiete/V1/Aktuelles/Oeffentlich/Seiten/Studie-Energiespeicher.aspx [Stand: 12.10.2011].

**VDE 2011**
Verband der Elektrotechnik Elektronik Informationstechnik e. V. (Hrsg.): *VDE-Trendreport 2011 Elektro- und Informationstechnik Schwerpunkt: Smart Grids,* Frankfurt am Main: 2011.

**VDN 2007**
Verband der Netzbetreiber (Hrsg.): *TransmissionCode 2007 – Netz- und Systemregeln der deutschen Übertragungsnetzbetreiber,* Frankfurt am Main/Berlin/Heidelberg: VDEW 2007.

**VZBV 2010**
Verbraucherzentrale Bundesverband e. V. (Hrsg.): *Erfolgsfaktoren von Smart Metering aus Verbrauchersicht*, Berlin: 2010.

**WBG 2005**
World Bank Group: *From Transition Economy to Development Economy,* Washington D. C.: 2005.

**WNA 2011a**
World Nuclear Association: *Nuclear Energy in Denmark.* URL: http://www.world-nuclear.org/info/inf99.html [Stand: 23.09.2011].

**WNA 2011b**
World Nuclear Association: *Nuclear Energy in Denmark.* URL: http://www.world-nuclear.org/info/default.aspx?id=342&terms=Italy [Stand: 23.09.2011].

**WWEA 2011**
World Wind Energy Association: *World Wind Energy Report 2010*, Bonn: 2011.

**WZ 2011**
Wiener Zeitung: *EU-Energie-Binnenmarkt soll bis 2014 stehen.* URL: http://www.wienerzeitung.at/nachrichten/politik/europa/29320_EU-Energie-Binnenmarkt-soll-bis-2014-stehen.html [Stand: 22.09.2011].

**ZEIT 2011**
ZEIT ONLINE GmbH: *Wüstenstromprojekte, die sich ergänzen müssen.* URL: http://www.zeit.de/politik/ausland/2010-07/Desertec-Mittelmeer-Solarplan [Stand: 22.09.2011].

**Zerres 2011**
Zerres, Achim: *Smart Grids: Die Sicht der Bundesnetzagentur. Präsentation auf dem Workshop zum Energierecht*, FU Berlin, 30.06.2011. URL: www.enreg.de/content/material/2011/30.06.2011.Zerres.pdf [Stand: 12.10.2011].

**Zhang/Rehtanz/Pal 2005**
Zhang, X.-P./Rehtanz, C./Pal, B.: *Flexible AC Transmission Systems: Modelling and Control.* Berlin: Springer Verlag 2005.

**ZPRY 2010**
Zpryme Research & Consulting: *Smart Grid Insights: Smart Appliances*, März 2010. URL: http://www.zpryme.com/SmartGridInsights/2010_Smart_Appliance_Report_Zpryme_Smart_Grid_Insights.pdf [Stand: 19.08.2011].

**ZVEI 2010**
Zentralverband Elektrotechnik- und Elektronikindustrie e. V. (Hrsg.): *Nachrichten – Electrical Industry News – Indien – Wirtschaft boomt.* URL: http://www.zvei.org/index.php?id=2049 [Stand: 22.09.2011].

# ANHANG I: ABKÜRZUNGSVERZEICHNIS

| | |
|---|---|
| AAL | Ambient Assisted Living |
| ADFEC | Abu Dhabi Future Energy Company |
| AEU-Vertrag | Vertrag über die Arbeitsweise der Europäischen Union |
| AIM | Amsterdam Innovation Motor |
| AMI | Advanced Metering Infrastructure |
| AMM | Advanced Meter Management |
| AMR | Automated Meter Reading |
| AMS | Area Management System |
| ANA | Autonomer Niederspannungsnetzagent |
| API | Application Programming Interface |
| ARegV | Anreizregulierungsverordnung |
| ARRA | American Recovery Reinvestment Act |
| ATSOI | Association of the Transmission System Operators of Ireland |
| BALTSO | Baltic Transmission System Operators |
| BDEW | Bundesverband der Energie- und Wasserwirtschaft |
| BHKW | Blockheizkraftwerk |
| BIP | Bruttoinlandsprodukt |
| BMBF | Bundesministerium für Bildung und Forschung |
| BMU | Bundesministerium für Umwelt, Naturschutz und Reaktorsicherheit |
| BMWi | Bundesministerium für Wirtschaft und Technologie |
| BNE | Bundesverband Neuer Energieanbieter |
| BNetzA | Bundesnetzagentur |
| BSI | Bundesamt für Sicherheit in der Informationstechnik |
| BÜM | Bürgerliche Mitte |
| CAES | Compressed Air Energy Storage |
| CCS | Carbon Capture and Storage |
| CEN | Comité Européen de Normalisation |
| CENELEC | Comité Européen de Normalisation Electrotechnique |
| CFC | Continuous Function Chart |
| CIM | Common Information Model |
| COSEM | Companion Specification for Energy Metering |
| CPS | Cyber Physical System |
| CRM | Customer Relationship Management |
| CSP | Concentrating Solar Power |
| CSS | Customer Self Service |
| DEA | Danish Energy Authority |
| dena | Deutsche Energie-Agentur |

| | |
|---|---|
| DER | Distributed Energy Resource/Dezentrale Energie Ressource |
| DERA | Danish Energy Regulatory Authority |
| DIN | Deutsches Institut für Normung |
| DKE | Deutsche Kommission Elektrotechnik Elektronik Informationstechnik im DIN und VDE |
| DLMS | Device Language Message Specification |
| DoE | Department of Energy |
| DR | Demand Response |
| DSL | Digital Subscriber Line |
| DSM | Demand Side Management |
| EAI | Enterprise Application Integration |
| EDIFACT | Electronic Data Interchange For Administration, Commerce and Transport |
| EDM | Energiedatenmanagement |
| EDV | Elektronische Datenverarbeitung |
| EEG | Erneuerbare-Energien-Gesetz |
| EEGI | European Electricity Grid Initiative |
| EEX | European Energy Exchange |
| eHZ | elektronischer Haushaltszähler |
| EKG | Elektrokardiogramm |
| EMA | Energy Market Authority |
| EMS | Energiemanagementsystem |
| ENEA | Agenzia nazionale per le nuove tecnologie, l'energia e lo sviluppo economico sostenibile |
| ENTSO-E | European Network of Transmission System Operators for Electricity |
| EnWG | Energiewirtschaftsgesetz |
| EPE | expeditives Milieu |
| EPRI | Electric Power Research Institute |
| ERP | Enterprise Ressource Planning |
| ESB | Enterprise Service Bus |
| ETP | European Technology Platform |
| ETSI | European Telecommunications Standards Institute |
| ETSO | European Transmission System Operators |
| EU | Europäische Uniion |
| EVU | Energieversorgungsunternehmen |
| EWA | European Wind Energy Association |
| FACTS | Flexible AC Transmission Systems |
| FEG | Future Energy Grid |
| FJP | Fünf-Jahres-Plan |
| FuE | Forschung und Entwicklung |

| | |
|---|---|
| GeLi Gas | Geschäftsprozesse Lieferantenwechsel Gas |
| GFK | Gestaltungsfeldkomponente |
| GIS | Geoinformationssystem |
| GPKE | Geschäftsprozesse zur Kundenbelieferung mit Elektrizität |
| GPRS | General Packet Radio Service |
| GPS | Global Positioning System |
| GSM | Global System for Mobile Communications |
| HED | hedonistisches Milieu |
| HGÜ | Hochspannungs-Gleichstrom-Übertragung |
| HT | Hochtarif |
| IaaS | Information as a Service |
| IdE | Internet der Energie |
| IEA | International Energy Agency |
| IEC | International Electrotechnical Commission |
| IED | Intelligent Electronic Device |
| IES | Intelligent Energy System |
| IKT | Informations- und Kommunikationstechnologie |
| INGV | Istituto Nazionale di Geofisica e Vulcanologia |
| IP | Internetprotokoll |
| ISO | Idependent System Operator/ International Standardisation Organisation |
| IT | Informationstechnologie |
| ITU | International Telecommunication Union |
| KAV | Konzessionsabgabenverordnung |
| KEMIN | Klima- og Energiministeriet |
| KET | Konservativ-etabliertes Milieu |
| KMU | kleine und mittlere Unternehmen |
| KWK | Kraft-Wärme-Kopplung |
| KWKG | Kraft-Wärme-Kopplungsgesetz |
| LIB | liberal-intellektuelles Milieu |
| LTE | Long Term Evolution |
| MaBiS | Marktregeln für die Durchführung der Bilanzkreisabrechnung Strom |
| MDS | Multidimensionale Skalierung |
| MessZV | Messzugangsverordnung |
| MIST | Masdar Institute of Science and Technology |
| MIT | Massachusetts Institute of Technology |
| MSP | Mittelmeer Solarplan |
| MUC | Multi Utility Communication |

| | |
|---|---|
| NC | National Committee |
| NDRC | National Development and Reform Commission |
| NEA | Netzersatzanlage |
| NGO | Non-Governmental Organization |
| NIST | National Institute of Standards and Technology |
| NREAP | National Renewable Energy Action Plan |
| NT | Niedrigtarif |
| OSI | Open Systems Interconnection |
| OTC | Over-the-counter |
| PER | Milieu der Performer |
| PLC | Power Line Communication |
| PMU | Phasor Measurement Unit |
| PPS | Produktionsplanungs- und Steuerungssystem |
| PQ | Power Quality |
| PRA | adaptiv-pragmatisches Milieu |
| PRE | prekäres Milieu |
| PV | Photovoltaik |
| QoS | Quality-of-Service |
| RFID | Radio-Frequency Identification |
| RIIO | Revenue=Incentives+Innovations+Outputs |
| rLM | registrierende Leistungsmessung |
| RTU | Remote Terminal Unit |
| SAGO | Smart Area Grid Operator |
| SAIDI | System Average Interruption Duration Index |
| SCADA | Supervisory Control and Data Acquisition |
| SDLWindV | Verordnung zu Systemdienstleistungen durch Windenergieanlagen |
| SET | European Strategic Energy Technology |
| SFC | Sequential Function Chart |
| SGCC | State Grid Corporation of China |
| SGMM | Smart Grid Maturity Model |
| SIA | Seamless Integration Architecture |
| SLA | Service-Level-Agreements |
| SML | Smart Message Language |
| SMS | Short Message Service |
| SOA | service-orientierte Architekturen |
| SÖK | sozialökologisches Milieu |
| SPS | Speicherprogrammierbare Steuerung |

| | |
|---|---|
| SQL | Structured Query Language |
| StromNEV | Stromnetzentgeltverordnung |
| StromNZV | Stromnetzzugangsverordnung |
| TC | Technical Committee |
| TCP | Transmission Control Protocol |
| TKG | Telekommunikationsgesetz |
| TR | Technical Report |
| TRA | traditionelles Milieu |
| UBA | Umweltbundesamt |
| UCTE | Union for the Coordination of Transmission of Electricity |
| UK | United Kingdom |
| UKTSOA | UK Transmission System Operators Association |
| UMTS | Universal Mobile Telecommunications System |
| ÜNB | Übertragungsnetzbetreiber |
| USV | unterbrechungsfreie Stromversorgung |
| V2G | Vehicle to Grid |
| VDE | Verband der Elektrotechnik Elektronik Informationstechnik |
| VDEW | Verband der Elektrzitätswirtschaft (seit 2007 BDEW) |
| VK | Virtuelles Kraftwerk |
| VNB | Verteilnetzbetreiber |
| WAMS | Wide Area Measurement System |
| WAN | Wide Area Network |
| WASA | Wide Area Situational Awareness |
| WLAN | Wireless Local Area Network |
| WWW | World Wide Web |
| XML | Extensible Markup Language |

# ANHANG II: GLOSSAR

| | |
|---|---|
| Abwärtskompatibilität | Möglichkeit zur (problemlosen) Nutzung einer neuen oder erweiterten Version einer Technologie in Verbindung mit einer Vorgängerversion |
| AEU Vertrag | Vertrag über die Arbeitsweise der Europäischen Union |
| Aufwärtskompatibilität | Möglichkeit zur (problemlosen) Nutzung einer älteren Version einer Technologie in Verbindung mit einer Nachfolgeversion |
| Bluetooth | Standard für die funkgestützte Kurzstrecken-Datenübertragung |
| Brainstorming | Ideenfindung in einer Gruppe |
| Break-even-Point | Punkt, an dem Erlös und Kosten eines Wertschöpfungsprozesses gleich hoch sind und durch den die Gewinn- von der Verlustzone getrennt wird |
| Blindleistung | Der Teil der über die Leitung gehende Leistung, der vom Verbraucher im Gegensatz zur Wirkleistung nicht genutzt werden kann. |
| CCS-Technologie | Carbon Dioxide Capture and Storage (Technologie zur $CO_2$-Abscheidung und -Speicherung) |
| Churn-Rate | Die jährliche Churn-Rate definiert prozentual die Anzahl der Kunden, welche den Anbieter wechseln, geteilt durch die Anzahl der Gesamtkunden. |
| Concentrated Solar Power | Gesamtheit der Technologien, die das Prinzip der Bündelung der Sonneneinstrahlung zur Stromproduktion nutzen |
| Condition Monitoring | automatisierte und digitale Messung und Analyse funktionsrelevanter Parameter von Betriebsmitteln der elektrischen Infrastruktur |
| Customer Self Service | Angebote und Dienstleistungen, die von Kunden über interaktive Medien selbstständig genutzt werden können |
| Day-ahead-Markt | Markt für die Beschaffung oder den Verkauf von elektrischer Energie für den Folgetag |

## Glossar

| | |
|---|---|
| Data Lineage | Bestimmung der einem Datenpool zugrunde liegenden Einzelquellen für bestimmte Daten |
| Data Provenance | siehe „Data Lineage" |
| Datendrehscheibe | ein Verzeichnisdienst, in dem Anlagen zu Erzeugung und Verbrauch erfasst sind |
| DESERTEC | Konzept zur Stromerzeugung aus Sonneneinstrahlung und Windkraft in Wüstengebieten des nördlichen Afrika und eine gleichnamige Initiative |
| Distributed Energy Resources (DER) | dezentrale Energieerzeugungseinheiten |
| E-Energy Initiative | Förderprogramm für Smart-Grid-Projekte in Deutschland, finanziert vom BMWi und BMU mit einer Laufzeit von 2008 bis 2012 |
| EEBus | Schnittstelle zum standardisierten Austausch von Dienstleistungen zwischen Energieversorgern und Haushalten zur Erhöhung der Energieeffizienz |
| Enabler | Technologie/Produkt/Rahmensetzung, die maßgeblich zur Zielerreichung beitragen oder diese erst ermöglichen |
| Energiemanagementsystem | Funktionalität, die es ermöglicht, den Energieverbrauch und -bezug eines Objekts im Hinblick auf Effizienz und Kosten zu optimieren |
| Feldleittechnik | Technik, die in einem Schaltfeld (Bereich für dessen Schaltung eine Umspannstation zuständig ist) für die Kommunikation mit der zuständigen Umspannstation installiert ist (Feldrechner) |
| Frontloading | modellgestüze Erweiterung des Produktentstehungsprozesses, der zu einer funktionalen Optimierung des Produktes vor dessen testweisen Einsatz in der Praxis beiträgt |
| Hochspannungs-Gleichstrom-Übertragung | Stromfernübertragung mittels Gleichstrom mit einer Spannung > 100 kV, meist > 700 kV |

| | |
|---|---|
| HT/NT-Tarifmodell | flexible und dynamische Gestaltung des Stromtarifs mittels Hochtarif (HT) und Niedrigtarif (NT) zum Zwecke des Lastmanagements |
| Intraday-Markt | Markt für die Beschaffung oder den Verkauf von Strom (bereitgestellte Leistung) für denselben oder den Folgetag |
| Last | Stromverbrauch bzw. Leistungsnachfrage zu einem beliebigen Zeitpunkt. Siehe auch Residuallast |
| Maintenance Forecast | Prognose für den Zeitpunkt, die Art und die Intensität der Wartung von Assets |
| Merit Order | Einsatzreihenfolge der Kraftwerke bei zunehmender Last |
| Methanisierung | chemische Umwandlung von Kohlenmonoxid oder -dioxid unter Verwendung von Wasserstoff in Methan |
| Middleware | Als Middleware wird eine IKT-Zwischenschicht bezeichnet, die als anwendungsneutraler Vermittler zwischen verschiedenen Anwendungen agiert, das heißt, dass sie die Komplexität und die Infrastruktur der Anwendungen als Schnittstelle kapselt |
| Microgrids | geographisch beschränktes, zumeist regionales System aus Klein- und Kleinststromerzeugern in unmittelbarer Nähe zu den Verbrauchseinheiten, zumeist in Verbindung mit Smart-Grid-Technologie |
| Minutenreserve | neben Primär- und Sekundärregelmaßnahmen integraler Bestandteil der Regelmaßnahmen zur Aufrechterhaltung der Netzstabilität (Frequenz), regelbare Kraftwerke erhöhen oder reduzieren ihre Leistung zum kurz- bis mittelfristigen Ausgleich von Schwankungen zwischen Stromangebot und -nachfrage |
| Netzfrequenz | Für das mit Wechselspannung betriebene europäische Verbundnetz wird eine kontinuierliche Spannungsfrequenz von 50 MHz als Sollwert angestrebt |
| Netzleitstelle | zentrale Leitstelle, in der Daten zum Netzbetrieb empfangen, verarbeitet und analysiert werden und von welcher der Netzbetrieb für einen Netzabschnitt gesteuert wird |

## Glossar

| | |
|---|---|
| North Sea Power Wheel | Offshore-Übertragungsnetz in der Nordsee zur Integration der Offshore-Windparks und Pumpspeicherkraftwerke in das europäische Verbundsystem |
| Offshore | außerhalb von Küstengewässern auf See (gelegene Windanlagen) |
| Onshore | im Küstengebiet und auf dem Festland (gelegene Windanlagen) |
| Overlay-Netz | überregionales, gegebenenfalls europaweites Netz zur Langstreckenübertragung von Strom über sehr hohe Wechselspannung (>750 kV) oder über HGÜ |
| Peak Shaving | Verfahren und Maßnahmen zur Reduzierung (Häufigkeit, Höhe) von Lastspitzen |
| Plug & Play | Einfacher und benutzerfreundlicher Anschluss von IKT-Systemen untereinander (bekanntes Beispiel ist USB) |
| unidirektionales Plug & Play | „unidirektional" meint, dass das System, in das sich ein Gerät einklinkt, dieses Gerät mit Schnittstellen und Diensten erkennt und dies nutzen kann |
| bidirektionales Plug & Play | „bidirektional" meint, dass das System, in das sich ein Gerät einklinkt, von dem Gerät erkannt wird und sich das Gerät entsprechend dem System verhält |
| Phasor Measurement Unit | Technologie zur Erfassung von Parametern des Netzbetriebs (Phasenwinkel zwischen Strom und Spannung) |
| Powerline Communication | Datenübertragung über Elektrizitätsleitungen |
| Power Quality | Versorgungsqualität |
| PQ-Messdaten | Messdaten bezüglich der Versorgungsqualität |
| Power to Gas | Technologie, die mithilfe von (regenerativem) Strom energiereiche Gase (meist Methan) zum Zwecke der Zwischenspeicherung oder alternativer Nutzung synthetisiert |

| | |
|---|---|
| Primärregelung | sehr kurzfristige Maßnahmen zur Aufrechterhaltung der Netzstabilität (Frequenz) im europäischen Verbundnetz; regelbare Kraftwerke erhöhen oder reduzieren ihre Leistung zum Ausgleich von Schwankungen zwischen Stromangebot und -nachfrage |
| Prosumer | Schachtelwort aus Producer und Consumer: (Energie-) Produzent und Kunde |
| Rekommunalisierung | Übernahme der Energieversorgungsaufgaben in kommunale Hand |
| Remote Diagnostic | Ferndiagnose |
| Repowering | Ersetzung von alten Erzeugungsanlagen durch neue Anlagen mit höherer Leistung und/oder höheren Wirkungsgraden (in der Regel für Windkraft) |
| Residuallast | Leistung im Verteilnetz, die sich aus Differenz des Verbrauchs mit der dezentralen Erzeugung ergibt, manchmal auch einfach als Last bezeichnet |
| Retrofitting | Erweiterung, Umbau oder Ersatz von alten Stromerzeugungsanlagen zum Zwecke der Effizienzsteigerung oder der Emissionsminderung |
| Safety | Betriebssicherheit |
| System Average Interruption Duration Index (SAIDI) | durchschnittliche Ausfalldauer je versorgtem Stromverbraucher; Indikator für die Zuverlässigkeit eines EVU |
| Supervisory Control and Data Acquisition(SCADA) | Überwachungs- und Steuerungssystem für technische Prozesse |
| Schattenkraftwerk | Erzeugungseinheiten, die bereitstehen, um einen längeren Ausfall von anderen Erzeugungseinheiten auszugleichen |
| Scheinleistung | setzt sich zusammen aus Blindleistung und Wirkleistung |
| Security | Angriffssicherheit |

# Glossar

| | |
|---|---|
| Security Patterns | wiederverwendbare Entwurfsmuster, die der Gewährleistung der (Informations-)Sicherheit (im Sinne von Security) eines zu entwerfenden Systems dienen |
| Sekundärregelung | kurzfristige Maßnahmen zur Aufrechterhaltung der Netzstabilität (Frequenz) zwischen verschiedenen Regelzonen |
| Shale Gas | Schiefergas |
| Smart Meter | „intelligenter" digitaler Zähler |
| Service Orientierte Architektur | Ein Architekturparadigma aus der IT, das Dienste verschiedener Systeme strukturiert und nutzt |
| Software-as-a-Service | ein Teil des Cloud Computing, der besagt, dass Software und IT-Infrastruktur extern angeboten werden und von Kunden als Service genutzt werden |
| Sondervertragskunden | Kunden die aufgrund eines deutlich überdurchschnittlich hohen Stromverbrauchs (> 100.000 kWh/a) mit dem EVU individuell ausgehandelte Preise vereinbaren |
| Spannungsband | tolerierbare Schwankungsbreite der Spannung in den Spannungsebenen der Elektrizitätsinfrastruktur |
| Speicherprogrammierbare Steuerung (SPS) | programmierbares Mess- und Steuerungsgerät |
| Stationsleittechnik | Geräte in Energieanlagen zur Kommunikation zwischen digitaler Schutztechnik und lokaler Stationsleittechnik |
| Strahlennetz | Netz, dessen Leitungen von einem Einspeisepunkt strahlenförmig ausgehen |
| Supply Side Management | Maßnahmen zur effizienten, sicheren und abgestimmten Stromerzeugung, -übertragung und -verteilung |
| Sym2 | taktsynchroner Lastgangzähler |

| | |
|---|---|
| Szenariotechnik | (strategisches) Verfahren zur Entwicklung, Analyse und gegbenenfalls Bewertung von Zukunftsvorstellungen |
| Übertragungsnetz | hier: Gesamtheit der Netzbestandteile auf Höchstspannungsebene mit der Aufgabe zur überregionalen Langstreckenübertragung von Strom (allgemein: auch für Gas) |
| Unbundling | Entflechtung der Unternehmen in Stromproduktions- und -handelsunternehmen auf der einen und Stromtransport und -verteilung auf der anderen Seite |
| Verteilnetz | Gesamtheit der Netzbestandteile im Hoch-, Mittel- und Niederspannungsnetz mit der Aufgabe zur regionalen Stromverteilung in Verbrauchernähe |
| Wholesale Trading | Konkurrierende Erzeuger bieten Strom den Händlern an, die diesen wiederum mit anderen Preisen an den Markt bringen |
| Wide Area Situational Awareness | Technologien zur Verbesserung des Monitoring von Elektrizitätsinfrastruktur in geographisch großen Gebieten |
| Wirkleistung | der Teil der elektrischen Leistung, der für die Umwandlung in andere Leistungsformen zur Verfügung steht |
| WLAN | Wireless Local Area Network (drahtloses lokales Netzwerk) |
| Workshop | moderierter Lehrgang |
| Z-Wave | drahtloser Kommunikationsstandard für Heimautomatisierung der Firma Zensys |
| Zigbee | Funknetzstandard für Haushaltsgeräte |

> **BISHER SIND IN DER REIHE acatech STUDIE UND IHRER VORGÄNGERIN
acatech BERICHTET UND EMPFIEHLT FOLGENDE BÄNDE ERSCHIENEN:**

Spath, Dieter/Walter Achim: *Mehr Innovationen für Deutschland. Wie Inkubatoren akademische Hightech-Ausgründungen besser fördern können* (acatech STUDIE), Heidelberg u.a.: Springer Verlag 2012.

Hüttl, Reinhard. F./Bens, Oliver (Hrsg.): *Georessource Wasser – Herausforderung Globaler Wandel* (acatech STUDIE), Heidelberg u.a.: Springer Verlag 2012.

acatech (Hrsg.): *Organische Elektronik in Deutschland.* (acatech BERICHTET UND EMPFIEHLT, Nr. 6), Heidelberg u.a.: Springer Verlag 2011.

acatech (Hrsg.): *Monitoring von Motivationskonzepten für den Techniknachwuchs* (acatech BERICHTET UND EMPFIEHLT, Nr. 5), Heidelberg u.a.: Springer Verlag 2011.

acatech (Hrsg.): *Wirtschaftliche Entwicklung von Ausgründungen aus außeruniversitären Forschungseinrichtungen* (acatech BERICHTET UND EMPFIEHLT, Nr. 4), Heidelberg u.a.: Springer Verlag 2010.

acatech (Hrsg.): *Empfehlungen zur Zukunft der Ingenieurpromotion. Wege zur weiteren Verbesserung und Stärkung der Promotion in den Ingenieurwissenschaften an Universitäten in Deutschland* (acatech BERICHTET UND EMPFIEHLT, Nr. 3), Stuttgart: Fraunhofer IRB Verlag 2008.

acatech (Hrsg.): *Bachelor- und Masterstudiengänge in den Ingenieurwissenschaften. Die neue Herausforderung für Technische Hochschulen und Universitäten* (acatech BERICHTET UND EMPFIEHLT, Nr. 2), Stuttgart: Fraunhofer IRB Verlag 2006.

acatech (Hrsg.): *Mobilität 2020. Perspektiven für den Verkehr von morgen* (acatech BERICHTET UND EMPFIEHLT, Nr. 1), Stuttgart: Fraunhofer IRB Verlag 2006.

**> acatech – DEUTSCHE AKADEMIE DER TECHNIKWISSENSCHAFTEN**

acatech vertritt die Interessen der deutschen Technikwissenschaften im In- und Ausland in selbstbestimmter, unabhängiger und gemeinwohlorientierter Weise. Als Arbeitsakademie berät acatech Politik und Gesellschaft in technikwissenschaftlichen und technologiepolitischen Zukunftsfragen. Darüber hinaus hat es sich acatech zum Ziel gesetzt, den Wissenstransfer zwischen Wissenschaft und Wirtschaft zu erleichtern und den technikwissenschaftlichen Nachwuchs zu fördern. Zu den Mitgliedern der Akademie zählen herausragende Wissenschaftler aus Hochschulen, Forschungseinrichtungen und Unternehmen. acatech finanziert sich durch eine institutionelle Förderung von Bund und Ländern sowie durch Spenden und projektbezogene Drittmittel. Um die Akzeptanz des technischen Fortschritts in Deutschland zu fördern und das Potenzial zukunftsweisender Technologien für Wirtschaft und Gesellschaft deutlich zu machen, veranstaltet acatech Symposien, Foren, Podiumsdiskussionen und Workshops. Mit Studien, Empfehlungen und Stellungnahmen wendet sich acatech an die Öffentlichkeit. acatech besteht aus drei Organen: Die Mitglieder der Akademie sind in der Mitgliederversammlung organisiert; ein Senat mit namhaften Persönlichkeiten aus Industrie, Wissenschaft und Politik berät acatech in Fragen der strategischen Ausrichtung und sorgt für den Austausch mit der Wirtschaft und anderen Wissenschaftsorganisationen in Deutschland; das Präsidium, das von den Akademiemitgliedern und vom Senat bestimmt wird, lenkt die Arbeit. Die Geschäftsstelle von acatech befindet sich in München; zudem ist acatech mit einem Hauptstadtbüro in Berlin vertreten.

Weitere Informationen unter www.acatech.de

**> DIE REIHE acatech STUDIE**
In dieser Reihe erscheinen die Ergebnisberichte von Projekten der Deutschen Akademie der Technikwissenschaften. Die Studien haben das Ziel der Politik- und Gesellschaftsberatung zu technikwissenschaftlichen und technologiepolitischen Zukunftsfragen.